인문지리학의 시선

인문지리학의 시선

2012년 9월 21일 개정2판 1쇄 펴냄
2017년 9월 11일 개정3판 1쇄 펴냄
2022년 6월 30일 개정3판 5쇄 펴냄

지은이 전종한 · 서민철 · 장의선 · 박승규

편집 김천희
본문 디자인 아바 프레이즈
표지 디자인 김진운
마케팅 최민규

펴낸곳 (주)사회평론아카데미
펴낸이 윤철호 · 고하영

등록번호 2013-000247(2013년 8월 23일)
전화 02-326-1545
팩스 02-326-1626
주소 03993 서울특별시 마포구 월드컵북로6길 56
이메일 academy@sapyoung.com
홈페이지 www.sapyoung.com

ISBN 979-11-88108-29-9

인문 지리학의 시선

The Gaze of Human Geography

전종한 · 서민철 · 장의선 · 박승규 지음

개정3판

사회평론아카데미

『인문지리학의 시선』 개정3판을 펴내며

이번 개정판에서는 50쪽 이상의 새로운 내용을 보강하였습니다. "인구 현상의 공간적 전개"라는 이름으로 제9장을 새로 편성하였고 이 외에 책 전체에 걸쳐 문장 표현 교정, 의미 명료화, 일부 통계의 업데이트 등이 이루어졌습니다.

2005년 초판 이후 지난 개정2판에 이르기까지 우리 책은 지리학의 시선을 표상하는 핵심 개념들 중심의 인문지리서를 지향하면서 부족한 내용을 보강하고 체계를 다듬어 왔습니다. 그 사이 지리학은 물론이고 사회학, 조경학, 건축학 등의 인접 분야 독자들이 보여주신 관심과 조언은 과분하였습니다. 그럼에도 불구하고 일부 독자들이 종종 지적해 주신 것처럼 인문지리서를 표방했으면서도 '인문(human)'의 첫 단추인 인구 현상을 주제로 다룬 장(chapter)이 그간 없었다는 것은 우리 책의 한계였습니다.

인문지리학은 인문 현상의 공간적 전개에 주목하고 거기에 관여하는 지리적 과정과 원리를 탐구하는 분야입니다. 이때 모든 인문 현상의 이해를 위한 출발점에 바로 인구 현상이 있다고 볼 수 있습니다. 인문 현상의 동인은 궁극적으로 인간이며, 인간에 대한 기본적 이해의 단초를 인구 현상이 제공합니다. 인구 현상이 지표상에서 균등하게 전개되지 않는다는 점과, 일견 동일하게 보이는 인구 현상이라 하여도 그것이 갖는 문화적, 역사적, 사회적, 미래적 함의는 공간적 차이를 보인다는 사실이 인구 현상에 대한 지리학적 접근을 요청합니다.

대개 우리는 '인구'라는 말을 들으면 인구센서스에 수록된 통계치나 관련 기관에서 그려낸 인구 그래프들을 떠올리는 경향이 있습니다. 하지만 '인구'는 그런 추상적 차원의 현상이 아닙니다. 인구는 그냥 사람 수가 아니라 '특정 시기(시간)의 일정 지역(공간)에 살고 있는 사람의 수'로 정의됩니다. 시·공간적으로 특정되지 않은 인구 현상은 어떤 식으로든 의미를 부여하기가 어렵습니다. 이러한 문제의식에서 우리는 제9장을 "인구 현상의 공간적 전개"라 명명하였고, 이 표제 아래에서 인구분포와 인구밀도, 인구이동, 인구구성, 인구변천을 세부 키워드로 삼아 이들의 공간적 변이와 지역적 차이를 설명하고자 하였습니다.

지금까지 『인문지리학의 시선』이 10년 이상에 걸쳐 개정3판까지 낼 수 있었던 것은 무엇보다도 독자들의 꾸준한 관심과 질정 덕분입니다. 또한 이번에 더 늦지 않게 개정증보판을 낼 수 있었던 것은 저자들의 원고 집필이 지연되는 와중에도 인내심을 갖고 격려를 아끼지 않으신 사회평론아카데미의 윤철호, 김천희 대표님과 편집진의 도움이 컸습니다. 개정3판을 낼 수 있기까지 값진 비평을 해주신 여러 독자님과, 좋은 책을 만들어주신 사회평론아카데미 관계자께 심심한 감사를 드립니다.

2017년 8월 저자들을 대신하여, 전종한

『인문지리학의 시선』 개정2판을 펴내며

저자들이 치기 어린 용기로 이 책을 쓴 것이 벌써 7년 전 일입니다. 저자들은 국내외의 개론서를 두루 탐독하되 거기에 구애받지 않고 인문지리학의 본질을 재현하기 위한, 보다 고유한 차례와 내용을 이 책을 통해 구상해 보려고 하였습니다. 이러한 고민의 결과로 나온 '제1부 지리적 상상력의 확장', '제2부 장소와 경관의 이해', '제3부 근대적 공간의 설명'으로 이어지는 이 책의 대목차는 인문지리학의 중핵 개념들을 세계 지리학사에서 등장했던 주요 사상 및 관점과 함께 담아 표현해 보려는 시도였습니다.

대목차에 이은 하위 목차에 있어서는 우리의 국토 공간에 바탕을 둔 주제와 우리에게 익숙한 사례들을 소개함으로써 보다 한국적인 인문지리서를 꾸리는 한편, 독자들에게 좀 더 친근하게 다가가고자 하였습니다. 전통 지리 사상인 풍수를 주제로 다룬 5장, 한국 전통 도시의 원형인 '읍성'을 주제로 다룬 7장, 그리고 지도가 주제인 3장에서 우리나라 고지도를 상세히 설명한 것이나, 촌락을 주제로 한 6장에서 우리나라의 종족 마을에 대해 비중 있게 서술한 것, 지역 개발을 주제로 한 12장에서 한국에서의 지역 불균등 논의를 소개한 것 등은 모두 그러한 의도였습니다. 그리고 그동안 저자들의 부족한 지식과 태만에도 불구하고 여러 차례의 내용 수정과 개정이 이루어질 수 있었던 것은 지리학 안팎의 다양한 분야에 있는 독자들이 이 책에 관심을 가져준 덕분입니다.

우연이지만 얼마 전 중용을 읽다가 '곡(曲)'의 진정한 의미를 상기하는 기회를 가졌습니다. 공동 저자의 한 명으로 이 책에 과연 성실함을 담아냈는지, 구체적 형상을 제시하지 않는 모호한 진술은 없었는지, 변화를 허용치 않는 경직된 입장을 독자들에게 강요하지는 않았는지 등 여러 가지 면에서 뒤돌아볼 수 있었습니다. 때마침 새로운 출간의 기회가 우리에게 주어져 이 책의 부족한 결함들을 재차 확인하고, 또 한 번의 개정판을 세상에 내놓게 되었습니다. 이에 이번에 새로워진 주요 내용들을 소개하는 것으로 개정2판의 서문을 갈음하고자 합니다.

개정2판에서는 저자들이 강조하는 내용과 거기에 함축된 의미를 좀 더 구체적이고 명료하게 하려고 하였습니다. 이와 함께 불필요하게 단정적인 서술이나 표현들에 대해서는 관련 지식을 확인하여 바로잡았습니다. 행간에 담긴 의미가 난해한 경우에는 문장을 추가하여 보충하였습니다. 전체적으로 본문의 모든 문장들을 하나하나 교정하면서 의미와 내용을 보다 명료하게 전달하려고 하였습니다. 외국의 낯선 사례는 꼭 필요한 곳에 한정하고, 가급적 우리 주변에서 친숙하게 확인할 수 있는 사진, 그림, 지도 등으로 사례를 제공하고자 하였습니다.

또한 본문에 대한 내용 보강이 부분적으로 이루어졌습니다. 8장에서는 장소 및 경관이 문화 콘텐츠로 활용될 수 있다는 것이 무슨 의미인지를 상술하기 위해 우리의 전래 '명승' 자원을 사례로 추가하였습니다. 10장에서는 세계도시를 이해하는 데에 도움이 되도록 세계도시의 네트워크를 측정하는 최근 논의를 소개하였습니다. 11장에서는 중심지 이론을 소비자 입장에서 전개하는 방식과 중심지 계층 구조를 도출하는 색다른 방식을 안내하였습니다.

본문의 이해를 돕기 위해 곳곳에 제시하였던 기존의 '읽기 자료'를 '참고 자료'로 바꾸어 명명하였고, 본문 속에서 더 잘 어울린다고 판단되는 경우 본문의 일부로 합쳐 서술함으로써 흐름을 자연스럽게 만들었습니다. 또한 현시대에 어울리지 않거나 당위성을 상실한 참고 자료는 삭제하거나 새로운 것으로 대체하였습니다.

이번 개정2판은 전면 컬러로 출간되었습니다. 우리 책의 장점 중 하나는 본문의 이해를 돕기 위한 다양한 종류의 그림, 지도, 사진들을 풍부하게 제공한다는 데에 있다고 생각합니다. 하지만 그동안 여러 가지 문제로 컬러판 출간에 어려움이 있었습니다. 이번의 컬러판 출간은 이 책의 장점을 부각시켜줄 것입니다. 더불어 기존의 일부 그림이나 사진들은 좀 더 적당한 것으로 대체하거나 새롭게 추가하였기 때문에 인문지리학에 대한 독자들의 친근하고도 편안한 이해에 도움이 될 것이라 기대해 봅니다.

그동안의 보완과 교정 작업에도 불구하고 여전히 부족한 점이나 뜻하지 않은 오류들이 이 책의 곳곳에 남아 있을 것이라는 점을 우리 저자들은 인식합니다. 우리의 희망대로 인문지리학의 시선이 국토 공간에서의 우리 삶과 휴먼 모자이크로서의 세상을 이해하는 데에 기여할 수 있도록 독자들의 추상같은 질정과 애정 어린 비판을 부탁드립니다. 이 책이 좋은 모습으로 출간될 수 있도록 기꺼이 힘써주신 (주)사회평론의 윤철호 사장님과 새로운 편집과 세심한 교정 작업으로 노고해 주신 권현준 대리님, 김정희 선생님께 감사드립니다.

2012년 8월 저자들을 대신하여, 전종한

『인문지리학의 시선』*The Renewed* 를 펴내며

모 커피 전문점의 광고 카피 중에 이런 표현이 있습니다. “Geography is a flavor”. 지리(학)에 관심 있는 사람이라면 이 표현이 지닌 함축을 이미 풀어내고 있을 테지만, 친절하게도 그 광고 카피는 다음과 같은 설명을 이어 베풀고 있습니다. “각각의 커피원두가 재배되는 원산지별 특징을 이해한다면, 여러분은 커피 맛에 대해서 더 많은 것을 이야기하실 수 있습니다.” 아주 간단한 광고이지만 우리 같은 지리학자들을 행복하게 만드는 참으로 지리적인 발상의 광고가 아닐 수 없습니다.

세상의 많은 분들이 일상 생활 속에서 공간적 사고와 지리적 상상력을 마음대로 펼칠 수만 있게 된다면 그들의 정신 세계와 삶이 풍요롭고 행복할 것이라 우리는 확신합니다. 이 책의 초판(2005)에 대해 많은 분들이 관심을 보여준 덕분에, 빚진 마음으로 저자들은 성심을 내어 『인문지리학의 시선*The Renewed*』를 세상에 내 놓게 되었습니다. 초판의 미흡한 부분들을 그냥 두기에는 너무 부끄러웠으며, 초판 이후 2년여의 공부를 반영하여 지리에 대한 좀 더 쉽고도 깊은 풍미를 욕심내었기 때문입니다.

이 책의 주요 개정 내용을 간단히 소개하면서 머리말을 맺고자 합니다.

가장 큰 개정 내용은 내용상의 갱신이었습니다. 전체적으로 내용 갱신이 이루어졌지만, 특히 3장(지리적 사상의 재현: 지도)과 9장(도시의 탄생과 진화)의 경우 내용이 대폭 대체되면서 목차가 역시 수정되었습니다. 3장의 경우, 지도를 ‘재현의 한 방식’으로 재개념화하면서 지도가 담아내는 다양한 개념의 공간 세계, 지도와 권력의 관계, 현대 지도의 지도 언어들을 새롭게 이야기하고 있고, 9장의 경우 도시를 ‘삶의 방식의 하나’로 정의하면서 도시적 삶의 등장 배경, 도시의 기원과 확산, 우리나라의 도시 발달, 특히 일제시대 도시 안에서의 조선인의 삶과 공간 등을 추가하였습니다.

이 외에 1장, 2장, 4장, 10장, 12장에서는 소단원 규모의 내용 수정을 가하였습니다. 1장의 경우 전체 논지를 흐트러뜨리지 않는 범위에서 읽기 자료를 보강하여 내용 이해를 도모하고자 하였으며, 2장은 지리사상사를 평가하는 준거에 관해 단원 말미에 서술하였습니다. 4장은 자연 환경을 보는 두 가지 시선으로서 기존 내용 외에 어머니로서의 자연관과 상품 가치로서의 자연관을 그 기원으로부터 정리해 보았습니다.

초판의 차례와 달리, 10장은 도시의 안과 밖, 11장은 산업활동과 지역의 형성을 다루고 있습니다. 이렇게 책의 체제를 바꾼 것은, 도시의 기원(9장)으로부터 도시 내부구조와 도시 체계(10장)를 다룬 후 경제지리(11장)와 지역불균등(12장)의 순서로 전개하는 것이 자연스럽다고 판단했기 때문입니다. 10장은 도시 내부를 보는 시선을 세 차원으로 나누어 목차를 재구조화하였고 자연스러운 논의를 위해 기존과 달리 도시내부구조론을 전반부에, 도시체계론을 후반부에 배치하였습니다. 12장의 경우는 한국의 지역 불균등 논의를 최근의 성과를 바탕으로 크게 보강하였습니다. 이 밖에 거의 모든 단원에 걸쳐서 본문 내용에 직 · 간접적으로 연관된 읽기 자료를 증강시켰고, 본문의 추상적 개념을 좀 더 쉽게 이해할 수 있도록 그림 자료의 수도 늘렸습니다.

그럼에도 불구하고 아직 미비한 내용들이 여러 곳 발견될 것입니다. 읽은 분들의 질정을 기다립니다. 개정 작업을 한다는 것은 그 자체로 힘들고 부담스럽기도 하지만, 자칫 게으름으로 인해 일정이 쉽게 지연될 수 있는 일인 것 같습니다. 책에 대한 독자들의 평가를 늘 들려주시고 개정 작업 일정에 대한 조언으로 이 책을 제 때에 나올 수 있도록 도와주신 논형출판사 소재두 사장님과 그림 편집과 내용 교정 작업으로 노고해주신 편집진 선생님들께 감사합니다.

2007년 7월 저자들을 대표하여, 전종한

『인문지리학의 시선』을 펴내며

우리는 이 책의 이야기를 통해 '인문지리학은 세상을 어떻게 바라보는가'를 말하려고 했다. '인문지리학이란 무엇인가'를 일방적으로 전달하려 하기보다는, 독자들과 함께 세계를 지리적으로 읽는다는 것에 대해 교감을 나누고 싶었다. 책의 이름을 『인문지리학의 시선』이라는 다소 경쾌한 어절로 선택한 것도, 인문지리학이라는 우리의 담론 세계 안에서 독자와 코드를 공유하며 함께 세계를 읽어보려는 의도에서였다.

아직도 많은 사람들은 지리학을 그 무엇의 분포나 지명, 혹은 지도와 관련된 것 정도로 받아들인다. 그러나 다른 학문과 마찬가지로 지리학 역시 나름의 시각을 갖고 세계를 해석하는 꽤 풍부한 담론 세계이다. 무엇보다도, 지리적으로 세상을 보게 되면 우리의 존재 의미와 삶터의 가치에 대해 새롭게 깨닫게 된다. 사막에 살고 있던 사람이 열대 우림의 소나기 속에서 자기 존재를 첨예하게 자각할 수 있는 것처럼, 지리학은 '다른 장소'의 사람들과 '이 장소'의 우리를 만나게 하는 계기를 마련함으로써 세계의 다양한 지역과 장소들, 사람들의 다양한 생활양식을 하나의 모자이크로 바라볼 수 있도록 도와준다. 이 휴먼 모자이크의 각 조각들에는 주종관계도, 경중도, 순서도 없지만, 각 조각이 하나의 개성을 이루면서도 인접 부분과의 조화와 기능 관계 속에서 보다 큰 또 하나의 그림을 이루어 낸다. 지리학이라는 담론의 세계에서 보는 세상은 그러하다.

오늘날 개별 학문들은 더 이상 연구대상에 따라 구분되지 않는다. 동일한 대상이라 할지라도 고유하게 발전시켜온 서로 다른 관점이 오늘날 분과 학문을 구별해주는 유일한 기준이 되고 있다. 그렇다면 그 '서로 다른 관점'이라는 것을 어떻게 확인할 수 있는가? 각 분과학문들의 개론서와 논문들을 모조리 읽어보는 것이 불가능하다면, 가장 손쉬운 방법은 각 학문 고유의 주요 개념들을 살피는 것이다. '개념(conceptions)'이란 각 분과학문이 세계를 어떻게 바라보는가를 축약하고 있는 중요한 코드이기 때문이다. 이러한 맥락에서 집필진은 지리학이 개발하여 온 개념들을 이해하는 것에서 말머리를 풀어가고 있다. 그러한 작업은 곧 지리학자들에 의해 지리적 상상력이 어떻게 확장되어 왔는지를 살피는 것이기도 하다.

이에 '지리적 상상력의 확장'으로 표현한 제1부에서는 지리학의 개념들에 담겨 있는 지리적 사고방식을 알아보는 한편(제1장), 학사(學史)상의 주요 쟁점들을 통해 지리학의 궤적을 따라가 보았다(제2장). 제3장에서는 지리학자들의 사고를 함축하여 표현하는 도구로서 지도를 거론하고, 고지도로부터 가상공간을 위해 등장한 수치 지도 및 GIS에 이르는 각양의 지도가 지닌 진실과 거짓, 객관과 왜곡의 문제들을 이야기하였다.

한편, 지리학은 그 오랜 학사만큼이나 광범위한 주제를 다루어왔다. 현재의 모든 학문 이름에 지리학이라는 접미사를 붙인다면 모두 지리학으로 간주될 정도이다. 연구 대상이나 관점의 면에서 볼 때, 지리학의 일부 영역은 자연과학과 중첩하고 있으며 다른 일부는 사회과학 및 인문학에 맞닿아 있다. 그것은 지리학의 관심사가 인간 거주지에서 전개되는, 자연환경과 인문환경 등 다양한 현상들에 두루 걸쳐 있기 때문이다. 그리하여, 오늘날까지 지리학은 크게 세 가지 전통으로 발전해 왔다. 자연과학적, 인문학적, 사회과학적 전통이 그것들이다. 그러나 지리학의 모든 전통을 하나의 글에 담아내는 것은 무리이기 때문에, 이 책에서는 인문지리학의 시선에 초점을 두면서 인문학적 전통과 사회과학적 전통을 각각 '장소와 경관의 이해'(제2부)와 '근대적 공간의 설명'(제3부)이라는 이름으로 엮기로 하였다.

다양한 장소와 경관에 대해 지리학은 어떻게 '이해(verstehen)'하고 있는지를 보여주려는 의도에서 제2부는 모두 5개 장으로 구성하였다. 4장에서는 자연과 인문성의 관계를 이원론의 한계와 생태론의 허점을 지적한 후 풍토론의 입장에서 전개하였고, 자연환경을 보는 다양한 입장들을 본질주의와 구성주의로 나누어 살펴보았다. 5장에서는 한국 전통지리의 하나로서 풍수 사상을 들고 그것에 '터 잡기 예술로서의 풍수'와 '지식체계로서의 풍수'라는 두 가지 전통이 있었음을 지적하였다. 6장에서는 문화 정체성의 담지체로서 촌락 지역에 주목한 후 촌락이라는 무대에서 전개되어 온 공간과 사회의 관계에 대해 살펴보았다. 7장에서는 한국 도시의 원형으로서 조선시대의 읍성 취락에 대해 이야기해 본다. 성곽의 나라로 불릴 만큼 많았던 조선시대 읍성의 원형은 어떠하였으며 이들이 근대화 과정에서 어떻게 변형, 소멸되어 갔는지 짚어보았다. 8장에서는 장소와 경관을 읽어내는 최근의 관점들을 소개한 것이다. 이를 통해 전통 경관과 장소에 대한 최근의 인식 전환과, 국내외를 불문하고 우후죽순 격으로 등장하는 각 지역의 경관 생산 및 장소마케팅의 맥락에 관해 해석하고자 하였다.

제3부는 주로 자본주의가 운행하는 근대적 공간에 대한 지리학적 '설명'이다. 9장은 산업 활동이 초래하는 지역형성과 지역 차별화과정에 대한 지리적 논의들을, 10장에서는 근대 문명의 기원으로서의 도시 탄생과 진화과정에 대한 관점들을 정리하였다. 11장에서는 자본주의가 작동하는 공간으로서의 도시를 그 내부와 외부에 있어서 서술하고자 하였다. 도시를 그 내부에 있어서 파악한다는 것은 도시 내부의 다양한 공간들과 공간성을 관찰한다는 것이고, '외부에 있어서' 파악한다는 것은 도시들끼리의 관계를 주목한다는 것이다. 끝으로 12장은, 도시와 지역에서 자본주의가 관철한 공간의 차별적 성장에 따른 지역불균등에 대한 이론적 시도를 수행한 것이다.

'지리학으로 세계 읽기'에 오랫동안 함께해온 저자들은, 그 고뇌와 교감의 한 편을 지리에 관심 있는 독자들, 그리고 지리학을 시작하는 학도들과 공유하고자 하는 뜻에서 이 책을 구성하였다. 각자 쓴 원고를 단순 조합하지 않고 최대한 융합하고자 하였으나 마음만큼 잘 되지는 않은 것 같다. 우리는 지리학에 대한 애정만큼이나 많은 열정을 이 책에 쏟았다. 그러나 완성(完成)보다 열정이 앞섰던 탓에 초학자들의 치기어린 과열 현상도 곳곳에 들어있을 것이다. 그런 점들은 추후에 보완키로 약속하고 읽는 이들의 추상같은 질정을 기다린다.

학위논문 마무리를 앞두고 있는 홍철희 선생은 그 바쁜 와중에도 수시로 좋은 의견을 내주었고 그림과 도표 정리에 많은 도움을 주었다. '인문지리학'이라는 광범위한 영역을 표제로 올린다는 것은 다소 부담스러운 용기였는데, 은사이신 주경식, 오경섭, 류제헌, 이민부 교수님과 퇴임하신 한균형, 김일기 교수님의 가르침은 중요한 자양분이었다. 끝으로, 우리 작업을 기꺼이 좋은 책으로 빛을 보게 해주신 소재두 사장님을 비롯하여 교정과 편집, 그림 작업을 위해 수고해 주신 논형출판사 편집진들께 감사드린다.

2005년 1월 저자를 대표하여, 전종한

차례

개정3판 서문 · 4
개정2판 서문 · 6
개정판 서문 · 9
초판 서문 · 11

제1부 지리적 상상력의 확장
1장 개념에 담겨 있는 지리학의 사고방식 · 25
2장 쟁점으로 읽어보는 지리학사 · 45
3장 지리적 사상(事象)의 재현: 지도 · 75

제2부 장소와 경관의 이해
4장 인간과 자연환경: 이원론을 넘어서 · 121
5장 풍수 사상의 두 전통 · 149
6장 촌락 지역의 해석 · 171
7장 한국 도시의 원형 '읍성' 취락 · 215
8장 장소와 경관을 새롭게 읽기 · 239

제3부 근대적 공간의 설명
9장 인구 현상의 공간적 전개 · 277
10장 도시의 탄생과 진화 · 333
11장 도시의 안과 밖 · 373
12장 산업 활동과 지역의 형성 · 425
13장 지역 불균등과 공간적 정의 · 465

도판목록 · 498
표목록 · 501
찾아보기 · 502

세부 차례

제1부 지리적 상상력의 확장

1장 개념에 담겨 있는 지리학의 사고방식 | 박승규 · 25

1. 지리학에 대한 선입견과 정설 · 25
   1) 선입견의 배후
   2) 인간의 삶과 밀접한 학문
2. 경계가 흐려지는 지리학의 영토 · 28
3. 희미해진 영토에서 지리학의 모습 찾기: 지리학의 개념 · 29
   1) 위치와 장소
   2) 장소와 공간
   3) 장소, 공간, 그리고 지역
   4) 지역과 경관
   5) 시간과 스케일

2장 쟁점으로 읽어보는 지리학사 | 장의선 · 45

1. 고대와 중세의 지리학 전통 · 46
   1) 지방지 전통 vs 수리천문학 전통
   2) 고대 지리학의 집대성, 스트라보와 톨레미
   3) 중세, 두 개의 지리학: T-O 지도 vs 이븐 바투타
2. 지리상 발견 이후 지리 지식의 체계화와 근대 지리학의 전개 · 52
   1) 지리상 발견 시대 바레니우스의 고민
   2) 순수 지리학 운동
   3) 과학으로서의 지리학: 훔볼트 vs 리터
   4) 자연지리학 강의: 칸트가 말한 근대 지리학의 성립 논리
   5) 『종의 기원』(1859)과 지리학 논쟁 : 환경결정론 vs 가능론

6) 헤트너의 지역론과 슐뤼터의 경관론: 장소적 종합 vs 가시적 경관
7) 코롤로지(chorology): 계속되는 칸트 식의 지리학 성립 논리
3. 현대 지리학의 쟁점과 경향 · 64
1) 하트숀의 지역지리학에 대한 쉐퍼의 도전: 전통지리학 vs 신지리학
2) 계량적 인문지리학의 등장 배경
3) 신지리학의 한계와 보완의 노력
4) 새로운 도전: 인간주의 지리학과 구조주의 지리학
5) 지식 생산의 본질과 지리사상사의 평가

3장 지리적 사상(事象)의 재현: 지도 | 장의선 · 75
1. 지도는 재현(representation)의 한 방식 · 75
1) 지도는 선택적 '재현'이다
2) 거짓말은 지도의 태생적 운명
3) 지도와 권력
2. 고지도 읽기 · 86
1) 어떤 종류의 고지도가 전해 오는가
2) 고지도를 읽기 위한 코드(codes)
3) 조선 시대의 세계지도에서 읽을 수 있는 조선 사람들의 세계관
3. 근대 지도의 등장에서 지리정보시스템(GIS)까지 · 100
1) 근대 지도란 어떤 것인가
2) 근대 지도로서의 「대동여지도」
3) 현대의 지도 언어들
4) 종이 지도를 넘어 디지털 지도까지: 수치 지도와 지리정보시스템(GIS)
영화로 읽는 지리 이야기 1 〈모노노케히메〉에 담긴 일본의 '종교와 신화' · 116

제2부 장소와 경관의 이해

4장 인간과 자연환경: 이원론을 넘어서 | 전종한 · 121
1. 인간 삶터로서의 자연환경 · 121
1) 인간 삶의 모태 '자연환경'
2) 생태론의 허점

2. 생태론을 넘어 풍토론으로 · 126
1) 풍토론에서 보는 인간과 자연의 관계
2) 세 가지 풍토형: 몬순, 사막, 목장
3. 자연환경을 보는 상반된 시선 · 140
1) 어머니로서의 자연관 vs 상품 가치로서의 자연관
2) 본질주의적 자연관 vs 구성주의적 자연관
3) 다양한 환경론이 난무하는 가운데 지리학자들의 입장은?

5장 풍수 사상의 두 전통 | 박승규 · 149
1. 터 잡기 예술인가, 지식 체계인가? · 149
1) 풍수 사상을 공부해야 하는 이유
2) '터 잡기 예술로서의 풍수', '지식 체계로서의 풍수'
2. 누가 들여왔고, 어떻게 사용했는가? · 154
1) 풍수의 기원과 전파
2) '어떤 사람'이 풍수를 알고 있었는가?
3) 풍수를 누가 '어떻게' 사용했는가?
3. 풍수의 잃어버린 전통을 찾아서 · 167

6장 촌락 지역의 해석 | 전종한 · 171
1. 촌락은 우리에게 어떤 의미인가? · 171
1) 촌락이 갖는 의미
2) 사라져가는 우리나라의 촌락
3) 촌락의 개념은 문화권에 따라 다르다
2. 촌락의 입지와 형태 · 175
1) 촌락은 어떤 장소에서 잘 발생하는가?
2) 조선 시대 사대부들의 삶터 선정 기준: 지리, 생리, 인심, 산수
3) 촌락 가옥들의 모이고 흩어짐
4) 이국적 풍경의 촌락 형태: 태안반도의 산촌(散村)
3. 촌락의 공간 구성과 경관 · 189
1) 촌락의 공간 구성을 어떻게 들여다 볼 것인가?

2) 공간 구성이 독특한 세계의 주요 촌락

4. 우리나라 촌락의 근간: 종족 마을 · 200

1) 종족 마을의 주인공 '종족 집단'

2) 종족 마을은 언제, 어떤 배경에서 등장했는가?

3) 종족 마을의 공간 구성

4) 종족 마을의 경관이 내포한 의미와 전략

7장 한국 도시의 원형 '읍성' 취락 | 전종한 · 215

1. 성곽의 나라 '조선' · 215

1) 한반도에 얼마나 많은 읍성이 있었는가?

2) 인근의 산성으로부터 옮겨온 조선 초기 읍성

3) 읍성의 입지에 관여한 조건들

2. 읍성 안의 경관과 장소 · 223

1) '중앙 권력'을 상징하는 읍성 vs '멸시의 공간'으로서의 읍성

2) 읍성 안에 자리했던 경관과 장소들

3) 경관 배치의 기본 원리

4) 경관의 상징성과 경관 배치의 지역적 차이

3. 읍성은 언제, 어떻게 사라져갔는가? · 230

1) 일제 강점기에 침입한 새로운 '사물의 질서'

2) 전통 경관의 소멸과 기능 변화

3) 일본인의 읍성 유입에 따른 공간 구조의 변형

4) 읍성 취락의 사회·공간적 재편과 근대화

8장 장소와 경관을 새롭게 읽기 | 전종한 · 239

1. '다름'을 찬미하는 포스트모더니즘 · 239

1) 우리 주변의 포스트모더니즘

2) 포스트모더니즘이 주목하는 '지역적 차이'

3) '후기 근대(post-Modernism)'인가, '탈근대(Post-modernism)'인가?

2. 경관과 장소의 해체적 읽기를 위하여 · 243

1) 해체하여 읽는다는 것

2) 사회·공간적 실천의 포착에 의한 권력 읽어내기

3) 텍스트로서의 경관과 장소
4) 경관과 장소를 해체적으로 읽기
3. 경관과 장소의 마케팅: 그 재현의 의미와 한계 · 259
1) 웰빙, 지방화, 자본주의의 합작품 '경관 · 장소 마케팅'
2) 경관 · 장소 마케팅의 유형
영화로 읽는 지리 이야기 2 〈파 앤드 어웨이〉에서 읽는 유럽인과 북미 인디언의 자연관 · 270

제3부 근대적 공간의 설명

9장 인구 현상의 공간적 전개 | 전종한 · 서민철 · 277
1. 인구 현상의 지리적 이해 · 277
1) 인구, '그냥 사람 수'가 아닌 '특정 시 · 공간에 존재하는 사람 수'
2) 인구 현상에 대한 지리학적 이해는 왜 중요한가
2. 사람들은 어디에 많고 어디에 적은가 · 283
1) 세계의 인구분포와 주요 요인
2) 인구밀도, 그리고 세계의 인구 밀집 지역과 인구 희박 지역
3. 인구이동: 사람들은 왜, 어디로 이동하는가 · 291
1) 인구이동의 요인과 역사적 주요 사례
2) 인구이동의 여러 유형과 최근의 인구이동
4. 인구의 변천 · 299
1) 인구의 증가와 감소
2) 인구 변화의 측정
3) 인구 변천 이론
5. 인구의 구성 · 319
1) 성비
2) 인구 부양비
3) 인구 피라미드

10장 도시의 탄생과 진화 | 서민철 · 전종한 · 333
1. 도시란 무엇인가? · 333
1) 어원적 음미: '도시(都市)'와 '시티(City)'와 '어반(Urban)'

2) 삶의 방식(a way of life)으로서의 도시
3) 도시화와 도시-촌락 연속체
2. 도시의 기원에서 세계도시까지 · 340
1) 도시의 기원과 확산
2) 고대와 중세, 그리고 '왕의 귀환'시기의 도시
3) 산업혁명과 도시화: 상인도, 절대 군주도 아닌 제조업인의 도시로
4) 도시의 외연 확대: 교외로 또 세계로
3. 한국의 도시 발달: 왕의 도읍지에서 자본주의 도시까지 · 359
1) 조선 전기 이전에 도시가 있었을까?
2) 조선 후기부터 광복 직후까지
3) 급격한 산업화, 급속한 도시 발달

11장 도시의 안과 밖 | 서민철 · 373
1. 도시의 다양한 얼굴 · 373
1) 세 가지 차원으로 보는 도시의 다양성
2) 도시화의 세 가지 차원
2. 도시 내부의 구조와 동학 · 377
1) 모자이크로서의 도시(urban mosaic)
2) 공간-경제적 힘과 도시 구조
3) 공간-사회적 힘과 도시 구조
4) 공간-정치적 힘과 도시 구조
3. 도시의 외부, 도시들 간의 관계 · 405
1) 점으로서의 도시
2) 도시들 간의 순위
3) 크리스탈러의 중심지 이론
4) 세계화와 세계도시 체계

12장 산업 활동과 지역의 형성 | 서민철 · 425
1. 산업의 입지와 지역 · 425
1) 경제지리학과 경제학
2) 시장 분포의 국지성

3) 문제는 지리

2. 공업의 입지와 지역 변화 · 430

1) 여러 가지 산업

2) 베버의 공업 입지 이론

3) 현대의 공업 입지 이론

3. 서비스업의 입지: 상업의 경우 · 448

1) 서비스업 입지의 특징

2) 문턱값과 도달거리

3) 상권 경쟁과 상업의 계층적 입지

4) 『메밀꽃 필 무렵』의 지리학: 정기시장의 해석

13장 지역 불균등과 공간적 정의 | 서민철 · 465

1. 공간적 정의(Spatial Justice)의 문제 · 465

1) 공간에도 정의가 있는가?

2) 지역격차 비판은 정당한가

2. 지역 불균등 발전에 관한 이론 · 469

1) 지역 불균등 발전론의 이론적 배경

2) 수렴론: 신고전 지역 성장론과 불균형 성장론

3) 비수렴론: 뮈르달, 프리드먼, 내생적 성장론

4) 비주류 이론들

3. 한국에서의 지역 불균등 논의 · 485

1) 추세 분석과 기제 추적

2) 압축적 산업화와 지역격차

3) 1980년대 이후 수도권 집중도 변화의 메커니즘

도판목록 · 498

표목록 · 501

찾아보기 · 502

제1부 지리적 상상력의 확장

1장

개념에 담겨 있는 지리학의 사고방식

1. 지리학에 대한 선입견과 정설

1) 선입견의 배후

흔히 지리책은 '백과사전'과 같다는 선입견이 있다. 문제는 그러한 선입견이 생겨난 배경이다. 지리학에 대한 대부분의 편견은 학교 지리(school geography)를 배우는 동안 형성된다. 지리 시간에 배우는 내용은 학생들을 둘러싼 구체적 삶을 소거한 상태에서 지나치게 추상화된 개념이나 일반적 원리에 치중하고 있다. 우리가 직접적으로 경험하는 내용이기보다는 누군가에 의해 경험된 내용을 주로 제공하고 있는 것이다. 초등학교 지리는 지리적 상상력을 자극하기에는 여전히 너무 단편적이고 동시에 방대하다. 중등학교 지리는 지리학의 축약판이라 할 만큼 난해하고 추상화되어 있다. 광복 이후 교육과정이 여러 번 개편되었음에도 불구하고, 마치 청문회처럼 '예' 아니면 '아니오'를 요구하는 대입 시스템하에서 지리 교육 내용은 공간적 사고를 길러주기에는 역부족이었고, 이 때문에 지리에 대한 편견은 지속되어 왔다.

남부 독일의 균질한 평야지대를 경험하였던 월터 크리스탈러(W. Christaller)에게 중심지 이론은 자신이 처한 구체적 삶터를 정리한 것이었지 결코 비현실적인 암기 대상이 아니었다(11장 참고). 그가 살았던 장소에 대한 이해 없이 그의 이론만을 더듬는 수준에서는, 중심지 이론은 그저 외워야 할 난해한 이론일 뿐 이다. 초·중등학교에서 지리는 좋은 말로 '종합학문'일 뿐, 인간의 실존적 삶으로부터 출발한 진정한 지리학을 보여주지 못하고 있다.

2) 인간의 삶과 밀접한 학문

지리학은 백과사전적인 학문이라기보다는, 우리가 살아가는 모습을 가장 잘 담아내는 학문이다. 우리의 삶은 공간이나 장소에서 이루어지므로, 공간 또는 장소와 우리의 삶은 불가분이다. 대개 사람들은 공간이나 장소를 별로 의식하지 않는다. 공간을 소거시킨 상태에서 인간 삶을 이야기하는 것이 불가능함에도 불구하고, 공간은 늘 그 자리에 있기 때문에 그 중요성을 잊고 살아간다. 공기도 또한 평소에 그 중요성을 의식하는 대상은 아니지만, 적어도 '공기가 없으면 죽는다'는 사실은 뚜렷이 인식한다. 그것은 아마도, 화생방 체험이든 수영장에서의 경험이든 화재의 기억이든 공기가 부족한 '질식'의 경험을 살아오면서 적어도 한 번은 겪었기 때문일 것이다.

그런데 공간에 있어서는 그것이 소멸되어 본 경험이 있을 리 없다. 또한 만약 공간이 소멸된 적이 있었다 해도, 공간의 소멸은 곧 존재의 소멸이므로, 질식의 경험처럼 강렬한 고통을 '인식'할 수 없다. 인간은 태어나면서부터 일정한 공간을 차지하고 그곳을 장소로 만들어 간다. 어떤 공간을 차지하기 시작하면서부터 인간은 자신이 그 집안의 일부이고, 그 사회의 일부이며, 그 직장의 일부임을 확인받는다. 공간과 장소는 그렇게 인간 삶의 본질적인 부분과 맞닿아 있으면서도, 일상적으로는 잊혀져 있다. 지리학은 그 '잊혀진' 부분을 들추어내고 조명함으로써, 잘 보이지 않는 인간 삶의 본질적인 모습을 더 많이 그려내고자 한다.

요즘처럼 빨리 변화하는 세상에서도 지리는 여전히 작용하고 있다. 공간의 변화가 더디게 진행되었던 과거에는 인간의 삶에 더디게 영향을 주었다. 빠르게 변화하는 지금에는 빠르게 영향을 주고, 공간 자신도 더 빠르게 변화한다. 그런 점에서 인간의 삶의 변화 속도와 우리가 살아가고 있는 공간의 변화 속도는 일치한다.

마뉴엘 카스텔(M. Castells, 1996)은 세계화가 빠르게 진행되는 것을 보면서 지리학의 종말을 예고하기도 했다(참고 1-1). 세계 각 지역의 공간과 장소들이 모두 같아지게 되면, 그래서 사람들의 삶의 방식이 모두가 비슷하게 된다면, 지리학의 대상이 사라질 것이라 보았기 때문이다. 그러나 세계화의 흐름이 빠르게 진행하면서 인간의 삶은 이제 네트워크화되고 있고, 다양한 연결망을 형성하면서 새로운 공간을 만들어 간다. 네트워크 상에서 요구되는 다른 삶의 방식이, 이전과 다른 공간과 장소를 창

| **참고 1-1** |

마뉴엘 카스텔의 반전: 현대 도시사회학의 공간적 전환(spatial turn)

마뉴엘 카스텔

도시사회학자 마뉴엘 카스텔은 세계화가 빠르게 진행되는 현대 사회에서 공간의 문제는 거의 무의미하게 되었다고 말한다. 그는 "현대의 도시 사회 현상에서 공간은 본질적인 요인이 아니라 우연적 요인에 불과하다"는 입장을 취하고 있기 때문에, 사회-공간 관계의 중요성을 피력한 르페브르 식의 문제 설정을 크게 폄하하기도 하였다. 그러나 카스텔은 최근 저작들에서 도시사회학의 해석에서 공간적 문제의 중요성을 기꺼이 받아들이면서 르페브르의 프로젝트에 기꺼히 순응하고 있다.

카스텔은 『도시와 민중들(*The City and the Grass Roots*)』(1983)에서 자신의 입장에 대해 다음과 같은 반전을 보인다. "공간은 '사회의 반영'이 아니라 사회 그 자체이다. (중략) 공간 형태는 주어진 생산 양식과 특수한 발전 양식에 따라 지배계급의 이해관계를 표현하고 실행시킨다. 또한 역사적으로 규정된 사회에서 국가의 권력 관계를 충족시키기 마련이다. 동시에 공간 형태는 피착취계급, 억압된 피지배계급, 피지배 여성들의 저항을 받기 마련이다. 그리고 공간에 관한 이러한 모순적 역사과정의 작업이 이미 물려받은 공간 형태, 이전의 역사적 산물, 그리고 새로운 관심, 프로젝트, 저항, 꿈 등의 지속에 수반된다."(에드워드 소자, 1997: 91-92)

출해 가는 것이다. 가상공간(Cyber space), 가상인격(Cyber Persona), 물리적으로는 답답하고 침침하지만 세계로 통하는 창이 되는 PC방, 온라인게임의 '길드'와 동호회 같은 새로운 인간 관계 등이 그것이다.

우리가 살아가는 삶터의 변화는 곧 공간과 장소의 변화를 의미한다. 지리학은 바로 변화하는 공간과 장소에 대해 천착하는 학문이다. 장소 정체성은 우리 정체성의 중요한 축을 이룬다. 지리학이 단편적이고 백과사전적인 지식을 제공한다는 생각은 단견에 불과하다. 지리학은 우리의 삶 자체를 대상으로 한다.

2. 경계가 흐려지는 지리학의 영토

오늘날 간(間)학문적이고 초(超)학문적인 접근이 이루어지면서 학문 영역 간의 경계가 흐려진다. 개개의 학문들 역시 자신들의 독자적인 영역을 고집하기가 어렵다. 자신만의 학문적 영역을 구축함으로써 시대에 뒤쳐진 분야로 인식되어 학문의 사회적 효용성마저 의심받게 되고, 자기 학문 영역의 위기를 초래할 수도 있다. 그렇기 때문에 개별 학문은 각자가 지금까지 연구해 왔던 영역을 넘어 다른 학문 영역에서 다루던 학문적 대상을 다루기도 한다.

지리학의 경우도 이 같은 경향은 이미 목격되고 있다. 인문지리학을 구성하는 세부 전공 영역 간의 경계는 이미 그 흔적을 찾기가 어려워지고 있다. '포스트모던 전환(postmodern turn)'이나 '문화적 전환(cultural turn)'의 경험과 더불어 '문화'는 인문지리학 전반에서 중요한 주제로 다루어진다. 그리고 그와 같은 과정에서 인문지리학은 새로운 연구 흐름 속에 놓여 있다. 문화적 전환 이후의 지리학은 다양한 사회이론과의 접목을 통해 새로운 연구 영역을 개척해가고 있다. 인간의 삶 전반과 관련된 주제를 통해 다양한 사회 현상이나 문화 현상, 역사 현상에 대한 지리학자의 시각을 제시하고 있다. 영화나 음악, 미술, 문학 등과 같은 예술적인 논의가 새로운 지리학의 학문 영역으로 자리매김해가고 있다. 심지어 스포츠를 대상으로 하는 지리학적 연구까지 등장하고 있다.

다양한 학문 영역 간의 경계가 희미해짐에도 불구하고, 개별 학문은 여전히 자신의 독자적인 학문 영역을 구축하고 있다. 왜일까? 그것은 개개 학문의 연구 영역이 서로 중첩되지만, 개별 학문에서 제 현상에 접근하는 중요한 개념적 도구를 지속적으로 유지하고 있기 때문이다. 동일한 현상에 접근함에 있어 지리학적인 접근과 정치, 경제, 사회, 역사학적인 접근이 차이가 있는 것은 바로 이 때문이다. 그런 점에서, 경계가 흐려지는 학문 세계의 지형도 위에서 지리학에서 사용하고 있는 기본적인 개념에 대한 이해를 도모함으로써 다른 학문과 '구별 짓기'를 시도할 필요가 있다.

3. 희미해진 영토에서 지리학의 모습 찾기: 지리학의 개념

1) 위치와 장소

'위치(location)'와 '장소(place)'는 지리학의 기본적인 개념이면서, 가장 중요한 개념이다. 지리학자의 관심은 지리적 현상이 '어디에서' 발생했는가에 있다. 그리고 그와 같은 현상이 '왜 그곳에서' 발생했는지를 생각한다. 그렇기 때문에 동일한 지리적 현상이라고 하더라도, 어느 곳에 위치하고 있는가에 따라 의미가 달라질 수 있다고 사유한다. 지리학자에게 '어디'의 문제는 지리학자만의 시선을 갖게 만드는 출발점인 것이다.

미국의 지리교육학회와 지리학회는 특별위원회를 구성하여 지리학의 기본 개념을 제시한 바 있다. 지리학의 기본 개념은 위치, 장소, 장소 내의 관계(relationship within place), 이동(movement), 지역(region)으로 이루어진다(GENIP, 1982~1984). '위치'는 위원회에서 제시하는 첫 번째 개념이다. 그것은 지리적 현상이 어떤 위치에서 발생했는가의 문제가 지리학에서 가장 중요한 문제이며, 그와 같은 현상이 발생한 위치에 대한 이해는 지리학 고유의 문제라고 생각하였기 때문이다.

위치는 지표면 상에서의 절대적 위치와 상대적 위치로 표현할 수 있다. 절대적 위치는 물리적으로 고정되어 있는 시간과 공간 축 상의 좌표를 의미한다. 누구나 공통적으로 인식할 수 있는 객관적인 위치를 말한다. 인간은 태어나면서부터 절대적인 위치를 부여받는다. 위치 속에서 인간은 자신을 둘러싼 요소들과 관계를 맺으면서 다양한 경험 세계를 구성한다. 그렇기에 인간의 다양한 삶의 양상에 대한 이해는 그들의 삶이 토대로 삼고 있는 위치에 대한 이해에서 시작한다. 따라서 위치에 대한 이해는 지리적 현상과 그 위치에 거주하는 인간의 삶을 이해할 수 있는 실마리가 된다. 이러한 식의 공간적 사고를 위치적 사고라고 한다(참고 1-2).

인간의 삶을 이해하는 데 있어 위치의 중요성은 우리가 전화상에서 무의식적으로 상대방에게 묻는 '어디야?'라는 물음을 통해서도 확인할 수 있다. 우리가 습관적으로 묻는 이 질문은 인간의 행위와 위치와의 관계를 설명해 준다. 상대방이 처해 있는 위치를 파악할 수 있다면, 통화 상대자가 어떤 상황에 있는지, 어떤 행위를 하고 있음을 짐작할 수 있기 때문이다. 학교에서 공부하고 있는 학생들이나 자율 학습을 감독하는 교사가 술 마시고 노래 부르면서 시간을 보낸다고 생각할 수 없을 것이다. 술집에 있는 학생이나 교사가 리포트를 작성하거나, 수업 준비를 할 것이라고는 생각하지 않는다. 술집에서는 술 마시면서 이야기하고 있을 것으로 생각하고, 도서관에 있는 사람은 당연히 공부하고 있을 것으로 생각한다. 인간은 결국은 자신들이 놓여 있는 위치가 허락하는 행위만을 할 뿐이다.

그렇기 때문에 인간은 무의식적으로 내가 무엇을 할 것인가를 고민하면서 동시에 어떤 위치에 있을 것인지를 고민한다. 친구나 연인과 함께 있으면서 어디를 가야 할지 고민하는 것은 곧 어떤 위치를 찾아 갔을 때 후회하지 않는 선택이 될 것인지를 고민하는 것이다. 우리의 일상적인 생활은 이처럼 어떤 위치 속에서 있는가에 따라 다양한 양상을 드러낸다. 그런 면에서 지리학은 위치를 중심으로 인간들의 삶을 연구하는 학문이라고 말할 수 있다.

위치 개념은 지리학에서 중요하게 사용하고 있는 '장소'의 개념과 겹쳐지는 부분이 많다. 각각의 위치는 다른 위치와 구별되는 자연적, 인문적인 특징을 갖는다. 개개의 위치가 갖고 있는 특성으로 구성된 곳을 다른 용어로 '장소'라고 말할 수 있다.

| 참고 1-2 |

공간적 사고(spatial thinking)의 세 가지 차원

① 위치적 사고(thinking about locations)

특정 위치에서의 '인간과 자연의 관계', '지리적 연쇄'(geographical association)를 포착하려는 사고를 말하며, 좀 더 일반적으로 표현하면 '어떤 현상을 위치적 조건과 결부시켜 이해하려는 사고'라 할 수 있다. 동일 현상이라 하더라도 소재한 위치가 다르면 그것의 의미도 달라진다고 보는 사고이다.

② 관계적 사고(thinking about connections)

지표라는 전체를 구성하는 각 부분들 간의 상호 관계, 가령 장소와 장소 사이의 관계나 지역들 간의 관계를 통해 지표 위의 현상들을 이해하려는 사고이다. 또는 지리적 요소들을 역사적 배경이나 사회적 맥락 속에서 이해하려는 사고이다.

③ 스케일 사고(thinking based on scales)

지표 상에 출몰하는 현상들을 스케일을 달리해가면서 국지적, 지역적, 국가적 스케일에서 입체적으로 조망하려는 사고이다.

장소는 구체적인 위치를 기반으로 하며, 인간의 삶과 무관하게 존재하는 물리적인 지점이 아니다. 그래서 장소는 절대적인 위치를 나타낸다기보다는 상대적인 위치로 표현한다. 동일한 위치 속에 있다고 하더라도, 또 객관적이고 절대적으로 주어져 있는 위치라고 할지라도, 인간은 자신만의 의미 세계를 만들어가면서 절대적인 위치를 상대화시키고, 물리적이고 객관적인 위치를 상대적이고 인간적인 장소로 변화시킨다. 이와 같이 위치와 장소는 매우 밀접한 관련을 맺고 있다. 장소의 개념적 범위 안에서 위치는 중요한 부분을 차지하고 있다(참고 1-3).

2) 장소와 공간

'위치'가 지리학자만이 관심을 갖고 있는 원초적인 개념이라고 한다면, '장소(place)'는 지리학에서 중요하게 다루기는 하지만 건축학, 조경학, 사회학, 문화인류학 등의 학문에서도 지리학 못지않게 중요하게 다루는 개념이다. 그러나 최근 장소와 관련된 지리학의 연구가 다양한 주제를 대상으로 하는 학제적 접근이 주를 이루면서 장소는 지리학의 핵심 개념으로 그 중요성이 더욱 부각되고 있다. 또한 지리학의 학문적 경계가 흐려지는 '지금 여기'에서 '장소'는 지리적 상상력의 토대를 다시금 강조할 수 있는 중요한 개념으로 떠오르고 있다. 아울러 장소는 지리학을 '분포 학문'으로 이해해온 전통으로부터 벗어나게 해준다는 점에서도 중요하게 인식되어야 할 개념이다. 데이비드 하비(D. Harvey)는 장소에 대해 언급하기를 복잡한 현대 자본주의 사회를 이해할 수 있게 하는 중요한 개념이라 한 바 있다.

> 학문 세계 내에서 지리학의 위상은 지리학이 '장소'라는 핵심 개념에 천착할 때 비로소 확보될 수 있다고 본다. (중략) 또한 '장소의 기원과 장소의 정체성에 대한 사회적 연구'는 지리학을 하나의 중심 학문으로 부흥시키며, 또한 장소는 (지리학의 학문적) 정체성을 포착할 수 있는 보다 강력한 분별력을 지니고 있다(Harvey, 1990: 431).

자본주의적 제 장소의 기원과 장소의 정체성을 탐구하는 일이 곧 자본주의 사회의 본질을 이해하는 첩경임을 말하는 것이다. 장소가 사회적으로 중요하게 인식되

| **참고 1-3** |

에그뉴(Agnew, 1987)가 제시한 장소의 세 측면

① 위치로서의 장소(location)

: 지표 상의 특정한 지점

② 감정 이입의 대상으로서의 장소(장소감, a sense of place)

: 개인이나 집단이 한 장소에 대해 주관적인 감정(긍정적, 부정적 측면을 모두 포괄)을 가질 때의 바로 그 장소

③ 생활 공간으로서의 장소(locale)

: 사람들의 일상 생활과 사회 관계가 펼쳐지는 장

는 것은, 한 장소 속에 거주하고 있는 인간이 자신이 처한 장소와 지속적으로 상호작용을 하며 이 과정에서 인간의 개인적, 집단적 자아의 형성에 장소가 관여하고 있기 때문이다. 인간이 생산해내는 다양한 의미의 세계를 알기 위해서는 의미 생산 주체인 인간에 대한 이해에서 시작해야 하며, 의미 생산 주체로서의 인간에 대한 이해를 위해서는 곧 그들이 처해 있는 장소의 이해가 그 실마리가 된다.

> 장소 정체성이란 '나는 어디에 있는가? 혹은 나는 어디에 소속되어 있는가?'라는 질문을 통해 '나는 누구인가?'를 대답하는 것이다. (중략) (우리의 일상 생활을 구성하는 많은) 사람이나, 사물, 그리고 다양한 활동과 마찬가지로 각 장소들은 일상 생활의 사회 세계에서 핵심적인 부분을 이룬다(Cuba & Hummon, 1993: 112).

우리 삶은 앞에서 살펴보았듯이 어떤 장소에 놓여져 있는가에 따라 그 의미가 다르게 나타난다. 집에 있을 때의 나와, 학교에 있을 때의 나, 그리고 사회적으로 다른 사람과 관계를 맺고 있을 때의 나는 기본적으로 '나'이지만 '동일한 나'는 아니다. 본질적으로 '동일한 나'일 수 있지만, 내가 지금 어떤 장소를 소비하는가에 따라 '나'의 행동과 태도는 달라진다. 상대적인 위치를 나타내는 개념으로서의 장소에 대해 앞 절에서 언급하였던 것을 다시 한번 상기해보자. 내가 어떤 장소(위치)에 들어가는가에 따라 우리의 행동은 이미 정해진다. 장소가 허락하는 행위만을 했을 때, 우리는 정상적 인간으로 인식될 수 있는 것이다. 장소가 인간의 삶과 정상성을, 나아가 자아 정체성까지도 형성할 수 있는 핵심 요소인 것이다.

장소와 유사하게 사용되는 공간(space) 개념은 일상적으로는 장소와 거의 구별하지 않고 사용한다. 그러나 지리학에서는 장소와 공간을 서로 대립적인 개념으로 인식하는 것이 일반적이다. '지표 위에서 일어나는 특수하고 예외적인 현상을 탐구하는 지리학'과 '지표 공간을 지배하는 보편적인 원리를 추구하는 지리학'으로 이루어진 하나의 연속체를 상정할 때, 이것의 양 극단에 서 있는 개념이 장소와 공간이다. 장소가 특수하고 예외적인 속성을 가지며, 주관적이고 개성적이며 독특한 것을 담고 있는 개념이라 한다면, 공간은 보편적이고, 일반적인 것을 담아내는 개념이다. 예를 들면 "자본주의의 영향으로 인해 전통적 공동체의 많은 장소가 사라지고 있다"고 표현할 수 있다면, "자본가에게 지표는 공장을 짓고, 도로를 건설할 수 있는 공간으로 인식된다"고 말할 수 있다.

이처럼 공간은 일반적으로 장소 개념과 대립되는 개념으로 이해된다. 장소 개념이 인간주의 지리학에서 주목하는 개념이라면, 공간은 법칙추구를 목적으로 하는 실증주의 지리학이 선호하는 개념이다. 그만큼 공간은 보편적이고 객관적인 의미를 지닌다. 각 개인에게 의미 있는 요소가 아닌 모든 사람에게 제공되는 평균적인 의미를 찾고자 할 때 지리학자는 공간이라는 용어를 사용한다. 장소에 있어서는 사람에 의해 쌓여진 의미층위가 두꺼운 데 비해, 공간은 보편적인 사람이 공유하는 삶의 영역이고, 공식적이고, 의례적인 만남이 이루어지는 곳이기 때문에 의미층이 얇다. 두꺼운 의미층을 지닌 장소는 명확한 경계를 갖고 있다고 볼 수 있으므로 그 경계를 함부로 넘보기가 어렵다. 반면에 공간은 쌓여진 의미층이 얇기에 누구에게나 쉽게 개방될 수 있는 '지나침의 공간', '누구나 향유할 수 있는 지표의 일부'로 생각될 수 있다.

3) 장소, 공간, 그리고 지역

일반적으로 20세기 이후 지리학은 공간을 다루는 학문으로 인식되어 왔다. 20세기 이후의 지리학이 '공간(space, 空間)'을 지리학의 핵심 개념으로 새롭게 등극시킨 것이다. 상식적인 시야에서 공간은 '비어 있는 곳'을 뜻하기 때문에 물질적인 대상과 사건을 담고 있는 컨테이너와 같은 의미로 인식되며, 이러한 맥락에서 물리적, 수학적, 기계적인 개념으로 이해된다.

그러나 일부 학자들에게서 공간은 장소나 지역의 개념과 구별되지 않은 상태에서 혼용되기도 한다. 공간도 특수하고 주관적이며 예외적인 현상을 지칭하는 개념으로 사용되는 경우가 있는 것이다. 예를 들면, 에드워드 홀(E. Hall)이 사용하는 공간 개념은 거의 장소 개념과 유사하다. 홀에 의하면 공간은 우리와 대화할 수 없지만 침묵의 언어를 통해서 우리의 삶에 커다란 영향을 미치는 요소이다.

이러한 점을 고려하여 우리는 지표를 지칭하는 동전의 양면과도 같은 개념으로서 장소와 공간을 인식해야 한다. 그리고 장소와 공간을 어떤 상황에 사용할 것인가도 주의해야 한다. 우리가 일상적으로 지나다니는 공원이나 가로수 길은 그곳에 산책 나온 사람에게는 유희의 '공간'이고, 소통의 '공간'이지만, 헤어진 연인과의 기억을 갖고 있는 사람에게 그곳은 추억의 '장소'이기 때문이다.

특히 최근에는 공간개념과 관련하여 '사회적으로 생산되어진 공간'이라는 새로운 용례가 제시되기도 한다. 여기서 '사회적으로 생산되어진'이라는 표현은 '그 사회 체제의 본질상 또는 그 사회 내의 정치나 권력 관계에서 파생된'의 뜻이다. 지리학자들은 사회적으로 생산된 공간의 성격을 일컬어 공간성(spatiality)이라 표현하는데, 이때 공간을 비어 있는 공간이 아니라 수많은 자본주의적 이념이 대결하는 전투의 장으로 간주한다. 우리가 태어나면서 자연스럽게 접하게 되는 공간이 아니라, 헤게모니를 쥐고 있는 누군가에 의해 생산되고 만들어진 공간을 우리는 일상 속에서 소비하면서 살고 있는 것이다.

사회적으로 생산된 공간에 대한 이해는 앙리 르페브르(H. Lefebvre)의 주장이 대표적이다. 그는 자본주의 사회에 대한 이해가 그 자체로 지리적인 프로젝트가 될 수 있음을 지적한다. 우리가 살아가고 있는 일상 생활 속에서 접하게 되는 모든 공간이 자본주의적인 재화 흐름의 결과이며, 과정 그 자체라고 보기 때문이다.

> 지금까지 알 수 있는 것은 한 세기 동안 자본주의가 그 내적 모순을 약화시킬 수 있었다는 사실이며, 결과적으로 『자본론』이 출간된 이후 백만 년 만에 자본주의는 성장하는 데 성공하였다. 우리는 얼마의 가격으로 그렇게 되었는지는 추산할 수 없으나, 어떤 수단을 사용했는지는 알 수 있다. (자본주의는) 공간을 점유함으로써, 하나의 공간을 생산함으로써 (성장이) 가능했던 것이다(Lefebvre, 1976: 21).

어떤 면에서 장소가 비교적 좁은 범위의 공간을 의미한다고 한다면, 공간과 지역은 장소에 비해 상대적으로 넓은 스케일의 지표 일부를 지칭한다. 이런 점에서 공

| **참고 1-4** |

르페브르(H. Lefebvre)가 언급한 공간 개념의 세 가지 차원

① 공간의 재현(representation of space)

정신 속에서 개념화된 공간. 전문가에 의해 기호·상징·전문어·성문화 등에 의해 의도적으로 구성된 추상적 공간. 공간의 재현은 특정한 이데올로기(정치적)나 지식을 내장한 채 특수한 영향력을 가진다.

르페브르

② 재현적 공간(representational space)

전문가의 재현 대상으로서의 실제 공간. 직접적 삶의 공간. 일상적 공간. 공간의 재현에 의해 항상 침탈의 대상이 되는 수동적으로 경험된 공간. 설계사·계획가·개발가 등은 재현적 공간에 자신들의 상상과 질서와 헤게모니를 부여하여 그것을 성문화, 합리화한다.

③ 공간적 실천(spatial practices)

사회적 공간들을 은닉하는 실천을 말한다. 이러한 공간적 실천은 현실을 구조화하며 특수한 공간적 이해를 공고히 하도록 기능한다. 공간적 실천은 특정한 공간 인지를 유도하고 이것은 다시 공간의 생산과 재생산으로 연결된다. 공간적 실천을 포착하는 가장 쉬운 방법은 사람들의 심상지도를 해석하는 것이다. 심상지도는 개인 혹은 사회집단의 인지 공간(perceived space)을 보여주기 때문이다.

| **참고 1-5** |

페티슨(W. D. Pattison, 1960)의 지리학의 네 가지 전통

① 지구과학 전통(Earth Science Tradition): 지도학과 같이 지구 표면을 전체로서 다루고 이해하려는 전통

② 공간적 전통(Spatial Tradition): 지표 공간의 질서를 지배하는 일정한 법칙을 추구하려는 전통

③ 인간-대지 전통(Man-Land Tradition): 인간과 대지, 인간과 자연의 관계를 구명하려는 전통

④ 지역 연구 전통(Area Studies Tradition): 지구 표면을 이해함에 있어 작은 특징적인 지역 단위들로 나누어 접근하려는 전통

간과 아래에 설명할 지역 개념은 서로 혼돈의 여지를 제공한다. 지역(region)은 지표를 어떤 기준에 의해 구분해 놓은 일부를 의미하기 때문에 공간보다 작은 스케일의 지표 일부를 지칭하는 용례가 많다. 하지만 공간을 지역으로 구분했을 때 어떤 기준으로 구분했는가에 따라 규모를 잣대로 한 두 개념의 구별은 의미를 갖지 못할 수 있다(참고 1-4).

4) 지역과 경관

그림 1-1 비달 블라쉬

지역 역시 위치·장소·공간·경관 등과 함께 지리학의 본질을 나타내는 핵심 개념이다. 페티슨(W. D. Pattison, 1960)이 지리학의 네 가지 전통 가운데 하나로 지역 연구 전통을 주장했을 만큼 지역은 지리학의 오랜 연구 주제이다(참고 1-5). 지역을 대상으로 하는 지역지리학이라는 분야는 '장소'를 연구하되 이때의 장소는 곧 '일정 면적의 지표(area)'를 의미한다. 즉 다루는 연구 주제가 '일정 면적의 지표'일 때에만 지역지리 연구가 된다. 그렇기 때문에 지역지리에서는 'area'의 범위를 어떻게 설정하고, 동일한 범위 내에서 서로 다른 속성들(attributes) 사이의 관련성을 어떻게 설명할 것인가가 중요한 과제이다.

비달 블라쉬(P. Vidal de la Blache, 1845~1918)는 인간과 자연 사이의 밀접한 상호 작용 관계가 수세기 동안 발달되어 온 곳을 지역이라고 보았다(그림 1-1). 이러한 지역은 고유한 특성을 갖고 있는데, 이것을 연구하는 것이 지리학의 과제라고 생각하였다. 이 같은 생각에서 그는 프랑스에서 침식 분지 단위의 생활양식을 일컫는 '뻬이(pays)'를 지역으로 인식하고, 그것을 대상으로 하는 연구에 몰두하였다. 비달이 생각하는 뻬이는 자연적·문화적·역사적 현상을 모두 포함하고 있는 곳이다. 그렇기 때문에 뻬이를 연구하는 것은 인간의 삶의 방식을 이해하는 것이고, 인간 삶을 둘러싼 환경을 이해하는 것이라고 보았다. 그리고 각각의 뻬이는 순환(circulation)의 과정을 통해 새롭게 분화되어간다고 보았다. 비달에게 지역 개념은 서로 다른 사람의 삶의 방식을 이해할 수 있는 생태적 토대였던 것이다.

그러나 칼 사우어(C. Sauer, 1889~1975)와 오토 슐뤼터(O. Schlüter, 1872~1959) 등은 지역을 '경관(landscape)'으로 보았다. 그들은 지역을 설명할 때 발생적-형태적 과정에 의해 형성된 형상을 중시하였다. 그들은 지리학이 지표면의 가시적 현상에 의해 창출된 형태와 공간 구조를 탐구해야 한다고 주장하였다. 가시적 경관은 그 지역을 둘러싼 자연적 조건과 인간 활동의 결과이면서 과정(process) 그 자체를 의미하는 것이다. 그렇기에 지역을 이해한다는 것은 생활양식과 같은 어떤 추상적인 그 무엇이 아니라 곧 그 지역의 가시적인 경관을 이해하는 것으로 생각하였다. 그들은 또한 경관은 지역의 특성을 가시적으로 종합해 놓고 있기 때문에 지리학은 경관을 연구하는 경관학(景觀學)이어야 한다고 주장하였다. 슐뤼터는 지리학의 연구 대상을 명확히 한정하기 위해 '문화 경관으로서의 지역'을 인식하고 있었으며, 인간 활동의 비물질적인 부분은 지리학에서 배제되어야 한다고 보았다.

그러나 알프레드 헤트너(A. Hettner, 1859~1941)는 지역을 경관으로 인식하는 관점에 반대하였다. 그에 따르면, 지리학은 지역의 특수성을 설명해야 하는 학문임에도 불구하고, 각 지역에서 나타나는 경관은 그 지역의 특수성을 모두 담아낼 수 없기 때문에 경관을 대상으로 하는 지리학은 지리학의 범주를 크게 축소한다는 것이다(권용우·안영진, 2001: 150~161). 헤트너의 지역 개념은 지리적 제 현상을 담는 용기로서의 의미였으며 이 점에서는 공간 개념에 가까웠다.

지역 개념은 이처럼 지리학을 어떻게 인식하고 있는가에 따라 다르게 정의되어 왔다. 그만큼 지역은 지리학의 중요한 연구 주제였을 뿐만 아니라, 지리학의 궁극적인 귀결점이었음을 보여준다. 비달 블라쉬의 지역 개념을 '장소로서의 지역'으로 인식할 수 있다면, 사우어와 슐뤼터의 지역 개념은 '경관으로서의 지역'으로 간주해볼 수 있으며, 헤트너의 지역은 '공간으로서의 지역'이라 생각할 수 있을 것이다. 이처럼 지역 개념이 갖고 있는 개념적 포용력은 장소나 공간만큼이나 크다. 그리고 그와 같은 개념적 포용력은 결국 지역이 지리학에서 중요하게 다루어져 왔었던 중요한 주

| **참고 1-6** |

‘지역 유기체설’과 ‘지역 도구설’

지역 개념에 관한 논의 중 핵심 논제의 하나는 지역이 유기적 실체인가, 아니면 지리학자의 상상물인가 하는 것이다. 전자는 지역 유기체설, 지역 개체설 또는 지역 실체설이라 불리며, 후자에 대해서는 지역 도구설, 지역 편의설이라 한다. 지역 유기체설에서는 지역을 실증적으로 확인할 수 있는 유기적 실체로 보며, 지표를 지역들 간의 복잡한 기능적 관계에 의해 결합된 모자이크로서 이해한다. 이에 비해 지역 도구설에서는 지역 개념을 지리학자의 개념적 도구, 즉 어떤 연구를 수행하기 위해 마련한 지적 상상물로 본다. 지역 유기체설이 구대륙에서 구축되었고 지역 자체가 연구 목적인 것에 비해, 지역 도구설은 미국 지리학계에서 생산한 개념으로 지역을 연구의 수단으로 생각한다.

그러나 지역 유기체설과 지역 도구설의 구분은 과거의 논쟁이었고 최근에는 양자가 적절히 혼합되고 있다. 즉 ‘하나 또는 복수의 특성에 의해 내부적으로 일정한 통합성을 지니고 주변 지역과 구별되는 지표의 한 구획’을 지역이라 규정하면서, 이를 다시 등질 지역(formal region)이나 기능 지역(functional region), 토착 지역(vernacular region) 등으로 세분한다. 이 중 등질 지역과 기능 지역이 외부 관찰자의 시각에서 규정한 지역 개념이라면 토착 지역은 내부자, 즉 지역 주민의 인지에 기초한 지역 개념이다.

한편 지역이 구분되는 과정을 지칭하여 지역화(regionalization)라고 한다. 이 개념은 두 가지 의미를 내포한다. 하나는 지리학자가 자신의 연구 목적에 적합하도록 나름대로 기준을 설정해서 ‘지표 공간을 지역들로 구분하는 행위’를 뜻한다. 다른 하나는 지표에서 실제 생활하는 거주자의 시각에서 그들의 인식이나 공간적 행위에 바탕을 두고 ‘지표 공간이 일정한 장소 정체성 및 영역성을 가진 어떤 지역으로 만들어지는 과정’을 의미한다. 현대 인문지리학에서는 공간-사회의 관계를 주목하면서 후자의 의미가 부상하는 경향이 강하다(전종한, 2002).

제였음을 방증한다. 앞으로도 중요하게 다루어져야 할 주제임을 암시한다. 또한 지리학이 인간의 삶과 밀접한 관련을 맺고 있는 학문이기에, 각 지역의 인간의 다양한 삶을 이해하기 위해서는 앞서 언급하였던, '장소로서의 지역,' '경관으로서의 지역,' 그리고 '공간으로서의 지역' 이외에도 '~으로서의 지역'으로 지역 개념을 이해하는 것이 필요하다(참고 1-6).

5) 시간과 스케일

시간(time)과 스케일(scale)은 위치, 장소, 공간, 경관, 지역만큼이나 지리학에서 중요한 개념이다. 위치와 장소, 장소와 공간, 공간과 지역, 그리고 지역과 경관 개념은 각기 고유한, 배타적 영역을 갖고 있기도 하지만, 서로가 공유되어지는 상호 의존적인 영역을 갖고 있음을 앞에서 보았다. 이에 비해, 스케일과 시간은 앞에서 다루었던 개념 모두와 동시에 상호 의존적인 영역을 공유하고 있다. 어떤 면에서 스케일과 시간은 독립적으로 의미 있는 개념이라기보다는 장소·공간·지역·경관 등의 개념과 결부될 때 비로소 의미를 갖는 개념이다. 이런 점에서 시간과 스케일을 지리학의 주요 개념으로 인식하지 않을 수도 있지만, 인간의 삶을 이해하기 위한 지리학의 연구에서 스케일과 시간은 매우 중요한 개념임에 틀림없다.

지리학은 스케일의 학문이라고 한다. 그만큼 스케일에 입각한 지리학 연구는 여타 사회과학과 '구별 짓기'를 가능하게 한다. 지리학은 하나의 주제에 대해 국지적(local) 스케일에서 지역적(regional), 지구적(global) 스케일까지를 넘나들면서 연구하는 것이 가능하기 때문이다. 스케일은 동일한 지리적 현상도 어떤 스케일에서 해석하고 설명하는가에 따라 다른 해석과 설명을 가능하게 한다. 인문 현상은 물론이고 자연지리학의 경우에도 '분자'의 형태에서 지구적 차원의 형태까지 다양한 스케일에서 연구를 진행할 수 있다.

인간은 삶의 범위가 정해져 있는 장소나 지역만을 소비하면서 사는 것은 아니다. 오늘날 인간의 삶은 지역 간의 경계가 허물어지면서 장소나 지역 간의 특성이 사라져가고 있고, 그로 인해 지리학의 학문적 정체성을 의심하는 사람도 있다. 그러나 각각의 장소나 지역이 갖고 있는 고유한 특성이 사라져가는 다른 한편에서, 장소 간의, 지역 간의 네트워크를 통해서 새로운 장소와 지역이 탄생하고 있다. 지리학은 지금과는 다른 차원 지역과 장소를 다양한 스케일에서 다룰 수 있기에 세계화가 빠르게 진행되어 가는 오늘날의 사회에서도 여전히 학문적 존재 이유를 부여받고 있는 것이다.

시간도 스케일 못지않게 지리학에서는 중요한 개념이다. 장소·공간·지역 속에는 시간이 퇴적되어 있기 때문에 지리학자가 연구 대상으로 삼는 장소·공간·지역은 시간을 포함하고 있다. 그렇기 때문에 장소·공간·지역이 갖고 있는 특성에 대한 이해는 장소·공간·지역 속에 압축된 시간의 특성에 대한 이해에서 비롯된다. 특히, 포스트모던 인문지리학에서는 구조-동인(주체) 간의 관계에 대한 관심과 함께 공간적 현상의 시간적 변화에 민감하다는 것이 큰 특징이다(전종한, 2002). 여기서 개개의 장소·공간·지역 속에 퇴적되어 있는 시간은 단선적(單線的)으로 흐르는 '역사적인 시간(historical time)'을 의미하는 것은 아니다. 각각의 지역에 퇴적되어 있는 시간은 각 장소·공간·지역의 특성을 반영하는 '공간화된 시간(spatialized time)'이며, 다선적(多線的)인 시간이다.

각각의 장소·공간·지역이 어떤 상황 속에 놓여져 있는가에 따라 시간의 흐름은 서로 다르게 느껴진다. 개개의 장소, 공간이 서로 다른 특성을 나타낼 수 있는 것도, 각각의 장소·공간·지역에서 시간이 서로 다르게 흐르고 있기 때문이다. 공간화된 시간은 모든 지역에 똑같이 적용되어지는 절대적인 시간이 아니다. 각각의 장소·공간·지역적 특성에 따라 다르게 움직이는 상대적이고 맥락적인 시간이다. 공간화된 시간은 해체된 시간인 것이다. 젊은 사람에게 흘러가는 시간과 노인에게 흘러가는 시간은 다른 의미를 갖는다. 신혼 살림을 시작한 신혼 부부의 시간과 매몰된 갱도에서 살기 위해 버텨야 하는 광부의 시간은 동일한 시간이 아니다. 장소·공간·지역의 경우에도 마찬가지이다. 지리학 연구에서 스케일과 시간은 장소·공간·지역에 대한 이해를 입체적으로 이해할 수 있게 하는 개념이다. 스케일과 시간은 독립적으로 다른 개념과 구별될 수 있는 배타적인 영역이 없는 것은 아니지만, 오히려 장소·공간·지역과 결합되었을 때 훨씬 더 장소 · 공간 · 지역에 대한 이해의 깊이를 더해준다.

오늘날 지리학의 연구 대상이 흐려지고 있고 초학문적인 접근이 크게 부상하는 상황에서 지리학의 학문적 정체성을 찾는 작업은 매우 중요하다. 이미 다른 학문과 공유하고 있는 연구 대상에 대해 지리학만의 시선으로 해석하고 설명하기 위해서는 지리적 개념에 대한 이해가 선행되어야 한다. 위에서 다루었던, 위치, 장소, 공간, 지역, 경관, 그리고 스케일과 시간은 모두가 지리적 사고력을 펼쳐가기 위한 기본 개념이다. 이들 개념에 대한 이해는 지리적으로 생각하고, 지리적으로 행동하기 위한 단초일 뿐만 아니라, 지리학의 고유한 시선이 지향해야 할 귀결점이기도 하다.

| 참고문헌 |

권용우 · 안영진(2001), 『지리학사』, 서울: 한울 아카데미.

나카므라 가즈오 외(2001), 『지역과 경관』, 정암 · 이용일 · 성춘자 옮김. 서울: 선학사.

손명철 편역(1994), 『지역 지리와 현대 사회 이론(*Postmodern Geographies*)』, 서울: 명보문화사.

에드워드 소자 (1997), 『공간과 비판사회이론』, 이무용 외 옮김, 서울: 시각과 언어.

전종한(2002), "역사지리학 연구의 고전적 전통과 새로운 노정 – 문화적 전환에서 사회적 전환으로," 『지방사와 지방 문화』, 5(2), 서울: 학연문화사.

Agnew, J. A.(1987), *Place and Politics*, London: Allen & Unwin.

Castells, M.(1996), *The Rise of the Network Society, The Information Age: Economy, Society and Culture* Vol. I. Cambridge, MA; Oxford, UK: Blackwell.

Gersmehl, P.(2005), *Teaching Geography*, New York: The Guilford Press.

Hartshorne, R.(1939), *The Nature of Geography*, Annals of the Association of American Geographers.

Holloway, S. *et al.*(2003), *Key Concepts in Geography*, London: SAGE Publications.

Hubbard, P. *et al.*(2002), *Thinking Geographically*, London: Continuum.

Pattison, W. D.(1964), "The Four Traditions of Geography," *Journal of Geography*, Vol. 63, no. 5.

2장

쟁점으로 읽어보는 지리학사

우리가 중등학교 때 배운 지리 과목에는 너무도 다양한 것들이 담겨 있었다. 지형에서부터 기후, 토양, 식생, 촌락, 도시, 농업, 공업, 상업, 관광, 지역 개발, 그리고 세계 각국과 한국 내 여러 지방의 지역지리까지, 인문학에서 사회과학을 건너 자연과학을 종횡무진하는 방대한 면모를 보여주었다. 이 드넓은 지리학은 어떻게 해서 오늘날의 모습을 갖추게 되었을까? 고대 그리스까지 거슬러 올라가는 지리학은 그 시원에서부터 그런 다양하고 광활한 모습으로 시작되었다. 즉 지방지와 우주지로부터 시작된 지리학은 점차 그 범위를 축소해 오면서도 다양한 변주를 통해 오늘에 이르렀다. 이토록 방대한 관심사를 통해 궁극적으로 지리학이 무엇을 주목하려 했는지, 지리학의 시선은 어떻게 달라져 왔는지를 각 시대별 쟁점 속에서 확인해보자.

1. 고대와 중세의 지리학 전통

1) 지방지 전통 vs 수리천문학 전통

'종합 학문' 혹은 인문·사회과학을 이어주는 '가교(架橋)적 학문'으로, 그리고 '두 개의 지리학과 하나의 지리학'이라는 단어로 표현되는 지리학의 학문적 성격은 이들 표현이 말해주듯이 전문적이면서도 광범위한 연구 주제를 담고 있다. 지리학의 내용이 광범위한 영역을 포함하게 된 것은 고대부터 비롯된 두 전통에서 기원한다고 볼 수 있다.

지방지 전통은 고대 그리스로부터 시작된 정복 사업과 상업적 교역 확대 등으로 요구되는 타지방에 관한 정보 수집에서 비롯된 전통이다. 이렇게 최초의 지리적 호기심은 제국주의자와 무역업자들에 의한 실용적 계기(practical motives)를 따라 촉발된 것이었다(Jordan, 1999: 3). 지방지 전통에 의한 고대 지리학의 내용은 주로 자연지리적 환경, 생활 모습, 각 지역의 산물 등을 기록하고 있다. 우리들이 접할 수 있는 지방지 전통의 지리학 서적들은 호머(Homer)의 『일리아드(*Iliad*)』와 『오디세이(*Odyssey*)』(B. C. 9~ B. C. 8)를 비롯하여 헤로도투스(Herodotus, B. C. 484~B. C. 425)의 『역사(*Histories*)』(B. C. 5) 등으로 고대 각 지방의 자연지리적 환경과 산물, 그리고 역사를 기술한 책들이다. 이들 저서는 최초의 역사지리 저술로서의 성격을 가지며, 호머와 헤로도투스는 최초의 역사지리학자라 평가받고 있다.

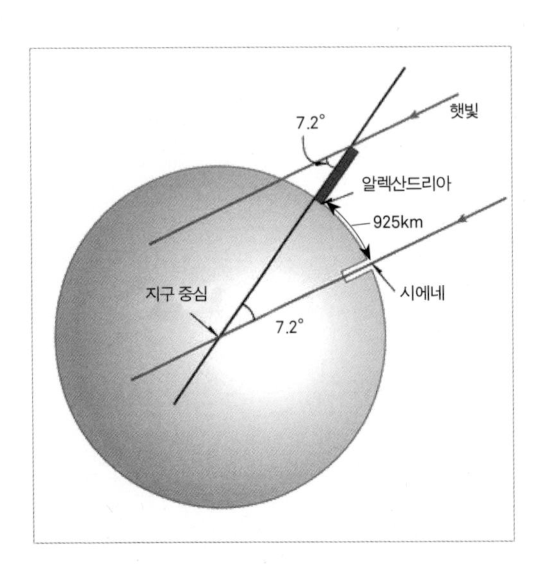

그림 2-1 에라토스테네스의 지구둘레 측정

고대 지리학의 두 번째 전통으로서 수리천문학 전통은 지구의 수리적 계측과 천문학에 대한 관심에서 비롯되었다. 이러한 전통의 가장 대표적인 학자는 에라토스테네스(Eratosthenes, B. C. 276~?)이다. 그는 알렉산드리아에서 우물의 그림자를 가지고 행한 실험에서 지구 둘레를 최초로 계측하였다(그림 2-1). 지구에 관한 다양한 수리적 계측과 천문에 관한 실험 결과를 싣고 있는 에라토스테네스의 저서 『지리학(*Geographica*)』(전3권)에 잘 나타나 있는 수리천문학 전통은 이후 고대 지리학을 집대성한 학자로 알려진 스트라보(Strabo)와 톨레미(Ptolemy, 프톨레마이우스)에게 전수되었다(James, 1981: 35-37).

고대 지리학의 세 번째 전통은 신학적 전통이다. 종교와 관련된 이 전통은 지구상에 거주하고 있는 인간의 존재 이유에 대한 관심에서 시작된 고대 지리학의 전통이라고 볼 수 있다. 원래 신학적 전통은 점성술과 고대의 신화에서 기원되었다고 볼 수 있는데, 그 기본 사상은 '지구는 절대자에 의해 설계된 질서와 의도가 있다'는 생각에서 비롯되었다. 이 전통의 내용을 살펴보면 자연은 하나의 목적을 위해 움직인다는 사고를 토대로, 지구는 신이 계획한, 신의 간섭을 받을 수밖에 없는 세계임을 주장하고 있다. 따라서 이 전통은 넓은 의미에서 일종의 자연의 기원에 관한 탐구라고 이해할 수 있다.

그림 2-2 고향인 터키의 아마스야(Amasya)에 있는 스트라보의 동상

2) 고대 지리학의 집대성, 스트라보와 톨레미

고대 지리학자들이 어떤 생각을 가졌으며 얼마만큼의 학문적 성과를 쌓았는지에 관한 현재의 지식은 대부분 스트라보(Strabo)(그림 2-2)를 통해 알려진 것들이다(James, 1981: 35). 그리스와 로마의 지리 사상사(the history of geographical ideas)는 대부분 망실되어 오늘날 단편만이 전할 뿐이지만 스트라보의

업적은 거의 원안 그대로 전해져 내려온다. 스트라보는 특히 다음과 같이 기술한다.

> 지리학자는 첫째, 지구를 하나의 총체로서(as a whole) 다룬다. 지구의 규모, 형태, 특징 등을 중심으로 우리의 삶의 세계(inhabited world)를 전체적으로 설명하고자 하는 것이다. 둘째, 지리학자는 바다와 육지를 총괄하여 지구의 각 부분들(the several parts)을 연구한다(Strabo, James, 1981: 36에서 재인용).

스트라보의 저서인 『지리학(*Geographica*)』은 상당 부분 호머(Homer)의 저술 내용을 옹호하고 있다는 점에서 그는 헤로도투스가 아닌 호머의 계승자라고 볼 수 있다. 그는 헤로도투스에 대해서는 '이야기 꾼'(fabel-monger) 정도로 비판하였고, 아리스토텔리스의 거주 가능 지대(zones of habitability) 개념을 인정한 에라토스테네스의 입장에는 동의하는 등 선행 연구자들의 성과를 비판적으로 수용하였다. 이러한 이유에서 현대의 지리사상가들은 스트라보를 놓고 고대지리학을 집대성한 학자라고 평가하는 것이다.

스트라보는 '지리학자는 수학적 지식에도 능통할 필요가 있다'는 의견을 보이면서도 주로 지방지적 전통의 저술들을 남겼다. 그의 지리학 책은 당시까지 알려진 세계 각 지역에 대한 저술이었다. 먼저 그는 자신이 활용한 자료의 특성을 두 권에 걸쳐 소개하고, 유럽에 대해 8권, 아시아에 대해 6권, 아프리카에 대해 1권의 책을 할애하였다. 저술 방식은 백과사전식 형태를 보여주며 로마 시대의 풍부한 지리적 지식과 로마의 실용적 기풍을 따르고 있다. 이 연구서는 세계에 대한 방대한 지식을 자세하고 조직적으로 정리하고 있어 세계지역지리의 발전에 기초적 역할을 하였다.

이들 저서를 통해 알 수 있는 지리학의 역할에 대한 스트라보의 생각은 통치적·행정적 측면을 강조했다는 것이다. 즉 로마 시대의 제국주의적 지배 방식은 지리학의 역할에도 지대한 영향을 미쳤는데, 상대 국가에 대한 정복과 정복 국가에 대한 행정적·통치적 측면에서 통치자들로 하여금 넓은 영토를 정복하고, 그에 대한 지배력을 유지할 수 있도록 정보와 지식을 제공하는 것으로 보았던 것이다.

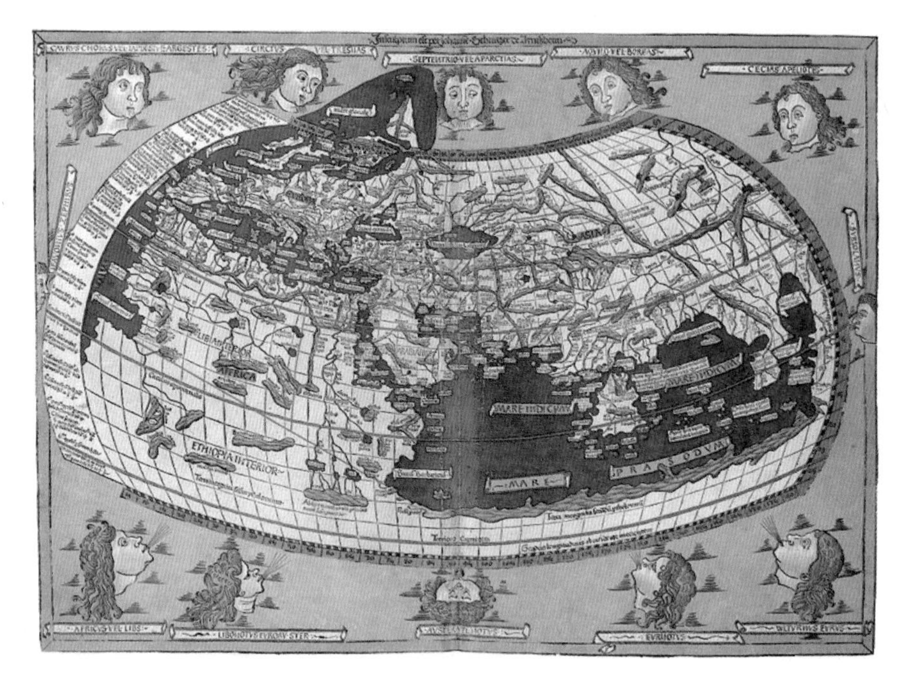

그림 2-3 톨레미의 세계지도(출처: *Introduction to Geography*, 2008: 5)
톨레미의 세계지도 원본은 전해지지 않으나, 후대의 학자들에 의해 재구성된 모사본이 전해진다. 이 그림은 15세기 때 그려진 모사본이다. 지도에서 경위선망을 확인할 수 있다.

톨레미의 가장 대표적인 저서인 『지리학 집성(*Geographika Syntaxis*)』은 에라토스테네스의 수리천문학적 전통을 계승하였다. 이 책은 주로 지구의 지도화, 경위도의 측정법, 지도 투영법을 다루었다. 그의 저서를 통해 알 수 있는 지리학에 대한 그의 정의를 살펴보면 다음과 같다. 스트라보와 마찬가지로 그는 먼저 지리학은 지구를 전체적으로 다루는 학문이라고 생각하였다. 그리고 지구의 한 부분을 다루는 지역지리학(regional geography) 역시 지리학의 영역이라고 보았다. 그는 지구를 전체적으로 다루는 것에 주된 업적을 내놓았지만 지방지(topography)적 기술에도 관심을 가졌던 것이다. 그의 생각에 지리학과 지역지리학은 지구를 전체로서 다루느냐 부분별로 다루느냐, 즉 상정하는 공간 규모의 면에서는 차별적이지만 양자 모두 큰 테두리의 지리학이라고 여겨졌던 것이다.

그림 2-4 중세의 T-O 지도(1962년본, 출처: *Mapping the World*, 2006: 42)

유럽 중세의 세계지도인 T-O 지도다. 세 개의 대륙(유럽, 아시아, 아프리카)이 그려져 있고, 세로축이 동-서 방향으로서 지도의 위쪽이 동쪽 방위이다. 동쪽 끝에는 아담과 이브의 얼굴로 상징되는 천국이 묘사되어 있고 이곳으로부터 네 줄기의 강물이 흐른다. 지구는 예수에 의해 축복되고 있는 양상으로 묘사되어 있으며 두 천사가 그를 보좌하고 있다.

3) 중세, 두 개의 지리학: T-O 지도 vs 이븐 바투타

모든 문화와 사상에서 그러한 것처럼 중세 시대 기독교 사상은 지리학에 대해서도 그 간섭이 매우 지배적이었다. 그 결과 지리적 사실보다 신학적 믿음을 중시한 연구물이 많이 배출되었다. 이러한 연구물을 대표하는 'T-O 지도'(그림 2-4, 5)는 신학이 중심인 중세의 학문적 경향이 하나로 모아진 결정체로 볼 수 있다. 여기서 'T-O'란 원을 의미하는 O(orbis)와 지구·땅을 의미하는 T(terraum)의 이니셜의 합성어이기도 하지만, O는 대양(바다)을 상징하고, T는 육지를 세 개로 나누는 수로(돈강·홍해·지중해)의 형태를 의미하는 것으로도 알려져 있다. 'T-O 지도'의 세계관은 중세 기독교 시대의 세계관을 아주 단적으로 표현해 주고 있다고 볼 수 있다.

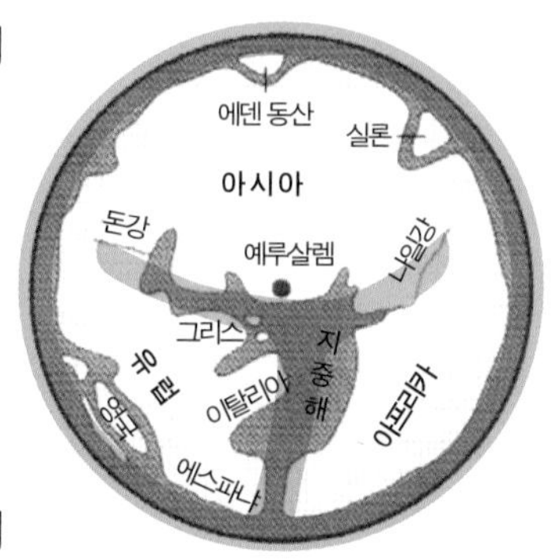

그림 2-5 T-O 지도의 구조

신학 중심의 세계관이 지배적이던 중세 암흑기 동안 유럽에서 지리학이 침체되었던 반면, 유럽의 고대지리학 성과들은 유럽 대신 이슬람 세계로 계승되어 '이슬람의 지리학'으로 발전하였다. 8세기 이후 사라센 제국으로 번영을 누리면서 아랍제국은 광대한 영토 정복에 박차를 가하였고, 이에 따라 정복한 영토에 대한 광범위한 정보 수집이 가능하였다. 또한 이와 더불어 특히 그리스·로마의 저술들을 아랍어로 번역함과 동시에 동방과의 교역을 통해 동방의 문화적, 과학적 전통을 수용하여 지리학뿐만 아니라 다양하고 종합적인 이슬람 문화의 꽃을 피우게 되었다. 일생에 한 번은 성지를 순례해야 한다는 엄격한 규례로 인하여 이슬람교는 광대한 정복지 그 어디에서라도 성지 '메카'를 여행할 수 있는 안내 책자를 이슬람 승려로 하여금 편찬하게 하였다. 그리고 이것이 바로 여행지 중심의 지리학적 전통이 수립된 계기라고 볼 수 있다. 이슬람 승려에 의해 편찬된 여행기는 이븐 바투타(Ibn Battuta, 1304~1368)의 여행기와 이븐 할둔(Ibn Khaldun, 1332~1406)의 저서가 가장 대표적이다.

먼저 이븐 바투타는 인도, 아나톨리, 서아프리카에 대한 여행기(1357)를 작성하였는데, 열대 지방은 너무 더워 인간이 살 수 없다는 아리스토텔레스의 주장이 잘못 되었음을 지적하는 대목도 나오고 있어 그 당시 정확하지 않거나 상상으로만 가지고 있던 지리적 현상들에 대해 사실 확인을 비롯한 지리적 정보 제공의 역할을 했음을 알 수 있다. 다음으로 이븐 할둔은 『무가디마(*al-Muqaddimah*)』라는 역사지리서 성격의 책을 저술했는데 그 내용은 국가의 흥망성쇠를 설명함에 있어 자연환경과 관련지어 서술했다는 것이 특징이다. 특히, 세계의 문명 지역의 특성을 자연환경과 관련하여 설명하는 부분은 환경 결정론의 원초적 형태라고 볼 수 있을 것이다. 이렇듯 중세 시대에는 기독교적 세계관에 정체되어 있었던 유럽의 지리학과 전세계를 역동적으로 탐험하였던 이슬람의 지리학이 서로 대비되는 면모를 보여 주었다.

2. 지리상 발견 이후 지리 지식의 체계화와 근대 지리학의 전개

1) 지리상 발견 시대 바레니우스의 고민

15, 16세기 이래 수많은 탐험과 무역 활동이 이루어지면서, 이를 통해 세계 여러 지방에 대한 지리적 지식 및 세계 각지에 대한 자세한 지지(地誌)적 정보와 자료들이 수집되었다. 이를 정리하는 학술적 작업을 '우주지'라 표현할 정도로 그 내용은 매우 방대하였다. 그러나 우주지로부터 벗어나 자료 정리 방식을 보다 체계적으로 조직, 기술, 설명할 필요성이 대두되었고 이 부분에서 베르나르 바레니우스(B. Varenius, 1622~1650)가 고민하고 공헌하였다. 방대한 자료에 대한 그의 고민의 시작은 지리학을 점성술이나 천문학과 분리하고자 하는 데서 비롯되었다. 점성술과 천문학에 관련되는 저 먼 공간의 지리학을 지표를 대상으로 하는 학문, 곧 실질적인 '땅에 관한' 지리학으로 구체화하였던 것이다.

그는 지리학이 두 부분으로 나뉜다고 생각하였는데, 일반적인 것과 특수한 것으로 분류된다는 생각이 그것이다. 전자는 지구를 일반론적으로 고찰하는 것으로 일반지리학이라 볼 수 있으며, 후자는 특수한 개별 지역을 사례로 그 위치, 구획, 경계 등을 살펴보는 것으로 특수 지리학이라 볼 수 있다.

이와 같은 바레니우스의 지리학 분류 방식은 지리학과 지역지리학을 구분하던 톨레미의 관점과 매우 유사함을 알 수 있다. 그러나 그는 지방지적 지리학으로부터 탈피하고자 하였고 자료의 종합적, 체계적인 질서화를 통해 보편성을 추구하였으며, 지리학이 과학적 면모를 갖추는 토대를 마련코자 하였다. 지리학에 대한 그의 정열적인 고민과 노력은 당시에는 큰 영향 주지 못했다. 그러나 훔볼트와 리터 시대에 와서 새롭게 이해되고 재평가됨으로써 중세 지리학과 근대 지리학의 교량적 역할에 중대한 공헌을 하였다. 이러한 그가 안타깝게도 28세의 나이로 요절하였고, 결국 일반 지리학에 관해서는 저서를 내었으나 특수 지리학에 대한 사고를 구체화한 연구는 전하지 못하여 지리학 발전에 많은 아쉬움을 남겼다.

2) 순수 지리학 운동

1750년 이후 독일의 지리학자들을 중심으로 지금까지 지리학이 역사학을 연구하는데 있어 보조적으로 필요하다는 생각이나, 또는 새롭게 등장하기 시작한 근대 국민국가의 통치 행정에 도움을 주는 수단이라는 생각에 대해 비판과 반성이 일기 시작했다. 이러한 반성을 계기로 보조 분야 혹은 수단으로서의 지리학에서 벗어나, 독립된 과학으로서 지리학의 위상을 향상시키려 한 운동이 확산되었다. 이를 순수 지리학 운동(reine Geographie-Bewegung)이라 부른다.

순수 지리학 운동의 기본 성격은 지역의 구분과 기술에 있어 정치, 행정적 경계를 토대로 하던 기존 관행에서 탈피하여, 자연 경계를 기준으로 지역을 설명하는 것이었다. 즉 인위적인 정치 지역이 아니라 자연 지역에 따라 지역 구분을 시도하고, 이에 근거하여 지리지식을 체계적으로 기술을 하자는 것이다. 이러한 흐름 속에서 수리지리학적, 정치지리학적 내용을 배제하고 지표상의 자연 조건과 환경에 중점을 둔 기술 방식을 선호하였다. 대표적 학자로 부아쉬(Buache), 가터러(Gatterer), 호마이어(Hommeyer), 조이네(Zeune) 등이 있다.

이러한 순수 지리학 운동에 의한 연구 방법은 기존의 접근에 비해 새롭기는 하였으나 그 기술 방식은 전통적인 백과사전식 기술에 불과하다는 한계를 기지고 있었다. 그럼에도 불구하고 이러한 연구 경향은 지리학의 여러 하위 분야의 발달을 유도하여 일반 지리학, 국가지(Staatenkunde), 지역지(Landerkunde), 인류·민속지(Menschen und VolkerKunde) 등으로 지리학의 영역을 넓혔다는 의의를 가진다. "지구는 신의 의도에서 창조된 것이 아니며, 자연 환경은 인간 사회의 발달에 끊임없이 규제를 가한다"라는 그들의 주장에서 알 수 있듯이 순수 지리학 운동은 자연 환경을 중시하여 지리학의 연구 대상을 지표에 한정시키려 했다는 특징이 있다. 자연 현상을 지리학의 주된 주제로 인식한 그들의 연구 경향은 한동안 독일의 지리학에서 자연지리학이 주류를 이루는 데 강한 영향을 미쳤다.

3) 과학으로서의 지리학: 훔볼트 vs 리터

17세기 이래 자연과학의 눈부신 발달로 자연 현상뿐만 아니라 인간과 사회까지도 자연과학적 방법으로 설명하려는 유행이 있었다. 이러한 자연과학적 방법론, 기계론적 관점은 영국에서 시작된 뉴턴의 기계론적 경험주의, 프랑스에 뿌리를 둔 데카르트의 합리주의 사상에 기원을 둔다. 그러나 영국과 프랑스의 이러한 경향과는 다

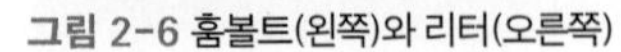
그림 2-6 훔볼트(왼쪽)와 리터(오른쪽)

르게 독일에서는 관념론적 자연철학이 발전하여, 자연의 통일성과 조화를 이해하고 파악해야 한다는 주장이 일고 있었다. 이러한 커다란 틀에서 독일의 지리학은 과학적 방법을 수용하여 자료의 수집, 비교, 분류에 적용하였고 더 나아가 일반화와 인과 관계를 도출하려고 하였다. 이 시기에 활동한 알렉산더 폰 훔볼트(A. von Humboldt, 1769~1859)와 칼 리터(C. Ritter, 1779~1859)(그림 2-6)는 관념론적 자연 철학에 기초하여 자연 세계의 조화와 신의 목적을 전제하면서도 여기에 과학적 방법론을 가미함으로써 근대 지리학의 창시자로서 일컬어지게 되었다.

훔볼트는 인간을 자연의 일부로 인식하면서 자연 세계에 내재한 통일적 상관성을 이해하는 데 지리학의 목적을 두었다. 그의 유명한 저서인 『코스모스(*Cosmos*)』에는 조화와 통일성에 대한 신념이 강하게 담겨 있다. 그는 지리학의 방법론으로 경험적 관찰과 비교를 통한 귀납적 방법을 활용하였는데, 특히 자연 환경 구성 요소들을 분리해서 관찰하지 않고 상호 비교하고 결합 관계의 원리를 찾아 자연 지역의 성격을 총체적으로 구명하려고 하였다. 이와 함께 사상적으로도 독일의 관념주의 철학과 영국·프랑스의 실증주의적 과학을 결합하려고 노력하였다. 그는 특히 식물지리학에 지대한 공헌을 하였는데, 유기체와 환경 간의 상호 의존성과 식물군 사이의 상호 의존성, 그리고 그것의 전체적 결합 및 조화와 통일체로서의 자연에 대한 이해를 추구하면서 더욱 독보적인 영향을 끼쳤다. 이러한 성과들을 통해 우리는 그의 연구에 내재되어 있는 생태학적 사고의 여러 측면들을 읽을 수 있다.

반면 리터는 지리학의 연구 대상을 '지표에 있는 관찰할 수 있는 모든 것'이라고 주장하였다. 특히, 그가 중점적으로 관심을 기울인 연구 대상은 '인류 거주지'로서의 '지표'이다. 지리학에 대한 그의 방법론은 '객관적 자료의 수집 → 자료의 상호 비교 → 지배 원리 추출'이라는 비교학적 방법에 기초한 과학적 방법이었다. 또한 그는 자연 세계에는 신의 의도와 목적이 있고, 그 목적을 밝히는 데 지리학의 관심이 있는 것이며, 이를 위해서 자연히 역사적 관점이 중시되어야 한다고 주장하였다. 그의 연구에서 인간과 밀접한 상관 관계를 형성하는 지표 현상 연구 분석에 활용된 주요 단위는 대륙이었다. 그리고 각 대륙을 다시 여러 개의 자연 지역으로 구획하여 각 지역의 상세한 구성 체계를 연구했던 것이 바로 리터의 지리학에서 보이는 큰 특징이다. 이러한 특징들은 후에 근대적 지역지리학과 인문지리학 발달에 결정적인 공헌을 하게 된다.

현대 지리학계에서 근대 계통지리학의 시조로서 추앙되는 훔볼트는 관심사가 상당히 다양했던 박물학자였다. 그는 5년간 중앙아메리카와 남아메리카를 답사하면서 그곳의 자연 및 인간의 자연 이용 특성을 조사하였다. 그 후에도 프랑스 파리에서 20년간 머물면서 관련된 추가 자료를 수집했을 정도로 답사와 철저한 자료 수집을 중시하였다. 이를 통해 그가 궁극적으로 보여주고자 했던 것은 자연 환경의 다양성과 인간의 자연 이용 특성의 지역적 차이, 다시 말해서 해발 고도, 기온, 식생 환경의 차이에 따라 인간의 취락 패턴과 농업 방식이 어떻게 전개되는가 하는 것이었다. 이에 관한 성과를 담아서 출간한 책이 『코스모스(*Cosmos*)』(1845~1862, 총5권)이다.

오늘날 근대 지역지리학의 시조로 간주되는 리터 역시 다양한 관심 분야를 갖고 있었는데, 그는 당대의 훔볼트와 만나기도 하면서 그에게서 일정 정도 영향을 받았다. 그는 독일 프랑크푸르트대학의 역사학 교수를 거쳐 베를린대학 지리학 교수를 역임하게 된다. 현지 조사(field) 경험은 독일과 이탈리아, 스위스 등지에 대한 약간의 여행이 있었을 뿐, 리터의 연구 생활은 대체로 2차 자료에 근거해서 이루어진 편이었다. 리터의 관심사는 '장소들에서 나타나는 제 현상들 간의 상호 관련성'이었다. 그는 이것을 장소 안에 존재하는 '다양성 속의 통일성'(unity in diversity)이라고 표현했으며 거기에서 신의 계획이 무엇인지 찾아볼 수 있다고 믿었다. '제 현상들 사이의 독특한 조합'을 찾아냄으로써 지구 표면을 이루는 각 조각들, 즉 각각의 지역(region)을 정의하고자 했던 것이고, 그 연구 결과가 19권의 미완성작인 『지리학(*Erdkunde*)』(1817~1859)이었다.

비록 신분은 달랐지만 동시대를 살았던 같은 독일인으로서 훔볼트와 리터는 같은 해에 세상을 떠났고, 근대 지리학의 두 거두였다는 점 이외에도 자연의 통일성에 관심을 가졌다는 점(독일 관념주의 철학 사조에 영향 받은 것임)에서 공통점을 가진다. 훔볼트는 생태적 개념 속에서 미적 통일성을 탐색하고자 하였고, 리터는 종교적 목적론을 전제하면서 역사적, 지역적 통일성을 강조하였다. 또한 경험적 분석과 비교학적 방법의 중요성을 강조한 이들의 공통된 방법론은 지리학을 근대적 학문 분야로 한 단계 도약케 하는 데 큰 역할을 담당하였다. 그러나 두 학자의 차이점 역시 간과할 수 없다. 먼저 인간과 자연의 관계에서 훔볼트는 인간은 자연의 일부라고 생각한 반면, 리터는 자연을 신이 인간을 위해 설계한 환경이라는 생각을 가지고 있었다. 또한 훔볼트의 주된 관심사는 자연세계(자연지리학적)의 현상들에 있었으며 따라서 저서의 내용과 서술에 있어서 과학적 방식을 추구하였다. 이에 반해 리터는 훔볼트와는 달리 인간 세계(인문지리학적)와 관련된 현상에 주로 관심을 가졌으며 저서의 내용과 서술은 보다 이데올로기적인 특징을 보였다.

그림 2-7 임마누엘 칸트

4) 자연지리학 강의: 칸트가 말한 근대 지리학의 성립 논리

임마누엘 칸트(I. Kant, 1724~1804)(그림 2-7)는 계몽주의 철학자이면서 독일의 쾨니히스베르크(Königsberg)대학에서 자연지리학을 강의한 이력을 갖고 있다. 그는 모든 지식(knowledge)이 두 가지 방식으로 구축될 수 있고 또한 분류될 수 있다고 주장하였다. 하나는 어떤 현상의 '기원(origin)을 탐구'함으로써 구축되는 지식 유형이고, 다른 하나는 현상의 '발생 시기(when) 또는 발생 장소(where)를 문제 삼음'으로써 구축되는 지식을 말한다.

전자의 예로는 경제학, 정치학, 생물학, 물리학 등 대부분 학문들이 해당하고 이러한 방식의 학문 분류를 논리적 분류(logical classification)라 하였다. 그리고 후자에 해당하는 지식 분야로는 지리학과 역사학을 들었다. 칸트의 주장에 따르면, 발생

시기에 대한 관심을 토대로 구축되는 지식이 역사학이라면, 지리학은 발생 장소에 관한 관심을 토대로 구축되는 지식이었다. 이러한 칸트의 지리학 성립 논리는 근대 지리학의 시조로 알려진 훔볼트와 리터에게 계승되었다. 즉 근대 지리학의 성립 논리는 적어도 칸트에게 거슬러 올라가는 것이다.

지리학에 대한 칸트의 주장은 지리학의 철학적 정당화에 공헌하였다. "지리학은 현재의 시점에서 공간을 기술하는 것이고, 역사학은 공간을 시간의 흐름 속에서 기술하는 것이다."라고 제시한 그의 사고에서 알 수 있듯이 지리학은 공간, 역사학은 시간과 이론적으로 연결되었다. 칸트의 사고는 지리적 지식을 증가시킨 것은 아니지만 지리적 지식의 본질을 탐구했다는 데 의의가 크며, 그것은 지리학에 있어서 사실의 수집과 분류의 중요성을 부각시켜 주었다. 지리학에 대한 칸트의 이러한 생각들은 20세기 초 헤트너와 하트숀 등에게 계승되고 비판적으로 수용되면서 근대지리학 발달에 많은 영향을 주었다.

5) 『종의 기원』(1859)과 지리학 논쟁: 환경 결정론 vs 가능론

1859년은 근대 지리학의 창시자인 훔볼트와 리터가 타계한 해이다. 그리고 훔볼트와 리터의 죽음과 더불어 지리학 연구는 '인간-자연 관계'를 조화·통일체로서 인식하는 태도 대신 인간과 자연 간의 관계에 있어서 어느 쪽이 더 지배적인가, 어떤 방향의 관계인가 하는 점을 찾고자 했다. 이것은 유기체와 환경과의 관계에 관심을 갖는 진화론적 사고의 연장선에 있는 것이기도 했다. 흥미롭게도 근대지리학의 두 창시자가 타계한 1859년에 찰스 다윈(C. R. Darwin, 1809~1882)은 『종의 기원(*On the Origin of Species by Means of Natural Selection*)』을 출간하여 자신의 진화론적 사고를 개진하였다. 다윈의 진화론은 무엇보다 지리학에 대하여 인간과 그들이 살고 있는 환경 간의 관계에 대한 관심을 키우는 촉매가 되었다.

다윈 이후 지리학 연구는 주로 인간과 환경의 관계에서 자연 법칙을 찾는 데 관심을 쏟았으며, 특히 인간 활동과 관련해서는 보다 제한된 시각으로 살피려 하였다. 즉 자연과 인간 사이의 관계를 일차적인 관심사로 생각하였으며, 인간의 성취는 자연 조건의 압력 아래 적자생존의 결과라는 해석이 지배적이었다. 환경 결정론의 효시로 널리 알려진 프리드리히 라첼(F. Ratzel, 1844~1904)은 그의 저서 『인류지리학(*Anthropogeographie*)』에서 인류의 분포와 거주지에 관해 기술하면서, 인간의 토지 의존성과 이주과정, 그리고 자연 환경이 사회 집단에 주는 영향 등을 연구하는 것이 지리학이라는 주장을 펼치고 있다. 또한 '문화 양식이란 자연 조건에 적응하고 자연 조건에 의해 결정되는 것'이라는 주장으로 자신의 환경 결정론적인 견해를 피력하였다. 그러나 환경 결정론이라는 문제에 대한 라첼의 언술은 다소 모호하고 추상적이다. 물론 그가 자연 환경이 인간에게 주는 영향을 강조하긴 하였으나, 인간과 자연의 관계를 직접적 인과 관계로 파악하고 '자연 ⇒ 인간'의 일방적 방향성을 주장한 것은 그가 아니라 오히려 그를 추종한 학자들이었다.

그 대표적인 학자들 가운데 엘렌 셈플(E. C. Semple, 1863~1932)이 있다. 그녀는 라첼의 사상을 영어권에 소개하였던 인물이다. 그녀는 인간의 심리, 자질, 종교 등이 기후나 지형 등 자연 요인에 의해 결정된다고 일반화하였으며, 자연 환경은 본질적으로 침해할 수 없는 것이고, 인간의 기질과 문화, 종교, 경제적 관행, 사회 생활은 모두 환경으로부터 큰 영향을 받는다고 주장하였다. 한편 헌팅턴(E. Huntington, 1876~1947)은, 기후와 기상 조건이 인간의 건강과 육체적, 정신적 효율성에 미치는 직접적 영향력에 관해 일반화한 그의 저서 『문명과 기후(*Civilization and Climate*)』에서, 열대 지방의 지속적인 고온은 고도의 문명 발달을 저해한다는 가설을 내세우며 문명은 고무적인 기후 환경에서만 발달할 수 있다고 주장하였다. 기후 변화에 따른 문명의 흥망성쇠를 일반화한 그의 견해는 한때 표준적인 지리학적 사고로 평가되기도 하였다. 테일러(G. Taylor) 역시 기후 조건으로 말미암아 인구 정착의 가능성이 제한된다는 견해를 펼치며, 강수량, 온도 분포에 의해 정주 취락의 지리적 한계와 규모가 결정된다고 주장했고 인간 생활에 대한 환경의 지배력을 강조하였다.

한편, 인간과 환경 사이의 관계에서 환경에 대응하고, 환경을 변화시키는 활동적 주체로서 인간의 중요성을 강조하는 새로운 목소리가 당시 결정론이 주류를 이루던 사회 한 켠에서 서서히 자라고 있었다. 이러한 사상은 조지 마시(G. P. Marsh,

1801~1882)의 『인간과 환경(*Man and Nature*)』에서 나타나기 시작했다고 볼 수 있는데, 그 뒤에 프랑스의 역사가 루시앙 페브르(L. Febvre, 1878~1956)가 비달 블라쉬(P. Vidal de la Blache, 1845~1918)의 사상을 접하면서 그것을 '가능론'이라는 개념으로 처음 명명하였다. 가능론은 인간의 행위에 미치는 자연의 영향이 지표면의 장소에 따라, 역사적 시기에 따라 다양함을 강조했다는 데 특징이 있다. 이것은 인간이 자연의 통제로부터 완전히 자유롭지는 못하다는 것을 인정하면서도 결국 자연의 한계 내에서 인간의 선택 가능성을 강조한 것이다. 가능론은 인간의 행동이 지리적 조건, 즉 자연 환경에 의해서만 결정되는 것이 아니라 여타 다른 통제 요소에 의해 복합적으로 규정된다고 주장함으로써, 어떤 의미에서 보면 결정론에 크게 의존하는 사상이라고도 볼 수 있다.

가능론에 영향을 미친 비달 블라쉬의 인문지리학은 역사적 관점을 중시하고, 이 관점에 입각하여 지역 현상을 취급하였는데, 지역(pays) 개념을 인간과 문화적 차원에서 접근하면서 지역 모노그래프(monograph)를 프랑스 인문지리학 연구의 대표 유형으로 만들었다는 데 의의가 크다. 또한 가능론적 관점에 서서 열악한 환경을 극복하는 기술, 사회, 정치적 조직, 생활 양식에 관심을 갖는 등 그의 연구는 오늘날까지 프랑스 지리학계의 지역 연구의 모델이 되고 있다.

6) 헤트너의 지역론과 슐뤼터의 경관론: 장소적 종합 vs 가시적 경관

헤트너는 지리학의 본질이 지역지리학에 있다고 보았다. 그는 "지리학적 종합은 자연을 지배적인 것으로, 인간을 보조적인 것으로 간주하게 되면 본질적으로 왜곡된다"라고 주장하면서 인문과 자연의 간극을 극복하고자 지역의 종합적 특수성에 관심을 가졌다. 그가 살았던 독일에서는 오늘날 우리의 사전적 경관 개념과는 달리 '경관'이라는 용어가 '땅'을 의미하였다. 그러나 그에게 경관은 단편적인 '작은 지역들'에 불과하였으며, 따라서 경관 개념은 지표면의 한 장소에 있어 제 현상의 배열에서 드러나는 총체적 인과 관계를 탐구하려는 그의 지리학을 충족시켜주지 못했다. 그의 지리학은, 지역의 구성 요소로서 지형, 수문, 기후, 식생, 동물, 인간을 제시하고 이들 간

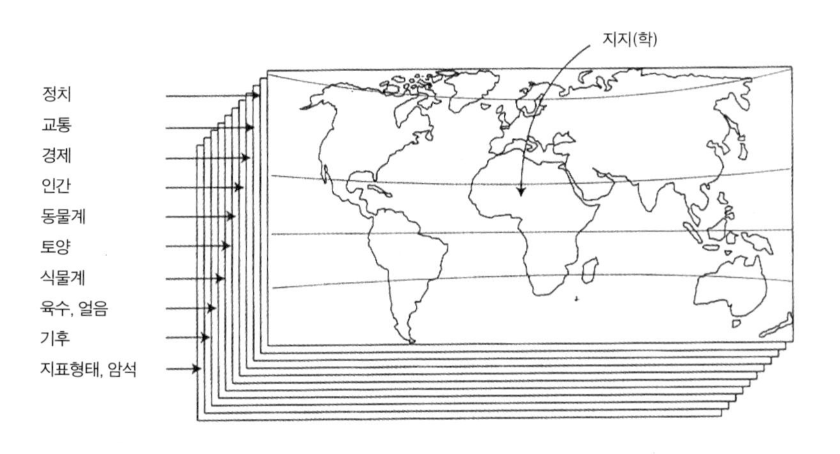

그림 2-8 헤트너의 지지도식(Leser, 1980; 권용우·안영진[2001]에서 재인용)

의 인과관계가 분석되어야 한다고 주장하였는데, 이것이 이른바 헤트너식 '지지도식(Landerkindliches Schema)'(그림 2-8)이다. 이 지지도식은 자연과 인간의 결합을 통한 지역적 종합에 그 목표를 두었으며, 헤트너는 지역적 종합이야말로 지역이 갖고 있는 본질을 보여주는 것이라 여겼던 것이다. 그러나 자연적 특성에서 출발하여 인구라는 주제로 끝을 맺는 이러한 도식에는 환경결정론적 사고를 은연중에 내포하고 있다고 볼 수 있다. 헤트너의 지역론은 미국의 지리학자 리처드 하트숀(R. Hartshorne, 1899~1991)에 의해서 널리 전파되어 전통 지리학의 한 영역으로 굳어지기에 이른다.

한편, 헤트너의 지리학과 비슷한 시기에 독일에서는 인문지리학과 자연지리학의 이원적 구조를 통합하려는 목적으로 지리학의 또 다른 한 형식이 등장하였는데, 이것을 경관론 또는 경관 형태학이라 부른다. 대표적인 경관론자로 알려진 오토 슐뤼터(O. Schlüter, 1872~1959)는 '지표면의 가시적 현상에 의해 창출된 형태와 공간 구조'를 지리학의 공통된 연구 주제로 삼아야 한다고 피력하였다. 그는 손에 잡히지 않는 막연한 '지역의 본질'을 추구할 것이 아니라 '답사 가서 볼 수 있는 가시적 경관'으로부터 지리학 연구를 시작해야 한다고 보았다(권정화, 2005: 151). 이러한 그의 견해는 그가 의도하든, 의도하지 않든 지리학의 연구 대상을 가시적 경관으로 고정시키는 결과를 초래하게 되었다. 즉 슐뤼터에게 '경관'은 '가시적, 물질적 경관'이며 그것은 곧 '문화 경관'을 의미하였다, 그리고 "가시적 경관은 자연적 조건과 그 힘의 결과이며 인간 활동과 그 작용의 표출이다."라는 그의 주장에서 알 수 있듯이 그는 헤트너의 지지적 도식을 비판하면서, 인간과 자연 사이의 관계로 파악될 수 있는 모든 것을 연구 대상으로 하는 지역 분석적 지리학(chorological geography)에 반대했다. 슐뤼터는 지역 내의 비물질적 측면(이를테면 경제적, 인종적, 사회·심리적, 정치적 상황과 같은 비물질적인 공간 패턴)은 지리학의 연구 대상이 아니라고 본 것이다. 이 사상은 후에 미국의 칼 사우어(C. Sauer, 1889~1975)에게 계승되어 미국 문화지리학의 발전에 큰 영향을 미쳤다.

| 참고 2-1 |

내셔널 지오그래픽의 기원

2차 대전 때 영국의 정보 장교 중에는 왕립지리학회의 지리학자들이 많았다. 2차 대전 동안 지리학은 군사적 첩보 및 자료의 제공이라는 임무를 수행하는 데 많은 역할을 하였다. 특히, 영국의 지리학자들은 세계 대전 동안 각종 행정 및 군사 부처에서 폭넓은 활동을 전개함으로써 지리학의 명망이 괄목할 정도로 높아졌다. 여러 국가와 지역에 대한 지도 작성과 정보가 필요함에 따라 수많은 지리학자들이 군부대의 조사참모부와 정보부에 배속되어 종사하였다. 그 주된 내용은 해당 지역과 국가들의 자연 환경과 역사, 주민, 경제에 관한 기술로서, 사실상 전쟁에 휘말린 국가들에 대한 포괄적 '지지서(地誌書)'였다. 영국의 지역 연구 전통은 '정보'의 수집과 제공을 최상위 목표에 둔 이러한 '지역 연구(Regional Studies)'로 발전하였다.

THE NATIONAL GEOGRAPHIC MAGAZINE

JANUARY, 1915

CONTENTS

Glimpses of Holland

The City of Jacqueline

Some Personal Experiences with Earthquakes

From the War-path to the Plow

Partitioned Poland

National Geographic Society

PUBLISHED BY THE NATIONAL GEOGRAPHIC SOCIETY
HUBBARD MEMORIAL HALL
WASHINGTON, D.C.

1915년 1월에 발간된 내셔널 지오그래픽

오늘날 영국의 사진지리학, 미국의 내셔널 지오그래픽(National Geographic) 등은 모두 이러한 지역 연구 전통에 뿌리를 둔 지리학의 한 유형이다. 내셔널 지오그래픽이 제공하는 수많은 화보와 동영상은 어떤 면에서 지리가 아닐 수 있다는 느낌마저 갖게 한다. 첩보 활동처럼 지역에 대한 사진을 중시하고 지역 내의 모든 정보를 가시적으로 소개하는 것에 최선을 다할 뿐 정보제공자의 판단은 최대한 유보하기 때문이다.

7) 코롤로지(chorology): 계속되는 칸트 식의 지리학 성립 논리

코롤로지는 독일의 지리학계에서 널리 사용되어온 개념으로서 영어권의 지역지리학이라는 용어와 대략 의미가 통한다. 코롤로지 개념을 지리학적 입장에서 분명히 한 학자는 독일의 리히트호펜(Richthofen, 1833~1905)이었다. 그는 '코롤로지란 어떻게 서술되어야 하는가?'를 설명하면서, "처음에는 기술적인(descriptive) 서술로 시작되어야 하지만, 그 다음에는 제 현상들이 발생하는 규칙성(regularities)을 찾아내고, 마지막에는 관찰된 특성들 간의 상호 관계를 설명하는(explain) 데에까지 이르러야 한다."라고 주장하였다.

그는 중국에 대한 자신의 뢰스 연구를 코롤로지의 예로 들었다. 지리학자가 뢰스(loess)와 같은 풍적토를 새롭게 발견했을 경우, 처음에는 뢰스의 특성을 잘 관찰하고 분석하며 있는 그대로 기술하는 것이 중요하고, 그러한 작업이 제대로 된 코롤로지가 되기 위해서는 뢰스가 어떤 장소들에 퇴적되는지, 뢰스 퇴적지에서는 어떤 식생이 자라는지, 사람들은 뢰스 퇴적지를 어떻게 이용하는지 등등을 탐구해야 한다는 것이다. 이와 같이 '특정한 지역에서 나타나는 다양한 현상들 사이의 인과적 상관관계를 탐구'하는 것이 리히트호펜의 코롤로지 개념이며, 이 점에서 코롤로지를 단순히 '분포학'이라고 번역 소개하는 것은 적절하지 않다.

리히트호펜의 코롤로지 개념을 계승하고 발전시킨 인물은 헤트너(A. Hettner, 1859~1941)이다. 그에 의하면 "코롤로지는 각 지역과 장소에서 나타나는 다양한 현상들 사이의 공존 양태 및 상관 관계에 대한 이해를 토대로 그 지역과 장소의 특성을 알아내는 것과, 나아가 대륙, 대지역, 소지역, 장소 등의 스케일 변화 속에서 지표면이 전체적으로 어떻게 구성되며 전개되고 있는지를 이해하는 것에 목적이 있다."라고 하였다(Hartshorne, 1959: 13).

지리학을 코롤로지로서 간주하고자 했던 리히트호펜이나 헤트너의 사상적 연원은 칸트에게까지 거슬러 올라간다. '역사학이 제 현상들을 그 시간적인 맥락 속에서 탐구하는 것처럼 지리학은 제 현상들을 지표 상의 지역적 맥락에서 연구하는 분야'라고 칸트는 말했다. 이러한 칸트의 생각은 훔볼트와 리터에게 이어졌고, 리히트호펜에게 와서는 코롤로지라는 이름으로 명시되었으며, 헤트너에 의해 재차 강조되었던 것이다. 그러나 지역적 종합을 추구했던 헤트너의 코롤로지는 결과적으로 제 현상들 사이의 상관 관계라는 측면에 있어서 자연 현상과 인문 현상의 간의 관계에 대해서는 어느 정도의 설명을 시도했던 반면, 인문 현상들 간의 내적 관계에 대해서는 거의 침묵한 것이 사실이다. 이것을 놓고 후대의 비판적 학자들은 그의 코롤로지가 제 현상의 나열 수준에 머물고 말았다고 지적하였고, 이런 부정적인 의미에서 헤트너식 지지도식이라 이름 붙이며 폄하하는 경향을 보였다.

3. 현대 지리학의 쟁점과 경향

1) 하트숀의 지역지리학에 대한 쉐퍼의 도전: 전통 지리학 vs 신지리학

지역지리학은 20세기 초반에 지리학의 모든 연구 및 교육 활동에 기본적인 패러다임으로 자리 잡았다. 그러나 2차 대전 이후 기존 방법론에 대한 비판의 목소리가 조금씩 나타나기 시작하였다. 이러한 논의가 성장하여 새로운 지리학이 출현했는데, 이는 지리학의 주제보다는 방법론 측면에서 새로운 것을 모색한 사조였다. 그리고 1950년대 초 하트숀(R. Hartshorne, 1899~1992)과 쉐퍼(F. K. Schaefer, 1904~1953)의 논쟁은 이러한 현대 지리학의 문을 연 역사적 사건이 되었다.

하트숀은 '역사학과 마찬가지로 지리학은 고유한 것을 연구한다'고 주장하면서 계통지리학과 지역지리학이 모두 지리학의 본질임을 강조하였다. 그는 계통지리학과 지역지리학 사이의 분리 경향을 언급하면서, 이 양자 사이에 이분법이나 이원성은 존재하지 않으며 모두 지리학의 본질적인 구성 범주임을 주장하였다. 그러나 후에 그는 '고유한 것'의 연구에 대한 지리학 연구 및 지역지리학을 대변하는 인물로 평가되었으며, 그의 명저 『지리학의 본질(*The Nature of Geography*)』은 '고유한 것'에 관한 연구를 이론적으로 정당화한 논저로 평가되었다.

또한 그는 헤트너의 사상을 수정하여 계승하면서, 지역적 종합의 추구와 지역지

| **참고 2-2** |

쉐퍼의 오해: 하트숀은 정말 개성기술적 지리학을 추구했나?

미국의 지리학자 하트숀은 지리학을 코롤로지로 정립하고자 한 헤트너의 생각을 이어받았다. 헤트너는 '본질적으로 지리학은 개성기술적(idiographic) 분야이면서 동시에 법칙추구적(nomothetic) 학문'이라는 생각을 갖고 있었다. 우리가 만약 너무 보편적인 것에만 관심을 가진다면 아직 설명되지 못한 채 남겨진 세세한 사실들을 간과해버리는 눈 뜬 장님이 될 수 있고, 반대로 특수한 사실들에만 집착하면 보편적 법칙이 가져다주는 풍요로움과 가치를 누리지 못할 수 있다고 헤트너는 주장하였다. 지리학적 연구를 위해서는 일반화된 개념과 보편적 법칙에 입각한 접근이 필요하며, 다양한 구체적 사실들의 발견은 기존의 법칙과 개념들에 도전하면서 그것들을 더욱 보완하고 개선시켜줄 것이라는 주장이었다. 그는 '지리학이 일반 지리학과 특수 지리학으로 구성된다'는 바레니우스(Varenius, 1622~1650)의 지리학 사상을 거론하면서 자신의 생각도 그와 같은 선상에 있는 것이라고 주장하였다. 이러한 헤트너의 주장에 대해 하트숀은 충분히 그리고 분명히 공감하고 있었던 것이다(Martin, 2005: 174-175).

그럼에도 불구하고, 쉐퍼를 비롯한 일부 학자들은 헤트너와 하트숀의 지리학 사상을 개성기술적 지리학만을 추구했던 것인양 단정해버렸다. 쉐퍼는 하트숀의 지리학이 다분히 기술(description)만을 강조하는 나열적 지역지리학이었을 뿐 설명과 예측을 추구하지 않았다고 하면서 진정한 과학으로 인정할 수 없다고 비판하였다. 이런 비판을 토대로 그는 당대의 지리학계에 계량 혁명을 촉발시켰다. 계량 혁명이 계기가 되어 1950년대 이후 지리학은 논리실증주의에 입각한 새로운 연구 방법을 발전시켜 나감으로써 이른바 신지리학이라는 명칭을 얻기에 이른다. 결과적으로 쉐퍼는 신지리학의 탄생에 크게 기여한 학자로서 평가받게 되었지만, 애초 그의 생각이 헤트너와 하트숀의 지리학 사상을 잘못 이해한 데에서 출발했다는 점을 생각하면 그에 대한 평가는 달라질 수도 있다. 더구나 이러한 오해가 바레니우스 이래 이어져 온 지리 사상의 연속적 흐름을 읽어내지 못한 실수로 이어졌다는 점은 그의 큰 결함으로 지적될 수 있을 것이다.

리학의 중요성을 강조하면서 "지리학이란 인간의 삶의 세계로서 지구의 제장소 및 장소에 따른 가변적 특성을 기술하고 해석하는 학문이다."라고 주장하였다. 바로 이 부분에서 그는 과학이란 '무엇을 탐구하려 하는가' 하는 맥락에서 평가되어야 하며 '예측이 최종 목적은 아님'을 강조했다. 따라서 예측을 목적으로 하는 법칙 내지 모델의 구성에 반대하였다. 쉐퍼는 바로 이 부분에 대한 하트숀의 주장을 반박하며 논쟁에 참여했던 것이다.

지리학에 대한 하트숀의 사고를 비판하면서 쉐퍼는 논리실증주의적 사고에 기초하여, 지리학은 제 현상의 공간적 분포를 설명하고 예측할 수 있는 법칙을 만드는 데 초점을 둔 과학이어야 함을 강하게 주장하였다. 그는 '기술'과 '설명'의 개념을 서로 구분하면서 지역지리학을 기술, 자신의 지리학을 설명으로 대체하여 두 개념 간의 차이점을 명확히 하려고 하였다. 덧붙여 "설명이란 법칙의 구성을 필요로 한다."라고 강조하면서 예측을 중요한 목표로 내세웠다.

쉐퍼는 또한 수많은 지리학적 저술에 대해 역사주의적이라고 비판을 하였는데, 역사주의(historicism)는 실증주의와 대조되는 반과학적인 것으로, 이러한 역사주의가 헤트너와 하트숀으로 이어지는 지역지리학에 깊숙이 침투해 있다고 보았다. 또한

| 참고 2–3 |

'인문–자연지리학의 통합'을 위한 또 한번의 노력: 체계론

20세기 초 지리학은 '지역'이라는 개념적 도구를 통해서 인문지리학과 자연지리학을 통합하려고 하였다. 그러나 지역지리학이 쇠퇴하고 자연지리학은 프로세스에 관심을 갖게 되면서 그와 같은 지리학의 일체성은 깨어지게 되었다. 1960년대 이후 계량 혁명으로 대변되는 신지리학에 와서도 또 한 번 인문–자연지리학의 통합을 시도하는 노력이 있었는데, 이때 이론적 도구가 된 것이 바로 '체계론'이다.

체계론은 체계의 구성 요소를 확인하고, 이들 요소들 사이의 연계 및 체계들 간의 연관 관계를 밝히려는 이론이다. 체계론이 하나의 접근 방법으로서 호소력을 얻은 것은 이러한 연계성과 함께, 체계 개념이 요소와 흐름에 주목하는 개념이라는 점에 있다.

그는 하트숀을 예외주의자라 비판했는데, 그 이유는 '모든 지역은 독특하고 예외적이며, 그 자체로서 연구해야 한다'는 하트숀의 견해를 공격한 데에서 유래한 것이다.

쉐퍼의 비판과 논설은 지리학에서 전통적인 방법론의 구속을 떨쳐버리고, 지리학에 실증주의적 과학이라는 새롭고 강력한 조류의 물길을 열었다는 데 의의가 있다. 학자 개인으로서 그가 지리학에 끼친 영향은 크지 않을 수도 있지만, 하트숀과의 논쟁을 통해 보여준 그의 사상으로부터 계량 혁명(計量革命)이 자라났으며 1950~60년대의 지리학을 지배하였다는 사실 역시 중요한 의미를 가진다. 그리고 이때부터 지리학의 주류는 기술보다는 설명을, 개별적 이해보다는 일반 법칙을, 그리고 해석보다는 예측을 추구하는 실증주의 지리학이 차지해 갔다. 계량주의, 계량적 방법론은 지리학의 이러한 과학적 사상과 방법론, 실증주의를 대변하는 상징적 용어가 되었다.

2) 계량적 인문지리학의 등장 배경

계량적 경험 과학으로서 인문지리학의 출현에 중요한 영향을 미친 배경 가운데 하나는 토어스텐 헤거스트란트(T. Hägerstrand, 1916~2004)의 확산 이론이다. 그의 이론은 원래 농업 활동의 쇄신과 확산을 검토하기 위해 수학적 모델을 활용한 것에서 시

지리학의 경우 촐리(R. J. Chorley)는 체계론을 원용하여 에너지 흐름, 피드백, 균형과 자기조절 같은 프로세스에 관심을 갖고 자연 현상의 이해에 적용한 바 있다. 그러나 체계는 자연 현상뿐만 아니라 인문 현상에도 적용될 수 있기 때문에, 체계론의 개발을 통해서 인문 현상과 자연 현상 간의 상호 유추적 설명이 가능하므로 인문-자연지리학의 통합에 중요한 도구로 사용될 수 있는 것이다. 지리학에서 발전한 체계론의 대표적 사례는 '생태계' 개념인데, 생물지리학자들에 의해 도입되어 연구되었으나 경험적 연구에 널리 활용되지는 못한 편이다.

작되었고 이를 통해 공간적 확산 과정을 설명하는 확률 모델을 개발하였다. 특히 그의 확률론은 북미 대륙의 지리학에 수학적 전통과 이론을 확산시키는 데 기여하였다. 미국의 경우 시애틀의 워싱턴대학, 메디슨의 위스콘신대학, 아이오와대학을 중심으로 계량적 방법론의 도입과 이론 탐색이 부상하였다. 이들이 추구한 새로운 학문의 목표는 이론을 개발하고 이를 검증하며 나아가 경관의 조직과 변화에 대한 설명을 추구함으로써 지리학을 주류 과학에 편입시키는 것이었다. 그리고 지금도 이들 대학은 세계적으로 계량주의 지리학의 대표 주자로서 평가받고 있다.

계량적 인문지리학이 출현하게 된 또 다른 중요한 배경에는 시카고 학파의 인간 생태학이 있다. 이것은 시카고대학의 사회학자들을 중심으로 사회 조직과 공간 조직의 연결을 추구한 연구 경향에서 비롯되었다. 이들 연구는 도시를 생태적 공동체로, 토지의 가치를 자연적 질서의 반영으로 보았으며, 도시의 성장을 공간상에서의 침입과 천이의 과정으로 보았다. 따라서 자연 지역(natural area)을 모든 사회 조직의 기본적 공간 구조로 이해하였던 것이다. 이 시기에 확립된 연구 전통은 후에 토지 이용 모델의 수립으로 발전되었으며, 도시지리학의 발달에 지속적으로 영향을 미쳤다.

계량적인 수학적 사고가 지리학에 도입되는 데 기여한 또 다른 배경으로는 프린스턴대학의 사회물리학파의 연구가 있다. 이들의 연구는 물리학의 방법과 원리를 사회 영역에 적용하려는 데서 출발하였으며, 일련의 연구성과들이 지리학에 수용되어 도시 규모와 순위를 연결한 순위 규모 법칙 및 중력 모델 등의 성립에 영향을 주었다. 사회물리학파의 영향을 받은 지리학은 사회적 현상의 규칙성을 발견하고, 나아가 그것을 묘사할 수 있는 수학적 공식을 개발하는 데 초점을 두었던 것으로 보인다. 그리고 이처럼 사회의 공간적 조직을 모형화하고 사회 관계를 수학적, 기하학적으로 표현하려는 노력들은 전통적 지역지리학의 방법론에서 벗어날 수 있는 새로운 대안으로 간주되기 시작했다.

3) 신지리학의 한계와 보완의 노력

1960년대 후반부터 1970년대 초반까지 북대서양 양안을 중심으로 발달했던 자본주의 세계에서는 여러 가지 경제 문제와 사회적 동요가 심각하게 보고되었다. 이러한 시대적 상황은 지리학에 대해 사회 문제나 환경 문제와 같은 현실적 문제들을 해결할 것을 강력히 요구하였는데 당대의 실증주의 지리학은 여기에 크게 공헌하지 못했다. 그에 따라 실증주의 지리학에 대한 비판들이 점차 가시화되기 시작하였다. 그러나 이 때의 비판은 실증주의 지리학의 전복(顚覆)보다는 보완의 시도에 가까웠다.

실증주의 지리학에 대한 비판

사회학, 경제학, 수학, 통계학 등과의 접목을 통해 공간 법칙을 만들어 내고자 했던 신지리학에 대해 "지리학자들은 스스로의 이론으로 스스로를 인식해야 한다."라는 데이비드 하비(D. Harvey, 1935~)(그림 2-9)의 비판은 신지리학이 지표상의 자연적, 인문적 특성을 설명하는 새로운 이론을 개발하는 데 실패했다는 지적을 의미한다. 즉 신지리학에서 추구한 모델이나 이론은 타 분야에서 개발된 것의 원용에 불과했다는 비판인 것이다. 그리고 "인문지리학의 경우에 과연 인간의 행태나 자극에 대한 반응을 일반화하는 법칙을 수립할 수 있는가?" 하는 의문이 제기되면서 "인간의 경제적, 사회적 과정에는 자연 세계의 자동적, 기계적 과정과는 달리 사람들의 주관성과 자유 의지가 내재되어 있다."라는 점이 강하게 부각되었다. 따라서 기존에 개발된 도시 순위 규모 법칙, 도시 인구 밀도 함수, 중력 모델과 같은 것들의 예측력은 상당히 빈약하게 보였고 설명력도 부족하다는 비판이 가중되었다.

그림 2-9 데이비드 하비

그럼에도 불구하고 신지리학적 방법론은

과정 지향적이고 가치 중립적 지식의 창조를 지향하는 자연과학으로서의 지형학과, 사회과학으로서의 경제지리학 및 도시지리학에서 무리 없이 채택되어 왔다. 그러나 계통적 특수주의를 견지한, 가령 문화지리학, 역사지리학 등은 이러한 방법론으로부터 상대적으로 아무런 영향을 받지 않았기 때문에 이들 분야에서 신리지학에 대한 비판의 목소리는 더욱 커졌다. 즉 인문 경관을 이해하기 위해서는 무엇보다도 그 경관에 내재된 인간의 행동과 그 의도에 대한 해석과 이해가 중요한데, 서로 다른 시·공간상에서 개인과 집단을 이루는 인간의 주관성과 자유의지의 세계는 가치 중립과 거리가 멀 뿐만 아니라 일반화를 추구하거나 법칙을 만들 수 있다는 것 자체도 매우 어려운 일이라는 비판이었다.

보완의 시도

신지리학이라는 새로운 조류 속에서 개발된 공간 모델이 공간 현상들에 대해 충분히 설명하지 못하고 많은 비판을 받자, 지리학자들은 새로운 연구 방향을 설정하여 자신들의 연구를 보완하고자 시도하였다. 먼저 행태지리학이 성립되었는데 이것은 인간의 환경 지각과 행동에 대한 연구를 통해 보완을 시도한 것이다. 개인지리학의 중요성에 관심을 가지면서 개인적 지각에 입각한 개개인의 행태를 연구하였는데, 이것은 인간 행태의 공간적 패턴을 설명하는 데 있어 그 행태에 깔려 있는 인지적 과정을 고찰하고자 한 것이었다. 또한 '인간을 합리적 존재가 아닌 만족자'로 정의하였다는 것이 중요한 특징이다.

한편 인간 존재의 개별성과 인간 생활의 제한적 본질, 그리고 제한적 인간 능력을 인식하면서 보완을 시도한 연구가 있는데 이를 시간지리학이라 한다. 그 주된 특징은 시간과 공간을 인간 행동의 제약 요소로 고려하면서 이동과 관련된 모든 인간 행위를 시간과 공간을 가로지르는 집단 또는 그룹들로 나타낼 수 있다고 보았던 것이다. 공간과 시간의 틀을 강조하는 이러한 연구들의 성과는 논리적으로 구조화된 그래프로 나타낼 수 있었기 때문에 이후 구조화 이론의 기틀이 될 수 있었다.

그러나 행태지리학은 연구 대상을 인간 개개인에게 한정시켰고 시간지리학은 스케일을 너무 미시적으로 접근했기 때문에 보다 큰 사회 구조 및 공간 구조를 설명하는데 여전히 문제점을 드러냈다. 지표상에 거주하는 인간 집단들의 거시적인 공간 현상에 대한 일반적인 법칙을 추구하던 실증주의 지리학과는 너무 간극이 컸던 것이다.

4) 새로운 도전: 인간주의 지리학과 구조주의 지리학

인간주의 지리학

인간주의 지리학은 '문화'를 연구의 궁극적 대상으로 삼는다. 인간 집단의 문화, 즉 생활 세계(lived-world)를 이해하기 위해서이다. 인간주의 지리학자들은 "인간과 자연의 상호작용 속에서 물질적 삶의 생산과 재생산이 이루어지며, 그것은 '인간의 의식'에 의해 중간 매개되고 '의사소통 코드'에 의해 유지되는 일종의 집단 예술"(D. E. Cosgrove, 1983)이라고 믿는다. 이러한 상징적 생산 과정을 통해 각 집단은 역사적, 지리적으로 고유한 생활양식(genre de vie)과 독특한 경관(landscape)을 생산해낸다는 것이다.

접근 방법에서 인간주의 지리학은 실증주의 지리학에서 주장했던 설명 방식보다는 해석과 이해를 주된 방법으로 삼는다. 인간주의 지리학의 철학적 배경으로는 실존주의, 현상학, 실재론 등이 있는데, 이들 철학은 연구자의 선입관으로부터 벗어나 가능한 자유롭게 조사하고 주체의 입장에서 있는 그대로를 기술하는 것을 중요시한다. 인간주의 지리학자들은 인간의 생활 세계에 담긴 의미들의 이해를 추구하기 때문에 자연히 이들의 연구에서는 '공간' 개념보다는 '장소' 개념을 널리 활용한다. 특히, 장소에 담긴 감성적, 미학적, 상징적 호소를 이해의 방법으로 연구하고자 하며 객관적 입장이 아닌 그 주관의 세계에 들어가 이해하려고 시도한다.

인간주의 지리학은 최근 신문화지리학을 비롯하여 사회문화지리학, 사회역사지리학을 중심으로 부각되고 있는 관점이지만, 도시 연구에 적용하는 사례 또한 점차 증가하고 있다. 그러나 지나치게 원자화된 주관성을 탐색한다는 데에 대한 비판과 생활 세계를 둘러싸고 있는 구조적 제약을 무시한다는 비판도 있다.

구조주의 지리학

1960년대와 1970년대의 사회적 변화와 경제적 불황을 넘기면서 지리학에 입문한 세대들에게는 사회 변화에 대한 참여의 목소리가 높아졌다. 이러한 목소리들은 실증주의 지리학이 현실적인 공간 문제들에 대해 답을 내놓지 못했다는 점을 지적한다. 이들은 현실 속에 나타나는 공간 문제들의 원인이 구조적인 요인들에서 기인한다고 제기한다.

오늘날 우리가 구조주의 지리학자라고 부르는 사람들 중에는 연구의 초점이 다소 다른 두 부류가 있다. 한쪽에는 현실적인 공간 문제들을 지적하고 그것을 근본적으로 해결하고자 하는 데에 초점을 두는, 이른바 급진적 태도를 취하는 급진주의 지리학자들이 있다. 다른 한쪽에는 공간 문제의 원인, 즉 구조적 요인들을 불평등한 사회 계급 구조나 자본주의 체제에서 탐구하는 데 열중하는 마르크스주의 지리학자들이 있다. 구조주의 지리학자들은 공간 문제를 이해하는 방법론으로 노동의 공간 분화, 세계 체제론, 마르크시즘에 기초한 정치경제학적 관점 등을 차용한다.

구조주의 지리학의 관점은 사회와 공간의 관계, 지역 불균등 발전론 등에 관한 모델 구축에 크게 공헌하였다. 그러나 이론 전개가 다소 난해하고 추상적인 경향이 있으며, 정치경제학적 지리학의 논리를 가지고 현실 문제를 진단하고 그 해결책을 제시하는 과정에서 도식적 전개에 치우친다는 지적이 있기도 하다. 그 결과 현대 인문지리학은 여러 가지 사조가 혼재되어 있는 상황이며, 지리학의 세부 전문 분야에 따라 지배적 사조가 차별화되는 추세에 있다.

5) 지식 생산의 본질과 지리사상사의 평가

지식의 본질, 즉 세계를 이해하는 방법의 문제는 네 가지 철학적 물음과 직결된다(P. Hubbard *et al*, 2002: 4). 존재론, 인식론, 관념론, 방법론이 그것이다. 존재론이란 '세상에 무엇이' 존재하며, 관찰될 수 있고, 알 수 있는가에 관한 신념을 의미한다. 인식론은 존재하는 것을 '어떻게 알 수 있는가, 어떻게 지식을 도출할 수 있는가, 어떻게 타당성 있게 알 수 있는가'에 관한 입장을 말한다. 가령 과학적 인식론이 있을 수 있다면, 이에 반해 해석적 인식론이 있을 수 있다. 관념론은 '지식 추구의 기저에 있는 사회적, 정치적 이유나 목적'에 관한 것이다. 끝으로 방법론이란 이론을 개발하거나 검증하는데 사용되는 일련의 단계, 즉 '자료를 수집하고 분석하는 절차들'을 말한다. 가령 양적 접근 방법, 질적 접근 방법 등이 있으며, 방법론의 문제는 기본적으로 존재론과 인식론으로부터 벗어날 수 없다.

지리적 지식의 축적이란 이상의 네 가지 철학적 물음에 바탕하여 이루어지는 것이고, 그 결과 지리적 지식 축적의 역사, 즉 지리사상사에서는 다양한 학파들이 범주화될 수 있는 것이다. 따라서 지리사상사를 이해하고자 할 때, 우리는 이상의 네 가지 철학적 물음들에 준거하여 그것을 평가해 볼 필요가 있다.

지리사상사를 거슬러 올라가보면, 지리적 지식이란 다분히 합리적, 객관적, 중립적 방법으로 생산된 지식을 의미하였다. 이 입장에서는 "세계는 수집 가능한 데이터로 구성되어 있다."라고 전제한다. 과학적 방법으로 데이터를 분석함으로써 지식이 얻어질 수 있다고 믿는 것이다. 따라서 이들의 관점에서 본다면 가치 있는 지식이란 그것이 얼마만큼의 과학적 접근에 의해 추출되었는가에 의존한다.

반면에 제 현상을 조명함에 있어 사회 생활의 맥락과 시간의 흐름을 중시하는 포스트모더니즘(postmodernism) 패러다임이 부상하면서, 지식의 생산이란 특정 맥락 속에 위치한 행위자에 의해 만들어지는 것이라는 인식이 확산되어 왔다. 이러한 맥락적(situated) 접근에서는 지식을 침묵과 배제(silences and exclusion)의 과정을 통해 축적되는 것으로 간주한다. 이 관점에서는 지식이란 중립적이거나 객관적 실체가 아니며, 구성적이고 편견적이고 상황의존적이며 입장의 차이를 의미한다. 즉 '지식은 사회적 구성물'이라는 시각이다.

최근 인문지리학자들은 지식의 생산이 중립적이거나 객관적이지 않으며 학자들이 처한 다양한 맥락의 이데올로기에 근원을 두고 있음에 동의하는 경향이 있다. 이 같은 관점에 설 때 현대 지리사상사 연구의 주요 쟁점 중 하나는 지식 축적의 이면에 가려진 침묵과 배제를 폭로하거나 지식 생산의 사회적 과정을 밝히는 것에 있다고 할 것이다.

| 참고문헌 |

권용우 · 안영진(2001), 『지리학사』, 서울: 한울아카데미.
권정화(2005), 『지리사상사 강의노트』, 서울: 한울아카데미.
김인(1983), "地理學에서의 패러다임 理解와 爭點," 『지리학논총』, 10.
리처드 하트숀(1998), 『지리학의 본질』, 한국지리연구회 옮김, 서울: 민음사.
이븐 바투타(2001), 『이븐 바투타 여행기』, 정수일 역주, 서울: 창작과 비평사.
이희연(1998), 『地理學史』, 서울: 법문사.
전종한 · 류제헌(1999), "영미 역사지리학의 최근 동향과 사회역사지리학," 『문화역사지리』 11, 한국문화역사지리학회.
최기엽(1983), "근대 지리학 이후의 반실증주의적 인식과 방법," 『응용지리』 6, 한국지리연구소.
한국지리연구회(1993), 『현대 지리학의 이론가들』, 서울: 민음사.
中村和郎 외(1991), 『地域と景觀』, 東京: 古今書院(『지역과 경관』, 정암 외 옮김, 서울: 선학사, 2001).
Cosgrove, D. E.(1983), *Toward a Radical Cultural Geography: Problems of Theory*, Antipode, 15, 1.
Gelts, A. *et al.*(2008), *Introduction to Geographically*, London: Mc Graw Hill Higher Education.
Hubbard, P. *et al.*(2002), *Thinking Geographically*, London: Continuum.
James, P. *et al.*(1981), *All Possible Worlds*, New York: John Wiley & Sons.
Johnston, R. J.(1983), *Philosophy and Human Geography*, London: Edward Arnold.
Jordan, T. *et al.*(1999), *The Human Mosaic*, New York: Longman.
Leser, H.(1980), *Geographie*, Braunschweig: Westermann.
Martin, G. J.(2005), *All Possible World*, New York: Oxford University Press.
Robinson, A. H.(1995), *Element of Cartography*, New York: John Wiley & Sons.
Swift, M.(2006), *Mapping the World*, New Jersey: Chart well Books, INC.

3장

지리적 사상(事象)의 재현: 지도

1. 지도는 재현(representation)의 한 방식

1) 지도는 선택적 '재현'이다

『브리태니커 세계백과사전』(1994)에는 "지도란 지구 표면의 일부 또는 전부의 자연 및 인문 현상을 일정한 규약을 토대로 하여 관습적인 기호로 평면에 표현한 것이다."라 정의하고 있다. 국내외 지도학 전문서나 사전류에서도 지도에 관한 정의는 위와 같은 서술에서 거의 벗어나지 않는다. 이런 식의 정의가 전혀 틀린 것은 아니지만, 우리나라 고지도와 같은 옛날의 그림 지도나 현대 지하철 노선도, 결혼 청첩장에서 볼 수 있는 약도, 관광지 입구에서 흔히 볼 수 있는 3차원 스케치 지도(sketch map), 등산 안내도 등을 지도의 범주에 포함하기 위해서는 지도의 본질을 좀 더 잘 드러낼 수 있는 적절한 정의가 필요하다.

그림 3-1 등산 안내도

일정한 규약이나 관습적인 기호를 토대로 제작되었다고 보기는 곤란하겠지만, 여러 가지 약도, 관광지의 3차원 스케치 지도, 등산 안내도(그림 3-1) 등도 모두 지도의 범주에 들어간다. 지하철 노선도 역시 분명히 지도에 포함된다(그림 3-2). 지도의 유형 중에서도 위상학적 공간(topological space)을 표현한 위상 지도(topological map)에 해당한다. 다시 말해서, 어떤 두 개 이상의 지점들에 대해서 서로 간의 연결 여부와 연결 방법 등 연결의 속성(attributes of connectivity)만을 나타낸 지도이다. 위상 지도에서 표현하고 있는 위상학적 공간 개념은 일종의 수학적인 공간 개념을 지리학자들이 차용한 대표적인 사례이다. 지리학자들이 위상 공간을 차용하게 된 주된 이유는 그것이 보여주는 연결 속성을 통해 사람과 재화와 정보의 흐름뿐만 아니라 한 장소의 중심성을 포착할 수 있기 때문이다.

지도는 수학적 공간과 같은 절대적 공간(absolute space) 이외에도, 사회경제적 공간이나 경험적·문화적 공간과 같은 상대적 공간(relative space), 행태적 공간과 같은 인지적 공간(cognitive space) 등을 표현할 수 있다. 수학적 공간은 지하철 노선도처럼 지도 안에서 점, 선, 면, 평면, 형태 등으로 표현되고, 사회경제적 공간은 사이트(site), 시츄에이션(situation), 노선(routes), 지역, 분포 등으로, 경험적·문화적 공간은 장소, 길(ways), 영역(territories), 세력권(domains), 세계(worlds) 등으로, 그리고 인지적 공간은 랜드마크(landmarks), 통로(paths), 지구(districts), 환경(environments), 공간적 배치상(spatial layouts) 등으로 지도 위에 표현된다.

예를 들어 그림 3-3은 인지적 공간을 표현한 지도이다. 이러한 지도를 심상지

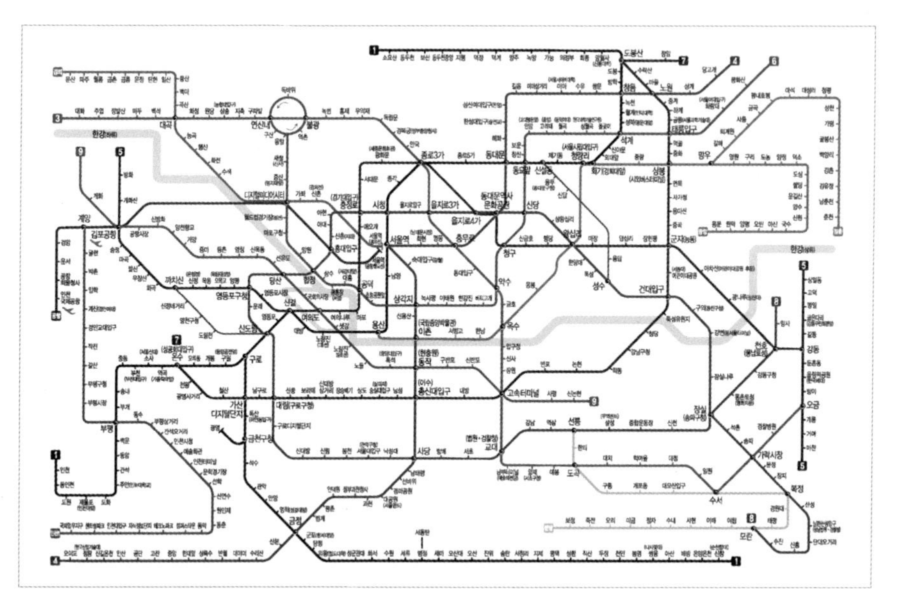

그림 3-2 지하철 노선도에 표현된 위상학적 공간 세계
지하철 노선도는 위상학적 공간을 표현한 지도이다.

도(mental map)라고 부른다. 심상지도는 지도를 그린 사람의 정신 세계 속에 담긴 랜드마트, 통로, 지구, 환경 등을 보여주는 지도이다. 이런 심상지도는 개인이나 사회 집단에 따른 공간 인지의 차이를 연구한다거나 도시 계획을 위한 참고 자료로 매우 요긴하게 활용된다.

지도를 만드는 과정, 즉 지도화 과정은 실제 지표 세계를 평면 위에 재현하는 과정이다. 여기서 피할 수 없는 질문이 등장한다. 재현이란 '사람에 의한 재현'일 수밖에 없으므로 재현의 주체가 '누구인가' 하는 문제가 제기되는 것이다. 재현의 주체에 따라 지표 세계를 바라보는 시선이 달라질 수 있다. 지도화의 목적과 방법이 달라질 수도 있다. 특정 장소와 그 장소가 주변 지역과 맺는 관계, 사람과 장소의 관계를 보는 입장이 달라질 수 있음을 뜻한다.

가령, 어느 일간지에 서울특별시 모 지역 거주민의 연평균 소득이 다른 지역보다 월등히 높음을 표현한 지도가 게재되었다고 해보자. 이것에는 이미 특정 지역의

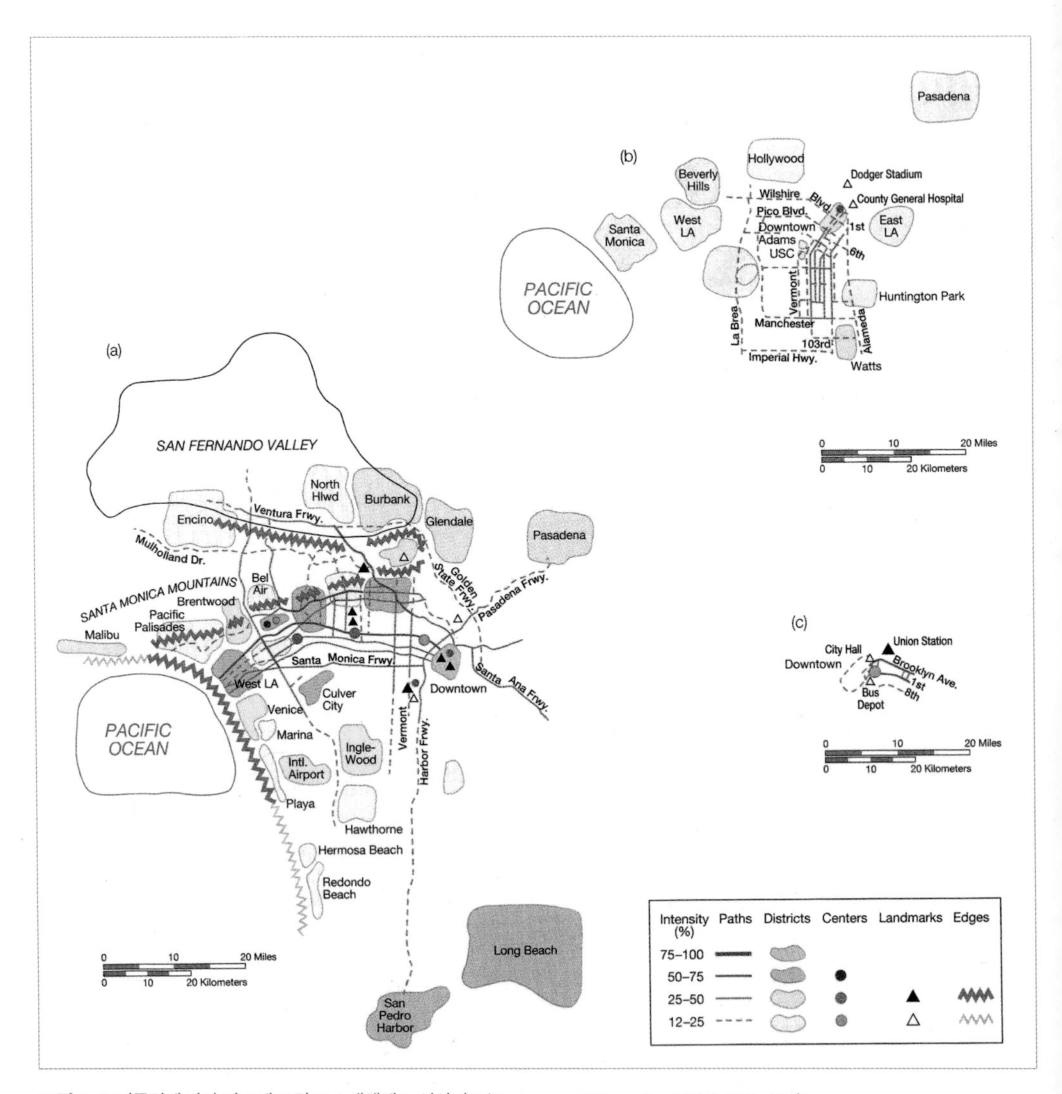

그림 3-3 거주민에 따라 다르게 그린 로스엔젤레스 심상지도(Downs and Stea eds., 1973: 120–122)

(a)는 로스엔젤레스의 Westwood 지역에 거주하는 중산층의 심상지도이다. LA 전역에 대한 광범위한 시야를 갖고 있으며 이는 이들의 이동거리와 유동성이 크다는 점을 반영한다. (b)와 (c)는 각각 Boyel Height와 Avalon 지역에 거주하는 소수민족 주민의 심상지도이다. LA에 대한 공간 이미지가 상당히 제한되어 있고 불완전함을 볼 수 있다. 이러한 공간 이미지는 LA 내에서 이들이 고립되어 살고 있음을 반영할 뿐만 아니라 이들의 고립된 삶 자체를 재생산하는 데에 작용한다.

연평균 소득이 다른 지역의 그것보다 '높다고 보고', 혹은 '높다는 것을 보여주고 싶은' 신문기자 내지 그가 소속한 신문사의 관점이 내재되어 있을 것이다. 왜냐하면 해당 신문기자가 활용했던 것과 동일한 통계를 활용하면서도 지리학자들은 연평균 소득을 '지역 간 차이가 전혀 없는 것처럼' 지도화해낼 수도 있기 때문이다. 물론 읽는 이에게 놀라움을 줄 만큼, 일간지에 실린 지도보다 소득의 '지역격차가 엄청나게 큰 것처럼' 지도화해낼 수도 있다.

이상의 논의를 토대로 지도에 대한 기존의 일반적 정의는 다음과 같이 갱신될 필요가 있다. "지도란 3차원의 지표 세계를 2차원 평면 위에 선택적으로 재현한 것이다". '사람에 의한 선택적 재현'이라는 점에 주목한다면 우리는 지도의 세계를 새롭고 흥미롭게 들여다 볼 수 있는 시야를 가지게 될 것이다. 예를 들어, 우리에게 익숙한 메르카토르 도법의 지도가 생산되고 보급되는 과정을 '재현의 주체'에 주목하여 읽게 된다면, 우리는 그 속에서 유럽 중심의 제국주의와 북반구 중심주의를 읽을 수 있다. 나아가 냉전 시대의 미국에서 그리고 우리나라에서 그것이 왜 교육용 지도로 크게 보급되었는지를 이해할 수 있게 된다.

이러한 선택적 재현의 양상은 옛 지도일수록 상대적으로 잘 나타난다. 한반도 지도 위에 몇 곳의 산과 강만을 그려 넣은 16세기의 「동람도(東藍圖)」나 18세기의 「조선총도(朝鮮摠圖)」(그림 3-4)의 사례처럼, 옛 사람들은 자신들에게 의미 있는 장소와 공간들을 바라본 대로, 혹은 느낀 그대로, 때로는 상상한 대로 지도에 담아냈다. 현대 지도의 경우에도 재현 주체에 의한 선택과 배제의 과정은 여전히 지속되고 있으나 다만 제작 기술의 진보와 표현의 객관성, 기호화라는 이름에 가려져 우리가 쉽게 인식할 수 없을 뿐이다.

소축척의 한반도 지도에 표현된 경부고속국도를 보라. 지리부도 첫 페이지에서 흔히 볼 수 있는 1:3,000,000 지도의 경우, 지도상에서 폭이 0.5mm로 표현된 경부고속국도는 축척대로라면 실제 도로 폭이 1,500m나 되는 것으로 환산된다. 경부고속국도가 이렇게 표현된 배경에는, 일단 자동차 교통 시대를 살고 있는 우리들에게 도로라는 지표 현상이 '선택'되지 않을 수 없었음이 있고, 이 외에 많은 도로들 중

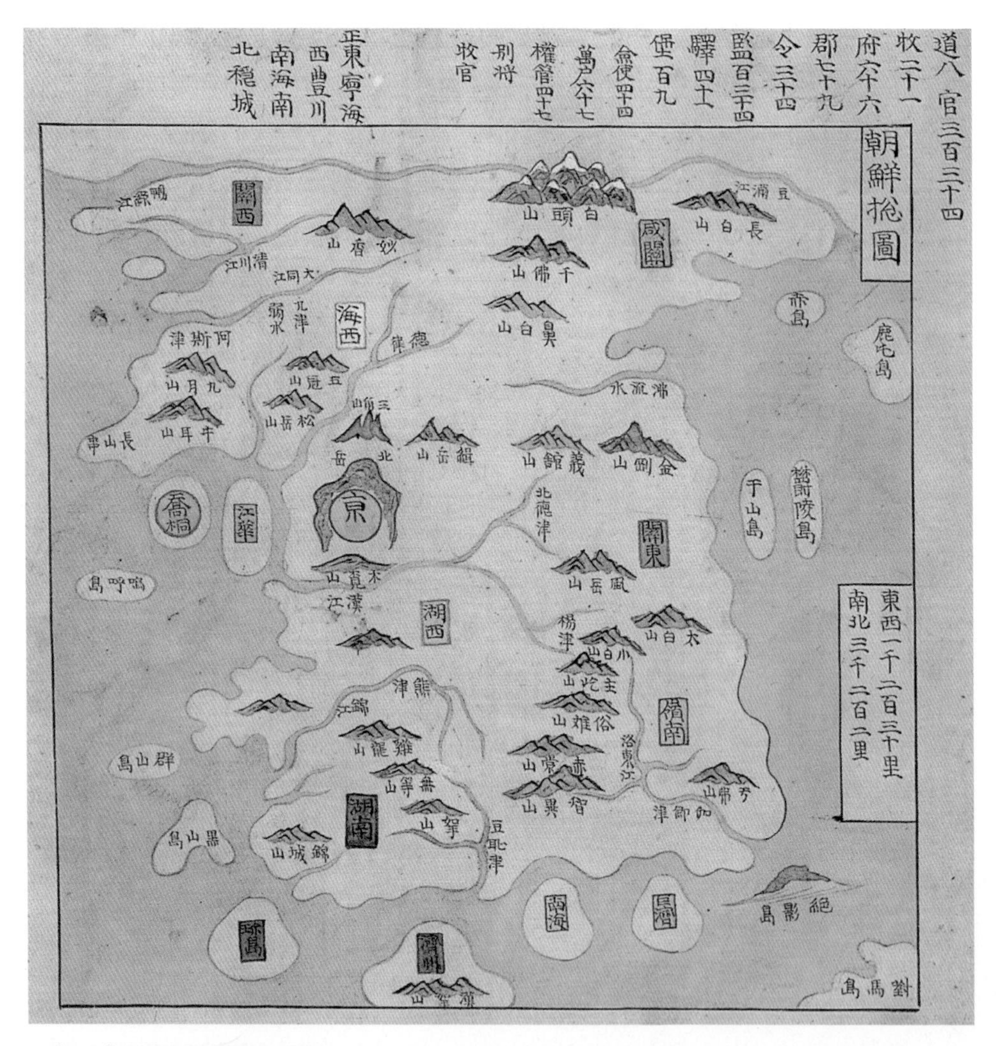

그림 3-4 「조선총도」(朝鮮摠圖, 18세기)

「조선총도」는 16세기에 제작된 「동람도」로부터 색깔을 사용해 옮겨 그린 지도이다. 「조선총도」에는 백두산을 비롯한 주요 산과 대하천이 그려져 있는데, 산과 하천을 신성시하고 국가 차원에서 그들에게 정기적으로 제사를 지냈던 조선 시대의 관습을 반영한다. 당대 사람들에게 가장 의미 있던 장소들을 표현하고 있는 것이다.

에서도 고속국도가 갖는 상징성, 지도 제작자의 개인적인 의도 등이 깔려 있을 것이다. 반면에 우리나라 황해안 곳곳에 분포해 있는 갯벌의 경우 그것이 설령 수만 평의 넓이를 가졌다고 할지라도 지도 제작자에게나 그를 둘러싼 사회적 환경 속에서 의미 없는 것이라면 당대의 지도상에 전혀 표현되지 않을 수도 있는 것이다.

2) 거짓말은 지도의 태생적 운명

우리가 지도 제작자의 의도와 제작 원리를 인지하고 있다는 것은 지도가 거짓 정보를 제공할 수 있다는 사실을 알고 있음을 의미한다. 그리고 이러한 인식은 지도 이용자들로 하여금 지도에 대한 맹목적인 믿음에 건전한 회의를 품게 하는 계기를 마련해준다(Monmonier, 1996/손일 · 정인철 옮김, 2003). 예를 들어 개발과 보존을 둘러싼 지도의 제작과 해석에 대한 입장들을 살펴보면, 개발론자는 개발로 인한 장점들을 부각하는 방향으로 지도를 제작하려고 할 것이고, 보존론자는 개발로 인한 악영향을 강조하는 방향으로 지도를 제작하려고 할 것이다. 그러므로 일반 시민의 입장에서는 지도가 어떠한 관점에서 만들어졌는가를 이해하는 것이 중요하며, 이러한 지도를 다루거나, 혹은 도구로 이용하는 사회 각 분야의 사람들은 지도의 왜곡과 오류를 간파하면서 지도를 읽는 능력을 갖추어야 한다.

또 다른 예로, 어느 회사의 제품을 많이 구입한 지역들을 미국 지도에서 주별로 색칠한다고 가정할 때, 우리는 먼저 서부 주는 면적은 넓지만 산악 지형으로 이루어져서 사람이 많이 살지 않고, 동부 주는 미국 주민의 반 이상이, 그것도 매우 좁은 지역에 집중하여 거주한다는 사실을 알아야 한다. 지도상에서 넓은 서부의 주들에 진한 채색이 되어 있다고 해서, 즉 서부 주들에서 해당 제품을 많이 구입했다고 해서 마치 대부분의 미국인이 그 제품을 선호한다고 광고하거나 단정하는 것은 커다란 오류이며, 이런 식의 광고가 흑색 선전물이라는 것을 금방 눈치챌 수 없는 독자가 있다면 그것은 더 큰 문제이다.

설령 위의 사례처럼 지도 제작자에 의한 '의도적인 거짓말'이 아닐지라도, 모든 지도에는 '운명적인 거짓말'이 자리하고 있다. 지리학자들은 지도화 과정에서 실제 세계를 대신할 수 있는 다양한 방법을 찾게 되었는데, 지도 제작을 위해 규정한 약속들로서의 축척, 도법, 그리고 기호가 바로 그것이다. 일반 사람들은 축척, 도법, 기호 등이 지닌 과학적, 체계적 인상 때문에 현대 지도를 대체로 의심의 여지 없는 진실인 것처럼 받아들인다. 그러나 정도의 차이가 있을 뿐 모든 지도는 하나같이 진실과는 다른 왜곡을 품고 있다.

지도화는 3차원의 공간을 2차원의 평면에 옮기는 차원 이동의 작업이며 크기를 실제보다 줄이는 작업이다. 하지만 3차원의 공간을 2차원 평면에 정확하고 완벽하게 줄여서 표현하는 것은 불가능하다. 가장 최근 발행된 현대 지도라 할지라도 면적, 거리, 형태, 방위를 동시에 만족시키는 지도는 존재하지 않는다. 지도화 과정에서 면적에 정확성을 기하면 할수록 거리나 형태, 방위가 왜곡되며, 거리를 정확하게 하려면 면적이나 형태, 방위의 일그러짐을 피할 수 없다는 뜻이다. 면적, 거리, 형태, 방위를 왜곡 없이 동시에 축소한 것이 있다면 그것은 지구본밖에 없다.

이와 같이 지도는 현실을 재현하는 하나의 방식이며, 재현 대상인 '지표상의 실제 사상(事象)'과 재현 결과로서의 '지도' 사이에는 피할 수 없는 간극이 존재한다. 이 간극은 크게 네 가지 요인에서 기인하는 것으로 요약될 수 있다. 첫째, 지구라는 3차원 세계를 2차원의 종이에 옮기는 과정에서 나타나는 본질적인 오류, 둘째, 지표 측량 기술이나 표현 기법과 같은 과학·기술상의 한계, 셋째, 특정 시대와 공간 속에서 살아온 각 문화 집단들 - 지도 제작의 주체로서 - 간의 '세계를 바라보는 방식'의 차이, 넷째, 특수한 목적을 이루고자 하는 제작자의 의도가 그것이다. 이와 같은 요인들이 복합적으로 작용한 결과 우리 주변에서 볼 수 있는 모든 종이 지도는 실제와 다른 어느 정도의 왜곡을 지닐 수밖에 없다. 거짓말은 지도의 태생적 운명인 것이다.

3) 지도와 권력

많은 사람들은 지도가 우리에게 객관적 정보를 제공하는 탈정치적인 것이라 여길지 모르지만, 지도와 정치적 패권 사이에는 사실 밀접한 관계가 있다. 특히 대륙이나 세계 지도는 한 국가의 영역의 범위 및 주권을 주장하는 데에 사용된다. 영토와 영해 지도를

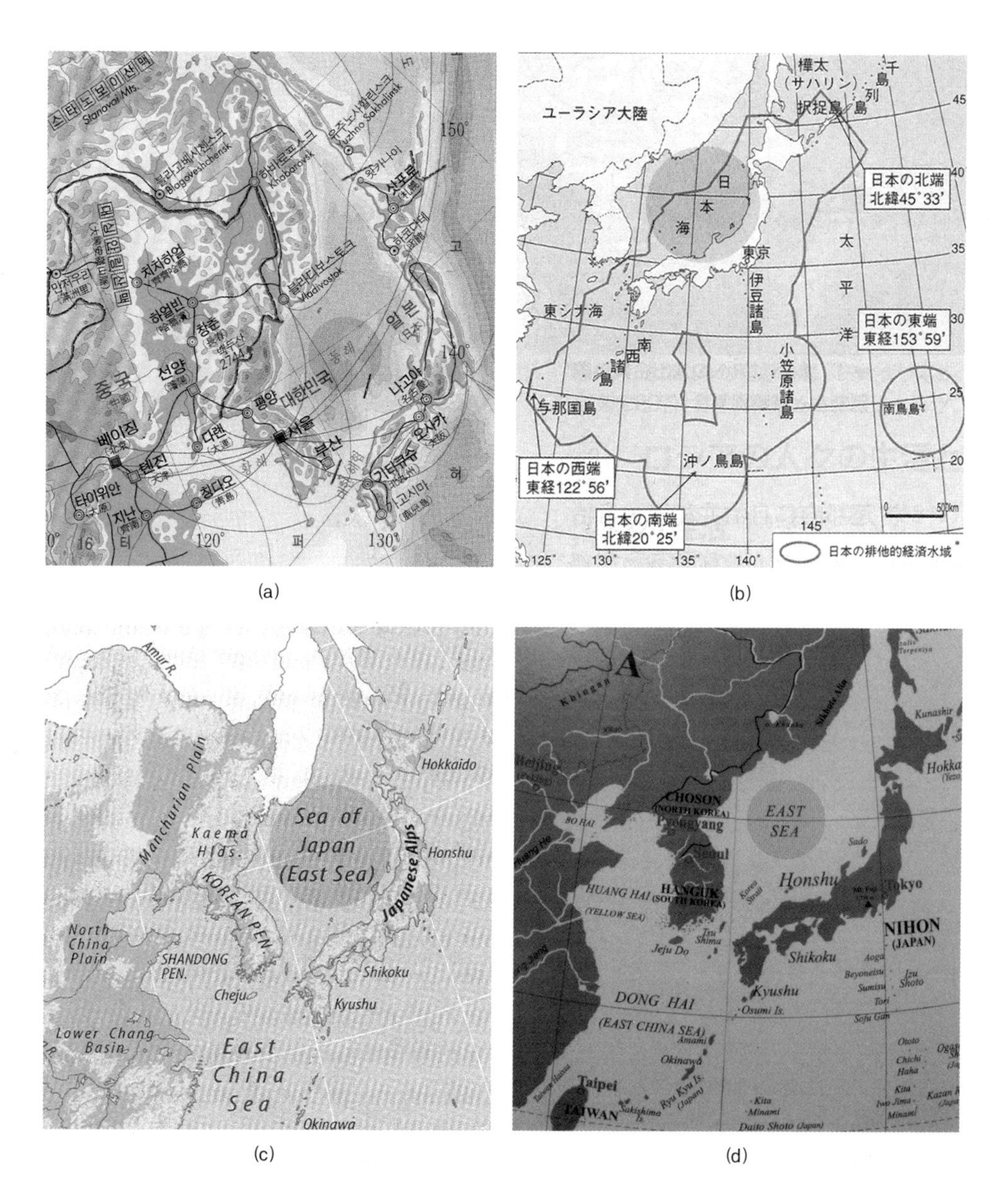

(a) (b) (c) (d)

그림 3-5 동해 지명 표기에 작용한 서로 다른 권력의 양상

(a)는 우리나라에서 발간한 중학교 사회과 부도의 지도이고, (b)는 일본의 한 고등학교 지리교과서에 실려 있는 지도이며, (c)는 영어권의 대학 세계지리 교재(Hobbs and Salter, 2006)에 실려 있는 지도이고, (d)는 세계 3대 지구본 제작사인 이탈리아 조폴리(Zoffoli) 회사의 지구본에 있는 지도이다. 동해라는 동일한 공간을 대상으로 한 지도이지만, 동해 지명을 비롯한 몇몇 지명이나 국경 표시가 서로 다름을 볼 수 있다. 특히 (b)는 일본의 제국주의적 권력과 패권 의식을 강하게 반영하면서 자국의 영역 이미지 중 보여주고 싶은 것만을 보여주고 그렇지 않은 것은 감추는 교육용 지도로서, 자국 영역의 범위와 주권을 주장하는 데에 사용되고 있다.

제작하고 특히 거기에 자국에서 명명한 지명을 기입하는 행위는 자국의 관점을 제시하고 자국의 관점과 다른 여타의 견해들과 투쟁하겠다는 정치적 의도를 내포한다.

이와 같이 지도는 보여주고 싶지 않은 것은 감추고 보여주고 싶은 것만을 표현하는 식으로 정치적 이해 관계를 반영한다. 지도에 사용하는 기호나 표현 방식 역시 권력의 의도를 반영하며 또한 강화시키도록 선별된 것이다. 이렇게 제작된 국가 지도는 일기 예보나 다양한 광고 지도, 도로망지도, 행정구역도 등을 통해 자연스럽게 일상생활 속으로 스며들고, 다른 한편에서는 후세대를 위한 교육 과정에 반복적으로 등장함으로써, 자국의 영역 이미지를 분명히 확립하고 확산시키는 데 기여한다(그림 3-5).

지도와 권력의 관계에 대해서는 영국의 지리학자 브라이언 할리(B. Harley,

| 참고 3-1 |

메르카토르 지도의 정치학: 유럽 중심의 제국주의와 북반구 중심주의

메르카토르(Mercator)라는 라틴어 이름으로 잘 알려진 플랑드르 출신의 지리학자 게르하르두스 크라메르(G. Kramer, 1512-1594)는 1569년 세계를 원통형으로 묘사한 투영법을 창안하였다. 이 투영법에서는 경선들이 양 극점에 모이지 않고 평행을 유지했다. 그 결과 적도로부터 양 극점으로 갈수록 대륙의 규모가 상대적으로 과장되게 되었다. 지역에 따라 축척이 달랐음을 뜻하며 자연히 면적이 왜곡되고 말았다.

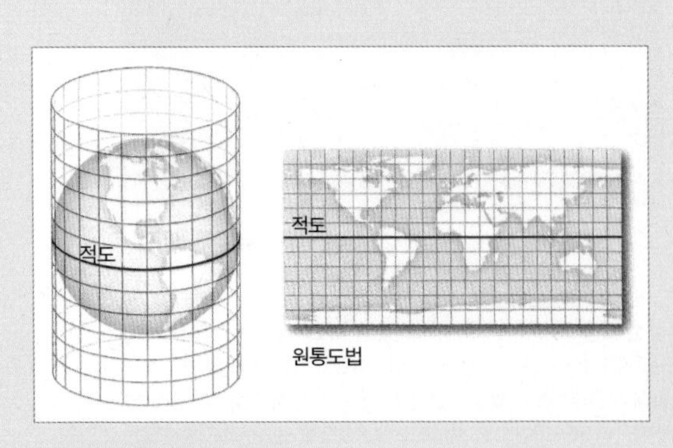

메르카토르 도법

그러나 지도 상의 어느 지점에서나 위쪽이 북쪽으로 그려질 수 있었고 이렇게 방위가 변하지 않는 경위선 지도는 항해자에게 반드시 필요한 것이었다. 특히 유럽의 제국주의자들에게는 식민지 개척을 통한 세계 최초의 세계 제국을 그려보기에 아주 적합한 지도였다. 중세의 T-O 지도와 달리 지도의 중심은 더 이상 예루살렘이 아니었다. 유럽의 제국이 지도의 중앙 위쪽에 배치되었고, 북반구는 위쪽에, 남반구는 아래에 위

1932~1991)에 의해 잘 정리된 적이 있다. 할리는 지도를 본질적으로 권력의 담론에 공헌하는, 그리고 이런 관점에서 이해해야만 하는 문서로 보았다. 그는 지도를 언어의 한 형태로 취급했으며, 롤랑 바르트와 자크 데리다가 문학과 건축, 기호 등을 분석하면서 개척했던 후기구조주의와 포스트모더니즘의 관점에서 '읽고 해체해야 하는' 텍스트로 바라보았다(Harley, 1988). 그에게 지도는 존재론, 인식론, 도상학, 수용이론과 연결되어 있으며 이런 연계 속에서 이해해야 하는 것이었다(J. Black, 1997/박광식 옮김, 2006).

할리와 같은 입장에서는 지도의 정확성에 관한 문제를 넘어서, 권력의 도구로서 작동하는 지도의 성격, 그중에서도 영유권을 주장하고 공표하는 지도의 실질적이고 상징적인 역할에 관심을 갖는다. 실제로 제국주의 국가들의 식민지 지도 제작은 상치시켰다. 남반구에 대한 북반구의 우위를 부여해주었던 것이다. 또한 적도 부근의 식민지 국가들에 비해 상대적으로 고위도에 있었던 유럽 대륙의 규모가 크게 그려질 수 있었으므로 형태적으로 식민지에 대한 지배를 정당화하는 기능도 하였을 것이다.

메르카토르 지도는 시간이 흘러 냉전시대에 와서도 재차 부상하였다. 메르카토르 지도에서는 극지방에 가까운 구소련의 면적이 매우 과장되어 나타나는데, 공산주의 이념에 위협을 느껴온 미국의 반공 극우단체는 이 도법을 오랫동안 즐겨 사용함으로써 공산주의의 위협을 경고하는 도구로 사용하였다. 우리나라에서도 학교 현장의 교육용 지도로 가장 널리 보급된 적이 있었던 지도가 바로 이 메르카토르 지도이다.

지도출판업자와 함께 토의하고 있는 메르카토르(왼쪽)

사진의 왼쪽에 보이는 인물이 중세 플랑드르의 지도학자 메르카토르이며 그 옆에는 1500년대 메르카토르의 도움을 받아 메르카토르 도법을 고안한 출판업자가 앉아 있다(그림 출처: National Geographic, *Almanac of World History*, 2003: 185).

당 부분 자신들의 식민지화 목적을 위한 것이었다. 원주민의 고유한 영역 의식을 살균해 버림으로써 제국에 의한 새로운 공간 지배를 자연스럽게 받아드리도록 호도했음을 말한다. 이 관점에서 지도학은 권력의 담론으로 간주되며, 이 담론에서는 공간 자체가 권력관계의 근본 동인이며 반영으로 이해된다(참고 3-1).

일반적으로 대다수 사람들은 지도를 권력과의 관계에서 해석하지 않는다. 지도에 대해서 현실을 있는 그대로 재현한 것이라 여긴다. 지도는 실제를 반영한다고 생각하고 있고, 이런 믿음에 기초해 여행이나 일기예보 등과 관련해 일상적으로 지도를 참조하고 있다. 심지어 어떤 이들은 '지도를 정치적으로 해석하려는 시도 자체가 소수 의견이며 그 소수의 학자들이 자신들만의 의제를 부각시키기 위해 불편부당한 연구 용어를 사용하고 있다'고 비판하기도 한다. 물론 지도 속에서 움직이는 권력의 양상과 권력 안에서 이루어지는 지도의 역할에 관해 지나칠 정도로 강조하는 극단적인 주장들에 대해서는 의문을 제기할 수도 있겠지만, 지도를 권력의 관계에서 보는 시도는 지도를 단순한 지식의 확산 차원이 아닌 더욱 폭넓은 지적 조류와 사회적 맥락 속에서 조명할 수 있도록 우리의 시야를 넓혀 주는 것이 사실이다. 이러한 문제의식을 바탕으로 단순히 객관성, 정확성의 차원이 아닌 새로운 시각으로 우리나라 고지도를 살펴보기로 하자.

2. 고지도 읽기

1) 어떤 종류의 고지도가 전해 오는가

고지도란 근대 지도 이전, 시기적으로는 대략 조선 후기 이전에 그려진 그림지도들을 말한다. 우리나라에서 현전하는 지도 가운데 고려 시대를 포함한 그 이전에 제작된 지도는 없다. 그러나 기록으로 미루어 보아 고려 시대 이전에도 지도가 제작되어 활용되었음이 분명하다.

문헌을 보면 삼국 시대에도 지도가 있었고, 고려 시대에는 한반도의 모양을 현

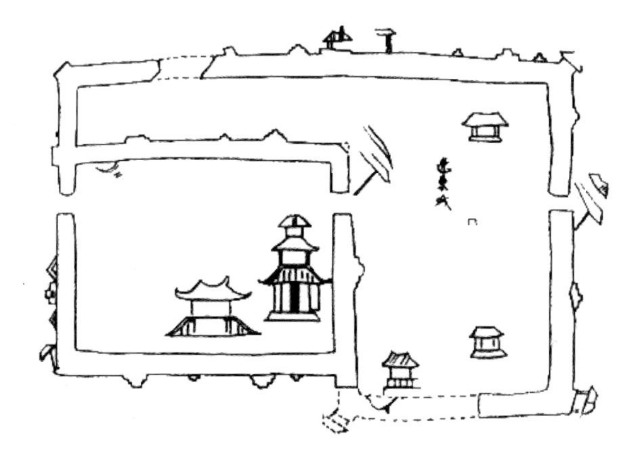

그림 3-6 4세기경 고구려 고분 벽화에 나타난 고지도: 요동성도

재와 비슷하게 파악하여 지도로 만들었다고 나온다. 유일하게 지도의 범주에 포함시킬 수 있는 삼국 시대의 유물로는 4세기경의 고구려 고분에 벽화로 남아 있는 집안(集安) 삼실총의 성곽도(城郭圖)를 들 수 있다. 그림지도 형식으로 만든 이 지도를 통해 삼국 시대의 지도에 대한 윤곽을 엿볼 수 있다. 벽화였으므로 실제로 사용된 지도는 아니었으나 당시에 지도가 제작, 사용되었을 가능성을 충분히 시사해 준다. 실제로 『삼국사기(三國史記)』에도 고구려의 영류왕 11년(628)에 견당사(遣唐使)를 통해 당나라에 고구려 지도를 보냈다는 대목이 나온다(그림 3-6).

그림 3-6 '요동성도(遼東城圖)'를 통해서 고구려의 지도 제작 수준을 추측해 보면, 완전하지는 않지만 축척을 사용했으며 방격(方格)의 기법과 기호화된 그림 기법이 사용되었던 것으로 보인다. 『삼국유사』에는 백제에 『도적(圖籍)』과 『백제 지리지』가 있었다고 기록되어 있는데, 『도적』은 지도와 서적을 의미하므로 백제에도 지도가 있었음을 알 수 있다. 신라는 통일 후 행정 구역을 정비하는 과정에서 지도를 이용하였다. 이처럼 삼국 시대부터 지도가 제작되었으며 대부분 국가 차원에서 통치 및 군사적인 목적으로 활용되었던 것으로 보인다.

현재 전해 오는 고지도는 대부분 조선 시대에 만들어진 것들이다. 고지도의 종류는 아시아 대륙이나 세계를 묘사한 세계지도, 한반도 일대를 그린 조선전도, 수도

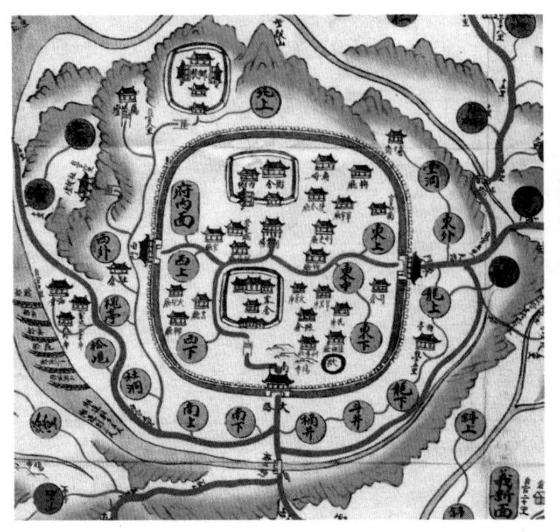

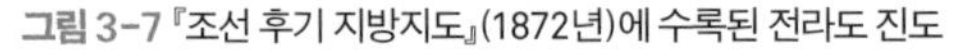

그림 3-7 『조선 후기 지방지도』(1872년)에 수록된 전라도 진도

그림 3-8 『조선 후기 지방지도』(1872년)에 수록된 평안도 구성

한양을 그린 도성도, 지방 행정구역인 부목군현(府牧郡縣)을 그린 군현지도, 국경 부근에 대한 관방지도 등으로 나뉜다. 이러한 고지도들에는 제작 시점의 국토 공간의 모습과 특징은 물론이고, 당시 사람들의 다양한 국토관과 세계관, 당대의 사회를 지배하였던 사상과 가치관이 내포되어 있다.

조선 시대에 제작된 고지도, 그중에서도 군현도는 조선 영·정조 시대에 제작된 것이 주류를 이룬다. 군현도는 시기별로 제목의 목적이나 지도의 계보, 지도의 내용 등에 따라 몇 가지 유형으로 구분된다(오상학, 2005). 첫째, 영조대 군현 지도 제작의 성과가 반영된 것으로 서울대학교 규장각 소장의 『해동지도』, 『광여도』 계열을 들 수 있다. 이들 지도에는 군현지도뿐만 아니라 세계지도, 관방지도, 전도, 도별지도 등이 총망라된 종합적 지도책으로 현재 영인본이 전국의 주요 도서관에 배포되어 있다. 둘째, 군현지도책으로서 대축척 전도의 발달과정에서 만들어진 것으로 마치 경위선을 연상케하는 방안이 그려진 유형이 있다. 이러한 군현지도책은 대부분 정교한 대축척 전도의 제작이 활발하게 진행되었던 영·정조대에 만들어진 것이다. 서울대학교 규장각의 『조선전도』를 비롯하여 여러 기관에 다수의 사본이 전하고 있다. 셋째 유형은 지도책이 아닌 단독의 군현지도 유형이다. 이의 대표적인 지도는 1872년 국가적 차원에서 제작·수합된 규장각 소장의 군현지도이다. 이 유형에는 『여지도서』에 수록된 지도와 같은 읍지의 부도도 해당된다(그림 3-7, 8).

다만 우리가 고지도를 분석할 때, 거기에는 인간이 경험했던 공간이 표현되기도 하지만 상상 속에서 형성된 공간도 그려진다는 점을 염두에 두어야 한다. 고지도에 표현된 모든 공간이 당시 사람들이 객관적 실재로 인식하고 있었던 것이라고 할 수 없으며, 또한 지도에 그려져 있지 않다고 해서 그 지역을 전혀 인식하지 못했다고 할 수도 없다(오상학, 2001). 그렇다고 고지도가 정확성, 제작기술사적 검토, 투영법 등 실증적인 분석의 대상이 전혀 아니라는 말은 아니다. 다만 고지도에 표현된 세계는 역사적, 공간적 맥락에 따라 다르게 나타나고 독자에 따라 다양하게 읽혀질 수 있으므로, 고지도를 텍스트로서 인식하고 해석하는 시각이 필요하다는 것이다(전종한, 2006).

2) 고지도를 읽기 위한 코드(codes)

국토의 영역(領域)에 대한 의식

한반도 일대를 대상으로 한 많은 조선전도들은 국토의 영역에 대한 의식을 보여준다. 가령 조선 명종대(明宗代)에 제작된 것으로 보이는 「조선방역도(朝鮮邦域圖)」(그림 3-9)는 정척, 양성지의 「동국지도(東國地圖)」를 기초로 하여 제작한 지도이므로 조선 전기의 강역(疆域), 즉 당대의 국토의 영역에 관한 의식을 알아볼 수 있는 지도이다.

「조선방역도」에는 한반도 외에 제주도는 물론이고 만주 지역과 대마도가 표기되어 있는 것이 특징이다. 대마도를 당시 지도에 그려 넣었다는 것은 대마도가 적어도 지리적 관념으로는 국토의 한 부분으로 인식되었다는 의미일 것이다. 당시 조선 사람들은 단지 바다 멀리 떨어져 있어 관리가 어려우므로 공도책(空島策)을 써서 비워 두었는데 왜구들이 강점하였다고 여기고 있었다. 그래서 「조선방역도」를 포함한 각종 조선전도들에는 대마도가 거의 예외 없이 표기되어 있는 것이 특징이다.

만주 지역을 포함하여 그린 이유는 두 가지로 해석할 수 있다. 하나는 국경선이

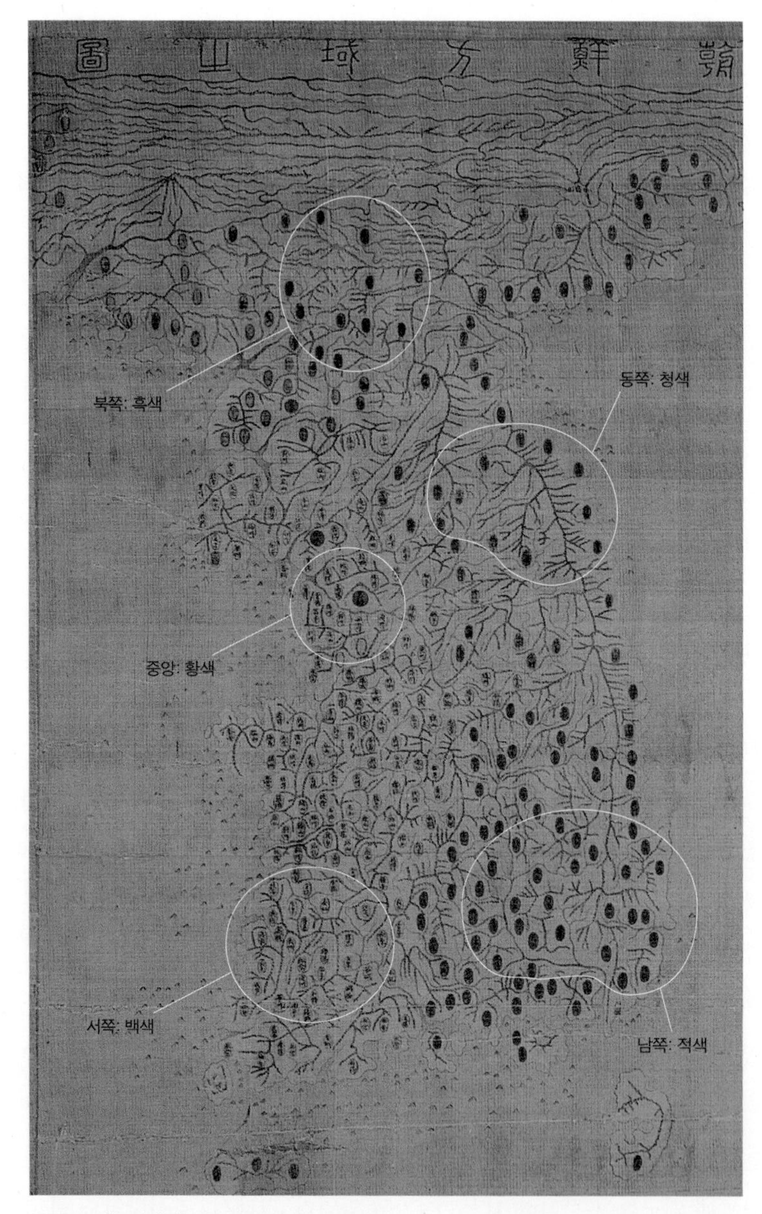

그림 3-9 「조선방역도」(조선 전기, 국보 248호)

「조선방역도」는 1558년(명종 12)에 제작된 것으로 추정되며, 한반도 외에 만주와 대마도까지 그려져 있어 당대의 영토의식의 일면을 반영한 것으로 보인다. 지도의 위쪽에 조선방역지도(朝鮮方域之圖)라는 제목이 보이고, 그 아래에 채색 지도가 그려져 있으며 아래쪽에는 제작에 참여한 사람들의 관등과 성명이 기입되어 있다. 「조선방역도」의 가장 큰 특징은 8도의 주현을 다섯가지 색깔, 즉 5방색으로 채색했다는 점이다. 이것은 음양오행과 풍수지리 사상의 영향을 받은 것으로서, 동쪽(강원도)은 청색, 남쪽(경상도)은 적색, 서쪽(전라도)은 백색, 북쪽(함경도)은 흑색, 중앙(경기도)는 황색으로 묘사되고 있다.

확정되지 않아 북방에 대한 지식이 불확실했기 때문일 것이다. 다른 하나는 만주가 오래전 고구려의 땅이었기 때문에 우리의 영토라는 영토 의식이 강하게 표출된 것이라고도 볼 수 있다. 당시의 지리학자로 볼 수 있는 양성지는 압록강과 두만강을 우리의 국경선이라고 생각하지 않았다. 그는 우리나라를 '만리(萬里)의 나라'라고 하였는데, 「조선방역도」에는 이러한 그의 영토관과 유사한 정신이 반영되어 있다.

노사신이 쓴 『동국여지승람(東國與地勝覽)』 전문에서도 '우리의 국토가 만리'라는 표현이 나타나고 있고, 서거정 역시 『동국여지승람』 서문에서 '고려는 서북 지방은 압록강을 못 넘었지만 동북 지방은 선춘령(先春嶺)을 경계로 해서 고구려 지역을 더 넘었다'고 기술하고 있다. 이와 같이 조선 전기에는 우리나라의 영토가 만주를 포함하는 만리라는 의식이 팽배했음을 「조선방역도」를 통해 확인할 수 있다. 이렇게 고지도에 만주 지역을 포함시킨 것은 15세기의 적극적인 고토(古土) 수복 정책과 '만리' 국가 의식이 지도에 반영된 결과일 것이다.

국토 공간을 바라보는 국토관

고지도, 특히 그림지도에는 국토 공간의 인문적 사실들이 자세히 묘사되어 있어 당시의 국토관을 알 수 있다. 예를 들어 『신증동국여지승람』의 첫머리에 수록된 「동람도(銅藍圖)」(그림 3-10)에는 주요 산과 강에 제사를 지내던 제도, 즉 산천사전제(山川祀典祭)에 의한 중사처(中祀處)와 소사처(小祀處)에 해당하는 산과 강만을 표현하였다. 다시 말해서 한반도 지도를 놓고 거기에 행정구역이나 주요 도시들을 그려 넣은 것이 아니라 산신(山神)과 강신(江神)을 위한 제사 장소를 묘사하였다는 말이다. 신들의 세계로서의 한반도, 신들의 보호를 받는 조선의 백성이라는 국토관이 있었다고 해석할 수 있는 것이다.

고려 시대 이래로 지속되어온 산천신(山川神)에 대한 제사 문제는 1413년(태종 13)에 정비되었다. 사직, 종묘 등에는 가장 큰 제사인 대사(大祀)를 드렸다. 선농단과 문선왕 등은 중간 규모의 제사인 중사(中祀)를 드렸고 풍사신(風師神)과 운사신(雲師神)과 함께 군현의 성황신에 대해서도 중사를 드리도록 승격시켰다. 산천에 대한

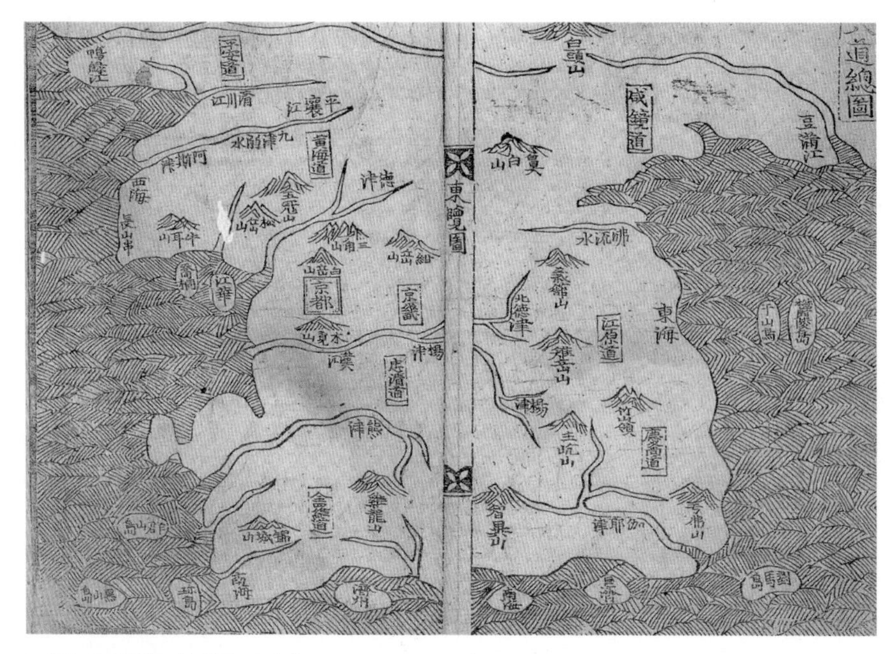

그림 3-10 「동람도」(東藍圖, 16세기)
「동람도」는 팔도총도라고도 하며 『신증동국여지승람』의 첫머리에 수록된 조선전도이다.

제사 제도(山川祀典制)가 확립된 것은 1414년(태종 14) 8월로, 당나라의 『예악지(禮樂志)』 등을 참고하여 비로소 제사 등급을 나누어 확정하였다.

바다, 산악, 강의 신을 뜻하는 해악독신(海嶽瀆神)에게는 중사(中祀), 산과 하천의 신에게는 소사(小祀)를 지내도록 하였다. 그리하여 한양의 삼각산신과 한강신, 경기도의 송악산신과 덕진신, 충청도의 웅진신, 경상도의 가야진신, 전라도의 지리산신과 남해신, 강원도의 동해신, 황해도의 서해신, 함길도의 비백산신, 평안도의 압록강신과 평양강신 등 13군데의 해악독신에게 중사를 드리게 되었다. 그리고 한양의 목멱산, 즉 남산신, 경기도의 오관산신과 감악산신, 양진신, 충청도의 계룡산신과 죽령산신, 양진명소신, 경상도의 우불산신과 주흘산신, 전라도의 전주 성황신과 금성산신, 강원도의 치악산신, 의관령신, 덕진명소신, 황해도의 우이산신, 장산곶신, 아사진신, 송곶신, 함길도의 영흥성황신과 함흥성황신, 비류수신, 평안도의 청천강신, 구진익수신 등 23군데의 산림천택신에게 소사(小祀)를 드리게 되었다. 이러한 제사들은 해당 군현의 수령이 거행하도록 하였다. 그 외에 경기도의 용호산과 화악산, 경상도의 진주성황, 함길도의 현덕진, 백두산 등은 국가에서 지정하는 제사처는 아니지만 각 군현의 수령이 제사를 지냈다. 그리고 고려 시대까지 제사를 지내던 개성의 대정(大井)과 우봉(牛峯)은 이미 명산대천에서 제외되었지만 화악산의 예에 따라 소재관인 수령이 제사를 지내도록 하였다. 이 때 확립된 산천사전제(山川祀典制)가 상당기간 계속된 듯하며 「동람도」는 당시에 제사처로 중시했던 명산대천(名山大川)들을 잘 보여주고 있다.

한편 축척(스케일)의 측면에서 살펴본다면 대부분의 군현도에는 읍성이 중심적 위치로 설정되어 있으며 대부분 실제보다 크게 그려져 있다. 또한 그 지역의 상징이 될 만한 것들도 역시 크게 그리고 있다는 것이 특징이다. 1872년에 제작된 남원 지도에는 광한루, 오작교가 매우 크게 그려져 있다. 광한루와 오작교는 춘향의 정절과 함께 남원의 상징 경관으로 당시 사람들도 이곳을 중요하게 여겼음을 알 수 있다. 또한 이 지도에는 광한루 옆에 울창한 숲을 자세히 표현하고 있는데 동림(東林)이라 불렸던 이 숲은 지금은 그 자취조차 찾을 수 없지만 남원의 기(氣)를 보존하기 위해 인공적으로 조성한 것이었다. 풍수지리적 상징성을 지닌 이 숲은 당시의 남원 사람들에게 있어서는 매우 의미 있는 장소였음을 말해준다.

산수(山水)의 묘사방식을 통해 엿볼 수 있는 풍수지리적 인식

풍수지리 사상은 신라 말기에 전래되어 고려 시대에 크게 성행하였으며 사회 전반에 영향을 미쳤다. 따라서 지도에도 이러한 인식이 표현되었을 것이라는 것을 쉽게 짐작할 수 있다. 고려 시대에 제작된 지도 가운데 현전하는 지도가 없기 때문에 정확한 특징을 알 수는 없다. 다만 1396년(태조 5) 이첨(李詹)이 쓴 『삼국도후서(三國圖後序)』에 고려지도를 소개하는 대목이 있어 이를 통해 고려 시대 전국도의 모습을 추적할 수 있다.

삼국을 통합한 뒤에 비로소 고려도(高麗圖)가 생겼으나 누가 만든 것인지는 알 수 없다. 산맥을 보면 **백두산에서 시작하여** 구불구불 내려오다가 철령에 이르러 별안간 솟아오르며 풍악(楓岳)이 되었고, 거기서 중중첩첩하여 대백산, 소백산, 죽령이 되었다. 중대(中臺)는 설봉(雪峰)으로 뻗쳤는데, 지리와 지축이 여기에 와서는 다시 바다를 지나 남쪽으로 가지 않고 청숙한 기운이 서려 뭉쳤기 때문에 산이 지극히 높아서 다른 산은 이만큼 크지 못하게 된 것이다. 그 등의 서쪽으로 흐르는 물은 살수(薩水), 패강(浿江), 벽란(碧瀾), 웅진(熊津)인데, 모두 서해로 들어가고, 그 등마루 동쪽으로 흐르는 물 중에서 가야진(伽倻津)만이 남쪽으로 흘러갈 뿐이다. **원기가 화하여 뭉치고**, 산이 끝나면 물이 앞을 둘렀으니…….

이 글에서 눈여겨봐야 할 것은 우리나라 산맥의 흐름이 백두산에서 시작한다고 언급한 대목과 원기가 화(和)하여 뭉쳤다는 표현이다. 우리나라 지리를 이해할 때 백두산에서 뻗어 내린 대간을 산맥의 대종으로 인식하고, 거기에서 흘러내린 물줄기를 풍수지리 사상에 입각하여 하나의 생명체로 파악하고자 하는 지도 제작 태도는 한국 고지도의 특성을 이루는 것으로, 이미 고려 시대 지도에서 이러한 특성이 확실하게 자리 잡고 있었음을 알 수 있다. 정몽주가 쓴 「여진지도(麗嗔地圖)」에도 '설립백산남주원(雪立白山南走遠, 눈 덮인 백두산이 남쪽으로 뻗었다)'이라는 표현이 보인다.

조선 시대의 통치 이념이었던 성리학은 일반적으로 풍수 도참 사상에 대하여 비판적이었으나, 지금까지 전해지고 있는 고지도에는 풍수적 지리 인식이 많이 드러나 있다. 우선 지도 제작 과정에 반드시 상지관(相地官)을 대동하였음이 여러 기록을 통하여 확인된다. 즉 조선 초기부터 지도를 제작하기 위해서는 상지관, 거리를 측량하는 산사(算士), 지지(地誌) 전문가인 관리(官吏), 그리고 지도를 직접 채색하여 그려내는 화원(畵員)으로 구성원이 이루어지는 것이 전형적인 형태였던 것이다. 따라서 풍수적 지리 인식이 조선 시대에도 중요한 위치를 차지했음을 알 수 있다. 또한 「조선방역도」(그림 3-9)는 팔도의 주현을 5방색(方色)으로 채색하고 있는데, 이 5방색은 우리나라 지도의 고유한 특징인 풍수지리 사상을 담은 것이다(국립지리원, 1980).

표 3-1 조선방역도와 5방색, 그리고 음양오행

5방색	방위	오행	음양	신체장기	유교사상	감정	미각	비고
파랑색	동	나무(木)	음	간장	인(仁)	기쁨	신맛	흥인지문
빨강색	남	불(火)	양	심장	예(禮)	즐거움	쓴맛	숭례문
흰색	서	쇠(金)	양	폐장	의(義)	분노	매운맛	돈의문
검정색	북	물(水)	음	신장	지(智)	슬픔	짠맛	홍지문 (숙정문)
황색	중앙	흙(土)	양	비장	신(信)	욕심	단맛	보신각

5방색이란 파랑색, 빨강색, 흰색, 검정색, 황색을 말한다. 조선 시대에는 이들 다섯 가지 색을 방위, 오행, 음양 등과 연관되어 인식하였는데, 파랑색=동쪽, 빨강색=남쪽, 흰색=서쪽, 검정색=북쪽, 그리고 황색=중앙 등의 형식을 말한다(표 3-1). 그러한 조선 시대의 사상적 일면이 「조선방역도」에 묘사되어 있는 것이다.

「대동여지도(大東輿地圖)」 역시 산계와 수계를 특별히 강조하는데 이것은 「대동여지도」의 가장 두드러진 특징의 하나이다. 일반적인 지도에서는 산지 하나 하나에 대해 표현하고 있으나 「대동여지도」에서는 산맥, 더 정확히 말하면 분수계와 하계망에 특별한 관심을 가진다. 즉 「대동여지도」에서는 산지가 아니더라도 하천의 분수계가 되면 그것을 산계의 연장으로 간주한다. 따라서 산지와 산지가 떨어져 있더라도 그 중간을 연결하는 분수령이 있으면 이 두 개의 산지는 산줄기로 연결시켰다. 「대동여지도」를 축소하여 우리나라 전도를 만든 「대동여지전도(大東輿地全圖)」(그림 3-11)에서도 이러한 산계와 수계의 특징이 잘 나타난다. 「대동여지도」를 비롯한 우리나라의 지도에서는 산맥과 수계를 특별히 강조하고 있는 경우가 대부분인데, 이러한 특징은 오랫동안 우리 민족의 자연관에 자리 잡은 풍수 사상과 무관하지 않다(풍수지리 사상에 대해서는 5장 참조)(그림 3-12).

3) 조선 시대의 세계지도에서 읽을 수 있는 조선 사람들의 세계관

조선 전기는 한반도 지도의 제작과 함께 세계지도의 제작도 매우 왕성했던 시기였는데, 국가적인 권위와 왕권 확립에 그 배경이 있었던 것으로 보인다. 당시에는 두 계통

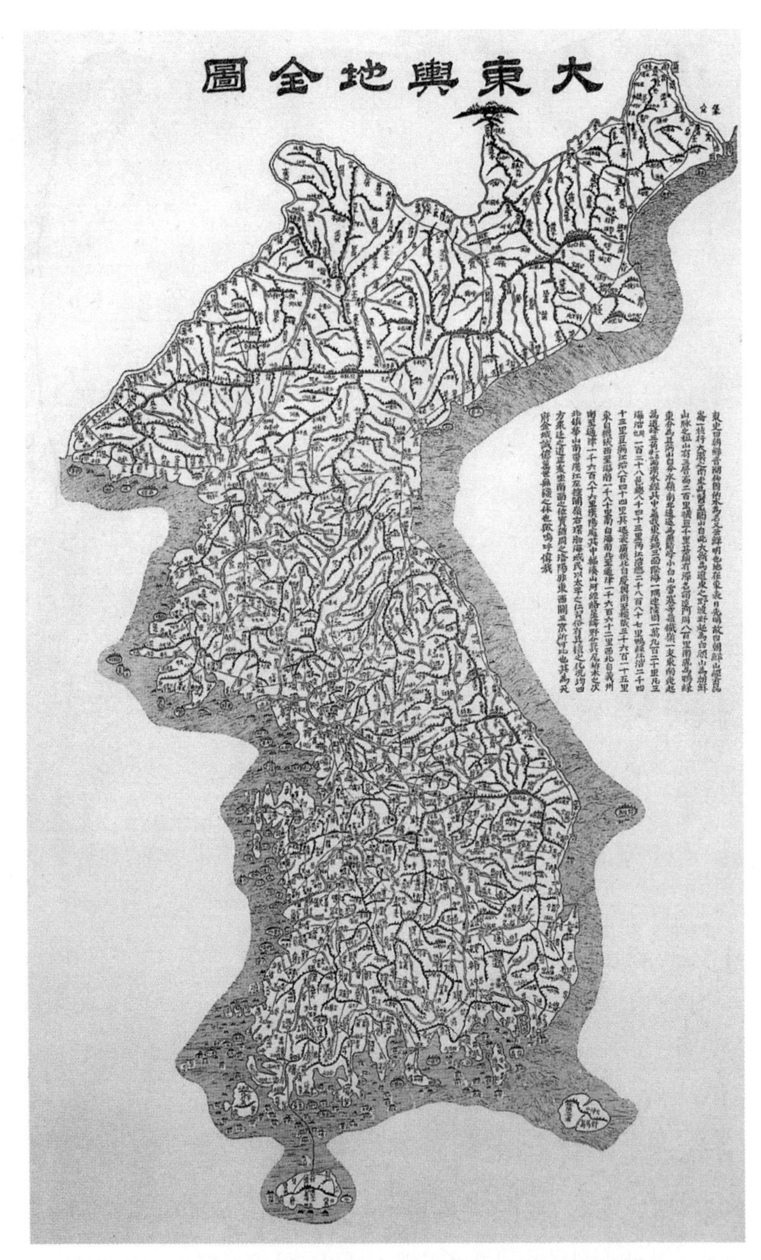

그림 3-11 소축척 지도에 나타난 풍수지리적 산수 표현: 「대동여지전도」(1860년대)

백두산이 특별히 크고 상징적으로 묘사되어 있다. 백두산으로부터 전국의 산줄기가 이어져 내려오고 있으며 물줄기 또한 강조되어 그려졌는데 이러한 패턴은 다분히 풍수지리적 국토 인식을 반영하는 것이라 볼 수 있다. 「대동여지전도」는 김정호의 「대동여지도」를 소축척으로 줄여서 만든 전도로 축척은 약 1:92만이다.

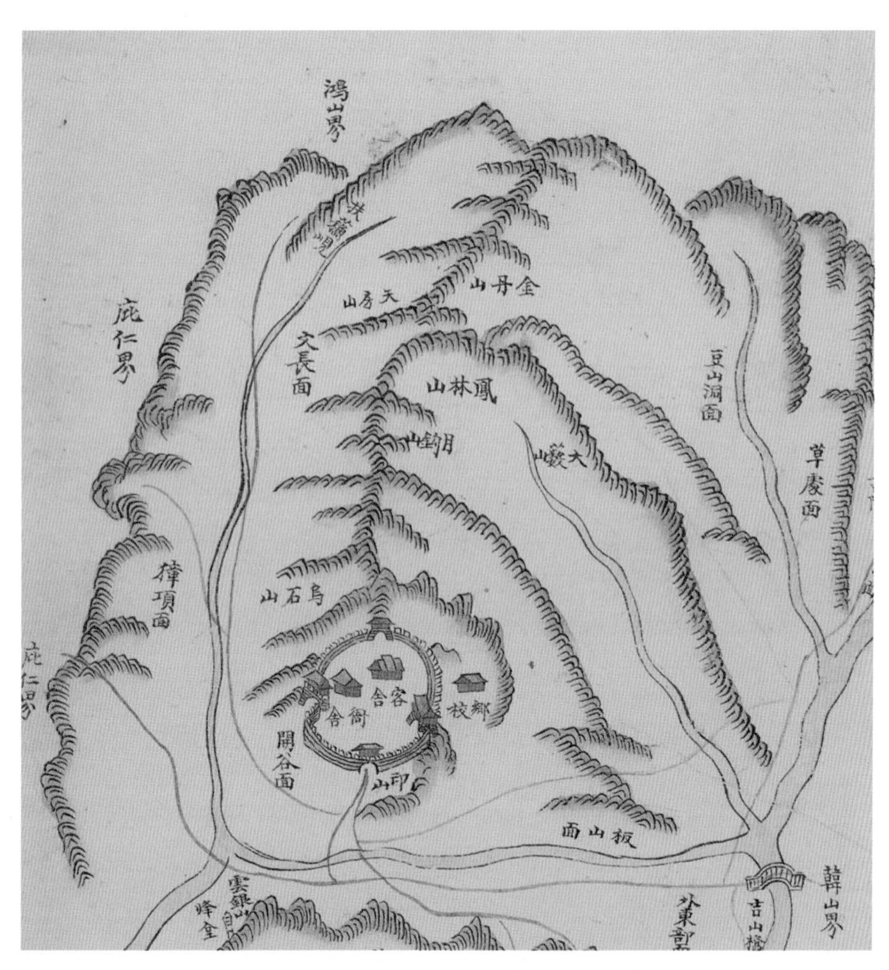

그림 3-12 대축척 고지도에서 보이는 풍수지리적 산줄기 표현: 『해동지도』의 충청도 서천

읍의 치소인 읍치가 크게 그려져 있고, 읍치를 중심으로 여러 겹의 산줄기가 둘러싸고 있다. 읍치 뒤편의 산줄기는 계속 이어지고 있으며 이 산줄기의 최종 도달점은 백두산이 된다. 이러한 묘사 방식은 산줄기의 연속성과 기(氣) 흐름의 연속성을 동일시하는 풍수지리 사상을 반영한 것이다(Jeon, 2008: 108).

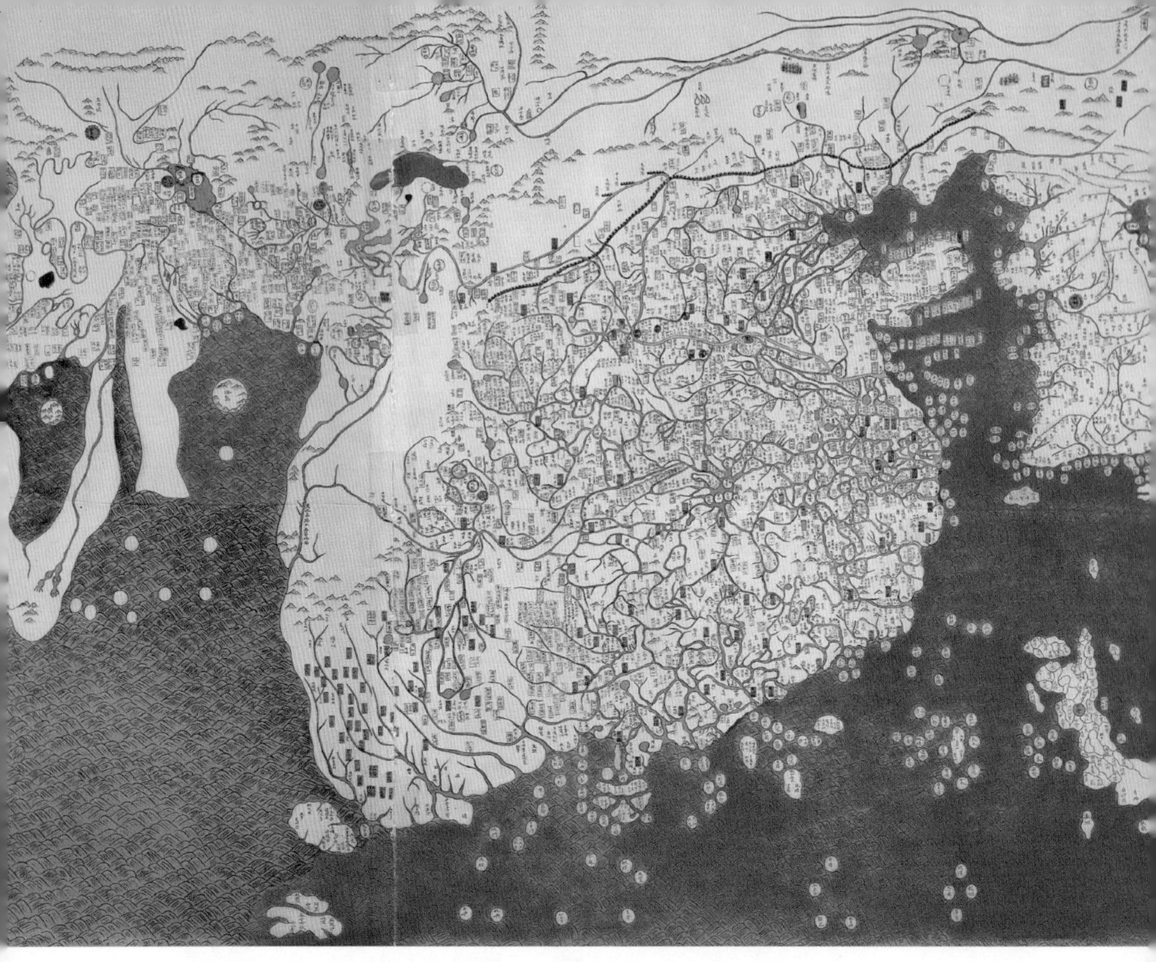

그림 3-13「혼일강리역대국도지도」
현존하는 가장 오래된 한국의 세계지도. 중앙의 중국과 서쪽의 아라비아, 유럽, 아프리카, 그리고 동쪽의 조선, 남쪽의 일본을 포함하는 15세기 초에 제작된 가장 뛰어난 세계지도의 하나로 평가받고 있다.

의 세계지도가 제작되었다. 하나는 세계의 지리에 관한 자료를 과학적으로 수집하여 편집한 지도이고, 다른 하나는 중화관에 입각하여 상상적인 세계관을 표현한 중국 중심의 추상적인 세계지도이다. 전자의 가장 대표적인 예가「혼일강리역대국도지도(混一疆理歷代國都之圖)」(그림 3-13)이며 후자의 예로는 원형 세계지도인「천하도(天下圖)」(그림 3-14)가 있다.

태종 2년에 이회가 중심이 되어 제작한「혼일강리역대국도지도」는 중국에서 들여온 세계지도인 이택민(李澤民)의「성교광피도(聲教廣被圖)」와 역대 제왕의 연혁을 나타낸 청준(淸濬)의「혼일강리도(混一疆理圖)」를 합친 지도이다. 여기에 이회 자신이 우리나라와 일본의 지도를 추가하여 하나의 세계지도를 완성하였다. '혼일(混一)'은 '세계', '강리(疆理)'는 '영토'로서 곧 전 세계를 의미하고, '역대국도(歷代國都)'는 '대대로 내려온 나라들 및 그 수도'를 뜻한다. 지도의 상단에는 '혼일강리역대국도지도'라고 크게 써 있고, 하단에는 18행 284자의 발문이 기록되어 있다.

전체적인 모습을 보면 지도 가운데에 중국이 가장 크게 그려져 있고 우리나라가 그 다음 규모로 그려져 있다. 일본은 지면을 아끼기 위해서인지 우리나라 남쪽에 작게 그리고 방향도 거꾸로 그려져 있다. 중국 서쪽으로는 유럽과 인도, 아라비아, 아프리카가 확인된다. 「혼일강리역대국도지도」의 원본은 현존하지 않으나 그 채색 필사본이 일본 동경의 용곡(龍谷) 대학 도서관에 소장되어 있다. 현전되는 가장 오래된 세계지도인 「혼일강리역대국도지도」는 중국, 조선, 일본, 인도, 아프리카, 유럽까지 포함한다는 점과 독특한 채색 방법과 지명에서 아라비아 계통의 지도를 원본으로 한다는 점, 그리고 세계를 바다로 둘러싸인 큰 섬으로 표현하고 있다는 점에서 그 특징을 찾을 수 있다(이찬, 1976; 1992).

한편, 중국 중심적 세계관을 묘사한 지도로서 널리 알려진 것이 바로 「천하도」다. 「천하도」의 구성을 보면 지도의 가운데에 중원(중국)이 그려져 있고 그 주위를 내

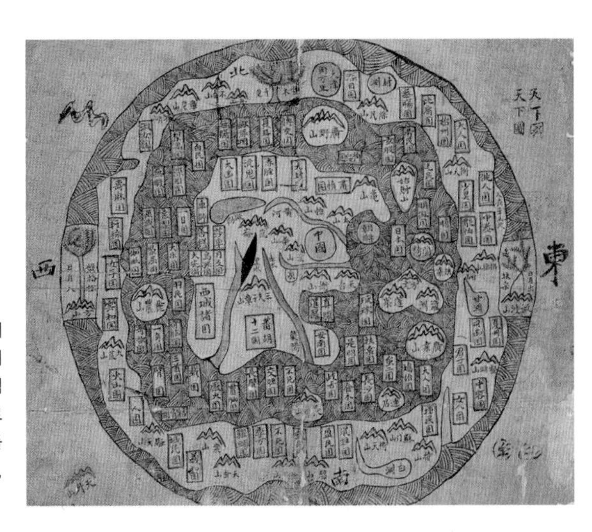

그림 3-14 「천하도」(18세기)
동아시아 세계지도로서 당시 사람들의 세계에 대한 추상적 인식을 보여준다. 중세 유럽의 T-O 지도와 비교할 만하다(이 책의 50쪽). 지도의 가로축이 동서방향으로서 오른쪽이 동쪽이다. 「천하도」의 지명들을 살펴보면 원시 수목신앙과 도교, 불교, 유교적 세계관이 혼재되어 나타난다.

해(內海)가 둘러싸고 있으며, 내해 밖을 외대륙(外大陸)이, 그 외부를 다시 외해(外海)가 감싸고 있다. 중국을 중심으로 몇몇 나라의 이름이 등장하는데, 조선국, 일본국, 유구국(오키나와) 등 소수를 제외하면 대부분 실재하지 않는 상상의 나라들이다. 이들 상상의 지명들은 대부분 『산해경』이라는 중국의 고전에서 따온 것인데, 가령 사람이 죽지 않고 산다는 불사국, 군자들이 산다는 군자국, 머리가 세 개인 사람이 산다는 삼수국, 거인이 살고 있다는 거인국, 여자들만 산다는 여인국 등이 그것이다. 동쪽(지도의 오른쪽) 끝에는 해와 달이 뜨는 유파산(流波山)이, 서쪽 끝에는 해와 달이 지는 방산(方山)이 그려져 있다.

「천하도」의 기원은 잘 알려져 있지 않지만 대략 16세기에 제작된 것으로 추정되며, 지도에 나타난 지명과 특징을 통해 중국의 영향이 지배적이었던 것으로 볼 수 있다. 「천하도」는 정보의 수집과 지표의 사실에 근거한 지도라기보다는 동서남북의 방향을 고려하되 관념적 세계를 표현했다고 볼 수 있으며 이러한 점에서 서양의 T-O지도와 유사한 성격을 가진다.

「혼일강리역대국도지도」와 같이 자료의 과학적 수집과 정확성에 대한 조선 시대의 노력에도 불구하고 당시의 세계지도는 중국에서 제작된 지도를 세계지도의 원도로 삼았으므로 여전히 중국 중심의 세계관을 떨쳐버리지 못하는 한계를 지녔다. 그러나 중국 중심의 세계관에서 우리나라가 당당하게 자리 잡고 있는 세계지도를 제작함으로써 국가적인 권위와 왕권의 확립을 도모하고자 하였다는 데에서 그 의의가 크다.

3. 근대 지도의 등장에서 지리정보시스템(GIS)까지

1) 근대 지도란 어떤 것인가

근대 지도 혹은 현대 지도는 어떤 기준으로 규정되는가? 근대 지도를 위한 합의된 준거가 과연 존재하는가? 아니면 시기적으로 어떤 시점 이후에 제작된 지도를 근대 지

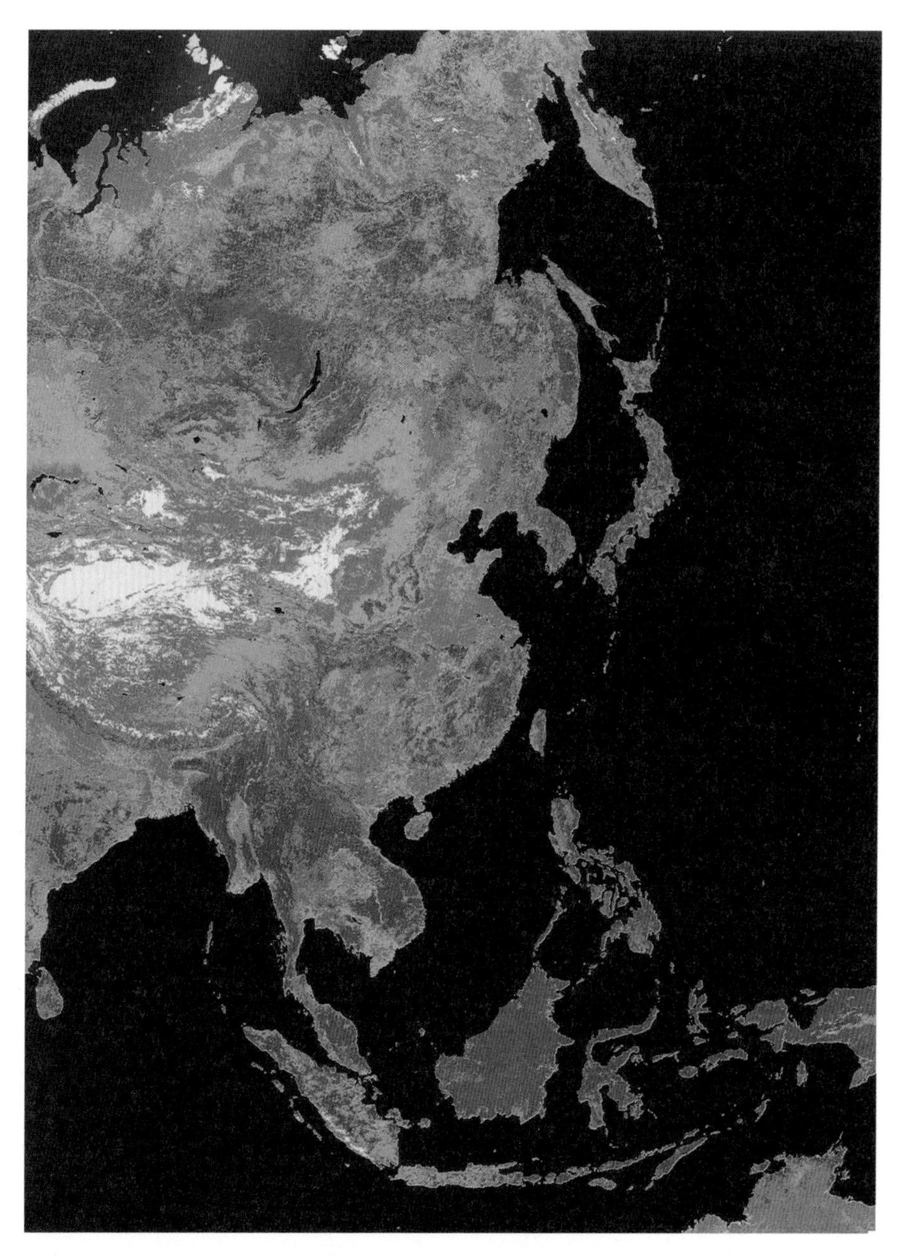

그림 3-15 인공위성 이미지: 아시아 일대(출처: *National Geographic*, 2003)
원격 탐사용 인공 위성에서 촬영한 이미지 자료는 항공 사진과 함께 근대 지도 제작의 중요한 원천 중 하나이다.

도라 부르는 것인가? 사실 근대 지도의 규정을 단순한 시기적 구분의 문제로 보는 사람도 있다. 그러나 이를 '근대 시기에 만들어졌으면 모두 근대 지도로 볼 수 있다'는 의미로 이해할 때 그런 입장에는 쉽게 동감할 수가 없다. 일반적으로 정확한 지표 측량 기법과 투영법의 활용을 통한 지도 제작 기술의 현대화, 지도상에 고르게 적용될 수 있는 축척과 기호화의 사용, 대량생산의 가능성 등이 근대 지도를 규정하는 기준이 된다.

근대 시기에 접어들면서 지도 제작의 기법은 크게 발달하였다. 먼저 항공사진을 촬영하거나 고해상도 카메라가 달린 원격 탐사용 인공위성에서 받은 영상 자료를 가지고 사진과 필름을 만들고 지상 기준점과 사진 기준점을 측량한다(그림 3-15). 그 다음 지형과 지물, 등고선을 그린 후, 현지 조사를 거쳐 목적과 용도에 적합한 정보가 명확히 드러나도록 편집, 인쇄하는 등의 여러 가지 과정을 거치게 된다. 이러한 과정을 통해 사람들은 너무 범위가 넓어서 육안으로 볼 수 없는 공간을 한눈에 볼 수 있을 뿐만 아니라 분간할 수 없을 정도로 복잡한 지표 상황들 중에서 알고자 하는 정보들을 선명하게 볼 수 있게 되었다. 지도에 표현되는 상황과 정보는 지도 제작의 목적과 용도에 따라 선별되었다.

지표상의 실제 현상들 중 특정한 일부를 선별하는 과정을 우리는 '일반화'라고 한다. 일반화에는 두 가지 과정이 있다. 내용 일반화와 기하학적 일반화가 그것이다. 내용 일반화란 지도 제작자나 이용자에게 필요 없다고 여겨지는 것들은 삭제하고 찾고자 하는 것들만을 선별하는 과정을 말한다. 이에 비해 기하학적 일반화란 선택된 현상들을 합의된 일정한 기호로 표현하는 과정을 의미한다. 기호는 점 기호, 선 기호, 면 기호 등으로 나눌 수 있는데, 점 기호는 지형 건물이나 마을의 위치를 나타내고, 선 기호는 하천의 길이나 도로의 길이와 형태를 나타내며, 면 기호는 공원이나 대도시의 형태와 크기를 나타낸다.

한편 근대 지도는 스케일에 따라 전달하는 정보를 달리할 수 있었다. 어떤 현상을 거시적인 스케일에서 보면 하나의 단일한 성격을 나타내는 지역일 수 있지만 미시적인 스케일로 다가가면 서로 다른 성격의 단위 지역들로 구성되어 있음을 우리는

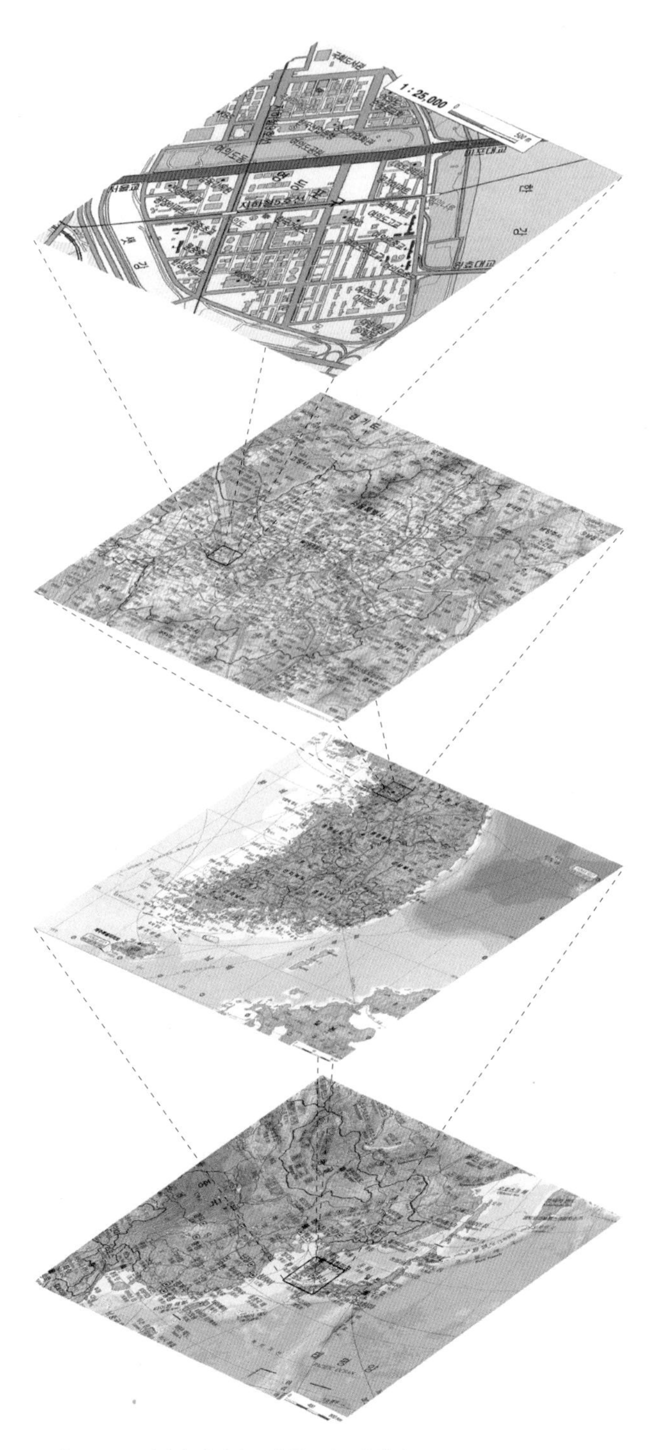

그림 3-16 스케일의 차이가 보여주는 정보의 차이

스케일의 차이는 단순한 규모의 차이가 아니다. 중요한 것은 스케일에 따라 정보의 내용과 성질이 다르다는 점이다. 스케일의 차이는 곧 정보의 차이인 것이다.

쉽게 볼 수 있다. 예를 들어 행정 구역상 '도' 단위의 어떤 지역이 정치적으로 하나의 지향성을 나타낸다고는 하지만 '군'별로 그리고 '구'와 '동'별로, 나아가 '개인'별로는 또 다른 정치적 지향성을 가질 수 있기 때문이다. 따라서 지도의 스케일은 일정한 정보를 숨기거나 특정한 의도를 위해 사용될 여지가 있다. 우리가 대축척과 소축척을 구분하는 것은 단순히 축척 숫자의 차이를 뜻하는 것이 아닌 '정보의 차이'를 의미하는 것임을 분명히 알아야 한다(그림 3-16).

2) 근대 지도로서의 「대동여지도」

서양의 근대 지도와 제작 기술이 도입되기 이전부터 우리나라에는 여러 면에서 근대 지도라 부를 만한 지도가 만들어지고 있었다. 그 대표적인 것이 김정호의 「대동여지도」이다. 「대동여지도」는 김정호가 직접 편집한 편집도이면서 나무에 판각하여 인쇄한 목판 인쇄 지도이다.

김정호는 지리지와 지도를 만드는 데 일생을 바쳤다. 그는 지도와 지리지에 관련된 많은 자료를 널리 모았으며 자세하고 치밀하게 편집하였고, 그의 『대동지지』와 「대동여지도」는 이렇게 하여 출간된 것이다(양보경, 1995). 「대동여지도」는 당대의 지도가 그랬던 것처럼 풍수 사상과 풍수 지도의 영향을 강하게 받았다. 「대동여지도」에 표기된 많은 취락과 왕릉의 주산(主山)을 과장한 면이나 주위 산줄기를 삼태기 형태로 여러 겹을 둘러친 것에서 그 점을 볼 수 있다.

김정호는 자신이 그렸던 「청구도」와 「동여도」를 바탕으로 「대동여지도」를 판각했다. 따라서 「청구도」의 특징을 살펴봄으로써 「대동여지도」의 장점과 한계를 정리해 볼 수 있다(그림 3-17).

「대동여지도」의 모태가 되는 「청구도」는 지표면을 일정한 크기로 나누어 지도화하는 방법을 쓰고 있는데, 이것은 현대식 대축척 지형도 제작과 같은 방법이다. 또한 방안을 그어 제도하되 전국을 같은 비례로 제도함으로써 축척 비례가 정연하도록 노력하였다. 방위의 면에서도 동서남북 4방위 대신에 12간지의 12방위법을 써서 방위에 정확성을 기하였다. 이 밖에도 일정한 지점(특히, 한양과 각 주현 읍치)을 중심으

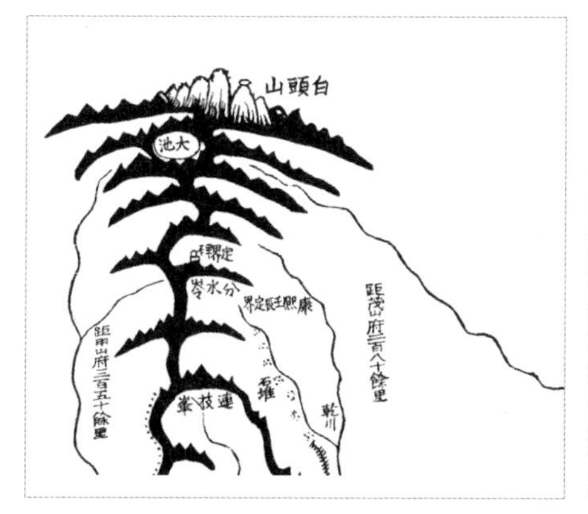

그림 3-17 「대동여지도」의 백두산 부분(왼쪽)과 풍수지도의 산맥표현(오른쪽) 비교
두 지도는 중심성을 지닌 장소 배후의 주산(主山)을 과장한 면이나 산 능선의 표현 방식, 중심 장소를 기준으로 산줄기를 삼태기 형태의 여러 겹으로 둘러친 것에서 유사함이 보인다.

로 10리마다 원을 둘러 그려서 거리를 정확히 했다. 김정호는 이를 평환법(平環法)이라고 명명하였다. 그러나 방위와 수계(水系)는 정확한 반면 산악이 많은 한반도 동쪽이 실제보다 넓게 그려지는 한계가 있었다.

「대동여지도」는 「청구도」의 내용을 수정, 보완한 것이다. 특히 「청구도」와 달리, 「대동여지도」는 목판본의 분첩절첩식(分帖折疊式), 다시 말해서 한반도를 북쪽에서 남쪽으로 120리 간격으로 나누어 전체를 22개의 층으로 만들고, 각 층은 80리 간격으로 끊어서 마치 병풍처럼 접으로 만들었다. 22개의 첩을 모두 연결시키면 가로 4m 10cm, 세로 6m 60cm 정도의

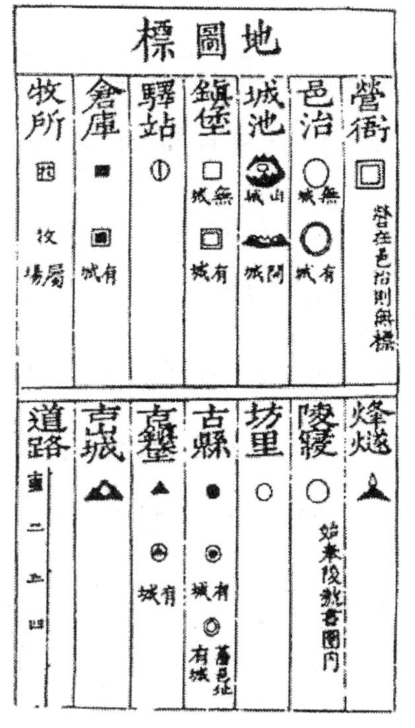

그림 3-18 「대동여지도」의 지도표(legend, 범례)

그림 3-19 「동여도」(위,19세기 후반)와 「대동여지도」(아래,1861)

모두 김정호의 작품으로 지도 내용이 거의 동일하지만, 「동여도」가 「대동여지도」에 비해 더 많은 지명을 담고 있다. 두 지도는 한반도를 북쪽에서 남쪽으로 120리 간격으로 나누어 전체를 22개의 층으로 만들고, 각 층은 80리 간격으로 끊어서 마치 병풍처럼 첩으로 만들었다. 22개의 첩을 모두 연결시키면 가로 4m 10cm, 세로 6m 60cm 정도의 지도가 된다. 대동여지도의 축척은 약 1:16만이다.

큰 지도가 된다. 이렇게 해서 인쇄된 「대동여지도」의 축척은 약 1:16만이 된다.

오늘날 「대동여지도」는 풍수지도 및 김정호 자신이 그린 「청구도」와 「동여도」 외에도 조선 시대에 만들어진 기존 지도들을 참고했을 것으로 이해되고 있다. 뿐만 아니라 「청구도」에서조차 쓰이지 않았던 범례(legend, 지도표)(그림 3-18)가 갑자기 등장하는 모습에 대해서는 외국에서 유입된 서양 지도나 서양풍의 지도로부터 영향을 받았을 것으로 보는 견해도 있다(윤홍기, 1991: 45). 어쨌든 범례의 사용이라는 것은 혁명적인 일이었다. 「대동여지도」는 이전 지도들과는 판이하게 다른 많은 지도 기호들을 사용해서 인문 환경을 지도에 표시했고 범례를 만들어 기호를 체계적이고 효율적으로 설명하고 있다. 이 점은 목판 인쇄에 의한 대량생산과 함께 「대동여지도」가 지닌 근대 지도로서의 특징을 잘 보여준다

3) 현대의 지도 언어들

근대 지도를 근대 지도로 만들어준 핵심에는 지도 언어(the language of maps)가 있다. 이에 해당하는 대표적인 지도 언어가 바로 스케일, 좌표 체계, 투영법, 기호화이다. 먼저 스케일, 즉 축척이란 실제 세계를 축소한 정도를 뜻한다. 스케일은 숫자로 표현되기도 하고 막대로 표시되기도 한다. 좌표체계란 수학적 위치 내지 절대적 위치를 결정해 주는 체계를 말한다. 좌표체계는 통상 수직선과 수평선으로 이루어진 격자망을 사용하며, 두 직선의 교차 지점을 통해 좌표상의 위치를 말하게 된다. 지도에 쓰이는 가장 보편적인 좌표체계가 곧 경위선 망이다.

위선(parallels of latitude)을 기준으로 말하는 위도란 적도(0°)와 양극점(90°) 사이의 위치를 도(°), 분(′), 초(″)로 표현하는 것을 의미하며, 적도를 기준으로 북쪽을 북반구, 남쪽을 남반구라 부른다. 경선 혹은 자오선(meridians of longitude)이란 양극점을 연결하는 직선을 뜻한다. 경선의 출발점은 영국 그리니치(Greenwich)의 왕립천문대(the Royal Astronomical Observatory)이다. 이 곳을 본초 자오선으로 규정한 것은 1884년 국제회의에서였으며, 본초 자오선을 기준으로 동쪽 자오선을 동경(east longitude), 서쪽 자오선을 서경(west longitude)으로 읽기 시작하였다. 참고로

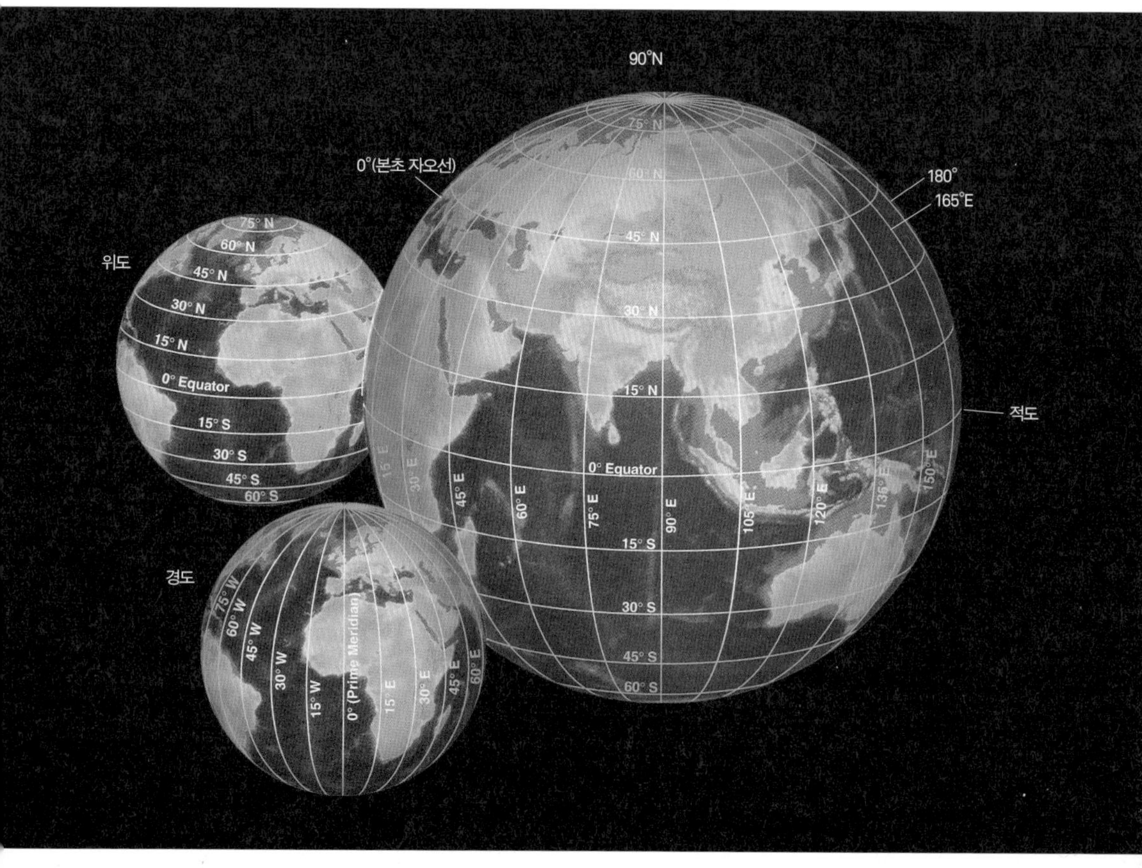

그림 3-20 위도와 경도(출처: *National Geographic*, 2002)

프랑스는 1911년까지 파리 자오선을 본초 자오선으로 하자는 주장을 포기하지 않았다고 한다. 그리고 본초 자오선의 180° 반대편 경선이 날짜 변경선이 되며, 본초 자오선 동쪽을 동반구, 서쪽을 서반구라 부른다(그림 3-20).

최근에는 GPS(Global Positioning System) 덕분에 지구상의 어떤 한 지점의 경위도 좌표, 즉 절대적 위치를 쉽게 알아낼 수가 있다. 2007년 현재 GPS는 21개의 인공위성(별도로 3개의 예비 위성이 있음)으로 이루어져 있으며, 이들에 의해 지표 각 지점의 정확한 시간과 위치 정보가 제공된다. GPS의 소유권은 미국 정부에 있으나 전

세계 누구나 GPS 수신기(GPS receiver)만 갖고 있다면 그것이 제공하는 정보를 자유롭게 이용할 수 있다.

지표를 축소한 발명품 중 모든 면에서 정확성이 가장 큰 것은 지구본이다. 그러나 지구본은 우리가 휴대하고 다니기 불편하며 일상생활에서 늘 사용하기에는 실용적이지 못하다. 그래서 왜곡이 내재되어 있다는 사실을 알면서도 어쩔 수 없이 평면 지도를 제작하고 보급하는 것이다. 그리고 평면 지도 제작을 위해 구면을 평면으로 전환시키는 가장 손쉬운 방법(그렇다고 왜곡을 피할 수 있다는 의미는 아님)이 바로 투영법이다. 투영법이란 쉽게 말해 지구본의 중심부에 백열등을 켜 놓은 다음, 빛이 지구 표면을 통과할 때 밖으로 비춰진 이미지를 포착하여 종이 평면 위에 담아내는 과정에 비유할 수 있다 (그림 3-21, 22).

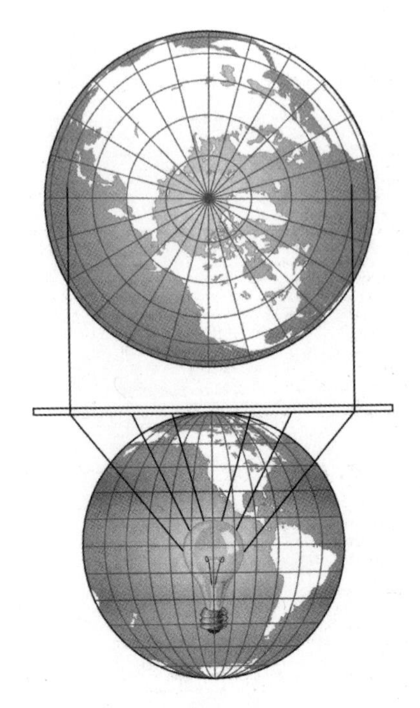

그림 3-21 투영법의 원리(Heatwole, 2002)

'지도 투영법(map projection)'을 일반적으로 '도법'이라고도 하는데, 항해를 위하여 정확한 방향을 알고자 할 때나(정각도법), 지표 상의 면적을 그대로 유지하도록 지도에 표현하고 할 때(정적도법), 또는 두 지점 간의 최단 경로를 알고자 할 때(정거도법) 등의 목적으로 다양한 방법을 개발하여 사용해 왔다. 따라서 특정 도법으로 인하여 해당 목적 이외의 지표 현상은 왜곡된다고 볼 수 있다. 뿐만 아니라 어떤 투영법을 적용하느냐에 따라 지구 상의 특정한 지역이 부각되어 강조될 수도 있고, 어떤 지역은 무시되거나 잘 드러나지 않을 수 있다는 점에서 특정 시대와 특정 국가에 의한 투영법의 선택 역시 정치와 무관하지 않다.

지도화 작업에서는, 특히 어떤 한 항목의 정확도를 높이려 하면 할수록 여타 다

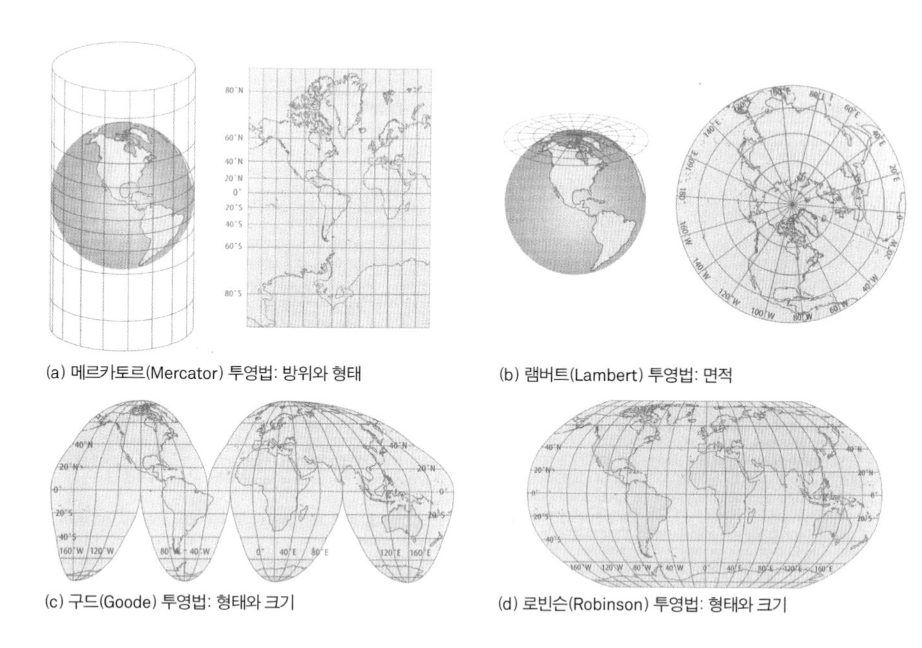
(a) 메르카토르(Mercator) 투영법: 방위와 형태

(b) 램버트(Lambert) 투영법: 면적

(c) 구드(Goode) 투영법: 형태와 크기

(d) 로빈슨(Robinson) 투영법: 형태와 크기

그림 3-22 정확성의 주안점이 다른 주요 투영법(Hobbs, 2007)

른 항목들의 왜곡되는 정도는 커지기 마련이다. 이런 차원에서, 각종 투영법에 대한 개념 정의도 기존과는 다른 부분에 초점을 맞춰 기술되어야 할지도 모른다. 가령 정적도법이란 '면적이 정확히 표현된 도법'이 아니라 '면적의 정확도를 최대로 하기 위해 거리나 방향 등 여타 항목의 정확성이 떨어지는 것을 감수한 도법'이라는 뜻이며, 정거도법 역시 '거리가 정확히 표현된 도법'이 아니라 '거리의 정확도를 극대화하기 위해 면적이나 방향의 왜곡이 심해지는 것을 용인한 도법'으로 표현해야 할 것이다.

4) 종이 지도를 넘어 디지털 지도까지: 수치 지도와 지리정보시스템(GIS)

수치 지도는 수치값으로 얻어진 공간 정보를 바탕으로 제작된 지도이다. 수치 지도의 최대 특징은 항공 사진에서 지형, 지물의 위치 정보를 수치화하여 취득하기 때문에 정밀도가 높다는 것이다. 이를 위해, 사진이나 지도에서 위치 정보를 찾아내어 수치 자료로 처리할 수 있는 소프트웨어와 좌표체계를 갖춘 디지타이저가 개발되어 왔다. 이렇게 취득된 수치화된 위치 자료는 컴퓨터의 하드디스크나 자기 테이프에 기록 저장하여 필요시에 활용할 수 있게 된다(참고 3-2).

위치 정보를 완벽하게 수치화하기 위해서는 두 종류의 공간 정보, 즉 공간 자료와 속성 자료가 함께 정의되어야 한다. 공간 자료란 각종 지리 현상의 위치와 형상 및 사상(事象) 간의 공간상 상대적 위치 관계를 말하는데, 지도 상에서 점, 선, 면을 사용하여 표시된다. 속성 자료란 이렇게 점, 선, 면으로 표시된 각종 좌표 상의 지리적 사상의 내용 특성, 말 그대로 속성을 말한다.

예를 들어 지도 상에 하나의 점으로 표시된 수질 관측소가 있다고 하자. 이 수질 관측소의 위치는 한 쌍(X, Y)의 좌표로 그 위치가 수치화되어 저장된다. 이것이 공간 자료이다. 한편 관측소의 명칭, 이 관측소가 시간대별로 측정한 생화학적 산소 요구량(BOD)이나 용존 산소량(DO) 등에 대한 정보들이 속성 자료이다. 도로와 같은 선형의 위치 자료는 일련의 점들이 연결된 것으로 수치화하게 된다. 물론 속성 자료로서 도로의 이름, 노폭, 노면 재료, 교통량 등은 문자와 숫자로 데이터베이스에 기재된다. 다각형 또는 면 자료인 행정 구획도와 토양도 등은 하나 또는 여러 개의 선분으로 구성되는 폐곡선으로 공간 자료가 만들어지고, 이들의 속성 자료에는 폐곡선으로 구

| 참고 3-2 |

수치 지도 정보의 취득 방법: 게으른 작업자는 등고선을 다각형으로 생산한다?

수치 지도의 자료 취득 방법에는 첫째, 종래의 지도 작성법으로 완성된 지형도를 디지타이저나 스캐너 등의 좌표 입력기를 사용하여 수치화하는 방법, 둘째, 항공 사진의 지도화 작업 시에 해석 도화기를 이용하여 수치 지도 자료를 직접 취득하는 방법 등이 있다. 과거에는 종이 지도를 디지타이저 좌표판 위에 올려놓고 지도 상의 현상들을 수작업으로 하나하나 클릭하여 수치 정보를 얻는 방법이 일반적이었다. 그래서 게으른 작업자에게 작업이 맡겨진 경우 가령 등고선과 같은 폐곡선이 다각형으로 나오는 경우까지 있었다. 클릭을 정교하게 하지 않았기 때문이다. 그러나 지금은 스캐너와 같은 입력기나 해석 도화기를 이용하여 비교적 간단히 수치 정보를 수집할 수 있게 되었다.

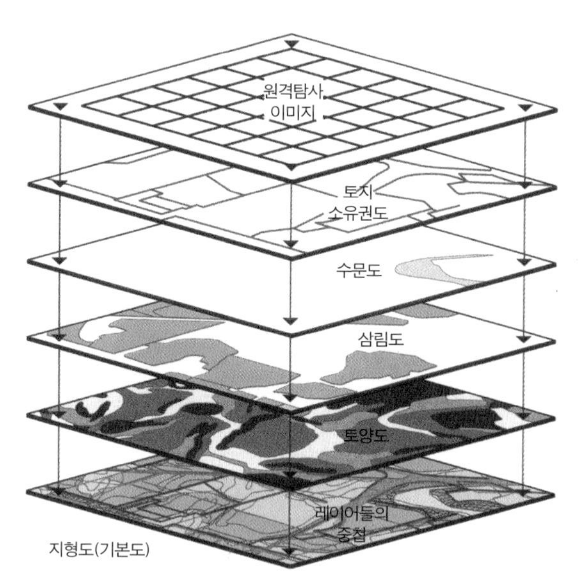

그림 3-23 지리정보시스템에서 사용하는 다양한 종류의 레이어(layer)(Rubenstein, 2005)

분된 지역의 인구 특성이나 토양의 성질 등이 기록된다.

수치 지도와 지리정보시스템(GIS)의 운용은 서로 뗄 수 없는 관계에 있다. 지리정보시스템이란 위치 정보의 수치 지도화를 위한 각종 입력 장치, 수치 지도의 저장, 조작, 갱신과 공간 자료의 분석을 위한 각종 소프트웨어, 모니터와 플로터 같은 출력 장치로 이루어진 전체 시스템을 뜻한다. 다시 말해서 지리정보시스템은 전통적 지도학에 역동성과 정교함을 더한 형태라 할 수 있다. 지리정보시스템의 운용을 위해서는 수치 지도가 필수적이다. 지표 상의 제 현상들은 수치 지도로 변환된 다음 주제별 레이어(layer)로 저장되는데, 지리학자들은 나름대로의 목적에 맞게 이들 레이어 중 일부를 선별적으로 추출하고 상호 조합하며 분석함으로써 최종적인 의사결정에 이르게 된다(그림 3-23).

다시 말해서, 지표 상에 나타나는 각각의 경관 자료들은 지리정보시스템 상에서 서로 다른 레이어들로 재등장하는 것이고, 지리학자는 간단한 마우스 클릭만으로 인구밀도, 소득 분포, 토지 이용 패턴, 교통의 흐름 특성 등과 같은 서로 다른 레이어들을 필요에 따라 자유롭게 조합할 수 있는 것이다. 이 때 지표에서 수집된 정보들 외에 인공위성에서 촬영된 리모트 센싱 이미지(remotely sensed image)도 하나의 중요한 레이어로서 다루어진다. 이러한 지리정보시스템을 활용하게 되면 과거의 수작업에 의한 지도학에 비해 다양한 지리 정보들이 '상당히 효율적으로' 창출될 수 있고, 조작될 수 있으며, 비교될 수 있다. 지리정보시스템이 활용되는 영역은 '하늘을 제외하고는 모두'라는 말이 있다. 다양한 학문 분야에서는 물론이고 도시 입지 선정 및 계획, 도로 및 철도 노선의 선정, 환경 조사와 오염 실태 파악, 자원 탐사와 지질 구조 조사, 자동차와 선박과 항공기의 항법 장치 등 사적 부문으로부터 공적 부문에 이르는 광범위한 영역에서 지리정보시스템이 응용되고 있다.

| 참고문헌 |

국립지리원(1980), "한국지도발달사," 『한국지지총론』.

양보경(1995), "대동여지도를 만들기까지," 『한국사시민강좌』 16.

오상학(2001), 『조선 시대 세계지도와 세계인식』, 서울대학교 박사학위논문.

오상학(2005), "경기도 고지도의 현황과 유형별 특징," 『경기도의 옛지도』, 경기도.

윤홍기(1991), "대동여지도의 지도 족보론적 연구," 『문화역사지리』 제3호.

이찬(1976), "한국의 고세계지도 - 천하도와 혼일강리역대국도지도에 대하여," 『한국학보』 2 (1).

이찬(1992), "조선전기의 세계지도," 『대한민국학술원 논문집』 인문사회과학편 31.

전종한 (2006), "지역문화의 해석에 있어서 경관 연구의 함의,"『중원문화논총』 제10집.

Baerwald, T. J. and C. Fraser(2002), *World Geography*, NJ: Prentice Hall.

Black, J. (1996), *Maps and Politics*, Reaktion Books[박광식 옮김(2006). 『지도, 권력의 얼굴』, 서울: 심산].

Down R. and D. Stea (eds.) (1973), *Image and Environment*, Chicago: Aldine.

Harley, J. B.(1988), "Maps, Knowledge and Power" in *The Iconography of Landscape*(D. Cosgrove and S. Daniels (eds.), Cambridge).

Heatwole, C.(2002), *Geography for Dummies*, NewYork: Wiley Publishing.

Hobbs, J. J.(2007), *Fundamentals of World Regional Geography*, Belmont: Tomson Brooks/Cole.

Hobbs, J. J. and C. L. Salter(2006), *Essentials of World Regional Geography*, Belmont: Tomson Brooks/Cole.

Monmonier, M.(1996), *How to Lie with Maps*, Chicage: The University of Chicago[손일 · 정인철 옮김 (2003), 『지도와 거짓말』, 서울: 푸른길].

National Geographic(2002), *Geography: The World and Its People*, NewYork: McGraw-Hill.

National Geographic(2003), *Concise Atlas of the World*, Washington, D. C.: National Geographic Society.

Rubenstein, J. M.(2005), *An Introduction to Human Geography*, NJ: Pearson Prentice Holl.

영화로 읽는 지리 이야기 1

〈모노노케히메〉에 담긴 일본의 '종교와 신화'

다른 장소의 이야기를 할 때 종교와 신화는 해당 지역의 문화체계의 가장 심층에서 작동하는 코드로서 휴먼 모자이크를 이해하려는 지리학에게 주된 관심사가 아닐 수 없다. 종교와 신화의 세계는 문화집단의 자기 정체성 형성에서 지속적이고 강렬한 영향력을 행사한다는 말을 한다. 그 이유는 무엇보다도 종교와 신화의 세계가 집단 삶의 역사적 장소에 뿌리내리고 있기 때문일 것이다. 한 장소에서의 고유한 인간-자연 관계와 역사적 경험을 논하지 않고서는 해당 문화집단이 가진 종교와 신화의 세계를 언급할 수 없는 것이다. 특히 신화의 경우 종종 모든 합리적 이성과 역사를 집어삼켜 무화시키기도 한다는 점을 상기할 때(박규태, 2001: 18), 종교 현상의 이해를 위해서는 장소(place)의 문제가 역사에 우선하는 논제로 부상한다.

종교와 신화의 세계는 해당 문화집단의 역사적 점유 장소, 곧 그들의 배타적 영역이나 국토의 탄생에 초점이 맞추어져 있는 경우가 상당히 많다. 우리 단군신화에 나오는 환웅(桓雄)의 태백산(지금의 백두산) 강림설, 남매 간인 이자나기(伊耶那岐)와 이자나미(伊耶那美) 신 사이에서 출생했다는 일본의 국토 기원 신화 등이 그 예이다. 특히 북방 민족의 신화 속에는 곰, 사슴, 늑대(개), 호랑이, 독수리 등이 등장하는데, 시베리아의 사슴신, 일본 북해도 아이누 족의 늑대 신, 한국의 곰 토템 등은 각 지역적 맥락에서 전개된 토템들 간의 위계화 과정을 반영한다고 볼 수 있다. 가령, 일본 애니메이션 〈모노노케히메〉에 등장하는 신들의 위계나 우리나라 단군신화에 등장하는 곰과 호랑이의 위계화를 상기해 보라.

여기서는 재패니메이션들에 담긴 일본의 종교와 신화의 주요 특성들을 몇 가지 추출해 보기로 한다.

첫째, 세계 어떤 신화에서도 일본 신화만큼 자신들이 서 있는 땅의 기원, 국토의 탄생에 대해 놀랄 만큼 집요하게 파고든 사례는 찾아보기 힘들다(박규태, 2001: 38). 지리학적으로 볼 때 그 이유는 지진의 땅, 불안정한 땅, 그래서 귀하디 귀한 땅, 이 몸에 생명을 유지시키주는 땅, 소중한 나의 국토라는 관념과 긴밀하게 연루되어 있을 것이다. 이렇게 해서 태어난 국토를 상기하면서, 일본인들은 국토를 탄생시키고 지켜온 모든 신들에게 제사지냈던 것이다.

〈모노노케히메〉의 미야자키 감독은 예전에는 일본에 8백만 신들이 살고 있었다고 말한 바 있으며, 오늘날 일본 전역에 분포해 있는 약 12만 군데 정도의 신사가 그러한 사실을 뒷받침해 준다. 〈모노노케히메〉뿐만 아니라 〈센과 치히로의 행방불명〉, 〈이웃집 토토로〉에 등장하는 수많은 종류의 신들을 떠올려 보라. 일본인들은 심지어 제2차 세계대전 전범조차 신으로 모신다. 우리에게 잘 알려진 야스쿠니 신사는 전범을 신으로 모신 대표적 신사로서 그 기저에는 원령신앙이 깔려 있다. 전쟁터에서 비정상적으로 죽은 자는 원령이 되어 산 자를 괴롭힐 수 있다는 생각에서, 그 원령을 위로해 주어야 현재의 일본인이 평안할 것이라는 관념이 있는 것이다.

〈모노노케히메(もののけ姫)〉, 1997

둘째, 일본의 종교와 신화에서는 본래 악이란 존재하지 않는다. 일본인들에게 신은 두려움에 떨게 할 만큼 힘 있는 존재일 뿐 반드시 도덕적일 필요는 없다. 〈모노노케히메〉에서 나오는 재앙신이 그러한 예이다. 〈센과 치히로의 행방불명〉, 〈모노노케히메〉를 통해서 볼 때, 일본인에게 있어서 모든 악은 더럽혀진 것일 뿐이며 그것은 씻어내기만 하면 본래의 생명력을 되찾을 수 있다. 더렵혀진 악을 씻어내는 대표적인 방법은 자신에게 주어진 일을 성실하게 최선을 다해서 했는가 혹은 집단과 집단의 우두머리를 위해 얼마만큼 봉사했는가 하는 것이다.

악을 씻어내는 또 다른 방법은 목욕이다. 일본에서 '목욕'이라는 것은 종교적인 의식의 하나다(김윤아, 2005: 45). 어쩌면 고운다습한 기후와 겨울의 한기를 극복하기 위한 실생활의 목욕 문화가 종교적으로 승화된 것일 수도 있다. 아무튼 이렇게 악을 씻어버린 본래의 생명력이야말로 최고의 선이다(박규태, 2001: 55). 예를 들면 일본 각지의 마쓰리(際り)는 바로 그런 의미의 신도 의례이다. 신도에서는 금기의 이중성, 즉 신성한 것과 부정한 것이 하나의 뿌리에서 동일한 생명력을 갖고 생겨나와 서로 긴밀하게 연결되어 있는 것이라 상

〈센과 치히로의 행방불명(千と千尋の神隠し)〉, 2001

정하는 것이다.

셋째, 화(和) 사상이 저변에 깔려 있다. 다시 말해서, 어떤 새로운 것(타자)을 수용할 때 그것을 끊임없이 이전의 것(자기)과 동화시키고 현재화한다. 그렇게 해서 '현재'는 '과거'를 부정하는 것이 아니라 '과거'에 그냥 계속 첨가되어 축적된다. 거기서 부정의 논리 대신 공존과 화해의 논리가 발달한다. 〈모노노케히메〉의 마지막 장면에서도 그러한 것을 볼 수 있다. 가령, 일본에서는 역사적으로 신도[자기]와 불교[타자]가 융합된 이른바 신불습합이라는 현상이 나타났다. 신도와 불교는 서로가 타자를 포용할 줄 아는 종교이다. 특히 불교는 일본인의 관용 정신에 많은 영향을 미쳤으며, 지금도 일본인 사이에는 사람이 죽으면 누구나 호토케[일본에서는 신도의 신을 '가미'(神), 불교의 불(佛)을 '호토케'라 부른다]가 된다는 관념이 일반적으로 통용된다(박규태, 2001: 48).

넷째, 숲은 신들이 거주 장소이며 신화의 무대 공간이다. 〈모노노케히메〉에 나오는 시시가미의 숲, 〈이웃집 토토로〉에서 토토로의 나무와 숲, 〈센과 치히로의 행방불명〉에 그려진 신도의 숲이 그러한 예이다. 이러한 숲은 환태평양 조산대에 위치한 불안정한 일본 열도에서 가장 안정적인 땅을 갈망하는 일본인의 정신 세계를 상징적으로 보여준다. 지진으로부터 벗어나 있고, 장마의 홍수로부터 지켜지며, 바다의 태풍과 해일로부터 보호되기를 갈망하는 그러한 숲이다. 그리고 그 곳에 신들이 살고 있을 것이라 믿는 것이다. 에도 시대에 완성되었다고 하는 일본의 전통적 촌락지연공동체(村落地緣共同體)인 무라[村]에서는 무라 단위의 숲을 설정하면서 그곳에 신사를 세워 자기 공동체의 안녕을 기원한 관행이 있어 왔는데, 이 역시 그 같은 믿음에서 나왔다고 보여진다. 미야자키 감독은 "기독교를 사막의 종교라고 할 수 있다면 일본 신도는 숲의 종교이다"라고 이야기한 바 있다.

참고문헌

박규태(2001), 『아마테라스에서 모노노케히메까지』, 서울: 책세상.
김윤아(2005), 『미야자키 하야오』, 서울: 살림.

제2부

장소와 경관의 이해

4장

인간과 자연환경: 이원론을 넘어서

1. 인간 삶터로서의 자연환경

1) 인간 삶의 모태 '자연환경'

지구의 자연환경은 그 안에 인간이 존재하는 경우와 그렇지 않을 경우에 따라 그 의미가 전혀 다르다. 먼저 인간이 존재하지 않는 상황이라면 자연환경은 단순히 대기권, 수권, 암석권으로 이루어진, 그리고 그 위에 생물권의 차원이 덧붙여진 물리적인 공간에 불과할 것이다. 그래서 물리학의 법칙으로 모든 현상들이 설명될 수 있는, 적자생존 같은 생물학적 원리가 통용되는 그런 세계일 것이다. 하지만 인간이 존재하는 경우, 지구상에서 자연환경과 인간의 관계는 그러한 물리학적 차원, 생물권의 영역에서만 논의될 수는 없는 세계가 된다.

이해를 돕기 위해 공간 스케일을 좁혀보기로 하자. 내 삶을 고스란히 반영하고 있는 나의 방이 있다. 일단 사람이 사는 방과 살지 않는 방은 그 의미가 전혀 다르다. 사람이 든 집과 나간 집의 의미는 말 그대로 천양지차이다. 문을 열고 사람들이 드나드는 활기 있는 집과 원격의 오지에 남겨진 폐가(廢家)의 경우를 떠올리며 비교해 보라.

그림 4-1 인공위성에서 본 지구
인간이 존재하지 않는다면 지구는 물리학의 법칙과 생물학적 원리만이 통용되는 그런 세계일 것이다. 그러나 인간이 존재하는 한 지구상에서 자연환경과 인간의 관계는 그러한 물리학적 차원, 생물권의 영역에서만 논의될 수는 없다.

우리가 어떤 사람을 보고 그의 방이 어떻게 정리되어 있을지, 심지어 어떤 인테리어를 갖추고 있을지 짐작하는 것은 그리 어렵지 않다. 사람이라는 존재가 그를 둘러싼 공간을 대변하기 때문이다. 예를 들어 우리는 너저분하게 살기로 정평이 나 있는 사람에 대해서는 그의 방을 보나마나 '돼지우리처럼 하고 지낼 것'이라고 짐작한다. 반대로, 방이라는 공간은 그 안에 사는 사람의 정체성을 상징해 주기까지 한다. 가령, 어지럽혀진 방을 보고 대개의 어머니들은 "이게 사람 사는 방이냐? 돼지우리지!"라고 지적하신다. 그 순간 그 방은 '돼지우리'가 되고 그 안에 사는 누군가는 '돼지'로 전락해버리는 상황이 발생한다. 물론, 사람이 살지 않는 빈 방에 대해서는 이런 식의 비유가 나올 리 없다. 지구에 인간이 존재하지 않는 경우에도 그것은 마찬가지일 것이다.

여기서 방을 지구라는 공간, 혹은 지구의 자연환경에, 그리고 방 주인을 인간에 각각 대입해보면 자연환경과 인간의 관계는 투과적인 것이며 이원론에 입각해서 이해될 수 없음을 알 수 있다. 즉 인간과 자연환경을 서로 다른 대립 항으로 설정하고 어떤 것이 어떤 것에게 더 강한 영향을 미치는가를 논하는 것은 큰 의미가 없음을 뜻한다.

인간과 자연환경은 서로 분리해서 이해할 수 없다. 지구는 결코 물리학적 · 생물학적 차원의 지구로 한정될 수 없고 인간의 거주지로서의 지구, 즉 에쿠메네로서의 지구로 인식해야 한다. 에쿠메네[ökumene(독), ecoumene(프), oecumene(영)]의 개념 기원은 매우 오래전으로 거슬러 올라간다. 오이코스(oikos, 서식처)에서 유래한 에쿠메네의 어원은 생태학(ecology), 경제학(economy)과 그 뿌리가 같다. 스트라보(Strabo)와 같은 고대 지리학자는 '사람들이 살고 있는 땅'을 '이쿠메느 게(oikoumene ge)'라고 지칭했다. 이런 기원을 지닌 에쿠메네는 지구 상에서 인간이 살고 있는 부분을 지칭한다.

그러나 인류가 지구의 모든 표면을 정복한 이후 이 단어는 낡은 단어가 되고 말았다. 오늘날에는 지구 전체가 곧 에쿠메네가 되었기 때문이다. 그러나 여기서 말하는 지구는 단순히 물리적 천체, 혹은 생태학적 실체를 의미하는 것은 아니다. 에쿠메네로서의 지구는 인간이 살고 있는 지구를 말하지만, 더 나아가서는 '인간의 존재 장소로서의 지구,' '인간답게 살 수 있는 장소로서의 지구'를 의미한다. 특히, 환경의 시대인 오늘날의 관점에서 볼 때 인간이 실제로 살고 있을지라도 그 곳이 더 이상 인간답게 살 수 없는 환경의 장소라면 이미 에쿠메네가 아닌 것이다(베르크, 2001).

여기서는 자연환경이 곧 인간(인문성)인 것이며, 인간이 곧 자연환경이다. '자연환경이 인간에게 영향을 준다,' '인간과 자연이 서로 영향을 미친다'는 식의 표현은 적절치 않고, 오히려 '자연환경이 인문성의 모태(母胎)'라고 이해하는 편이 차라리 맞을 것이다. 모태로 연결된 아기와 어머니가 각자의 자유의지를 갖고 있으면서도 서로 투과적인 관계에 있는 것처럼, 인간과 자연환경은 서로 구별되기 이전에 이미 하나임을 뜻한다. 인간과 자연환경은 시차를 따질 수 없을 만큼 '동시에'의 관계, '투과적인' 관계인 것이다.

이 같은 사고에서 좀 더 나아간다면, 동일한 자연환경이라 할지라도 인간 집단에 따라 다르게 인식할 수 있다는 논리에 이른다. 즉 자연환경은 언제나 사회·문화적으로 재구성되며, 재구성된 자연환경은 다시 역사적으로 변화한다. 이러한 관점에서면, 인간이 만든 세계 각 처의 문화를 지금까지와는 다른 각도에서 이해할 수 있다. '보존이냐 개발이냐'의 관점에서 접근해 왔던 환경 문제에 대해서도 그것이 인간 외부의 문제가 아니라 바로 우리 자신의 문제임을 깨닫게 된다.

2) 생태론의 허점

여기서 우리는 인간과 자연환경의 관계에 대해 보다 바람직한 입장으로 나아가기 위해 생태론을 넘어서지 않으면 안 된다. 인간과 자연의 관계에 대해서 '조화'라든가 '쌍방적 관계'라는 표현으로 우리를 현혹시키는, 다소 그럴듯한 입장을 취하는 것이 생태론이다. 생태론의 입장은 근본 생태론에서 사회 생태론에 이르기까지 넓은 스펙트럼을 이룬다. 그러나 그 핵심은 자본주의식 진보관에 의해서든 또는 인간의 내적 불평등에 의해서든 인간에 의해 자연환경이 파괴되었다는 것이며(생태학적 위기의 도래), 따라서 이로부터 벗어나 자연환경을 보호하고 자연환경을 살아 있는 존재로 보며 심지어 존경하자는 입장이라 정리할 수 있다. 생태론은 인간과 자연의 공생이라

| 참고 4-1 |

생태학, 생태론(생태 중심주의), 그리고 지리학에서의 '문화 생태'

생태(ecology)과 경제(economy)는 모두 그리스 어 오이코스(oikos, 서식처)에 어원을 두지만 두 단어가 지닌 의미는 상이하다. 생태란 '생명체들의 존재 장소' 혹은 그에 관한 학문(생태학)을 의미하지만, 경제는 그러한 '서식처의 관리'를 뜻한다. 오늘날 생태학이라는 용어는 우선 자연과학의 한 분야로서 '생물체들의 생존 조건들에 대한 학문,' '유기체와 주변 환경의 관계에 대한 학문'의 의미로 사용된다. 생태학의 주된 관심은 유기체와 유기체 간 혹은 유기체와 환경 간의 '상호 관계'에 있다고 할 수 있다.

한편, 지리학에서도 특히 문화지리학을 대표하는 주요 개념으로 '문화 생태(학)'라는 용어를 사용해 왔다. 이 개념은 인간이 자연과 관계 맺는 방식, 즉 인간이 자연에 적응하는 과정은 바로 문화를 통해서 이

는 목표 아래 이른바 환경 윤리에 입각해서 자연(생물권)의 권리를 옹호하는 입장으로 알려져 있지만, 자세히 보면 인간과 자연을 끊임없이 구분하고 양자를 대립 항으로 설정하는 관점에 서 있음을 확인할 수 있다.

생태론이란 생태 중심주의라고도 표현되는데, 유기체와 주변 환경의 관계를 '인간과 자연환경의 관계'로 축소시킨 상태에서 '인간과 자연환경의 조화'를 추구하고 '무분별한 개발 및 환경 파괴를 부정하고 환경 존중을 지향'하는 입장이다. 생태론은 '자연의 일부로 돌아가자'는 근본 생태론으로부터 '환경 문제는 인간-자연 관계의 문제이기 이전에 인간에 의한 인간 지배의 문제에서 파생'된다는 사회 생태론에 이르기까지 다양한 갈래로 나뉜다. 사회 생태론이 등장하면서 환경 문제에 접근하는 생태론의 관점은 생물 중심에서 사회 중심으로 바뀌고, 생태 문제는 곧 사회 문제라는 인식이 일었으며, 환경 문제 자체보다는 문화와 자연의 상관성에 관심을 갖게 되었다.

생태론이 가진 근본적인 허점은 인간과 자연환경을 동일한 존재 범주 안에 묶어버린다는 점에 있다. 우리가 닭고기를 먹는 것은 비도덕적이지 않지만(특정 종교를 제외하고), 식인종에 대해서는 비도덕적이라고 할 수 있는 것은 닭의 존재 범주와 인

루어진다는 관점에서 사용된다. 지표의 각 문화(집단)마다 자연환경을 바라보는 시각에 차별성이 있고 환경 인지가 다르기 때문에 적응 전략(adaptive strategy)에 차이가 있다는 문제 의식에서 사용하는 개념이다. 문화 생태학에서는 환경에 적응하는 과정에서 나타나는 문화의 전개 과정을 '문화 진화'라는 개념을 써서 표현한다. 그리고 문화 진화에 관한 이론(문화 진화론)은 문화의 전개 과정이 문화 집단의 차이에 관계없이 하나의 노선을 따른다는 단선적 진화와 문화(집단)의 상대성에 비중을 두는 복선적 진화로 구분한다.

간의 존재 범주를 서로 구분하기 때문이다. 이 같은 맥락에서 코브라가 어린아이를 무는 것을 보고 비도덕적이라고 말할 수는 없다. 코브라는 어린아이와 동일한 존재 범주에 있지 않기 때문이다. 그런데 생태론은 이처럼 환경 윤리의 첫 번째 조건인 존재 범주의 차이 문제에서 혼돈에 빠져 있다(베르크, 2001). 모든 유기체를 동일 범주로 보는 생태론의 전체론적 사고는 인간의 주체성을 격하하고 때로는 묵살해버린다. 이런 점에서 비도덕적인 주장이라 비판할 수 있고, 그런 와중에도 인간에게 자연에 대한 책임을 요구한다는 점에서 비논리적이라 지적할 수 있다.

생태론의 또 다른 허점은 자연의 '권리', '권리를 지닌 주체로서의 자연'을 주장하는 부분에 있다. '자연의 권리'라는 개념은 그 자체가 모순이다. 무엇보다 그것은 의무를 동반하지 않기 때문이며, 그런 운동은 인간 주체와 인간을 제외한 나머지 생물(심지어 무생물까지도)이 질적으로 다르지 않다고 여긴다. 우리는 어떤 윤리로도 코브라에게 아이를 물어서는 안 된다고 강요할 수 없으며, 지진으로 인한 해일(쓰나미)로 푸껫 지역을 강타해서는 안 된다고 지각판을 향해 외칠 수는 없다. 어떤 이들은 생태론에 대해 인간의 존재 범주, 즉 주체성을 근본적으로 부인하는 것이며 지구의 원초적인 상태, 곧 구석기 시대의 상태로 돌아가려는 환상이라고까지 비판한다. 하지만 원초적인 상태로 돌아가려면 잉여의 인간을 소멸시키지 않으면 안 되며, 이 지점에서 생태론이 주창하는 자연주의는 파시즘, 전체주의 사상으로 빠져버릴 위험성을 안고 있다.

2. 생태론을 넘어 풍토론으로

1) 풍토론에서 보는 인간과 자연의 관계

풍토란 일정 범위의 지역에 나타나는 기후, 지질, 토질, 지형, 경관을 총칭하는 용어로, 인간의 거주 환경으로서의 자연을 뜻한다. 풍토론을 가장 체계적으로 확립한 사람으로 20세기 초반에 활동했던 일본의 환경 철학자 와쓰지 데스로우(和辻哲郎)가 있다. 그는 일정한 지역의 고유한 자연환경을 풍토라 일컬으면서 '풍토란 물리적, 생물학적 차원의 객관적 대상이 아니라 인간의 자기 요해(自己了解) 방식'이라고 하였다. 그는 '인간 존재의 구조적 계기로서 역사성과 풍토성이 있으며 이 양자는 서로 긴밀하게 작용하는 상즉(相卽)의 관계에 있다'고 주장한다. 그럼에도 불구하고 세계 사상사에서는 하이데거 이래 역사성과 풍토성 중 역사성에 지나치게 의미를 부여해 온 경향이 있다고 그는 지적하였다.

와쓰지는 '추위를 느낀다'는 것의 의미를 사례로 들면서 자연환경이 자연과학적 대상에 국한되지 않고 근원적으로 인간 자신과 관련된 문제, 즉 인문성의 문제임을 강조하였다. 가령, 우리가 우리 자신과 무관한 한기(寒氣)라는 독립 존재를 아는 것은 불가능하고, 우리가 '추위를 느낌으로써 비로소 한기를 발견하는 것'이라는 것이다. '춥다는 느낌을 통해 우리 자신을 발견하는 것'이라는 뜻이다. 그는 우리 자신(주관적 체험)과 한기(초월적 객관)를 서로 구분하는 것은 오해라고 말한다(和辻哲郎, 1993).

> 우리가 추위를 느끼기 전에 한기와 같은 독립 존재를 알 수 있는 것일까? 그것은 불가능하다. 우리는 추위를 느끼는 데에서 한기를 발견하는 것이다. (중략) 이렇게 보면 주관과 객관의 구별, '우리들'과 '한기'의 구별은 하나의 오해이다. (중략) 우리는 추위를 느낀다. 즉 추위 가운데로 나와 있다. 때문에 우리가 추위를 느낀다고 하는 것은 춥다는 것 가운데서 자기를 발견하는 것이다. (중략) 한편 추위를 체험하는 것은 우리들이지 단지 나만은 아니다. (중략) 우리는 추위 속에 있다가 따뜻한 실내에 들어올 때, 또는 추운 겨울 뒤에 부드러운 봄바람을 만났을 때, 항상 우리 자신이 아닌 기상에서 먼저 우리 자신을 요해(了解)한다. 기후의 변화에서 먼저 우리들 자신의 변화를 요해하는 것이다. (중략) 즉 우리들은 풍토에서 우리 자신을, 우리라는 관계에서 우리들 자신을 발견하는 것이다(和辻哲郎, 1993).

이와 같이 풍토론에서는 자연환경과 인간을 서로 구별하기보다는 양자 사이의

'관계'를 강조한다. 예를 들면 추위와의 '관계' 속에서 우리들은 추위를 막는 여러 가지 수단으로 개인적, 사회적 도구나 실천들을 만들게 된다. 봄 풍경과의 '관계'에서 그것을 향락하는 여러 가지 수단이 개인적, 사회적으로 실천된다. 무더위 속에서도, 폭풍이나 홍수와 같은 재해에 대해서도 먼저 신속히 그것을 막을 공동의 수단을 강구한다. 의복, 가옥 구조, 경지 경관 등과 같은 것은 우리들이 우리들 자유대로 만들어낸 것이지만, 이것은 추위나 무더위, 토양 특성이나 습도와 같은 풍토의 제 현상과 관련 없이 만들어낸 것이 아니라 그러한 자연환경과 우리의 관계 속에서 출현한 것이다. 이런 점에서 와쓰지가 말하는 자기 요해란 자연환경과의 관계에서 나타나는 이러한 수단과 사회적 실천의 발견을 통해 이루어지는 것이지 단순히 '주관'을 이해하는 것은 아니다.

이렇게 볼 때 각 지방의 가옥 구조는 물론이고 음식 문화나 예술 등도 그 지역의 특수한 풍토와의 관계를 통해 나타나는 인간의 자기 요해의 표현일 뿐이다. 달리 말해서 풍토는 인간 존재의 자기 객체화, 자기 발견의 계기인 것이다.

풍토 현상에 대해 가장 자주 하는 오해는 자연환경과 인간 사이의 영향 관계를 고찰하려는 태도이다. 하지만 그런 태도는 이미 구체적인 풍토 현상으로부터 인간 존재를 분리시켜 이해하는 입장으로 돌아가는 것으로, 어떤 면에서 보면 자연환경에 대해 단지 관조하는 입장에 불과하다. 인간이 풍토에 의해 규정되며 역으로 인간이 풍토에 작용하여 그것을 변화시킨다고 말하는 것도 모두 이와 유사한 입장에 해당한다. 이들은 아직 풍토론에까지 이른 관점은 아니며 풍토 현상을 올바르게 보고 있는 것도 아니다. 풍토와 인간은 상호 영향 관계에 있는 것이 아니라 풍토 현상 그 자체가 인간이 자기 자신을 요해(발견)하는 방식이기 때문이다. 예를 들어 신발은 걷기 위한 도구이지만 인간은 이 도구 없이 걸어 다닐 수 있다. 신발을 필요로 하는 것은 추위나 더위, 땅바닥의 상태 때문이다. 의복은 입기 위한 것이지만, 그것은 그에 앞서 추위를 막기 위한 것이다. 이러한 점에서 이러한 도구들을 비롯한 개인적, 사회적 실천들은 모두 풍토적인 자기 요해 방식이라는 것이다.

풍토적인 자기 요해 방식은 개인적, 사회적 차원에서 다중적으로 일어나며 동시에 역사적으로 전개된다. 인간은 단지 일반적, 보편적으로 '과거'를 짊어지는 것이 아니고 일정한 지역마다 특수한 '풍토적 과거'를 짊어지는 것이다. 역사와 격리된 풍토도 없으며 풍토와 격리된 역사도 없다. 이러한 풍토론의 논리를 따라가다 보면 우리는 종국에 가서 '자기 요해의 유형'에 도달하게 된다. 와쓰지는 인간 존재의 형(型)으로서 풍토형(風土型)이 있음을 말하면서, 지구상의 세 가지 풍토형을 예로 들어 설명하였다.

2) 세 가지 풍토형: 몬순, 사막, 목장

몬순형

몬순이란 계절풍을 의미한다. 특히, 여름 계절풍을 뜻하는 것으로 열대의 대양에서 육지를 향해 부는 바람을 말한다(그림 4-2). 몬순 지역의 풍토는 뜨거운 열기와 높은 습기의 결합을 그 특성으로 한다. 풍토론의 관점에서 보면, 이것은 온도계로 나타낼 수 없는 인간 존재의 방식 그 자체이다.

몬순 무렵에 인도양을 건너는 여행자는 누구나 경험하듯이, 바람이 불어오는 방향의 선실(船室) 안에서는 아무리 더워도 창문을 열 수가 없다. 무더운 습기를 머금은 바람을 그대로 받아들인다는 것은, 곧 그 실내를 머물기 어려운 곳으로 만들 뿐이다. 더위보다 오히려 습기 쪽을 막아내기 어렵다. 차라리 사막의 건조한 더위에 대해서는 능히 대항할 수 있어도, 페인트가 벗겨지고 도금이 변색될 정도의 뜨거운 습기에 대항하여 인간이 할 수 있는 일은 없다. 더구나 더위와 결합된 습기는 종종 홍수, 폭풍, 한발과 같은 무시무시한 힘으로 인간을 엄습한다. 그것은 인간으로 하여금 대항을 단념케 할 정도의 거대한 힘이며, 따라서 인간을 그저 참고 순종하도록 만든다.

한반도에 사는 우리들은 남양(南洋, 인도차이나로부터 인도양에 이르는 해양)의 기후를 접할 때 사계절의 하나를 연상하며 그것을 여름이라고 이해할지 모른다. 하지만 단지 기온의 높음과 햇빛의 강렬함만으로 '여름'을 규정할 수는 없다. 가령 사람들은 한겨울에 드물게 기온이 높은 날에 '여름같다'고 할지는 모르지만 '여름이다'

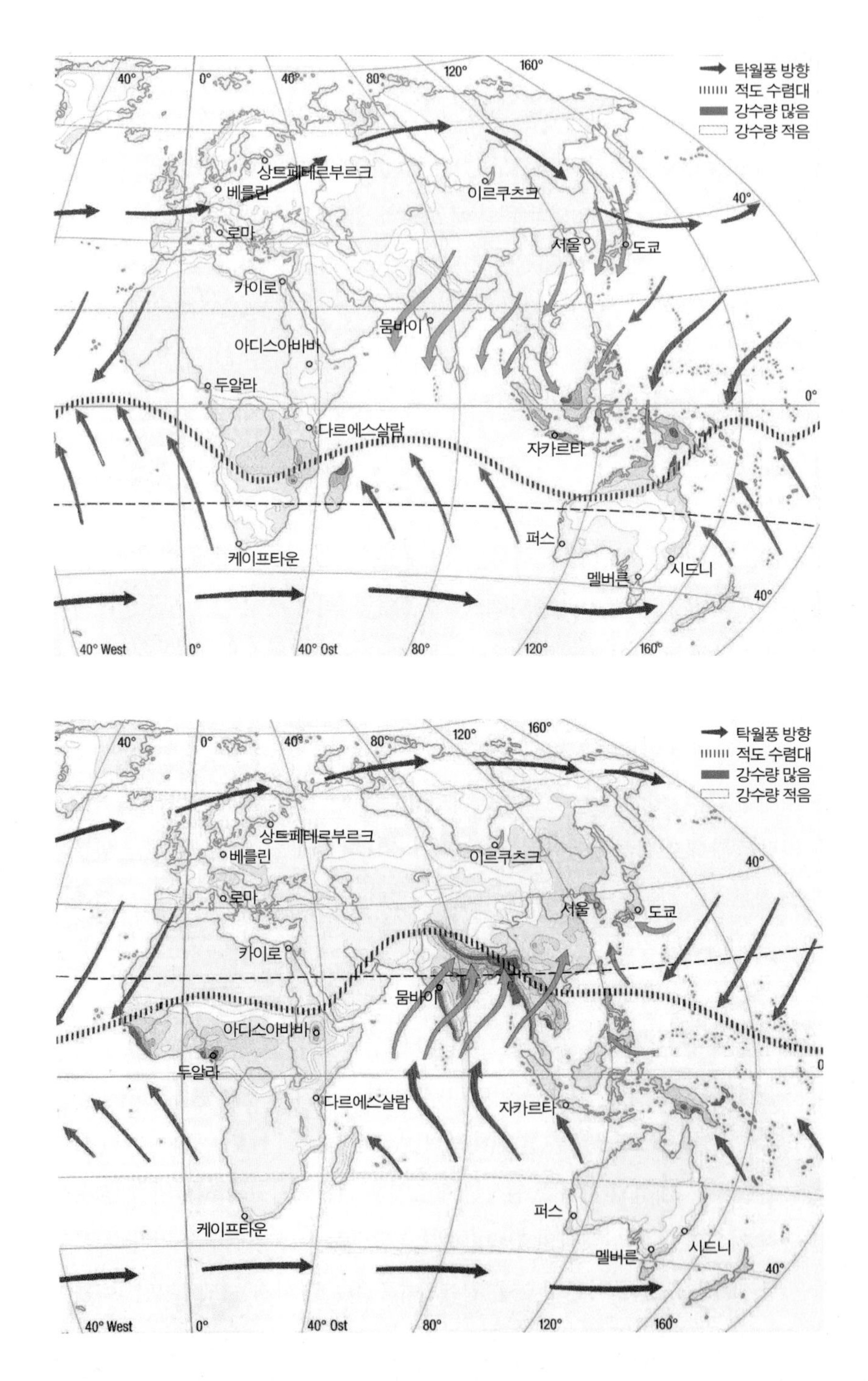

그림 4-2 몬순아시아의 탁월풍과 강수량(위: 1월, 아래: 7월)

그림 4-3 남양 일대의 풍토와 인문성(왼쪽: 발리의 수전농업, 오른쪽: 인도의 과일 가게)
남양의 풍토는 인간에게 풍요로운 식량을 제공한다. 인간은 단순히 자연에 안겨 있기만 하면 된다. 그래서 이곳의 인간은 수용적, 인종적 관계에서 고정된다.

라고 느끼지는 않는다. 우리들이 살고 있는 한반도라는 풍토에서 여름은 따스한 봄을 지나온, 그리고 벌레 소리가 이미 가을을 머금고 있는 계절이다. 끊임없이 이행(移行)하는 계절로서의 여름인 것이다. 그러나 남양에서는 이러한 춘추(春秋)를 포함하지 않는 단순한 여름, 다시 말하면 여름이 아닌 단조로운 기후가 있을 뿐이다. 따라서 한반도에 사는 우리가 그곳에서 여름이라고 발견하는 것은 그곳의 사람들 입장에서 결코 '여름'이 아니다.

남양에서는 대부분의 작물을 연이어 재배할 수 있고 과일이나 채소를 연중 내내 얻을 수 있다. 이렇게 단조롭고 고정된 기후는 끊임없이 이행하는 사계절 중 한 계절로서의 여름과는 다르기 때문에, 그곳의 사람들은 계절적 이행을 알지 못하며 그곳에서 사람과 자연의 관계는 모든 이행을 포함하지 않는 것이다. 이러한 사실들을 바탕으로 우리는 남양적(南洋的) 인간이 무슨 까닭에 문화적 발전을 보이지 않았는가를 이해할 수 있다. 남양의 풍토는 인간에게 풍요로운 식량을 제공한다. 인간은 단순히 자연에 안겨 있기만 하면 된다. 거기에는 생산력을 발전시켜야 할 어떤 계기도 존재하지 않는다. 그래서 이곳의 인간은 수용적, 인종적 관계에서 고정된다. 드물게 자바에서 인도 문화의 자극으로 거대한 불탑이 만들어진 것 외에 남양은 문화를 낳지 못했다.

그러나 남양의 단조로움은 계절의 시간적인 이행이 거의 없다는 의미에서의 단조로움, 계절의 단조로움이지 결코 내용상의 단조로움은 아니다. 해발고도에 따라 다양한 식생이 펼쳐지며 폭풍으로 폐허가 된 곳에서도 식생은 빠르게 성장한다. 시간적인 이행은 거의 없지만 '공간적 이행'은 넘치는 곳이다. 무더위와 습기의 결합이 남양의 사람들에게는 생(生)을 도와줌과 동시에 생명을 위협하는 것이 된다. 세계 최대의 강수 속에서 사람들은 자연에 대항할 방법이 없기도 하지만, 이곳의 자연은 모든 부족들에게 평등하게 풍요를 제공한다. 베다의 찬가에서 볼 수 있듯이, 남양 중에서도 특히 인도의 풍토에서 자연의 힘 넘침은 인간 감정의 넘침이 되어 나타난다. 따라서 신과 인간의 관계는 혜택에 감사하는 관계이지 사막에서처럼 절대 복종의 관계가 아니다. 이곳의 사람들은 신에게 절대 복종을 맹세하고 신의 명령에 따르는 것에 의해 구원을 얻는 것이 아니고 단지 신들을 영탄(詠嘆)함으로써 뒤따를 지상의 풍부한 은혜를 기대한다. 요컨대 남양의 사람들에게는 수용적, 인종적인 인간 구조가 나타나는데, 이것은 구체적으로 역사적 감각의 결여, 감정의 넘침, 의지력의 이완으로서 규정되는 것이다.

사막형

인간이 꼭 자기를 통해서만 자신을 가장 잘 이해할 수 있는 것은 아니다. 인간의 자기 발견은 타인을 통해서 실현되기도 하며, 풍토를 통해서는 더욱 그러하다. 사막적 인간의 자기 이해는 장마와 같은 전혀 다른 풍토 속에 있을 때 가장 첨예하게 이루어질 것이다. 여기에서 사막이란 아라비아, 아프리카의 사하라, 몽골 등에서 나타나는 극히 특수한 풍토를 말하며, 몬순형에 대한 이야기와 마찬가지로 사막을 인간과 독립된 자연환경이 아니라 '인간의 존재 방식' 그 자체로서 취급한다. 독립된 자연으로서의 사막은 하나의 추상일 뿐이며 오직 역사적, 사회적 사막, 인간과의 관계 속에 존재하는 사막이 실재한다는 뜻이다. 사막에서 흔히 볼 수 있는 초목 없는 바위산은 어떤 면에서 무섭고 두려운 산이다. 이 무섭고 음침함은 본래 물리적 자연의 성질이 아니고 인간의 존재 방식일 뿐이다. 인간은 자연과의 관계에서 존재하며 자연에서 자기

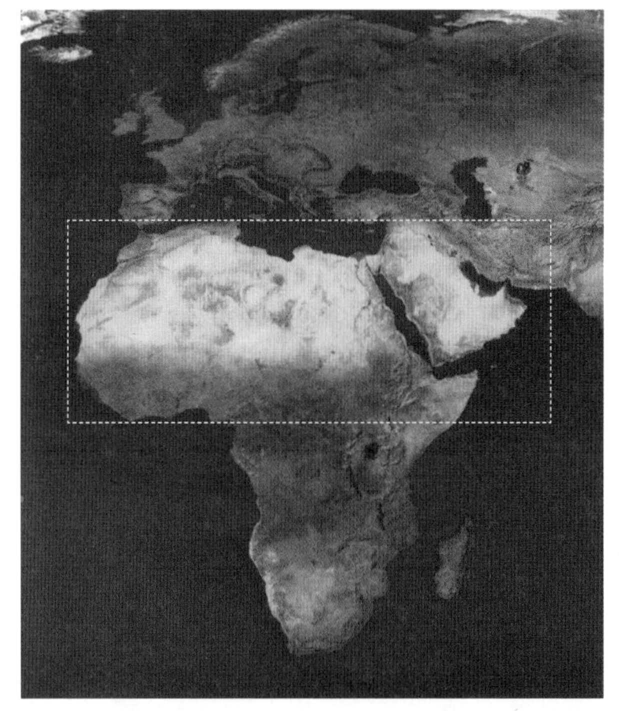

그림 4-4 인공위성으로 본 북아프리카와 아라비아 반도의 사막 지역
삭막한 사막에서의 삶은 '갈증'의 생활이다. 갈증을 해소하기 위해 사람들은 자연의 위협에 대항해야 하며 타인의 위협과도 싸우지 않으면 안 된다.

자신을 본다. 가득찬 과일에서 자신의 식욕을 발견하고 청산(青山)에서 자신의 편안함을 보는 것처럼 무서운 산에서는 자신의 두려움을 발견한다. 달리 말해서 비청산적(非青山的) 인간을 발견하는 것이다.

건조한 사막에서의 삶은 한마디로 '갈증'이다. 끊임없이 물을 구하는 생활이다. 저 밖의 자연은 사람에게 죽음의 위협으로 다가올 뿐이며 가만히 기다리는 사람에게는 물의 은혜를 주지 않는다. 사람은 자연의 위협과 싸우면서 사막의 보배인 초지나 샘을 찾아다니지 않으면 안 된다. 그래서 초지나 샘은 부족 사이의 전쟁의 원인이 되었다(창세기 136장 26절). 즉 사람은 살기 위해서 타인의 위협과도 싸우지 않으면 안 된다. 마치 몬순 풍토에서의 인간이 몬순적인 인종적 인간 구조를 보였던 것처럼 사막적 인간은 아래와 같은 사막적 특수 구조를 지니게 된다.

첫째, 사막에서는 인간과 자연의 관계가 어디까지나 대항적, 전투적 관계로 존재한다. 몬순형 풍토와 달리 사막의 경우 모든 '생산'은 사람의 힘에 달려 있다. 초지나 샘과 우물을 자연으로부터 쟁취하는 것에 의해 가축을 번식시키고 사람은 번성한다. '낳고 번성하라'는 것은 죽음에 대한 삶의 투쟁적 부르짖음인 것이다. 둘째, 사막에의 경우 자연과의 전쟁에서 사람들은 서로 단결한다. 인간은 개인으로서는 사막에서 살 수가 없다. 하나의 우물이 다른 부족의 손에 넘어가는 것은 자기 부족을 위태롭게 한다. 따라서 사막적 인간의 역사에서는 대항적, 전투적인 특성이 나타난다.

밤의 검은 사막이 죽음의 모습일 때, 저 멀리 지평선에 나타난 한두 개의 등불은 경이로움과 강렬한 감동을 준다. 이러한 희열은 사막적 인간만이 체험하는 것이다. 이렇게 사막적 인간은 사막에서 자연적으로 발생할 수 없는 것, 인간만이 만들 수 있는 것에 특별한 애착을 갖

그림 4-5 사막의 오아시스(위)와 이집트 피라미드(아래)
사막적 인간은 사막에서 자연적으로 발생할 수 없는 것, 인간만이 만들 수 있는 것에 특별한 애착을 갖는다. 불규칙한 자연과 대비되는 극히 규칙적인 이집트의 피라미드는 이러한 사막과 인간의 관계에서 생긴 것이다.

는다. 이러한 특성은 인공미가 넘치는 화려한 아라비아 미술에서 잘 나타난다. 사막적 인간은 불규칙한 사막의 지형과 단조로운 환경에서 하등의 규칙도 발견하지 못하지만 오직 인간만은 기하학적으로 질서 있는 경관을 만들어 낼 수 있다고 믿는다. 이집트의 피라미드는 이러한 사막과 인간의 관계에서 생긴 것이다. 불규칙한 자연 속에서 피라미드만은 극히 규칙적이고 입체적인, 완결된 삼각형으로 크게 솟아 있다. 고대 이집트인은 그것으로 사막에 대항한 것이다. 거친 자연에 대항하는 인간을 표현한 것이다 (그림 4-5).

자연에 대한 대항을 가장 현저하게 볼 수 있는 부문은 그 생산 양식일 것이다. 즉 사막에서의 유목을 말한다. 인간은 자연의 은혜를 기대하는 것이 아니고 능동적으로 자연 속에 공격해 들어가 자연으로부터 약간의 노획물을 빼앗는다. 이러한 자연에 대한 대항은 바로 다른 인간 세계에 대한 대항으로 이어진다. 자연과의 투쟁의 이면에는 인간과의 싸움이 자리한다. 이런 싸움의 과정에서 부족의 전체성이 개인의 생을 가능케 한다. 부족의 패배는 곧 개인의 죽음이기 때문에 각 구성원은 스스로가 힘과 용기를 극도로 발휘하지 않으면 안 된다. 따라서 전체를 위한 충성과 전체 의지에의 복종은 사막적 인간에게 필수적인 것이다. 이러한 삶의 과정에서 사막적 인간은 복종적, 전투적 이중 성격을 얻는다. 그것은 사막적 인간이 갖는 특수성으로서 인간의 전체성이 가장 강한 유형이기도 하다. 또한 사막의 문학은 건조하며 미술과 철학은 거의 발전하지 못했다. 요컨대 사막적 인간 구조는 사유의 건조성, 강한 의지력, 감정 생활의 메마름으로 규정될 수 있다. 이러한 특성은 몬순형 풍토에서 보이는 '관조적, 감정적'인 것과 대척을 이루는 것으로서 '실제적이고 의지적'인 것이라 표현할 수 있다.

지금까지 우리는 '사막에 사는 민족의 성질'을 파악한 것이 아니라 사막적 인간의 존재 방식을 사막이라는 풍토로부터 이해하였다. 즉 사막을 떠나 이러한 민족이 존재하는 것이 아니며, 인간과 독립한 사막이 자연으로서 존재하는 것도 아니다. 이들 민족은 근원적으로 사막적 인간이며 이들에게 사막은 역사적, 사회적 현실이다. 사막은 역사적, 풍토적으로 특수한 인간의 존재 방식인 것이다.

목장형

유럽의 지중해 일대를 중심으로 나타나는 지중해성 기후는 세계적으로 아주 독특한 자연환경에 속한다. 비슷한 위도에 있는 우리나라나 일본과 비교해 보면 이 지역의 기후 특징은 더욱 뚜렷하다. 일반적으로, 북반구의 온대 지방에 위치한 기후지대에서는 여름철의 기온이 높기 마련이고 그 결과 지표나 수면으로부터의 증발량이 많아 이것이 강수로 이어지게 된다. 즉 북반구 온대 지방의 여름철은 대체로 '고온 다습'으로 대변되며, 반대로 겨울철은 상대적으로 건조하며 바람이 강하고 매우 한랭한 경향이 있다.

그러나 특이하게도 지중해 일대는 위도상 북반구의 온대 기후대에 속해 있으면서도 여름철의 강수량이 적어 건조한 편이고 겨울에는 상대적으로 다습하며 온난한 기온을 나타낸다. 한국이나 일본, 혹은 비슷한 위도의 북미 대륙의 동안과 비교할 때 정반대의 기후 패턴인 것이다. 문화사적으로 볼 때 이곳이 바로 우리가 아는 유럽 문화의 근원지이자 유럽적인 목장형 풍토이다.

지중해의 여름은 건조하다. 건조한 기후 탓에 바닷가의 산들은 모두 민둥산이 되어버린다. 바다는 대체로 고요하고 잔잔하다. 섬이 많고 항만이 많으며 안개가 없어 멀리까지 조망이 좋다. 바위는 식물이 붙어 있지 않아 하얗고 반들반들하다. 여기에 지중해로 흘러드는 물줄기도 적어서 해수의 증발을 보충할 수 없을 정도라 한다. 유럽에서 지중해로 흘러드는 강은 마르세유 부근의 론 강과 베네치아 부근의 포 강 등 매우 제한적이다. 이들 강이 흘러드는 곳 이외의 지중해는 플랑크톤이 자라지 못해 어류가 거의 없고 해초가 무성하지 않다. 항구는 무역 도시일 뿐 어항이 거의 없다. 이것으로 보면 바다와 그토록 친하였던 그리스 인이 주로 육류만을 먹었다는 사실도 쉽게 이해할 수 있다. 말하자면 지중해는 일종의 바다의 사막이다. 역사적으로 지중해는 '교통로'이자 항해술의 실험실이었으며 그 이상의 어떤 것도 아니었다.

이 모든 것은 바람이 적고 강수량이 극히 적은 데에서 기인한다. 북쪽으로는 알프스 산맥이 막고 있고, 남으로는 광막한 사막, 동으로는 아라비아 사막을 가까이 둔 이 바다는 해수의 증발은 강력한 것에 반해 공기를 습윤하게 할 수 있는 환경은 아니

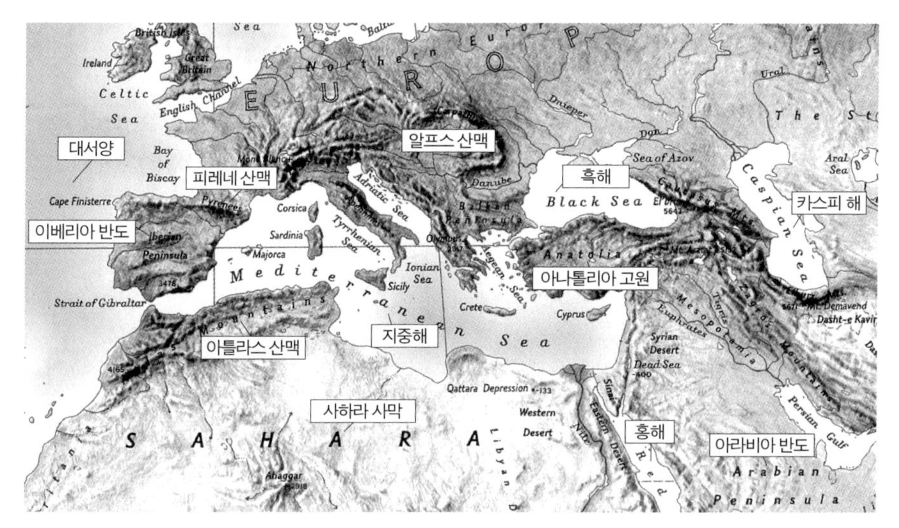

그림 4-6 지중해 주변의 지형 환경

지중해 일대는 북쪽으로는 유럽의 알프스 산맥과 아나톨리아 고원, 서쪽으로는 이베리아 반도의 피레네 산맥과 이베리아 고원, 남쪽으로는 아프리카의 아틀라스 산맥과 사하라 사막 등으로 인해 지형적으로 폐쇄된 형태이다. 그래서 특히 증발량이 많은 여름철에는 대서양에서 발생하는 외부의 습윤한 공기가 접근하기 어려워 고온건조한 기후가 나타나는데, 이 점은 북반구의 동위도에 위치한 다른 지역들과 다른 지중해성 기후의 주요 특징이 되고 있다.

다. 유일한 습기 유입 통로인 대서양으로부터의 습기는 피레네, 아틀라스 등의 산맥에 막히고 만다. 때문에 해수의 증발이 가장 왕성한 여름철일수록 지중해 주변의 뜨거운 사막이 모든 습기를 앗아가버리고 사막의 건조한 공기에 의해 가장 잘 습기가 중화되어지는 계절이 되며, 따라서 이 지방의 건조기가 된다. 그래서 지중해는 여름 태양이 작열하고 있는 토지에 비를 적셔줄 수 없는 그런 바다가 되고 만다.

지중해의 고요함과 여름의 건조함에서 우리는 목장적인 요소를 만날 수 있다. 유럽에는 무성한 잡초[雜草- 여름에 자라기 때문에 하초(夏草)라고도 부름]가 없다. 잡초는 무더위와 습기를 조건으로 해서 번성하는 식생이다. 그래서 우리나라를 비롯한 동양의 여름은 잡초의 성장에 매우 적합하고 이 계절에 논이나 밭을 방치하면 순식간에 잡초 밭이 된다. 이러한 잡초에게 여름이 건조한 지중해성 기후는 치명적이다. 잡초가 왕성하게 자랄 수 없는 지중해성 기후에서는 벌판이나 들을 방치할 경우 잡초 대신 지난 겨울부터 자라온 부드러운 동초(冬草)가 초원을 이룰 뿐이다. 동초는

그림 4-7 지중해 일대의 경관(위: 이탈리아의 포도밭, 아래: 안데르센의 이탈리아 스케치)

지중해 일대는 바람이 약하기 때문에 모든 수목은 순리대로 자란다. 사막형에서 인공적인 것이 합리적인 것과 연결될 수 있었다면 여기에서는 자연적인 것이야말로 가장 합리적인 것으로 인정된다.

여름에는 말라서 노랗게 되었다가 겨울 동안에 다시 녹색을 회복한다. 우리나라에서 볼 수 있는 겨울철의 보리밭을 연상하면 된다. 버려진 토지에서조차 여기에서는 잡초밭이 아니라 목초지, 즉 목장이 되는 것이다. 이와 같이 지중해성 기후에서는 잡초와의 싸움이 불필요하다. 토지는 한번 개간되면 항상 순종하는 토지로서 인간을 따른다. 따라서 농업 노동에는 자연과의 싸움이라는 계기가 거의 없다.

한편, 바람이 약하기 때문에 모든 수목은 순리대로 자란다. 폭풍우가 거의 없기 때문에 나무는 거의 대칭형을 이루고 꽃과 나무의 교배와 성장 과정이 학교 생물 시간에 배운대로 규칙적으로 나타난다. 사막형에서는 인공적인 것이 합리적인 것과 연결될 수 있었다면, 여기에서는 자연적인 것이야말로 가장 합리적인 것으로 인정된다. 사람들은 이곳의 순종적인 자연을 사랑이 넘치고 합리적인 것으로 이해하게 된다. 이탈리아의 회화에서 묘사되는 대칭형의 나무들, 풍경화의 묘사 기법으로서의 질서 있는 원근법의 탄생, 예수와 성모 마리아의 사랑을 부각시키며 유대교로부터 갈라져 나온 가톨릭, 유럽의 합리주의 사상 등이 그런 특성들을 내포하고 있다.

유럽의 원형을 지중해성 기후에서 찾을 수 있다면, 다시 지중해성 기후의 원형은 그리스와 에게 해에서 볼 수 있다. 이곳은 여름철에 심하게 건조하기 때문에 수목의 생육이 적합하지 않고 산은 대부분 바위의 형태로 우뚝 솟아 있다. 수목으로는 기껏해야 건조한 여름을 잘 견딜 수 있는 올리브, 포도, 무화과로 제한된다. 그러나 이들로 덮인 과수밭은 목장보다 훨씬 적어서 밀밭까지 합친다 하여도 밭의 면적은 목장의 반 정도밖에 안 된다고 한다. 따라서 농업은 목축과 과수 재배를 위주로 이루어진다. 규칙적인 계절의 순환으로 인해 그다지 풍요롭지는 않지만 그렇게 부족하지도 않은 농산물을 언제나 일정하게 생산할 수 있다. 거기에는 자연의 혜택이 풍족하지 않은 까닭에 몬순처럼 자연에 인종하여 혜택을 기대할 필요도 없고, 반대로 사막에서처럼 자연에 대항하여 끊임없이 전투적인 태도를 취하지 않으면 안 될 정도로 자연이 사람을 위협하는 것도 아니다. 결국, 필수품의 생산이나 문화, 예술, 철학 등에서 이른바 '인간과 자연과의 조화'라는 것이 여기에서는 성립하는 것이다. 다만, 자연환경의 순종성은 인간 중심적인 입장의 등장을 용인하여 '자연의 인간화'로 전화

(轉化)하기도 한다.

여기에서는 사막과 달리 자연에 대항하는 인간의 단결, 즉 전체주의가 요구되지 않는다. 인간의 세계에서 다원성이 인정되고 그것은 통일되지 않은 다원적 폴리스의 공존, 시민과 노예의 구별로 이어지기도 한다. 자연의 위력이나 은혜가 인간 위에 덮쳐 누르는 풍토에서는 인간이 이곳처럼 다양한 계층으로 분화될 수가 없다. 그리스에서의 인간과 자연의 조화, 인간 중심적인 입장의 창설 등도 노예를 사역하는 소수의 그리스 시민 계층에게 해당하는 것임을 염두에 두어야 한다. 노예가 생겨 시민은 노동으로부터 해방될 수 있었고, 노동으로부터 일정한 거리를 두고 '조망하는 입장,' '바라보는 입장'에 설 수가 있게 되었다. 그러한 입장은 이미 그리스의 경투(競鬪) 정신, 로마의 검투 경기에 충만되었다.

지금까지 몬순형, 사막형, 목장형 등 세계 각지의 풍토로부터 그곳의 문화와 사회를 바라보고자 하였다. 그러나 환경결정론과 풍토론을 동일한 것으로 혼동하는 경우도 없지 않을 것이다. 자연환경이 문화의 원인이라고 설명하는 환경결정론과 달리 풍토론은 자연환경과 인문성을 일원론적 관점에서 연관시켜 이해할 것을 주문한다. 나아가 각 지역의 문화와 사회에 있어서 역사성과 풍토성이란 동전의 양면과도 같아 어느 하나를 분리하는 것은 불가능함을 강조한다. 풍토적 성격을 지니지 않는 역사적 형성물도 없으며 역사적 성격을 지니지 않는 풍토적 형상도 없다. 때문에 역사적 형성물 안에서 풍토를 발견할 수 있으며, 또한 풍토적 형상 안에서 역사를 볼 수 있다.

3. 자연환경을 보는 상반된 시선들

1) 어머니로서의 자연관 vs 상품 가치로서의 자연관

일반적으로, 동양 문화권에서 자연 개념은 '어머니로서의 자연관'이라 여겨지고 있다. 가령 풍수지리 사상에서 보이는 지모(地母) 관념과 같은 것이 대표적이다. 이에 비하여 서양의 자연 개념에 대해서는 '세상 모든 창조물의 중심에 인간이 있고 자연

그림 4-8 16세기 유럽에서 일어난 자연의 상품화

이 그림은 16세기 유럽에서의 목재와 수자원 개발을 그리고 있는데, 이러한 개발 행위들은 중세 말기부터 르네상스 시기에 걸쳐 진행된 지하자원 채굴 산업과 관련이 깊다. 16세기 유럽에서 어머니로서의 자연관을 대신하여 탐험 대상으로서의 자연관, 상품 가치로서의 자연관이 부상하기 시작했음을 보여주는 것이다(Knox and Marston, 2007: 141).

은 인간에 종속된다'는 자연관이라 흔히 이야기한다. 또한 그것이 기독교적 자연관에서 비롯된 것이라고 쉽게 단정하는 경향이 있다. 그러나 서양의 경우에도 유기체로서의 자연관을 가진 역사가 있었으며, 자연을 상품 가치로 인식하기 시작한 것은 대략 16세기 이후이다. 서양 문화권의 경우 그러한 자연 개념의 변화에는 어떤 계기와 배경이 자리하고 있었을까?

서양 문화권에서 인간이 자연 위에 군림한다는 자연관은 기독교 사상에서 기원한 것이지만, 사실 15세기까지만 하여도 이러한 자연관은 정치적, 사회적 부문까지는 아니었고 단지 종교적, 정신적 생활에 국한된 관념이었다. 15세기를 포함한 그 이전의 유럽에서는 지구를 살아 있는 실체(a living entity)로 보면서 인간이 자연의 질서에 순응하여 살아가야 한다는 자연관이 널리 퍼져 있었다. 이렇게 지구를 유기체로 본다는 것은 무엇을 의미할까? 그것은 바로 사람들 간 및 인간과 지구 사이의 상호의존성을 강조한다는 뜻이다. 유기체로서의 자연관이라 할지라도, 그 안에서는 지구를 어머니로서 보는, 즉 인간의 필요를 채워주는 존재로서 보는 관점도 등장하였고, 다른 한편에서는 지구를 통제하기 곤란한, 때로는 인간의 삶에 위협을 가할 수도 있는 존재로서 보는 관점도 발전하였다. 어쨌든 두 입장의 공통점은 지구 혹은 지표의 자연을 여성(female)적인 실체로 본다는 것이다.

그러던 것이 16세기에 들어서 기독교 신학이 과학적 목적을 위해 동원되기 시작한다. 자연과학의 발달에 지대한 영향을 미친 프란시스 베이컨(F. Bacon, 1561~1626)과 같은 철학자들은 기독교 신학을 동원하여 기존의 유기체로서의 자연관 대신 자연을 인간에 종속되는 존재로 보는 관점을 키워나갔다. 그는 자연의 무질서함이 통제될 수 있으며 인간에게 유익한 방향으로 자연을 이용할 수 있다는 관념을 널리 퍼뜨렸다.

환경론의 역사를 연구해 온 캐롤린 머천트(C. Merchant)라는 학자는 페미니스트 관점에서 다음과 같이 이야기하였다. "16세기 이후 서양에서 나타난 자연관의 변화는 자연에 대한 인간의 태도가 바뀌었음을 의미한다. 기존의 유기체로서의 자연관 때문에 인간은 사회적, 도덕적으로 자연에 대한 행동에 여러 가지 제약을 받았지만,

새로운 자연관은 그러한 제약을 풀어줄 수 있다고 보았던 것이다. 상업화와 산업화가 진전되던 당시의 유럽 사회가 새로운 자연관을 필요로 했다고 해석할 수 있다. 상업화와 산업화는 기본적으로 지구와 자연으로부터 자원을 채굴하고, 습지를 개간하며, 삼림을 벌채하고, 경지를 개척할 것을 요구하기 때문이다. 여기에 자연을 정복하는 새로운 기술, 가령 기중기, 풍차, 물방아, 굴착기 등등이 발명되면서, 오늘날과 같은 상품 가치로서의 자연관이 종교 생활을 넘어 일상 생활의 사회적, 정치적 부문에까지 급속히 파급되었던 것이다."(Merchant, 1979: 2-3).

2) 본질주의적 자연관 vs 구성주의적 자연관

오늘날, 공간이나 장소처럼 자연 개념 역시 그 의미에 역사가 누적되면서 입장에 따라 다양한 뜻으로 사용되고 있다. 문화평론가 레이먼드 윌리엄스(R. Williams)는 영어의 'Nature'에 대해 말하기를 '우리 언어에서 가장 복잡한 단어일 것'이라고 한 바 있다. 카스트리(Castree)는 이 같은 '자연'의 복잡한 의미를 크게 세 가지로 나누어 정리할 수 있다고 제안한다. 첫째, 어떤 것의 본질, 둘째, 인간의 행위가 가해지지 않은 영역(즉 인간이나 사회의 밖에 존재하는 외부 영역), 셋째, 인간을 포함하는 자연 세계 전체(인간을 자연의 일부로 간주하는 입장에서의 우주 전체)이다. 여기서 나아가 이 세 가지 의미는 자연을 본질적인(essential) 그 무엇으로 보느냐 아니면 구성적인(constructed) 것으로 보느냐 하는 개념화의 입장에 따라 또 다른 차원에서 이해할 수도 있다.

자연에 대한 전통적 관점, 즉 본질주의 입장에서 볼 때, 자연은 일정하고 불변하는, 안정된 개념이다. 이 입장에서는 '자연이란 무엇인가,' '자연은 무엇으로 이루어져 있는가' 하는 것이 전혀 논쟁거리가 안 된다. 자연에 대한 이 같은 개념화는 자원개발과 관련된 분야나 일부 환경론에서 보편적으로 상정한다. 이 입장에서는 자연이란 무엇이며 천연 자원이란 무엇인가 하는 것에 대한 이해가 명확하며, 이것들을 인간이 어떻게 이용하며 혹은 오용하는가 하는 것이 주된 관심사이다.

여기서 자연과 '인간의 문화'는 비록 상보적 영역이긴 하지만 서로 분리된 것으로 간주된다. 이와는 대조적으로, 어떤 이론가들은 자연에 대한 본질주의 입장 및 자연과 인문을 분리된 것으로 이해하는 시각에 대해 문제를 제기한다. 이들은 '자연이란 물질적인 실체인 동시에 하나의 고안된 개념이요 착상'이라는 입장을 취한다. 이 관점에서 자연이란 일종의 사회적 구성(social construction)이요, 사회적 권력의 도구, 즉 정치적으로 이용될 수 있다는 점이 강조된다.

이들은 자연을 인문성과 분리된 것으로 보는 관점에서 벗어나, 자연(의 의미)은 특정 담론이나 이데올로기에 구속될 수 있다고 본다(즉 특정 메시지를 전달하려는 의도를 내포한다는 뜻). 다시 말해서 '자연에 대하여 결코 자연적인 것은 없다'는 것이다. 이들은 사상사나 과학사 분석을 통해서 자연에 대한 인식이 시간에 따라 변해왔음을 증명하였다. 다시 말해서 자연을 '신이 내려준 경관'으로 인식했던 시대가 있었고 그 뒤에 '진화론적인 경관'으로 인식하게 되었다는 것이다. 나아가, 이들은 '문화 vs 자연', '기술 vs 자연' 같은 이원론을 부정하면서 자연이 어떻게 인간에 의해 생산되고 재창조되는지에 주목한다. 예를 들면, 새로운 방식을 도입한 농업 활동을 통해서, 야생의 세계에 대한 텔레비전 프로그램을 통해서, 유전자 조작을 통해서, 생명 공학을 통해서, 의료 과학을 통해서 등장하게 된 자연의 생산과 재창조 같은 주제들을 말한다.

3) 다양한 환경론이 난무하는 가운데 지리학자들의 입장은?

앞에서 설명한 자연을 보는 상반된 관점들은 자연환경에 관련된 다양한 견해들을 파생시켰다. 여기에서는 바네스와 그레고리(Barnes & Gregory, 1996)의 견해를 바탕으로 다양한 자연환경론을 소개하기로 한다. 먼저 제시할 두 관점은 대체로 본질주의 입장에 서 있는 것이고 나중에 제시할 두 가지는 구성주의 입장이라 할 수 있다.

기술중심주의(Technocentrism)에서는 자연을 유순하고 쉽게 변형시킬 수 있고, 지배할 수 있으며, 이용할 수 있고, 인간의 간섭을 통해 개선할 수 있는 것으로 바라본다. 이 입장에서는 자연을 인간과 분리된 것으로 간주하며, 인간의 목적을 만족시키기 위해 존재하는 그리고 과학을 통해 최선의 것으로 조작될 수 있는 것으로 전제한다. 심층 생태론(Deep Ecology) 혹은 생태 중심주의(Ecocentrism)는 인간이 자연과 조화를 이루며 살아갈 필요가 있음을 제안하면서 상대적으로 덜 착취적인 태도를 취한다. 특히, 심층 생태론에서는 모든 생명이 가치가 있으며 공존을 추구하지 않는 모든 태도는 비도덕적인 것이라고 지적한다.

에코페미니즘(Ecofeminism)은 심층 생태론이나 마르크시즘에서 보이는 남성 중심주의적 견해에 대한 반발로 나온 것이다. 이들에 따르면 심층 생태론이나 마르크시즘은 남성 중심의 사유로 자연을 인식함으로써 여성의 종속성을 재생산한다는 것이다. 끝으로, 마르크스주의자는 자연과 인간의 관계가 자본주의적 사회

그림 4-9 영화 〈미녀는 괴로워〉: '자연적 신체' 개념의 사회적 변화

관계의 산물이라 강조하면서 생태 중심주의에 대해 정치적으로 순진하기 그지없는 입장에 불과하다고 비판한다. 이들은 자연이 어떻게 사유되며 재현되는가에 따라 자연이 어떻게 착취되고 경제적, 정치적으로 어떻게 이용될 것인가가 정해지는 것이라고 주장한다.

그러면 이렇게 다양한 자연환경론이 난무하는 가운데에서 현대 인문지리학자들은 어떤 관점을 견지하고 있을가? 최근 인문지리학자들은 자연에 대한 비본질주의 입장이나 정치적 관점에 서서 인간과 자연의 관계를 바라보는 경향이 있다. 특히 이 입장에서 이른바 '자연의 생산(production of nature)'이라는 주제를 연구하게 되었는데, 즉 인간이 '이윤 추구를 위해' 자연을 어떻게 인식하고 있는가 하는 점을 주로 탐구한다. 예를 들면, 생산성 향상을 위해 농부들은 어떤 가축 사육 방식 혹은 곡물 재배 방식을 선택하는가 하는 점에 대한 관심을 말한다.

그러나 일부 인문지리학자들은 보다 '문화적' 입장에 서서 비경제적 관점에서

인간과 동물의 관계를 연구하기도 한다. 이들은 각종 미디어(야생의 세계에 대한 영화나 도서들)에서 동물이 어떻게 재현되는가, 우리가 '야생'(wild) 동물을 어떻게 다루는가(가령, 사냥? 아니면 보존?), 우리는 동물원, 공원, 도시 정원의 계획을 통해 도시 내의 한 장소에 '자연'을 어떻게 배치하고 있는가를 탐구한다. 나아가 이들은 자연에 대한 사상(이 경우 동물에 대한 개념)이 각종 매체에 의해 어떻게 우리에게 전달되며, 그 결과 대중들은 자연을 어떻게 이해되는가, 그러한 이해는 시간에 따라 어떻게 변화했는가에 주목한다.

문화적 관점에 더욱 경도된 몇몇 지리학자들은 자연에 접근하는 인간의 태도, 즉 '자연의 소비'에 초점을 둔다. 예를 들면, 방사능으로 오염된 식품 및 유전자 조작에 의한 식품의 도래에 따른 도덕적 공포심을 다룬 연구들도 많고, 자연 경관이나 경치가 어떻게 상품화되며 운영되고 있는가에 관해 연구하기도 한다.

아주 최근에는 신체(body)의 지리에 대한 관심도 나타나고 있다. 이 경우 지리학자들은 '자연적인' 신체가 어떻게 사회적 의미의 신체로 전화하는가 하는 점을 연구하기 시작하였다. 가령, 위생(건강), 아름다움, 건강함, 외모 등에 관한 인식이 변화하면서 '생물학적으로 주어진 것'으로 보는 인간의 신체 개념이 어떻게 붕괴되고 있는가를 고찰하는 것이다. 특히, 의학 기술 발달(미용을 위한 외과 성형 같은)이나 기관대체술(심장 박동 조절 장치 같은)의 등장으로 기존의 생물학적 신체 개념은 크게 도전받고 있다. 그런데 이러한 주제들도 지리학의 영역인가? 그렇다고 할 수 있다. 지리학에서 끊임없이 추구해 온 인간과 자연환경의 관계에 대한 탐구, 그것의 진보된 양상일 뿐이다.

| 참고문헌 |

오경섭(2001), "기존 '산맥체계'와 전통 지리 '산경체계'-지형학적 관점에서 본 특징과 문제점-," 『지리과 교육』 2호.

오귀스탱 베르크(2001), 『대지에서 인간으로 산다는 것』, 김주경 옮김, 서울: 미다스북스.

와쓰지 데스로우(和辻哲郎)(1993), 『풍토와 인간』, 박건주 옮김, 서울: 장승.

최운식 외(2000), 『국토와 환경』, 서울: 법문사.

허광·이동희(2000), 『인간과 자연, 환경 그리고 생태』, 서울: 동일출판사.

Bilsky, L.(1980), *Historical Ecology*, London: Kennikat Press.

Febvre, L.(1981), 『大地と人類の進化』(上·下), 飯塚浩二 옮김, 東京: 岩波書店.

Hubbard, P. *et al.*(2002), *Thinking Geographically*, London: Continuum.

Knox, P. L. and S. A. Marston(2007). *Human Geography-Places and Regions in Global Context*, NJ: Pearson Prentice Hall.

Merchant, C.(1979). *The Death of Nature*, Sanfrancisco: Harper and Row.

Netting, R. M.(1996), *Cultural Ecology*, Illinois: Waveland Press.

Tricart, J. *et al.*(1992), *Ecogeography and Rural Management*, New York: John Wiley & sons.

5장

풍수 사상의 두 전통

1. 터 잡기 예술인가, 지식 체계인가?

1) 풍수 사상을 공부해야 하는 이유

풍수 사상은 우리 조상의 전통 공간을 이해할 수 있는 중요한 공간관이고 환경관이다. 풍수 사상은 묘터나 집터를 잡아주는 지관의 학문이 아니고, 우리 조상들의 삶의 공간을 설명해 줄 수 있는 중요한 지리 사상이기도 하다. 중·고등학교 교과서를 통해 풍수를 가르치는 이유도 같은 맥락에서 해석될 수 있다. 또한 일반인도 풍수 사상을 지리학의 한 분야로 인식한다.

그렇지만 정작 대학에서는 거의 풍수를 가르치지 않는다. 풍수를 배운다고 하더라도 가볍게 스쳐 지나가는 것 이상은 아니다. 왜일까? 풍수 논의의 중심에는 '기(氣)'가 있어야 하고, 이때 '기'는 과학적으로 증명할 수 없으므로 학문세계에서 다루기에는 부적합한 분야라는 생각이 다수를 차지한다. 이 같은 사실을 어떻게 설명해야 하는가? 대학에서는 전문적인 지식을 가르치고 있지 않으면서 중등학교에서 전통적인 지리 사상으로서 풍수를 가르치는 이유는 무엇일까? 또한 일반인이 전통적

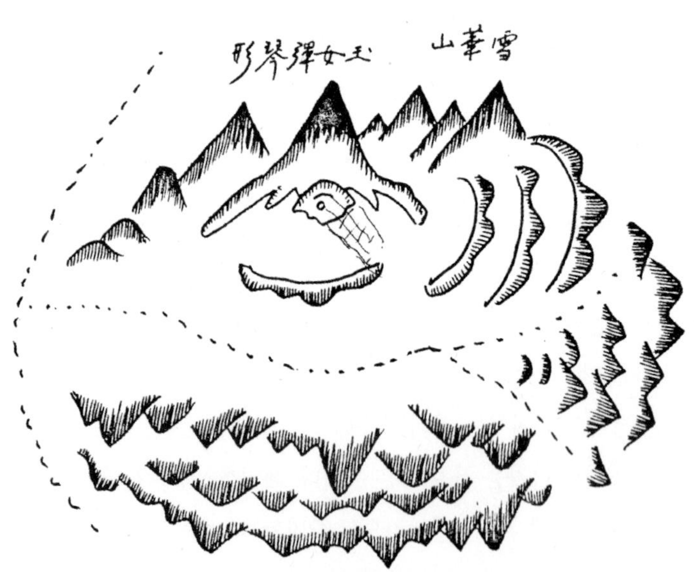

그림 5-1 풍수지리적 입지 유래를 갖고 있는 충남 아산시 외암 민속마을

외암리는 설화산(雪華山)을 주산(主山)으로 삼아 마을 경관이 조성되었다고 전한다. 이중환의 『택리지』에서는 설화산 모양이 우뚝 솟은 홀(笏, 연주를 위해 손가락으로 피리 구멍을 맞추는 모양)과 비슷하며 온양의 여러 마을에서 학문에 현달한 선비들이 많이 태어난 것도 이러한 설화산의 기운과 관계 있다고 적혀 있고, 외암리 일대를 옥녀탄금형(玉女彈琴形, 신선이 가야금을 타는 형국)으로 묘사한 풍수도도 확인된다(장익호, 1983).

인 지리 사상 가운데 가장 잘 알고 있는 것이 풍수지리임에도 불구하고, 대학에서 지리학을 전공하는 사람에게 가장 낯선 영역이 풍수인 이유는 무엇인가?

우리가 이 책에서 풍수를 다루는 것은 바로 이 같은 물음에 답하기 위해서이다. 풍수란 자연의 형세와 사람의 길흉화복(吉凶禍福)을 연관지어 이해하려는 전통적 지리 이론이다. 풍수 사상은 산(山)·수(水)·방위(方位)·사람(人) 등 네 가지 요소를 조합하여 구성되며, 『주역(周易)』을 주요 근거로 삼아 음양오행(陰陽伍行)의 논리로 체계화되어 있다. 풍수는 우리 조상들의 일상생활 속에 깊이 자리 잡고 있었던 생활 철학이자 사상이었기 때문에 우리 조상의 삶의 공간을 알기 위해서는 풍수에 대한 이해는 필수적인 것이다. 전통적인 지리 사상으로서 풍수를 살펴보는 것은 단지 묘터나 집터를 잡아주는 분야로서의 풍수에 대한 이해를 넘어 풍수에 대한 새로운 인식 틀을 요구하는 것이기도 하다.

우리나라의 전통 취락은 외암 마을처럼 그 입지 선정과 경관 조성에 풍수지리 사상이 적용되었다는 이야기가 흔히 전해 온다. 오늘날 우리는 이같은 풍수지리 사상을 일종의 미신적인 관념으로 간주할 것인가 아니면 전통적인 환경관, 공간관으로 이해할 것인가?

2) '터 잡기 예술로서의 풍수', '지식 체계로서의 풍수'

풍수는 두 가지 전통을 갖고 있다. 하나는 '터 잡기 예술로서의 풍수'이며, 다른 하나는 '지식 체계로서의 풍수'이다. '터 잡기 예술로서의 풍수'는 명당 찾기의 풍수를 말하며, '지식 체계로서의 풍수'는 우리 조상의 공간관이자 환경관으로서의 풍수를 말한다. 풍수의 두 가지 전통 가운데 많은 사람에게 익숙한 풍수는 '터 잡기 예술로서의 풍수'이다. 풍수의 인식 체계 중 기감응론적인 인식 체계에 큰 비중을 두는 풍수이다. 그것은 어떻게 하면 명당을 찾아 집을 짓고 묘 자리를 정함으로써 길흉화복(吉凶禍福)을 조절할 것인가에 관심을 갖는 풍수의 한 유형이다. 그렇기 때문에 '터 잡기 예술로서의 풍수'는 '명당 찾기의 풍수'라고 해도 무방하다. 오늘날 풍수에 대한 많은 논의는 명당을 찾을 수 있는 다양한 방법론과 관련되어 있다. 명당을 잡는 많은 방법 가운데 '기'의 흐름을 살피는 것이 가장 중요한 명당 잡기 방법의 하나였던 것도 바로 이 같은 유형의 풍수 전통에 근거하는 것이다.

반면에 풍수의 또 다른 전통으로서 '지식 체계로서의 풍수'는 거의 논의된 적이 없다. 그런 점에서 '지식 체계로서의 풍수'는 풍수의 잃어버린 전통인 셈이다. '지식 체계로서의 풍수'는 풍수의 다양한 원리를 포함해 풍수 그 자체를 하나의 지식 체계로 보고자 하는 관점이다. 그렇기 때문에 지식 체계로서 풍수를 인식하는 관점에서는 '기'를 중요하게 생각하지 않는다. 또한 풍수를 비과학적인 학문으로 인식하게 하였던 '기감응론'적인 인식 틀에서 자유로워짐으로써, 비과학적인 학문이고 기감을 느끼는 특정인에 의해 독점되는 학문이라는 선입견을 불식시킬 수 있다(참고 5-1).

앞에서 언급했듯이 지식 체계로서 풍수를 인식하는 것은 풍수를 우리 조상들의 공간관이나 환경관으로 인식하려는 관점이다. 우리 조상이 자신의 삶의 터전인 공간

| **참고 5-1** |

전통 풍수의 인식 체계: 기감응론적 인식 체계와 경험 과학적 인식 체계

(1) 기감응론적 인식 체계

① 형국론 : 지세의 겉모습을 사람·사물·짐승 등의 모습으로 풀이하거나 유추하여 그 형상에 상응하는 기운과 기상을 전체적으로 파악하는 것이다.

② 소주길흉론: 덕을 쌓은 사람에게는 길지가 돌아간다거나 땅 주인은 따로 있다고 말하는 바와 같이 땅을 쓸 사람과 땅의 오행이 서로 상생 관계(相生關係)인가를 파악하는 것으로 택일(擇日) 문제 등도 포함된다.

③ 동기감응론: 조상과 후손은 같은 혈통이기 때문에 부모나 조상의 유해가 받은 지기(地氣)가 자식이나 후손에 전달된다는 이론이다.

(2) 경험 과학적 인식 체계

① 간룡법: 풍수지리의 모든 원리가 가시적으로 나타나는 산을 용으로 보고 그 산맥의 흐름이 끊이지 않고 잘 달려왔는가를 보는 것으로, 조산(祖山)에서 주산(主山)을 거쳐 혈장(穴場)에 이르는 맥의 연결이 생기

과 장소를 효율적으로 통제하고, 관리하기 위해 사용하였던 하나의 지식 체계로서 풍수를 인식하려는 관점이다. 그렇기에 지식 체계로서 풍수를 인식하는 것은 기존의 명당을 고르기 위한 풍수와는 다른 측면에서 풍수를 조망한다.

우리가 풍수를 배워야 하는 것은 터 잡기 예술로서의 풍수에서 벗어나, '지식 체계로서의 풍수'에 대해 알기 위함이다. 우리 조상의 환경관으로서 나아가 자신의 삶터인 공간을 통제하고 관리하기 위한 지식 체계로서의 풍수를 알기 위함이다. 지식 체계로서의 풍수는 비과학적인 요소에 의존해서 이루어지는 '신비한 학문'으로서의 풍수의 모습을 벗고, 풍수의 오랜 전통 가운데 잃어버린 또 하나의 전통을 복원하기 위한 것이다.

또한 잃어버린 전통을 복원하는 것은 한국의 전통적인 지리 사상으로서의 풍수를 새롭게 인식하기 위한 것이다. 단지 명당 터를 잡는 것으로 풍수를 좁게 인식하는

발랄한가를 살피는 것이다.

② 장풍법: 명당 주변의 지세를 살피는 것. 장풍법을 통해 명당의 크기가 파악되는데, 사신사(四神砂) 구조가 만드는 넓이가 크면 양기풍수의 터가 되고 좁으면 음택 등의 입지가 된다.

③ 정혈법: 간룡법과 장풍법으로 대략적인 명당의 범위가 파악되면 정혈법을 통해 혈을 확정한다. 혈이란 땅의 기운이 집중되어 있는 지점으로 양택이면 도읍이나 마을의 가장 중요한 건축물이 입지하게 되며 음택일 경우 시신을 매장하는 광중(壙中)이 된다.

④ 득수법: 물의 흐름을 살피는 것으로 한국보다 특히 중국에서 중요시된다. 이는 풍수지리가 흥성하던 중국 북부 지방의 강수량이 적은 상황이 반영된 것이다.

⑤ 좌향론: 입지할 건축물 등의 성격을 고려하여 적절한 방향을 결정하는 것으로서 혈에서 바라본 방위를 말한다. 혈의 뒤쪽 방위를 좌로 하고 혈의 정면을 향으로 하는 것을 뜻한다.

것에서 벗어나, 우리의 환경이나 공간을 바라보는 관점으로 풍수를 이해한다. 그렇기에 공간관이나 환경관으로서의 풍수를 인식하는 것은 풍수에 대한 논의 지평을 확대시키고, 우리의 전통 공간을 이해할 수 있는 이론적 틀을 제시한다. 지식 체계로서의 풍수에 대한 이해를 위해 먼저 풍수의 기원과 형성을 살펴보고, 풍수의 인식체계, 나아가 풍수가 적용되는 공간적 범위에 대한 설명을 통해 '지식 체계로서의 풍수'에 대해 살펴보자.

이 글에서 풍수지리는 '터 잡기 예술로서의 풍수'를 지칭하는 것으로, 풍수지리학은 '지식 체계로서의 풍수'를 지칭하는 용어로 사용하려 한다. 풍수지리는 명당을 찾는 것과 관련된 논의를 지칭하는 것이 일반화되어 있기 때문에 풍수를 새롭게 인식하기 위해 풍수지리와 풍수지리학을 구별해서 사용하려고 한다. 또한 풍수지리와 풍수지리학을 모두 포괄하는 용어로는 풍수 혹은 풍수 사상이라는 용어를 사용할 수 있을 것이다. 풍수에 대한 우리의 생각이 풍수지리에서 풍수지리학으로 옮겨가는 과정에서 풍수지리와 풍수지리학이 서로 혼동을 줄 수 있기 때문에 분화되기 이전의 풍수지리(학)를 지칭하는 용어로는 풍수 혹은 풍수 사상이 적합할 것이다.

2. 누가 들여왔고, 어떻게 사용했는가?

1) 풍수의 기원과 전파

통설에 따르면 풍수는 중국에서 전국 시대부터 한대에 걸쳐 형성된 것이라고 한다. 한대(漢代)에 들어와 음양설이 도입되면서 풍수는 완전한 형태의 지식 체계로 틀을 갖추게 되고, 풍수의 경전인 『청오경(靑烏經)』이 편찬된다. 그 가운데 진나라 사람인 곽박(郭璞, 276~324)에 의해 풍수가 체계화되었다. 그가 지은 『장서(葬書)』와 청오자(靑烏子)가 지은 『청오경』은 현존하는 가장 뛰어난 고전에 해당되는 책이고, 이 책들이 발간된 이후의 모든 풍수 관련 책은 이 책들의 주석서에 불과하다고 할 정도로 풍수의 기본 원리는 두 책에 의해 정리되었다. 특히, 이 가운데 곽박이 지었다는 『장서』

는 당 현종이 금낭(錦囊) 속에 두고 아꼈다고 하여 '금낭경(錦囊經)'이라는 이름으로 더욱 유명하다. 남북조 시대를 거쳐 당대에 오면서 풍수는 더더욱 발전하게 되었고, 당나라와 교류가 빈번하였던 신라 말에 풍수가 우리나라에 들어오게 되었다.

우리나라에 풍수가 누구에 의해 도입되었는지는 정확하게 밝혀져 있지 않다. 다만 그 당시에 당나라로 유학을 갔던 선종 계통의 승려들에 의해 풍수가 도입되었을 것이라고 추측할 수 있다. 선종은 교종과는 달리 참선을 통해 도를 깨우치기 위한 종파이기 때문에, 당에서 선종을 경험하고 돌아온 승려들은 자신이 당나라에서 선종의 깨우침을 배웠던 곳과 유사한 선종도량을 찾기 위해 전국을 찾아다니게 되고, 그 과정에서 선문 구산파가 형성된다. 대체로 선문 구산파가 개설한 사찰이 풍수적으로 길지에 자리 잡은 것은 이와 같은 이유 때문이다.

특히, 우리나라 풍수의 시조로 알려져 있는 도선(道宣, 827~898)도 당시의 구산선문의 일파인 동리산파를 개설한 혜철 스님(785~861)의 제자로 그의 허락을 받아 전남 광양에 독자적인 선문을 개설하였던 사람이다. 신라 말에 활동하던 승려로서 일설에 의하면 당나라의 승려인 일행(一行)으로부터 풍수설을 배워왔다고 하나 확실한 증거는 없다. 도선이 한국 풍수의 원조로 인식된 계기는 고려 태조와 관련된 그의 예언과 관련이 있다. 서기 875년(헌강왕 1)에 도선은 "지금부터 2년 뒤에 반드시 고귀한 사람이 태어날 것이다."라고 하였는데, 그 예언대로 송악에서 태조가 태어났다고 하며, 이후 고려 시대를 지나면서 그는 한국 풍수의 창시자로 추앙받게 된다. 그러나 도선의 경우 당나라로부터 직접적으로 풍수를 전수받았다는 것은 그가 당나라에 유학한 경험이 없었기 때문에 낭설이다. 그의 묘비에 '이인(異人)'에게서 풍수를 전수받았다고 신비화하여 새겨져 있지만, 그의 스승인 혜철 스님에게서 풍수를 전수받았을 가능성이 크다. 이 같은 과정을 거쳐 풍수가 우리나라에 정착하게 된 것은 대략 9세기 정도라고 볼 수 있다.

2) '어떤 사람'이 풍수를 알고 있었는가?

우리가 풍수를 지식 체계로 인식하기 위해 가장 먼저 파악해야 할 사실은 어떤 사람이 풍수를 처음에 들여왔으며, 어떤 사람에게 풍수가 전파되었는가 하는 점이다. 신라 말기에 당나라에서 유행하고 있었던 풍수를 우리나라에 들여올 수 있었던 사람은 새로운 불교의 흐름인 선종을 공부하기 위해 유학을 다녀온 승려들이었다. 우리가 생각해야 할 첫 번째 단서로서 풍수를 '누가 들여왔는가'라는 물음에는 쉽게 답을 할 수 있다. 당연히 당나라에서 유학한 승려이다. 하지만 한 가지 더 생각해야 할 것은 그 당시 당나라에서 유학을 하고 돌아온 승려의 사회적 신분이다.

오늘날의 경우에도 외국에서 유학을 하고 돌아온 사람은 우리 사회의 지식인 계층으로 막대한 사회적 영향력을 행사하고, 국가의 중요한 정책 결정에 지대한 역할을 하고 있다. 신라 시대에도 오늘날의 상황과 크게 다르지 않았을 것이다. 이 시기의 불교는 국가의 중요한 이념적인 기틀이었기 때문에, 당나라에서 유학하고 돌아온 승려는 왕이나 왕족의 스승으로서 국가의 중요한 일에 커다란 영향력을 행사하고 있었다. 국사(國師)로서 왕과의 독대를 통해서 국가의 중요한 일들의 의사 결정 과정에 상당한 영향을 미쳤음은 물론이고, 왕족과 귀족의 삶에도 커다란 영향을 주었다.

당나라에서 유학하고 온 승려들은 자신들의 도량을 찾기 위해 우리나라 각지를 답사하고, 그 가운데 선문 구산파를 개설하지만, 그 과정에서 때로는 왕족의 집터와 묘터를 잡아주는 데에도 많은 조언을 한다. 고려 시대에 유행한 풍수설과 관련된 사실을 하나 살펴보자.

> 신라의 감간(監干) 팔원(八元)이 풍수설을 잘하여 부소군에 왔다가 군이 부소산 북쪽에 자리 잡고 있어서 산형은 좋으나 초목이 없음을 보고 강충(康忠)에게 말하기를 "만일 군을 산의 남쪽으로 옮기고 소나무를 심어 암석이 드러나지 않게 하면 삼한(三韓)을 통합할 사람이 태어나리라."라고 하였다.
>
> (도선이 세조와 함께) 곡령에 올라가 산수의 맥을 추려보며 위로는 천문을 보고 아래로는 시수를 살피어 말하기를 "이 지맥은 백두산에서 발기하여 북을 모로, 동을 체로 하여 정오방의 명당에 전래하였으니 그대는 마땅히 수의 대수를 따라 집을 짓되 6의 제곱수인 36구로 하면 천지의 대수에 부응하여 명년에는 반드시 성자를 낳을 것이니

마땅히 이름 지어 왕건(王建)으로 하시오."라고 하였다. 이어서 도선은 실괘를 만들어 그 겉에 제하기를 "삼가 글월을 받들어 백배하고 삼한을 통합한 임금인 대원군자의 족하에 올립니다."라고 하였다.

–『고려사』「세계(世系)」 소인, 『편년통록』

고려를 개국한 왕건과 관련된 이 이야기는 『고려사』에 실려 있는 이야기로 고려의 건국에서부터 풍수가 어떠한 영향을 주고 있었는지를 알려준다. 또한 『고려사』에 실린 이야기를 살펴볼 때 풍수를 이용해서 도읍을 정하거나, 나라를 통치하는 기본적인 원리로서 풍수가 이용되고 있음을 확인할 수 있다(홍승기, 1994).

풍수가 중국으로부터 우리나라로 유입된 이후 고려 시대까지 풍수를 알고 있었고, 이용하던 사람들은 적어도 당나라에 유학을 다녀온 승려 계층이거나 이들과 관련을 맺었던 지배 계층이었다. 그리고 이 같은 사실은 조선 시대에 들어오면서도 거의 변화를 보이지 않는다. 조선 시대가 숭유억불 정책을 실시하면서 불교에 대해 억압하지만, 왕과 왕족은 자신의 친족이 사망하는 경우에 그들의 넋을 기리는 사찰을 두었다. 또한 태조 이성계는 무학 대사와 함께 조선의 수도를 정하기 위해 여기저기 답사를 하게 되고, 그 가운데 오늘날의 한양을 도읍으로 정하게 된다.

국가적인 이념이 바뀌었지만, 풍수 사상은 신라와 고려 시대에 이어 지속적으로 조선 시대의 왕족과 귀족을 중심으로 자신들의 길흉화복을 점치게 해 주는 중요한 환경관이자 공간관으로 인식되었던 것이다. 조선 초에 도읍을 옮겼지만, 주산(主山)을 어디로 볼 것인가와 관련된 논의는 세종조까지 분분하게 논의될 정도였다. 특히, 주산 문제에 대한 세종과 예조 참판 권도 간의 논쟁은 풍수설이 그 당시 어떠한 영향력을 행사하고 있었는지를 알 수 있게 해 준다.

이처럼 풍수 사상은 애초에 왕족과 귀족을 중심으로 한 상류층의 지식으로서 인식되었지만, 조선 시대 중·후기부터는 일반 백성에게 전파되어 자신의 집터와 묘터를 정하는 데 풍수가 적용되기 시작하였다. 이때부터 풍수는 일종의 민간 신앙화하여 일반 백성에게 묘터를 잡는 데 사용되는 유용한 술법으로 알려지게 된다. 이에 따라 명당이나 명혈을 찾아 부모를 모시고 부귀영달의 길을 찾고자 하는 사람이 늘어나자 묘 자리를 둘러싼 분쟁, 이른바 산송(山訟)이 무수히 발생하였다.

요컨대, 중국에서 기원한 풍수는 나말여초에 걸쳐서 우리나라에 들어왔고, 그때 풍수를 들여 온 사람은 당나라에 유학을 다녀온 선승들이다. 하지만 선승들이 알던 풍수라는 지식 체계는 단지 자신들이 참선하기 위한 도량을 찾기 위한 원리로만 이용한 것은 아니었다. 선승과 밀접한 관련을 맺고 있었던 왕족과 귀족은 선승들로부터 풍수의 원리에 대해 배우게 되고, 그들로부터 배운 풍수의 원리를 통치의 이념으로까지 사용하였다. 자연의 형세가 그곳에 거주하는 사람의 운명을 결정한다는 믿음이 컸기 때문에 풍수는 국가를 통치하거나 도읍을 정하는 데 중요한 이념으로 사용되었던 것이다. 그리고 이 같은 사실은 단지 풍수가 우리나라에 처음 도입되었던 나말여초의 상황만이 아니라 조선 시대 전기까지 이어졌다. 그리고 일반 백성이 풍수를 묘터를 정하는 술법으로 인식하기 시작한 것은 조선 중기 이후이다.

지금까지 우리는 나말여초에서 조선 중기 사이 대략 700년 동안 풍수를 어떤 사람이 알았고, 그것을 어떻게 이용했는가를 볼 수 있었다. 결국 풍수를 알던 사람은 권력 가까이에 있던 이들이었고, 풍수 지식을 이용해서 국가를 통치하거나 도읍을 정하는 등의 기본 원리로 이용했다는 것이다. 그리고 그처럼 풍수를 국가를 통치하는 이념으로까지 사용할 수 있었던 것은 인간과 자연과의 관계가 오늘날보다 훨씬 더 밀접한 연관을 맺고 있기 때문에 가능하였던 것이다.

누가 풍수를 들여왔고, 누가 풍수를 이용했는가에 주목해야 하는 이유는 풍수를 이용하는 사람에 따라 풍수가 다양한 측면에서 이용되고 있었기 때문이다. 풍수를 단지 '터 잡기 예술'로서만 인식하는 것이 문제가 있다는 이야기는 바로 이 점 때문이다. 풍수를 알고 있고, 풍수를 이용하는 사람이 어떤 사람인가에 따라 풍수는 '터 잡기 예술'로서의 모습을 보이기도 하고, 통치 이념과 관련되는 '지식 체계'로서 이용될 수 있는 측면을 갖고 있는 것이다.

3) 풍수를 누가 '어떻게' 사용했는가?

권력 유지를 위한 풍수: 왕건의 훈요 제8훈

고려를 건국한 왕건은 도선의 풍수 사상을 이용해서 불안정한 왕권을 강화하기 위해 다양한 노력을 강구하게 되고, 고려의 지배 이념으로 풍수를 이용함으로써 풍수는 크게 영향력을 행사하게 된다. 그 단적인 사례가 왕건이 만들었다고 전해지는 훈요십조(訓要十條)이다. 훈요십조 가운데 제2훈은 '사원의 기지(基地)는 도선이 산수의 순역(順逆)을 보아 추점(推占)한 것으로, 함부로 다른 곳에 창건치 말라'는 것이니 지덕을 운위한 것으로 보아 풍수의 영향을 알 수 있는 대목이다. 제5훈은 자신의 개국이 산천의 음우를 받아 이룩된 것이고, 서경의 수덕을 복찬(伏讚)한 것으로서 역시 풍수설의 내용이다. 제8훈은 금강 이남은 산형지세를 병월배역으로 본 것이니 역시 풍수의 영향임을 알 수 있다(최창조, 1991: 63~64).

이 가운데 제8훈은 금강 이남 지역에 대한 것이어서 우리나라의 지역적 편견에 커다란 영향을 미친다. 훗날 성호 이익(李瀷, 1681~1763)은 제8훈을 상세하게 풀어서 다음과 같이 말한다(홍승기, 1994: 84).

> 고려의 태조가 남긴 교에 "차령 이남 공주강 밖의 산형과 수세는 모두 배역으로 달린다."라고 하였다. 공주강은 곧 금강이다. (물이) 호남의 덕유산에서 나와 거꾸로 흘러 공주의 북쪽을 휘감고 나아가 금강에 들어간다. 신도(新都) 계룡산도 역시 덕유산의 일맥으로 임실의 마이산을 거쳐 내룡(來龍)이 머리를 돌려 조산을 바라보는 (형국이라) '公' 자(字)의 모양을 이루고 있다고 한다. 그래서 풍수지리가는 금강을 반궁수(反弓水)라고 일컫는다.
>
> – 이익, 『성호사설(星湖僿說)』 1, 「천지편(天地篇)」 하, 지리문(地理門) 신도한양(新都漢陽)

이익의 논의는 반궁수(反弓水)의 논의로 물 흐름의 모양과 관련된다. 이익은 금강의 모양이 시위를 당겨 화살을 쏠 때의 활의 모양이며, 활의 시위를 당길 경우 그것은 화살이 개경을 겨누는 것이 되기 때문에 반역과 불충의 형국이라는 것이다. 그러나 반궁수의 형국을 단지 금강에만 한정해서 이야기할 수는 없다.

우리나라의 지도를 살펴보면 낙동강도, 태백산에서 시작하는 물줄기부터 더듬어 보면 개략적이긴 하지만 서북쪽을 겨냥한 활처럼 보인다. 또한 산청 쪽의 지리산에서 내려오는 물줄기를 보면 그것 역시도 북쪽을 겨냥한 활 모양이라고 할 수 있다. 대동강의 경우에도 순천 방향에서 흘러오는 물줄기를 가지고 말하면 활 모양이라고 하여도 크게 무리가 있지는 않다. 그럼에도 불구하고 유독 금강의 물 흐름의 모양만을 문제 삼은 이유는 무엇인가? 낙동강과 대동강도 반궁수의 형세를 보이는 강이며, 대부분의 강의 발원지를 어디로 보느냐에 따라 반궁수의 형세가 될 수도 있고, 그렇지 않을 수도 있음에도 불구하고 유독 금강만을 왕건이 문제 삼은 이유는 무엇인가?

왕건은 금강을 반궁수의 형세로 규정하고 반궁수의 형세를 보이는 공간에서 나고 자란 사람은 언제든지 역모를 꾀할 수 있기 때문에 그들을 등용하지 말라는 것이다. 그러나 앞에서 살펴보았듯이 금강만이 반궁수의 형세를 갖고 있는 것이 아니므로 우리는 또 다른 측면에서 훈요 제8조를 살펴볼 필요가 있다. 그 당시의 정치적 상황을 염두에 둔다면, 고려를 개국한 왕건은 왕권을 강화시키기 위해 수많은 지방의 호족과 혈맹 관계를 맺는다. 그럼에도 불구하고 자신이 명을 다하는 순간에, 고려를 개국할 당시 최후까지 저항하였던 후백제 사람을 견제하기 위해 풍수 사상을 이용하고 있는 것이다.

풍수를 공간을 인식하는 중요한 지식으로 파악하고 이를 이용해서 금강을 반궁수의 형세로 규정한 것이며, 여기서 나아가 반궁수의 형세를 보이는 곳은 반역과 불충의 공간이기 때문에 그 지역에 거주하는 사람은 등용하지 말라고 한 것이다. 왕건은 도선에게서 배운 풍수라는 지식을 이용해 후백제 사람을 커다란 반발 없이 배제시키기 위해 풍수라는 지식 체계를 이용해 견강부회(牽强附會)하고 있는 것이다. 풍수라는 지식 체계를 이용해 논리적으로 사람을 설득시킬 수 있다고 한다면, 직접적으로 후백제 사람을 등용시키지 말라고 하는 것과는 불만을 품을 수 있는 정도가 달

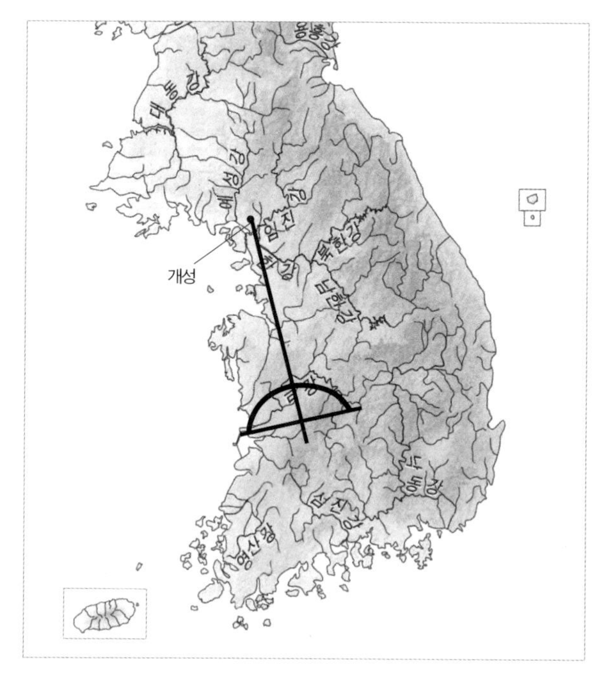

그림 5-2 금강의 물줄기와 반궁수 논리

라질 수 있기 때문이다.

권력을 가진 사람은 자신의 정치적인 견제 세력을 배제할 수 있는 지식 체계로서 풍수를 이용하였던 것이다. 금강의 형세를 반궁수로 규정하고, 그와 같은 반궁수의 형세는 반역과 불충의 형세이기 때문에 그곳에서 나고 자란 사람을 등용할 수 없다는 것은 누구나 받아들여야만 하는 객관적이고 합리적인 논리로 제시된다. 왕건이 풍수라는 지식 체계를 이용해서 후백제 사람을 견제할 수 있었던 것은, 풍수가 일반 백성이 알지 못하는 지식 체계였기 때문이었다. 묘터를 정하는 술책으로서의 풍수가 조선 중기 이후에 일반 백성에게 알려졌다는 이야기는 한편으로 고려 시대 때에 풍수는 권력을 가진 자만이 공유할 수 있는 지식 체계였다는 이야기이기도 하다. 그리고 그와 같은 지식 체계로서의 풍수는 권력을 갖고 있는 사람들로 하여금 자신들의 정적을 힘에 의한 억압이 아니라, 새로운 지식과 제도를 통해서 배제할 수 있게 하였다. 즉 권력이 지식과 제도를 창출한 것이다.

결국 당시 풍수를 알고 이용한 사람이 어떠한 사람이고 어떤 계층에 위치했는가에 따라 지식체계로서 풍수를 인식하는 것도 달라질 수 있음을 보여준다. 왕건이 제시한 제8훈은 결국 풍수라는 지식을 이용해서 자신의 견제 세력을 배제시키기 위한 것이었기 때문에 오늘날 우리가 생각하듯이 지역 간 감정의 출발점으로서 훈요십조를 생각하는 것 역시도 다시 한 번 생각해보아야 할 문제이다. 왕건이 자신의 정치적인 견제 세력을 배제하기 위해 내세운 '금강=반궁수' 형세의 논리는 왕건이 왕권을 유지하기 위해 억지로 만들어 낸 이데올로기에 지나지 않기 때문이다.

권력 이행을 정당화하기 위한 풍수: 조선 왕조의 한양 정도(定都)

1392년 7월 17일 조선 왕조의 태조 이성계는 고려 왕조의 도읍이었던 송도 수창궁에서 왕으로 즉위하였다. 그리고 1개월도 지나지 않은 8월 13일 한양으로 천도할 뜻을 밝혔다. 국호를 개명하기도 이전에 태조가 이렇게 급히 새로운 도읍지를 계획한 이유는 무엇을까? 가장 큰 이유는 역성 혁명에 의한 왕위 등극이라는 면에서 이전 왕조의 핵심 공간을 떠나 새 왕조의 새로운 중심 공간을 만드는 것이 정치적으로 중요했기 때문이었다. 그리고 그러한 권력 이행에 따른 도읍의 천도를 정당화하기 위해 찾아낸 도구가 바로 도참설과 풍수지리 사상이었다.

고려 중엽 이후 민간에는 송도의 지기(地氣)가 다하여 더 이상 국가의 도읍지가 될 수 없다는 예언, 즉 도참설(圖讖說)이 유행한다. 그러한 도참설은 태조의 역성혁명에 긍정적으로 작용했음이 틀림없다. 심지어 태조 이성계 일파에 의해 도참설이 널리 유포되었을 것이라는 추측도 가능할 것이다. 어쨌든 태조는 새로운 국가를 여는 일에는 성공을 거두었지만, 고려 왕조의 귀족과 관리들의 근거지였던 송도를 새로운 왕조의 도읍으로 계속 유지하는 것에는 불안을 느끼게 된다. 그래서 수도를 옮기기로 작정한 것인데, 처음 생각했던 곳은 고려 왕조의 별궁이 있었던 남경(南京), 곧 한양이었다. 그러나 얼마 지나지 않아 1393년 2월 8일 계룡산 신도안(현재의 충남 논산시 두마면 일대)을 새로운 도읍의 후보지로 내세워 신하들과 함께 직접 답사를 통해 산천과 지형을 살폈으며, 이 곳을 새로운 도읍지로 결정하고 궁궐 공사를 착수하였다.

계룡산 신도안에서의 궁궐 공사는 몇 달 안 되어 같은 해 12월 당시 경기도 관찰사였던 하륜(河崙)의 반대상소에 의해 중단된다. 당초 계룡산 신도안이 새로운 도읍지로서 결정된 배경에는 회룡고조(回龍顧祖)와 산태극수태극(山太極水太極)이라는 풍수지리적 길지 관념이 작용했던 것이었는데, 하륜 역시 '계룡산의 산세와 물 흐르는 방향이 맞지 않아 도읍지로서 좋지 않다'는 풍수지리적 견해를 근거로 계룡산 신도안을 반대했음이 흥미롭다. 하륜은 계룡산에 대한 대안으로 현재의 서울 신촌동과 연희동 일대를 지칭하는 모악지(母岳地)를 제안하였다. 그러나 하륜만이 그곳을 주장할 뿐 정도전, 성석린 등의 측근들은 모악지의 명당 규모가 작고 주산(主山)이 작다는 풍수지리적 견해를 갖고 모악지를 반대하였다. 그래서 결국 모악지에 대해서도 새로운 도읍지로서 부적합한 것으로 받아들여졌다.

마지막으로 태조는 현재의 경복궁 부근에 도착하여 신하들과 이 곳의 적부 여부를 논의하였다. 여기에 대해 서운관(書雲觀)인 윤신달(尹莘達)은 이곳이 송도 다음의 길지이지만 북쪽이 허전하고 물이 부족하다고 하였으며, 무학(無學) 대사는 지대가 높고 수려하며 중앙이 평탄하므로 도읍을 정할 만하다고 건의하였다. 그럼에도 불구하고 신하들의 의견을 최종적으로 모으는 데에는 상당한 시간이 소요되었는데, 드디어 1394년 8월 24일 한양 천도를 결정하게 된다. 그리고 같은 해 9월 초에 측근들을 보내어 종묘, 사직, 궁궐, 관아, 시장의 입지와 도로 계획을 하도록 명하였고, 종묘와 경복궁이 완성된 1395년 10월 한양으로 옮겨 왔다.

위의 이야기에서 볼 수 있듯이 풍수지리 사상은 조선 왕조가 고려 왕조로부터의 권력 이행을 정당화하기 위한 새로운 도읍지의 설정에 십분 활용되었다. 흥미로운 것은 송도를 떠나 새로운 도읍지를 건설할 필요성을 제기할 때나, 계룡산 신도안을 새로운 도읍지로 정했을 때, 그리고 한양 안에서 최종적인 도읍지 터를 선정할 때는 풍수지리 사상에 입각한 견해들이 오고갔다는 점이다. 고려 태조 왕건이 특정한 지방에 대한 풍수지리적 평가를 통해 자신의 견제 세력을 배제하고자 했다면, 조선 태조 이성계는 새로운 왕조의 등장과 자신의 권력을 정당화하기 위해 풍수라는 지식을 활용했던 것이다. 오늘의 우리에게 풍수지리 사상 그 자체를 믿을 수 있는 것이냐 아니냐가 중요한 것이 아니라, 당대의 풍수가 갖는 지식으로서의 측면, 권력과 지식의 관계에 주목하는 것이 중요하다는 것이다.

지배의 공간과 소외의 공간의 규정하기 위한 풍수 : 성호 이익이 본 경상도와 전라도

이익은 풍수지리 사상의 관점에서 경상도와 전라도 지역에 대해서 상세하게 설명한 바 있다. 이익이 설명하고 있는 경상도와 전라도에 대한 설명은 다음과 같다(홍승기, 1994: 84~85).

> 그 산수를 보아서 풍기(風氣)의 모이고 흩어짐을 알 수 있다. 산세가 회포하면 물이 어찌 흩어져 흐를 수 있겠는가. 우리나라의 산맥은 백두산으로부터 서쪽으로 가고 남쪽으로 가서 지리산에 이르러 전라와 경상의 두 도 경계를 이룬다. (경상도의) 물은 황지로부터 남쪽으로 흘러 낙동강을 이룬다. 동해를 따라서는 산이 있어 바다를 막고 있다. 지리산의 지맥은 또 동쪽으로 달린다. 여러 물들이 하나하나 합쳐 흘러서는 김해와 동래 사이에 이르러 바다로 들어간다. 풍성(風聲)과 기습(氣習)이 모여서 흩어지지 않으니 옛 풍속이 아직도 온존되어 있고 명현이 배출되기는 한 나라에서 으뜸이다. (중략) 전라도의 물을 (말하면), 무등산 동쪽의 물은 모두 동쪽으로 흘러 바다로 들어가고 서쪽의 물은 모두 남쪽으로 흘러 바다에 들어간다. (그리고) 전주 서쪽의 물은 모두 서쪽으로 흘러 바다에 들어가고 덕유산 북쪽의 물은 모두 북쪽으로 흘러 금강에 합쳐진다. 비유하자면 머리카락을 흐트러뜨려서 네 방향으로 내리고 있는 것(散髮四河)과 같으니 국면을 이루고 있지 못하다. 그렇기 때문에 재주나 덕이 있는 이가 드물게 나오고 사람들의 풍속이 거칠고 교활하다. 대장부가 의지하여 돌아갈 수 있는 곳이 못된다. 차령 이북에 대해서 배역하는 데 그치는 것이 아니다.
>
> – 이익, 『성호사설』 1, 천지편 하, 지리문 양남수세(地理門 兩南水勢)

앞에서 왕건의 훈요십조가 물 흐름의 모양새를 가지고 논하고 있었다고 한다면, 경상도와 전라도 지역에 대해 비교할 때 이익은 물 흐름의 방향에 대해 언급하고 있다. 물 흐름의 방향이 모여서 흘러가는 것과 흩어져서 흘러가는 것에는 지역적으로 커다란 차이가 있다는 것이다. 경상도는 대체로 물줄기가 낙동강을 중심으로 모여들고, 바다 가까이에 이르러 김해와 동래 사이로 남해로 얌전하게 빠져나가는 형국이기 때문에 사람이 살 만하고 인재가 많이 배출되는 공간이다. 전라도의 경우는 섬진강, 영산강, 동진강, 만경강이 하천이 사방으로 흩어져서 흘러가는 형국이기 때문에 사람이 마음 놓고 의지하면서 살 수 있는 공간이 되지 못한다고 보았다.

하지만 이익의 이런 관점은 여러 가지 측면에서 문제점을 갖고 있다. 먼저 이익이 두 지역을 비교함에 있어서 비슷한 잣대를 사용하고 있지 않다는 점이다. 어느 하나의 강을 대상으로 그 강의 물줄기가 모이거나 흩어진다는 것인지, 아니면 여러 개 하천들의 물 흐르는 방향이 전체적으로 보아 모여서 흘러가거나 흩어져 흘러가는 것을 의미하는지에 대한 명확한 기준이 없다. 그럼에도 불구하고 경상도를 언급할 때는 하나의 강을 대상으로, 전라도를 이야기할 때는 여러 개의 강을 대상으로 각각의 지역의 형세에 대해 언급하고 있는 것이다. 두 지역을 비교하고 있음에도 불구하고, 처음부터 이익은 두 지역을 동일한 잣대로 보지 않았다.

또 다른 측면에서 본다면, 전라도 지역의 강이 사방으로 흩어져 흘러가고 있다고 지적하고 있지만, 바다로 들어가는 하천을 살펴본다면, 섬진강만 남해로 들어가고, 나머지 하천 모두는 서해로 들어간다. 전라도 지역이 남해와 서해에 접해 있음을 고려한다면, 전라도 지역의 강은 흩어져 흘러가는 것이 아니라 한 방향으로 흐름이 모이고 있는 형국인 것이다. 그렇기 때문에 적어도 전라도 지역을 산발사하(散髮四河)의 형국이라고 이야기할 수는 없다(홍승기, 1994). 어떤 면에서 두 지방의 지리적인 조건 자체에 차이가 있기 때문에 두 지방에 대한 종합적인 지역 연구가 이루어진 다음에 내려진 해석이라고 한다면 적절하다고 볼 수도 있겠지만, 단지 물이 흘러가는 모양만을 놓고 어떤 지역이 다른 지역보다 좋다 나쁘다를 판단하기에는 합리적이지 못하거니와 풍수적으로 합당하지 않다(최창조, 1991: 66).

이익과 동시대 사람인 독일의 역사학자 헤르더(J. G. Herder, 1744~1803)가 설명하고 있는 독일과 프랑스 지역에 대한 설명을 살펴보면, 이익과는 다른 해석을 하고 있음을 볼 수 있다. 헤르더가 보기에 프랑스 지역은 국토 중앙의 고원지대에서 강이 발원하여 세느 강은 영국 해협으로, 르와르 강은 비스케이 만으로, 그리고 소느 강과 로느 강은 지중해로 흘러들어가는 산발사하의 형국이다. 반면에 독일은 대부분의 강이 라인 강으로 모아져 네덜란드 쪽에서 북해로 흘러간다. 헤르더는 이 같은 물 흐름을 보고 산발사하의 형국에 거주하고 있는 프랑스 사람은 지형과 기후가 극단적인 것을 피하고 있기 때문에 그들의 인간적인 기질도 중용적이며, 하천이 삼면의 바다로 흘러들어가기 때문에 사람들도 가슴을 활짝 열고 모든 사람을 환영한다는 것이다. 또한 주민을 낙천적이고 사교적으로 만드는 은근성, 균형 잡힌 풍토로 인한 언어 논리 표현에 명석함이 있다고 보았다(최창조, 1991).

이익의 해석과 헤르더의 해석은 결정론적인 시각이 있지만, 독일적 경상도와 프랑스적 전라도에 대한 풍수적인 해석은 두 사람이 극단적이다. 이렇게 같은 형세를 보고 서로 다른 해석을 하는 이유가 무엇이겠는가? 동양학자와 서양학자의 차이 때문에 나타난 결과라고 할 수 있겠는가? 동양과 서양의 차이라기보다는 왕건처럼 이 경우에도 지식을 정치적으로 활용하는 의도가 숨어 있다고 보아야 한다.

18세기에 한반도를 통치하던 사대부가 가장 많이 살고 있었던 공간이 경상도인데 비해, 전라도는 정치적인 권력싸움에서 패배한 사람이 유배를 가는 곳이었다. 그렇기 때문에 이긴 자의 공간이자 지배의 공간인 경상도는 풍속이 잘 보존되어 있고, 명현이 배출되는 곳인데 비해, 패배자의 공간이자, 유배지의 공간인 전라도는 풍속이 거칠고, 교활하며, 대장부가 의지하여 돌아갈 수 있는 곳이 못되는 곳이라고 적고 있다. 풍수라는 지식 체계가 현재의 지배를 강화시키고 정당화시키는 논리로 사용되고 있는 것이며, 현재의 피지배를 당연한 것으로 받아들이도록 설득하고 있는 것이다.

조선 시대 중기 이후라 할지라도 일반 백성이 풍수를 묘터를 잡아주는 술책으로 이해하면서 음택풍수만을 풍수로 인식하는 것이 일반적인 경향인 데 비해, 권력을 갖고 있는 사람에게 풍수는 여전히 자신이 가진 자임을 정당화시켜주고, 가지지 못한 자에게는 풍수라는 지식 체계를 통해서 그들의 현실을 재확인시켜주고 있었던 것이다.

3. 풍수의 잃어버린 전통을 찾아서

'지식 체계로서의 풍수'는 풍수의 역사 속에 엄연히 존재하고 있는 하나의 전통이다. 다만 지금까지 우리가 '터 잡기 예술로서의 풍수'만을 풍수의 전통이라고 생각하고 있었던 것은 조선 후기 이후 지금까지 내려오고 있는 풍수와 관련된 논의가 주된 흐름을 형성하고 있었기 때문이다. 풍수가 우리나라에 처음으로 들어왔던 나말여초와 일반 백성이 풍수를 자신들의 묘터를 잡기 위한 하나의 술책으로 인식하게 된 조선 중기 이후 약 700년 동안의 풍수는 지식 체계로서의 풍수였다. 그 당시의 풍수는 권력을 가진 자의 부귀영화를 위한 '터 잡기 예술'로서의 풍수의 모습도 갖고 있었지만, 통치이념으로 자신의 정치적인 목적을 달성하기 위해 사용할 수 있는 새로운 지식으로 사용되는 경우가 많았다.

지식 체계로서의 풍수는 다양한 공간적 스케일을 넘나들며 사용되고 있다. 풍수를 처음 들여왔을 때 풍수는 국지적(local)인 규모에 적용될 수 있는 지식이었다. 선승들이 자신들의 도량을 찾기 위해 사용했었던 지식이었기 때문이다. 하지만 선승들을 넘어 왕족과 귀족이 풍수를 알기 시작하면서 풍수는 자신의 견제 세력을 배제시키기 위해 지역적인(regional) 관점에서 적용된다. 왕건이 후백제 사람을 의도적으로 배제하기 위해 풍수라는 새로운 지식을 사용하기도 하고, 이성계가 자신의 역성혁명을 정당화하고 이에 걸맞는 새로운 도읍지를 선정하는 데에 풍수지리 사상이 적용되었으며, 이익이 조선 시대에 지배의 공간으로서의 경상도의 위상을 정당화하고, 유배의 공간으로서 전라도의 모습을 확인시켜주기 위해 풍수라는 지식 체계를 사용하고 있다. 이 외에도 풍수는 시대에 따라 훨씬 더 다양한 사례에서, 국지적, 지역적, 국가적 차원에서 의사결정을 위한 지식으로 간주되었다.

새로운 지식 체계로서의 풍수는 권력자가 타인의 신체를 억압하면서 강제적으로 자신의 의지를 관철하는 방식이 아니라, 풍수라는 새로운 지식을 앞세우고, 자신은 오히려 '인자한 권력'의 모습을 보이고 있었던 것이다. 풍수라는 지식 체계는 권력을 갖고 있는 사람에 의해 만들어진 것이기 때문에, 그들은 자신의 권력을 유지하기 위하여 정치적 차원에서 풍수를 이용하였던 것이다. 그렇지만 일반 백성이 달라진 권력의 모습을 알아채는 것은 쉽지 않았을 것이다. 그만큼 인간과 자연과의 관계가 밀접했던 당시의 상황에서 풍수라는 지식 체계는 일반 백성은 쉽게 다가갈 수 없는 것이었고, 권력을 가진 자는 이것을 충분히 활용하였다. 중국으로부터 들여온 새로운 지식 체계로서의 풍수를 알고 있던 가진 자는 이를 이용해 자신의 욕망을 채울 수 있었으며, 자신의 정치적인 견제 세력을 배제시킬 수도 있었던 것이다.

사회적인 관계 수준의 스케일에 따라서 풍수를 탄력적으로 적용할 수 있었던 것도 풍수가 단지 명당을 잡기 위한 것이 아니라, 인간과 자연과의 관계를 설명해 줄 수 있는 하나의 환경관이자 공간관이었기 때문에 가능하였던 것이다. 인간을 둘러싼 환경이 인간의 삶에 어떤 영향을 주는지는 풍수라는 환경관이나 공간관을 통해 알 수 있었기 때문에 풍수라는 지식 체계를 이용해 사람을 통제하고 관리할 수 있었던 것이다.

지식 체계로서 풍수를 인식하는 것은 풍수의 잃어버린 전통을 회복하는 것이다. 또한 풍수에 대한 잘못된 선입견과 편견을 제거하기 위한 것이다. 그런 점에서 지식 체계로서 풍수를 인식하는 것은 터 잡기 예술로서 풍수를 인식하는 것만큼이나 풍수의 전통에서는 복원되어야 할 전통이다. '기(氣)'와 관련된 논의 때문에 비과학적인 학문으로 인식되고 있는 풍수의 모습을 권력과 지식과의 관계 속에서 새롭게 정립함으로써 새로운 풍수의 지형도를 그릴 수 있다. 중·고등학교에서 가르치는 풍수가 대학에서 가르쳐지고 있지 않은 이유가 풍수가 갖는 여러 가지 측면 가운데 한 측면에 대한 오해에서 비롯되었다고 한다면, 권력과 지식과의 관계 속에서 그려질 수 있는 풍수지리학의 모습은 지금까지와는 다른 차원의 풍수를 떠올리게 한다. 나아가 이 같은 풍수지리학에 대한 이해는 우리 조상의 삶의 터전인 우리 국토 속에 각인되어 있는 전통적인 요소에 대한 새로운 해석을 가능하게 해 주는 출발점일 수 있다.

| 참고문헌 |

윤홍기(2001), “풍수는 왜 중요한 연구 주제인가,” 『대한지리학회지』 36(4).
이기백(1994), “한국 풍수 지리설의 기원,” 『한국사 시민 강좌』, 서울: 일조각.
이찬, 김일기 외(1991), 『한국의 전통 지리 사상』, 서울: 민음사.
장익호(1983), 『유산록』, 서울: 종문사.
최창조(1989), 『한국의 풍수 사상』, 서울: 민음사.
최창조(1990), 『좋은 땅이란 어디를 말함인가』, 서울: 서해문집.
최창조(1991), “한국 풍수 사상의 이해를 위하여,” 한국문화역사지리학회(편), 『한국의 전통지리 사상』, 서울: 민음사.
충남대학교 마을 연구관(2008), 『아산 외암마을』, 서울: 대원사
홍승기(1994), “고려 초기 정치와 풍수지리,” 『한국사 시민 강좌』 14집, 서울: 일조각.

6장

촌락 지역의 해석

1. 촌락은 우리에게 어떤 의미인가?

1) 촌락이 갖는 의미

오늘날 한국 인구의 80% 이상이 도시 공간에 거주한다. 그러나 다른 한편에서 국토 면적의 80% 이상은 촌락 지역이 채우고 있다. 이처럼 국토 공간에서 촌락 지역의 면적은 도시에 비해 우위를 차지하고 있을 뿐만 아니라, 국토 공간을 계획함에 있어 반드시 고려해야 할 영역이기도 하고, 한반도의 문화와 역사를 말해 주는 많은 전통적 장소와 경관들을 담아내고 있다는 점에서 그 중요성이 더하다(그림 6-1).

세계 어느 곳을 막론하고 모든 촌락은 인간 모듬살이의 원초적 기본 단위로서 휴먼 모자이크의 한 조각에 기여한다. 촌락 지역의 발생 배경이나 입지, 형태, 기능은 자연지리적 환경 특성과 밀접하다. 따라서 촌락에 대한 이해는 인간이 자연환경에 적응해 온 방식이 어떠한지, 이 적응 방식은 지역에 따라 어떻게 차이가 나는지 확인할 수 있는 토대를 제공한다.

그림 6-1 한국의 전통 촌락 경관(봉화 닭실 마을)
촌락이 갖는 다양한 경관과 장소들은 '그 형성 주체의 사회와 문화'를 내포하며, 따라서 촌락에 대한 이해는 국토에 새겨진 기층 문화를 읽어볼 수 있는 유효한 매체가 된다.

또한 촌락 지역에 분포하는 다양한 경관과 장소들은 '그 형성 주체의 사회와 문화'를 내포한다. 일찍이 지리학자들은 촌락의 입지나 형태가 주어진 자연환경 특성으로부터 비롯되었다는 점을 강조하며 촌락 형태에 관한 이른바 생태학설을 주장하였다. 또 독일의 농업사가 마이첸(A. Meitzen, 1822~1910)과 같은 학자는 촌락의 형태가 그 형성 주체의 문화와 역사를 반영하기 때문에 민족마다 다를 수밖에 없다는 민족 기원설을 설파하기도 하였다(참고 6-1).

이와 같이 촌락의 영역이나 촌락을 구성하는 많은 장소 및 경관들은 인간이 자연환경이라는 소여를 어떻게 극복해 왔는지, 촌락민들이 어떠한 사회 관계와 문화를 간직하며 보다 큰 스케일의 역사 흐름에 합류해 왔는지를 읽어낼 수 있는 중요한 코드가 된다. 이 점에서 촌락 지역에 대한 이해는 국토에 새겨진 기층 문화를 읽어볼 수 있는 유효한 매체가 되며 나아가 지역 사회의 성격이나 민족 정체성의 한 측면을 볼 수 있는 창문이 된다고 할 수 있다.

2) 사라져가는 우리나라의 촌락

1960년 우리나라의 농촌의 인구는 전체 인구의 57%를 차지하였다. 당시까지 촌락은 우리나라 사람들의 주된 삶의 공간이었다. 그러나 1970, 80년대를 지나면서 농촌 인구 비중은 급격히 감소하여 2016년 기준 4.9%에 불과하게 되었다.

촌락의 급격한 인구 감소는 촌락 지역을 인구 과소 지역으로 변화시켰다. 이미 대부분의 촌락에 빈집이 크게 늘어나고 있고, 주민들의 평균 연령이 60세가 넘어 앞으로 10년 내지 20년 뒤가 되면 농·어촌 마을은 대부분 텅 비게 될 것이다. 폐촌이나 마을 통폐합이 진행될 것이며, 그렇게 되면 수백 년 혹은 천 년 이상의 생애를 가진 수많은 촌락들이 수명을 다하고 이 땅에서 사라지게 될 것이다.

촌락 지역은 한반도의 역사가 시작된 이후 농업 사회 시대까지 대부분의 사람들이 거주해 온 생활의 공간이었으며, 민속·의례·신앙 등 전통적인 문화를 만들어

| 참고 6-1 |

촌락지리학에 공헌한 농업사가 마이첸

마이첸

독일의 농업사와 촌락지리학 연구에 크게 공헌하였다. 브레슬라우(지금의 브로츨라프) 출생으로 법률학을 공부하고 1853~1856년 힐슈베르크의 시장으로 활약하였다. 프로이센 및 독일 통계국 장관을 거쳐 1872년 베를린 대학 통계학 교수가 되었다. 『프로이센의 토지와 농업 문제』(1868~1872), 『독일인의 해외 확산』(1879), 『독일의 가옥』(1882) 및 역작으로 평가되는 『서 게르만·동 게르만·켈트·로마·핀·슬라브 여러 민족의 취락과 농업 사정』(총 4권, 1895)을 공간(公刊)하고, 유럽의 괴촌(塊村)을 게르만, 산촌(散村)을 켈트, 환촌(環村)을 슬라브족 고유의 취락 형태로 간주하였다. 지적도(地籍圖)에 입각한 취락·농지의 연구 방법은 관리 시절의 현지 탐방 경험을 살린 것이다. 그 방법과 학설은 지리학 분야에서 문화 경관 연구의 출발점이 되었다.

그림 6-2 촌락 공동체의 문화 행사

촌락은 한반도의 역사가 시작된 이후 농업 사회 시대까지 대부분의 사람들이 거주해온 생활의 공간이었으며, 민속 · 의례 · 신앙 등 전통적인 문화를 만들어온 문화의 공간이었다(왼쪽 위: 아산 외암마을, 왼쪽 아래: 금산 불이마을, 오른쪽 위: 홍성 옹암마을).

온 문화의 공간이었다. 따라서 촌락이 사라진다는 것은 전통적인 한국 문화의 뿌리가 사라진다는 것을 의미한다. 전통적인 한국 문화를 유지해온 사람들과 그들이 살아온 공간이 사라지면 그 문화도 역시 사라지게 될 것이다.

3) 촌락의 개념은 문화권에 따라 다르다

한자어의 촌락(村落)이란 어원상 '사람들이 무리지어 사는 곳'을 의미한다. 옛 문헌에 따르면 '1년 만에 거주하는 곳이 취(聚)가 되었고 2년이 지나 읍(邑)이 되었으며 3

년이 지나 도(都)를 이루었다'는 문장이 있다["一年而所居成聚二年成邑三年成都," 『사기(史記)』 오제본기(伍帝本紀)]. 즉 사람이 모여 사는 가장 작은 단위를 '취(聚)'라 하였음을 알 수 있는데, 같은 문헌의 주(註)에서 "취(聚)란 촌락(村落)을 말한다(聚謂村落也)"라고 쓰고 있다.

일제 강점기의 한 자료에 의하면 '한반도에서는 둔락(屯落), 부락(部落), 허락(墟落), 리락(里落), 읍락(邑落), 종락(種落), 촌항(村巷), 리항(里巷), 촌야(村野), 향리(鄕里), 여리(閭里) 등도 촌락과 동일한 개념으로 사용된다'고 기록하고 있다(朝鮮總督府, 『朝鮮の聚落』 前篇). 한편, 한자어 촌락에 해당하는 순우리말로서 '마을'이라는 단어가 있다. 이 용어 역시 '무리'라는 어원을 갖고 있으며, 일본어에서 마을의 의미로 쓰이는 '무라(ムラ)' 또한 그 음이 우리말의 '무리'에서 유래한 것으로 알려져 있다. 결국 한자 문화권에서 촌락이란 사람들이 '모여 사는 장소,' 즉 '모듬살이의 기초 단위'를 의미한다고 볼 수 있다.

그러면 영어권에서 촌락을 뜻하는 'settlement'는 어떤 어원을 갖고 있을까? 이 단어는 어느 장소에 '정착하여 살다'는 의미를 갖는다. 독일어의 'Siedlung'와 프랑스어 'establissement' 역시 라틴어의 'stabilire'에서 유래한 단어로서 '정착하다', '자리를 잡아 안정하다'라는 의미를 갖는다. 다시 말해, 영어권에서의 촌락 개념은 유랑 생활 혹은 유목 문화가 정착 농경 문화로 전환되는 과정에서 출현한 '정착 생활'을 뜻하는 용어임을 알 수 있다. 이러한 영어권의 촌락 개념은 '공동체 생활'을 뜻하는 한자 문화권의 그것과 전혀 다른 의미이다. 이렇게 문화권에 따라 촌락 개념이 다르다는 사실은 이 개념 역시 모종의 역사적, 문화적 구성물임을 알려준다.

2. 촌락의 입지와 형태

1) 촌락은 어떤 장소에서 잘 발생하는가?

촌락의 입지는 자연환경의 특성에 의해 크게 영향 받는다. 누구나 쉽게 알 수 있듯이

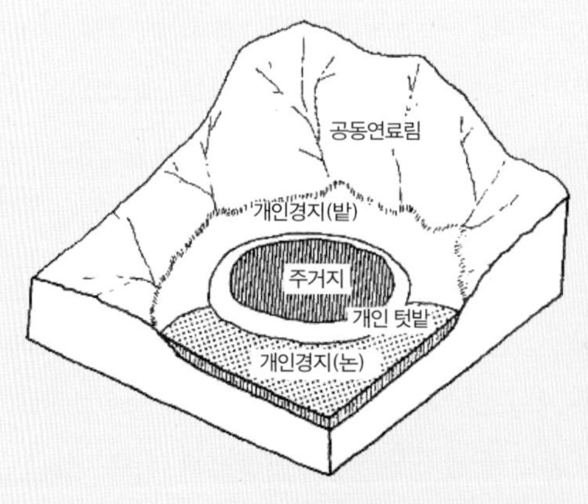

그림 6-3 경사 변환점에 위치한 촌락 입지(전남 보성군 득량면 신전 마을)

대부분의 전통 촌락이 입지하는 곳은 산지와 평야가 만나는 곳(지형 변환선)이나 산지의 경사가 급변하는 곳(경사 변환점)과 같이 서로 이질적인 자연 요소가 만나는 자리에 해당한다.

기본 생계를 이어나가기 위해서는 적어도 물과 농경지가 필수적이므로 이들 요건이 반드시 갖추어져 있어야 한다. 일반적으로 산지와 평야가 만나는 곳(지형 변환선)이나 산지의 경사가 급변하는 곳(경사 변환점), 평지와 하천이 만나는 곳이나 육지와 바다가 만나는 곳 등 서로 이질적인 자연 요소가 만나는 자리는 대개 이러한 조건을 갖추고 있다. 이 때문에 이러한 조건을 가진 공간상에는 오랜 역사를 가진 촌락들이 다수 분포한다.

| **참고 6-2** |

조선 시대의 국토지리서『택리지』와 저자 이중환

『택리지』(1751년)는 조선 시대의 실학자 청담(淸潭) 이중환(李重煥, 1690~1756)이 저술한 인문지리서이자 국토지리서이다(전종한, 2016). '박종지(博綜誌)'라고도 하는 이 책은 저술 당시에 책 이름이 정해지지 않았고, 뒤에 이긍익(李肯翊)이『팔역복거지(八域卜居志)』라 이름지었다. 이를 약칭하여『팔역지(八域志)』라는 이명(異名)이 생겼다.

이중환은 1690년(숙종 16년) 당대의 명문이었던 여주 이씨 집안에서 출생하였다. 그의 5대조가 병조판서를 역임한 이래 고조부, 조부 모두 관직에 진출하였고, 아버지 이진휴도 도승지, 예조참판 등을 역임한 가문이었다. 그러나 이중환이 34세 되던 해에 엄청난 시련이 닥쳐왔으며, 이후 그의 인생행로는 완전히 바뀌게 된다. 병조정랑으로 있던 1723년(경종 3년), 그는 신임사화의 주범이라는 혐의를 받고 체포되었다. 다행히 사형은 면하게 되었으나 1726년 12월 이후 유배와 사면이 반복된다.

그가 남긴 유일한 저작『택리지』는 1751년(62세) 첫 여름 상순에 탈고되었다. 이 책 속에 담긴 이중환의 해박한 지리적 지식은 그의 성장과정, 관직 경력, 유배 생활, 그 후의 방랑 생활을 통하여 축적된 것이다. 그의 고향인 공주(장기면)는 삼남대로 상의 교통 요지로서 한양, 내포, 전주, 청주 방면의 육로와 금강수로가 만나는 결절지로서, 충청 감영이 입지하여 있던 도회였다. 그는 이 곳에서 성장하면서 한반도 서·남부 지방의 지리적 정보를 접할 수 있었을 것이다. 일찍이 소년 시절 부친을 따라 강릉까지 여행하면서 여러 지방의 견문을 넓힐 수 있었다. 문과 급제 후에는 경상 우도와 충청도 동남부 지역의 교통로가 수렴되는 교통, 상업의 요지였던 김천역의 김천도찰방을 지냈는데, 여기서 인근 지역의 주요한 정보를 접했던 것으로 보인다. 유배 생활과 그 후의 방랑 생활을 통하여 전국 각지의 산천과 풍물에 접할 수 있었기에 그의 지리적 안목은 경험을 통하여 축적된 귀중한 지식이었다. 다만 전라도와 평안도는 가보지 못하여 그곳의 정보를 간접적으로 접하였다고 한다.

그가『택리지』를 탈고한 팔괘정이 강경 부근에 위치한다. 당시 강경은 상업, 교통의 요지로서 충청도와 전라도의 접경 지역이었으므로 전라도에 관한 정보는 바로 강경의 장터와 객주집에서 구할 수 있었을 것이다. 그렇다면 이중환은 무엇 때문에 30년 세월을 방랑하였던가? '택리지'라는 책 제목이 말하듯이 사대부가 진정 살 만한 곳(可居地)을 찾아 헤매었다고 할 수 있다. 즉 몰락한 사대부로서 유토피아를 찾고자 한 것이다(이문종, 2004).

이 외에 물 빠짐이 좋고 볕이 잘 드는 곳, 방어에 유리한 조건이 갖추어진 곳, 교통 여건이 원활한 곳인 경우라면 더욱 이상적인 입지가 된다. 선상지나 산악 지역, 해안 지역이나 범람원 등 지형 조건을 막론하고 대부분의 촌락 입지는 전술한 자연적, 인문적 요인들에 의존해서 정해지게 마련이다.

식량 생산에 직접 종사하는 일반 평민 계층일수록 그들의 촌락 입지는 넓은 농경지나 풍족한 어장과 같이 자연환경이 제공하는 생산 기반의 풍요로움에 의지함이 당연하다. 이 점에서 농·산·어촌의 입지나 형태를 이해하기 위해서는 자연 조건을 살펴보는 일에서 출발해야 한다.

위에 언급한 것들과 같은 자연 조건은 조선 시대의 양반과 같은 사회 상류층에게도 마찬가지로 중시되었지만 그들은 그 외에도 또 다른 요인들을 추가로 고려했다. 18세기의 지리학자 이중환의 『택리지(擇里志)』를 통해 당시의 엘리트 계층이 갖고 있었던 촌락 입지의 원칙을 살펴보자.

> 무릇 살 터를 잡는 데는 첫째, 지리(地理)가 좋아야 하고, 다음 생리(生利)가 좋아야 하며, 다음으로 인심(人心)이 좋아야 하고, 다음은 아름다운 산수(山水)가 있어야 한다. 이 네 가지에서 하나라도 모자라면 살기 좋은 땅이 아니다. 지리는 비록 좋아도 생리가 모자라면 오래 살 수가 없고, 생리는 좋더라도 지리가 나쁘면 이 또한 오래 살 곳이 못된다. 지리와 생리가 함께 좋으나 인심이 나쁘면 반드시 후회할 일이 있게 되고, 가까운 곳에 소풍할 만한 산수가 없으면 정서를 화창하게 하지 못한다.
>
> –李重煥, 『擇里志』 「卜居總論」

2) 조선 시대 사대부들의 삶터 선정 기준: 지리, 생리, 인심, 산수

이처럼 조선 시대 사대부들은 지리와 생리 같은 자연환경 요소 외에 인심이나 산수의 경치 같은 사회적 환경이나 문화 생활을 중요하게 여겼다. 이들에게 지리(地理)란 촌락이 입지한 작은 분지를 외부에서는 잘 보이지 않도록 가려주는 닫힌 듯한 수구(水口), 들의 형세, 주변의 산 모양, 흙의 색깔, 전방 먼 곳에 보이는 산과 하천 조건을

그림 6-4 아름다운 산수를 마주한 정자의 입지(위: 낙산사 의상대, 아래: 망양정 산수화)

서양의 가든(garden) 문화와 달리, 조선 시대 사대부들은 자연 세계를 집 안마당에 구속시키려 하지 않았으며 반대로 자연으로 뛰어 들어가 자연과 함께하는 문화, 즉 정자 문화를 만들었다.

말한다. 생리(生利)란 생기는 이득을 뜻하는데, 사대부로서 직접 생리에 종사할 수는 없고 생리가 좋은 곳을 찾아 선박이나 농지의 임대업에 종사하는 것은 필요하다고 하였다. 이러한 활동은 이윤을 축적하기 위해서가 아니라 관혼상제(冠婚喪祭)와 접빈객(接賓客)의 비용에 충당함으로써 사대부의 품위를 유지하기 위해서라는 것이다.

인심(人心)에 관한 부분에서는 평안도의 인심이 가장 좋고 다음이 경상도라 한 반면, '함경도는 오랑캐 땅과 닿아 있어 백성이 사납고 황해도는 산수가 험하여 백성이 모질며, 강원도는 산골 백성이어서 어리석고 전라도는 간사함을 숭상하여 나쁜 데에 쉽게 움직이며, 경기도는 재물이 보잘 것 없어 가난하고 충청도는 세도와 재리를 좇는다'고 평하였다. 그런데 이것은 일반 백성의 인심을 말한 것임을 밝히면서 사대부의 경우는 당파에 따라 지역 간에는 물론이고 지역 내부나 한 집안 내에서도 제각각이라 하였다. 그리하여 해당 지역의 지리나 백성의 인심에 관계없이 사대부는 같은 당파가 많이 모여 사는 곳을 찾아 서로 방문하고 이야기하고 문학하는 즐거움을 추구하는 식의 삶터 잡기를 제안하게 된다. 그러면서도 차라리 사대부가 없는 곳을 가려서 문을 닫고 교제를 끊고 사는 것이 더 즐거울 수도 있겠다고 하면서 당시대를 바라보며 느낀 자신의 한탄스러운 마음을 표현하였다.

한편, 산수(山水)는 정신을 즐겁게 하고 감정을 화창하게 하며, 살고 있는 곳에 산수가 없으면 사람이 촌스러워진다고 하였다. 그런데 산수가 좋은 곳은 대개 생리가 좋지 않으므로 10리 밖 혹은 반나절 거리에 경치가 아름다운 산수가 있다면 그런 곳이 자손 대대로 세거할 만한 입지일 것이라 하고 있다. 산수가 좋은 곳에는 살 곳을 정하기보다는 임시로 머물며 즐길 만한 정자를 만드는 것이 낫다는 인식이다. 삶터의 울타리 안에 정원을 조성하는 서양의 가든(garden) 문화와 달리, 조선 시대 사대부들은 자연 세계를 집 안마당에 구속시키려 하지 않았다. 이와 반대로 자연으로 뛰어 들어가 자연과 함께하는 문화, 즉 정자 문화를 만들어 냈던 것이다. 오늘날 계곡의 절벽 위나 산봉우리에서 흔히 볼 수 있는 많은 정자들은 조망하기 좋은 장소를 골라 자연의 산수를 있는 그대로 감상하고자 한 사대부들의 자연관을 대변한다(그림 6-4).

그림 6-5 태안반도의 산촌 경관(태안군 소원면 시목리)
충청남도 서해안의 태안반도 일대는 한국의 대표적 산촌(散村) 지역으로서 가옥들이 100~200m 간격으로 개별 분포하는 매우 이국적인 풍경을 관찰할 수 있다.

3) 촌락 가옥들의 모이고 흩어짐

충청남도 서해안의 태안반도에 가보면 특히 서산, 태안, 당진 일대를 중심으로 가옥들이 100~200m 간격으로 개별 분포하는 매우 이국적인 풍경을 관찰할 수 있다(그림 6-5). 과거 화전 지대였던 지리산지나 태백산맥의 일부 산간 지대를 제외하면 이러한 경관은 한반도에서 매우 드문 현상이다. 우리 주변에서 흔히 볼 수 있듯이 촌락의 가옥들은 서로 가까이 모여 마을을 구성하는 것이 일반적이기 때문이다.

가옥의 집중과 분산 현상에 관해서는 19세기 이래 주로 프랑스의 지리학자들에 의해 많은 선구적 연구가 나왔다. 19세기 말 프랑스의 지리학자 비달 블라쉬는 지리 공간상 전개되는 가옥의 집중과 분산을 목격하고 이를 '집단적 거주'와 '분산적 거주'로 명명한 바 있다. 브륀느(J. Brunhes)나 드망죵(A. Demangeon)과 같은 그의 제자 및 후학들도 인간 거주지의 집중과 분산, 혹은 '집촌(集村)'과 '산촌(散村)'을 구분하고 이들의 형성 원인에 관한 여러 사례 연구를 발표했다. 그 성과를 요약하면 다

| 참고 6-3 |

촌락의 유형에 대한 전통적 구분

촌락은 도시와 비교하여 인구, 인구 밀도, 가옥 밀도가 낮고 1차 산업에 종사하는 사람의 비중이 큰 취락을 말한다. 일본에서는 인간 관계의 사회적, 문화적인 자율적 통합 단위의 의미로 '촌락'을 사회학적 개념으로 쓰는 대신 '집락'(集落)을 지리적 개념으로 간주한다. 영어권에서는 'settlement'와 'hamlet'을 구별하는데 후자가 자연적으로 형성된 자연 촌락을 지칭한다.

우선 촌락은 그곳의 주요 산업 혹은 주요 기능이 무엇이냐에 따라 농촌, 어촌, 산촌(山村)으로 구분한다. 어촌은 다시 반농반어촌과 순수 어촌으로 구분되고, 산촌이란 산간 지대에 있는 촌락으로서 주민의 대부분이 임업에 종사하는 편이다. 다만 특별히 농업을 병행하는 산촌인 경우에는 농산촌이라 부른다.

형태에 따라 촌락을 집촌과 산촌으로 나누기도 한다. 집촌에는 다시 괴촌, 열촌, 노촌, 가촌, 환촌 등이 있다. 이 중 괴촌은 가옥이 불규칙하게 덩어리 모양으로 분포하는 촌락을 말하고, 열촌은 가옥이 자연 제방이나 산록부의 용천대를 따라 열을 지어 분포하는 것, 노촌은 가옥이 도로를 따라 열을 지어 분포하는 것(특히, 신개척지에서 많이 나타난다), 가촌은 가옥이나 상점이 도로를 따라 열을 지어 분포하는 것(노촌에 비해 도로 의존도가 높아 상업이 우세한 편이다), 환촌은 중앙에 원형의 광장이 위치하면서 그 주위에 가옥이 고리 모양으로 분포하는 것으로 유럽의 중세 개척 촌락에서 잘 관찰된다. 한편, 산촌(散村)은 산거촌(散居村)이라고도 하며 가옥이 분산되어 입지하는 촌락을 말한다.

음과 같다.

무엇보다도 인간은 사회적 동물이므로 사람들이 집단적으로 거주하는 집촌이 가장 일반적이고 자연스러운 촌락 형태이다. 촌락 발생을 위해서는 음료로 사용이 가능한 물의 유무가 가장 중요한데, 우리 주변의 약수터 분포에서 확인할 수 있듯이 자연 상태에서 물이 용출되는 지점은 경사 변환점이나 지형 변환선에 집중된다. 따라서 이런 장소들을 중심으로 가옥이 집중되는 것이 가장 일반적이다. 이 외에 벼농사 지역과 같이 생계를 위해 협동이 필요한 경우나 변경 지대처럼 외부 세력에 대한 방어가 절실히 필요한 곳에서도 거의 집촌이 나타난다. 또한 집단적 토지 소유제가 일반적이거나 토지의 공동 경작이 요구되는 환경, 그리고 종교 및 혈연, 특정 신분 등과 같이 강력한 공동체 의식이 작용하는 사회 등에서도 대부분 집촌을 형성한다. 전술한 요인들은 다양한 성격의 요인들인 것 같지만 사실은 모두 사람을 모여 살지 않을 수 없도록 유도하는 일관된 작용을 수행한다.

그러면 어떤 조건에서 가옥들은 서로 흩어져 나타나는 것인가? 쉽게 생각해보면 집촌을 일으키는 요인의 반대 조건들이 바로 산촌을 발생시키는 요인이 될 것이다. 우리나라 태안반도의 산촌 경관을 사례로 하여 그 형성 요인을 정리해 보자.

4) 이국적 풍경의 촌락 형태: 태안반도의 산촌(散村)

산촌(dispersed settlement)은 집촌(agglomerated settlement)과는 아주 다른 거주 양식으로 일반적, 보편적 취락 형태는 아니다. 전 세계적으로 볼 때, 산촌은 임업 지대나 신개척지 같은 극히 제한된 지역에 주로 분포하는 것으로 보고된다. 유럽의 경우 스칸디나비아 반도와 발트(Balt) 해 연안, 영국의 웨일즈, 독일의 북서부, 네덜란드 북부, 프랑스 중남부 등 주로 중세 후기 또는 근세에 개척된 곳이다. 그 밖에 일본의 후야마 현(富山縣) 토나미 평야(礪破平野) 일대, 타운십(township) 제도가 적용된 미국의 옥수수 지대, 그리고 우리나라 태안반도 일원이 대표적인 산촌 지역이다. 그리하여 지리학 분야에서의 산촌 연구는 유럽과 일본을 중심으로 활발히 축적되어 왔고, 국내 지리학계에서는 태안반도에서 전형적으로 나타나는 산촌에 주목하여 이 경관을 이 지역의 성격과 관련시켜 연구해 왔다. 기존의 연구 성과를 종합하면 태안반도의 산촌 형성 요인들은 다음과 같이 정리될 수 있다(이봉준, 1977; 최기엽, 1986; 이문종, 1988).

지형

태안반도 일대는 100~300m 내외의 저산성 산지들이 분포하여 그 사이에 폭이 좁은 곡저지(谷低地)와 완사면, 구릉지들이 전개될 뿐 하천과 평지의 발달이 아주 미약하다. 이 같이 태안반도 일대는 산지와 구릉지가 탁월한 기복이 많은 지형을 보이며, 경작 가능한 경지는 좁은 곡저지, 완사면 또는 구릉사면뿐이므로 경지의 규모는 작

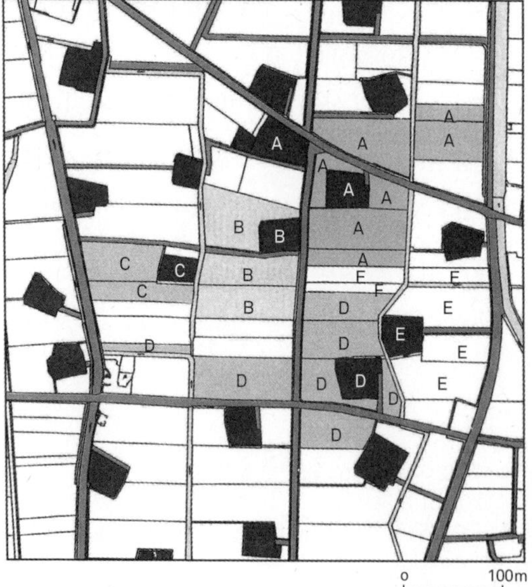

그림 6-6 일본 토나미 평야의 산촌 경관과 토지 소유패턴

산촌은 전 세계적으로도 일반적, 보편적 취락 형태는 아니다. 산촌은 신개척지나 임업지대와 같은 극히 제한된 지역에 주로 형성되는 것으로 보고되고 있다. 그림에서 볼 수 있듯이, 일본 토나미 평야의 토지 소유 패턴을 보면 각 주택을 중심으로 각각의 경작지(소유 토지)가 분포하고 있는데, 이것은 이곳의 개척 과정이 집단적이기보다는 개별적으로 이루어졌음을 보여준다.

A A의 거주지(가옥)

A A 소유의 농경지

고 그 형태가 불연속적이다. 이러한 경지의 소규모성과 불연속성으로 인해 농부의 가옥들은 한 곳에 집중적으로 모이기보다는 개별 소유의 경지에 각각 밀착하여 분산될 수밖에 없으며 그 결과가 산촌 경관으로 나타난다는 것이다.

토양

가옥은 원칙적으로 화강암 풍화토와 같이 배수(排水)가 좋고 토양이 굵고 거친 지역을 택하여 입지한다. 가야산지 일부와 해안 저지대를 제외한다면 태안반도 일대는 이러한 조건이 충족되고 있다. 옛 문헌에 따르면 이 지역은 생약초, 담배, 콩, 마늘, 생강 등 밭농사가 주로 행해졌음을 볼 수 있는데, 이 점 역시 하천 발달이 미약하고 토양이 조강한 것에 기인한다. 이러한 토양 조건하에서 농부는 각각 자기에게 유익하고 편리한 장소를 선택하여 가옥을 짓게 된다. 결과적으로 농부들은 일상적으로 왕래해야 할 생산 공간, 즉 각자 소유의 밭 안쪽에 가옥을 마련하는 것이다.

물

많은 연구들에 따르면 식수(食水)를 쉽게 얻을 수 있는 지역, 즉 곳곳에 우물이 많고 지하수를 쉽게 얻을 수 있는 지역에서는 산촌 경관이 지배적이다. 반대로 지하수면이 깊어 식수를 쉽게 얻을 수 없는 지역에서는 용수를 끌어들인다든지 공동으로 우물을 파야 할 필요에서 집단적 거주 양식을 취하는 경우가 많은 것이다. 우리나라 전통 촌락의 대부분이 우물을 중심으로 집촌을 형성한다는 점은 널리 알려져 있다.

태안반도 지역은 비교적 최근까지 각 가옥마다 수동식 펌프를 갖추고 있었다. 이것은 지하수면이 얕고 식수원이 비교적 풍부하다는 뜻이다. 이러한 펌프시설은 1970~80년대 새마을 사업의 결과이긴 하지만, 1960년대까지도 이 지역의 주민 대부분은 우물이나 샘을 이용하였다. 1970년 서산군 보건소 조사 통계에 따르면 군(郡) 내 우물의 총 수가 1만 4,465개이며, 약 반 수에 해당하는 7,044개가 음용 가능수로 되어 있다. 우물의 수와 가구 수 사이의 관계를 산출하면 우물 1개소당 3가구, 음용 가능한 우물 1개소당 6.1가구로 나타난다. 당시 이 지역에서 우물과 가옥과의

그림 6-7 논으로 이용되고 있는 가적 운하 터(태안군 태안읍 인평리)
고려~조선 왕조 동안 삼남 지방의 세곡미 수송은 반드시 난항처인 태안의 안흥량을 통과해야만 했다. 이곳에서는 배가 자주 전복되었고 해결 방법으로 조정에서 굴포 운하 개착에 수차례 도전하였으나 끝내 이루지 못하였다.

거리는 50~200m 정도였으므로 이전 시기에는 1~2가구당 하나 이상의 우물을 확보하고 있었을 것으로 추정할 수 있다. 따라서 굳이 물을 찾아서 가옥들이 집촌을 형성할 필요가 없었던 것이다. 이러한 맥락에서 보면 우물에서 거리가 가까운 가옥이 일반적으로 역사가 오래된다. 그리고 가뭄에 대비하여 우물 안쪽으로 계단 시설이 마련함으로써 지하수위가 낮아질 때 이용하고자 하였다.

대규모 노력 동원에 대한 기피 은거: 가적(굴포) 운하와 안면도 굴착

고려~조선 왕조에서 중요한 재원은 세곡미(稅穀米)였으며 그 수송을 담당한 것은 주로 수운(水運)이었다. 삼남 지방의 세곡미 수송은 반드시 태안 지방의 근흥면 안흥량(安興梁)을 통과해야만 했다(그림 6-7). 그런데 이곳은 난항처로 배가 자주 전복되어 그 피해가 컸기 때문에 조정에서는 이 문제를 해결하는 방법으로 운하 개착 공사에 착수하였다. 기록에 따르면, '1134년 가을 태안 지방의 가로림만과 적돌만을 연결하는 가적 운하를 착공하자는 의견이 있었고, 이를 위해 수천 명의 노동자를 동원하였으나 이루지 못하였다'고 한다(『고려사』「세가」, 권16, 인종 2년). 고려 왕조에서는 1차, 2차의 공사에서 성공하지 못하였고, 조선 왕조에서도 이 공사를 여러 번 시도했으나 지하의 암반 노출과 조류의 영향으로 결국 실패하였다. 현재 공사 지역으로 추정되는 곳에는 논농사가 행해지고 있으며 신털이봉과 같은 집단 노동의 흔적들을 담고 있는 지명이 남아 있다.

가적 운하 개통의 실패에 대한 대안으로 조선 왕조에서는 안면도와 태안 남면 사이의 착통 공사를 추진하였다. 이 공사는 1578년(선조 11년)~1713년(숙종 39년) 사이에 준공되었으며 결과적으로 안면도는 섬으로 분리될 수 있었다(『서산군지』, 1968). 이러한 양대 개착 공사에 동원된 인부들은 고된 노동에 시달렸을 것이며 결국 이를 기피하여 산간으로 도피하는 과정에서 산촌 형성의 주인공이 되었을 가능성이 크다.

왜구의 침입으로 인한 피해

왜구는 삼국 시대부터 한반도의 해안에 출몰하였다. 특히, 고려 말 신우 원년(1375년)부터 약 10년간 서해안 일대는 왜구의 출몰이 빈번했는데, 그중에서 피해가 가장 컸던 곳은 태안 지방이었다. 『신증동국여지승람』「태안군」 편에는 '왜구의 침입으로 태안 지방은 완전히 폐허가 되었고 군수가 예산현으로 도피하였으며 수년 후 군수가 돌아왔으나 사방으로 흩어진 백성들은 돌아오지 않았다'고 한다. 이 때 돌아오지 않은 백성들이 구릉지에 숨어살며 산촌 경관 형성에 기여했을 것이다.

임진왜란도 피해간 은거지

임진왜란과 병자호란 이후 이 지역의 인구는 급증하였다. 이중환의 『택리지』에도 서술되어 있듯이 이 지역은 임진왜란 때 피해를 당하지 않은 곳으로 널리 알려져 있다. 이러한 소문은 그후 이 지역 인구의 사회적 급증을 유도하였는데, 1400년대 『세종실록』의 호구 수 662호에 비해 1760년대 『여지도서』의 호구 수 1만 993호를 비교해 보면 무려 16배가 증가였음을 확인할 수 있다. 실제로 이 지역에 분포하는 종족 촌락의 85% 가량이 임진왜란 이후에 발생한 것으로 보고되어 있다(이봉준, 1977). 즉 이 지역은 한양에서 가까운 지역이라는 점, 인구가 희박하고 지형상 웅거(雄據)가 용이하다는 점, 임진왜란과 병자호란 때 상대적으로 피해가 적었다는 점 등으로 인해 한양의 많은 사족들에게 신변 안전을 기약할 수 있는 피난지 및 낙향지로 선호되었던 것이다. 이 때 촌락은 각자의 신변 보호와 경지 관계로 인해 분산 입지하였을 것으로 추정할 수 있다.

택지 선정 시의 독립 지향적 관행

서산, 태안 지방에서는 택지를 선정할 때 반드시 자기 소유의 경지에 위치해야 하며 타인의 택지에 근접하지 않는다는 관행이 내려오고 있다. 택지는 자기 소유지이어야 하며 타인의 택지를 빌리지도 또한 빌려주지도 않는다는 독립 지향적, 개인주의적

| **참고 6-4** |

튀넨과 고립국 모델

튀넨

튀넨(1783~1850)의 시대에는 채소와 화훼류, 생우유, 감자류(독일의 주요 식량중 하나) 등의 근교 농업 작물을 재배하는 자유식 농업과 도시에 연료를 공급하는 임업과, 곡물 농업, 그리고 육류를 공급하는 목축이 있었다. 곡물을 생산하는 농업은 그 방식에 따라 윤재식, 곡초식, 삼포식으로 구분되었다. 튀넨은 자유식 농업(free cash cropping)이 가장 지대(地代)가 높고 지대 곡선 기울기가 가파르므로, 도시에 가장 가까이 분포한다고 보았다(지대 개념에 관해서는 11장 참조). 자유식 농업 외곽에는 독특하게도 도시에 연료를 공급하는 임업 지대(forestry)가 분포한다고 이론화하였다. 석유나 가스를 연료로 사용하는 오늘날에는 상식적으로 납득이 가지 않으나, 1960년대 당시의 이디오피아의 수도 아디스아바바 근교에는 도시 연료용 임업 지대가 실제로 존재하였다고 한다. 임업 지대 바깥에는 윤재식-곡초식-삼포식 농업 지대가 분포하는데, 각기 곡물과 육류를 생산하는 지대로서, 그 영농 방식에 따라 구분한 것이다. 윤재식 농업(crop alteration system)은 휴경이 없이 곡물과 사료 작

사고가 널리 퍼져 있음을 말한다. 이런 사고 방식은 풍수 사상이나 신분 관계, 토지 이용 등 여러 가지 원인에서 기인한 것으로 이해할 수 있지만, 과거 집단 거주 시 경험한 피해 의식에서 기인한 일종의 도피 행위로도 볼 수 있다. 아무튼 이러한 관행 역시 산촌 경관을 지속시킨 요인으로 간주할 수 있다.

3. 촌락의 공간 구성과 경관

1) 촌락의 공간 구성을 어떻게 볼 것인가?

공간 구성 또는 공간 구조란 그 공간이 어떻게, 어떤 방식으로 짜여져 있는가 하는 것을 말한다. 촌락의 공간 구성이나 그곳의 경관은 우연히 만들어진 것이 아니며, 촌락

물을 돌려짓기하면서 가축을 사육하는 혼합 농업을 말한다. 곡초식 농업(improved system)은 곡물 경작과 방목을 교대하며 7년에 한 번 휴경하는 방식이다. 삼포식 농업(three-field system)은 토지를 3등분한 후 해마다 돌아가며 휴경하므로 곡초식보다 더 조방적인 영농 방식이다. 방목은 가장 조방적인 토지 이용 방식이 된다. 결국 튀넨의 이론은, 시장까지의 운송비가 적게 들기 때문에, 도시에 가까울수록 집약적인 농업 토지 이용을, 도시에서 멀어질수록 조방적인 토지 이용을 보인다는 결론을 도출한 것이다.

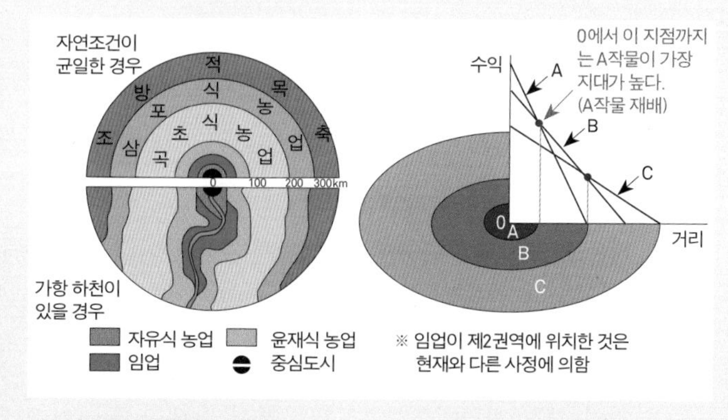

튀넨의 고립국 이론과 그 원리

민들의 환경 적응 전략 및 촌락을 둘러싼 사회적, 역사적 맥락을 반영하여 의도적으로 조형된 것이다. 그래서 우리는 촌락의 공간 구성과 촌락 경관을 통해서 해당 촌락의 발생 배경을 비롯해 그 촌락의 생애와 정체성을 읽어낼 수 있다.

촌락의 공간 구성과 경관을 파악하는 방법은 가시적 · 유형적인 것과 비가시적 · 무형적인 것으로 나누어보는 입장('유형과 무형'의 관점), 지역과 사회의 통일체로 보는 입장('지역과 사회'의 관점), 생산과 소비를 중심으로 한 경제 · 사회 생활의 시각에서 보는 입장('경제와 생활'의 관점), 기능 변동에 따른 구조 변화에 주목하는 관점('구조와 기능'의 관점), 촌락민들에 의해 사회 · 문화적인 의미가 부여된 경관과 장소에 주목하는 관점('경관과 장소'의 관점) 등이 있을 수 있다.

가령, 전통적으로 문화지리학에서는 '유형과 무형'의 관점에서 촌락의 유형 경관을 추출하여 그에 관한 형태적 연구를 수행하였고 촌락사회지리학에서는 촌락을 '지역과 사회'의 관점에서 종종 접근하였다. 촌락을 '경제와 생활'의 관점에서 접근한 튀넨(J. Thünen, 1783~1850)의 고립국 이론 같은 입장도 있고(참고 6-4), 촌락 안에 분포하는 다양한 의미의 경관과 장소들을 해석하는 데에 관심을 갖는 사회역사지리학 및 신문화지리학적 입장도 있다.

2) 공간 구성이 독특한 세계의 주요 촌락

중세 유럽인의 자연 정복의 산물: 임지촌과 소택지촌

기독교적 관점에서 자연환경은 하나님이 인간을 축복하여 내려준 선물로 여겨진다. 기독교적 세계관이 지배적이었던 중세 유럽에서는 이전까지 미개간지로 남아 있었던 지역들이 본격적으로 개간되기에 이른다. 특히 저습지와 삼림지 개척이 가장 활발하였고 이 과정에서 발생한 촌락이 저습지의 소택지촌(沼澤地村, Marschhufendorf)과 삼림지의 임지촌(林地村, Waldhufendorf)이다. 이들 신개척지의 촌락은 공동체의 완전한 규제에 의해 계획되었기 때문에 그 공간 구성이 매우 질서 정연하게 나타난다.

그림 6-8 임지촌과 그 모식도
기독교적 세계관이 지배했던 중세 유럽에서는 이전까지 미개간지로 남아 있었던 지역들이 본격적으로 개간되기에 이른다. 특히 저습지와 삼림지 개척이 가장 활발하였고 이로부터 발생한 촌락이 저습지의 소택지촌과 삼림지의 임지촌이다.

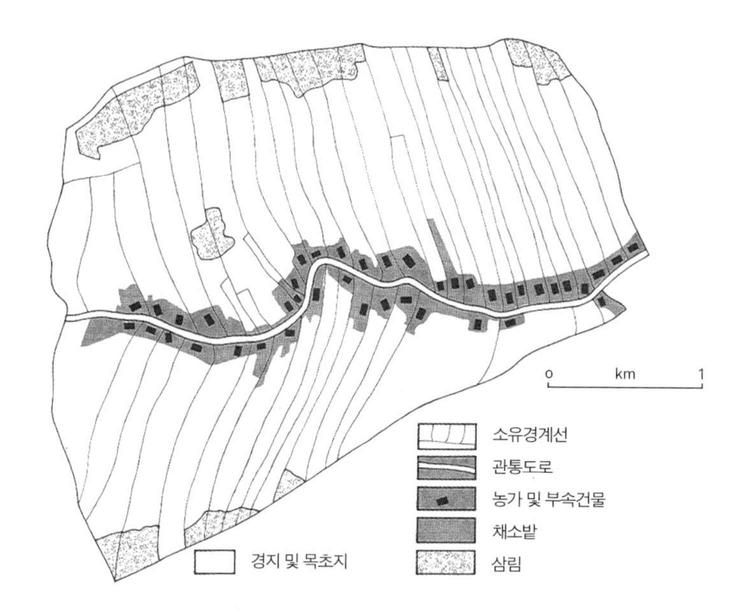

소택지촌 혹은 습지촌은 북해나 발트 해 연안의 저습지 개간 과정에서 형성된 것으로 그 형태로 보면 열촌(列村)에 해당한다. 저습지 상에 일정한 방향으로 제방을 쌓아 올린 후 그 위에 길과 택지를 조성하고, 제방과 직각 방향으로 장방형의 경지가 택지와 동일한 폭으로 길게 전개되는 매우 규칙적인 공간 구조이다. 독일의 촌락지리학자 마르티니(R. Martiny)에 따르면 소택지촌이 네덜란드의 간척지 개간과정에서

처음 발생하였다고 하며, 이것이 점차 동쪽으로 확산하여 독일의 소택지촌이 되었고 이러한 생활 양식이 산지에 적용되어서는 임지촌이 되었다고 말한다.

임지촌은 삼림 벌채를 위해 계곡을 따라 길을 내고 도로 양쪽에 길이 100m 가량의 경지 위에 택지와 가옥을 분할·배치하여 만들어진 촌락을 말한다. 각 가옥의 뒤편으로 구릉의 정상부를 향해 택지의 폭과 동일한 너비를 유지하며 경지가 뻗어있는 구조를 보인다. 즉 경지의 방향은 도로와 직각이 되며 경지의 끝은 삼림지이다. 지형의 기복 때문에 도로가 일직선으로 나타나지는 않지만 소택지촌과 마찬가지로 경지의 배열이 비교적 정연한 편이다. 경지의 토지 이용은 가옥으로부터 채소밭 → 농경지 → 초지 → 삼림의 순으로 이루어진다. 이러한 촌락 유형은 중부 유럽의 구릉 지대를 중심으로 분포하는데, 폴란드와 독일의 구릉 및 산간 지대에 널리 나타나고 독일의 북부 평야 지대에서도 국지적으로 확인된다.

임지촌과 소택지촌의 경지 형태에서 확인할 수 있듯이 유럽의 중부 및 서부의 촌락들은 롱롯(long-lot), 즉 장방형의 경지 형태를 보이는 경우가 많다. 이렇게 경지의 한쪽 변이 길어지게 된 중요한 이유는 척박한 토양 조건과 여기에 적응하기 위한 무거운 쟁기 탓이다. 즉 척박한 토양을 깊이 갈아엎기 위해 무거운 쟁기를 만들었고, 힘이 많이 드는 무거운 쟁기의 방향을 돌리는 횟수를 최소로 줄이기 위해서 긴 형태의 경지를 조성하게 되었다는 것이다. 이 외에 황무지를 개간하는 과정에서 외부로 통하는 교통로가 제한적일 수밖에 없었고, 이렇게 한정된 교통로에 최대한 높은 접근성을 확보하기 위해 가옥들이 도로변에 밀집하게 된 결과라는 의견도 있다. 이러한 환경 속에서 일정한 규모의 경지 면적을 유지하기 위해서는 도로에 직각인 방향으로 경지의 길이가 길어질 수밖에 없었다는 것이다.

슬라브 민족의 생존 전략이 담겨 있는 광장촌

동부 유럽을 중심으로 슬라브 민족이 거주해온 지역에는 촌락의 중앙에 광장을 두고 있는 경우가 많다. 이러한 공간 구조를 가진 촌락을 광장촌(廣場村, Platzdorf)이라 부르는데, 여기에는 외부 세계의 침입으로부터 촌락을 보호하고자 했던 슬라브 민족의

그림 6-9 광장촌(환촌)의 공간구조

생존 전략이 담겨 있다. 그것의 분포를 보더라도 고대에 산발적인 전투가 빈번했던 게르만족과 슬라브족의 접경 지대를 따라서 집중적으로 확인된다. 광장촌은 광장의 기하학적 형태에 따라 가촌형 광장촌, 환촌(環村, Rundorf) 등으로 분류된다.

광장촌은 원래 가촌에 기원을 두는 촌락으로 이해되고 있다. 역사적으로 잦은 전쟁에 시달렸던 슬라브 족은 전란 시 피난처의 신속한 이동이 절실했는데, 이를 위해 교통로를 따라서 가옥을 입지시키는 공간 구조, 즉 가촌이 지배적으로 나타나게 된다. 초기의 가촌은 보다 적극적인 방어를 위한 구조로 점차 바뀌어 갔는데 이 과정에서 가촌형 광장촌과 환촌이 등장한 것이다.

예를 들면, 환촌은 중앙의 광장이 거의 원형에 가깝고 그 주위를 가옥들이 에워싸고 있는 형태로서 촌락의 사방 주변을 언제나 감시할 수 있도록 한 구조를 말한다(그림 6-9). 마치 전쟁에서 열세에 처한 군인들이 서로 등을 맞대고 적을 상대하는 듯한 형태를 연상케 한다. 광장촌에 있어서 광장 주변에는 원형 패턴으로 가옥이 배열되고 다시 가옥에 이어 경지가 전개되며 경지의 끝선을 연결하여 목책이 설치되는 식의 공간 구성을 갖는다. 그리하여 목책은 1차 방어선이 되고, 가옥은 2차 방어선 기능을 가지며, 중앙의 광장은 최후 방어가 이루어지는 장소가 되는 것이다. 이와 같이 광장은 전략 회의 내지 공동 집회 장소로 기능하게 되는데, 중세 시대에는 이곳에 봉건 영주의 장원이나 교회당이 입지하는 경우가 많았고 기타 평화 시기에는 마을

회관이 들어서기도 했다. 한편, 영국에서도 이와 유사한 촌락 구조가 잉글랜드 중부 평야 지대에 나타나는데, 이를 영어권에서는 녹지촌(green village)이라 부른다.

중부 유럽의 척박한 토양과 구릉성 지형에 적응한 게반 시스템

역사적으로 알프스 산맥 이북의 프랑스 및 독일 일부 지역은 돌이 많은 경사진 구릉 지대가 널리 분포한다. 이 지역을 경작하기 위해서는 집단적인 노동력이 요구되었고, 척박한 토지에 적응하기 위해서 파종과 수확 시기, 경지의 개간과 휴한 패턴을 공동으로 강제 규제하는 제도가 필요하였다. 이 결과로 나타난 대표적인 촌락 유형이 집촌, 경구, 경포 등으로 이루어진 소위 게반 시스템이다. 게반 시스템의 내용은 다음과 같다.

우선 집단적인 노동의 효율성을 위해 가옥은 집촌의 형태를 이루게 된다. 척박한 토양을 개간하기 위해 무거운 쟁기가 발명되고 이에 상응하여 장방형 경지(long-lot)가 고안된다. 그리고 구릉성 지형에서 나타나는 다양한 경사도 및 경사 방향에 적응하는 과정에서 동일한 방향의 장방형 경지들로 구성된 경구(耕區, Gewann)가 출

| 참고 6-5 |

삼포식 농업

중세에서 18세기까지 유럽에서 넓게 행하여졌던 농법으로 휴한지(休閑地)를 포함한 윤작(輪作)의 한 형식이다. 밭을 세 개의 경작 지역으로 나누어 각기 겨울 곡물(밀 또는 라이 보리) · 여름 곡물(보리 또는 연맥) · 휴한으로 하여 해마다 이것을 순환시켰다. 각 경작자는 세 개의 경작 지역에 각각 자신의 보유지(保有地)를 갖고 있었다. 보유지에는 그것을 둘러싸는 울타리가 없는 개방 경지 제도(open-field system)의 일종이었다. 농경업은 공동 작업에 의한 부분이 많고, 여러 가지의 공동체적 규제가 강하게 작용되어 개인의 자유스러운 경작이 불가능하였으며, 농업의 근대적 발전이 저해되었다. 18세기에서 19세기에 걸쳐서 클로바 · 기타의 사료(飼料) · 녹비 작물(綠肥作物)의 보급으로 삼포식은 소멸되고 윤재식으로 변하였고, 오늘날의 혼합 농업(混合農業)으로 발전되었다.

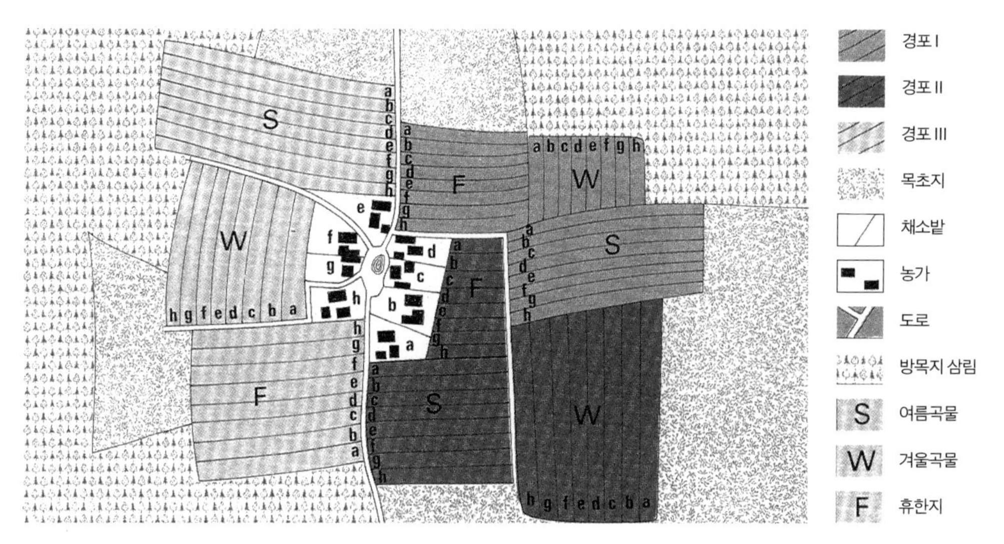

그림 6-10 게반 시스템(T. Jordan *et al*., 2002)
그림 가운데에 집촌의 가옥처럼 묘사된 검은색 사각형 a, b, c 등은 각 농부의 가옥을 나타낸 것이고, 그 주변에는 해당 농부가 경작하는 장방형 농경지(long-lot)가 각각 a, b, c 등으로 표시되어 있다. 동일한 방향의 장방형 경지들이 모여 하나의 경구(耕區, Gewann)를 이루고 있다. S, W, F가 하나의 세트를 이루며 보다 큰 단위 공간으로 등장하고 있는데 이것이 바로 삼포식 농업의 단위 구역인 경포(耕圃)이다.

현하게 되었다. 각 경구는 여름 경작지(S), 겨울 경작지(W), 휴한지(F)의 단위와 대략 일치한다. S, W, F가 하나의 세트를 이루며 만들어내는 보다 큰 단위 공간을 경포(耕圃)라고 하고, 이것이 바로 삼포식 농업의 단위 구역이 된다.

이렇게 볼 때, 중세 시대 이래 중부 유럽에 출현한 집촌 경관 및 게반 시스템은 시대성의 반영이고 그 시대의 공간적 특성을 보여주는 코드가 된다. 즉 이것은 '척박한 토양에 적응한 삼포식 농업과 장방형 경지' + '구릉성 지형을 반영한 경구제' + '대량의 집중적 노동력을 확보하기 위한 집촌'의 결과로 이해할 수 있는 것이다. 한편, 게반 시스템의 경지 유형은 산촌의 그것과 달리 울타리가 없는 개방 경지로서 프랑스에서는 주요 분포지의 지명을 따라 상파뉴(Champagne) 경관이라고도 한다. 상파뉴 경관의 특징은 중앙의 대집촌, 촌락 주변의 채소밭, 채소밭 주변의 넓은 평야, 도로와 수로 외에는 경지를 구획하는 물리적 경계가 없다는 점, 필지의 형태는 장방형이고 몇 개의 장방형 필지가 합쳐져 각각의 경구를 이루고 있는 점 등이다.

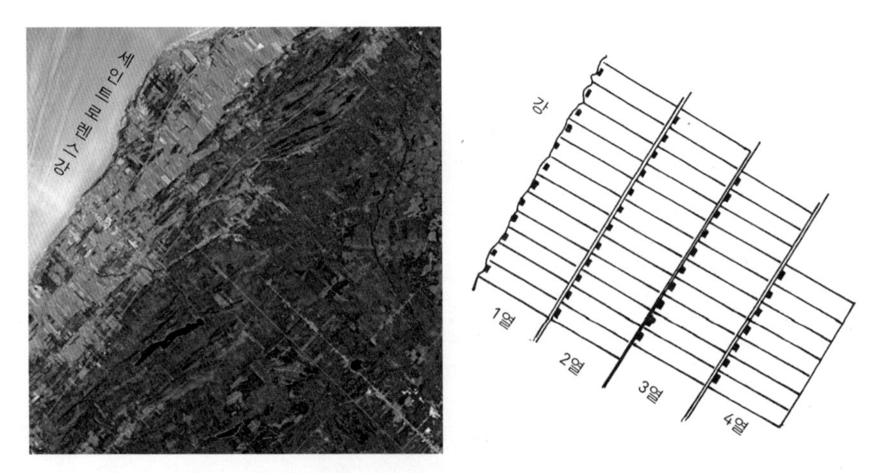

그림 6-11 캐나다 세인트 로렌스 강 연안의 랭 시스템과 모식도
신대륙 정착 초기에는 내륙을 관통하는 도로 개설이 상당히 지연되었기 때문에 가항 하천이 주된 교통로였다. 가옥들은 배가 닿기 유리한 지점을 골라 하천변을 따라 입지하였고, 하천에 직각을 이루며 장방형의 경지가 펼쳐지는 촌락 경관을 탄생시켰다.

신대륙의 가항 하천변에 만들어진 촌락 구조: 랭 시스템

신대륙 정착 초기에는 내륙을 관통하는 도로 개설이 상당히 지연되어 도로망이 미흡했기 때문에 자연 교통로, 즉 가항 하천이 주된 교통로로 활용되었다. 특히, 북아메리카 대륙 개척 초기에 프랑스인이 많이 정착한 세인트 로렌스(Saint Lawrence) 하곡의 양측 평야에는 유럽의 임지촌이나 소택지촌을 방불케 하는 계획적인 경지 분할이 행해진 바 있다. 이 일대에서 가옥들은 배가 닿기 유리한 지점을 골라 하천변을 따라 입지하였고, 하천에 직각을 이루며 장방형의 경지가 펼쳐지는 촌락 경관을 연출했던 것이다.

시간이 지남에 따라, 장방형의 경지가 끝나는 지점에서 하천 방향과 평행을 이루며 2차 교통로(육로)가 개설되고, 이 도로변으로부터 내륙을 향해 다시 가옥과 장방형의 경지가 펼쳐지는 방식으로 촌락이 성장해 나간다. 전면의 가옥과 배후의 장방형 경지로 이루어진, 그리고 하천과 평행을 이루면서 내륙을 향해 차례차례 도로가 개설되고 다시 가옥과 경지가 뻗어나가는 이 같은 촌락 경관을 프랑스어로 '랭(Rang)'이라 부른다. 이러한 랭 시스템은 캐나다의 프랑스인 정착지(French

그림 6-12 오클라호마 체로키 지구의 토지 무상 분배
미국에서는 1887년의 이른바 '도스법(Dawes Act)'에 따라 중서부 지역으로의 이주와 토지 소유가 허용되었다. 그림에서 보이는 것처럼, 당시 오클라호마(Oklahoma Territory)의 체로키 지구(the Cherokee Strip)에서는 일정한 경합을 통해 이주민들에게 토지를 무상으로 제공하였는데, 사람들은 좋은 토지를 차지하기 위해 말이나 사륜마차, 심지어 자전거까지 동원하며 서로 치열하게 경쟁하였다(National Geographic, *Defining a Nation*, 2003: 59). 이러한 장면은 톰 크루즈와 니콜 키드먼이 주연한 영화 〈파 앤드 어웨이〉에서도 잘 그려지고 있다.

Canada)를 중심으로 확대되었으며, 대개 경지 규모는 20헥타르(ha), 가옥의 간격은 100~200m를 이룬다.

신대륙 무주공지(無主空地)의 신속한 분할과 일사분란한 점유: 타운십 시스템

유럽인의 신대륙 정착 과정을 드러낸 영화 〈파 앤드 어웨이(Far and Away)〉의 마지막 부분에는 신대륙의 토지 분할 및 점유가 얼마나 신속하고 일사분란하게 이루어졌는지를 극적으로 보여준다. 아침 이른 시간에 백인들이 특정 장소에 일렬로 늘어선다. 이후 통제자의 격발 소리와 함께 일제히 전방으로 달려가 자기가 원하는 지점에 깃발을 꽂음으로써 그 지점을 중심으로 한 일정 면적의 토지 소유를 법적으로 보장받게 된다. 이러한 광경은 신대륙에서 행해진 토지 분할 방식의 한 단면을 알려준다.

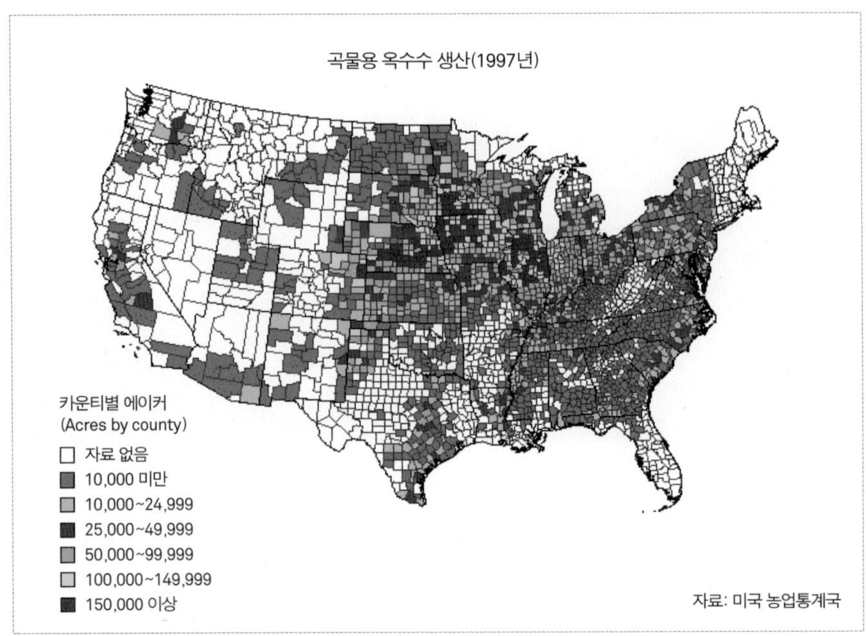

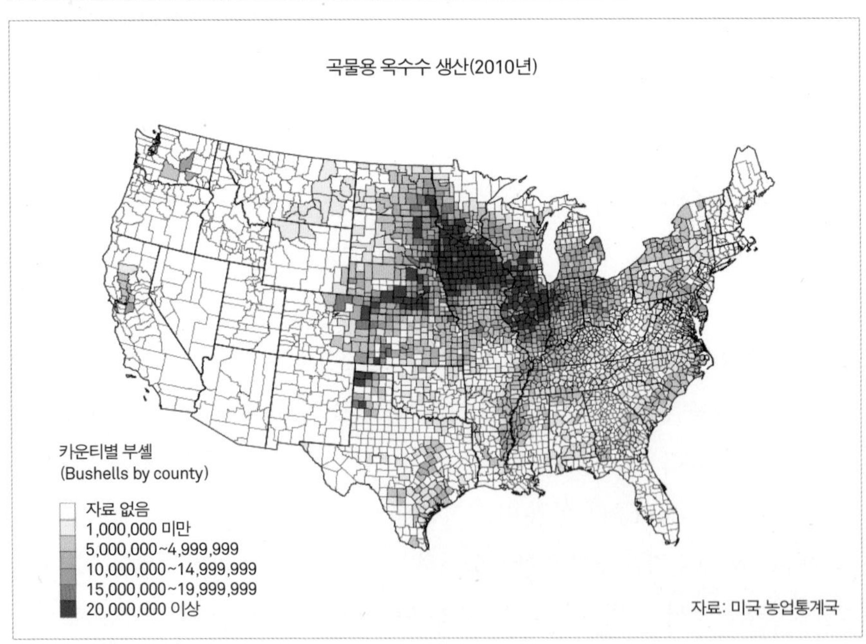

그림 6-13 미국의 옥수수 지대

북미 대륙의 국경 획정이 경위선에 기준하여 마치 책상 위에서 손쉽게 자로 긋는 듯한 방법으로 이루어진 것처럼, 미국의 주별 경계 또한 그런 방식으로 이루어졌고 옥수수 지대의 타운십(Township) 경관 역시 유사한 방법으로 빚어진 산물이다.

18세기 후반부터 미국 정부는 애팔라치아(Appalachia) 산맥 서쪽의 광대한 토지를 소수의 농민들이 개척할 수 있도록 토지 조사법을 만들고 이른바 타운십 시스템이라는 독특한 토지 구획 방식을 채택하였다. 타운십 시스템에 따르면, 각 주마다 남북 방향의 주요 자오선과 동서 방향의 기준선을 설정한 후, 이들 교차점을 중심점으로 하여 동서남북으로 각각 24마일의 토지를 분할한다. 이렇게 구획된 한 변이 24마일인 정방형 토지를 다시 가로, 세로 각각 4등분하여 16구획의 토지로 나눈다. 결국, 한 변이 6마일, 면적으로는 6×6=36평방마일의 크기가 된다. 타운십이라는 용어는 곧 이 36평방마일의 정방형 토지에 부여된 이름으로서 곧 우리가 말하는 타운십 경관의 기본 단위가 된다.

그러면 이 36평방마일의 정방형 토지에 촌락 경관이 어떻게 전개되었는지 알아보자. 그것은 다음과 같다.

> 한 변이 6마일인 정방형의 토지 타운십(36평방마일) → 가로, 세로를 각각 6등분(총 36개의 작은 토지) → 한 변이 1마일인 작은 토지를 섹션(section, 1평방마일)이라 칭함 → 각 섹션을 4등분 → 한 변이 1/2마일인 토지를 쿼터(Quarter)라 일컬음. 면적이 160에이커(약 64.6헥타르 = 195,415평)인 농지로서 이것이 각 농가에 불하.

20만 평에 근접하는 이 경지 규모는 미국 개척 시대에 각 자영 농가가 경영할 수 있는 최적 규모로 판단된 것으로 당시의 농업 정책 이념을 반영한 것이기도 하다. 경지는 독립전쟁에서 귀환한 병사에게 무상으로 불하되었고 1862년에는 이 일대에서 5년간 개척에 종사한 사람에 한해 분양되었다. 가옥은 각 불하지의 중앙에 조성하는 산거형(散居型), 불하지의 교차지를 중심으로 4개 농가가 입지하는 4호형(四戶型), 인접한 불하지의 경계 중앙 지점에 2개 농가가 위치하는 2호형(二戶型) 등이 있었다. 산거형인 경우 가옥 간 거리는 1/2마일(약 800m)이 되고, 4호형인 경우 소촌 간 거리는 1마일(약 1,600m)이 된다. 그리고 타운십별(36평방마일)로 한 곳씩의 공공 용지가 설정되어 학교나 공공 서비스 기관이 입지한다. 이러한 규칙 정연한 경지 배열과 산촌(散村) 경관은 신대륙 개척 과정의 산물로서 미국 옥수수 지대를 대표하는 경관이 되어 왔다(그림 6-13).

4. 우리나라 촌락의 근간: 종족 마을

1) 종족 마을의 주인공 '종족 집단'

종족(宗族)이란 자신의 아버지 계통의 남자 중심 혈연 집단(父系出系集團)을 말한다. 종손(宗孫), 종가(宗家), 종친(宗親), 종계(宗契) 등의 표현에서 볼 수 있듯이, '종(宗)'이라는 개념은 장남을 우대하는 사고방식을 지니고 있다. 우리는 대개 동족 집단, 동성 집단 등의 용어에 익숙해져 있으나, 사실 이들은 장남, 장손을 우대하는 우리나라 성씨 집단의 특성을 감안할 때 올바른 표현이 아니다. 우리는 예로부터 '종족 집단'이라는 용어를 일반적으로 사용해 왔다. 대부분의 족보 서문에서 자신들의 혈통 집단을 일컬어 거의 '종족(宗族)'이라 쓰는 것에서도 이를 확인할 수 있다.

뿐만 아니라, 『삼국사기』나 『고려사』, 『조선 왕조실록』 등 각종 관찬 사료에서도 한국의 종족 집단을 지칭할 때 흔히 '종족' 개념을 사용하고 있다. 종족이라는 개념은 일제시기 일본인 학자들이 사용하기 시작한 '동족(同族)' 개념에 밀려 근대 이후 잠시 잊혀졌을 뿐, 한국의 성씨 집단을 지칭함에 있어서 실질적으로나 명목상으로 가장 적절하다. 이런 점에서 종족 집단이 형성한 촌락을 지칭함에 있어서도 동족 부락, 동성 촌락, 집성 촌락, 씨족 촌락 등의 표현은 잘못된 것이거나 부적절하며 '종족 마을' 혹은 '종족 촌락'이라 불러야 한다.

오늘날 한국의 촌락 지역에는 종가와 종족 촌락을 비롯해 종산(宗山), 정려(旌閭), 효자문(孝子門), 신도비(神道碑), 정자(亭子), 사당(祠堂)과 사우(祠宇), 서원(書

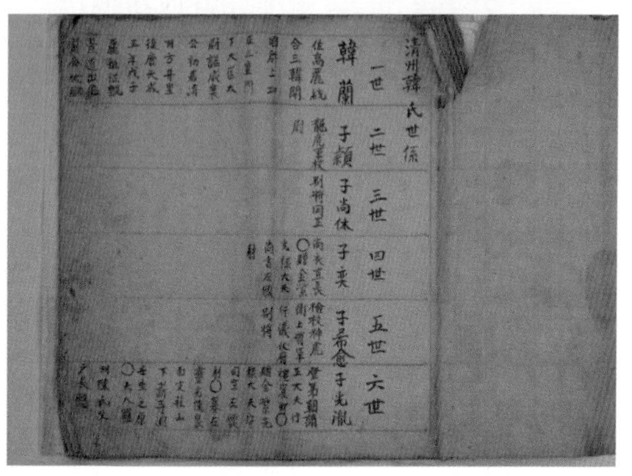

清州韓氏世係

一世 韓蘭

二世 子穎

三世 子尙休

四世 子奕

五世 子希愈

六世 子光胤

그림 6-14 종족 집단의 선조 묘역과 종족 마을 및 문서(왼쪽부터 시계방향으로 세종시 공북리, 대전시 산소동, 원산도 청주한씨 족보)

한국의 촌락 지역에는 종족 촌락, 종산(宗山), 정려, 사당 등 종족 집단과 관련된 경관, 장소, 영역 등이 무수하게 분포한다. 이들 경관 요소는 종족 집단이 사회 구성에서 중요한 단위로 부상했던 14세기 이후의 사회 · 공간적 산물로서 당대의 시 · 공간을 들여다볼 수 있는 의미 있는 창문이 된다.

院) 등 종족 집단과 관련된 경관, 장소, 영역 등이 무수하게 분포한다. 이러한 공간 요소들은 종족 집단이 사회 구성에서 중요한 단위로 기능하였던 14세기 이래의 시대적, 공간적 산물이다. 따라서 이들 공간 요소들은 과거는 물론이고 현재의 촌락 지역을 해석함에 있어 매우 요긴한 단서가 될 수 있다.

특히, 일제 강점기 조사에 따르면 한국 촌락의 1/3 정도가 종족 촌락으로 밝혀졌는데, 이 점은 종족 촌락이 한국 촌락의 근간이 된다는 사실을 말해 준다. 1935년 조선총독부에서 발행한 『조선의 취락(朝鮮の聚落)』에 따르면 전국에 모두 1만 5천여 개의 종족 마을이 존재했는데, 이는 당시 한반도에 있던 전체 마을의 1/3을 점유하는 수치이다. 이 중 저명한 종족 촌락 1,685개를 형성 시기별로 살펴보면 500년 이상 207개, 300~500년 646개, 100~300년 351개, 100년 미만 23개, 시기불명 458개로 나타나 15~17세기에 종족 마을이 집중적으로 형성된 것으로 나타난다.

2) 종족 마을은 언제, 어떤 배경에서 등장했는가?

혈연 집단이라는 것은 선사시대 이전부터 있었겠지만, 그것이 일정한 사회적, 관념적 조직체로서 나타난 것은 가부장적 종법 질서가 보급되기 시작한 시점부터일 것이다. 그렇다고 가부장적 종법 질서의 보급과 함께 하루 아침에 종족 집단이 형성되었을 리는 없으며 대략 14세기~17세기를 거치면서 종족 집단의 형성과 조직이 지속적으로 진행되었다고 보는 것이 옳을 것이다. 특히 고려 말~조선 초, 당쟁이 극심했던 시기, 임진왜란과 병자호란 같은 전란기는 중앙과 지방 간, 또 지역 간 인구 이동을 초래하기 쉬웠고 이들 시기에 다수의 종족 촌락이 형성되었다. 실제로 종족 촌락을 형성한 인물 중에는 이들 시기에 새로운 지방으로 정착한 자들이 입향조(入鄕祖)로 설정되는 경우가 많다.

종족 촌락이 발생하는 장소는 정치적으로 높은 지위에 올랐던 조상의 출신지가 다수를 차지한다. 이 말은 두 가지 의미를 갖는다. 하나는 어떤 조상의 정치적 현달이 마을 단위의 토지 확보를 가능하게 해주는 유력한 요인이라는 점이고, 다른 하나는 정치적 현달과 토지 확보를 이루어낸 바로 그 인물이 종족 집단을 마을 단위로 거주할 수 있도록 한 정신적 구심점이 된다는 점이다. 이 두 가지 요인이 종족 촌락이 발생할 수 있는 주요 배경이라 볼 수 있다.

따라서 이들 요인에 의해서 종족 촌락의 경관 역시 두 가지 차원에서 조성된다. 전자는 집단적 거주지로서의 집촌 경관(集村景觀)을 유도하는 동인으로 작용하고, 후자는 사당, 문중서원, 열녀 및 충신의 정려, 선산(先山) 등 상징 경관(象徵景觀)을 만들어내는 요인이 된다. 전자에 의해서는 종족 촌락의 물리적인 배경이 제공되는 것이고, 후자는 영역성(territoriality)을 창출하는 요인으로서 종족 촌락의 시·공간적 존속을 가능케 한 요인이라고 이해할 수 있다.

종족 촌락의 입지는 종족이라는 집단적 시야에서 볼 때 상징적이고 의미 있는 장소들에 해당한다. 즉 본관지나 새롭게 마련된 근거지가 바로 그러한 장소들이다. 본관지(本貫地)에서의 종족 촌락은 시조 발상지를 상징하고 그 지방의 토착 세력임을 과시하려는 의도가, 그리고 새로운 근거지의 경우에는 집단 거주와 현달한 조상을 매개로 하여 자신들의 존재를 부각시킴으로써 기존의 모사회(母社會)[혹은 선재사회(先在社會)]에 적응하기 위한 목적이 내포되어 있다고 볼 수 있다.

특히, 본관지를 떠나 새로운 근거지에 형성된 종족 마을은 본관지로부터 장거리 이주를 통해 정착한 지역에서 나타나는 일종의 인클레이브(enclave)로서의 성격을 갖는다. 거주지의 원격 이동의 결과로 나타나는 지리적, 사회적 군집 현상으로 이해할 수 있다는 것이다. 본관지와 떨어진 원격지에 분포하는 종족촌락의 경우 기존의 근거지와 다른 '새로운 모사회'[이주지]에 적응하는 과정에서 나타난 군집 현상, 다시 말해서 종족 기반을 수호하고 확대하기 위한 군집 현상으로 볼 수 있음을 의미한다(전종한, 2002). 이에 비해, 본관지 인근 지역에 분포하는 종족 촌락의 경우는 조선 시기의 유교 이념과 같은 사회적 이데올로기가 반영된 결과로 보는 견해가 일반적이다. 시기상 사족 집단의 지배 질서가 와해되기 시작한 17세기 이후에 발생한 종족 촌락의 경우는 재지사족(在地士族)들이 기득권을 유지하기 위해 집단적 결집을 강화하려 한 하나의 전략인 것으로 보기도 한다(이해준, 1996).

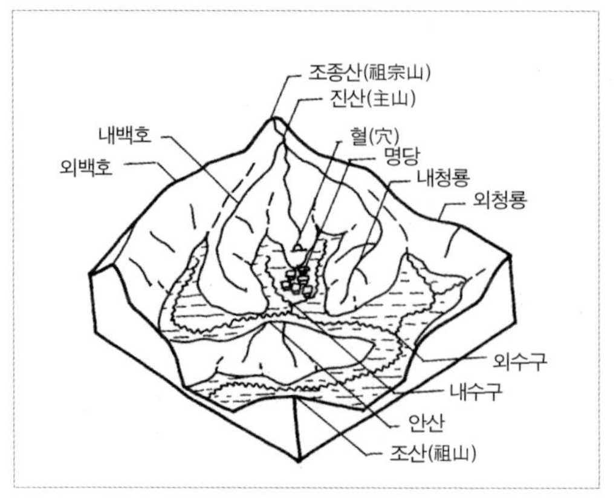

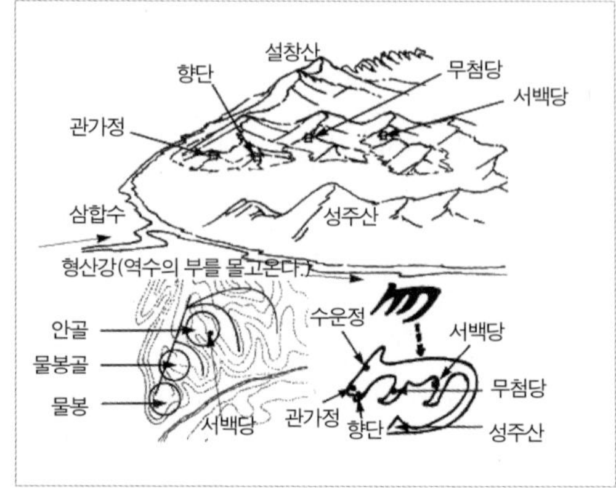

그림 6-15 이상적 풍수형국과 '勿'자형으로 상징화되는 양동 마을의 입지

3) 종족 마을의 공간 구성

풍수 사상을 기반으로 한 마을 입지와 집단 권력의 정당화

대개 유력한 종족 마을들은 풍수지리적으로 명당이라 불리는 장소를 차지하고 있다. 촌락의 배후에 마을을 수호하는 주산(主山)이 위치하고, 주산으로부터 좌청룡, 우백호라 불리는 두 줄기 산맥이 마을을 감싸고 있으며, 마을 전면에는 시냇물이 흐르고 다시 그 앞으로 전답과 조산이 펼쳐지는 형국을 말하는 것이다. 물론 애초부터 풍수적으로 명당이라 불리는 형국에 촌락이 입지했을 가능성도 있지만, 때로는 지식과 권력의 관계에 대한 푸코(M. Foucault)의 주장처럼 해당 촌락의 종족 집단이 크게 부흥한 뒤에 이를 뒷받침하는 풍수적 정당화가 이루어지기도 한다.

많은 종족 촌락들에서 주산의 위치는 보통 북쪽이며 이 때 촌락은 자연스럽게 남향을 취하게 된다. 우리가 흔히 배산임수(背山臨水)라 부르는 배치를 말한다. 촌락의 방향이 서쪽이거나 동쪽인 경우도 종종 확인되지만 북쪽을 바라보는 경우는 거의 없다. 촌락 전면의 들판은 마을의 생산 기반으로서 경제적 기반이 되며 촌락 배후의 산지는 마을 수호신의 장소, 연료와 식수의 원천, 선조 묘역 등으로 기능한다.

그림 6-16 종족 마을의 상징 장소(당진군 송산면 도문리 덕수 이씨 선조 묘역)
종족 마을에서 선조 묘역은 마을의 기원과 관련된 의미 있는 장소 혹은 명당을 찾아 조성되는 경우가 많다. 특히, 풍수 사상에 따르면 죽은 자의 거처(묘소)가 명당에 자리할 때 조상과 후손이 서로 기가 통하게 되어 자손이 크게 부흥한다고 여긴다. 덕수 이씨 선조 묘역은 거문고 형국의 명당에 조성되었다.

좌청룡, 우백호라 불리는 좌우의 산맥은 방풍 기능을 수행함은 물론이고 수구(水口)에 위치한 동수(洞藪)와 함께 마을을 외부로부터 쉽게 보이지 않도록 보호하는 역할을 한다.

마을 높은 곳에 위치하며 최고 권위자로 군림하는 종가

종족 촌락에서 종가는 공간적, 정치·사회적으로 권력의 핵심에 해당한다. 이런 맥락에서 종가는 풍수지리적 측면에서 이른바 기(氣)가 용출하는 지점, 기가 머무는 곳이라 간주되는 곳에 자리하게 된다. 물리적 측면에서 보면 대체로 마을을 전체적으로 조망할 수 있도록 고도가 높은 장소를 차지하는 경우가 많다. 이처럼 종가의 입지가 다른 가옥들보다 상대적으로 높은 고도 혹은 상대적 중심 공간을 지향하는 데에는 종족 집단 내에서 종가가 갖는 높은 사회적 지위를 공간적으로 각인하기 위한 의도가 숨어 있다.

종가의 배후에 자리하며 권력의 근원이 되어주는 사당과 선조 묘역

종가의 배후에는 조상의 위패를 모시는 사당이 위치하고 다시 그 뒤로는 선조 묘역이 배열된다. 즉 종족 촌락의 공간 구성은 보통 마을 뒤의 주산에 선조 묘역이 조성되고, 고도가 낮아지면서 사당, 종가, 양반 가옥, 일반 평민 가옥, 하천이나 계곡, 들판 등이 차례로 펼쳐지는 형세를 보인다. 물론 선조 묘역이 반드시 마을 뒤편의 주산에 마련되는 것은 아니다. 선조 묘역은 마을의 기원과 관련된 의미 있는 장소나 촌락 주변의 풍수지리적 명당을 찾아 조성되는 경우도 많다. 풍수 사상에 따르면 죽은 자의 거처(묘소)도 산 자의 삶터와 마찬가지로 기가 용출하는 명당에 자리해야만 조상과 후손이 서로 기가 통하게 되어 자손이 크게 부흥한다고 간주되기 때문에 선조 묘역은 종족 촌락 일대에서 가장 의미 있는 공간에 마련되는 것이다(그림 6-16).

4) 종족 마을의 경관이 내포한 의미와 전략

마을의 정신적 지주를 모시는 경관: 재실(齋室)과 사우(祠宇)

병산서원을 들러보지 않았다면 하회 마을을 제대로 보았다고 할 수 없다. 하회 마을은 병산서원이 있었기 때문에 비로소 종족 마을로서 탄생, 지속될 수 있었다는 뜻이다. 정치·사회적으로 유명한 입향조나 그 후대의 현달한 조상은 종족 촌락을 존립하게 해 주는 정신적 지주이기 때문이다. 일반적으로 종가를 비롯한 양반가에서는 집 뒤편의 한쪽에 사당(祠堂)을 마련해 두고 정기적으로 직계 조상을 제사지낸다. 그런데 그 조상이 학문적으로 또는 정치적으로 크게 현달한 경우에는 혈연 관계를 넘어서 촌락민들 혹은 지역 사회 차원에서 그를 제사지내며 흠모하는 마음을 표현하기도 한다. 이때 그의 위패를 모셔놓은 건물이 바로 사우(祠宇)이다. 사우는 추후에 종종 후학들의 공부방이 부속 시설로 들어섬으로써 제사와 학문 연마의 기능을 모두 갖춘 서원(書院)으로 발전하기도 한다. 사우는 일견 제사지내는 장소에 불과한 듯하지만, 사실 특정 인물이 지역적으로 추앙되는 과정이 결코 쉽지 않음을 생각한다면 종족 집단 간 정치·사회적 관계를 반영하고 집단적 계보 의식을 자극하는 일종의 상징 경

그림 6-17 사계 김장생의 묘역과 재실(논산시 연산면 고정리)
입향조나 그 후대의 현달한 조상은 종족 촌락을 존립하게 해주는 정신적 지주로 추앙되고 그의 묘소 앞에는 보통 재실을 건립한다. 재실은 종족 집단의 결집을 강화하는 기능과 함께 집단 정체성을 상기시키는 장소이기도 하다.

관임을 알 수 있다.

한편, 재실은 종족 집단의 중시조나 파시조를 제사지내기 위한 건물을 말한다. 재실은 보통 그의 묘소 앞 근처에 건립되며 따라서 선산(先山)이나 위토(位土) 부지에 입지하는 것이 보통이다. 재실과 선산을 지키는 사람을 묘지기[墓直] 및 산지기[山直]라고 하는데, 이들은 재실이나 선산을 관리해주는 대가로 부근의 종중 소유 농경지를 경작한다. 1년에 한 차례씩 치러지는 제사 음식 준비는 이들의 몫이며, 그 제사에 참여하는 자손의 규모는 종족 집단마다 다르나 적게는 수십 명에서 많게는 수백 명에 이른다. 이와 같이 종족 촌락의 중시조나 파시조는 대규모 제사를 유도하고, 재실을 통한 제사는 종중 내에서 종가의 역할과 권위를 부각시켜주며, 다시 종가는 종족 촌락을 유지시키는 매우 중요한 요인으로 작용한다. 이렇게 재실은 종족 집단의 결집을 강화하는 기능과 함께 집단 정체성을 상기시키고 재생산하는 장소이기도 하다. 만약 우리가 종족 촌락을 답사하려 한다면 먼저 촌락 형성의 상징적 기원으로서 재실이나 사우를 살펴야 하고, 특히 사우의 경우 누구를 모시고 있는가, 누가 건립을 주도했는가를 파악하는 것이 중요하며, 그 다음 종가의 위치와 사당을 확인하는 것이 순서일 것이다.

그림 6-18 종족 마을의 정려(논산시 연산면 고정리 양천 허씨 정려)
정려는 집의 대문에 세워지는 경우도 있지만 대개의 경우 마을 입구에 건립함으로써 국가 수준에서의 표창 사실을 과시하는 동시에 마을 영역의 경계를 표시하게 된다.

권력을 과시하는 경관: 정려와 신도비

정려(旌閭)란 국가가 충신, 효자, 열녀를 표창하기 위하여 그(녀)의 출신지에 세운 정문(旌門)을 말한다. 이들 정려는 해당 인물이 생전에 살았던 집의 대문에 세워지는 경우도 있지만 대개의 경우 마을 입구에 건립함으로써 국가 수준에서의 표창 사실을 주변마을에 과시하는 동시에 마을 영역의 경계를 표시하게 된다. 일반적으로, 정려가 세워지기까지는 마을이나 지역 사회의 여론이 수령이나 관찰사를 통해 국왕에게 전달됨으로써 이루어지게 된다. 그러나 때로는 해당자의 후손이 정치적으로 크게 현달하여 중간 단계를 생략하고 국왕에게 직접 요청하여 정려가 내려지는 경우도 있다. 이러한 경우 정려의 건립은 그 가문의 정치적 성장의 결과로서 권력을 반영하는 것으로 볼 수 있다.

신도비(神道碑)는 종2품 이상의 관직을 역임한 사람에게 세워진 것이 원칙이다. 그러나 조선 초기에는 태조의 건원릉 신도비(建元陵神道碑, 경기도 구리시 소재)나 세종대왕 신도비 같이 왕릉에 세워지는 경우도 있었고, 이순신 신도비처럼 공신이나 큰 유학자에게 내려지는 경우도 있었다. 신도(神道)란 고관(高官)의 죽은 혼령을 신령(神靈)으로 간주하여 그의 무덤으로 가는 길[道]이라는 뜻인데, 이런 의미에서 신도비 역시 무덤으로부터 다소 떨어져 무덤으로 가는 길의 초입에 세워지는 경우가 보통이다.

그림 6-19 외암 이간(李柬, 1677~1727) 신도비
신도(神道)란 고관(高官)의 죽은 혼령을 신령(神靈)으로 간주하여 그의 무덤으로 가는 길[道]이라는 뜻인데, 이런 의미에서 무덤으로부터 다소 떨어져 무덤으로 가는 길의 초입에 세워진다.

신도비는 집단적 차원에서 종족 집단의 권력을 과시하는 경관이 될 수 있기 때문에 종종 종족 촌락의 입구에 세워져 주변 마을과 자신들의 경계를 표시하는 한편 지역 사회의 종족 집단 간 위계 질서를 세우는 데에도 기능하게 된다. 신도비를 볼 때에도 그 위치가 갖는 상징성과 그 입지로 인해 생산되는 장소성에 주목할 필요가 있고, 신도비의 글을 누가 지었고 글자는 누가 썼는지 확인해 보면 죽은 자의 권력 관계망을 가늠하는 데 도움이 된다.

공부하는 장소? 계보 의식을 다지는 장소! : 정사와 서원

조선 시기를 지나면서 우리 국토에는 유학자들에 의해 많은 정사(精舍)와 서원(書院)이 창건되었다. 일반적으로 서원의 출현 배경에 대해서는 관학(官學)의 부진을 만회하기 위한 사학(私學)의 부흥이라는 시각에서 설명되고 있다. 그렇지만 실제로 정사와 서원은 공부하는 장소이기도 하였지만 그것은 피상적 모습에 불과하였다. 특히, 당파 분쟁이 심했던 조선 중기 이후 정사와 서원들은 스승의 학문 계보를 주축으로 한 정치적 붕당의 재생산 장소로서 기능하곤 하였다.

예를 들면, 율곡 이이의 수제자로서 충청도 논산시 연산면이 고향인 김장생(1548~1631)은 정회당(靜會堂), 양성당(養性堂), 임리정(臨履亭, 원래 이름은 황산정) 등의 정사(精舍, 학문을 가르치기 위한 건물 혹은 정신을 수양하는 곳)를 마련하여 수많은

그림 6-20 정사와 서원

정사와 서원은 공부하는 장소이기도 하였지만 그것은 피상적 모습에 불과하다. 당파 분쟁이 심했던 조선 중기 이후 많은 정사와 서원들은 학문 계보망을 만들어내고 정치적 붕당을 재생산하는 장소이기도 했다. 왼쪽 위에서부터 시계방향으로 대전의 담간정사, 논산의 돈암서원, 팔괘정, 임리정의 모습이다.

임리정(현액의 의미는 '깊은 물에 임하고 살얼음을 밟는 것 같이 하다')은 율곡 이이의 수제자였던 사계 김장생이 강경 지방에 건립한 정사이다. 이곳을 드나들었던 사대부들의 네트워크가 바로 당대 지역 사회를 움직이던 사회 관계망이었고 후대에 호서사림파로 성장한다. 팔괘정은 스승 김장생이 건립했던 임리정 맞은편에 있으며 송시열이 스승을 기리며 건립한 정사이다. 훗날 이중환이 『택리지』 저술을 마무리한 곳으로도 알려져 있다.

제자들을 길러냈는데, 바로 이들의 모임이 기호사림파였고 구체적으로는 호서사림파였다. 나중에 김장생은 임리정 옆에 사우를 세워 자신의 스승인 율곡 이이와 우계 성혼을 제사지내기 시작했으며, 이로써 임리정은 죽림서원(竹林書院, 원래 이름은 황산서원이었으나 죽림서원으로 사액을 받음)으로 거듭나게 된다(그림 6-20).

그리하여 이때부터 충청도 연산 지방의 성리학에 집단적 계보 의식이 분명해졌다. 이러한 계보는 김장생 → 김집 → 송준길·송시열 → 권상하 → 한원진·이간 등으로 이어지면서, 이른바 영남사림파와 차별되며 조선 중·후기의 중앙 정계를 지속적으로 주도하였다. 이와 같이, 조선 시기의 주요 사림파와 붕당의 한 중앙에는 바로 서원이 있었으며 서원을 근거지로 삼아 이곳에서의 후학 양성을 통해 각 파벌들은 자신의 계보 의식을 다질 수 있었고 또한 재생산해 나갔다.

서원을 방문할 때 우리가 동재(東齋), 서재(西齋) 같은 공부 시설만 살핀다면 서원의 배후에 감추어져 있는 또 하나의 진실을 지나쳐버리는 셈이 되는 것이다. 그 진실은 서원의 뒤편에 마련되어 있는 사당과 그 속에 안치된 위패가 말해줄 것이다. 그리고 인근의 여러 서원들에 대해서도 이 같은 진실을 확인한다면 우리는 보다 큰 공간 스케일에서 어떤 무리의 서원들이 하나의 영역(領域)을 형성해 왔는지 포착할 수도 있다.

중화 세계의 재현을 위하여 : 정자와 유교적 지명

널리 알려져 있듯이, 조선 시대 각 지방의 유력한 종족 집단들은 서로 연대하여 향약(鄕約)을 반포하고 지역 사회를 자신들의 통제하에서 자치하고자 하였다. 이렇게 향약을 통해 사회적 위계 질서를 확립하려는 행위는 성리학적 사회 구현이라는 주자(朱子)의 사상에 기반을 둔 것이었다. 그런데 이러한 사회적 차원의 다른 한편에서 이들은 '경관 만들기'와 '유교적 지명 부여' 사업을 통해 주자의 공간, 즉 유교적 공간 세계를 재현하려 하였다.

특히, 중국 대륙에서 명(明)의 멸망으로 인해 성리학적 정통성이 조선으로 계승되었다는 이른바 '소중화 사상'을 배경으로 하여, 조선의 유학자들은 각 처에 누각과

정자(亭子)를 짓고 주자가 행했던 방식대로 유교 고전(古典)의 깊숙한 곳에서 따온 이름을 거기에 부여했으며, 기존의 마을 이름이나 지명을 새롭게 바꾸거나 의미 부여하는 작업들을 가속화하였다(그림 6-20). 이러한 일련의 행위들을 통해 자신들의 삶의 장소가 바로 '중화(中華)'가 된다고 믿었기 때문이다. 이 때 새로운 장소를 '만들어 내기 위한 수단'이 사회적으로는 향약을 통한 위계적 사회 질서의 구현이고 공간적으로는 성리학적 경관과 지명의 각인을 통한 '유교적 장소들의 재현'이었던 것이다.

주변에서 살필 수 있는 정자의 위치와 이름들에 다시 주목해 보자. 정자 이름이 어떤 의미로 쓰였고 출처가 어디인지 확인해 보자. 정자 안에 전시되어 있는 시문(時文)들에도 주목해 보자. 누구에 의해 작성되었는지 확인해 보자. 그들의 네트워크가 바로 당대 지역 사회를 움켜쥐고 있던 사회 관계망이었을지 모른다. 또 주요 종족 집단들의 근거지를 중심으로 확인되는 유교적 지명들을 파악해 보고 어떤 유래를 갖고 있는지 조사해 보자. 때로는 권력을 앞세운 유력 종족 집단의 강제력에 의해 서로 다른 인근의 촌락 간에 마을 이름이 뒤바뀌는 경우도 있었다. 이처럼 정자와 지명에 내포된 상징적 의미들은 해당 종족 집단과 그들의 권력관계를 이해하는 데 대단히 중요하다.

오홍석(1989),『취락지리학』, 서울: 교학연구사.

이문종(1988), "태안반도의 촌락형성에 관한 연구"(서울대학교 박사학위논문),『지리학논총』, 별호 6.

이문종(2004), "이중환의 생애와『택리지』의 성립",『문화역사지리』 16(1).

이봉준(1977), "태안반도의 산촌형성요인에 관한 연구,"『지리학과 지리교육』 7.

이해준(1996),『조선시기 촌락사회사』, 서울: 민족문화사.

전종한(2002), "종족집단의 거주지 이동과 종족촌락의 기원에 관한 연구,"『사회와 역사』 61집, 서울: 문학과 지성사.

전종한(2003), "종족집단의 지역화과정에 관한 연구(Ⅱ): 경관 생산 단계,"『대한지리학회지』 38(2).

전종한(2005),『종족집단의 경관과 장소』, 서울: 논형

전종한(2016), "택리지에 나타난 국토지리의 서술방식과 지리적 논리,"『대동문화연구』 93.

최기엽(1986), 한국촌락의 지역적 전개과정에 관한 연구(경희대학교 박사학위논문),『지리학연구보고』 14.

형기주(1993),『농업지리학』, 서울: 법문사.

홍경희(1985),『촌락지리학』, 서울: 법문사.

今本曉(2000), "村落内小社會集團の成立と基礎地域の社會的紐帶－滋賀縣神崎郡川竝を事例として－,"『人文地理』 52(2).

Cloke, P. *et al.*(1994), *Writing the Rural: Five Cultural Geographies*, London: Paul Chapman Publishing Ltd.

Murdoch, J. and Pratt, A.(1993), "Rural studies: modernism, postmodernism and the 'post rural'," *Journal of Rural Studies*, 9.

Phillips, M.(1998), "The restructuring of social imaginations in rural geography," *Journal of Rural Studies*, Vol. 14, No. 2.

Philo, C.(1993), "Postmodern rural geography? A reply to Murdoch and Pratt," *Journal of Rural Studies*, 9.

Pratt, A.(1996), "Deconstructing and reconstructing rural geographies," *Ecumene*, 3.

7장

한국 도시의 원형 '읍성' 취락

1. 성곽의 나라 '조선'

1) 한반도에 얼마나 많은 읍성이 있었는가?

조선 왕조 초기에 우리나라는 '성곽(城郭)의 나라'라고 불릴 만큼 많은 성곽들이 만들어졌다["臣以爲吳東方城郭之國也", 『세조실록』 권삼(卷三), 세조 2년 2월 정유(丁酉)]. 당시 집현전 직제학으로 있었던 양성지(梁誠之)는 성곽이 759군데나 되었던 조선 초기의 상황을 두고 "우리나라는 성곽의 나라입니다."라고 말했던 것이다.

성곽은 크게 산성(山城), 행성(行城), 읍성(邑城)으로 나눌 수 있다. 산성은 방어를 목적으로 산 정상부의 고위 평탄면을 점유하며 쌓은 성을 말하고, 행성이란 일정한 방어선을 유지하면서 여러 개의 성을 연달아 쌓고 성과 성 사이는 지형에 따라 토성(土城), 목책(木柵), 해자(垓子) 등으로 연결한 방어 시설을 말한다. 청주의 상당산성이나 예산군 대흥면의 임존성, 경기도 광주의 남한산성은 산성 유형에 해당하고,

그림 7-1 읍성과 산성(왼쪽: 서산 해미읍성, 오른쪽: 고창 모양성)
산성은 방어를 목적으로 하여 산 정상부의 고위 평탄면이나 분지형 지형을 점유하며 쌓은 성을 말하며, 평지에 조성되는 읍성은 방어를 고려하기는 하지만 대체로 행정 타운의 성격이 강하다.

고려 시대에 평안도의 서해안으로부터 한반도 동해안까지 쌓았다는 이른바 천리장성(千里長城)은 일종의 행성 형태였던 것이다.

한편, 조선 초기부터 본격적으로 한반도 전역에 등장한 성곽 유형이 바로 읍성이다. 읍성은 방어를 주목적으로 하는 산성이나 행성과 달리 방어와 통치라는 두 가지 목적을 동시에 지향한 성곽 그 자체이자 성곽 취락(castle town)을 의미한다. 조선 시대에는 도(道) 산하에 부(府), 목(牧), 군(郡), 현(縣)이 있었다. 이들은 상하 관계에 있기보다는 병렬 단위의 고을[邑]들로서 존재하였고 그 지방관들을 총칭하여 수령(守令)이라 불렀다. 그리고 읍성이란 이들 고을을 에워싸서 축조한 성곽을 말하는 것이며 동시에 그러한 성곽을 갖춘 행정타운을 지칭하는 것이다. 그리고 행정서비스(3차산업)가 주된 기능이었다는 점에서 일종의 도시로 분류할 수 있다.

세종 대에는 하삼도(下三道), 즉 충청도, 전라도, 경상도의 연안 지방을 중심으로 대대적인 읍성 축조가 이루어졌다. 무엇보다도 왜구의 침입에 대한 방어 상의 이유와 넓은 하안 충적 평야 및 해안 저지대의 농경제적 가치가 커졌기 때문이었는데, 오늘날 이들 연안 지방에 비교적 많은 성곽들이 분포하는 것도 이러한 배경에서 기인한다.

『세종실록』「지리지」(1454)에 따르면, 전국 335군데의 행정 구역 중 읍성이 수록된 것은 96개로 나타나고 있으나, 『신증동국여지승람(新增東國輿地勝覽)』(1531)에는 전국 330군데의 행정 구역 중 160군데, 즉 대략 2개 군에 하나씩 읍성이 있었던 것으로 기록되어 있다(심정보, 2003).

근대 이후 한반도의 대부분 도시는 이들 읍성 취락의 경관과 공간 구조의 영향을 받으며 성장하였고 이 점에서 읍성은 근대 한국 도시의 원형으로 간주될 수 있다. 그러나 국력이 쇠락해진 조선 말기부터 전국의 읍성들이 제대로 보존·관리되지 못했고, 특히 일제 강점기를 지나면서 식민 정책의 일환으로 성곽을 비롯한 읍성 내 각종 시설이 강제로 철거되기에 이른다.

2) 인근의 산성으로부터 옮겨온 조선 초기 읍성

조선 초기의 읍성 중 많은 수는 여말선초를 과도기로 하여 인근의 고읍성(古邑城)이나 산성(山城)이 상대적으로 고도가 낮은 저평지로 옮겨온 경우가 많다. 말하자면 조선 시기의 읍성 취락은 이전의 고읍성이나 산성이 그 입지를 바꾸어 진화한 형태였던 것이다. 물론 이 과정에서 성곽의 규모가 확대되었음은 당연하다.

조선 시대의 고지도를 비롯한 각종 사료 기록을 보면 대부분 읍성들이 인근에 고기(舊基), 즉 옮겨오기 이전의 옛 터나 산성을 갖고 있음을 확인할 수 있다(전종한, 2004). 조선 후기에 그려진 충청도 서산읍성 고지도에는 읍성 남문 앞에 '고읍기(古邑基)'라는 표시가 나타나며, 『신증동국여지승람』에서는 태안의 고읍성이 굴포에 있다["古泰安城在堀浦", 『신증동국여지승람』 '고적(古蹟)']고 기록하고 있다. 이 외에도 『충청도읍지』에는 결성 읍성의 옛 읍이 북쪽 5리에 위치한 신금성(紳衿城)이라 되어 있고, 해미읍성의 경우에도 북쪽 30리 거리에 옛 현(縣)이 있었으나 지금은 폐지되었다["古餘美縣在今治北三十里有石築周八百八十一尺今廢" 『신증동국여지승람』 '해미현(海美縣)']는 기록이 있다. 조선 시기에 읍성이 축성되지 않았던 예산의 경우에도 옛 읍 터가 서쪽 6리의 오산성이라는 기록이 보이고, 충청도 당진의 경우 『여지도서』에는 인근의 몽산성이 폐지된 뒤 면주(沔州), 즉 면천읍성이 들어섰다고 쓰

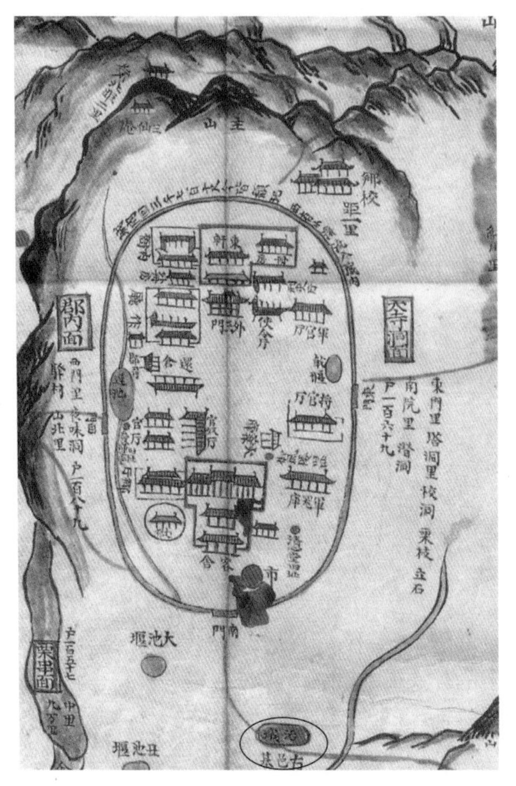

그림 7-2 고읍기(古邑基)를 표시한 서산읍성 고지도

고 있다.

실제로 여말선초의 시기에는 산성과 평지의 읍성 중에서 어떤 것이 유리한가에 대한 논쟁이 많았다. 고려 말엽 신우왕 때에는 방어상의 이유로 산성의 필요성을 역설하면서 평지에 성을 쌓는 것을 금지시켜야 한다는 주장이 있었다. 그러나 창왕 때에는 기름진 밭은 해변에 있는데 옥야(沃野) 수천리가 왜놈[倭奴]들에게 함몰되어 있다고 하면서 연해 읍성의 필요성이 제기되었다(심정보, 2003).

병조판서 최윤덕이 각 고을의 성을 축조할 조건을 들어 계하기를, '① 하삼도(下三道) 각 고을의 성 중에서 그 방어가 가장 긴요한 연변(沿邊)의 고을들은 산성(山城)을 없애고 모두 읍성(邑城)을 쌓을 것이며, 그 읍성으로 소용이 없을 듯한 것은 이전대로 산성을 수축하게 할 것이며, ② 각 고을에서 성을 쌓을 때에는 각기 그 부근에 있는 육지의 주현(州縣)으로 혹 3, 4읍(邑) 혹 5, 6읍을 적당히 아울러 정하여 점차로 축조하게 할 것이며, ③ 민호의 수효가 적고 또 성을 축조할 만하지 않은 각 고을은 인읍(隣邑)의 성으로 옮겨 함께 들어가게 할 것이며, ④ 각 고을에 쓸 만한 옛 성이 있으면 그대로 수축하고 쓸 만한 옛 성이 없으면 가까운 곳에 새로운 터를 가리어 신축하게 할 것이며, ⑤ 각 고을에 견실하지 못한 성이 있으면 각기 호수의 다소를 참작하여 혹은 물리고 혹은 줄여서 적당하게 개축하게 할 것이며, ⑥ 각 고을의 성을 일시에 다 쌓을 수는 없는 것이므로 각기 성의 대소를 보아서 적당히 연한을 정하여 견실하게 축조하도록 하소서' 하니 이 일을 공조에 내리라고 명하였다.

–『세종실록』 권43 11년 2월 10일(丙戌條)

이런 논쟁이 반복되다가 조선 세종 대에 와서는 결국 국방력의 강화에 힘입어 산성과 평지성 중 후자, 즉 평지의 읍성 축조를 원칙으로 하는 기본 방침이 정해졌다. 이 같은 원칙은 연해 지방에 우선적으로 적용되었기 때문에, 한반도의 서남해안에서는 15세기, 즉 태종과 세종 대를 전후하여 읍성 축조가 집중적으로 이루어지게 된다.

3) 읍성의 입지에 관여한 조건들

평지에 정사각형으로 축성된 대부분의 중국 읍성들과 달리, 우리나라 읍성은 주변이 산으로 둘러싸인 분지를 택하여 그 안에 들어서거나 큰 산을 북쪽에 두고 그 남쪽 산록에 입지하는 경우가 많았다. 이 같은 입지는 산지가 많은 한반도의 지형을 반영한 결과이기도 하지만 방어 및 행정 통치를 효과적으로 수행하고자 하는 목적도 깔려 있었다.

이에 따라 성곽의 형태 및 시설은 우선 지역적으로 다양한 자연지리적 조건의 영향을 받아 지역마다 차이가 나게 되었다. 다만, 성곽 형태의 측면에서 볼 때 둥근 모서리를 한 장방형의 읍성이 가장 많은 편이었다. 많은 읍성들에서 북문(北門)이 없거나 거의 소로(小路)로 존재하는 사례가 많은데, 이 역시 고을의 북쪽에 주산(主山)을 두고 거기에 의지하여 읍성을 조성하려 했던 것에서 비롯한다.

이처럼 읍성의 입지는 일차적으로 자연지리적 조건상 행정이나 군사적으로 유리한 공간을 선정하여 이루어졌으며, 풍수 사상이 유행하던 고려~조선 시대에는 풍수적 길지로 간주되는 곳을 찾아 읍성이 축성되기도 하였다(澁谷鎭明, 1998, 전종한 역). 물론, 풍수를 염두에 두지 않고 조성된 기존 읍성에 대해서는 사후 조치격으로 풍수적 조건을 갖출 수 있도록 다양한 사업들이 뒤따르기도 하였다. 특히, 읍성 취락의 운명을 지켜준다는 진산(鎭山)을 설정하고 이를 기준 삼아 대략 10리(≒ 4km) 이

그림 7-3 분지형 지형을 찾아 조성된 읍성(진도의 남도석성)

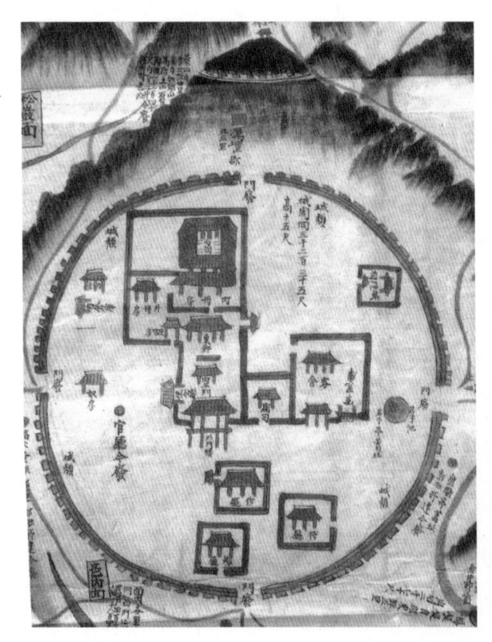

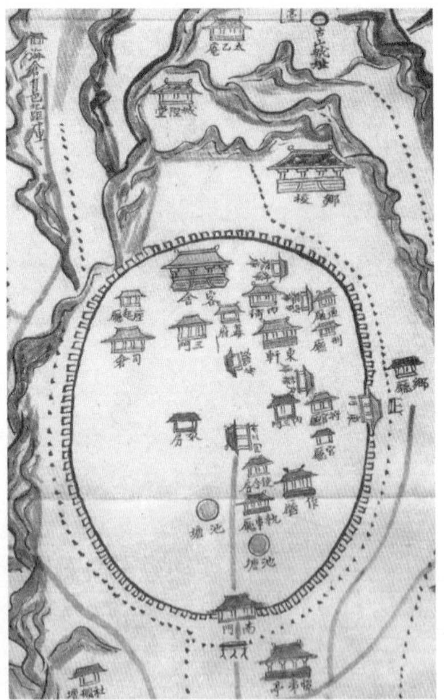

그림 7-4 형태와 시설이 서로 다른 두 읍성: 면천읍성(왼쪽)과 태안읍성(오른쪽)

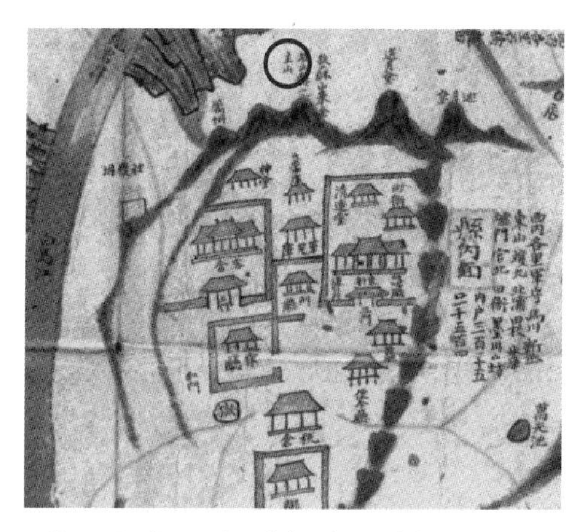

그림 7-5 주산(主山)이 표시된 고지도(부여현)

내의 남쪽 방향에 읍성이 조성되는 경우가 많았다(최원석, 2003). 그리고 이 때의 진산은 읍성의 공간 구조를 이루는 주축 도로에 영향을 미쳤고, 이는 다시 읍성 안 주요 시설의 공간 배치를 좌우하게 되었다.

한편, 진산의 위치나 모양이 풍수적으로 부족하다고 판단될 때에는 그 결함을 보완하려는 의도에서 다양한 인공 경관을 조성하기도 하였다. 풍수 사상에서는 이러한 행위를 '도와서 모자란 것을 채워준다'는 의미에서 비보(裨補)라고 표현한다. 비보의 주요 유형으로는 나무를 심는 조림(造林), 인위적으

| 참고 7-1 |

군현도에 나타난 풍수지리적 인식

조선 시대에 제작된 각 군현별 고지도에는 여러 면에서 실제 지형과는 차이가 있는 정보들이 그려져 있다. 그것은 무엇보다도 풍수지리적 관념을 바탕으로 특정한 의도를 반영하려는 결과로 이해된다(澁谷鎭明, 1998, 전종한 역). 그 특징을 보면, 첫째, 배후산지로부터 뻗어 나온 산능선이 읍성이나 관아, 향교, 객사 등 주요 시설을 향하도록 묘사된 점이다. 이것은 한국의 풍수에서 중요시되는 생기(生氣)를 공급하려는 것이라 보이며, 읍성의 배후에 위치한 주산(혹은 진산)이나 멀리 위치한 조산(祖山)으로부터 뻗어나온 맥(脈)을 그린 것이라 생각된다. 즉 읍성이나 관아에 생기가 공급되고 있음을 표현한 것이다. 둘째, 읍성이나 주요 시설의 주변이 여러 겹의 산으로 둘러싸여 있다는 점이다. 그러나 실제 지형과는 달리 특정 산맥을 과장하거나 연장하여 묘사하는 사례가 대단히 많았다. 이것은 생기가 바람에 의해 흩어지지 않도록 취락의 주변이 산으로 둘러싸여야 한다는 풍수지리설의 내용을 반영한 것으로 보인다. 셋째, 봉황산, 계룡산 등 풍수적으로 길(吉)하다고 여겨지는 다양한 지명들이 나타난다는 점이다.

그림 7-6 비보 경관: 조산(造山)과 철당간 비보

어떤 장소가 풍수적으로 부족하다고 판단될 때에는 그 결함을 보완하려는 의도에서 다양한 인공 경관을 조성하는데 그러한 행위를 비보(裨補)라고 한다. 위 고지도는 부평(현 인천광역시 계양구 일대) 지방의 고지도(『해동지도』)에서 확인되는 조산 비보이고, 오른쪽 사진은 충북 청주의 용두사지 철당간으로 이 지방의 행주형 형국을 보완하기 위해 세워졌다는 철당간 비보이다.

로 언덕을 조성하는 조산(造山), 민속 놀이를 통해 살풀이를 하는 행위 비보, 탑이나 돌무더기와 같은 인공 경관의 조성 또는 지명 부여를 통한 비보 등이 있었다.

예를 들어, 경북 선산에서는 진산인 비봉산(飛鳳山)을 고을에 머물게 하기 위해 봉황의 알로서 상정한 오란산(伍卵山)을 조성하기도 하였고, 역시 비봉산을 진산으로 갖고 있는 경남 진주와 함안에서도 봉황이 좋아한다는 대나무 숲[각각 죽림(竹林), 죽수(竹藪)라 불림]을 인공 조림한 예가 있다. 한편, 경상도 영산에서는 진산이 마주하고 있는 산과 서로 충돌하는 형국을 하고 있어서 '쇠머리대기'라는 민속놀이로써 그 살기를 풀어주는 행위 비보를 반복해 왔다. 경상도 영주의 경우에도 진산의 모습이 달아나는 말과 같이 생겼기에 그것을 고을에 붙잡아 두려는 의도에서 지명을 철탄산(鐵呑山, 철로써 단단하게 붙들어 맨다는 의미의 산)이라 지은 예가 있다(최원석, 2003). 충청도 청주나 전라도 나주의 경우는 읍성 자체가 행주형(行舟型) 형국이라 하여 읍성 안에 우물 파는 것을 금하는 한편 배에 돛을 달아준다는 관념에서 석당간[나주 동문 밖 석당간]이나 철당간[청주 용두사지 철당간, 고려 광종 13년(962년) 건립, 국보 41호]을 세우기도 하였다.

2. 읍성 안의 경관과 장소

1) '중앙 권력'을 상징하는 읍성 vs '멸시의 공간'으로서의 읍성

읍성은 수령을 행동 대장으로 삼아 국가 권력이 지방 공간에 침투하는 거점이자 수령을 돕는 말단 행정 관리, 즉 아전들의 공간이었다. 중앙 정부는 읍치 내부에 다양한 경관과 장소들을 조성함으로써 정권의 권위와 왕권을 상징화하였고 이를 토대로 읍성을 '신성한 공간'으로 만들어갔다. 읍성 안에 세워졌던 주요 건물로는 전패[殿牌, 국왕을 상징하는 '전(殿)'자를 새겨놓은 패]를 모셔놓은 객사, 동헌과 내아(수령의 근무지와 거주지), 질청(향리들의 근무처), 내삼문 및 외삼문(관청을 드나드는 세 개의 입구를 가진 문), 향청(지방 양반들이 수령에게 자문하고 향리를 감시하기 위한 건물), 군기고, 감옥, 성황사(읍성을 지켜주는 신을 모신 종교 건물) 등이 있었다. 이들 건물들은 조선 시대를 지나는 동안 순차적으로 읍성 안에 충전되었고 이 과정에서 읍성은 국가 권위의 상징이자 지방의 행정 중심지로 발전해간다.

그러나 서양의 도시들과 달리, 조선 시대의 읍성은 행정 중심지의 기능을 넘어서 문화와 교육의 중심지로 자리 잡지는 못하였다. 그것은 문화와 교육을 휘어잡고 있던 양반들의 대부분이 읍성 공간을 벗어나 시골에 거주했던 것에서 이유를 찾을 수 있다. 넓은 농경지를 확보할 수 있었다는 이유 외에, 양반들이 시골에 거주했던 것은 이들이 지역의 토박이 권력자로서 중앙에서 파견된 수령과 충돌하기를 원치 않았다는 점과, 다른 한편으로 읍성 공간을 권력에 빌붙어 생활하는 말단 관속(官屬)들의 공간으로 인식했던 것에 있었다. 당대 사족들에게 읍성은 향리 집단이나 하급 관료들이 거주하는 '하층민의 공간,' '멸시의 공간'으로 인지되었던 것이다. 이런 점에서 조선 시대의 읍성 취락과 촌락 지역의 관계는 시골이 도시에 정치, 경제, 문화적으로 종속 관계에 있었던 서양의 도시권과는 매우 대비되는 구조였다고 볼 수 있다.

2) 읍성 안에 자리했던 경관과 장소들

조선 시대에 축조된 읍성의 내부에는 어떠한 경관 요소들이 배치되어 있었을까? 표 7-1은 충청남도 내포 지역의 읍성들을 대상으로 각종 사료들에 언급된 읍성 내부의 경관 요소들을 정리한 것이다(전종한, 2004). 『여지도서』에는 경관 요소들이 가장 자세하게 기록되어 있음을 볼 수 있다.

기록상의 서술 순서에 의미를 둘 때, 읍성 안에서 가장 중요한 경관은 궐패(闕牌) 봉안과 귀빈 접대를 담당하던 객사였다고 할 수 있다. 규모에 있어서도 객사는 수령의 공간인 동헌과 내아를 합한 것보다 큰 경우가 더 많았다. 군현에 따라서 객사는 단일 건물로 지어지기도 하였으나 해미, 태안, 서산, 면천읍성에서와 같이 동헌과 서헌, 중대청, 하마대 등 다양한 시설로 구성되는 경우가 보다 일반적이었다.

그림 7-7 읍성의 아사 경관
진도 남도석성의 관아 건물. 수령의 공간인 아사 경관을 보여준다.

표 7-1 **읍성의 경관 요소(충청도 내포지역 읍성의 경우)**

구 분	세종실록 「지리지」	동국여지지 「성곽」	여지도서 「성지(城池)」	여지도서 「공해(公廨)」
홍주 읍성	우물(1개)	우물(3개), 성문(동서남북 4개소)	동문루(3칸), 서문루(3칸), 서문(문루 없음), 연못(경사당 서측), 경사당(景士堂)	객사(洪陽館 43칸), 동헌(近民堂 7칸), 내아(27칸), 경사당(5칸), 사달정(7칸), 남관(5칸), 사정(射亭, 14칸)
덕산 읍성	우물(1개)	남문, 우물 (2개)	·	객사(62칸), 아사(衙舍, 81칸), 군기고(7칸), 각청(各廳, 16칸)
해미 읍성	·	우물(3개), 군창(軍倉)	남문(3칸 2층루), 동문(3칸), 서문(3칸), 우물(6개)	객사(동서헌 36칸), 동헌(9칸), 장관청(7칸), 군관청(8칸), 교련청(8칸), 질청(12칸), 사령청(7칸)
태안 읍성	우물(2개)	남문, 우물 (5개)	남문(3칸 2층루), 동문(3칸)	객사(정청 6칸, 동헌 12칸, 서헌 10칸, 청방 8칸, 중대청 8칸, 하마대 5칸), 아사(동헌내외 10칸, 아사 15칸, 책방 3칸, 공수 10칸, 향청 10칸, 관청 9칸, 질청 9칸)
면천 읍성	·	·	우물(2개), 연못(3개), 동문, 서문(문루 1층), 남문(문루 1층), 해자, 창고(2개)	객사(82칸), 벽대청(碧大廳, 9칸), 상서헌(上西軒, 9칸), 내동헌(10칸), 외동헌(10칸), 아사(50칸), 관청고(官廳庫, 19칸), 군사(郡司, 7칸)
당진 읍성	우물(1개)	우물(2개)	·	객사(27칸), 아사(35칸), 향청(13칸), 질청(13칸), 통인청(通引廳, 3칸), 사령청(6칸)
결성 읍성	우물(있음)	우물(6개)	동문(문루 1층), 서문(문루 없음)	객사(결성관 41칸), 내동헌(平近堂 5칸), 외동헌(望日軒 3칸)
서산 읍성	·	·	동문(3칸), 서문(3칸), 남문(3칸), 우물(3개), 창고(3개, 각각 동문 내측, 관아 북측, 서문 내측에 위치)	객사(安正廳 6칸, 동헌 12칸, 서헌 10칸, 향청 8칸, 중대청 8칸, 하마대 5칸), 아사(동헌 11칸, 아사 15칸, 책방 3칸, 공수 10칸, 향청 10칸, 관청 30칸, 질청 9칸)
대흥 읍성	우물(없음)	·	·	·

객사 다음으로 중요한 경관 요소는 수령의 집무실인 동헌과 관사 기능을 하던 내아였다. 덕산이나 당진읍성의 경우는 동헌 및 내아가 객사에 비해 더 다양한 시설을 갖추면서 보다 큰 규모로 조성된 사례도 있었음을 보여준다.

이 외에 누정이나 연못과 같은 휴양 시설, 질청, 향청과 같은 행정 시설, 교련청, 군기고 같은 군사시설이 주요 경관을 이루었다. 내포 지역의 행정 중심지였던 홍주읍성에는 경사당, 사달정, 사정 등 누정이 세 곳이나 표시된 것이 특징이고, 병영이 설치되었던 해미읍성에는 교련청, 장관청과 같은 군사 시설이 세분화되어 있다. 이렇게 읍성을 통치한 수령의 지위나 읍성의 성격에 따라 읍성 안에서 차지하는 경관 요소별 비중이 상대적으로 달랐음을 알 수 있다.

성문 수에 있어서도 읍성이 처한 지형적 조건에 따라 다양했다. 각 시설의 명칭이나 종류도 읍성에 따라 달랐으며 획일적이지 않았다. 서산읍성의 경우에는 가장 다양한 시설들이 제시되고 있는데, 당시 읍성 안의 경관을 크게 '객사'와 '아사'라는 두 개의 경관군(景觀群)으로 인식하였음을 볼 수 있다.

3) 경관 배치의 기본 원리

조선 시대의 고지도는 읍성 경관 요소들의 공간적 관련 상태, 즉 경관 배치의 특징을 알아볼 수 있는 가장 유용한 자료이다. 1872년 발행된 군현별 고지도에는 『여지도서』에서 제시되는 시설들에 비해 훨씬 더 다양한 경관들이 그려져 있어 조선 시기 읍성을 구성하던 경관 요소들이 거의 완벽하게 확인된다. 이들을 분석할 경우 읍성 내외 주요 시설들의 공간 배치나 입지 원리를 추론하는 일이 가능하다(전종한, 2015).

일반적으로 조선 시대 읍성 안팎의 시설 배치에는 『주례 동관 고공기』(참고 7-2)에 근거한 좌묘우사(左廟右社) 원칙, '주역의 오행 원리'나 '풍수지리설'에 의한 사대문(四大門) 및 읍성 형태 조성, 읍성 내 최고 권위 경관으로서 관아 입지의 중심성(中心性) 등이 주요 원리로 작용하였다. 이러한 입지 원리에는 '중심부를 신성한 장소로 여기는 관념'과 '경관의 위계적 배치를 통한 권력의 자연화 전략'이 반영된 것으로 해석되기도 한다(최기엽, 2001; 윤홍기, 2001).

가령, 성황단과 여단은 대개 읍성 밖의 진산이나 주산이 자리한 북쪽에 위치하였는데, 이 방향은 이들 시설이 죽은 자를 위한 공간, 제사의 공간이라는 점과 관련이 있다. 향교는 만물의 소생과 생기를 상징하는 동쪽을 지향하며 동문 밖에 입지하였다. 심지어 서쪽 방위가 숙살폐장(肅殺閉藏)의 땅이고 동쪽 방위가 천지생물(天地生物)의 장소라는 관념에 근거하여 당초 서문 밖에 입지했던 향교를 동문 밖으로 이전하는 사례도 확인된다(서산읍성의 경우가 그에 해당함).

각 지역의 지형적 조건을 반영한 주성문으로부터의 진입 방향은 읍성 안 경관 배치에서 기준 축이 되는 경우가 많았다. 그러나 해미읍성의 객사는 동헌 남쪽에 입지하고, 면천의 경우는 동쪽 중앙, 서산읍성에서는 서쪽 중앙에 위치하는 점으로 보면, 객사가 반드시 성안 북쪽 상단 혹은 고지도상의 상단에 위치한 것만은 아니었다. 이는 읍성 안 공간 배치의 원리가 어느 정도 관철되면서도 모든 읍성에 획일적으로 적용된 것은 아님을 의미한다.

4) 경관의 상징성과 경관 배치의 지역적 차이

읍성 안의 경관 배치는 객사와 관아를 중심으로 이루어진다. 객사는 흔히 관아의 뒤편이나 읍성 북쪽에 입지하여 수령이 갖는 권력의 기원 혹은 왕권을 표현한다. 군기고는 대부분의 읍성에서 객사의 부속 건물 혹은 인접 건물로 표현되고 있어 군사권이 왕권의 보위와 직결됨을 보여준다. 내포 지역의 경우 9개 읍성 중 6개의 읍성에서 객사의 위치는 읍성 안 북쪽에 있었다. 대체로 객사가 북쪽에 있고, 객사의 우측으로 내아, 내아 전면에 동헌, 동헌 앞에 각종 행정 시설들이 위치한다. 주요 출입문인 남문을 들어서면서 처음 보이는 것이 나중 보이는 것을 위해서 존재한다는 느낌을 주도록 권력 관계를 자연화한 경관 배치라 해석할 수 있다.

한편, 읍성 안의 경관을 서산읍성의 경우에서와 같이 객사군과 아사군으로 양분할 수도 있다. 이 경우 객사군은 국왕(권력 기원자)의 공간, 아사군은 수령(권력 실천자)의 공간인 것이다. 아사군은 다시 수령 자신을 위한 공간과 이를 뒷받침하는 향리들의 공간으로 구분되어, 각각에는 내아, 책방 등 수령을 위한 경관들과 질청, 관청 등

| **참고 7-2** |

중국 도시 계획의 규범집이었던 『주례 동관 고공기』

중국을 비롯한 한국과 일본의 도성 및 읍성 계획의 원리는 국도조영(國都造營)의 원리와 기준을 기록하고 있는 중국 주나라의 『주례 동관 고공기(周禮冬官考工記)』였다. 이 도시 계획 기법은 우리나라와 일본으로 전파되었고, 고공기에 의한 도시 계획 원리를 기록한 우리나라의 문헌은 다산 정약용의 『경세유표(經世遺表)』이다(이우종, 1994). 도성(혹은 읍성) 계획의 대원칙을 정해 놓은 주례 고공기의 내용을 요약하면 다음과 같다.

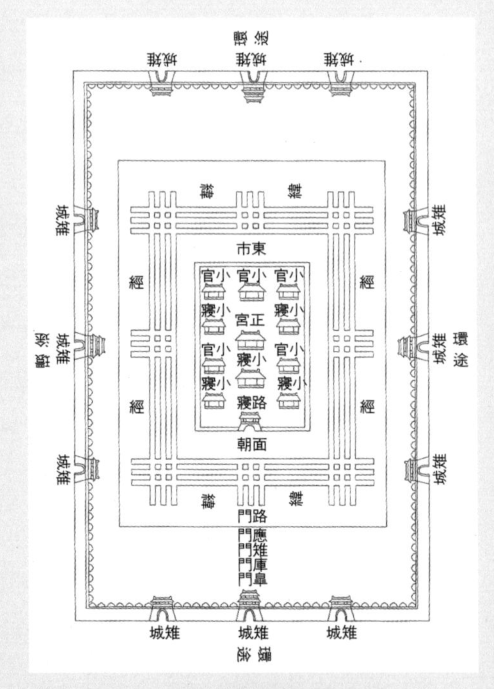

『주례 동관 고공기』에 보이는 도시 계획 모식도

① 수도는 9리(里) 사방으로 정방형일 것.
② 4개의 기본 방위에 일치시키고 성벽으로 둘러쌀 것.
③ 궁궐 남문에서부터 성 남쪽 중앙의 남문까지 대로(大路)를 낼 것.
④ 성내에 9개의 남북 도로와 9개의 동서 도로를 낼 것.
⑤ 각 방위마다 3개의 성문을 두어 모두 12개의 성문을 낼 것.
⑥ 왕족의 주거와 집회소가 있는 왕궁을 둘 것.
⑦ 성내의 북쪽에 공공 시장을 두고 그 전면에 광장을 둘 것(前朝後市).
⑧ 남북 대로의 좌측(東)에 왕의 조상을 위한 종묘(宗廟), 우측(西)에 지신(地神)을 위한 사직(社稷)을 두어 성스러운 장소를 마련할 것(左廟右社).
⑨ 중정(中庭, 건물 사이의 마당 혹은 정원)을 배치할 것.

『주례 동관 고공기』의 모식도는 중국의 '주술 도시(cosmomagical city)'가 갖는 세 가지 공간적 특징을 상징적으로 보여준다. 네 방향의 기본 방위를 따라서 네 곳의 성벽이 위치하고, 의례용 건물을 포함하는 중심 도시가 담벽으로 차단되도록 계획됨으로써 지상의 중심 축이 표현되고 있다. 도시의 물리적 공간(작은 우주)은 보다 큰 천상의 세계(큰 우주)를 복제한 것으로 간주된다. 가령 네 곳의 성곽은 네 계절을 상징하며, 각 성문은 개월을 상징하는 것이다(Wheatly, 1971).

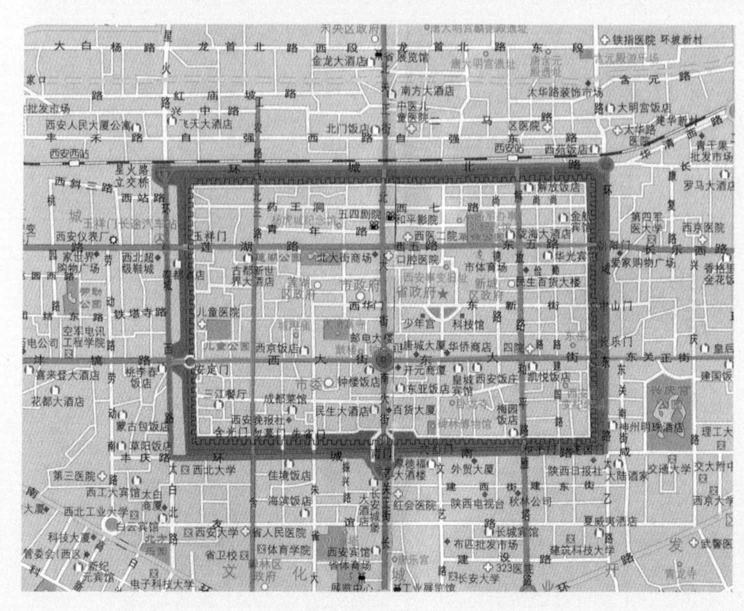

『주례』의 도시계획을 반영하고 있는 오늘날의 중국 시안(장안성)

앞의 모식도와 비교해보면 성문의 개수, 직교형 도로망, 장방형의 성곽 등에서 『주례』의 도시 계획을 반영하고 있음을 엿볼 수 있다(단, 현재의 성곽은 원래의 장안성과 다소 떨어진 위치에 있으며 명(明)시대에 복원된 것이다).

향리들의 그것들로 충전되고 있다. 내아나 객사 뒤편으로는 관료들의 휴양처로 연못과 누정이 있다. 홍주읍성을 수선할 때에 연못을 가장 먼저 수선했다는 기록이 있을 만큼 연못과 누정은 읍성 내 주요 경관으로서 빠뜨릴 수 없는 요소였다.

이 외에 읍성의 입지, 성문의 위치와 수 역시 그 지역의 자연지리적 조건을 반영하며 다양하게 전개되었다. 읍성 안 각종 시설의 수와 상대적 비중, 명칭도 지역에 따라 달랐다. 객사 경관이 다양하게 분화된 읍성이 있었던 반면, 동헌이나 내아가 북쪽에 위치하며 상대적으로 큰 부지를 차지한 읍성도 있었다.

산록의 골짜기나 산사면에 입지한 덕산읍성 및 대흥읍성의 성문은 각각 1군데였지만 평지에 위치한 면천읍성에는 동서남북 4군데에 성문이 모두 설치되어 있었다. 객사는 대체로 동헌에 비해 큰 규모를 취하였는데, 이 또한 획일적이지는 않았다. 1920년대 보고에 따르면 홍주읍성의 경우 객사의 건평은 235평, 동헌은 46평이었지만, 태안읍성의 경우는 객사 건평이 18평, 동헌의 건평이 31평으로서 상대적 규모가 읍성에 따라 서로 달랐다. 향청은 대개 읍성 안에 위치하지만 태안읍성의 경우는 동문 밖에 위치하였다. 읍성의 공간 규모가 협소하였거나 읍성 내 권력 관계를 반영하는 것으로 볼 수 있다. 조선 시대 읍성 간에 보편성과 차별성이 양립했던 이 같은 국지적 단위의 시·공간성은 일제 강점기 동안 식민지적 근대성이 파급되면서 보편성, 획일성 위주로 점차 변모하기 시작한다(전종한, 2004).

3. 읍성은 언제, 어떻게 사라져갔는가?

1) 일제 강점기에 침입한 새로운 '사물의 질서'

일제 강점기에 이르러 일제는 식민지였던 한반도의 읍성 취락들을 도시 계획의 실험장으로 활용하는 한편, 전통 경관의 훼철과 경관 구성의 해체를 통해 새로운 '사물의 질서(the order of things)'를 확산시켜 나갔다. 일제 강점기 읍치 경관의 변형은 성곽의 철거, 읍성 안 전통 경관의 퇴폐 및 기능 변화로부터 시작된다. 이 중 성곽의 철거는 가장 가시적인 사건이었고 그만큼 상징적이었다.

일본 통감부의 강압에 의해 조선 순종 때 성벽처리위원회가 조직되었으며, 일본인이 그 책임을 맡아 조직적으로 읍성을 철거하기 시작하였다. 나라가 망하기도 전에 무장해제를 당했던 것이다(허경진, 2001). 총독부 시절 일제는 도시 계획이라는 미명 아래 의도적으로 성벽을 철거하였고, 그나마 쓸만한 건물들은 군청이나 면사무소, 그리고 학교 건물로 전용되었다. 오늘날 군청이나 학교 한 구석에서 이들 경관을 볼 수 있는 것은 그 때문이다. 한양 도성의 경우 남대문 주변 성곽은 1907년부터 철거되기 시작하였고, 대구읍성과 전주읍성은 각각 1906년 철거되었다(손정목, 1982). 나주읍성은 1910~1920년 사이에 철거되었고 철거지는 신유입 빈민층에 의해 대지화된 것으로 알려져 있다(전근완, 1996). 읍성 성곽의 훼철이 대체로 통감부가 설치된 1905년 이후부터 합병 조약이 조인된 1910년 전후의 시기에 상당히 진행되고 있었음을 말한다.

충청남도 서산읍성의 경우를 예로 하여 좀 더 자세히 살펴보기로 하자. 1913년 지적원도상에는 성곽이 있던 것으로 표현되고 있어 적어도 1910년대 전반까지 성곽 형태가 남아 있었을 것으로 추측할 수 있다(그림 7-8). 지적원도에는 치성과 옹성, 성문의 위치를 비롯해 성곽의 형태가 매우 구체적으로 나타나고 있다. 망루 기능의 치성(雉城)이 7군데 있고, 특히 남문에는 옹성(甕城)이 갖추어져 있었음을 확인할 수 있다. 다만 조선 후기의 고지도(1872년)에는 성문이 3군데 표시되어 있지만, 지적원도(1913년)에는 읍성의 동서남북 네 곳에서 출입구가 확인되고 성곽을 관통하며 새롭게 개설된 신작로도 성곽 남부에 세 곳이 보인다.

이 외에도 일제 강점기 동안 읍성 성곽의 석재들이 신작로 착공 시 기초 공사용 자재로 혹은 저지대 매립용으로 전용된 사례가 많았다. 읍성 내 관아 주변에 있었던 연못들은 대부분 관공서 부지 조성을 위해 매립되었다. 즉 신작로 개설이나 새로운 부지 조성을 수행함에 있어서 기반 공사용 혹은 저지대 매립용 자재가 필요했고, 이때 이미 효용성이 소멸된 성곽의 석재는 매우 유용한 재료였을 것이다. 한편, 성곽의 석물(石物)이 일본인에게 방매되거나 성 위의 고목(枯木)을 팔아먹는 경우도 있었다

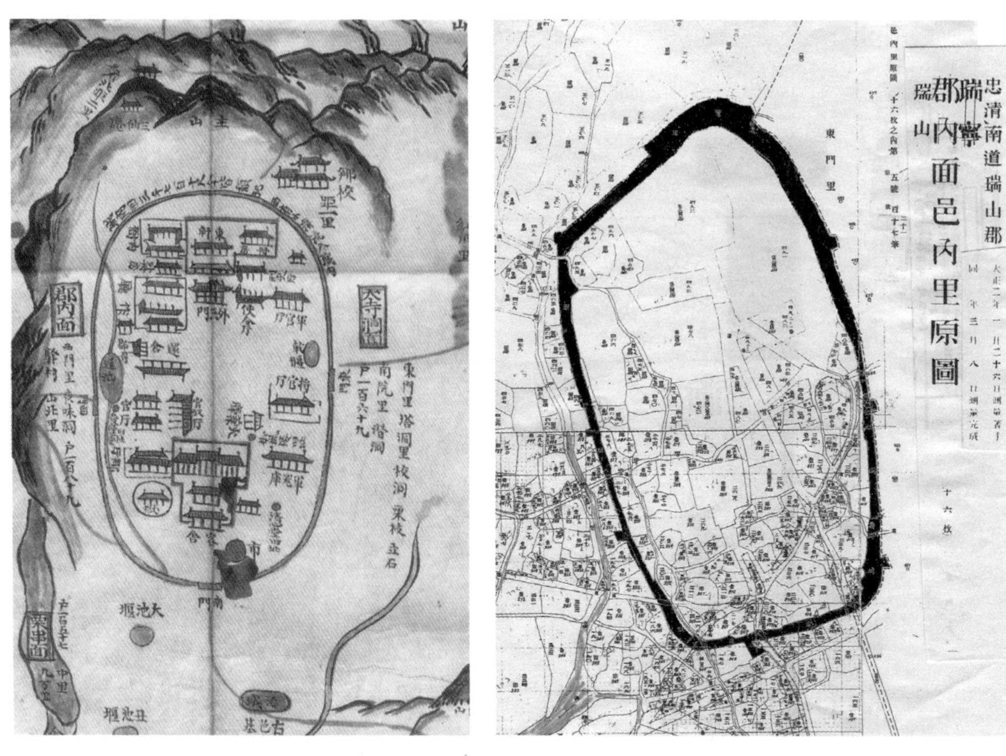

그림 7-8 고지도와 지적도를 통해서 본 읍성 경관의 실제

왼쪽은 서산읍성 고지도(1872년)이고, 오른쪽은 서산읍 지적도(1913년)이다. 두 지도는 축척을 거의 같게 조정한 것이다. 고지도에서 타원형으로 그려져 있는 성곽(왼쪽 그림의 타원형)이 실제로는 장방형임을 오른쪽 지적도(검게 색칠된 부분)와 비교하여 알 수 있다. 또한 오른쪽 그림에서 옹성(남문)과 치성을 확인할 수 있다.

는 사실을 염두에 둔다면 성곽의 해체 시기는 일본인의 유입 시기와 밀접한 관련을 가진다고 볼 수 있다.

2) 전통 경관의 소멸과 기능 변화

읍성 내부에 있었던 조선 시대의 전통 경관은 일제 강점기에 접어들어 새로운 기능 변화를 겪었다. 전통 경관 가운데 상당수는 구한말 이후 중앙 정부의 통치 능력이 약해지면서 지속적으로 보수되지 않았고, 이런 탓에 일제에 의해 의도적으로 훼철된 사례도 많았지만 자연스럽게 퇴폐되어 간 경우도 적지 않았다. 관료들의 휴양 공간이었던 누각이나 연당(蓮堂)이 가장 먼저 소멸되었을 것임은 자명하다.

일제에 의한 국권 탈취를 상징하듯이 군사 시설인 장대는 가장 앞서서 퇴폐한 것으로 보인다. 이러한 자리는 일본인에게 매매되어 여관이나 점포가 들어섰다. 퇴폐한 경관들에 대해 일제는 그 정체성이나 건물 형태를 보존하거나 복원할 이유가 없었던 것이다.

한편, 상태가 양호한 건물에 대해서는 실용적인 차원에서 기능 변화를 추진하였다. 기능 변화의 추진 방식은 전통 기능의 성격을 고려하여 비교적 연계하는 방향에서 이루어졌다. 가령, 서산읍성의 경우 중앙 정부와 왕권을 상징하던 객사는 지방 법원 청사로, 군수가 집무하던 동헌은 군청사로, 내아는 군수 관사로, 행정 실무처인 사령청과 질청은 각각 문서고와 우편소로, 치안을 담당하던 장청은 경찰서로 승계되었다. 이러한 기능상의 연계는 새로운 지배 주체의 등장을 상징함은 물론이고 동시에 경제적 효율성을 담보하는 방법이었다.

관노청이나 장관청 등 건물이 퇴폐한 국유지는 일본인에게 매매 양도되었다. 그 밖의 국유지는 학교비(學校費)나 면사무소 등 공공 기관에 무상 양여되었다. 이로써 조선 후기의 공공 시설과 국유지는 세 개의 주체, 즉 지방 정부, 일본인, 공공 기관으로 소유권이 이전되었음을 알 수 있다.

3) 일본인의 읍성 유입에 따른 공간 구조의 변형

조선 후기까지 읍성은 다분히 통치와 행정 기능을 수행하는 공간이었다. 따라서 조선 말기까지의 읍성 내부는 정치 권력을 표상하는 일부 상징 경관을 제외하면 다양한 행정 시설들 및 향리들의 거주지로 대부분 이루어져 있었다. 특히 수령과 달리 조선 시기의 향리직은 세습되는 성격을 갖고 있었으므로 조선 말기가 되면 다수의 향리 후손들이 읍성 안에 거주했을 것으로 간주할 수 있다.

일반적으로 우리나라의 읍성 안에 일본인의 유입이 본격화된 것은 1910년을 전후로 한 시기로 알려져 있다. 일본인은 국유지와 조선인 향리의 소유지를 매입하며 읍성 안의 토지를 빠르게 장악해갔다. 일단 일본인 소유지가 된 토지가 다시 조선

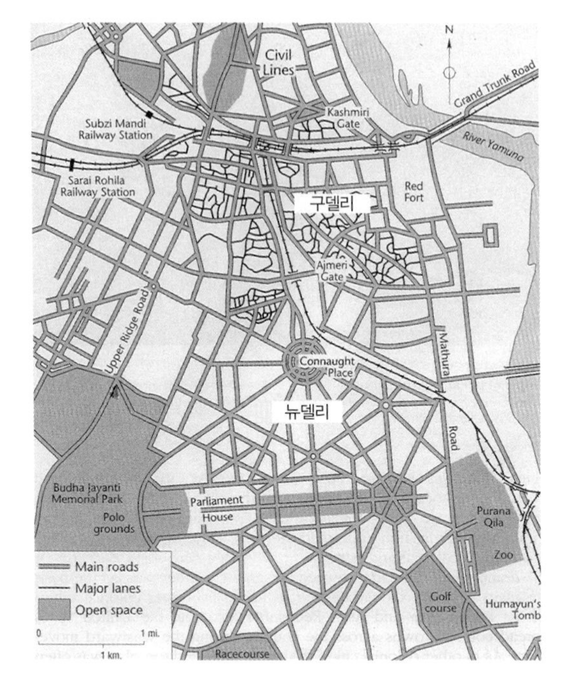

그림 7-9 식민 도시의 이중 구조(인도의 델리와 뉴델리, T. Jordan *et al.*, 2002)
인도의 뉴델리를 중심으로 한 방사형 도로망과 직교형 도로망은 영국 식민지 하의 시가지 계획에 의해 조성된 것인 반면, 델리 일대에 나타나는 좁고 굽은 도로망은 이 곳이 전통적인 도심부였음을 보여준다. 이러한 공간 구조의 차이는 동시에 거주민의 사회적 차이를 반영하는 것이기도 하다.

인에게 이전되는 경우는 극히 적었고 대부분 일본인들 사이에서 매매가 이루어졌다.

서산읍성의 경우 일본인의 토지 소유는 남문이나 동문 등 교통의 요지 및 새롭게 개설된 신작로를 거점으로 확산되었다. 그리고 새롭게 소유하게 된 토지를 중심으로 일본인들은 주택이나 상점, 회사 등을 운영하며 상권을 장악해갔다. 그 속도가 얼마나 빨랐는지 일본인 소유지는 1912년 53필지였던 것이 1915년 84필지로 증가하여 불과 3년 사이에 일본인 소유 비율은 당초 50%에서 79%를 넘어서는 것으로 보고된 바 있다(전종한, 2004). 이 과정에서 민족별 거주지 분화가 나타났는데, 일본인들은 접근성이 양호한 동문이나 남문 주변의 공간을 중심으로 거주한 반면 조선인은 대체로 그와 대비되는 곳으로 밀려났다. 신작로의 개설도 조선인 거주지를 관통하기보다는 일본인 거주지를 중심으로 이루어졌다는 연구도 있다(최상식 외, 2003).

일본인에 의한 거주지 점유와 소유지 확대에 따라 시가지 형태 및 토지 이용 변화도 자연히 그들에 의해 주도되었다. 일반적으로 일제 강점기 신작로의 개설 시점은 읍성 성곽의 해체가 본격적으로 시작된 시기와 일치하는 것으로 이해된다. 새로운 도로망은 일본인 거주지를 중심으로 확충되었고, 이러한 신작로의 개설은 전통 간선도로의 지선화를 야기하였다.

도로망의 주요 교차점과 서비스 업종의 분포를 기준으로 읍성 공간의 중심지를 파악한다고 했을 때, 전통 시기의 중심성은 읍성 중앙부에 형성되어 있었으나 일제 강점기의 중심성은 동문과 남문 등 일본인의 거주지를 향해 이동하였다고 할 수 있다. 상징성, 관념성이 강했던 조선 시대 도로망이 기능성, 실용성 위주의 신작로로 대체되어 갔던 것이다. 이 같은 새로운 간선 도로망은 광복 이후 한국의 근대 도시 공간 구조의 기본 골격이 되었다. 그리고 이렇게 식민지 시기를 경험한 국가들에서 나타나는 전통 도시의 공간 구조를 '식민 도시의 이중 구조' 혹은 '식민 도시 공간의 이중성'이라 표현하며, 이 공간적 패턴은 동시에 사회적 이중 구조의 표상인 것으로 이해되고 있다(김기혁 외, 2002; 전종한, 2004).

4) 읍성 취락의 사회 · 공간적 재편과 근대화

도로망의 변화가 공간 구조의 변형을 유도했다면 토지 이용 방식의 변화는 읍성 취락의 성격을 변모시킨 계기였다고 할 수 있다. 일본인들의 유입과 함께 출현한 새로운 생계 방식들은 읍성의 토지 이용 패턴을 크게 바꾸었다. 일본인들은 의사, 금융업, 사법서사, 상업, 식당, 여관, 전당포 등 다양한 서비스 업종에 종사하였다. 이러한 업종들은 현금 순환이 매우 빠른 특성을 갖고 있었으므로 여기서 축적된 자본은 일본인의 광범위한 거주지 확대 및 토지 소유의 원천이었다. 그 결과 기존의 행정 치소였던 읍치 경관은 매우 급속하게 자본주의적 도시 경관으로 탈바꿈하여 갔다.

관공서나 학교의 경우에 비해서 금융업과 상설 점포의 입지는 새롭게 조성된 주요 신작로의 교차점을 중심으로 분포하는 경우가 많았다. 이 같은 근대적 도시 경관에서는 도시적 생활 양식뿐만 아니라 살인 사건, 강도, 연쇄 화재, 전매품 밀매 등 새로운 도시 문제까지 출현하고 있었다. 다시 말해서 이전과는 전혀 다른 공간성(spatiality)이 창출되었던 것이다.

일제 강점기 동안 전통적 읍치 경관이 근대적 도시 경관으로 이행한 과정은 서서히 이루어진 것이 아니라 많은 읍성들에서 1910~20년대 사이에 급속하게 진행되었다. 그것은 단순한 경관상의 변화가 아니라 생활 전반의 변혁이었다. 더욱이 읍성 내부를 천한 공간으로 여기던 전통적 인식은 조선인들의 신속한 읍성 이탈을 부추긴 반면, 읍성 공간이 갖는 정치, 경제, 사회적 중심성은 일본인들의 광범위한 토지 점유를 가속화한 흡입 요인이었다.

급격한 변화의 배경은 무엇보다도 일본인에 의한 조선인의 대체를 통해 도시 경관의 진화가 이루어졌기 때문이다. 일본인들은 금융, 상업, 의업 등 자본 순환이 빠른 직종에 종사함으로써 토지 소유의 확대를 위한 충분한 자본 축적을 이루고 있었던 것이다. 이와 같이, 일제 강점기 동안의 도시 경관의 변형은 기존 거주민(조선인)에 의해서가 아닌 새롭게 대체된 거주민(일본인)을 통해 이루어졌고, 이에 따라 읍치 경관이 근대적 도시 공간으로 변모되는 과정은 형태와 기능상의 변혁이었음은 물론이고 매우 급격한 사회·공간적 재편이었다.

| 참고문헌 |

김기혁 외(2002), "조선 – 일제강점기 동래읍성 경관변화 연구," 『대한지리학회지』 37(4).

김선범(1999), "성곽의 도시원형적 해석: 조선시대 읍성을 중심으로," 『한국도시지리학회지』 2(2).

손정목(1982), 『한국개항기 도시 사회경제사 연구』, 서울: 일지사.

심정보(2003), "조선시대 호서지방 연해읍성의 축조와 그 성격," 『호서지방사 연구』, 서울: 경인문화사.

염복규(2005), 『서울은 어떻게 계획되었는가』, 서울: 살림.

윤홍기(2001), "경복궁과 구 조선총독부 건물 경관을 둘러싼 상징물 전쟁," 『공간과 사회』 15.

이우종(1994), "중국과 우리나라 도성의 계획원리 및 공간구조의 비교에 관한 연구," 『대한건축학회논문집』 10(11).

전근완(1996), "일제하 나주면의 도시경관 변화," 한국교원대학교 석사학위논문.

전종한(2004), "내포지역 읍성 원형과 읍치경관의 근대적 변형 – 읍성취락의 사회공간적 재편과 근대화," 『대한지리학회지』 39(3).

전종한(2015), "조선후기 읍성취락의 경관요소와 경관구성," 『한국지역지리학회지』 21(2).

차용걸(1977), "세종조 하삼도 연해읍성 축조에 대하여," 『사학연구』 27.

최기엽(2001), "朝鮮期 城邑의 立地體系와 場所性," 『응용지리』 22.

최상식 외(2003), "일제시대 홍주읍성의 토지이용 변화에 관한 연구," 『대한건축학회논문집 – 계획계』 19(8).

최원석(2003), "경상남도 읍치 경관의 진산에 관한 고찰," 『문화역사지리』 15(3).

허경진(2001), 『한국의 읍성』, 서울: 대원사.

澁谷鎭明(1998), "조선 말기 군현도의 표현 방법에 나타난 풍수지리적 지형인식," 전종환 옮김, 『문화역사지리』 10.

Wheatly, P.(1971), *The pivot of the Four Quarter,* Chicago: Aloline Publishing co.

8장

장소와 경관을 새롭게 읽기

1. '다름'을 찬미하는 포스트모더니즘

1) 우리 주변의 포스트모더니즘

우리나라에서는 1970~80년대를 중심으로 주택 건설이 대단위로 이루어졌다. 건축의 기능성을 최고 목표로 삼고 짧은 시간 내에 많은 주택을 공급하는 과정에서 동일 형태의 단독 주택과 공동 주택들이 일사분란하게 건설되었다. 공간적 접근성을 떨어뜨리는 굽고 좁은 전통 가로망은 방사형이나 직교형으로 개편되었고, 과거의 건축물들은 낡은 구식의 것으로 간주되어 철거되거나 임의의 한 곳으로 이전되었다. 새롭게 지어진 건물이나 가로망에 대해서는 1동, 2동, 3동 혹은 1가, 2가 하는 방식으로 체계적이고 일관성 있게 이름이 부여되었다. 이때의 도시 구조란 공간 이용의 효율성과 접근성에 기초하여 단일 기능의 블록들이 기하학적으로 결합된 결과를 의미하였다. 결국 서로 다른 도시라 할지라도 전국의 대부분 도시들의 공간 구조는 거의 유사하게 되었다.

그림 8-1 포스트모던 건축: 서울 종로타워(위)와 정선의 강원랜드 카지노 경관(아래)

모던 건축은 최고의 효율성을 추구하는 방향으로 기능과 구조가 짜여지는 것이 특징인 반면, 포스트모던 건축에서는 건축을 표현의 수단이자 의미와 상징을 표출하는 매개체로 인식한다.

1990년대를 지나면서 우리나라 도시에는 새로운 경관이 나타나기 시작하였다. 도시 공간에서 블록의 효과적 분할보다는 각 도시마다 나름대로의 전통적 중심 노선이나 녹지 축에 대한 관심이 모아졌고 많은 경우 복원이 시도되었다. 아파트에는 선비 마을, 범지기 마을, 새뜸 마을 등과 같이 이전과는 다른 종류의 촌(村)스런(?) 지명이 부여되었고, 평평하던 아파트 옥상은 일부러 공을 들여 옛날의 기와집 같이 경사진 지붕으로 재등장했으며, 주차장을 지하화하면서 동과 동 사이의 지표에는 오솔길이나 연못, 정원 등을 애써 만들기 시작하였다. 도시 내 각각의 건물들은 다양한 디자인과 색채로 서로 다른 모양을 내느라 분주하였다. 도시에 산재해 있던 과거 유산들은 공원이나 기념물로 재탄생하였고, 새로운 곳으로 이전된 경우 원래 있던 장소에는 더러 친절한 안내 표지판이 세워지기도 하였다.

전체적으로 보아, 기능과 구조의 결과물 정도로 치부되었던 건축 형태는 의미와 상징을 표출하는 매개체로 인식되기 시작하였다. 이 과정에서 도시 속의 각 장소들은 서로 다른 개성을, 전국의 도시들은 서로 다른 경관을 창출하며 도시마다 다양한 목소리를, 각기 고유의 정체성을 추구해갔다. 우리 주변에서 포스트모더니즘은 이러한 모습으로 점차 확산되었다.

2) 포스트모더니즘이 주목하는 '지역적 차이'

포스트모더니즘은 이른바 '계몽주의'에 대한 비판에서 그 기원을 찾는 하나의 지적 조류이다. 18세기 유럽의 계몽주의는 이성(reason)과 합리성(rationality)을 강조했고 이를 바탕으로 근대성(modernity)의 기본 방향이 설정되었다. 이에 비해 포스트모더니즘은 모더니즘에 내재된 이성과 합리성, 그리고 이것의 이면에 자리하고 있는 '폐쇄성(가령, 학문 경계에 있어서 혹은 옳고 그름의 판단에 관한)'과 '전제된 확실성'을 거부하는 입장의 사상이다. 포스트모더니즘은 건축학과 문학 이론에서 처음 시작되었지만 오늘날에는 인문학 및 사회과학계의 거의 모든 영역에 그 영향을 미치고 있다.

포스트모더니즘은 연구 대상에 접근함에 있어서 정답으로 여기는 하나의 원리와 접근 방법을 추구하는 모더니즘과 달리 얼마든지 다양하고 상이한 해답과 접근

그림 8-2 전통 마을의 보존과 복원: 경주 양동마을과 안동 하회마을
장소와 경관은 지역 정체성을 이루는 핵심적 구성 요소로서 이것의 이해나 복원 및 마케팅에 있어서는 역사성의 회복, 장소성의 회복, 맥락성의 회복이 중요하다. 경주 양동마을과 안동 하회마을은 2010년 8월 1일 유네스코 세계유산으로 결정되었다.

이 허용된다는 상대주의적 입장을 취한다. 과거에 대해서도 개방적이어서 모더니즘이 거부했던 역사와 전통과 풍토의 중요성을 재인식하고 적극 도입하고자 한다. 가령, 포스트모던 건축은 근대 건축이 초래한 '반사회적이고 비인간적이며, 기능과 생산성 우위의 건축'에 대안으로 등장한 것이다. 그래서 '건축은 재료와 구조의 사용에서 진실해야하며 건축의 형태 구성은 시대 정신에 부합해야 한다'는 근대 건축의 논리 대신에, '건축은 표현의 수단일 수 있으며, 범세계적이기보다는 지역적이며, 규범적인 것의 산물이기보다는 개인적인 창조의 산물일 수 있다'는 논리를 옹호한다.

이렇게 볼 때 '차이'라는 개념은 포스트모더니즘을 상징하는 핵심 용어라 생각된다. 포스트모더니즘이 부각시킨 많은 용어들, 이를테면 다양성, 특수성, 고유성, 다성성(multi-voicedness) 등은 사실상 '차이'의 이음동의어(異音同義語)에 다름 아니다. 지리학의 시선에서 이는 공간에 관련된 문제들을 획일적, 보편적 시각에서가 아니라 시간적 변천과 사회 생활의 맥락 위에서 새롭게 바라보도록 만들고 있다(박승규, 1995; 전종한 편역, 1998). 사회 생활의 지역적 차이(差異), 시간 흐름의 공간적 분지(分枝)를 인식하려는 것이다. 이 때 장소와 경관은 지역 정체성을 이루는 핵심적 구성 요소로 간주되며, 이것의 이해나 보존 및 복원에 있어서 역사성의 회복, 장소성의 회복, 맥락성의 회복이 강조된다.

3) '후기 근대(post-Modernism)'인가, '탈근대(Post-modernism)'인가?

포스트모더니즘을 이해함에 있어서 근대의 연속선상에서 파악할 수도 있고 근대와는 전혀 다른 조류로 바라볼 수도 있다. 전자는 근대의 미비점을 보완하며 포스트모더니즘이 등장했다는 온건주의 입장인 것이고, 후자는 포스트모더니즘이 근대의 전복을 도모한다는 급진주의적 입장이다. 모더니즘과 포스트모더니즘의 관계를 연속체로 파악하느냐 부정합면에 의한 단절로 보느냐의 차이인 것이다. 후기 근대(post-Modernism)라는 표현을 선호하는 사람들은 주로 전자의 관점에 서 있는데 반해, 후자의 입장에 선 사람들에게는 탈근대(Post-modernism)라는 용어가 널리 쓰인다.

최근 역사학계에서 사건사에 비해 심성사가, 거시사에 비해 미시사가 강조되고 역사인류학에서 부족사(집단사)에 대해 생애사와 구술 담론의 중요성이 부각되고 있는 것과 맥을 같이 하여(위르겐 슐룸봄, 2002, 백승종 옮김; 윤택림, 2003), 지리학계에서는 흔히 모더니즘을 대변하는 개념으로서의 '공간(space)'에 대비하여 '장소(place)'가 포스트모더니즘을 상징하는 용어로서 거론된다. 전자(공간)는 지역적 유사성을 토대로 모델이나 법칙을 세움으로써 지표를 설명(explain)할 수 있다는 생각에서 사용되어 왔고, 후자(장소)는 지역적 차이를 의식하면서 지표를 각각의 모양 및 색깔을 가진 휴먼 모자이크(human mosaic) 개별 조각들로 읽어(read)내거나 이해(understand)할 수 있다는 입장의 용어라는 것이다.

2. 경관과 장소의 해체적 읽기를 위하여

1) 해체하여 읽는다는 것

해체적 읽기는 포스트모더니즘에 기반한 현상 이해의 한 가지 방법이다. 어떤 현상을 '해체하여 읽는다'는 것은 그 현상 일체를 분리·소멸시켜버리겠다는 것이 아니라 기존의 고정관념을 해체하여 새롭게 조명하겠다는, 다시 말해 각질화된 전통을 재구성하여 이해하겠다는 것을 의미한다.

자크 데리다(Jacques Darrida, 1930~2004)에 따르면, 해체적 읽기란 인문 현상(텍스트)를 이해함에 있어 기존의 이성중심주의(합리성을 강조하는), 이원주의(현상을 선/악, 남성/여성, 진실/거짓, 이성/감성의 차원에서 규정하는), 남성중심주의(다양한 사회적 젠더의 존재를 인식하지 못한), 음성중심주의(절대 진리로서 신의 음성에 뿌리를 두는)를 해체(deconstruction)함으로써 그것들에 의해 가려졌던 타자들, 가령, 감성, 젠더, 다층적 의미 등을 살려내어 읽는 것을 뜻한다. 해체적 읽기에서는 이성 중심의 사고를 해체하고, 거대 이론에 의한 설명을 거부하며, '지식이 비이성을 제거하고 권력에 저항

| 참고 8-1 |

자크 데리다의 해체적 읽기

자크 데리다

흔히 데리다의 사유와 글쓰기는 매우 난해한 것으로 알려져 있다. 그 이유는 그가 잘 짜여진 철학적 체계나 용어에 대한 빈틈없는 과학적 정의, 그리고 이를 기술해 나가는 데 필요한 고전적 문체 등으로 대변되는 이론 정연한 담론의 양식을 독자에게 선사하지 않기 때문인 것으로 보인다. 데리다는 니체로부터 동시대의 푸코나 들뢰즈 등의 다른 사상가들에까지 폭넓게 실천되고 있는 '탈근대'라는 광범위한 운동의 한 부분을 차지하고 있다. 데리다는 그들과 일정한 문제의식을 공유하기는 하지만 그것을 제시하고 수행해나가는 방식은 다분히 '데리다적'이다. 이 데리다적인 탈근대의 문제 의식을 우리는 흔히 '해체(deconstruction)'라고 부른다(데리다는 서구 형이상학에 대한 해체란 서로 연결된 여러 분야, 즉 정치, 경제, 철학, 문학, 예술 등에서 동시 다발적으로 이루어진다는 점을 강조하여 이를 복수형으로 사용하여 '해체들'이라는 표현을 쓰기도 한다).

데리다의 '해체적' 글쓰기는 바꾸어 말하면 전통적 형이상학을 전혀 다른 방식으로 읽어나가는 것이기도 하다. 즉 해체는 기존의 방식과는 '전혀 다른 책읽기-글쓰기'의 실천이다. 실제로 대부분의 정전화(正典化)된 작가들이나 철학자들(예를 들면 플라톤, 칸트, 헤겔, 후설, 하이데거 등)이 데리다에 의해 연구되었지만,

한다'는 이른바 계몽주의적 사고를 부정한다(참고 8-1).

이와 관련하여, 미셸 푸코(M. Foucault, 1926~1984)는 지식이 권력에 저항해왔다는 전통적 견해를 비판하고 지식과 권력은 적이 아니라 동반자라고 주장한다. 그에 따르면, 권력은 정상과 비정상의 기준을 정해놓고 이러한 정상적인 질서에 적응하지 않거나 반항하는 자들을 규율의 감시, 처벌, 교정 대상으로 삼는다(그림 8-3). 푸코는 지식의 정치학을 이해하고 이에 대한 자신의 견해를 발전시키기 위해 지도학의 개념과 상징, 언어를 사용했으며, 특히 공간과 경계, 네트워크에 집중하였다. 푸코에게 지식은 투쟁이었으며, 주로 공간과 관련지어 이해해야 할 것이었다. 즉 다툼의 대상이 되는 경계와 영역이 있었던 것이며 이데올로기가 이런 영역들을 식민지화했던 셈이다(Black, 1996, 박광식 옮김, 2006: 28). 또한 "권력이란 소유되는 것이 아니

이들에 대한 데리다의 독서는 '교과서적' 독서와는 구별되는 전략에 의해 수행됨을 볼 수 있다.

서구 형이상학의 밑바탕에 깔려 있는 이른바 로고스중심주의, 음성중심주의, 민족중심주의가 어떻게 작용하면서 이러한 철학적 텍스트를 결정짓는가에 관심을 두는 데리다는 그 텍스트들을 통하여 사유의 새로운 지평을 개진하고 이제까지 망각되어 왔거나 사소한 것으로 간주되어 왔던 방법론을 발견하려고 노력한다. 데리다는 어떤 텍스트가 의식적으로 의도하는 부분과 실제로 텍스트를 통해서, 혹은 글쓰기의 작용에 의거해서 실천된 부분 사이의 불일치, 긴장, 모순의 관계를 추적하고 들추어냄으로써 작가 스스로가 단일하고 매끈한 의미의 표면이라고 믿는 텍스트를 균열시키고 파편화시키며, 그럼으로써 그 텍스트 속에 다양한 의미들을 '흩뿌린다.' 단 하나의 의미로 환원되지 않는 다양한 의미들의 이러한 상호작용을 데리다는 의미의 '산포'라고 부른다. 데리다는 서구의 형이상학을 벗어나고 이를 해체하려는 자신의 시도가 역으로 다시 형이상학적 글쓰기로 다시 떨어지지 않게 하기 위해 노력하는데, 이는 데리다의 글쓰기를 앞서 언급한 '산포의 글쓰기'에 대한 실천으로 향하게 한다.

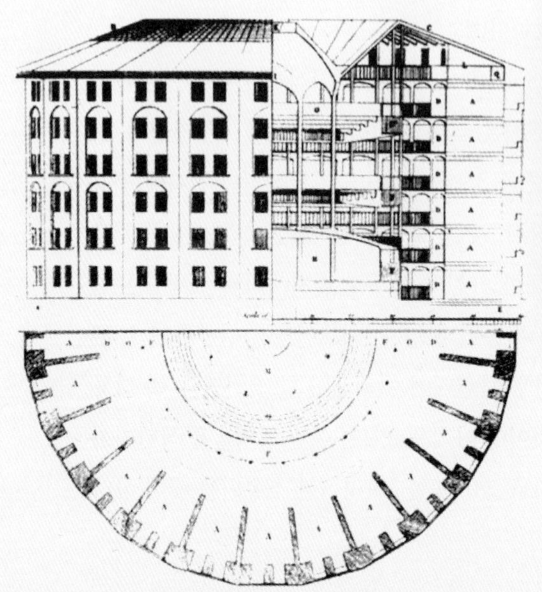

그림 8-3 푸코의 원형 감옥의 모델인 벤담(J. Bentham)의 파놉티콘(Panopticon)
파놉티콘과 실제 원형 감옥의 사례에서 보이듯이 특정 시설의 설치 및 그 공간구조는 바로 권력에 저항하는 개체(신체)들을 보다 효과적으로 길들이는 데 이바지하는 도구로 기능한다.

라 행사되는 것이다."라고 주장하면서 권력의 소재처를 추적하는 것은 의미 없는 일이라 하였고, 이보다는 권력이 어떻게 작동하는가, 어떤 메커니즘으로 인간의 신체에 작용하는가 하는 '권력에 의한 사회적 실천들'이 중요한 관심사가 된다고 하였다(Foucault, 1980; Philo, 1992).

2) 사회 · 공간적 실천의 포착에 의한 권력 읽어내기

여기서 사회적 실천이란 반드시 공간을 매개로 하여 이루어지기 때문에 곧 '사회 · 공간적 실천'과 동일시된다. 푸코가 "총체사(a whole history)는 거대한 지정학적 전략으로부터 작은 거주 전략에 이르기까지 공간에 대한 기술이어야만 한다," "공간은 권력의 행사 과정에서 가장 본질적인 요소가 된다."라고 강조했던 것을 볼 때, 그는

그림 8-4 조선총독부 건물과 주변 가로망
권력에 의한 사회적 실천이란 반드시 공간을 매개로 하여 이루어지기 때문에 곧 '사회 · 공간적 실천'과 동일시된다. 일제의 경우 조선총독부의 육중한 건축 양식과 주변의 직교형 가로망을 통해 자신들의 권력을 자연화하려고 하였다.

권력이 어떻게 작동하는가를 포착하기 위해 바로 권력에 의한 공간적 실천들에 주목했음을 알 수 있다(전종한 외, 1999).

푸코는 우리에게 익숙해져 있는 어떤 진리(담론)나 특정 시설의 설치 및 그 공간 구조가 바로 권력에 저항하는 개체(신체)들을 보다 효과적으로 길들이는 데 이바지하는 도구임을 상기시켜준다(그림 8-3, 4). 공간 구조 및 공간 조직은 권력이 작동하는 방식을 반영하고, 그것을 보여준다는 것을 뜻한다. 궁극적으로, 이런 도구들에 의해 '비정상성'(혹은 타자)은 권력의 체제 안으로 흡수·통합되고, 권력이 의도한 대로 규범적인 것의 보편적 지배가 이루어진다는 것이다. 그의 시각에서 볼 때 사회 생활의 체계 혹은 역사의 전개란 타자에 의한 산발적이고 끊임없는 도전(挑戰)에 대한 권력(주체)의 지속적 응전(應戰) 과정인 것이다.

푸코가 사용한 개념들을 데리다가 말하는 방식으로 환언하면, 사회 · 공간적으로 전개되는 네트워크, 동맹, 그리고 전략들은 권력(주체)에 의해 쓰인 일종의 텍스트이다. 그리고 사회나 시대적 맥락에 따라 정상화되는 사회 · 문화적 제 담론들은 그러한 텍스트를 읽는 다양한 방식들, 즉 일종의 문법에 비유될 수 있다. 따라서 역으로 우리는 이들 텍스트(지리학의 시각에서 보면 경관과 장소에 해당하는)를 해체적 시각에서 읽어냄으로써 권력이 작동하는 메커니즘(이것이 곧 우리들을 둘러싼 삶의 세계, 일상의 공간이다)을 포착할 수 있다는 의미가 된다.

3) 텍스트로서의 경관과 장소

경관(景觀, landscape)이란 눈을 통해 감각적으로 들어오는 풍경(view)이나 경치(scene)와는 다른 의미로 쓰이는 용어이다. 역사지리학자 다비(H. C. Darby)는 경관에 대해 정의하기를 '사람들과 그들이 살고 있는 세계의 조화와 통합', '자연과 인문(art, 즉 인간의 사상, 태도, 미학적 정서를 말함)이 결합된 결과', '다양한 힘들의 순간적인 균형이자 평형 상태'라 하였다. 경관은 경관 요소들로 이루어진 하나의 총체(a

| 참고 8-2 |

담론과 사회 집단, 그리고 텍스트와 코드

담론(discourse)은 프랑스의 역사철학자 푸코의 사상을 대변하는 개념이라 해도 과언이 아니다. 담론이란 언어로 구성된 것들, 즉 신체를 통한 실제 체험과 대비되는 언어적 구성물들을 의미한다. 과거로 거슬러 올라갈수록 인간의 삶은 먹고 사는 문제, 주변 자연 환경 여건, 즉 사물에 의해 크게 영향을 받았다. 그러나 문자의 발명과 문명과 문화의 발달 과정에서 우리 삶에서 차지했던 사물의 비중은 언어의 비중에 의해 잠식되어 왔다. 주변의 현상은 언어를 경과해야만 이해할 수 있는 것이 되어 갔다.

이른바 담론의 시대로 접어든 것이다. 동일한 현상이라 하여도 사회 집단(social group)에 따라, 그 현상을 바라보는 주체에 따라 다르게 읽는 시대를 말한다. 담론의 다양성은 사회 집단의 다양성을 함축하며, 새로운 담론의 출현은 새로운 사회 집단의 출현을 내포한다. 각 사회 집단들은 다양한 담론 형식에 따라 다양한 담론화를 진행한다. 그리하여 의미를 읽어내야 할 대상[텍스트]은 반드시 학창 시절의 교과서나 고도의

그림 8-5 촌락민이 써 내려온 텍스트: 마을 경관(서산시 성연면 창말)
농부들은 오랜 역사의 흐름 위에서 농촌 경관을 구성하는 물리적, 상징적, 관념적 차원의 경관 요소들을 코드로 삼아 농촌 경관이라는 텍스트를 써 왔고, 이런 면에서 농촌 경관은 지리학자에게 중요한 해석의 대상이 된다. 사진의 마을은 일제시대 기선이 출항하던 포구마을에서 근현대 간척에 따른 농촌마을로 탈바꿈한 구(舊) 명천포.

whole)를 뜻한다. 이처럼 경관을 일종의 지리적 앙상블(geographical ensemble)로서 받아들인다면, 가령 농촌 경관이라는 말은 적절해도 밭 경관이라는 말은 적절하지 않다. 밭은 조화와 통일을 간직한 총체, 지리적 복합체라기보다는 농촌 경관을 구성하는 단 하나의 경관 요소 정도로 간주할 수 있기 때문이다.

농부들은 농촌 경관을 구성하는 다양한 경관 요소들, 즉 물리적, 상징적, 관념적

학문적 이론들만이 아니고 다양한 종류의 언어들, 영상, 연극, 건축, 패션, 경관과 장소 등까지도 텍스트(text)가 되고 있다.

이렇게 볼 때 담론의 시대란 인식론적 상대성이 발견된 시기이다. 각 담론에서 전제하는 주체의 성격은 다양하기 때문에 담론의 공간이 달라지면 주체의 성격 또한 달라지게 된다. 따라서, 담론의 시대에서 보편성이나 객관성의 문제는 '주어져 있는 것'이 아니라 '만들어지는 것,' '생산되는 것'으로 이해할 수 있다. 각각의 담론에는 코드가 존재한다. 담론들마다 현상을 읽어내는 방식, 담론화하는 방식이 다른데, 우리는 각 담론이 갖고 있는 코드들을 통해서 해당 담론의 세계를 이해할 수 있다. 코드(code)는 각 담론의 세계에서 통용되는 의미 전달 도구, 의사 소통의 수단을 말한다. 따라서 의미를 압축적으로 담고 있는 코드를 이해하게 될 때 해당 담론의 세계가 보이는 것이다(미셸 푸코, 1998, 이정우 옮김; 동저, 1991, 홍성민 옮김 참조).

차원의 경관 요소들을 코드로 삼아 농촌 경관이라는 텍스트를 써 간다고 볼 수 있다(전종한, 2004b). 그리고 농촌 경관을 해체적 시야에서 접근하는 지리학자들은 시대적, 사회적으로 풍미하거나 사라졌던 다양한 농촌 사회 담론들을 문법으로 활용하여 농촌 경관이라는 텍스트를 읽어내는 것이다.

장소(場所, place) 역시 인간에 의해 의미 부여된 지표의 일부를 뜻하는 지리학의 학술 용어이다. 인간에 의해 장소에 부여된 의미를 통해 장소가 갖게 되는 성격을 우리는 장소성이라고 한다. 장소의 위치(해발 고도나 경위선 망에 의해 규정되는)나 입지(다른 장소와의 관계를 통해 파악되는), 장소를 점유하는 경관 혹은 경관 요소는 일종의 코드에 해당하며 이들 코드의 해석을 통해 우리는 장소라는 텍스트를 읽어낼 수 있다. 물론 이 경우에도 시대나 사회마다 등장하고 소멸했던 장소 담론들이 장소에 접근하는 다양한 읽기 방식을 우리에게 제공하게 된다. 이 점에서 읽기 방식은 다양할 수 있고 경관이나 장소를 통해 읽어내는 의미는 시대마다, 읽는 주체(사회 집단)마다 다를 수 있다.

4) 경관과 장소를 해체적으로 읽기

이와 같이 포스트모더니즘은 우리에게 현상을 해체적으로 읽어볼 것을 권유해 왔다. 특히, 지리학자들로 하여금 장소(place), 영역(territory), 지역(region), 경관(landscape) 개념을 역사적 변천과 사회 생활의 맥락 위에서 새롭게 바라보도록 자극해왔다. 이는 최근의 인문지리학이 사회 이론과 대화하며 역사적 관점을 적극 수용하고자 하는 배경이기도 하다(전종한, 2002).

포스트모던 인문지리학에서는 공간을 단순히 역사의 무대나 사회 생활의 용기로 보지 않고, '사회 집단 혹은 사회적 영력들에 의해 공간이 어떻게 구성되는가' 하는 이른바 공간의 사회적 구성에 관심을 갖고 있다(Entrikin, 1994). 다시 말해서, 공간을 그 자체로 이해하기보다는 사회적, 문화적 범주로 평가하고 있는 것이다. 그러면, 경관과 장소의 해체적 읽기를 위해 구체적으로 어떤 점들에 관심을 두어야 하는가? 이 점을 크게 네 가지로 나누어 제시하기로 한다.

그림 8-6 스리랑카 캔디 왕국의 라자신하 왕과 인공 호수인 캔디호(Kandy lake)
18세기 말 캔디 왕국의 왕은 신화 속의 세계, 우주의 모습, 당대의 천국에 관한 담론을 염두에 두고 그것을 현세의 도시 경관에 재현함으로써 영원한 지상 왕국을 건설하고자 하였다.그러나 어떤 의미란 누군가가 의도한 대로만 만들어지는 것이 아니라 모종의 관계 속에서 나타나는 것이다. 캔디 왕국의 경우에도 귀족이나 농민들은 왕의 의도와는 다르게 도시 경관을 읽었다.

경관과 장소의 생산 주체를 포착하고 그의 코드 이해

문화지리학자 던칸(J. S. Duncan)은 스리랑카의 캔디(Kandy)를 사례로 도시 경관이 텍스트로서 어떻게 읽혀질 수 있는지 보여준 바 있다. 18세기 말~19세기 초 캔디 왕국(Kandyan Kingdom)을 지배했던 스리비크라마 라자신하(Sri Vikrama Rajasinha) 왕은 제위 마지막 해에 대규모 도시 계획을 감행하였다. 각종 구역들을 재편하고, 여러 개의 새로운 광장을 만들었으며, 인공 호수가 조성되었고, 왕궁과 성벽에 대한 대대적인 재건축이 이루어졌다.

던칸에 따르면, 왕은 이들 도시 경관 요소의 재편과 생산을 통하여 자신의 권력과 위엄을 국민에게 심어주려 했다고 말한다. 이를 위해 왕은 신화 속의 세계, 우주의 모습, 당대의 천국에 관한 담론을 염두에 두고 그것을 현세의 도시 경관에 재현함으로써 영원한 지상 왕국을 건설하고자 했다는 것이다. 그럼으로써 자신의 권위가 사회적으로 널리 파급되고 영원히 지속되기를 희망하였다. 그러나 새롭게 조성된 도시 경관에 대해 귀족이나 농민들은 '왕의 의도대로 읽지 않았다'. 귀족들은 폭군의 허식

내지 미친 짓 정도로 보았고, 강제 노역에 동원된 농민들은 그러한 건축을 부당하고 억압적인 것으로 받아들였다(그림 8-6).

위의 사례를 통해 생각해 볼 때, 우리는 캔디의 도시 경관을 이해하려 할 경우 어떤 작업부터 시작해야 할까? 경관 생산자(왕)가 누구였는가에 대한 포착이 가장 우선적으로 시작되어야 하겠고, 다음으로 그가 사용했던 코드들, 즉 도로망, 건축물, 호수, 광장 등 다양한 도시 경관 요소들의 의미를 파악해야 할 것이다. 그리고 나서 이러한 코드들의 조합으로 만들어진 전체 도시 경관을 해석하기 위해서 우리는 당대의 신화, 우주관, 천국관에 관련된 담론들을 이해해야 할 것이다. 또한, 왕(저자)에 의해 쓰여진 도시 경관(텍스트)은 서로 다른 담론 세계에 살고 있는 사회 집단(읽는 주체)마다 다양하게 해석될 수 있음에 주목해야 한다. 캔디 왕국의 경우 왕은 자신의 담론을 정상화하는 일에 실패했던 것이다. 즉 대항 담론의 도전에 무너짐으로써 결과적으로 왕의 담론을 대신하는 '새로운 담론'의 시대가 도래한 것으로 해석할 수 있다.

내포된 이데올로기 및 담론 찾기: 문화기호학(cultural semiotics)적 접근

캔디의 사례에서는 절대 왕권의 이데올로기가 도시 경관 속에 내포되어 있음을 상상할 수 있었고 당대의 주요 담론으로서 신화나 우주관, 천국관 등을 확인할 수 있었다. 이러한 이데올로기와 담론들을 찾아내고 이해하는 일은 경관·장소 생산 주체의 의도나 그가 사용하고 있는 코드 등을 해석하는 데 반드시 필요한 작업이다. 우리는 고지도를 텍스트로 삼아 이 점에 관해 더욱 자세히 검토할 수 있다.

고지도는 지표의 장소를 재현한 결과물(representation of place)로 그 안에는 제작자가 부여한 의미 및 그의 세계상이 담겨 있다. 전통 시대의 고지도에는 인간이 경험했던 공간이 표현되기도 하지만 상상 속에서 존재하는 공간도 그려진다. 또한 인간이 경험했던 현실의 공간은 제작의 의도에 따라 선택되거나 생략되며, 선택된 공간도 현실을 그대로 반영하는 것이 아니라 때때로 왜곡되어 나타난다(제3장 참조).

고지도에 표현된 모든 공간이 당시 사람들이 객관적 실재로 인식하고 있었던 것이라고 할 수 없으며, 또한 지도에 그려져 있지 않다고 해서 그 지역을 전혀 인식하지 못했다고 할 수도 없다. 오히려 지도에는 표현되어 있지만 실제 그들이 경험적으로 인식하지 못했던 공간일 수 있으며, 반면에 지도에 그려진 공간 이외에 훨씬 넓은 영역을 인식하고 있었지만 그들에게 의미 있는 공간만이 표현되고 나머지는 생략되기도 했다(오상학, 2001; 전종한, 2002).

고지도는 제작자의 의도하에 특정 장소(혹은 방위) 중심의 이데올로기, 특정 사회 집단의 세계관/공간관(신앙관이나 풍수 사상과 같은), 저자가 처한 시·공간의 사물의 질서와 담론의 세계, 저자를 둘러싼 당대의 생활 주기(양력이나 음력 주기, 혹은 일별이나 주별, 월별 주기, 농촌이나 어촌, 산촌의 생활 주기) 등을 내포하기 마련이다. 이들 이데올로기 및 담론은 고지도에 표시될 내용들을 선별하는 과정과 이들의 배치 및 조합상에 관여한다. 따라서 우리는 일련의 고지도들 간에 존재하는 상호 텍스트성의 확인을 통해서 고지도의 계보망을 작성할 수도 있고(윤홍기, 1991), 각각의 고지도에 담긴 이데올로기와 담론을 찾아 이해함으로써 고지도라는 텍스트의 다의성을 해독할 수 있는 것이다.

위치와 형태를 넘어 정치적 상징성과 전략 드러내기: 문화정치학(cultural politics)

경관과 장소의 생산 주체와 그의 코드를 포착한 다음, 우리는 이들 장소·경관을 읽으려 함에 있어 두 가지 입장에서 접근할 수 있다. 하나는 위에서 보여준 문화기호학적 접근이고, 다른 하나는 지금 이야기하고자 하는 문화정치학적 접근이다. 전자는 경관이나 장소의 배후에 내포된 당대의 관념 세계나 이념, 가치관을 읽어내는 것에, 후자는 사회·공간적 연망(socio-spatial nexus) 및 지식과 권력의 관계에 주목하면서 경관·장소 생산의 사회적, 정치적 과정에 주안점을 둔다(전종한, 2002).

일제 강점기에 일제는 풍수지리가 당시 조선의 정상화된 택지술(擇地術)로 자리 잡고 있음을 염두에 두고 이를 정치적으로 이용하여 자신들의 식민 통치를 정당화하고 한민족의 사기를 억누르는 데 사용하였다. 예를 들면, 이들은 서울에서 조선총독부 건물(그림 8-7)과 총독 관저를 각각 경복궁 앞뒤에 세워 정궁(正宮)인 근정전(勤政殿)을 샌드위치처럼 양편에서 막아서게 함으로써 보는 이로 하여금 '조선 왕조

그림 8-7 구 조선총독부

일제는 식민 통치를 정당화하기 위해 다양한 전략을 전개하였다. 특히 위압적인 건축 양식의 조선총독부 건물과 총독 관저를 경복궁 앞뒤에 세워 정궁(正宮)인 근정전을 샌드위치처럼 양편에서 막아서게 함으로써 보는 이로 하여금 '조선 왕조의 맥은 끝났다'는 담론을 정상화하려 한 것으로 해석할 수 있다.

의 맥은 끝났다'는 담론을 부상시키려 했다. 그리고 우리나라 각 지방의 풍수적으로 중요한 지점에 신사(神社)를 지어 일본 식민 정권의 권위를 한국인에게 강요하려 시도하였다.

당시 일본 식민 정부는 한국인의 풍수 신앙을 정치적으로 이용하기 위하여 풍수적으로 중요한 지점에 일본의 권위를 상징하는 경관을 조성했다. 또한 조상의 기를 받는다는 믿음으로 행해지던 일반 대중의 음택풍수를 공동 묘지 제도의 도입을 통해 제약함으로써 일제에 대한 순종을 도모했다(윤홍기, 2001).

그러나 한양 및 경복궁 일대의 경관과 장소에 담긴 이 같은 정치적 상징성 및 전략은 시기상으로 볼 때 비단 일제 강점기에만 국한되는 것이 아니었다. 조선 왕조가 창건될 때 건국세력들이 개경의 기(氣)가 다했다는 담론을 퍼뜨려 도읍을 한양으로 옮긴 것이나, 일제가 총독부와 총독관저 건물을 경복궁을 가리며 입지시킨 것, 문민정부 시절 국립박물관으로 쓰이던 조선총독부 건물을 철거함으로써 정권의 정치적 정체성을 드러내고자 한 것 등을 볼 때, 우리는 하나의 경관이나 장소가 위치와 형태로만 설명될 수 있는 것이 아니라 보이지 않는 정치적 상징과 전략을 함축하고 있음을 발견하게 된다.

문화기호학적 접근이 경관·장소를 통해 그것의 생산자나 그가 처한 사회·역사적 맥락을 읽어내려 시도하는 것이라면, 문화정치학의 접근은 경관·장소에 담지된 다양한 정치적 상징성과 전략을 포착하는 데 열중한다. 그러나 경관·장소의 해체적 읽기를 위해 우리는 이 양자의 시선을 함께 견지할 필요가 있다. 경관과 장소는 문화적 의미로만 읽힐 수 없으며, 그렇다고 모든 경관과 장소에 반드시 정치적 의도가 내재해 있다고 상정할 수도 없기 때문이다.

개개의 경관과 장소보다 그들 간 네트워크에, 공간 범위보다 경계에 주목하기

포스트모던 역사학(미시사)의 주요 관심사가 고립된 개인이나 숫자로서의 사람이 아닌 '인적 관계망' 및 '각 개인의 사회적 지위(가치)나 행적'에 있듯이(김기봉 외, 2002; 위르겐 슐룸봄, 2002, 백승종 옮김), 경관·장소의 해체적 읽기에서도 고립된 점으로서의 개별 경관 및 장소보다는 경관·장소가 창출하는 비가시적 영역, 경관·장소들 사이의 네트워크 및 경계들에 주목한다. 국지적으로 존재하는 장소와 경관은 그 자체로서도 상징성을 갖지만 보다 큰 모자이크의 한 조각, 전체의 한 부분으로서의 의미를 지닌다고 보기 때문이다.

각 경관·장소는 가시적으로 쉽게 드러나지는 않지만 그 세력이 미치는 범위, 즉 영역(territory)을 갖는다. 그러한 영역의 특성이나 공간 스케일을 서로 비교하게 되면 경관·장소들 사이의 위계를 탐색할 수 있다. 또한, 각 경관·장소는 다른 경관·장소들과의 네트워크를 통해 보다 큰 그림을 구성함으로써 권력이 작동하는 한 측면을 드러내주기도 한다. 경관·장소들 간에 경계가 있듯이 서로 다른 세트의 네트워크 간에도 경계가 존재한다. 이들 경계는 다양한 스케일에서 존재하며 권력 흐름망의 범위와 장벽을 반영한다. 특히 경계 지대 일대에 분포하는 경관과 장소들에서는 비정상성의 도전과 정상성에 의한 응전이 반복되고 그 결과 경계는 시간적으로 유동성을 갖게 된다.

조선 시대의 서원 경관을 사례로 살펴보기로 하자(그림 8-8). 서원은 조선 시대의 대표적인 사립 교육 기관이며 국지적으로 한 장소를 점유하는 경관이다. 일견 서원은 지역마다 필요에 따라 무작위로 건립된 보이지만 사실은 전혀 그렇지 않다. 각 서원은 자신의 세력이 미치는 지리적 영역을 갖고 있었으며, 이 영역의 공간 스케일과

| 참고 8-3 |

'공간의 생산': 제1의 공간, 제2의 공간, 제3의 공간

공간의 생산(the production of space)이라는 용어는 르페브르(Lefebvre, 1991)가 제안하고 소자(Soja, 1996)가 발전시킨 개념이다. 여기에는 공간을 정적(靜的) 내지 고정적(固定的)인 것이 아닌, 생산적이고도 역동적인 실체로서 이해하려는 관점이 깔려 있다. 그들에 의하면, 공간의 생산이란 '공간 자체가 갖는 물질적 특성'(things in spaces)과 그 '공간에 관한 담론'(discourses on space) 사이의 상호 관계 속에서 이루어지는 역동적 과정이라 정의되고 있다.

어떤 공간 자체가 갖고 있는 물질적 특성을 통해 해당 공간을 인식한다고 했을 때, 이같이 인식되는 공간적 측면을 공간적 실천(spatial practice, 여기서 실천은 '경험'의 의미) 혹은 지각 공간(perceived space, *espace percu*)이라 한다. 가령, 전통 지역지리학자들은 한 지역을 이해하기 위해 우선 '지역을 객관적 실체로 간주하고 경험적으로 지각할 수 있는 공간적 요소들을 지도화하는 작업'부터 착수하는 것이 보통이었다. 이러한 '경험주의적 입장에서의 공간 인식'을 일종의 공간적 실천이라 볼 수 있고, 그렇게 '지각된 공간'을 지각 공간이라 할 수 있는 것이다.

이와 달리, 어떤 공간에 인식함에 있어서 과학자나 도시 계획가, 엔지니어 등 각 전문가집단마다 각자의 담론 세계를 창문으로 삼아 내다볼 수도 있는데, 이같이 인식되는 공간적 측면을 공간의 재현(representations of space) 혹은 인지 공간(conceived space)이라 부른다. 이러한 용어 표현에는 각 사회 집단마다 '나름의 형식과 논리를 갖춘 담론에 근거하여 공간을 재현한다'는 점과, 이러한 과정을 통해 '개념화된 공간'이라는 의미가 내포되어 있다. 그리고 각 사회 집단은 강력한 사회-정치적 실천을 통해 자신의 인지 공간을 정상화함으로써 궁극적으로 헤게모니를 장악하기 위해 경주한다.

여기서 이들 양자, 즉 지각 공간과 인지 공간 사이의 상호 관계를 어떻게 바라보느냐 하는 것이 중요하

제사지내는 인물의 학문 계보 및 정통성 여하에 따라 서원 간 위계 관계가 존재하였고, 특정 서원의 위상(사당에 모셔진 인물의 계보에 근거해 파악할 수 있는)은 인접 서원의 창건과 인접한 기존 서원의 성격 변화에 중대한 영향을 미쳤다. 그리하여 일정한 공간상에서 일련의 서원들은 한 세트의 네트워크로 연결되어 있으면서 그들의 영역성을 확대 · 재생산하여 갔던 것이다.

다. 르페브르는 양자 간의 관계를 단순한 종합의 과정 혹은 변증법적 과정으로 치부해버리지 않고, 상호 파괴적이고 해체적이며 긴장 어린 재구성의 과정으로 이해하였다. 그는 이러한 과정으로부터 결과하는 재구성된, 대안적 열린 공간을 일컬어, 재현의 공간(spaces of representation) 혹은 삶의 공간(lived space, *espace percu*)이라 명명하였다. 그리고 이 개념에 대해 소자(1996)는 제3의 공간(Thirdspace)이라는 별명을 붙였다.

소자에 의하면, 지각 공간을 제1의 공간, 인지 공간을 제2의 공간으로 볼 수 있는데, 이들과 달리 제3의 공간인 삶의 공간은 그 거주자(inhabitants)의 입장에서 바라보는 공간으로서 사회-공간적 변화에 대해 늘 열려 있는 일종의 역동적 관계망을 뜻한다. 이것은 거주자 자신에 의한 다양한 이미지와 상징들로 충만된 공간을 말한다. 거주자를 둘러싼 물리적 공간과 그 공간 요소들은 거주자에 의해 심오한 의미의 상징물로 전화된다. 이와 같이 거주자 자신이 끊임없는 재현의 주체가 된다는 의미에서 '재현의 공간'인 것이다. 제3의 공간이 제2의 공간과 다른 가장 중요한 차이점은, 제2의 공간이 담론이라는 일정한 논리와 형식 체계에 구속되는 것에 비해 제3의 공간은 그로부터 자유롭다는 점이다. 제3의 공간은 헤게모니와 지배적 질서에 저항하는 공간으로서의 성격도 지닌다. 그 저항력과 사회적 재구성을 향한 잠재력에 주목하여 소자는 이 공간을 제3의 공간이라 명명했던 것이다.

참고문헌

Lefebvre, H.(1991), *The Production of Space*, Cambridge: Blackwell.
Soja, E. W.(1996), *Thirdspace: Journeys to Los Angeles and Other real-and-imagined Places*, Massachusetts: Blackwell.

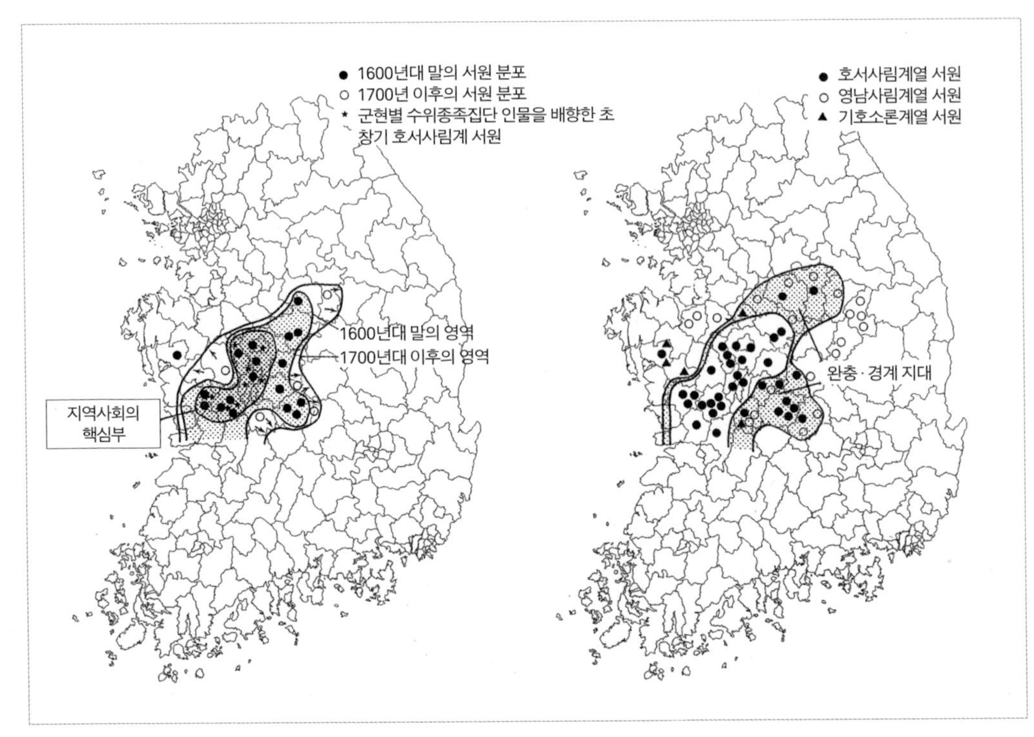

그림 8-8 조선 시대 호서사림계 서원의 네트워크와 영역성의 확장 과정(전종한, 2004)

그러나 서로 다른 세트의 네트워크 간의 경계 지대에서는 다양한 계보의 인물들이 동시에 배향되기도 하고, 각 종족 집단별로 사사로이 건립된 문중서원이 출현하는 등 정상성과 비정상성이 혼재하였으며 이들 간 갈등과 평정이 반복됨에 따라 영역의 확장과 축소가 빈번하게 이루어졌다(전종한, 2004a). 이러한 사례는 권력이 공간을 매개로 하여 작동한다는 사실을 보여주는 것이며, 따라서 경관·장소의 네트워크와 영역과 경계가 권력의 존재를 이해하는 데 중요한 요소임을 말해준다.

위 사례를 통해 알 수 있듯이, 중심–주변의 차별화를 비롯해 각종 영역성과 지역화는 공간–권력–지식 사이의 상호 관계의 산물이며, 공간적, 시간적인 차원에서 권력이 작동하는 기반을 이룬다. 권력으로 충만한 공간의 사회적 생산이 목격되는 곳, 사회–공간의 변증법을 확인할 수 있는 곳이 바로 경계 지대이다. 소자(E. Soja)는 이렇게 '사회적으로 생산된 공간'에 대해 공간성(spatiality)이라 명명한 바 있다. 즉 공간은 본질적으로 애초에 주어진 것인지는 모르지만, 공간은 의도적인 사회적 실천들에 의해 창출된다는 점에서 언제나 정치적, 이데올로기적, 전략적이다. 따라서 공간의 조직과 의미는 사회적 해석, 이행, 경험의 산물이라는 것이다(Soja, 1993). 경계 지대의 생태학과 경계 지대의 정치학이 갖는 중요성이 여기에 있다.

3. 경관과 장소의 마케팅: 그 재현의 의미와 한계

1) 웰빙, 지방화, 자본주의의 합작품 '경관·장소 마케팅'

포스트모던 시대의 대안 관광과 경관 · 장소의 체험

포스트모던 시대에 접어들면서 사람들이 추구한 새로운 라이프 스타일 중 하나가 웰빙(well-being)일 것이다. 웰빙이란 물질적 가치나 명예를 얻기 위해 매진하는 삶이나 강인한 체력만을 우선으로 하는 것보다는 '신체와 정신이 건강한 삶'을 행복의 척도로 삼는 삶의 양식이다. 가령 웰빙족은 몸과 정신을 수련하기 위해 헬스 클럽이나 명상 센터를 방문하기도 하고 다양한 문화 행사에 참여하는 것을 즐긴다. 관광을 즐김에 있어서도 대규모 인원이 단체로 가는 패키지 투어에 강한 거부감을 가지며 그 대신 다른 사람들이 흔히 찾지 않는 곳, 지역민의 삶과 지방 색깔을 짙게 간직하고 있는 곳을 찾아가고자 한다. 이런 맥락에서 이들은 단순히 보는 관광이 아니라 참여하는 관광, 체험하는 관광을 추구한다. 이러한 새로운 패러다임의 관광 문화에 조응하며 등장한 것이 이른바 대안 관광(alternative tourism)이다.

대안 관광은 전통적인 대중 관광에 비해 새롭고 대안적인 형태라는 점에서 신관광(new tourism), 연성 관광(soft tourism)이라고도 불리며(Krippendorf, 1982; 오정준, 2003), 최근 들어 생태 관광, 문화 관광, 체험 관광, 녹색 관광 등의 용어를 탄생시킨다. 대안 관광을 추구하는 사람들은 어디나 비슷한 관광 상품들 및 관광지의 유

| 참고 8-4 |

착한 여행자가 꿈꾸는 공정 여행(Fair Travel)

남아프리카 공정 여행의 인증 로고

여행(travel)이란 관광(tourism), 휴가(vacation), 휴양(recreation), 학술 답사(research travel), 현지 조사(fieldwork) 등을 목적으로 세계의 다양한 장소들을 돌아다니는 행위를 말한다. 최근 여행과 관련된 산업은 세계적으로 매년 10% 정도씩 성장하고 있는데 이로부터 나오는 경제적 이익의 대부분은 선진국 및 다국적 기업에 돌아가는 것으로 보고되고 있다. 한 조사에 의하면 네팔의 경우 여행객이 지출한 총비용의 70%, 태국의 경우 60%, 코스타리카의 경우 45%가 각각 나라 밖으로 유출되고 있다고 한다.

공정 여행(fair travel)이란 공정 무역(fair trade)에서 빌려온 개념으로 '생산자와 소비자가 대등한 관계를 맺는' 공정 무역처럼 여행자와 여행 대상지의 주민이 서로 평등한 관계를 맺는 여행을 뜻한다. 여행가와 여행지 주민 사이의 불평등한 관계를 청산하고 평등하고 공정한 여행, 여행지를 단순히 즐기는 것이 아니라 현지인의 삶을 이해하고 배려하는 여행을 지향한다는 점에서 착한 여행(good travel)이라고도 한다. 이를 위해 가령 '다국적 기업이 아닌 현지인이 직영하는 숙소 이용하기', '현지인이 직접 재배하거나 생산하는 식품을 구입하기', '현지인을 통해 여행지 소개 받기' 등을 통해 관광 수익이 현지인에게 돌아갈 수 있도록 하자는 운동이 공정 여행을 지지하는 개인 및 단체를 중심으로 시도되고 있다.

예를 들어 남아프리카 공정 여행(FTTSA, Fair Trade in Tourism South Africa)은 남아프리카의 공정 여행을 홍보하고 인증할 목적으로 결성된 비영리 단체이다. 이 단체는 이러한 홍보와 인증 사업을 통해 관광 산업에 종사하거나 기여하는 현지인들에게 관광 수익이 돌아가도록 보장하고 그곳의 자연 환경과 문화 자원들을 지속가능하도록 유지하려고 추구한다.

이러한 공정 여행은 여행지의 자연 환경이 지속가능할 수 있도록 기여한다는 점에서 지속가능한 여행(sustainable travel)으로도 불리며, 여행지 주민의 생활 수준과 삶의 질에 대한 여행자의 윤리적 책무를 강조한다는 점에서 '책임 관광(responsible tourism)', '윤리적 관광(ethical tourism)' 등의 용어와 호환하여 사용하기도 한다.

그림 8-9 대안 관광의 사례: 갯벌 체험
대안 관광을 추구하는 사람들은 어디나 비슷한 관광 상품들 및 관광지의 유사성에 싫증을 느끼며 그 대신 관광지의 진정성, 고유성, 독창성, 그리고 지역민의 삶을 반영한 일상성 및 맥락성에 관심이 크기 때문에 이들을 간직한 경관과 장소들에 흥미를 갖는다.

사성에 싫증을 느끼는 대신 관광지의 진정성(authenticity), 고유성(uniqueness), 독창성(originality), 그리고 지역민의 삶을 반영한 일상성 및 맥락성에 관심이 크기 때문에 이들을 간직한 경관과 장소들에 흥미를 갖는 것이다. 또한, 관광지가 특정한 공간에 국한되어 있다는 고정관념에서 벗어나 진정성과 고유성을 가진 경관과 장소들은 모두가 관광지라는 인식의 전환이 수반된다.

지방화와 자본주의에 의한 경관과 장소의 상품화

20세기 전반의 근대화는 서로 다른 생활 주기, 서로 다른 문화권에 속해 있던 지역들을 평준화, 균질화하는 작용을 하였다(가령, 새마을 운동). 이 과정에서 지방의 민속성은 폄하되거나 무시되었고, 기존의 전통성이나 지역적 특수성을 담고 있는 문화 요소들은 잠정적으로 폐기되어야 할 것들로 간주되었다. 심지어 지방 문화는 열등한 것으로 인식되면서 보다 상위의 중앙 문화에, 동양 문화는 서양 문화에 종속되는 결과를 초래하였다. 이에 더하여 근대 언론 매체는 대중의 시선을 빼앗아 텔레비전 드라마나 각종 이벤트성 쇼에 고정시켰고, 이 사이에 각 지방의 민속이나 축제는 참여자를 얻지 못해 전승되지 못했으며 결국 그와 관련된 경관과 장소들은 화석화되어 버렸다.

이렇게 지방을 세계의 한 부품으로 편입, 지방성을 완전히 소멸시킬 것만 같았던 20세기 후반의 세계화(globalization)는 전혀 뜻밖에도 지방화(localization)와 동시에 진행되었고, 나아가 지방화를 부각시켜주었다. 어떤 면에서 보면 세계화에 따른 국민국가의 약화가 국가를 구성하던 지방을 경제 및 정치 · 외교 · 문화의 주체로 떠오르게 한 것이다. 이제 '전통성'은 낡은 구식으로 폄하되는 대신 정체성을 대변하는 것이 되었다. 그런데 그 방향은 세계화라는 자본을 유치하여 지역 경제를 활성화하기 위한 고도로 자본주의적인 경향이었다. 전통적 경관과 장소들이야말로 자기 지방의 문화 정체성을 대변한다는 인식과 함께 그것들을 고도로 상품화하기 시작한 것이다. 그리하여 지방민들의 전통과 문화를 담은 경관과 장소들이 복원되기 시작했는데, 이러한 현상에 대해 학자들은 경관 마케팅 내지 장소 마케팅이라는 용어를 사용하였고(Ashworth & Voogd, 1990; 이무용, 1997), 각 지방자치단체들은 경관과 장소들을 '소비'되며 '광고'되고 '판매'되는 대상으로 간주하였다.

2) 경관 · 장소 마케팅의 유형

전통 경관과 상징 장소로서의 부활

근대화가 진행되는 동안 각 지방의 전통경관은 다분히 없애야 할 구식 문화, 잔존 문화로 인식되었다. 하지만 최근의 세계화 · 지방화의 물결 속에서 각 지방의 전통경관 및 장소들은 우리의 정체성을 확인할 수 있는 전통 문화로서 재조명되고 있다. 각 지역마다 지역 홍보, 지역 경제 활성화, 관광 자원화를 목적으로 다양한 축제들이 마련되어 실로 '축제의 홍수' 속에 살고 있다고 해도 과언이 아니다. 그리고 지역 축제나 민속 문화의 부활과 함께 다양한 전통 경관과 상징 장소들이 복원되기 시작하였다.

그러나 많은 경우, 경관과 장소를 복원하고 재현함에 있어서 형태적 측면의 복원 위주일 뿐 의미와 상징을 포함한 총체적 재현에는 미치지 못하고 있다. 예를 들어, 민속 마을의 가옥을 복원할 때 가옥이 전혀 없었던 장소에 한옥촌을 만든다든지 가옥 간의 차별성을 고려하지 않고 공산품처럼 동일한 모양으로 생산된 창틀이나 문짝

| **참고 8-5** |

스페이스 마케팅

공간과 장소는 어떤 것의 단순한 용기를 넘어 기억의 재생지가 되기도 하고, 특정한 이미지를 저장할 수 있고, 특별한 만남을 위한 장소로 활용되기도 한다. 공간과 장소의 이러한 측면에 주목하여 이를 상품화하려는 전략이 바로 장소 마케팅 혹은 스페이스 마케팅(space marketing)이다. 다만, 장소 마케팅이 상당히 포괄적인 용어인데 비해서, 스페이스 마케팅은 주로 자본주의적 관점에서 추구하는 이윤의 극대화를 위한 공간의 상품화를 의미한다. 가령, 직설적 상업성을 내세우기보다는 순수한 조형적 측면을 강조하는 공간 배치라든가, 지루하지 않은 시각적 변화와 음악을 결부시켜 긴 동선을 무료하지 않게 하는 입체적 공간 구조를 최근의 백화점이나 쇼핑몰에서 종종 확인할 수 있다. 이러한 공간적 접근은 그 설치 비용을 상쇄하고도 남을 만큼의 충분한 이득을 안겨준다.

일본 후쿠오카의 캐널시티(Canal City)

1996년 3월 개관한 일본 후쿠오카의 캐널시티는 공간을 즐길 수 있는 다양한 디자인으로 구매객들을 끌어들이고 있는 복합유통시설이다. 캐널시티의 철학은 고객으로 하여금 무엇을 사기 위해서가 아니라 공간 그 자체를 즐길 수 있도록 유인한다는 것이었는데, 개장 당일 방문객이 20만 명이나 되었던 것을 보면 그러한 스페이스 마케팅이 성공했음을 알 수 있다. 용지의 가운데를 깊게 파내어 인공 수로를 만들고 건물들을 양편으로 분산시켜 끊임없이 움직이게 만드는 긴 동선이 지루하지 않은 것은 공간의 시각적 변화에 있다.

그림 8-10 마을 입구에 한옥 민속관을 새로 조성한 외암 민속 마을

민속 마을의 가옥을 복원함에 있어서 가옥이 전혀 없었던 장소에 인위적인 한옥을 만든다든지 가옥 간의 차별성을 고려하지 않고 동일한 모양으로 생산된 공산품 같이 창틀이나 문짝을 일률적으로 사용하는 문제가 종종 있다.

을 일률적으로 사용하는 사례가 있다(그림 8-10). 지역 축제의 경우 참여하는 축제가 아니라 바라보는 축제로 바뀌면서, 주체와 객체가 전도되고, 벤치마킹에 의한 일반화로 지역 특성이 사라진 모습이라는 비판에 직면하기도 한다(이해준, 2003).

문화 콘텐츠로의 변환

문화 콘텐츠로의 변환이란 경관과 장소의 매체적 전환을 뜻한다. 경관과 장소를 활용한 축제 콘텐츠, 교육 콘텐츠, 관광 콘텐츠 등을 말하는 것이다. 장소와 경관들은 자연환경과 인간의 조화, 공동체 의식 및 문화를 비롯하여 다양한 시대적 맥락과 정치·사회적 상징성을 담고 있다. 이러한 특성은 교육적으로는 물론이고 문화축제로서, 혹은 관광 대상으로서 매우 의미가 있기 때문에 문화 콘텐츠로 변환이 가능한 것이다. 그러나 이러한 용도 전환 역시 경관의 상징성이나 장소성이 왜곡되기 일쑤이므로 경관과 장소의 진정성, 맥락성을 기준으로 삼아 변환 과정에 신중을 기해야 한다.

문화 산업으로의 환생

경관과 장소는 그 지역이나 국가의 자연, 사회, 역사적 맥락과 밀접한 것으로서 지역이나 국가의 정체성에 관계되는 것이다. 〈센과 치히로의 행방 불명〉이나 〈이웃집 토토로〉, 〈모노노케히메〉 등 일본의 애니메이션, 이른바 재패니메이션에는 일본을 상징하는 수많은 일본적인 경관과 장소들이 등장한다. 그러한 일본적인 경관과 장소들은 다양한 신(神)들이 거하는 것이 특징이며 재패니메이션은 이러한 관념에 기초한

| **참고 8-6** |

문화 콘텐츠로서의 '명승' 자원

명승 자원은 아름다움에 대한 사람들의 가치 및 자연관을 담고 있는 장소로서 중요한 문화 콘텐츠가 된다. 사진은 경기도 포천시 영북면 자일리에 소재한 화적연(禾積淵)의 실경과 이를 그린 정선(鄭敾)의 〈화적연〉(간송미술관 소장).

명승(名勝)이란 사전적인 의미에서 '이름난 경치'(noted scenery) 또는 '이름난 경치가 있는 곳'(scenic places)을 뜻한다. 명승은 인간과 자연의 관계에서 나온 산물이며 아름다움에 대한 사람들의 가치가 투영된 자연 환경이라 볼 수 있다. 이 점에서 명승은 무채색의 스펙터클한 공간(spectacle space)이 아니라 특정한 사회 집단의 주관적 의미 세계를 담고 있는 일종의 장소(place)라 할 수 있다. 아름다움에 대한 가치는 시·공간적 특수성을 갖는 경향이 있으므로 우리는 명승을 통해 그것을 주로 향유했던 시대 및 당대 사람들의 자연관과 상징 체계에 접근할 수 있다. 따라서 명승은 중요한 문화 콘텐츠, 그중에서도 관광 콘텐츠로서 유용성을 지닌다.

현대에 이르러 명승은 '경치가 아름다운 장소'라는 형식미학적 측면뿐만 아니라 '여가 활동의 장소'로서 사회적 의미를 갖게 되었고, '지역의 대표적 이미지를 담은 의미 경관'으로 정체성과 상징성을 갖는 문화재가 되고 있다. 세계화 시대인 오늘날에 있어서 명승은 국가와 지역에 따라 고유한 '자연과 인간의 관계'를 내포하는 일종의 경관 표상이며 국가 및 지역의 정체성을 보여주는 하나의 상징 경관으로 중요한 의미를 갖는다.

그림 8-11 전통 경관을 담은 영화, 〈봄 여름 가을 겨울 그리고 봄〉과 〈취화선〉

일본의 전통 문화의 일면을 전달한다. 재패니메이션을 선호하는 많은 사람들 중에는 만화의 공간적 배경이 되는 시원하고 탁 트이면서도 다소 무속적인 그 어떤 매력(사실 일본과 같은 섬 지역의 문화와 관계 깊다) 때문에 그에 호감을 갖는 것 같다.

우리나라의 경우에도 김기덕 감독의 〈봄 여름 가을 겨울 그리고 봄〉이나 임권택 감독의 〈춘향뎐〉, 〈취화선〉 등이 해외 영화제에서 크게 호평을 받은 것은 무엇보다도 한국의 고유성을 간직한 경관과 장소들을 배경으로 담아내기 때문일 것이다(그림 8-11). 이처럼 각 지역의 고유한 경관과 장소는 문화 산업의 일환으로 환생할 수 있는 가능성과, 문화의 수신자로서만이 아니라 문화의 발신자로 변신할 수 있는 잠재력을 갖고 있다. 우리는 이 장의 앞 부분에서 경관과 장소를 새롭게 어떻게 읽을 것인가를 고민해 보았다. 만일 독자로서 우리가 경관과 장소의 의미를 제대로 읽지 못한다면, 우리에게는 그 어떤 종류의 포스트모던 관광도 무의미하고 우리는 주체성을 상실한 채 왜곡된 경관과 장소 마케팅에 휩쓸려 끝내 거기에 함몰될지도 모른다.

| 참고문헌 |

김기봉 외(2002), 『포스트모더니즘과 역사학』, 서울: 푸른역사.

미셸 푸코(1998), 『담론의 질서』, 이정우 옮김, 서울: 서강대학교 출판부.

미셸 푸코(1991), 『권력과 지식』, Conlin Gordon 편, 홍성민 옮김, 서울: 나남.

박승규(1995), "문화지리학의 최근 동향: '신'문화지리학을 중심으로," 『문화역사지리』 7.

위르겐 슐룸봄(2002), 『미시사와 거시사』, 백승종 옮김, 서울: 궁리.

오상학(2001), "조선시대 세계지도와 세계인식", 서울대학교 박사학위논문.

오정준(2003), "생태관광지의 지속가능성에 관한 연구," 『대한지리학회지』 38(4.

윤택림(2003), 『인류학자의 과거 여행 – 한 빨갱이 마을의 역사를 찾아서』, 서울: 역사비평사.

윤홍기(1991), "대동여지도의 지도 족보론적 연구," 『문화역사지리』 3.

윤홍기(2001), "경복궁과 구 조선총독부 건물 경관을 둘러싼 상징물 전쟁," 『공간과 사회』 15.

이무용(1997), "도시 개발의 문화 전략과 장소 마케팅," 『공간과 사회』 8.

이해준(2003), "청양 장승축제의 역사성과 경쟁력 모색," 『충청학과 충청문화』 2.

전종한 외(1999), "영미 역사지리학의 최근 동향과 사회역사지리학," 『문화역사지리』 11.

전종한 편역(1998), 『공간 담론과 인문지리학의 최근 쟁점』, 청주: 도서출판 협신사.

전종한(2002), "역사지리학 연구의 고전적 전통과 새로운 노정 – 문화적 전환에서 사회적 전환으로," 『지방사와 지방문화(역사문화학회지)』 5(2).

전종한(2004a), "종족집단의 지역화과정에 관한 연구(Ⅲ): 영역성 재생산 단계," 『문화역사지리』 16(1).

전종한(2004b), "사족 집단의 사회관계망과 촌락권 형성과정," 『문화역사지리』 16(2).

Ashworth, G. J. and Voogd, H.(1990), *Selling the City: Marketing Approaches in Public Sector Urban Planning*, New York: John Wiley & Sons Ltd.

Black, J.(1996), *Maps and Politics*, Reaktion Books[박광식 옮김(2006), 『지도, 권력의 얼굴』, 서울: 심산].

Duncan, J. S.(1990), *The City as Text: The Politics of Landscape Interpretation in the Kandyan Kingdom*, Cambridge: Cambridge University Press.

Entrikin, J. N.(1994), "Place and region," *Progress in Human Geography* 18(1).

Foucault, M.(1980), *Power/Knowledge*, Colin Gordon (ed.), New York: Pantheon Books.

Krippendorf, J.(1982), "Towards new tourism politics," *Tourism Management*, September.

Philo, C.(1992), "Foucault's geography," *Environment and Planning D: Society and Space*, 10.

Soja, E.(1993), *Postmodern Geographies*, London: VERSO.

영화로 읽는 지리 이야기 2

〈파 앤드 어웨이〉에서 읽는 유럽인과 북미 인디언의 자연관

〈파 앤드 어웨이〉(Far And Away), 1992

영화 〈파 앤드 어웨이(Far and Away)〉는 1800년대 말 서부 아일랜드의 소작인 가정에서 태어난 셋째 아들 조셉, 그 곳 지주의 딸인 쉐넌의 만남과 유럽인의 미국 초기 이민사를 그린 영화로, 영화의 전체적 이야기는 역사적 사실에 기초하여 구성되고 있다. 영화의 첫 장면은 어느 척박한 아일랜드 해안 지역에서 감자 재배를 위해 조셉이 농경지를 일구는 것에서부터 시작된다.

소작인의 후예인 조셉과 지주의 딸이었던 쉐넌은 그들의 신분 차이에도 불구하고 땅에 대한 강한 소유욕과 자유를 갈망했다는 점이 공통점이었으며, 영화 중에 나오는 몇몇 대사들은 이들의 토지관, 인생관, 나아가 미국 초기 이민사를 연출한 유럽 백인들의 자연관을 엿볼 수 있게 한다. 영화 속의 대사 중에서도 이를 찾아볼 수 있다.

"사내가 땅이 없으면 가진 게 없는 거야. 땅은 사나이의 영혼이지. 네가 땅을 갖게 되는 날 이 애비는 하늘에서 미소 지을 게다."(조셉의 아버지가 죽음에 임박하여 남긴 유언 중)

"난 현대적인 여자야. 그래서 나는 현대적인 곳으로 갈거야. 나도 갇혀 있어."(지주 크리스티의 집에 잠입한 조셉에게 쉐넌이 한 말)

"땅이라고 써 있어. 미국 거주자에겐 160에이커의 땅을 준대. 서부 오클라호마에서. 공짜로

땅을 나눠주고 있어."*(미국 이민을 홍보하는 광고지를 보고 쉐넌이 하는 말)

이러한 토지 불하는 역사적 사실에 근거한 이야기로 타운십(township)이라는 미국적 산촌(散村) 경관이 탄생한 계기로 작용하게 된다(6장 참조).

조셉과 쉐넌은 1892년 미국 보스톤 항에 입항한다. 도착할 당시 보스턴 항은 살인과 강도가 판치는 무법천지와도 같았고, 이곳에서 소위 구역장(지역장)이라는 자는 입항자들에게 미국 시민권을 부여할 수 있을 만큼의 권한을 가진 자로 등장한다(11장 참조).

"이름이 뭔가? 미국 시민이 되게 해 줌세. 일도 하고 투표도 해야지!"(구역장을 찾아 온 조셉에게 구역장이 하는 말)

"내 땅을 얻는다면 뭘 심을까? 귀리, 옥수수, 감자? 아니 감자는 지겨워. 그래 밀을 심을 거야. 들판 끝까지."(보스턴에 입항한 날 밤 조셉이 하는 말)

조셉과 쉐넌은 각자 마침내 오클라호마의 토지 사무국(land office)에 도착하였고 1893년 9월 16일 정오에 땅은 불하하는 경주가 열린다. 땅을 불하받고자 하는 사람들은 출발선에 대기하다가 정오에 울리는 대포 소리와 함께 일제히 앞으로 달려간다. 토지 사무국에서는 사전에 토지를 구획을 마친 상태였고 구획된 각각의 토지에 번호 표식을 꽂아 놓았는데, 이 표식을 뽑은 뒤 그 자리에 자신의 깃발을 꼽는 자에게 해당 토지가 분배되는 식이었다. 정오 전에 출발선을 넘는다거나 불하 규칙을 위반하는 자에게는 기병대가 총격을 가할 정도로 이 과정은 엄격하게 진행되었다.

영화의 마지막 장면에서 천신만고 끝에 원하는 땅을 갖게 된 조셉은 이렇게 말한다.

"이 땅은 내거다(This land is mine). 그것이 내 숙명(It's my destiny)"

미국 초기 이민사에서 보였던 이 같은 백인들의 토지관과는 달리 인디언들의 자연관은 상당히 대조를 보인다. 다음은 미국 초기 이민사의 상황에서 한 인디언 추장이 미국 대통령에게 보낸 편지를 부분적으로 발췌한 것이다. 이 편지는 1885년 플랭클린 피어스 미국 대

〈파 앤드 어웨이〉 중에서

통령이 지금의 워싱턴 주에 거주하던 북미 인디언 수와미족 추장에게 땅을 정부에 팔라고 요청한 편지에 대한 추장의 답장이었다. 여기에서 우리는 영화 〈파 앤드 어웨이〉에서 보았던 유럽인의 자연관과 대조되는 면들을 구구절절 확인할 수 있을 것이다.

신세계에 보내는 메시지

워싱턴에 있는 거대한 지도자가 우리 땅을 사고 싶다는 요청을 해 왔습니다. 그 위대한 지도자는 또한 우정과 친선의 말들을 우리에게 보내 왔습니다. 이것은 매우 고마운 일입니다. (중략) 그러나 우리는 당신의 제의를 고려해 보겠습니다. 그 까닭은 만일 우리가 그렇게 하지 않는다면 백인들이 총을 가지고 와서 우리의 땅을 빼앗아 갈 것이라는 것을 알기 때문입니다.

어떻게 당신은 하늘을, 땅의 체온을 사고 팔 수가 있습니까? 그러한 생각은 우리에게는 매우 생소합니다. 더욱이 우리는 신선한 공기나 반짝이는 물을 소유하고 있지도 않습니다. 그런데 어떻게 당신이 그것들을 우리에게서 살 수 있겠습니까? 이 땅의 구석구석은 우리 백성들에게는 신성합니다. 저 빛나는 솔잎들이며 해변의 모래톱이며 어두침침한 숲 속의 안개며 노래하는 온갖 벌레들은 우리 백성들의 추억과 경험 속에서 성스러운 것들입니다.

백인들이 우리들의 생활방식을 이해하지 못한다는 것을 우리는 알고 있습니다. (중략) 백인들에게 땅은 그들의 형제가 아니라 적입니다. 그들이 어떤 땅을 정복하면 그들은 곧 그곳으로 옮겨 옵니다. 그들의 왕성한 식욕은 대지를 마구 먹어치운 다음에는 그것을 황무지로 만들어 놓고 맙니다. 당신네 도시의 모습은 우리 인디언들의 눈을 아프게 합니다. 그러나 그것은 아마 우리가 야만인이어서 이해하지 못하는 탓이겠지요.

내가 만일 당신의 제안을 받아들이기로 한다면 나는 하나의 조건을 내놓겠습니다. 즉 백인들은 이 땅에 사는 짐승들을 그들의 형제처럼 생각해야 한다는 것입니다. 짐승들이 없다면 인간은 무엇입니까? 만일 모든 짐승들이 사라져 버린다면 인간은 커다란 영혼의 고독 때문에 죽게 될 것입니다. 왜냐하면 짐승들에게 일어나는 일들은 그대로 인간에게 일어나기 때문입니다.

백인들이 언젠가는 발견하게 될 한 가지 사실을 우리는 알고 있습니다. 즉 당신네 신과 우리의 신은 같은 신이라는 사실입니다. (중략) 그리고 신의 연민은 인디언이나 백인들에게 동등합니다. 이 대지는 신에게 소중한 것입니다. 그리고 대지를 해치는 것은 조물주에 대한 모독입니다. (중략)

지상에서 마지막 인디언들이 사라지고 오직 광야를 가로질러 흘러가는 구름의 그림자만이 남더라도 이 해변들과 숲들은 여전히 우리 백성들의 영혼을 간직하고 있을 것입니다. 왜냐하면 그들은 갓난아기가 엄마의 심장에서 들려오는 고동소리를 사랑하듯 이 땅을 사랑하기 때문입니다.

만일 우리가 우리의 땅을 당신에게 판다면 당신은 우리가 그 땅을 사랑하듯 사랑하고, 우리가 보살피듯 보살피며, 그 땅에 대한 기억을 지금의 모습대로 간직하십시오. 그리고 당신의 모든 힘과 능력과 모든 정성을 기울여 당신의 자녀들을 위해서 그 땅을 보존하고 또 신이 우리를 사랑하듯 그 땅을 사랑하십시오. 당신의 신도 우리의 신과 같은 신이라는 사실을 우리는 알고 있습니다. 신에게 있어서 대지는 소중한 것입니다. 백인들일지라도 공동의 운명으로 제외될 수는 없습니다.

–수와미족 추장의 답장 중에서(1885년)

* 이러한 토지 불하는 역사적 사실에 근거한 이야기이며, 이것은 타운십(township)이라는 미국적 산촌(散村) 경관이 탄생한 계기로 작용하였다. 타운십에 관한 자세한 내용은 『인문지리학의 시선』 6장 참조

제3부 근대적 공간의 설명

9장

인구 현상의 공간적 전개

1. 인구 현상의 지리적 이해

1) 인구, '그냥 사람 수'가 아닌 '특정 시 · 공간에 존재하는 사람 수'

우리는 대개 '인구'라는 말을 들으면 인구센서스에 수록된 통계치나 관련 기관에서 그려낸 인구 그래프들을 떠올리는 경향이 있다. 하지만 '인구'는 그런 추상적 차원의 현상이 아니다. 인구는 사전적으로 '특정 시기(시간)의 일정 지역(공간)에 살고 있는 사람의 수'로 정의된다. 이렇게 인구란 그냥 사람 수가 아니라 '특정 시 · 공간상에 처해 있는 사람 수'로 정의된다. 시 · 공간적으로 특정되지 않은 인구 현상은 어떤 식으로든 의미를 부여하기가 어렵다. '조선 말기 강원도 인구', '2010년 기준 대한민국 인구', '2050년 세계 인구 추정치' 등의 용례에서 볼 수 있듯이, 모든 인구 현상은 시간과 공간의 한정을 받아야만 비로소 의미가 부여된다.

인구 현상을 시 · 공간적으로 특정하여 파악하는 일은 해당 인구 현상에 대한 긍정적 혹은 부정적 가치 평가에 영향을 미친다. 예를 들면 동일한 크기의 인구라 하여도 어떤 시기의 어떤 지역, 어떤 국가를 염두에 두고 있는지에 따라 과잉 인구냐 과소 인구냐의 판단이 달라질 수 있다. 만약 타이완과 같은 작은 섬 지역에 1억 명이 거주하고 있다면, 이는 자세히 따져 보기도 전에 이미 과잉 인구로 진단될 것이다. 하지만 중국 본토의 총인구가 1억 명이라면, 이는 시급한 출산 장려 정책이 요구될 만큼 과소 인구로 판단될 것이다. 과잉 인구와 과소 인구 사이의 판단은 영토의 크기와 같은 공간 규모 외에도, 역사적 맥락에 따라, 종교나 문화적 관념에 따라, 경제 발전 정도에 따라 달라질 수 있다. 통계상 동일하게 나타나는 현상이라고 할지라도 어느 시기, 그리고 어느 국가나 문화권의 인구 현상이냐에 따라 해결을 요하는 인구 문제로 진단될 수도 있고 전혀 문제가 되지 않을 수도 있다.

이와 같이 인구는 '특정한 시기, 일정한 공간 위에서 전개된 지리적 현상'이다. 그래서 인구 현상에 대한 이해는 기본적으로 시·공간적 접근을 요구한다. 모든 인구 현상은 그것이 처한 지리적 위치와 공간 규모를 고려하여 진단될 필요가 있으며, 동시에 시간에 따른 지속과 변천의 관점에서 파악할 필요가 있다. 인구분포, 인구밀도, 인구이동, 인구구성, 인구성장과 인구변천 등의 인구 관련 핵심 개념들은 공통적으로 '특정 시기의 지리적 공간 위에서 전개된' 인구 현상을 상정하고 있다.

인구 현상을 연구하는 대표적 학문 분야로 인구학과 인구지리학을 들 수 있다. 인구학은 넓은 의미에서 사회학의 한 갈래로, 주로 인구 통계를 활용한 통계적 분석을 통해 인구의 사회적 특성을 탐구한다. 이에 비해 인구지리학은 일정한 시·공간상에서 전개된 지리적 현상의 하나로서 인구에 접근한다. 자연, 경제, 문화 등 어떤 지역이나 국가의 지리적 환경과 인구 현상 사이의 상호 관계를 염두에 두면서 인구분포와 인구밀도, 인구구성, 인구성장과 인구변천의 지역적 차이를 설명하려고 한다. 또는 한 지역 및 국가의 주요 인구흡인 요인이나 인구방출 요인, 그리고 그 결과로 지리적 공간 위에 펼쳐지는 인구이동의 방향과 제 양상(패턴)에 대해 해명하려는 등의 연구를 추구한다. 요컨대 인구지리학은 인구의 통계학적, 사회학적 분석에 집중하는 인구학 분야와 달리, 인구와 생태환경의 관계, 인구와 다양한 지리적 요소들 사이의 관계를 관찰하고 분석하면서 궁극적으로 인구 현상과 지리적 환경 사이의 상호 관계를 밝히는 데 목적을 둔다.

2) 인구 현상에 대한 지리학적 이해는 왜 중요한가

'인구는 곧 국력이다.', '인구는 경쟁력이고 경제력이다.'와 같은 말이 있다. 이는 인구의 중요성을 말하려는 것인데, 설령 이 말의 뜻을 충분히 이해하지 못하더라도 적어도 '인구가 없다면 우리 사회, 국가 자체가 존립할 수 없다.'는 사실을 우리는 쉽게 알 수 있다. 인구가 국력이요 경쟁력이요 경제력이 된다는 의미를 이해할 필요도 없이, 무엇보다 인구는, 그것이 존재하는 공간 스케일이 지역이든 국토든 지구촌이든 간에, 우리 지역, 국토 공간, 지구촌 사회의 존립 그 자체와 관련되는 사안임을 상기해야 한다.

2006년 영국 옥스퍼드 대학의 인구문제연구소가 발간한 한 보고서에서는 세계 주요 국가의 합계출산율과 고령화 속도를 근거로 장차 지구상에서 가장 먼저 사라질 국가로 대한민국을 꼽았다. 당시 대한민국의 합계출산율인 1.19명이 앞으로 지속된다면 서기 2100년에는 국가 인구가 반 토막이 나고 수도권 전철 9개 노선 중 4개가 폐선이 될 것이며, 2413년 부산의 텅 빈 시가지 한가운데에서는 마지막 아기 울음소리가 들릴 것이고, 2505년에는 한때 천만 인구를 자랑하던 서울에서 마지막 시민이 태어날 것이며, 2500년에는 국가 총인구가 33만 명에 이르게 되고, 급기야 2750년에는 인구가 완전히 소멸하여 결국 나라가 사라질 수도 있다는 충격적인 보고였다.

물론 한 나라의 인구 전망을 합계출산율과 같은 한두 가지 인구 통계만을 가지고 정확히 예측한다는 것은 불가능한 일이다. 왜냐하면 이민자의 증감이나 그에 관련된 정책과 제도, 의료 · 과학기술의 혁신 여부, 어떤 예상치 못한 전염병의 등장과 확산, 불시에 발발한 내전이나 국가 간 전쟁, 국내외의 경제적 상황 등의 다양한 변수들이 해당 지역이나 국가, 세계의 인구 증감에 작용하기 때문이다. 요컨대 한 지역이나 국가, 세계의 인구 전망을 위해서는 역사적 맥락, 생태환경, 문화적 배경, 사회 · 경제적 여건 등에 속하는 다양한 시 · 공간적 변수를 고려해야 하며, 인구 현상을 어떤 관점, 특히 어떤 지리적 공간 스케일에서 조명하느냐에 따라 그에 대한 진단과 평가는 달라질 수 있다.

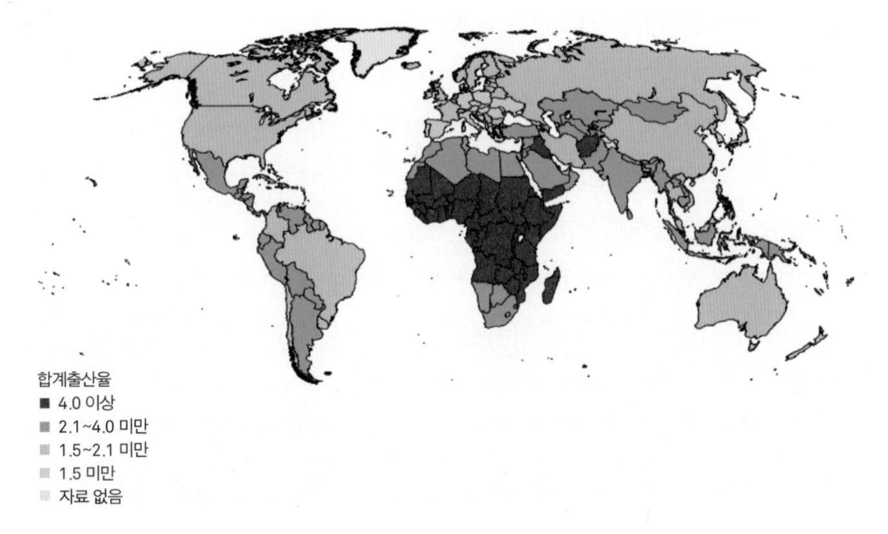

그림 9-1 세계 각국의 합계출산율(2000~2015년 평균, 자료: UN, 2016)

* 주: 합계출산율(total fertility rate, TFR)이란 '통상적 임신 가능 연령대인 15~49세 사이의 한 여성이 평생 낳을 것으로 상정되는 평균 자녀수'를 말한다. 대한민국은 일본 및 유럽 여러 나라와 함께 합계출산율이 세계에서 가장 낮은 국가군에 속해 있다.

특정한 시·공간상의 인구 현상은 한 지역이나 국가의 사회·문화적 상황이나 산업 구조, 경제 발전 정도 등을 반영하기 마련이다. 그래서 우리는 특정 시·공간상의 인구 현상을 보여주는 각종 지표를 활용해서 해당 지역이나 국가의 사회·문화적 상황이나 산업 구조, 경제 발전 정도 등을 가늠할 수도 있다.

가령 출생률, 사망률 같은 통계적 지표나 인구 피라미드와 같은 그래픽 지표를 들 수 있다. 인구 피라미드는 한 지역의 성별, 연령별 인구 구성 현황을 피라미드 형식으로 표현한 것이다. 1946년 기준 독일의 인구 피라미드는 2차 대전의 주범인 독일의 연령대별 인구 피해 상황을 잘 보여 준다. 세계대전으로 청장년층 남성들이 다수 사망하면서 청장년층 연령대에서 대체로 여초 현상이 나타나고 있고, 특히 군인으로 차출되었을 가능성이 큰 특정 연령대의 남성 인구가 매우 적다는 것을 알 수 있으며, 전쟁으로 결혼 적령기의 인구가 크게 줄어든 결과 그에 연동하여 신생아 수가 급격히 감소한 것을 확인할 수 있다.

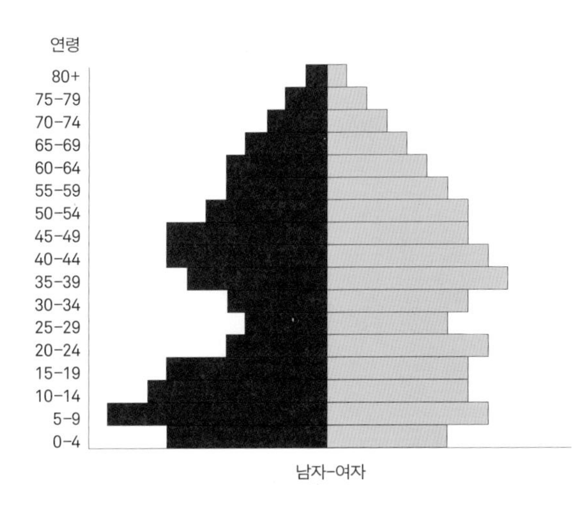

그림 9-2 1946년 기준 독일의 인구 피라미드

우리나라의 인구 피라미드에서도 독일과 마찬가지로 지난 100년 이내의 정치, 경제, 사회적 변화의 흔적들을 찾아볼 수 있다. 2010년 기준 인구 피라미드를 볼 때, 일제에 의한 강제 징용과 태평양 전쟁 등으로 사망자가 많았던 1940년대 초반, 6·25전쟁으로 인해 사망 및 실종자가 많았던 1950~53년, 베이비붐으로 출생자가 많았던 1960년 전후, 경제개발 5개년 계획이 착수되었던 1962년, 강력한 가족계획이 시행되었던 1980년대, 그리고 이상의 주요 사건들이 가져온 제2차 영향 등을 피라미드의 연령대별 인구 증감 및 남녀 성비에서 찾아볼 수 있다.

특정 시기에 널리 유포된 인구 관련 표어들 역시 당대 해당 지역이나 국가의 인구 현상이 어떤 상황에 처해 있었는지를 보여 주는 지표로 활용될 수 있다. 1960~70년대까지만 해도 우리나라에서는 당대의 인구를 과잉 인구로 진단하고 이를 해결하기 위한 여러 가지 표어들이 고안되고 유포되었다. 따라서 그 시기의 인구 관련 표어들은 당대 우리나라의 사회, 문화, 경제 상황의 한 측면을 엿볼 수 있게 한다. '덮어놓고 낳다 보면 거지꼴을 못 면한다.', '아들딸 구별 말고 둘만 낳아 잘 기르자.', '잘 키운 딸 하나 열 아들 안 부럽다.', '늘어나는 인구만큼 줄어드는 복지후생', '신혼부부 첫 약속은 웃으면서 가족계획', '내 힘으로 피임하여 자랑스런 부모 되자', '무서운

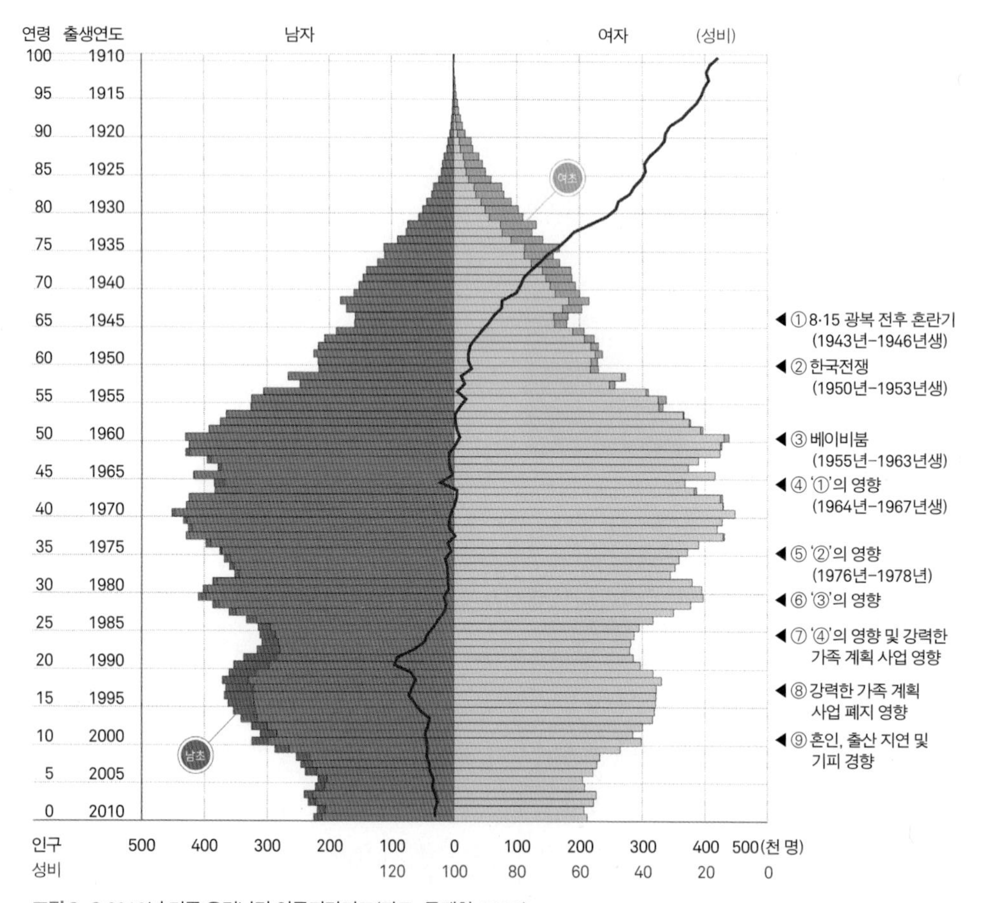

그림 9-3 2010년 기준 우리나라 인구피라미드(자료: 통계청, 2010)

핵폭발 더 무서운 인구폭발' 등의 표어들이 그것이다. 이러한 표어들은 인구가 너무 많다고 판단되었던 당대의 사회적 인식, 많이 낳는 것이 미덕으로 간주되고 특히 아들을 선호하던 유교적 전통 관념, 물질적으로 풍요롭지 못했던 당대의 국가경제 등을 반영하고 있다.

2. 사람들은 어디에 많고 어디에 적은가

1) 세계의 인구분포와 주요 요인

인구분포란 사람들이 지표상의 어디에 많고 어디에 적은가, 다시 말해 '인구가 지표면에 흩어져 있는 양태'로 정의된다. 인구가 지표면에 흩어져 있는 양태는 가령 '인구가 산지보다는 해안 지역에 집중적으로 분포한다.', '인구가 촌락보다는 도시 지역에 다수 분포한다.' '인구가 냉·한대기후 지역보다는 온대나 열대기후 지역에 많이 분포한다.' 등의 형식으로 진술할 수 있다. 그러나 인구분포는 이러한 텍스트 형식의 진술보다는 지도로 표현하는 것이 효과적인데, 대개 점으로 표현, 즉 점묘도로 나타낸다.

지금으로부터 100년 전인 20세기 초의 세계 인구는 20억 명에 미치지 못했다. 세계은행(World Bank)은 오늘날 세계 인구가 하루에 20만 명씩 증가하고 있다고 보고한다. 국제연합(UN)에 의하면, 2016년 기준 세계 인구는 약 76억 명으로 추산되었으며, 2100년에는 112억 명에 이를 것으로 예측되고 있다. 2016년 기준 세계 인구에서 차지하는 주요 대륙별 인구 비중을 보면, 아시아 대륙이 45억 명으로 세계 인구의 약 60%, 아프리카가 13억 명으로 약 17%, 유럽이 7억 4,000만 명으로 약 10%,

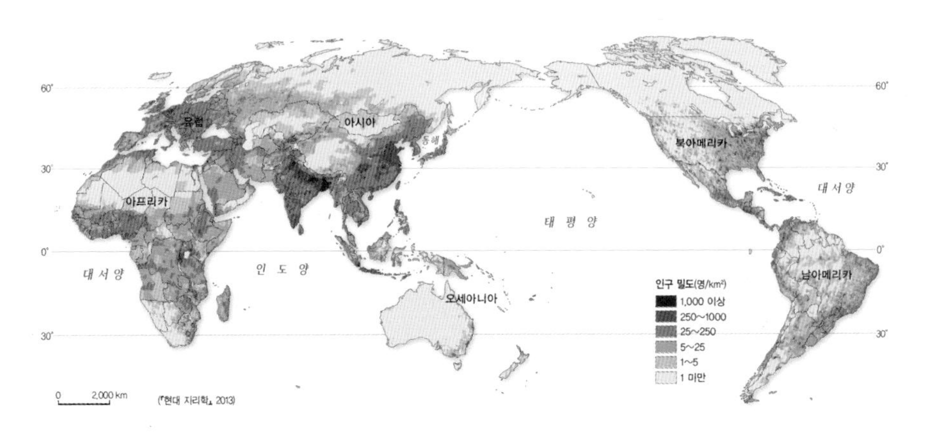

그림 9-4 세계의 인구분포도

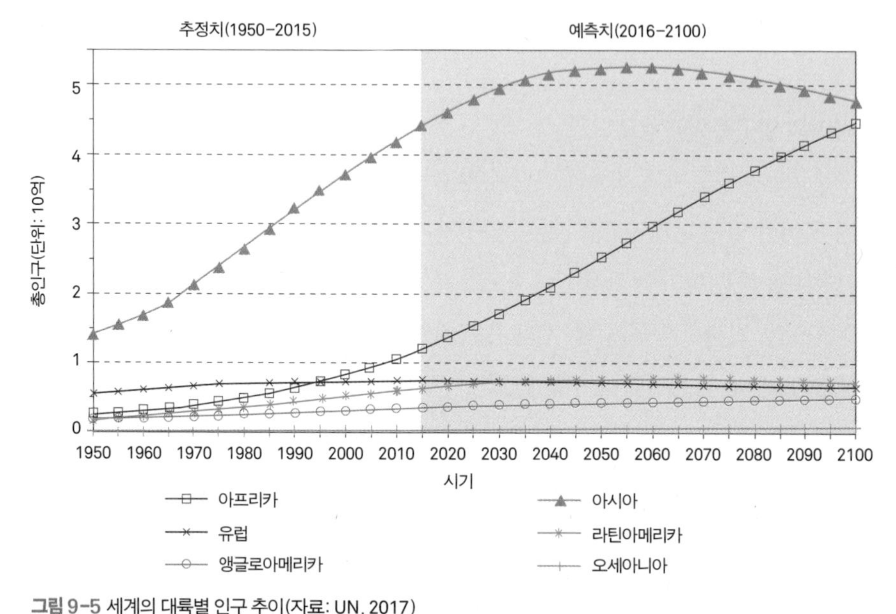

그림 9-5 세계의 대륙별 인구 추이(자료: UN, 2017)
자료출처: United Nations Department of Economic and Social Affairs, Population Division(2017). *World Poulation Prospects: The 2017 Revision*. New York: United Nations.

라틴아메리카가 6억 4,000만 명으로 약 9%, 앵글로아메리카가 3억 6,000만 명으로 약 6%, 남아메리카가 4억 2,000만 명으로 약 5%, 오세아니아가 약 4,100만 명으로 세계 인구의 약 0.6%를 차지한다. 단위면적당 인구, 즉 인구밀도의 경우 아시아와 유럽, 아프리카 순으로 높게 나타나는데, 아시아의 인구밀도는 아프리카의 약 2.6배, 유럽의 인구밀도는 아프리카의 약 2배이다. 국제연합에 따르면, 대부분의 대륙들이 2050년을 기점으로 인구가 감소하겠지만 아프리카의 인구는 2050년 이후에도 적어도 수십 년 이상 계속 증가할 것으로 예측되었다.

국가별로 보면 중국(본토)이 약 13억 7,600만 명으로 세계 인구의 18.6%, 인도가 약 13억 1,100만 명으로 약 17.7%, 미국이 약 3억 2,200만 명으로 약 4.4%, 인도네시아가 약 2억 5,800만 명으로 약 3.5%, 브라질이 약 2억 800만 명으로 약 2.8%, 파키스탄이 약 1억 8,900만 명으로 약 2.6%를 차지한다. 중국과 인도를 합칠 경우 그 인구가 26억 8,700만 명(36.3%)으로, 세계 인구 3명 중 1명 이상이 중국인이거나 인도인에 속할 정도로 국가적 편중이 심하다. 그만큼 이 두 나라의 인구지표가 세계의 인구지표에 지대한 영향을 준다.

그러나 인구분포에 대한 이러한 거친 수준의 진술은 세계의 인구분포가 갖는 지리적 특징을 충분히 드러내 주지 못한다. 이를테면 세계의 육지 부분 중 사람들이 살기에 부적합한 지역을 보면 빙설과 툰드라 지역이 약 29%, 사막 지역이 약 17%, 산간 지역이 약 12% 등 전체 육지 면적의 약 60%에 이른다. 여기에 인구 희박 지역 또한 매우 광활하다는 점을 감안하면 세계 인구의 90%는 육지 총면적의 10% 이내에 분포하는 것으로 나타난다. 세계 인구의 90% 이상이 북반구에 집중되어 있다는 것 역시 중요한 지리적 특징이다. 세계 인구의 80% 이상이 해발고도 500미터 이내의 구간에 밀집되어 있다는 것도 특징이다. 또한 세계 인구의 약 75%가 바다로부터 1,000킬로미터 이내의 해안 지역에 거주한다는 것도 특징이다. 세계 인구의 약 70%가 동부아시아, 남부아시아, 서남아시아, 유럽에 집중 분포한다는 것도 특징이다.

이와 같이 세계 인구는 지표상에 균등 분포하는 것이 아니라 지리적으로 편중되어 분포한다는 점을 알 수 있는데, 산업혁명기를 지나 근·현대 시기에 접어들면서 추가적 유형의 지리적 편중이 초래되었다. 바로 인구의 도시 지역 편중 경향이다. 가령 1851년 기준 영국의 잉글랜드와 웨일스 지역의 도시 인구는 50% 정도였으나, 1951년에는 도시 인구 비중이 80%에 달했다. 이러한 도시 인구 비중의 증가는 산업화와 함께 전 세계적으로 목격되었던 특별한 유형의 인구이동, 소위 이촌향도(離村向都)가 가져온 결과였다. 아일랜드의 경우 1901년 기준 도시 인구 비중이 30%에 미치지 못했지만, 1941년에는 약 40%, 1971년에는 약 55%로 증가하였는데, 그 요인은 도시 지역에서 얻을 수 있는 경제적, 사회적 기회가 촌락에 비해 다양하고 많았기 때문이다.

세계적으로 보면 1800년에는 세계 인구의 단지 3%만이 도시에 거주했던 것으로 추정되고 있다. 그 후 20세기 전반을 지나면서 촌락 대비 도시의 인구 비중은 급격히 증가하였고, 2010년에는 세계 인구의 50% 이상이 도시에 거주하는 것으로 보고되었으며, 2050년경에는 그 비중이 70%에 이를 것으로 예측되고 있다. 인구의 이러한 도시 편중은 산업화, 근대화로 인해 정치, 경제, 사회, 문화 등 우리 삶의 대부분 영역에서 도시의 중심성이 매우 커졌고, 이러한 도시 중심성이 결과적으로 도시의 인구 흡인력을 강화시켰기 때문이다. 하지만 대부분의 국가들에서 도시로의 인구 집중은 인구 과밀에 따른 주택 문제, 교통 문제, 각종 범죄와 사회 문제, 환경오염 문제 등 많은 부정적 문제점들과 연결되고 말았다,

그러면 지리적으로 불균등 분포를 보이는 세계의 인구분포 양태는 어떤 요인의 영향을 받는 것일까? 앞에서 언급한 인구분포의 지리적 특징을 보면 인구분포에 영향을 준 요인들을 대략 추정할 수 있다. 지리적으로 차이를 보일 수밖에 없는 기후 및 지형, 토양, 담수 등의 자연환경 조건, 의료 · 과학기술, 경제 발달 정도, 종교와 문화적 맥락, 역사적 배경, 직업과 삶의 기회 등의 인문환경 조건이 지표상의 인구분포에 영향을 미친다. 1차적으로는 자연환경 조건이 사람들의 주요 분포지역을 형성하는 데 영향을 주었다고 볼 수 있고, 의료 · 과학기술과 경제 발달 정도에 따라 사람들의 분포 지역은 점차 확대되었을 것이다. 하지만 종교와 생활양식, 가치관 등의 문화적 맥락, 특수한 역사적 배경 등의 요인은 인구분포 지역을 일방적으로 확대시키는 방향으로만 작용하지는 않으며, 오히려 특정한 공간에 제한하거나 특정한 방향으로 분포를 유도하는 경향이 있다.

자연환경 조건 중에서 먼저 기후 조건이 인구분포에 미치는 영향을 살펴보면, 열대기후와 한대기후, 빙설기후, 사막기후 등 극한기후가 나타나는 지역일수록 사람들의 거주에 불리하고 따라서 인구분포가 제약된다. 그 결과 사막기후 지역, 습지 지역, 한대기후 지역, 고원 지역은 세계의 대표적 인구 희박 지역을 이룬다. 지형 조건의 경우 산간 지역보다는 평야나 완만한 구릉 지역이 작물 재배, 도로망 확대, 산업 발달 등에 유리하기 때문에 상대적으로 인구분포가 집중된다. 집약적 농업이 가능한 비옥한 토양은 인구부양력을 높이므로 인구분포에 유리한 조건이 되고, 풍부한 담수는 식수에의 접근성을 비롯한 가축 사육과 농작물 재배, 산업 용수 등에 긴요하기 때문에 인구집중을 유도하는 요인이 된다.

인문환경 조건의 경우, 풍부한 천연자원은 과학기술의 발달에 따라 인구의 집중

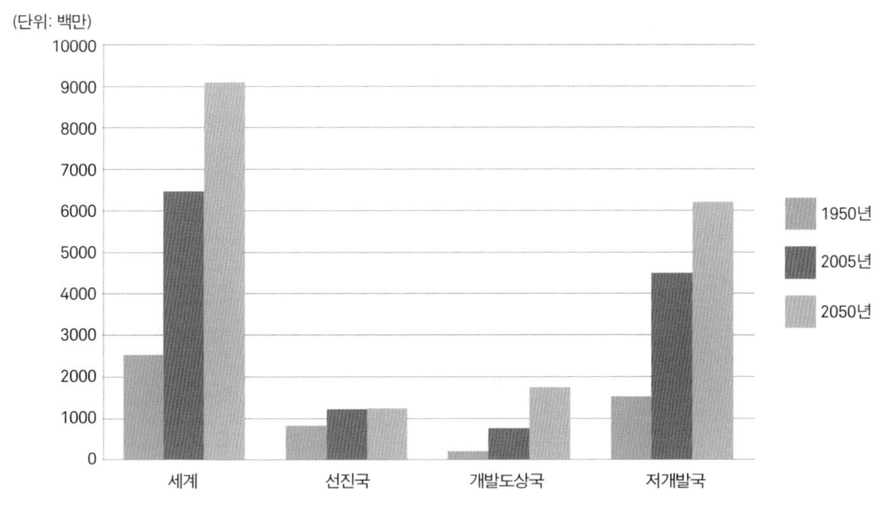

그림 9-6 세계의 선진국, 개발도상국, 저개발국의 인구 추이(자료: UN, 2017)

적 분포에 긍정적 요인으로 작용하고, 도시화와 산업화 역시 사람들에게 직업, 교육, 문화, 의료, 교통, 기타 생활 편의를 많이 제공하기 때문에 도시와 같은 특정 지역에 인구집중을 유도하는 요인이 된다. 종교와 생활양식, 가치관 등의 문화적 맥락은 특정한 지역이나 장소에 대한 선호도에 영향을 미쳐 인구분포의 지역적 차이를 야기하고, 정치적 불안정이나 내전, 국가 간 전쟁, 국가 정책 등도 특정한 방향으로의 인구 이동과 특정 지역으로의 인구집중을 유도한다.

글로벌 스케일에서 인구분포의 지리적 편중과 관련해 우리가 관심을 가져야 할 중요한 문제 중 하나가 있는데, 미래에는 선진국보다는 저개발국의 인구 비중이 커질 것이라는 사실이다. 국제연합(UN)의 추정치에 의하면 세계 인구는 2050년경 91억 명에 도달하는데, 문제는 비선진국의 인구 비중이 1950년 기준 67.7%에서 2050년에는 86.4%로 크게 증가할 것이라고 전망된다는 점이다. 미래로 갈수록 경제적으로 열악한 지역에 분포하는 인구의 비중이 상대적으로 증가할 것이라는 뜻이다. 다만 이 점은 기억할 필요가 있다. 비선진국에 속하는 중국과 인도의 인구가 세계 인구에서 차지하는 비중이 약 70%라는 점이다.

2) 인구밀도, 그리고 세계의 인구 밀집 지역과 인구 희박 지역

인구밀도란 어떤 지역에 인구가 얼마나 밀집되어 있는가, 다시 말해 단위면적당 인구수를 뜻한다. 인구분포의 주요 특징을 파악하고 지역 간 비교를 위한 도구로 널리 활용되는 것이 인구밀도라는 도구이다. 특히 인구밀도는 인구의 지역별 밀집 정도를 서로 비교하기 위한 도구로 유용하다. 인구밀도를 측정하는 방법으로는 다음의 두 가지가 대표적이다.

첫째, 가장 간편한 방법으로 통계적 인구밀도(arithmetic density of population)가 있다. 통계적 인구밀도는 단순하게 단위면적당 인구, 즉 '총인구/총면적'의 값이다. 통계적 인구밀도는 대개 평방킬로미터당 인구수로 나타내는데, 2014년 기준 세계 전체의 통계적 인구밀도는 약 15인/km²이다. 인구 1천만 명 이상의 인구를 가진 국가를 대상으로 통계적 인구밀도가 높은 상위 국가들을 열거하면, 방글라데시의 통계적 인구밀도가 약 1,154인/km², 타이완 649인/km², 대한민국 약 491인/km², 르완다 약 468인/km², 네덜란드 406인/km², 인도 376인/km² 등으로 나타난다. 그런데 통계적 인구밀도는 자연환경 조건이나 인문환경이 서로 동질적인 소규모 지역들 간의 인구밀도를 비교하는 데 적합하다. 국가나 대륙과 같이 공간 규모가 매우 크고 자연 및 인문환경 조건의 지역 차가 심할 경우에는 유용성이 떨어진다. 가령 아시아의 통계적 인구밀도를 산출했다고 했을 때, 과연 그것이 자연 및 인문환경 조건의 지역 차가 큰 아시아 대륙의 인구밀도를 얼마나 평균적으로 대변해 줄 수 있겠는가.

둘째, 통계적 인구밀도의 한계를 보완하기 위해 고안된 지리적 인구밀도(physiological density of population)가 있다. 이를 실질적 인구밀도(real density of population)라고도 한다. 지리적 인구밀도는 경지면적당 인구, 즉 '총인구/총경지면적'의 값이다. 지리적 인구밀도는 인구부양력과 직결되는 경지면적을 기준으로 놓고 인구밀도를 산출한다는 점에서 통계적 인구밀도에 비해 대규모 지역, 특히 내부적으로 환경 조건이 다양한 국가 및 대륙들 사이의 인구밀도를 비교하기 위한 도구로 유용하다. 그러나 총경지면적을 객관적으로 측정한다는 것이 쉽지 않고, 경지면적이 동일한 두 지역이라고 하더라도 토양의 비옥도, 농업기술, 기후환경, 수리조건 등에서 격차가 있을 수 있으므로 지리적 인구밀도 역시 한계점을 지닌다.

여러 가지 한계점에도 불구하고 세계 각국에서 널리 사용하는 인구밀도의 유형은 통계적 인구밀도이다. 어떤 전제 조건이나 복잡한 산출과정이 없이 가장 간편하고 객관적으로 계산될 수 있기 때문일 것이다. 통계적 인구밀도를 근거로 주요 대륙과 국가별 인구밀도의 특징을 살펴보면 다음과 같다.

아시아는 세계에서 가장 넓은 대륙이다. 이곳에는 방글라데시, 타이완, 대한민국 등 세계 최고의 인구밀도를 기록하고 있는 국가들과 중국, 인도 등 세계 최대 인구를 자랑하는 국가들이 분포한다. 유럽은 전 세계 육지 면적의 6%를 차지하는 가장 작은 대륙인데, 유럽의 인구 규모는 세계 인구의 11%에 이르고 인구밀도는 아시아에 이어 세계에서 두 번째로 높다. 아프리카는 인류가 탄생한 기원지이자 세계에서 두 번째로 넓은 대륙임에도 불구하고 이집트의 나일강 유역과 같은 몇몇 인구 집중 분포 지역을 제외하면 상대적으로 인구밀도가 낮은 편이다. 사하라 사막과 같은 세계 최대의 사막, 열대 밀림과 초원 등 거주에 불리한 환경 조건, 그리고 유럽에 의한 식민지화 과정에서 발생한 대규모 원주민 학살과 강제 노예 동원에 따른 결과일 것이다.

세계의 대부분 도시 국가들은 인구가 1,000만 명을 넘지는 않지만, 한정된 공간 안에서 오랜 역사를 이어온 결과 인구밀도가 매우 높게 나타난다. 유럽의 모나코는 세계에서 두 번째로 작은 도시국가이며, 인구밀도는 25,718인/km^{2}으로 세계 최고를 나타낸다. 바티칸, 싱가포르 등의 여타 도시 국가들도 매우 높은 인구밀도를 보인다.

세계에서 인구밀도가 가장 낮은 대륙은 오세아니아인데, 오세아니아를 비롯해 북아메리카, 남아메리카와 같은 소위 신대륙들에서 인구밀도가 낮다. 오세아니아의 경우 건조한 사막 지역이 광활하게 펼쳐져 있고 남아메리카의 경우에는 높은 안데스 산맥과 같은 산간 지역 및 아마존강 유역과 같은 열대 밀림지역이 넓게 펼쳐져 있어 사람들의 거주에 불리하기 때문인데, 유럽에 의한 식민지화 과정에서 전염병과 원주민 사냥 등으로 원주민 인구가 크게 감소했다는 것도 중요한 배경일 것이다.

국가별로 보면 몽골의 인구밀도가 1.87인/km²으로 세계에서 가장 낮은 수준이며, 아프리카의 서사하라(2.27인/km²), 나미비아(2.90/km²) 등의 국가들이 낮은 인구밀도를 나타낸다. 호주는 세계 육지 면적의 약 5.9%를 차지하는 대륙이자 국가인데, 인구밀도는 3인/km²에 불과하다. 이 밖에 건조기후 지역이 넓게 나타나거나 자연환경 조건이 열악한 아이슬란드(3.27인/km²), 수리남(3.35인/km²), 보츠와나(3.54인/km²), 리비아(3.59인/km²), 캐나다(3.6인/km²), 카자흐스탄(6.2인/km²), 러시아(8.3인/km²) 등이 낮은 인구밀도를 보이는 국가들이다.

국가 내의 지역 스케일에서는 온대기후 지역에 위치한 대하천 및 그 지류 유역에서 인구밀도가 매우 높게 나타난다. 특히 동부아시아와 남부아시아에서 벼농사가 집중적으로 행해지는 대하천과 그 지류 유역, 산업혁명의 기원지인 서부유럽의 주요 공업 지역, 대항해시대 이래 대서양을 사이에 두고 유럽과 긴밀한 공간적 상호작용을 하며 성장한 미국 북동부의 주요 대도시 지역 등이 세계적 주요 인구 밀집 지역

| 참고 9-1 |

중국과 인도의 인구 역전

중국과 인도는 세계 최대의 인구 규모를 지닌 두 나라이다. 중국의 인구는 1982년에 10억 명에 이르렀고, 인도의 인구는 1998년에 10억 명에 도달했다. 2016년 기준 중국의 인구는 약 13억 8,800만 명, 인도의 인구는 13억 4,200만 명으로, 두 나라의 인구가 세계에서 차지하는 비중은 거의 40%에 육박하고 아시아 전체에서 차지하는 비중은 60%를 넘는다.

2016년 기준 중국의 인구는 인도에 비해 4,600만 명이 많은 것으로 집계되고 있다. 하지만 인도의 인구성장률(약 1.18%)이 중국(약 0.43%)에 비해 훨씬 높다는 것을 감안할 때, 두 국가 사이의 인구 규모 차이는 빠르게 작아질 것이다. 국제연합과 세계은행 등 주요 국제기구들은 2020년대를 지나면서 인도의 인구가 중국을 추월할 것으로 예측하고 있고, 2033년에 이르면 인도의 인구가 15억 명에 도달할 것으로 보고 있다. 참고로, 2017년 5월 24일자 『워싱턴 포스트(*The Washington Post*)』는 중국의 관영 통계가 부정확한 면이 있다고 지적하면서 실제로는 인도 인구(13억 1,000만 명)가 이미 중국 인구(12억 9,000만 명)를 추월한 상태라고 보도한 바 있다.

이다. 이에 반해 호주 내륙의 광활한 사막 지역, 한대기후가 나타나는 캐나다 북부 및 러시아의 시베리아 지역, 중앙아시아와 서남아시아의 고원 및 건조 지역, 아마존 분지, 콩고강 유역, 뉴기니섬, 보르네오섬 등의 열대우림이 펼쳐진 지역 등은 세계적 인구 희박 지역으로 분류될 수 있다. 전체적으로 볼 때 세계 스케일에서 확인되는 인구 밀집 지역과 희박 지역은 자연환경 조건의 유불리, 특히 거주와 농업에 미치는 유불리에 따라 분화된 것이라고 할 수 있다. 다만 산업혁명기 이후에는 교통과 산업, 도시 발달에 유리한 내륙 수운 및 저평한 해안지역을 중심으로 주요 인구 밀집 지역이 형성되어 왔다고 볼 수 있다.

3. 인구이동: 사람들은 왜, 어디로 이동하는가

1) 인구이동의 요인과 역사적 주요 사례

인구이동(human migration)이란 '사람들이 한 장소에서 다른 장소로 움직이는 공간적 이동'을 말한다. 인류는 아프리카에서 기원하여 전 세계로 확산된 것으로 알려져 있다. 아프리카를 벗어난 인류는 유럽과 아시아로 이동하였고, 다시 아시아에서 얼음으로 연결된 베링 해협을 건너 아메리카로 이동하였다는 것이 정설이다. 이러한 주장을 수용한다면 인구이동의 역사는 인류의 역사와 함께해 왔다고 볼 수 있다. 오늘날 약 75억 명의 세계 인구 중 2억 3,000만 명 이상은 자기가 태어난 고국이 아닌 해외의 다른 나라에 거주하고 있다. 대륙 간 혹은 국가 간 인구이동의 결과인 것이다.

인구이동은 기존 거주지, 즉 인구이동 기원지에서의 과잉 인구, 생태환경의 악화, 정치·사회적 혼란이나 불안, 가난이나 기근 및 전염병, 종교적 박해 등의 배출요인(push factor)과, 인구이동의 잠재적 목적지가 보유하고 있는 경제적 기회와 물질적 풍요, 청정하고 쾌적한 생태 환경, 사회·문화적 안정, 정치적 자유와 안전 보장 등의 흡인요인(pull factor)이 복합적으로 작용하여 발생한다. 배출요인은 기원지가 지닌 거주지로서의 매력도를 떨어뜨리는 요인들이고, 흡인요인은 목적지가 갖고 있는 거주지로서의 매력도를 높이는 요인들이다.

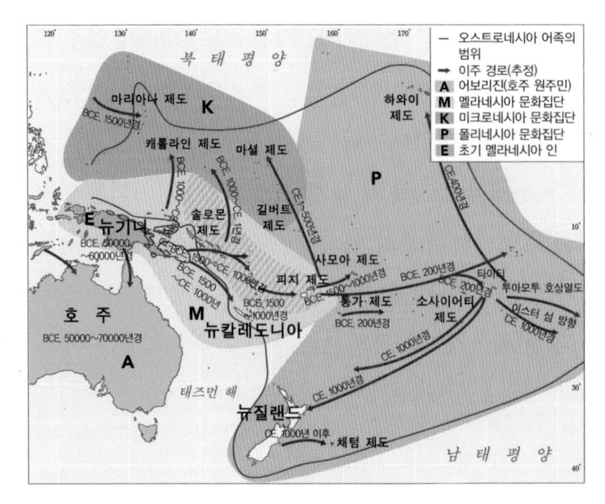

그림 9-7 태평양 폴리네시아 섬 사람들의 인구이동

역사 시대 이전의 인류의 이동은 주로 기원지에서의 기후 변화를 비롯한 열악한 생태환경, 제한된 인구 부양력을 극복하기 위한 선택의 결과였다. 선사시대 남태평양의 여러 섬들에서 이루어진 인구이동을 대표적 사례로 들 수 있다. 하와이 제도, 뉴질랜드 남섬, 칠레의 이스터섬을 삼각형의 세 꼭지점으로 하는 남태평양의 폴리네시아 사람들은 동남아시아에서 바다를 건너 이곳의 수많은 섬들에 정착한 것으로 알려져 있다. 『총, 균, 쇠』의 저자인 제레드 다이아몬드는 오세아니아 어족에 속한 네 종류의 언어 가운데 세 종류가 타이완에 밀집해 있는 것을 근거로 폴리네시아 사람들의 기원지가 타이완이라고 추정한다.

이들은 기원전 1500~1000년경 동남아시아에서 출발해 동쪽의 태평양으로 항해하면서 남태평양 일대의 여러 섬들로 이주하였다. 한 섬에 정착한 다음 그 섬의 인구 부양력이 한계에 다다르면 섬사람 중 일부가 다른 섬으로 이동할 수밖에 없었을 것이므로, 한 섬에서 다른 섬으로의 인구이동이 잇따라 일어났다는 것이다. 섬이라는 제한된 공간 규모와 한정된 자원, 여기에서 결과한 인구 부양력의 제약 등은 배출요인이었고, 어딘가 있을지 모르는 풍요로운 섬에 대한 희망은 흡인요인이었다. 가장 마지막에 정착한 뉴질랜드 남섬의 마오리족이 신체적으로 가장 강건하다는 것은 반복된 인구이동 과정의 산물, 즉 계속된 적자생존의 결과였을 것이다. 오늘날 하와이 원주민들이나 뉴질랜드의 마오리족, 이스터섬의 원주민들이 서로 유전적 형질과 문화 및 언어적 측면에서 동질성이 크다는 점 역시 남태평양의 수많은 섬들에 거주하는 폴리네시아 사람들이 궁극적 기원지를 공유할 것이라는 주장을 뒷받침한다.

역사 시기에 들어오면 유럽인의 인구이동, 그리고 유럽인이 초래한 다른 민족의 인구이동이 인류 역사상 중요한 사건이 되었다. 우선 유럽의 대항해시대에는 유럽으로부터 대서양을 건너 아메리카 및 오세아니아로의 대규모 인구이동이 이루어졌다. 아일랜드를 비롯한 유럽의 대기근의 영향으로 1843년부터 1939년 사이에는 약 5,000만 명의 인구가 유럽을 떠나 미국, 캐나다, 아르헨티나, 오스트레일리아, 뉴질랜드, 남아프리카공화국 등지로 이동한 것으로 알려져 있다. 유럽인의 인구이동은 기원지에서의 종교 박해, 대기근과 열악한 토양 조건으로 인한 인구 부양력의 한계, 소작농에게 매우 불리했던 지주 소작 관계 등이 주요 배출요인이었고, 목적지에서의 자유로운 삶, 광대한 토지, 풍부한 자원, 새로운 삶에 대한 희망 등이 주요 흡인요인이었다.

유럽인이 초래한 다른 민족의 인구이동의 대표적 사례는 유럽인에 의해 아메리카로 강제 이동하였던 아프리카 흑인들의 인구이동을 들 수 있다. 아프리카와 아메리카 사이의 노예무역은 유럽의 식민지화 과정에서 전염병과 학살로 인해 대거 사망한 아메리카 원주민의 대체 노동력 확보를 위한 것이었다. 이것은 배출요인과 흡인요인이라는 이분법적 개념으로는 설명될 수 없는 강제적 인구이동이었다. 유럽인들이 설탕을 맛보면서 신대륙의 사탕수수 재배지는 더욱 확대되었고, 아프리카 흑인들이 사탕수수 밭에 강제로 실려 왔다. 이러한 노예무역은 1526년에 포르투갈이 대서양을 건너는 최초의 노예무역을 시작한 이래 16세기 이후 본격화되어 유럽의 여러 나라들이 노예무역을 법으로 금지한 1800년대 초까지 왕성하게 이루어졌다. 이 시기 동안의 흑인 노예의 목적지는 포르투갈 식민지 38.5%, 영국 식민지 21.7%, 스페인 식민지 17.5%, 프랑스 식민지 13.6% 등으로 추정되고 있다. 노예무역이 금지되기 전까지 아메리카로 강제 이주된 아프리카 흑인이 몇 명인지는 아무도 모르지만,

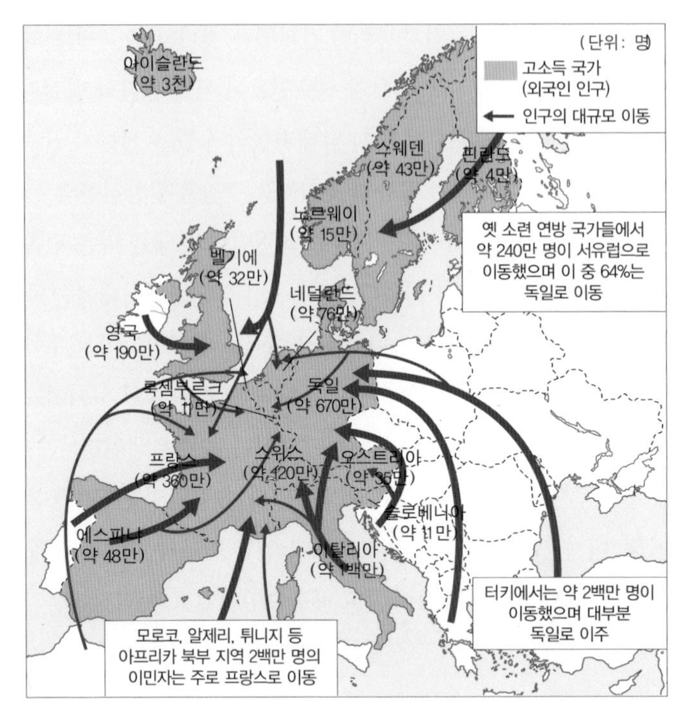

그림 9-8 1990년대 서부유럽으로의 국가 간 인구이동

최소한 1,000만 명 이상에 이르렀고 당시 아프리카 총인구의 10%에 달한다는 것이 학계의 보고이다.

20세기 후반에는 유럽의 경제가 급속도로 성장하면서 이에 따른 노동력 부족 문제로 인해 동부 유럽 및 북부 아프리카로부터 유럽으로의 인구이동이 활발하게 나타났다. 20세기 후반부터 본격화된 유럽의 인구 고령화는 청장년층 노동력 부족 문제를 심화시켰고, 이것은 주변 국가들로부터의 인구유입을 가속화시킨 추가적 요인으로 작용하였다. 특히 독일은 전후 유럽에서 경제가 가장 빠르게 성장한 국가이며, 이에 따라 이베리아 반도, 남부 이탈리아, 옛 유고슬라비아, 그리스, 터키, 북부 아프리카의 여러 나라 등 주변 국가들에서 많은 노동자들이 독일로 이동하였다. 독일은 1960년대에 공업에 필요한 노동자를 확보하기 위해 남부 유럽, 터키, 북부 아프리카의 여러 나라들과 이주 노동자 공급 계약을 맺기도 하였다. 1970년대에 독일과 프랑

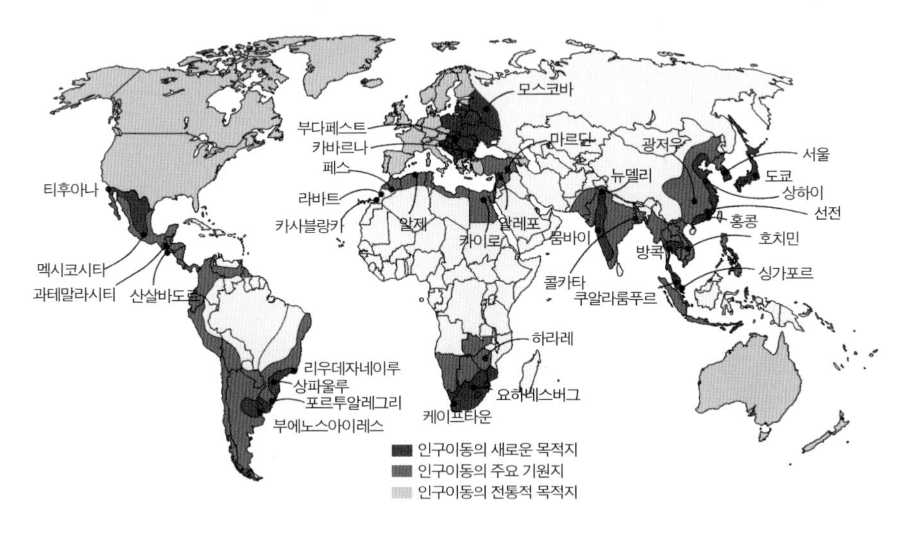

그림 9-9 국제적 인구이동의 주요 기원지와 목적지(자료: IOM, 2015, World Migration Report 2015)

스의 이주 노동자 수는 약 200만 명이었는데, 이는 전체 노동자의 10%에 해당하는 비중이었다.

최근에는 독일 외에도 영국, 아일랜드, 스웨덴과 같은 국가들로의 노동자 인구이동이 활발하다. 영국은 2004년부터 수년 동안 약 50만 명의 동부 유럽 출신 이주 노동자를 수용하였다. 유럽 여러 나라로의 인구유입을 이끈 초기의 흡인요인은 목적지에서의 공업의 급성장과 경제 발전이었지만, 최근에는 기원지에서의 내전과 정치적 혼란, 열악한 경제가 주요 배출요인으로, 그리고 목적지에서의 인구의 고령화에 따른 청장년층 노동력의 수요가 새로운 흡인요인으로 작용하고 있다. 그러나 최근 실업률이 점차 높아지고 있는 독일과 프랑스, 영국과 같은 국가들에서는 이주 노동자들의 유입에 대한 반대 여론이 크게 일고 있고, 여기에 이주민들로 인한 국가 정체성의 희석 내지 불명확성이 중요한 정치적 문제로 부각되면서 유럽에서는 국가 간 인구이동이 크게 도전받고 있는 상황이다.

최근 수십 년 사이에 국제적 인구이동의 목적지는 다양해지면서 보다 확대되고 있다. 20세기에 국가 간 인구이동의 전통적인 목적지는 유럽과 북아메리카, 호주와 뉴질랜드 등 20세기 이전부터 경제적 풍요를 누리던 국가들이었다. 이들 국가로의 인구이동은 주로 국가 간 인구이동이었다. 그런데 최근에는 동부아시아, 남아프리카, 브라질, 인도 등지의 주요 급성장 지역이 이주자들의 새로운 목적지로 부상하고 있다. 이들 새로운 목적지들은 국가 간 인구이동의 목적지일 뿐만 아니라 국내 스케일에서 지역 간 인구이동의 목적지이기도 하다는 특징이 있다. 새로운 목적지들의 상당수는 개발도상국에 분포한다는 점을 볼 수 있는데, 특정 지역 중심의 지역 개발을 추진하는 성장거점 개발 정책이 개발도상국에서 널리 채택되면서 자본 투자와 지역 개발이 집중되는 국내의 특정 지역에 이주함으로써 보다 많은 경제적 기회를 얻고자 하는 데 따른 것이다.

2) 인구이동의 여러 유형과 최근의 인구이동

인구이동은 다양한 유형으로 나눌 수 있다. 우선 전출지와 전입지의 공간적 성격에 따라 대륙 간에 이루어지는 대륙 간 이동, 국가 간에 이루어지는 국제이동, 한 국가 안에서 이루어지는 국내이동으로 구분될 수 있고, 이동을 위한 선택의 자유 여하에 따라 자발적 이동과 강제적 이동으로 나눌 수 있다. 이동하는 인구 규모에 따라 개별 이동, 가족 이동, 집단 이동으로 구분될 수 있고, 여행이나 관광, 성지 순례, 통근 등과 같은 일시적 이동과 목적지에서의 정착을 전제하는 영구적 이동으로도 나눌 수 있다. 이 외에도 계절에 따라 정기적으로 이동하는 계절적 이동, 기원지로 되돌아오는 회귀성 이동 등의 여러 유형이 있다.

일반적으로 인구이동의 공식적 유형에는 포함되지 않지만 인권과 세계 평화의 관점에서 그 중요성에 대한 관심을 요구하는 인구이동이 있는데, 바로 난민의 이동이 그것이다. 언론 보도를 통해 우리에게 널리 알려진 난민의 사례는 북부 아프리카 난민과 시리아 난민이다. 북부 아프리카 난민의 경우 유럽으로 가기 위해 지중해를 건너다 선박이 침몰되면서 많은 사망자가 발생하는 것으로 종종 보도되고 있고, 시리아 난민은 얼마 전 터키의 지중해 해변에서 발견된 어린아이 시신 때문에 크게 알려졌다.

소위 북부 아프리카 난민이라고 불리는 사람들의 국적은 북부 아프리카의 여러 나라 외에도 동부 아프리카의 수단과 소말리아, 심지어 중앙아프리카공화국에 이르기까지 다양하다. 이들은 소위 '아랍의 봄'이라는 자국의 정치적 혼란, 빈곤과 내전, 사회적 불안을 피해 자국을 벗어나 유럽으로 탈출하고자 한다. 좀 더 나은 경제적 기회와 행복한 삶을 기대하고 유럽으로 향하지만, 유럽의 입장에서 볼 때 이들의 신분은 불법 이민자들이다. 그래서 이들은 목숨을 담보하고 지중해를 몰래 건너 남부 유럽의 여러 나라로 들어가고자 한다. 이들이 지중해를 거쳐 유럽으로 밀입국하는 경로는 크게 세 개 노선이 있다. 첫 번째는 지중해 중앙의 람페두사섬 및 이탈리아의 시칠리아섬을 거쳐 이탈리아로 진입하는 노선, 두 번째는 지중해 북서쪽의 모로코에 위치한 에스파냐령 멜리야와 세우타, 카나리아 제도 등을 거쳐 에스파냐로 들어가는 노선, 그리고 세 번째는 2004년 유럽연합에 가입한 지중해 동부의 몰타와 키프로스를 거쳐 유럽연합의 여러 회원국들로 가는 노선이다.

시리아 난민은 2011년부터 시작된 시리아 내전 때문에 발생하였다. 원래는 북부 아프리카와 서남아시아의 여러 나라들에서 일어났던 독재 정권에 대한 저항 및 민주화 운동의 일환으로 평화시위가 시작된 것이 정부의 과도한 대응과 함께 정부군과 반정부군 사이의 내전으로 이어졌고, 이러한 혼란 중에 이슬람 극단주의 무장단체인 '이슬람국가(IS)'가 시리아에 진입하면서 국가 대혼란 상황이 초래되어 엄청난 수의 난민들이 발생하게 된 것이다. 국제이주기구(IOM)에 의하면, 2017년 1~7월에만 80만 8,661명의 새로운 난민이 발생했고, 2017년 8월 기준 약 500만 명의 난민이 시리아를 떠나 다른 나라로 흘러들어갔으며, 600만 명 이상의 난민이 시리아 내에서 피난생활을 하고 있다고 한다. 시리아와 인접한 터키는 세계에서 시리아 난민을 가장 많이 수용해 온 국가이지만, 2015년 가짜 시리아 여권이 발견되고 이것이 시리아 인이 아닌 사람들이 유럽으로 유입하기 위한 불법적 수단이었다는 사실이 드러나면서 유럽을 비롯한 국제사회가 시리아 난민을 수용하는 데 지체 요인이 되고 있다.

근·현대 시기에는 세계적으로 도시화가 크게 진행되면서 촌락에서 도시로의 인구이동이 중요한 유형으로 부상하였다. 국제연합(UN)에 의하면, 2014년 기준 세계 인구의 54% 이상이 도시 지역에 거주하는 것으로 보고되고 있다. 현재 세계의 도시 인구는 약 39억 명이며 2050년경에 이르면 64억 명에 도달할 것으로 예측되고 있는데, 세계적으로 매주 촌락에서 도시로 이동하는 인구가 약 300만 명에 이른다고 한다. 참고로 도시화가 포화상태에 이른 서부 유럽과 북미 대륙의 몇몇 선진국에서는 1970년대 이래 도시에서 촌락으로의 이주 현상이 20세기 후반에 새롭게 등장한 인구이동 유형으로 보고되고 있다. 학자들은 이를 역도시화라고 부른다.

인구이동의 다양한 유형 중에서도 목적지에서의 정착, 즉 거주지 이동을 목적으로 한 인구이동을 이주(移住)라고 하고 국가 간에 이루어지는 이주를 이민(移民)이라고 부른다. 거주지 이동을 전제로 한 인구이동은 목적지에서 인구의 사회적 증감의 주요 요인으로 작용한다. 교통과 통신의 발달이 미약하여 사람들의 거주지 이동이 상당히 제한되었던 근대 이전에는 한 지역의 인구 성장 내지 인구 증감을 유도하는 주된 요인이 해당 지역의 출산력과 사망력이었다. 그러나 산업혁명과 도시화, 유럽의 식민지 개척이 진행되고 국가 및 지역 간의 풍요와 행복의 격차가 커지면서 대륙 간, 국가 간, 지역 간의 거주지 이동이 본격화되기 시작하였고, 많은 국가와 지역

| **참고 9–2** |

역도시화

도시화의 개념을 '촌락 인구의 도시 이주에 따른 도시 인구의 증가' 내지 '촌락 인구에 대한 도시 인구의 상대적 증가'로 정의할 수 있다면, 역도시화란 그 반대 현상, 즉 도시에서 촌락으로의 인구이동 현상을 말한다. 이촌향도의 역전 현상이 처음 보고된 것은 1970년대 초 미국의 인구 연구자들에 의해서였다. 그 후 이러한 역도시화 현상은 미국 외에도 호주, 서부 유럽 등에서도 잇따라 보고되었다. 역도시화를 일으키는 주요 요인으로는 환경, 경제, 사회적 고비용으로 인한 산업체 및 인구의 도시 탈출, 도시와 촌락의 격차를 완화시키는 교통과 통신의 발달, 도시의 과도한 중심성을 적정화하고자 하는 정부 정책, 물질적 풍요 위주의 삶에 대한 회의 및 행복한 삶에 대한 가치 변화 등을 들 수 있다.

들에서 거주지 이동을 수반하는 인구이동이 한 지역의 인구성장에 미치는 영향이 점차 커지고 있다.

4. 인구의 변천

1) 인구의 증가와 감소

잘 알려진 바와 같이, 인구의 변화, 즉 증가와 감소는 자연적 증감(natural growth)과 사회적 증감(social growth)의 합이다. 자연적 증감은 출생과 사망에 의한 증감이고, 사회적 증감은 이주(migration)에 의한 증감이다. '자연적' 증감이라고 하였지만, 출생률과 사망률의 변화 역시 숙명적인 것이 아니라 사회적 요인에 의해 영향을 받으므로, 적절한 작명이라고 할 수는 없다. 그럼에도 불구하고 이주의 문제는 훨씬 더 사회적 혹은 경제적, 정치적, 종교적이므로, 자연적 증감이 '비교적' 자연적이라는 점은 부인하기 어려울 것이다. 이 절에서는 자연적 증감에 의한 인구 변천을 다루고, 사회적 증감의 문제는 3절에서 다룬다.

인구 증감 = 자연적 증감 + 사회적 증감

인구의 증감을 측정하는 공간 단위는 보통 국가와 지역이지만, 이민이든 이사든 사회적 증감을 포함한다. 사회적 증감을 포함하지 않는 인구 측정 단위는, 그것이 국가 통계의 집계를 통해 이루어질지언정, 글로벌 수준의 인구 증감이다. 세계의 인구는 1950년대부터 통계적으로 추정할 수 있는데, 그 이전의 인구는 대체로 연구에 기반한 추정(estimate)에 의거한 것이다. 그림 9-10에서 볼 수 있듯이, 세계의 인구는 역사 시대 이래로 급격하게 증가해 왔고 1800년대 이래로 더 급격하게 증가했다. 위 그래프에서 1400년대의 인구 감소의 원인으로 흑사병을 떠올릴 수 있고, 1700년 즈음의 인구 감소는 소빙기에 따른 기근과 관련시킬 수 있다. 아울러 3세기부터 10

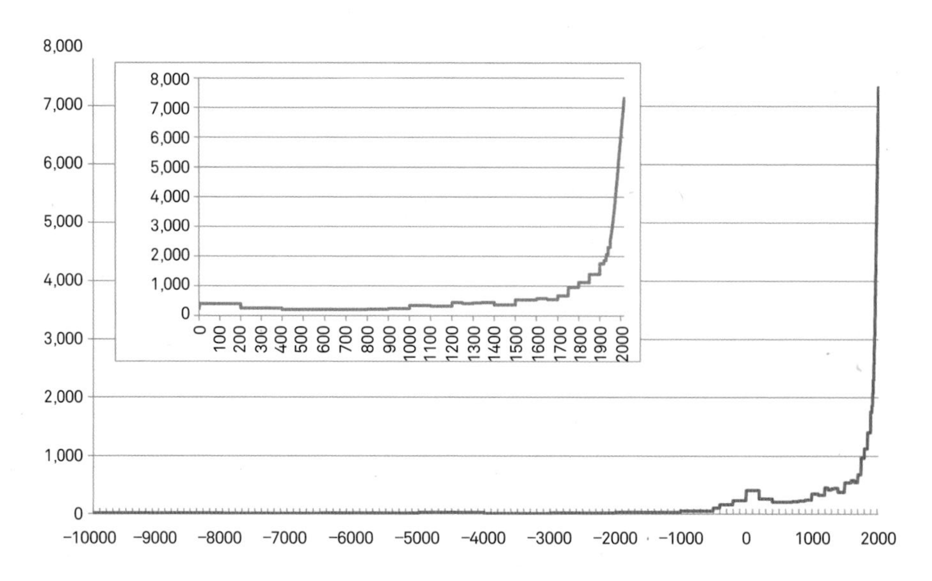

그림 9-10 세계 인구 추이(자료 출처: 미국 센서스 뷰로, www.census.gov)

세기까지의 인구 저감 기간은 고대 인구에 대한 학자들마다의 추정치 차이가 있으므로, 그 원인을 특정하기 어렵다. 어찌 되었건 그림 9-10이 보여주는 바는 70억 명이 넘는 이 거대한 세계 인구는 19세기 이후의 일이라는 것이다. 세계 인구가 10억을 돌파한 시기가 1800년임을 유의해 보면, 그 뒤 세계 인구는 가파르게 증가했다. 1930년에 30억 명을 돌파한 이후부터는 거의 매 15년마다 10억 명씩 증가해 왔다. 다만 인구 증가율은 1963년 2.22%를 정점으로 점점 낮아져 2016년에는 1.06%로 낮아졌다.

1950년부터는 대륙별로 인구의 변화를 살펴볼 수 있는 자료가 국제연합을 통해 공식적으로 제공되고 있다. 인류 역사상 가장 가파르게 인구가 증가하고 있는 시기인 최근 70여 년간의 대륙별 인구 변화에서는 아시아와 아프리카가 가장 빠른 인구 증가를 보이고 있다. 아시아는 전체적으로 44억 명의 인구를 가지고 있는데, 이는 세계 인구의 거의 60%에 이른다. 아시아의 인구는 중국 중심의 동아시아와 인도 중심의 남아시아가 중핵을 이루는데, 2004년 이후 남아시아의 인구가 더 많아졌다. 그나마 이 즈음 인도의 인구 증가율이 다소 완화되었다. 반면 여전히 가파른 인구 증가율을 보이고 있는 대륙은 사하라 이남 아프리카이다. 이들 나라들은 10년간 인구증가율이 3%를 넘기고 있고, 2016년에는 거의 10억 인구에 육박하였다. 유럽의 경우 동유럽의 인구가 1990년 이후 감소하고 있으며, 그 외 유럽(서유럽)의 경우 인구 증가율이 완만하다. 이는 동유럽의 체제 전환 이후 서유럽으로의 이주가 주요 원인이다. 미주의 경우 중남미 아메리카의 인구가 북미 지역의 인구보다 더 빠르게 증가하고 있다. 이미 남미의 인구는 1990년 이후 북미의 인구보다 더 많아졌다.

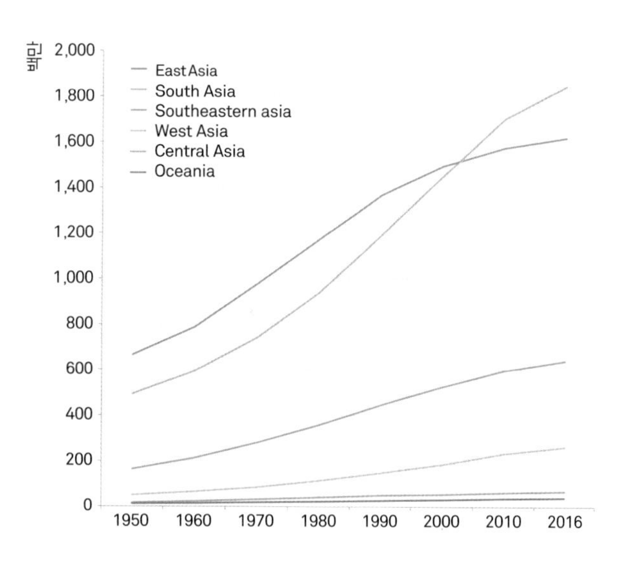

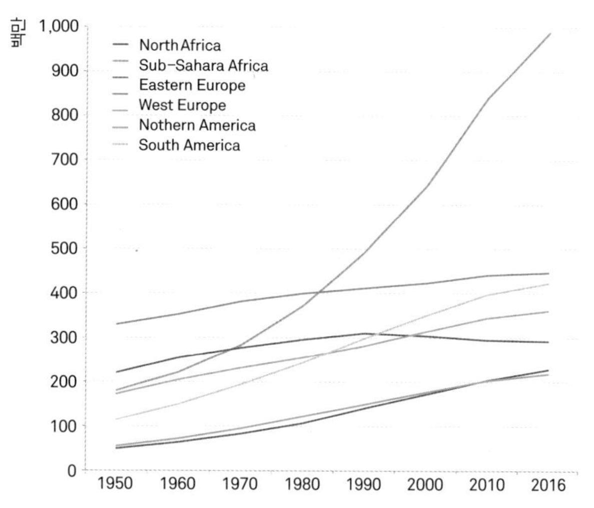

그림 9-11 대륙별 인구 변화(자료 출처: UN World Population Prospects 2017: esa.un.org/unpd/wpp)

우리나라의 인구 통계는 1925년 조선총독부가 수행한 간이국세조사 이후부터 전수조사에 의한 인구 통계를 확보할 수 있다. 조선시대의 인구 통계는 비정기적인

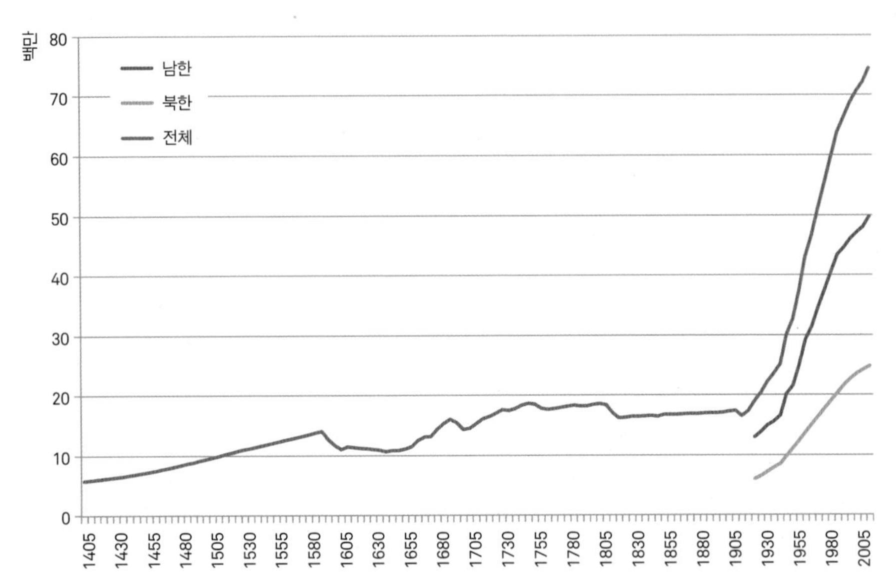

그림 9-12 조선시대 이후 우리나라의 인구 추이(자료 출처: 권태환 · 신용하(1977), 박경숙(2009), KOSIS)

호구 조사 자료를 통해 총인구를 추정할 수밖에 없다. 다양한 학자들의 과거 인구 추계를 참고하면 대체로 그림 9-12와 같은 인구 추이 그래프를 얻을 수 있다. 특징적인 것은 조선 전기에 인구가 점점 증가하다가 17세기 초의 인구 감소와 그 직후의 인구 급증, 그리고 19세기의 인구 감소 현상을 확인할 수 있다는 점이다. 17세기 초의 인구 감소 현상은 전쟁과 연관을 지을 수 있고, 19세기의 감소는 조선 말기의 혼란과 연관을 지을 수 있을 것이다. 어찌되었든 일제시대에 이르러 인구가 급증하였고, 그 후 지속적으로 인구가 격증하는 현상을 볼 수 있다. 이러한 L자 패턴은 세계의 인구 증가 패턴과도 비슷하다.

세계적으로 보든 우리나라만 보든, 총인구의 증감은 많은 것을 함축하고 있다. 그러나 분석되기 이전의 '많은 함축'은 모호함을 의미한다. 분석을 위해서는 더 많은 변수가 필요하고, 그것을 위해서는 더 상세한 자료가 요구된다.

2) 인구 변화의 측정

인구 증가율

앞의 소절에서 관찰한 것은 인구 현상의 크기이다. 국가별, 지역별 인구의 규모, 그리고 과거와 현재의 인구의 규모를 비교한 것이다. 연도별 인구 자료를 가지고 가장 간단하게 분석 변수를 만들 수 있는 것은 인구 증가율(population growth rate)이다. 성장률로도 번역되는 증가율(growht rate)이다. 증가율은 최근 값에서 과거 값을 뺀 후, 이를 과거 값으로 나누어 100을 곱하여 % 단위를 붙여 구한다. 인구 증가율 r의 식은 다음과 같다.

$$\text{인구 증가율(r)} = \frac{P_2 - P_2}{P_1} \cdot 100 = \frac{\triangle P}{P} \cdot 100$$

식에서 P_2는 과거 값이고 P_1은 최근 값이다. 경제성장률, 가격상승률 등 현실 세계의 많은 변수의 증가율을 구하는 식은 형태상 동일하다. 최근 값(P_2)과 과거 값(P_1)의 차이는 1년일 수도 있고 5년일 수도 있으며 10년일 수도 있다. 주어진 자료에 따라서, 또 연구 목적에 따라서 유연하게 계산하고 활용할 수 있다.

그림 9-13은 대륙별로 주요 국가의 인구 증가율을 1950년부터 연도간 추정한 것이다. 2차 대전 이후 세계 인구가 가파르게 상승하던 시기의 인구 증가율이라는 점을 유의하면, 그 이후 인구 문제가 대두되고 그 해결을 위한 노력이 국가별로 혹은 대륙별로 어떤 결과로 나타났는지를 확인할 수 있다. 그래프에서 볼 수 있듯이, 세계의 인구 증가율은 1960년대에 2.1%에서 정점을 보이다가 1970년대부터 감소하기 시작하여 점점 감소해서 현재는 1.2% 수준에서 안정화되고 있다. 우리나라의 경우 1950년대 후반 베이비붐을 이루다가 현재에는 0.4% 수준의 인구 증가율을 보여주고 있다. 세계 수준보다 현저히 낮은 상태이다. 현재 세계 수준보다 낮은 상태를 보이는 나라들은 일본, 프랑스, 미국 등 선진국이고, 브라질 역시 1950년대 3%대의 높은 수준에서 현재에는 1%에 근접한 증가율을 보이고 있다. 인도의 경우 늘 중국과 비교

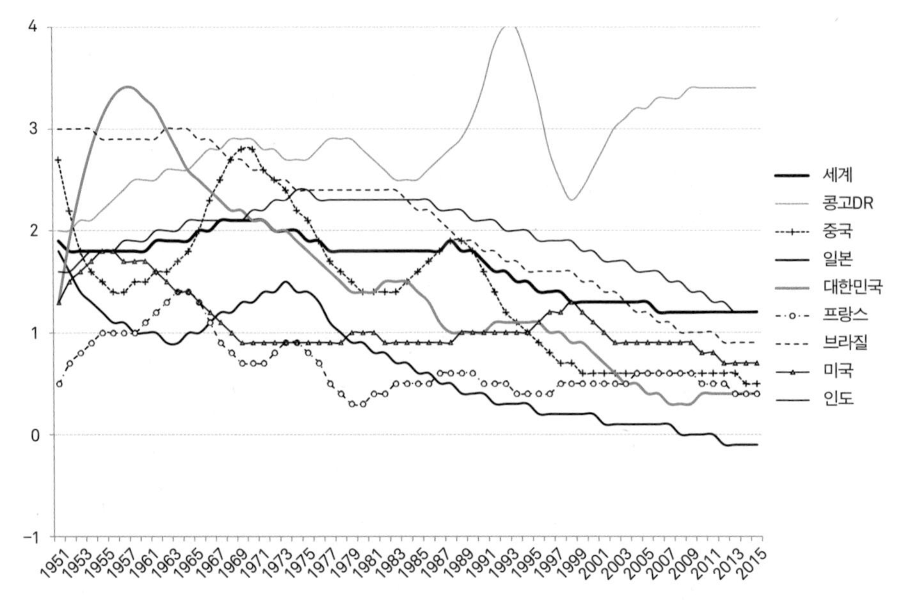

그림 9-13 세계와 주요 국가의 인구 증가율(자료 출처: UN, esa.un.org/unpd)

되는데, 1970년대 이후 중국보다 높은 인구 성장률을 보여 주고 있다. 2004년 이후 인도의 인구가 중국을 넘어선 상황을 잘 보여 주고 있다. 아프리카, 특히 사하라 이남의 아프리카는 인구 증가율이 3%를 상회하여 여전히 높은 상황을 보여 주고 있다. 세계의 주요 국가들에서 인구 증가율이 감소하고 있는 추세를 감안한다면, 이 같은 상황은 인구 정책이 전혀 작동하지 못하고 있음을 나타내고 있다.

출산력(fertility)과 사망력(mortality)

자연적인 인구 변화를 측정하기 위해서는 출산력과 사망력에 대한 자료가 필요하다. 출산력을 측정하기 위한 자료는 출생자수와 출생자의 성별, 그리고 출생자의 어머니의 나이에 대한 정보를 필요로 한다. 출생자에 대한 자료는 읍출생시 읍면동 사무소에 출생신고서로 작성되므로, 여기에서 출생아와 부모에 대한 다양한 연동 자료가 확보된다. 이러한 자료들이 취합되어 조출생률(crude birth rate), 일반출산율(general fertility rate), 연령대별 출산율(age-specific fertility rate), 합계출산율(Total fertility rate), 총재생산율(gross reproduction rate) 등의 변수를 산출할 수 있다. 사망력 또한 사망신고서를 통해 집계되는 자료로, 읍면동 사무소를 통해 집계된다. 이 자료를 통해 조사망률(crude mortality rate), 연령대별 사망률(age-specific mortality rate), 유아사망률(child mortality rate) 등을 산출할 수 있다. 이러한 자료가 인구 동태 자료이다. 인구 동태 자료는 월별로 작성되므로 분기별, 연도별 자료를 필요에 따라 활용할 수 있다. 그 외에 인구 동태 자료에는 혼인과 이혼이 포함된다. 혼인과 이혼 역시 인구 변화를 예측하는 데 중요한 참고 자료이다.

가장 간단하면서도 자주 활용되는 출산력 및 사망력 변수가 조출생률과 조사망률이다. 조출생률은 연도별 출생자수를 그해 연앙(年央)인구(mid-year population)로 나누어 산출하고, 조사망률은 연도별 사망자수를 그해 연앙인구로 나누어 잰다. 그리고 1,000을 곱하는데(퍼밀, ‰), 흔히 사용되는 100보다 더 큰 수를 곱하는 이유는 지표가 최소한 1 이상의 값이 나오도록 하기 위한 고려이다. 식은 다음과 같다.

$$조출생률(CBR) = \frac{B}{P} \cdot 1000\ (‰)$$

$$조사망률(CDR) = \frac{D}{P} \cdot 1000\ (‰)$$

식에서 B는 출생자수, D는 사망자수, 그리고 P는 연앙인구이다. 우리나라의 출생아수는 1970년의 경우 1백만 명이 넘고 사망자수는 20만 명대였지만, 현재는 연간 출생자수가 40만 명 정도이고 사망자수는 여전히 20만 명대이다. 2016년에 1998년생들이 대학 입시를 치르면서 거의 60만 명에 가까운 수험생이 있었다면, 향후 20년 후 대입 수험생수는 40만 명 수준일 것이며 학력 인구가 급격히 줄어들 것임이 분명해진다.

우리나라의 조출생률과 조사망률의 추이는 1970년부터는 공식 통계로 공표되고 있다. 이때의 자료를 보면 1970년 당시 30퍼밀이 넘는 높은 출생률의 하락 경향과 10퍼밀 이하의 낮은 사망률의 지속으로 특징을 지을 수 있다. 그러나 그 이전의 출생률과 사망률 통계는 불확실하다. 특히 해방 후, 그리고 6·25전쟁과 그 후 시점의 출

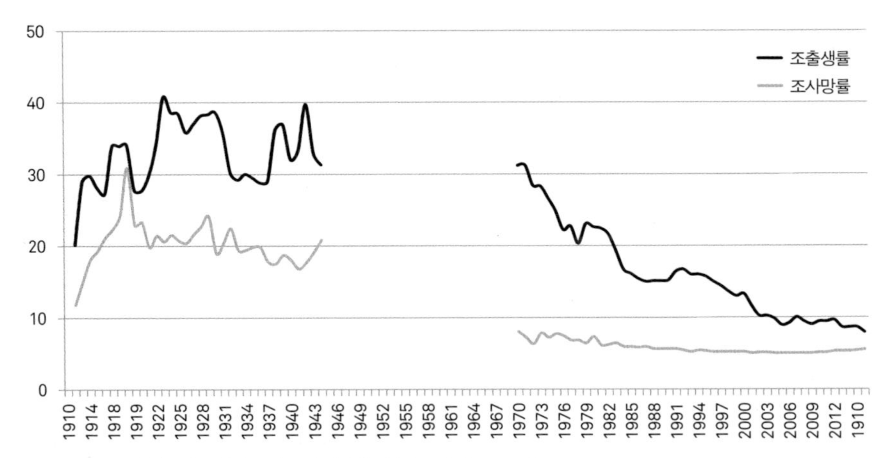

그림 9-14 우리나라의 조출생률과 조사망률 추이(자료 출처: KOSIS)

생률과 사망률 추정은 곤란하다. 그러나 대체로 조선 후기에 출생률이 40퍼밀에 이르고 사망률은 20퍼밀에 이른다는 점을 고려하면(박희진, 차명수, 2003), 1970년대까지 고 출생률을 이루고 사망률은 1960년대 어느 시점에서 낮아진 것으로 추정할 수 있다. 국제적인 비교를 해 보면, 한국과 일본은 조출생률이 2000년 이후 10퍼밀 이하로 떨어져 출생률이 낮은 국가로 분류되고 있다. 비슷하게 낮은 국가이지만 프랑스나 미국은 12퍼밀을 넘는다. 콩고민주공화국과 같은 나라는 출생률이 30퍼밀을 상회한다. 조사망률은 대부분의 나라가 10퍼밀 이하로 낮아져 있다. 우리나라의 조사망률은 5.5퍼밀로 미국이나 프랑스보다 낮으며 일본보다 낮은 것으로 조사되고 있다.

조출생률은 인구 전체에 대한 출생자수를 계산한 것이므로, 여성들이 얼마나 아이를 낳는가에 대한 지표로서는 적절하지 않다. 그 지역 여성들은 얼마나 아이를 낳는가 하는 질문에 대답하려면, 출산율(fertility rate)을 계산해야 한다. 출산율에는 간단한 계산과 복잡한 계산이 있는데, 전자를 일반출산율(general feritlity rate)이라 하고 후자를 합계출산율(total fertility rate)이라 한다. 일반출산율은 출생자수를 나누는 분모로 가임여성인구를 사용한 다. 가임여성인구는 5세 연령대별로 집계된 인구 자료에서 15세~49세 연령대에 포함된 여성 인구를 말한다. 그러므로 일반출산율은 다음과 같이 계산한다.

$$일반출산율(GFR) = \frac{B}{P^{f}_{15\text{-}49}} \cdot 1000$$

여기서 $P^{f}_{15\text{-}49}$는 15에서 49세 여성 인구를 말한다. 보통 5세 연령대별로 인구 통계가 공표되기 때문에 $P^{f}_{15\text{-}49}$를 구하기는 어렵지 않다. 일반출산율은 조출생률보다 정교하지만, 우리나라의 추세를 보면 조출생률 추세와 큰 차이가 없다. 1970년 130퍼밀(가임여성 1,000명당 130명 자녀)이 넘는 수치를 보이다가 급격히 하락하여 2016년에는 32퍼밀 수준을 보여 주고 있다. 이것은 조출생률의 거의 4배 수치이다. 이것은 전체 인구에서 가임여성의 인구가 대체로 1/4 수준에서 변동하기 때문이다. 1970년에서 2016년까지 우리나라의 조출생률과 일반출산율의 상관관계는 0.99에 이른다. 그러므로 계산이 간편한 일반출산율보다는 좀 더 정교한 합계출산율(TFR) 지표를 많이 활용한다.

합계출산율은 가임여성이 평균적으로 몇 명의 자녀를 낳는가를 재는 지표로, 그 결과가 경험적으로 더 직관적이다. 즉, 필자의 형제는 4명이고 필자의 자녀는 2명이다. 그러므로 한 세대 전에는 합계출산율이 3.××× 수준일 것이고, 오늘날에는 1.×××의 합계출산율이 나올 것이라고 추정할 수 있다. 주변에서 경험하는 자녀수가 그대로 평균적인 합계출산율로 드러나므로 더 직관적이고 정교한 지표라고 할 수 있다. 합계출산율을 산출하기 위해서는 출생신고서에 기재되는 출생자 모친의 연령 기록이 활용되어야 한다. 어머니가 이 아이를 몇 세에 출산하였는가를 읍면동별로 집계하고, 또 이를 시군구, 전국 집계하여 먼저 연령대별 출산율(ASFR)을 산출한다. 특정 연령대, 즉 y 연령대의 연령대별 출산율은 다음과 같다.

$$연령대별\ 출산율(ASFR_y) = \frac{B_y}{P^{f}_{y}} \cdot 1000$$

식에서 B_y는 y 연령대의 모친이 낳은 출생아수를 말하고, P^{f}_{y}는 y 연령대의 여성 인구를 말한다. 공표된 인구 통계를 보면 연령대는 5세별로 설정되어 있다. 0~4세, 5~9세, 10~14세와 같은 식이다. 여기서 0~4세 구간이 하나의 y 연령대이다. 연령

표 9-1 2015년 기준 연령대별 출산율

모친의 나이	출생아수	여성 인구	연령대별 출산율(ASFR)	1997년의 연령대별 출산율	비고
14세 이하	16	3,397,596	0.00	0.00	버림
15~19세	2,211	1,537,550	1.44	3.00	
20~24세	20,514	1,634,084	12.55	56.46	
25~29세	94,622	1,539,051	61.48	168.69	
30~34세	216,252	1,856,510	116.48	72.49	
35~39세	92,081	1,887,544	48.78	15.93	
40~44세	12,138	2,149,420	5.65	2.35	
45~49세	335	2,154,449	0.16	0.18	
50세 이상	251	10,181,847	0.02	0.07	버림
계/TFR	438,420	26,338,051	1.23	1.60	

* 자료 출처: 통계청 원자료(MDIS), KOSIS

대별 출산율은 가임기 여성을 다루므로, 이 지표에서 관심을 갖는 연령대는 15~19세, 20~24세, … 45~49세의 7개 연령대이다. 이 각 연령대별로 여성 인구(P_y^f)를 구하고(이것은 쉽다), 각 연령대의 여성이 낳은 출생아(이것은 인구 통계 원자료를 구해야 확인할 수 있고 공표되지 않는다)를 모두 합하면 엄마의 연령대별 출생아수(B_y)를 얻을 수 있다. 예를 들면 통계청 원자료를 통해서 2015년 출생아수에 대한 다음과 같은 자료를 얻을 수 있다.

표 9-1에서 볼 수 있듯이, 2015년 총 출생아수는 438,420명이었고 여성 인구는 2,600만 명이었다. 이중 가임여성인구는 1,200만 명 정도이다. 물론 14세 이하의 여성이나 50세 이상의 여성도 꽤 출산을 하지만, 합계출산율 계산에는 사용하지 않는다. 대체로 우리나라에서는 30대 전반의 여성이 가장 많은 출산을 하는 것을 알 수 있다. 이를 1997년의 연령대별 출산율과 비교해 보면, 그때만 해도 모친들의 최대 출산 연령대는 20대 후반이었다. 그러나 점점 최대 출산 연령대가 뒤로 이동한 것을 알 수 있다. 당시에는 2,200만 여성들이 총 668,344명의 신생아를 낳았다.

이제 합계출산율(TFR)을 구해 보자. 합계출산율은 연령대별 출산율의 합이다. 이때 합은 비율들만의 합을 만들기 위해서 원래 천분율을 구하기 위해 곱했던 1,000

을 없애 주고, 다시 여기에 연령대 구간수를 곱하는 절차를 추가해 준다. 그러나 핵심은 합계출산율이란 연령대별 출산율의 합이라는 것이다. 5세 연령대 통계표를 가정하면, 식은 다음과 같다.

$$\text{합계출산율(TFR)} = \frac{5}{1000}\sum_{y} ASFR_{y} = \frac{5}{1000}\sum_{y}\frac{B_{y}}{P_{y}^{f}}$$

1,000으로 나누는 이유는 연령대별 출산율을 구할 때 천분율을 적용했기 때문에 5세 연령대로 7개 연령대의 연령대별 출산율을 더하기 위해서이다. 그리고 5를 곱하는 이유는 모친 나이 1세 연령별로 합계출산율을 구하는 경우와 비슷한 결과를 도출하기 위해서이다. 실제로 합쳐서 비율을 구하면 따로따로 비율을 구해서 더하는 것보다 작아진다. 연령대의 구간을 곱하는 것은 이러한 차이를 보정하기 위한 것이다. 표 9-1에서 합계출산율을 구해 보면, 2015년의 경우 1.23이 나오고 1997년의 경우 1.60이 나온다. 이미 언론을 통해서 잘 알려진 바와 같이 우리나라의 합계출산율은 심각하게 낮아지고 있다.

그림 9-15는 세계 주요국의 합계출산율을 내림차순으로 보여주고 있다. 우리나라의 합계출산율은 1.23으로 201개국에서 197위이다. 우리나라 아래쪽에 있는

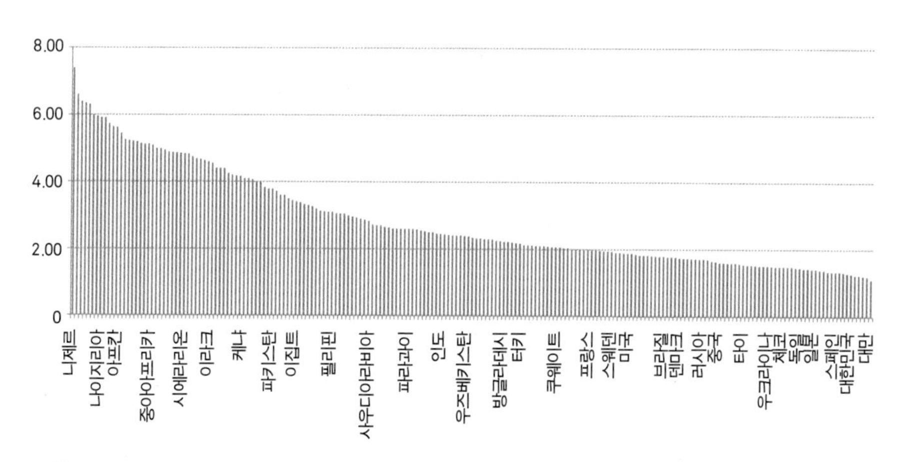

그림 9-15 세계 201개국의 2010-2015년 합계출산율(자료 출처: esa.un.org/unpd/wpp)

나라 혹은 지역은 싱가포르, 홍콩, 마카오 등이다. 합계출산율이 가장 높은 지역은 사하라 이남 아프리카 국가들이고, 주요 선진국은 낮다.

합계출산율이 남아와 여아를 모두 포함하여 가임기 여성의 평균적인 출산 자녀수를 의미한다면, 여아의 출산 정도에 초점을 맞춘 지표가 총재생산율(gross reproduction rate)이다. 여아를 많이 낳아야 그 여아들이 다시 자녀를 생산한다는 점에 착목한 지표인데, 합계출산율에 여아 출생자 비율을 곱함으로써 구할 수 있다 (5세 연령대 통계 가정).

$$\text{총재생산율(GRR)} = \frac{5}{1000}\sum_{y} ASFR_{y}^{f} = \frac{5}{1000}\sum_{y}\frac{B_{y}^{f}}{P_{y}^{f}} \doteqdot f \cdot TFR$$

식에서 $ASFR_{y}^{f}$는 연령대별 여아 출산율이고, 이를 5세 연령대로 가정했을 때 7개 가임기 여성인구에 대한 값을 더하여 구한다는 것이다. 당연히 B_{y}^{f}는 y 연령대의 모친이 낳은 여아 출생아수이다. 만약에 출생한 여아의 비율이 연령대마다 항상 일정하다면 합계출산율에 출생한 여아의 비율(f)을 곱하여 총재생산율을 구할 수 있다. 총재생산율은 출산자녀수를 출산 여아수로 바꾼 것이므로, 출생 당시의 성비가 중요한 역할을 한다. 물론 모친의 연령별 출생아가 남아인지 여아인지 구분하려면 인구동태 원자료를 활용해야 한다. 총재생산율을 높이는 방법은 여아를 많이 낳도록 하는 것 혹은 특정 성별에 대한 선호를 없애는 것이다.

다시 1997년과 2015년 인구 동태 원자료를 통해 계산을 시도해 보자(표 2). B1997, B2015는 모친의 연령대별 출생아수이고, B(f)는 여아 출생아수를 나타낸다. L(f)는 연도별 간이 생명표로부터 얻은 연령대별 여성 생존확률(=1-사망확률)이고, ASFR은 모친의 연령대별 출산율, ASFR(f)은 연령대별 여아출산율이다.

표 9-2에서 볼 수 있듯이, 우리나라의 총재생산율은 1997년 0.769에서 0.6001로 낮아졌다. 총재생산율이 1보다 낮게 나오는 것은 다른 이주 관련 요인이 없다면 장래에 적어도 한 세대 후에 인구가 감소할 운명임을 예고한다. 닫힌 사회라면 실제로 그러할 것이다.

표 9-2 1997년과 2015년 우리나라의 총재생산율 및 순재생산율

모친의 나이	B 1997	B 2015	B(f) 수1997	B(f) 2015	L(f) 1997	L(f) 2015	ASFR 1997	ASFR 2015	ASFR (f)1997	ASFR (f)2015	ASFR · L(f) 1997	ASFR · L(f) 2015
14세 이하	5	16	2	10								
15~19세	5,885	2,211	2,807	1,040	0.9975	0.9989	3.0	1.4	1.4	0.7	1.4	0.7
20~24세	111,014	20,514	54,033	10,024	0.9971	0.9983	56.5	12.6	27.5	6.1	27.4	6.1
25~29세	365,385	94,622	176,487	45,820	0.9963	0.9976	168.7	61.5	81.5	29.8	81.2	29.7
30~34세	147,875	216,252	69,896	105,743	0.995	0.997	72.5	116.5	34.3	57	34.1	56.8
35~39세	33,693	92,081	15,540	44,657	0.9929	0.9959	15.9	48.8	7.3	23.7	7.3	23.6
40~44세	3,907	12,138	1,825	5,907	0.9893	0.9942	2.3	5.6	1.1	2.7	1.1	2.7
45~49세	222	335	99	166	0.9835	0.9923	0.2	0.2	0.1	0.1	0.1	0.1
50세 이상	358	251	164	147								
계/TFR, GRR, NRR	668,344	438,420	320,853	213,514			1.5956	1.2327	0.7659	0.6001	0.7628	0.5983

* 자료 출처: KOSIS, MDIS

총재생산율이 여성의 사망력을 고려하지 않았다는 점에 유의하여 순재생산율(net reproduction rate)을 계산하기도 한다. 순재생산율은 가임여성의 사망을 고려하여, 연령대별 여아 출산율에 여성의 생존확률을 곱하여 연령대별로 합산하여 계산한다. 산출식은 다음과 같다.

$$\text{순재생산율(NRR)} = \frac{5}{1000}\sum_{y} ASFR_{y}^{f} \cdot L_{y}^{f} = \frac{5}{1000}\sum_{y} \frac{B_{y}^{f}}{P_{y}^{f}} \cdot L_{y}^{f}$$

표 9-2에는 1997년의 순재생산율이 0.76으로, 2015년의 순재생산율이 0.59로 나와 있다. 총재생산율과 거의 차이가 없는 것은 우리나라의 사망률이 낮기 때문이다. 사망 확률이 높은 나라는 총재생산율과 순재생산율의 차이가 클 수 있다. 그러나 최근에는 저개발국이라고 하더라도 사망률이 낮아지고 있는 추세이기 때문에 순재생산율과 총재생산율의 차이는 줄어들 것이다. 그럼에도 순재생산율이 총재생산율에 비해 정교하다는 이유로, 국제연합 인구 통계에서는 국가별 순재생산율을 공표하고 있다(그림 9-16 참조).

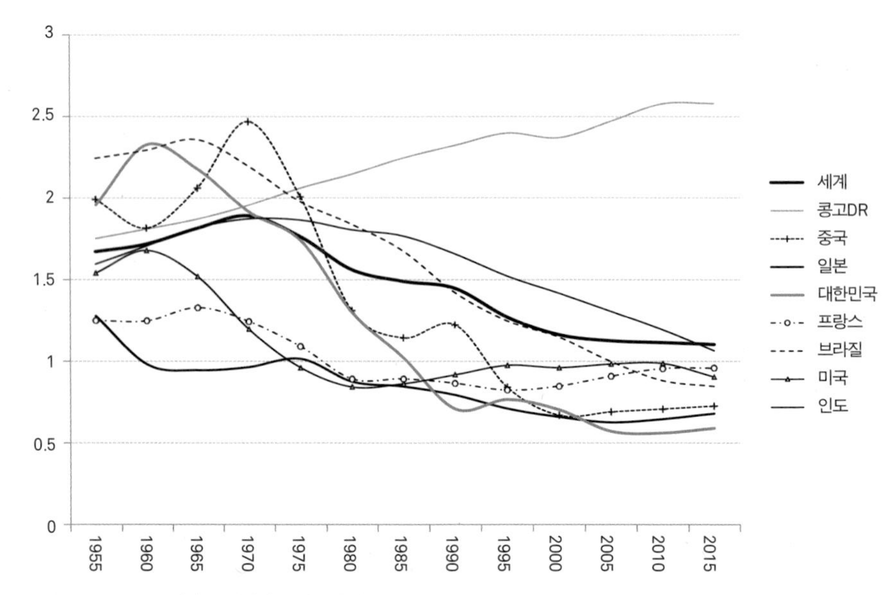

그림 9-16 주요 국가별 순재생산율(자료 출처: esa.un.org/unpd/wpp)

그래프를 보면 세계적으로 순재생산율은 1970년대를 기점으로 현저히 낮아지고 있음을 알 수 있다. 인구 조절 정책이 상당 부분 작동한 것이다. 우리나라의 경우 인구 정책은 물론이거니와 사회·경제적인 조건이 겹쳐 1980년대를 거치면서 순재생산율이 현저히 떨어져 1미만인 국가, 그중에서도 최하위권에 해당하는 국가가 되었다. 2000년대에 들어서는 오히려 주요 선진국들에서 출산 장려 정책을 추진하고 있는데, 프랑스와 같은 유럽 국가는 어느 정도 성공을 거두고 있다는 것을 알 수 있다. 프랑스의 순재생산율이 1에 근접하고 있다는 것은 중요한 시사점이다. 콩고민주공화국의 그래프는 사하라 이남 아프리카 지역의 인구 상황을 잘 보여 준다.

기타 사망력 지표

사망력을 측정하는 지표는 비교적 간단한 편이다. 전술한 조사망률에서처럼 사망자 수를 대표 인구로 나누어 그해의 사망률을 측정할 수 있고, 또 이 조사망률이 인구 변화에서 가장 중요하다. 미래의 인구 예측을 위해 출산력에서처럼 연령대별 사망률

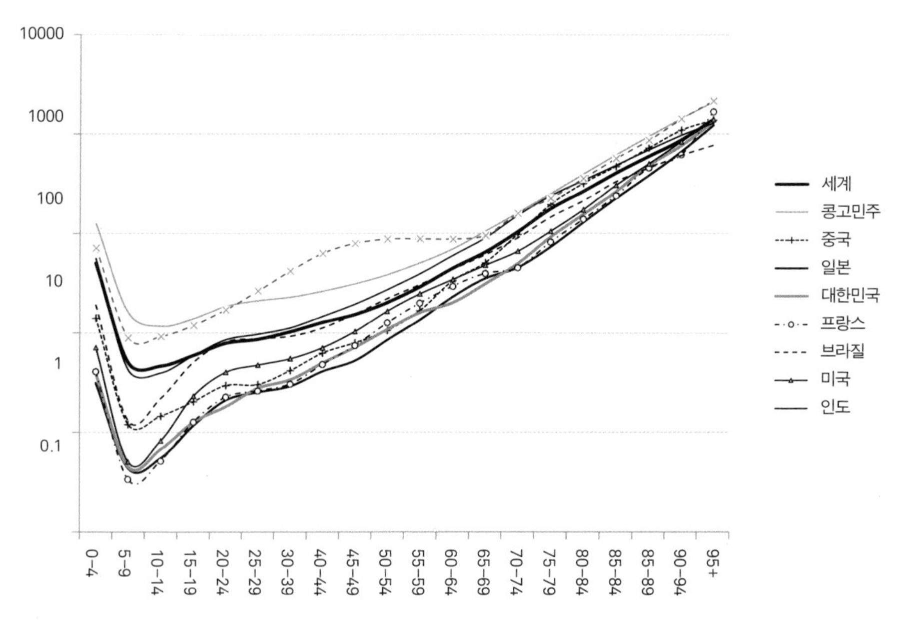

그림 9-17 주요 국가의 연령대별 사망률(자료 출처: esa.un.org/unpd/wpp)

(age-specific mortality rate)을 산출할 수 있다. 연령대별 사망률 역시 연령대별 출산율 계산식과 형태상 동일하다.

$$\text{연령대별 사망률}(\mathrm{ASMR_y}) = \frac{D_y}{p_y} \cdot 1000$$

식에서 D_y는 물론 y 연령대의 사망자수이다. 분모는 굳이 성별을 구분하지 않고 사망률을 구한다. 그림 9-17은 주요 국가의 연령대별 사망률을 5세 연령대별로 나타낸 것이다. 세로 축은 로그 눈금임을 유의해야 한다. 연령대별 사망률을 보면, 전반적으로 5세 미만 영아 사망률이 높고 5세 이후에는 사망률이 낮다. 그 후 점점 사망률이 증가하다가 노년에서 사망률이 갑자기 증가하는 패턴을 보인다. 주요 선진국들의 경우 모든 연령대에서 사망률이 낮게 나타나고, 프랑스는 다른 나라에 비해 최고령 인구의 사망률이 낮다. 브라질이나 미국은 10대에서 20대 초반의 사망률이 주요 선진국들에 비해 높은 편에 해당한다. 인도는 세계 수준의 사망률을 보이나 전반적으로 연령대별로 비교적 높은 사망률을 보이고 있다. 사하라 이남 아프리카의 나라들은 전 연령대에서 높은 사망률을 보이나, 콩고민주공화국의 경우 50대 이전 연령에서 특히 더 높고, 짐바브웨의 경우는 30, 40대 연령대에서 두드러지게 높은 사망률을 보인다. 짐바브웨의 경우는 이 연령대의 높은 에이즈 관련 질병이 사망률에 영향을 준 것으로 알려지고 있다.

사망력 지표에서 비교적 많은 관심을 받고 있는 사망력 지표는 5세 미만 사망률(under-five mortality rate)이다. 5세 미만 사망률이라는 번거로운 명칭은 1세 미만의 영아사망률(infant mortality rate)과 1세 이상 4세 미만의 유아사망률(child mortality rate)을 포괄하기 위해서이다. 통상 일상적으로 '유아사망률'이라고 부르지만, 국제적으로는 1세 미만과, 1세에서 5세 미만을 뚜렷하게 구분한다. 영아사망률이든 유아사망률이든 일종의 연령대별 사망률로서, 해당 연령 인구를 분모로 하고 해당 연령의 사망자수를 분자로 하여 1,000을 곱한 값으로 계산한다.

$$영아사망률(IMR) = \frac{D_o}{B} \cdot 1000$$

$$유아사망률(CMR) = \frac{D_{1\text{-}4}}{p_{1\text{-}4}} \cdot 1000$$

B는 당해년 출생아수이고, D_0는 1세 미만의 사망자수를 말한다. 유아사망률에서 D_{1-4}와 P_{1-4}는 각각 1~4세 어린이의 사망자수 및 인구를 뜻한다.

세계 주요 국가의 영아사망률 추이를 보면, 전반적으로 영아사망률이 낮아지는 것을 알 수 있다. 특히 우리나라는 1970년대를 겪으면서 현저히 낮아져 일본, 프랑스, 미국 등과 비슷한 수준이다. 사하라 이남 국가들은 여전히 세계 수준보다 높은 상태이고, 인도 역시 세계 수준보다 높은 상태이다. 그럼에도 영아사망률 수준에서 세계가 점점 수렴하고 있다는 점은 긍정적인 신호로 볼 수 있다.

영아사망률 및 유아사망률이 감소하는 경향이 선진국과 후진국을 막론하고 세

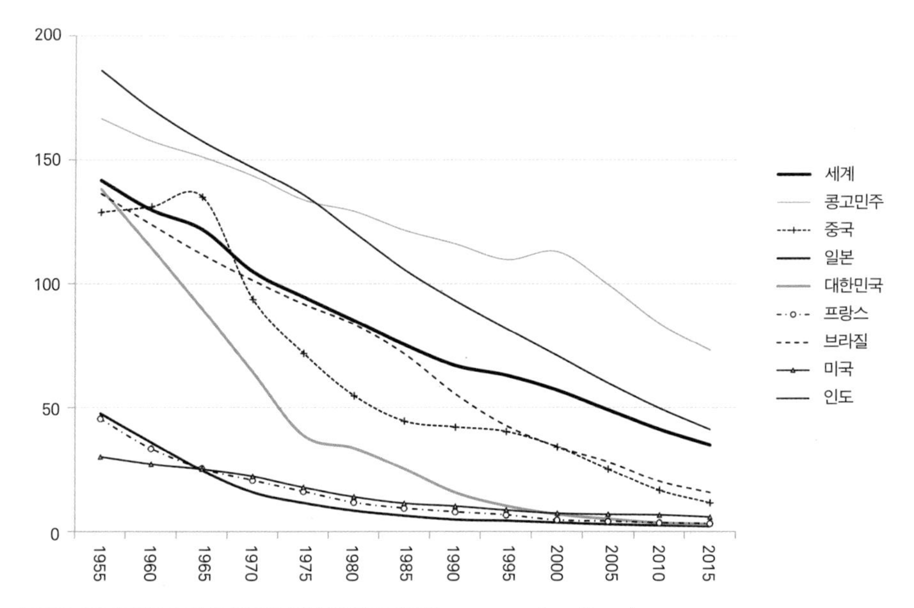

그림 9-18 세계 주요 국가의 영아사망률 변화(자료 출처: esa.un.org/unpd/wpp)

계적 현상이라고 하더라도, 어린이를 더 안전하게 보호해야 할 책임이 사라지는 것은 아니다. 우리나라의 영아사망은 주로 초기 신생아기에 나타나며, 그 요인은 분만중 또는 출생전 태아기로부터 유래된 질환에 기인하는 것으로 알려졌다(최정수, 2011). 이러한 미숙아 출생 후 부모의 사회·경제적 지위가 영아사망에 영향을 미치는 것으로 나타나(김상미, 김동식, 2012), 어린이에 대한 국가적 보호가 좀 더 요구된다고 할 수 있다.

3) 인구 변천 이론

인구학적 변천 이론(demographic transition theory)은 한 나라의 인구 변화를 해당 나라의 산업 발전 혹은 근대화와 결부시켜 이해하려는 이론이다. 이 인구 변천 모델이 탄생한 곳은 1940년대 미국인데, 이 이론은 사망률의 급격한 감소, 출생률의 점진적 감소 경향, 그리고 사망률과 출생률의 시간 차에 의한 인구 증가를 개략적으로 설명하고 있다. 이 모델에 대한 비판도 없지 않지만, 현재까지 살아남아 있는 것은 그것의 유연한 적용성 때문이다. 서유럽과 미국의 경험에 기반한 것이지만, 경제 성장을 추구하는 각국이 다양한 방식으로 따르게 되는 모델이 아닐 수 없다.

이 모델이 처음 등장한 것은 프린스턴 인구연구소(Office of Population Research in Princeton)에서 F. 노테스타인(Notestein)의 주도로 보고된 「*The Future Population of Europe and the Soviet Union*」(1944)에서였던 것으로 알려졌다. 그러나 그 이전에 워렌 톰슨(Warren Thomson, 1929)이 유럽 여러 나라와 일본, 러시아, 인도, 호주, 미국, 캐나다 등의 국가들의 출생률과 사망률을 20세기 초 시점부터 비교하면서 각국을 3개 그룹으로 분류한 것이 인구 변천 모델의 선구이다(Kirk, 1996). 톰슨은 A, B, C그룹으로 나누었는데, A그룹은 사망률이 낮은 상태로 안정화되어 있으면서 출산율이 급감하는 나라로, 주요 서유럽 국가들을 한 집단으로 묶었다. 그리고 B그룹은 출산율이 낮아지지만 더 빠르게 사망률이 낮아지면서 인구가 급증하는 나라로, 남유럽 국가들이나 동유럽 국가들, 신대륙 국가들을 묶었다. 반면 C로 분류된 국가들은 높은 출생률과 사망률을 보이는 국가로 일본과 러시아가 포함되었으며, 맬서스적인 인구 조절이 이루어진다고 서술하였다. 이것은 각각 인구 변천 모델의 3단계, 2단계, 1단계로, 1930년 당시 주요 선진국에서 인구 증가율이 감소하고 있던 상황을 정리한 것이다. 이후 프랑스의 랑드리(Landry)가 1934년에 「*La Revolution Demographique*」를 저술하면서 톰슨의 3그룹을 근대화 단계로 설정하였고, 이를 노테스타인이 1940년대에 인구 변천 모델로 정립하였다.

잘 알려진 모델의 내용은 그림 9-19와 같다. 잘 알려져 있듯이, 초기 단계인 1단계는 다산다사(多産多死)의 단계로, 맬서스적인 단계라고 불린다. 맬서스적인 단계란 인구가 많아지면 아사하거나 전쟁 등으로 인구를 조절하게 되는 단계를 말한다. 이 단계가 지나면 급격한 사망률 저하가 있고, 빠른 총인구 성장이 초래된다는 것이다. 실제로 이 사망률 급감 사건은 19세기와 20세기 중후반에 걸쳐서 세계 여러 나라에서 발생하였고, 확산되는 와중에 있다. 사망률 급감은 백신 확산, 보건 위생의 확산 등 근대화 과정에 따른 것인데, 이것이 서구 중심적인 시각이라고 하더라도, 경제적 저성장성과는 무관하게 비교적 현실적인 과정이라고 할 수 있다. 오늘날 사하라

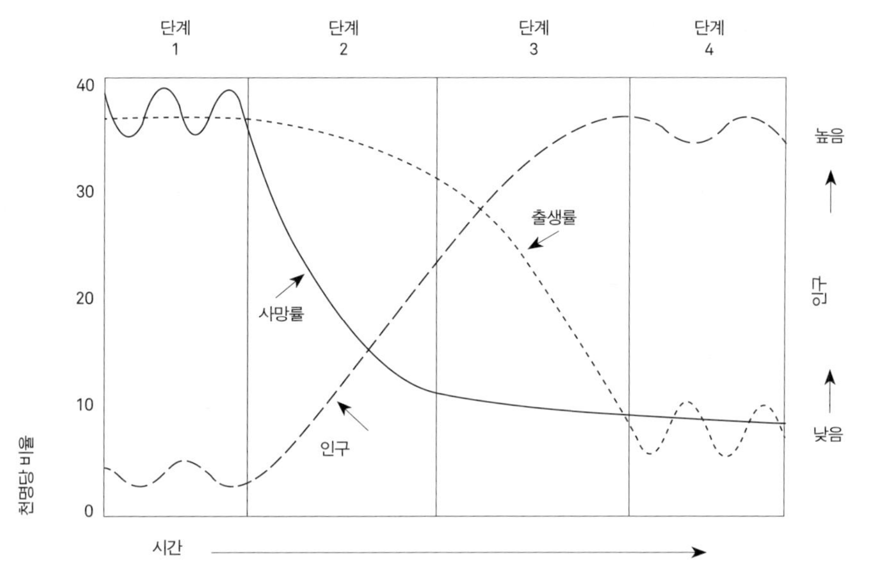

그림 9-19 인구 변천 모델

이남 아프리카 여러 나라에서도 사망률이 급감하는 현상을 이 단계로 설명하는 방법 이외에 다른 이유를 찾기 어렵다. 그리고 사망률은 현재와 같이 세계적으로 10퍼밀 내외 수준에서 안정화되고 있다고 할 수 있다. 현재 사망률이 가장 높은 중앙아프리카공화국의 경우 1950년대 30퍼밀을 상회했으나 현재에는 15퍼밀 수준에서 안정화되고 있다.

그러나 출산력의 저하 경향은 좀더 복잡하다. 출산률 저하 경향은 세계적으로 다수의 국가들에서 나타나고 있는 흐름이나, 그 속도나 정도에 있어서는 편차가 있다. 그리고 그 원인도 매우 다양하고 파악하기가 어렵다. 인구 변천 모델을 처음 작성한 사람들은 자녀 양육의 비용, 피임법의 확산 등을 꼽았지만, 그 후 인구 제한 정책 등이 중요한 역할을 하는 것으로 나타났다. 그러나 우리나라에서 보이는 바와 같이, 결혼 연령의 상승, 싱글 패밀리의 확산, 자녀 양육비의 상승 등도 중요한 요인인 것으로 나타나고 있다.

아프리카 국가들이나 인도에서 보는 바와 같이 뚜렷한 사망률 감소 안정화와

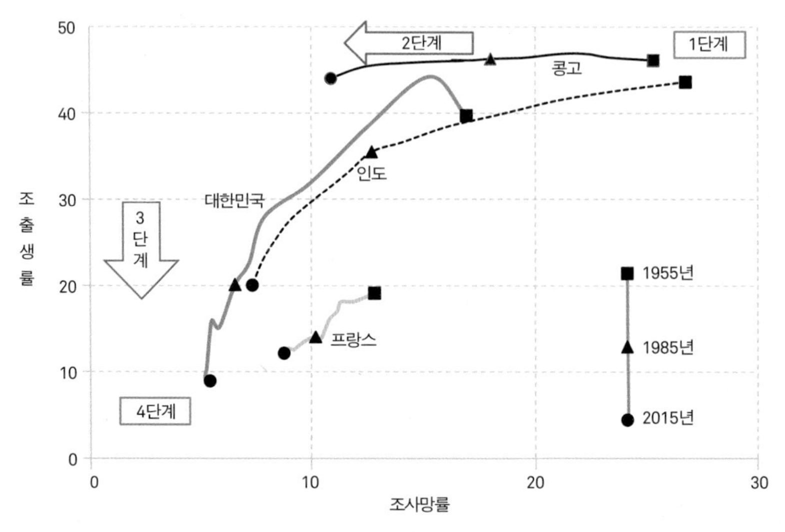

그림 9-20 주요 국가별 조출생률-조사망률 도표에 의한 인구 변천 시각화(자료 출처: esa.un.org/unpd/wpp)

출산율의 감소 경향에서 오는 출산률 및 사망률 격차가 현재와 같은 뚜렷한 인구 증가의 요인이 되고 있다.

다만 마지막 단계인 4단계는 소산소사(少産少死)라고 불리는데, 출생률과 사망률이 변동하는지는 알 수 없다. 대체로 인구 감소의 부담을 느끼는 국가들이 다양한 출산 장려 정책을 수행함으로써, 주요 선진국에서 출산율이 재증가하는 현상을 볼 수 있다. 또한 이 단계에서 경제 성장이 이루어지고 사회복지 수준이 확충되면 이주에 의한 인구 변화 요인이 개입되기 때문에 모델과 달라질 수 있다.

최근에 V. 톰슨(Thompson)과 M. 로버지(Roberge)(2015)는 인구 변천 모델의 새로운 시각화 방법을 제안하였다. 그것은 조출생률-조사망률 도표를 활용한 것으로, 우상단 위치가 다산다사의 1단계, 좌상단에서 좌측으로의 이동이 다산감사(多産減死)의 2단계, 좌측에서 아래로 이동하는 것이 감산소사(減産少死)의 3단계, 좌하단이 소산소사의 4단계이다. 이렇게 하면 국가별 출생률과 사망률의 궤적을 하나의 시계열로 파악할 수 있다는 장점이 있다. 점마다 연도를 표시한다면 시대적인 상황도 파악할 수 있을 것이다.

5. 인구의 구성

인구의 변천을 논의하는 절에서 세계적인 출생률 하락 경향에 비해 더 뚜렷한 사망률 하락 경향을 언급한 바 있다. 이는 곧 기대수명의 증가 경향을 의미하며 노인인구의 전반적인 비중 증가를 뜻하기도 한다. 이러한 어떤 인구 집단의 연령 구성 혹은 성별 구성, 민족별 구성을 논의하는 영역을 인구의 구성(composition)이라고 한다. 인구지리학 연구에서 가장 기본적인 인구 구성은 성별, 연령별 인구 구성이다. 그리고 성별, 연령별 인구 구성을 하나의 도표로 나타낸 것이 인구 피라미드(population pyramid)이다.

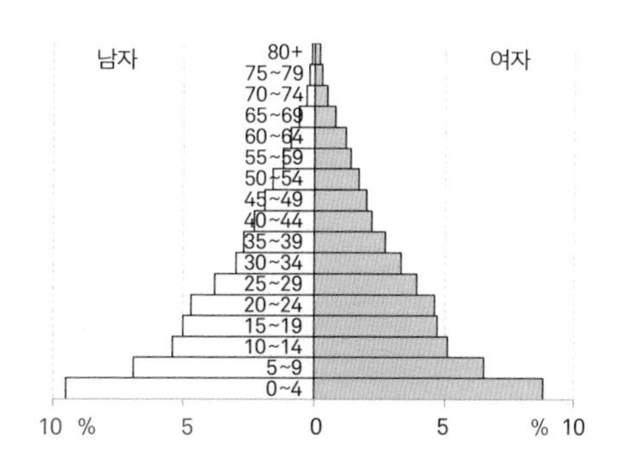

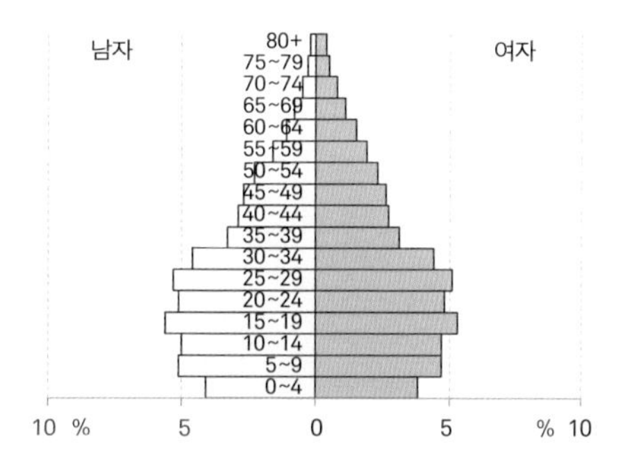

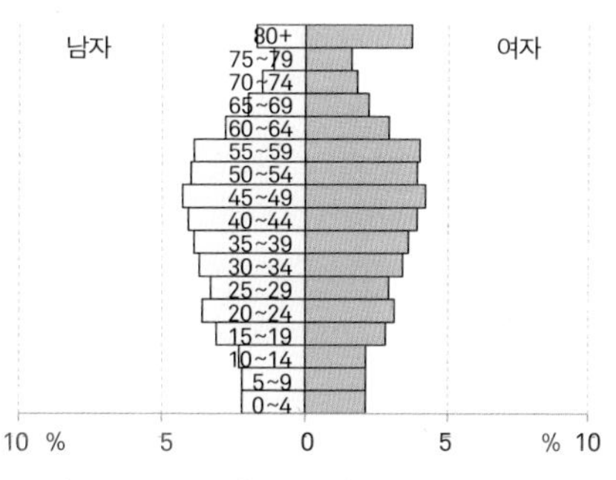

그림 9-21 1960년, 1988년, 2016년의 우리나라 인구 피라미드(자료 출처: KOSIS)

그림 9-21은 1960년부터 28년 간격의 인구 피라미드를 보여 준다. 참으로 급격한 인구 구성의 변화라고 아니할 수 없다. 56년간이므로 거의 두 세대인데, 이 기간 동안 유소년층의 인구가 현저히 줄어들고 노년층의 인구가 현저히 증가하였다. 특히 고령의 여성 노인의 인구가 마치 모자처럼 증가했다는 것을 알 수 있다. 성별, 연령별 인구 구성을 한눈에 확인할 수 있는 것이 인구 피라미드이다.

인구 피라미드라는 도표는 한 나라나 지역의 인구 구성을 한눈에 파악할 수 있도록 시각화하는 역할을 하지만, 보다 면밀한 분석, 추이에 대한 해석을 위해서는 인구 구성 관련 변수가 필요하다. 그것은 성비(sex ratio)와 부양비(dependancy ratio)이다. 성비는 국가별로, 지역별로, 그리고 연령대별로 산출할 수 있고, 부양비 역시 유소년층과 노년층에 따라, 그리고 지역별로 산출할 수 있다.

1) 성비

성비(性比, sex ratio)는 여성 인구에 대한 남성 인구의 비율로 100을 곱하여 구한다. 성비가 100을 넘으면 남성이 더 많고, 100 이하면 여성이 더 많다. 식은 다음과 같다.

$$\text{성비(SR)} = \frac{P^m}{P^f} \cdot 100$$

식에서 P_m은 남성 인구이고, P_f는 여성 인구이다. 100을 곱하였다고 해서 %가

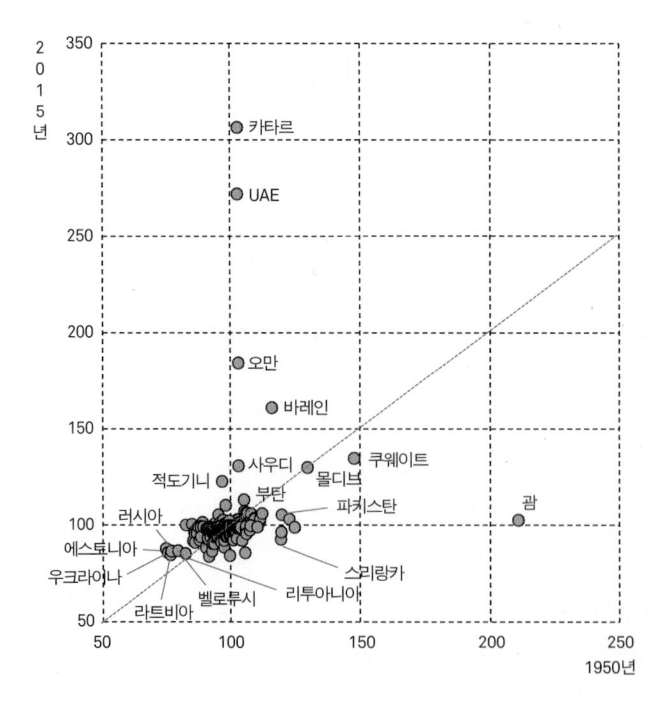

그림 9-22 세계 각국에 대한 1950년과 2015년의 전인구 성비(자료 출처: esa.un.org/unpd/wpp)

아니고, 그냥 여성 100명에 대한 남성의 수로 해석한다. 성비가 특별히 많거나 두드러지게 낮은 것에는 모종의 사회적 이유가 있다. 청장년 남성이 특히 많은 경우는 이주 노동자들의 유입이 많은 경우에 나타나기도 하고, 출생시 성비가 높은 경우는 남아선호적인 관습이 강하기 때문이기도 하다. 그러나 세계적으로 전체 성비는 100에 근접한다.

그림 9-22는 세계 각국의 1950년 성비와 2015년 성비를 나타낸 것이다. 45도선은 과거 성비와 최근 성비가 같은 것을 나타내고, 45선 위의 점은 성비가 증가한 국가를, 아래의 점은 성비가 낮아진 국가를 표시한다. 전반적으로 성비는 (100, 100) 주변에 모여 있다. 두드러진 점은 성비가 200을 넘는 나라들이 있다는 것이다. 카타르나 아랍에미리트, 오만, 바레인 등은 2015년 성비가 지나치게 높은데, 이것은 건설을 위한 노동자 이주와 관련이 있다. 또한 괌의 경우 1950년 성비가 200이 넘었다가 지금은 낮아진 상태인데, 이는 군사 기지와 관련이 있다. 쿠웨이트나 사우디, 몰디브 등도 비슷한 사유로 성비가 대단히 높게 나타나고 있다. 이들 나라들은 출생시 및 유소년 성비에 비해 청장년 성비가 갑자기 높아지는 현상을 보인다. 흥미로운 점은 러시아, 우크라이나, 벨로루시, 그리고 발트 3국은 두드러지게 여초 현상이 나타난다는 것이다. 이들 나라들은 청장년 이후 연령대에서 고르게 여초 현상이 나타나고 있다.

노동력 이주에 따른 성비 변화의 영향을 제거하고 남아선호 관습 혹은 가부장제의 영향이 성비에 나타나는지를 살피기 위해 5세 미만 유아의 성비를 분석해 보자.

그림 9-23은 5세 미만 아동의 성비를 1950년과 2015년으로 나누어 표시한 것이다. 5세 미만에서는 전반적으로 성비가 100으로 수렴하고 있다는 것을 알 수 있다. 2015년에는 100 이하 성비가 거의 없다. 대신 중국, 아제르바이잔, 인도, 아르메니아 등의 나라에서 110이 넘는 높은 성비를 보여 주고 있다. 과거 110이 넘게 높은 성비를 보여 주었던 홍콩, 에스토니아, 요르단, 쿠웨이트 등은 성비가 낮아졌다. 우리나라의 성비도 110 근처에서 106으로 낮아졌다. 유아 성비는 남아선호나 사회적 관습이 영향을 미치지만, 노년층의 성비는 사회의 건강 상태 등이 영향을 미친다.

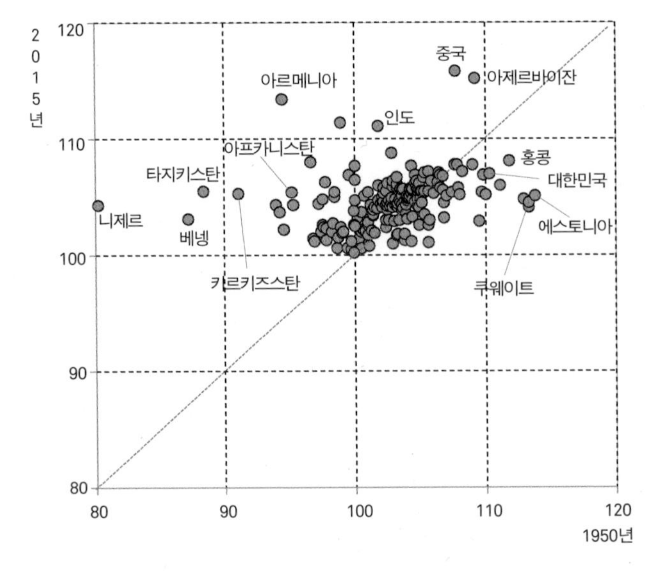

그림 9-23 세계 각국에 대한 1950년과 2015년의 5세 미만 유아의 성비(자료 출처: esa.un.org/unpd/wpp)

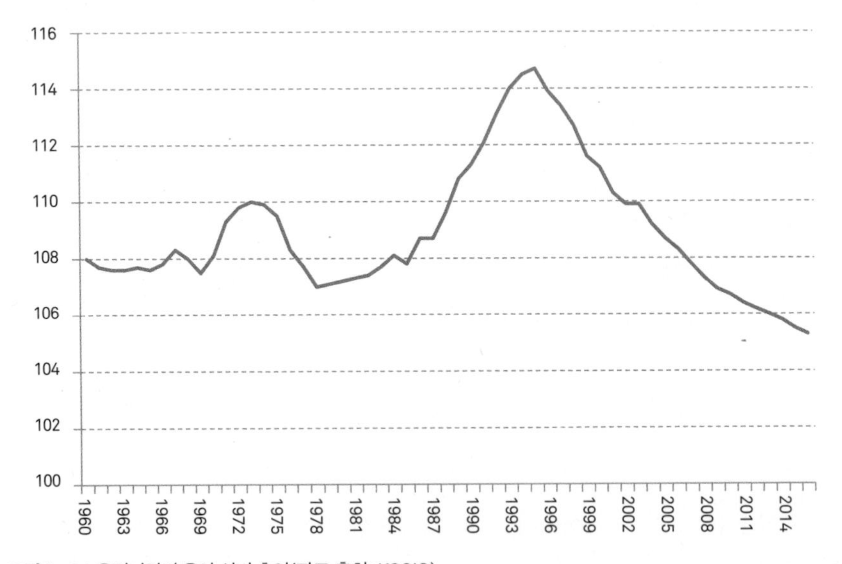

그림 9-24 우리나라의 유아 성비 추이(자료 출처: KOSIS)

우리나라의 유아 성비는 1960년대에 108 수준에서 시작해서 유지되다가 1980년대 중반부터 가파르게 상승하여 1995년 114.7로 정점을 찍은 후 점차 하락하여

2016년에는 105.3에 이르고 있다. 성감별 의료기술의 발전으로 1980년대 말부터 상승하기 시작한 성비는 1990년대에 이르러 사회 문제가 될 정도로 심각했다가 1990년대 후반부터 급감하였다. 남아에 대한 사회적 선호도 역시 무척 낮아졌다.

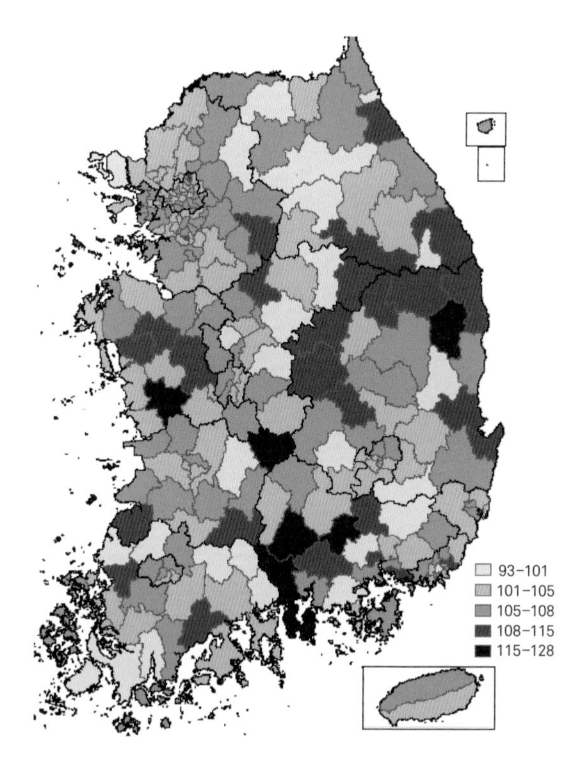

그림 9-25 2015년 시군구별 유아 성비(자료 출처: KOSIS)

시군구별 노년 인구 비율을 보면 이미 초고령 사회로 진입해 있는 시군이 많다는 것을 알 수 있다. 대 부분 촌락 지역으로서 소백산맥을 따라 두드러지게 나타나고, 서남 해안 지역, 남서 해안 지역, 서북 해안 지역, 동남 해안 지역에서 보이고 있다. 청장년의 인구 유출이 강하고 출생자수가 낮은, 역삼각형 형태의 인구 피라미드를 보이는 지역이 이러한 형태를 보인다. 노령화 문제는 지역 개발의 문제이기도 하다. 과소 지역에도 주민이 살아갈 수 있고 나름의 지역 문화를 창출할 수 있는 곳이 되어야 한다.

2) 인구 부양비

부양비(扶養比, dependancy)는 경제활동 인구에 대한 비경제활동 인구의 비를 말한다. 인구지리학에서는 경제활동 인구와 비경제활동 인구를 나누는 기준이 연령이다. 경제활동 인구는 15세에서 64세까지를 말한다. 그러므로 15세 미만인 유소년층, 그

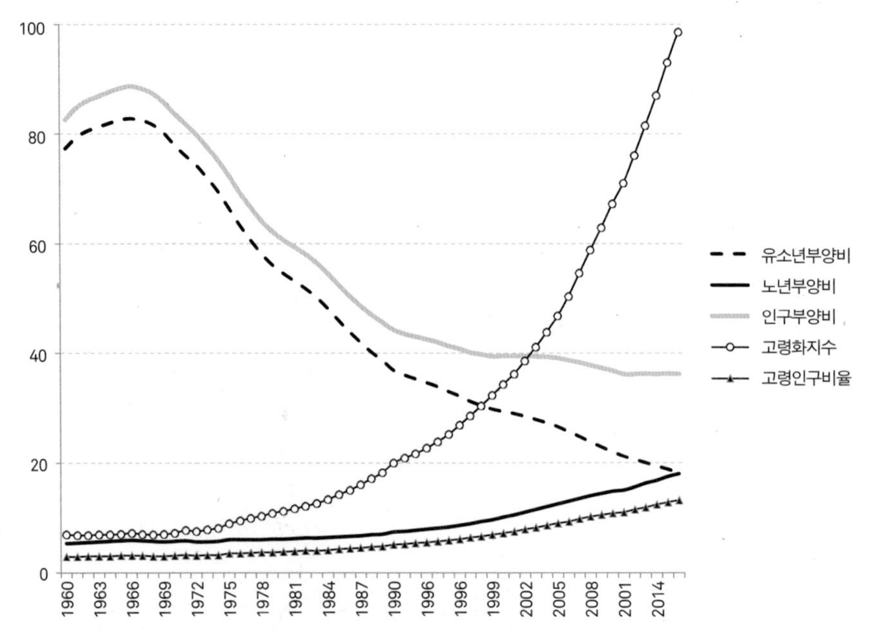

그림 9-26 우리나라의 부양비와 고령화 변수 추이(자료 출처: KOSIS)

리고 65세 이상인 노년층이 비경제활동 인구이다. 그러므로 부양비는 유소년 부양비와 노년 부양비로 나누어 계산한다. 그리고 인구 부양비(PDR)은 유소년 부양비와 노년 부양비의 합이다.

$$\text{유소년 부양비(YDR)} = \frac{P_{0\text{-}14}}{P_{15\text{-}64}} \cdot 100$$

$$\text{노년 부양비(ODR)} = \frac{P_{65\text{-}}}{P_{15\text{-}64}} \cdot 100$$

그림 9-26은 우리나라의 부양비와 노년인구비, 고령화지수의 변화를 보여 주고 있다. 매우 익숙한 그래프로서 우리나라가 당면한 인구 문제인 저출산, 고령화 문제를 집약적으로 보여 주고 있는 그래프이다. 유소년 부양비가 1969년 80.4%를 정점으로 급격히 하락하여 2016년 18.2%에 이르렀는데, 이 값은 같은 해 노년 부양비

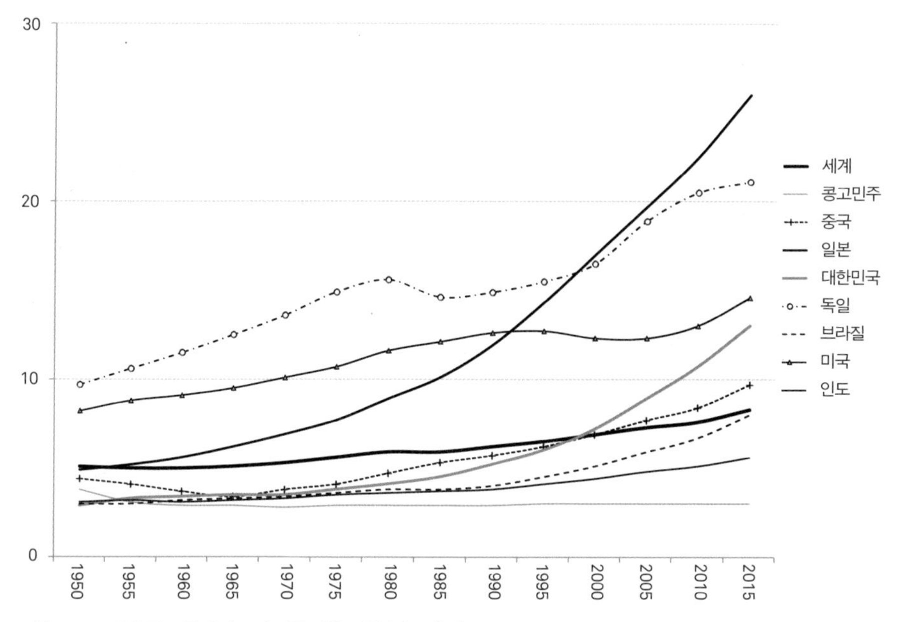

그림 9-27 세계 주요 국가의 노년 인구 비율 변화(자료 출처: esa.un.org/unpd/wpp)

18.0과 매우 근접하다. 이대로라면 내년 인구 통계치 결과는 노년 부양비가 유소년 부양비를 추월할 수 있다. 전체 부양비에서 노년 부양비가 차지하는 비중이 점점 늘어 현재는 절반 수준에 이른 것이다.

노인 인구가 증가하면서 유소년 인구가 급감하기 때문에, 분모를 유소년 인구로 하는 고령화 지수는 가파르게 상승하여 2016년 98%를 넘었다. 이러한 결과는 노인 인구가 유소년 인구와 거의 같다는 것을 의미한다. 고령화 지수(ageing index)를 산출하는 식은 다음과 같다.

$$\text{고령화 지수(AI)} = \frac{P_{65-}}{P_{0-14}} \cdot 100$$

전체 인구에 대한 고령 인구의 비율은 고령화 사회(ageing society), 고령 사회(aged society), 초고령 사회(super-aged society)를 가늠하는 기준을 제공한다. 우리

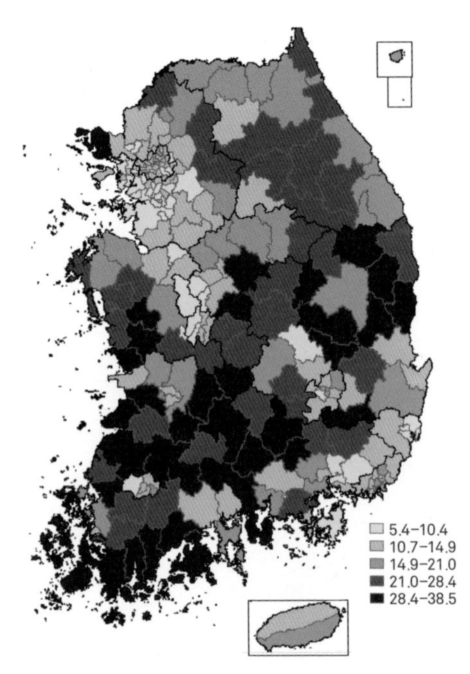

그림 9-28 2015년 노년인구비율(자료출처: KOSIS)

나라는 2000년 노년 인구 구성비 7%를 넘어 고령화 사회에 진입하였고, 2016년 13.2%로서 고령 사회 진입을 눈앞에 두고 있다. 그리고 수년 후 노년 인구비 20%를 넘어 초고령 사회로 진입할 것으로 예상되고 있다.

주지하듯이 세계적으로 평균 수명이 증가하는 추세이며, 사망률 하락 경향을 보이고 있다. 이는 노년 인구 비율의 증가로 나타나는데, 이 지표에 따라 고령화 사회, 고령 사회, 초고령 사회를 구분한다. 이미 비율 20%를 초과하여 초고령 사회로 진입한 나라는 일본, 독일, 이탈리아, 포르투갈, 불가리아 등이다. 그래프에서 볼 수 있듯이, 독일은 1950년대에 이미 노년 인구 비율이 10%를 넘어 2010년 즈음 초고령 사회에 돌입하였으나, 일본은 그 속도가 1990년부터 가파르게 증가하여 독일보다 먼저 초고령 사회에 진입하였다. 우리나라는 일본과 비슷한 궤적을 그리고 있다. 2000년 이후 노년 인구 비율이 가파르게 증가하고 있다. 아직 출생률이 높은 사하라 이남 아프리카 국가나 인도는 노년 인구 비율이 높지 않게 유지되고 있다.

시군구별 유아 성비는 아들 선호에 대한 경향성이 얼마나 잔존해 있는가를 보여준다고 볼 수 있다. 전국적으로 우리나라 유아 성비는 100에 근접해 가지만, 지역별로는 촌락 지역에서, 특히 소백산맥을 따르는 지역에서, 기리고 동해안, 지역에서 비교적 높은 성비를 보여주는 지역이 남아 있다. 세월이 흐르면서 이러한 지역들도 성비가 100에 근접해 가겠지만, 아직까지 유아 성비는 도시와 촌락을 구별하는 특징이 되고 있다.

3) 인구 피라미드

인구 피라미드는 성별, 연령별 인구 구성을 시각화하는 방법이다. 세로축은 5세 인구별로 내림차순으로 눈금을 그리고, 가로축에는 왼쪽에 남성 인구 비율, 오른쪽에 여성 인구 비율을 배치한다. 이 형태의 다이어그램은 1873년 미국의 통계학자인 프랜시스 워커(Francis Walker)가 『*Statistical Atlas of United States 1870*』에서 처음 제시한 것으로 알려졌다. 그의 다이어그램은 미국의 인구를 성별, 연령별로 피라미드 형태로 나타낸 것인데, 인구 구조를 한눈에 파악할 수 있는 장점이 있어 유명해졌다. 당시 미국은 유럽 등지에서 인구가 대규모로 유입되던 시기였기 때문에, 기존 거주자는 피라미드형인 데 비해 신규 이주자의 인구는 청장년층이 매우 높게 나타나고 있다. 또한 미국 서부 지역의 인구 피라미드는 청장년 남성 비율이 현저하게 높은 그래프를 보여 주고 있다(그림 9-29).

인구 피라미드의 잘 알려진 유형은 피라미드형(expanding), 종형(stationary),

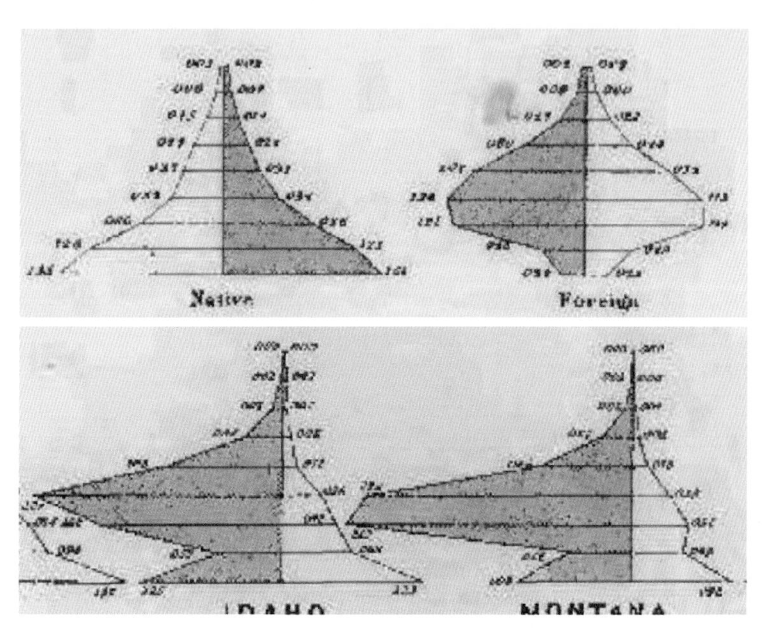

그림 9-29 최초의 인구 피라미드 도표(Walker, 1873)

방추형(contracting), 별형(pentagon), 표주박형(constrictive)의 다섯 가지 정도이지만, 현실에서는 보다 다양한 유형으로 나타난다.

전술한 바와 같이, 평균 연령이 증가하는 세계적인 경향에 따라 바닥이 넓은 피라미드형의 인구 구조는 사하라 이남 아프리카에서만 볼 수 있다. 대부분의 나라는 출생률이 감소하면서 종형의 형태를 취하고 있으며, 출생률이 현저히 낮아져 고령 사회로 진입한 나라의 경우 방추형의 유형을 띤다. 그림 9-30에서 볼 수 있듯이 콩고민주공화국은 1950년대에도, 그리고 지금도 전형적인 팽창형 인구 구조, 즉 피라미드형의 인구 구조를 갖고 있다. 저변이 조금 감소하긴 하였지만 여전힌 높은 유아 사망률을 보이는 유형이다. 그에 비해 인도는 인구가 급증하는 나라이긴 하지만, 유소년 인구 비율이 현저히 줄어들어 종형에 근접해 가는 모습을 보이고 있다. 중국은 인도에 비하면 유소년 저변이 더 줄어든 방추형에 근접해 가고 있다.

반면 일본, 독일, 이탈리아 등은 전형적인 방추형 구조를 갖는다. 우리나라 역시

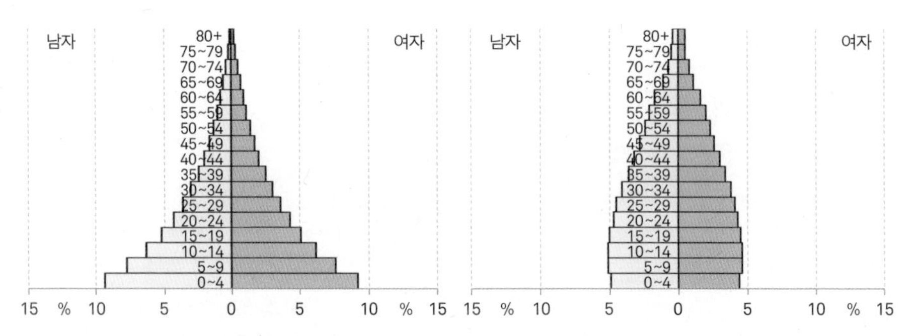

그림 9-30 2015년 콩고민주공화국과 인도의 인구 피라미드(자료 출처: esa.un.org/unpd/wpp)

현저한 방추형으로, 인구 피라미드 도표의 아래쪽으로 갈수록 좁아지는 형태를 띤다. 이러한 형태는 출생률이 지속적으로 낮아지는 나라에서 발생하는데, 노령화 지수가 상승하고 시간이 지날수록 노년 인구 비율이 가파르게 증가하여 초고령 사회로 진입하게 된다. 이러한 나라는 한때 방추형의 대명사로 통했던 프랑스로, 인구 피라미드의 저변이 다시 두터워지는 인구 정책을 실시했음을 주목해야 할 것으로 보인

다. 프랑스의 1980년과 2015년 인구 구조를 보면 1980년에는 아래로 갈수록 인구가 감소하는 유형이다가 다시 저변이 두터워지고 있다. 노령화가 진행되어 인구 피라미드의 높은 부분의 두터움이 유지되면서도 독일, 일본 등 초고령 사회로 진입한 나라에 비해서는 출생률이 높아지고 있는 추세를 반영하고 있다.

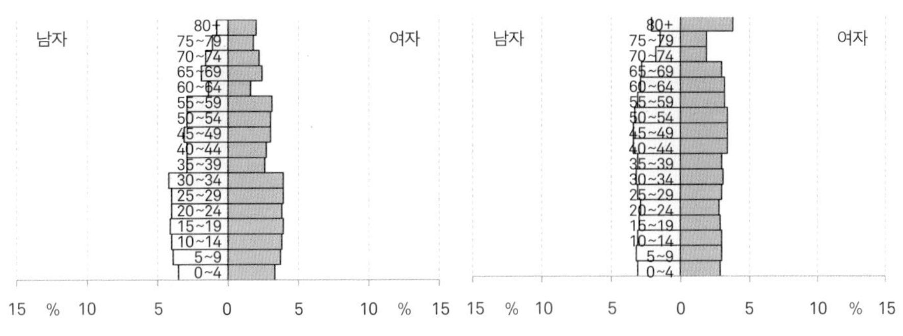

그림 9-31 프랑스의 인구 피라미드(1980년과 2015년, 자료 출처: esa.un.org/unpd/wpp)

카타르와 에스토니아의 경우 특이한 유형의 인구 구성을 보인다. 카타르의 경우는 200이 넘는 높은 성비를 보이고 있는데, 이는 이주 노동자의 대량 유입에 따른 청장년 남성 성비의 현저한 초과에 기인한다. 이러한 유형은 인구 피라미드 그래프를 처음 고안한 F. 워커가 19세기 후반 미국 서부 지역, 캘리포니아, 몬태나, 와이오밍 등지에서 보던 청장년층 부분의 현저한 남초 현상의 그래프와 유사하다. 에스토니아의 인구 피라미드에서는 청년 이후부터 사망시까지 고른 여초 현상을 볼 수 있다. 여초 현상은 노년으로 갈수록 더욱 더 극심한데, 이는 청장년 남성들의 이른 사망 때문이다. 통상 독주 섭취량과 관련이 있지 않나 하는 추정이 나올 정도로 청장년 남성들의 높은 사망률이 중고 연령대에서의 고른 여초 현상의 원인이라고 볼 수 있다. 이러한 특징은 러시아, 우크라이나, 벨로루시, 발트 3국 등 구소련 동유럽 국가들에서 공통적으로 나타난다.

우리나라의 인구 피라미드는 그림 9-21에서 본 바와 같이 전국적으로는 전형적인 방추형이다. 이는 출생률이 낮아지고 있는 추세를 그대로 반영한다. 과거 이촌

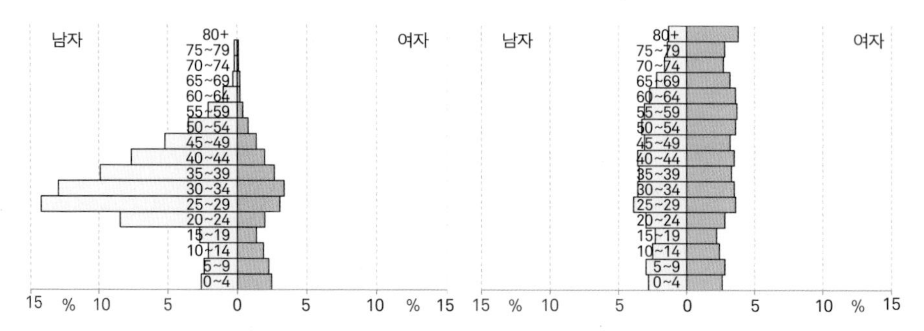

그림 9-32 2015년 카타르와 에스토니아의 인구 피라미드(자료 출처: esa.un.org/unpd/wpp)

향도가 강하던 시기에 농촌은 표주박형이었으나, 이제는 저변이 더욱 좁아진 역삼각형, 그것도 노년에서의 여초가 극심한 역삼각형 형태의 인구 피라미드가 나타나고 있다. 이 같은 결과는 이미 노년 인구 비율이 30%가 넘은 촌락 지역의 초고령 사회의 양상을 그대로 드러낸다. 그리고 별형으로 알려지던 도시형도 저변이 현저히 좁아지고 있는 다이아몬드 형태를 띠고 있다. 이러한 현상은 중공업 도시든 종합적인 대도시든 우리나라 도시에서 유사하게 나타나고 있다. 다만 대도시에서는 다소간의 청장년 여초 현상이 나타나고, 중공업 도시에서는 여초 현상이 덜하다.

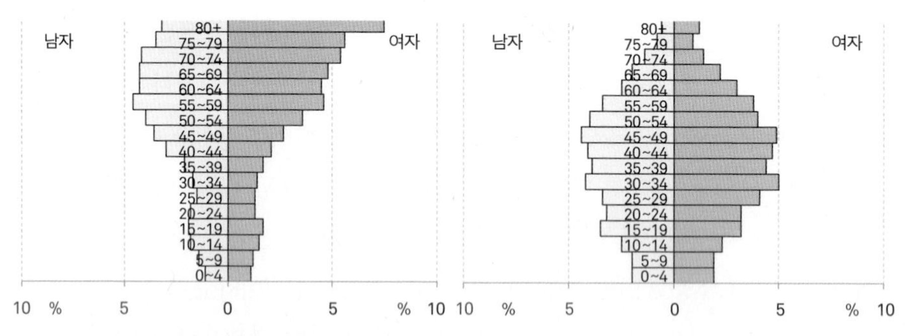

그림 9-33 전남 고흥군과 서울 강남구의 인구 피라미드(자료 출처: KOSIS)

| 참고문헌 |

권태환, 신용하(1977), “조선왕조시대 인구추정에 관한 일 시론”, 『동아문화』 14.

미카엘 우즈(2014), 『현대촌락지리학』, 권상철 외 옮김, 서울: 시그마프레스.

박경숙, 2009, “식민지 시기(1910-1945) 조선의 인구 동태와 구조”, 『한국인구학』 32(2).

박경환(2017), “역도시화인가 촌락 젠트리피케이션인가?: 개념적 적합성에 관한 고찰,” 『한국도시지리학회지』 20(1).

박희진, 차명수, 2003, “조선후기와 일제시대의 인구변동: 전주이씨 장천군파와 함양박씨 저앙공파 족보의 분석”, 『경제사학』 35.

이정섭(2012), “도시기본계획 인구지표의 사회적 증가 추정에 대한 비판적 연구,” 『국토지리학회지』 46(3).

이희연(1989), 『인구지리학』, 서울: 법문사.

전종한 외(2015), 『세계지리-경계에서 권역을 보다』, 서울: 사회평론아카데미.

제현정, 이희연(2017), “지역별 인구구조 변화와 유형별 특성 분석,” 『한국도시지리학회지』 20(1).

조혜종(1993), 『인구지리학개론』, 서울: 명보문화사.

최병두(1996), “한국의 사회 · 인구지리학의 발달과정과 전망,” 『대한지리학회지』 31(2).

최은영, 구동회(2012), “부산의 인구 변동 요인과 인구구조 변화,” 『국토지리학회지』, 46(3).

한주성(2015), 『인구지리학』(개정판), 서울: 한울아카데미.

Castles, S.(2017), *The Age of Migration: International Population Movements in the Modern World* (5th Edition), New York: The Guilford Press.

Kirk, D.(1996), Demographic transition theory, *Populatio Studies* 50.

Larkin, R. and G. Peters(2002), *Population Geography: Problems, Concepts and Prospects* (7th Edition), Dubuque: Kendall Hunt Publishing Co.

McMichael, A.(2017), *Climate Change and the Health of Nations: Famines, Fevers, and the Fate of Populations*, Oxford: Oxford University Press.

Newbold, B.(2017), *Population Geography: Tools and Issues* (3rd Edition), New York: Rowman & Littlefield Publishers.

Newbold, K. B.(2016), *Population Geography: Tools and Issues* (3rd edtion), Lanham: Rowman & Littlefield.

Pacione, M.(2011), *Population Geography-Progress & Prospect*, London: Routledge.

Thomson, V. and M. C. Roberge(2015), An alternative visualization of the demographic transition model, *Journal of Geography* 114.

Thomson, W.(1929), *Population, American Journal of Sociology* 34(6).

Walker, F. A.(1874), *Statistical Atlas of the United States: Based on the Results of the Ninth Census 1870*, Julius Bien Lith.

자료

통계청 통계정보시스템(KOSIS: http://kosis.kr)

통계청 마이크로데이타 통합 서비스(MDIS: https://mdis.kostat.go.kr)

United State Census Bureau(https://www.census.gov/topics/population/data.html)

UN World Population Prospects 2017(http://esa.un.org/unpd/wpp)

10장

도시의 탄생과 진화

1. 도시란 무엇인가?

1) 어원적 음미: '도시(都市)'와 '시티(City)'와 '어반(Urban)'

현대 사회는 도시 사회이다. 오늘날 사람들은 대부분 도시에 살며, 과거 촌락에서의 삶은 명절 귀향의 시기나 혹은 도시 내 향우회 자리에서 단편적인 기억만으로 존속한다. 인간 거주의 원형이 촌락임은 분명하나, 현대 사회의 희로애락의 주된 장소는 도시이며 촌락도 그 경제생활에 있어서 도시에 상당 부분 의존해야 하는 상황이다. 오늘날의 도시는 현대 자본주의 사회의 핵심적 기능이 위치하고 작동하는 장소이기도 하다(그림 10-1).

도시(都市, urban place)는 어원적으로 도(都)와 시(市), 즉 왕궁이 있는 장소와 시장이 서는 장소가 합쳐진 말이다. 도시의 의미를 그 기능의 면에서 정확하게 지적하고 있는 단어가 바로 한국과 일본의 '도시(都市)'인 것이다. 학술적인 의미에서 사용하는 서양어의 '어반(urban)'이라는 단어는 고대 최초의 도시인 메소포타미아 지방의 '우르(Ur)'에서 왔으므로 음미할 만한 것이 거의 없다. 행정적인 의미에서 사용

그림 10-1 정부대전청사 일대의 도시 경관
현대 사회는 도시 사회이다. 도시는 정치, 경제, 사회 · 문화 등의 측면에서 현대 자본주의 사회의 핵심적 기능이 위치하고 작동하는 공간이다.

하고 있는 '시티(city)'라는 말도 '거주'나 '캠프'의 뜻을 갖는 인도유럽어의 어근 '케이(kei-)'로부터 나왔다. 그로부터 '시민'을 뜻하는 라틴어 '시비스(civis)'가 나왔고 그 '시민들의 공동체'라는 의미로서 '시비타스(civitas)'가 파생하여 영어와 프랑스어 그리고 독일어의 '시티(city)', '시테(cité)', '슈타트(Stadt)'가 된 것이다. 그러므로 서구어의 경우 도시보다 도시민이 먼저 규정되고, 그 도시민의 어원도 '거주지'로서의 촌락의 어원과 별반 다를 것이 없게 되어 있다. 유일하게 '타운(town)'이 옛 영어에서 '주택 집단'이나 토성이나 목책 따위로 '둘러싸여진 곳'이라는 의미로 중세 도시의 특성인 성(城)의 특징을 암시해 준다. 그러나 중국의 '성시(城市)'와 함께 우리의 '도시(都市)'가 도시의 성격에 대해 더 많은 것을 함축한다.

2) 삶의 방식(a way of life)으로서의 도시

도시의 탄생에 대한 가장 전통적 관점은 충분한 잉여 농산물에 힘입어 비농업에 종사하는 전문가 계층이 출현할 수 있었다는 해석이다. 거주민을 충분히 부양하고도 남는 생산적 발전이 전제되어야만 비로소 비농업 인구를 부양할 수 있기 때문이다. 잉여 농산물은 교환의 발생으로 이어지고, 이는 곧 교환을 전담하는 사람들, 즉 상인층을 주요 비농업 인구로 하는 도시가 형성되었다는 것이다. 이 이론은 관개 기술이 잉여 농산물을 가능케 했다는 입장 때문에 기술 결정론이라는 지적과 함께, 기술 혁신의 배경에 대한 대답이 궁색하다는 비판을 받고 있다.

고도의 인구 성장에 의한 인구압으로 인해 도시가 발생했다는 학설도 있다. 즉 인구압으로 인해 인구와 자원 사이의 균형이 깨지고, 이것이 사람들을 농업 조건이 열악한 변방으로 내몰게 된다. 변방에 내몰려진 사람들은 열악한 변방의 환경을 극복하기 위해 새로운 기술을 창안하여 식량 생산을 하였거나, 아니면 무역, 종교, 방어와 같은 서비스업에 기초한 새로운 경제 생활을 영위해 갔을 것이고, 이들이 최초의 도시인이라는 것이다.

위 두 학설 외에 적지 않은 학자들이 '도시 발생을 위한 중요한 전제 조건의 하나가 바로 사회 조직의 변화'라고 주장한다. 즉 도시화가 이루어지기 위해서는 세금을 부과하고, 조세를 거두며, 노동력을 통제할 수 있는 엘리트 집단의 출현이 필수적이라는 것이다. 그러한 일들은 종교적 설파를 통해 가능할 수도 있고 군사적 강압에 의해 달성될 수도 있다. 일단 이러한 엘리트 집단이 등장하면, 자신들의 부를 동원하여 권력과 지위를 과시하기 위한 궁궐, 경기장, 기념비 같은 건축물을 짓게 되고 이러한 사업들이 도시 발달을 촉진했다는 것이다. 이러한 사업들은 고대 도시들에 물리적 핵심지를 창출하는 데에 기여했을 뿐만 아니라 건축가, 수공업자, 행정가, 성직자, 군인 등 비농업 활동의 전문화를 가속화하게 된다. 이 학설에 따른다면 엘리트 집단은 어떤 배경에서 출현했다는 것일까? 학자들은 야금술의 발달이 그 이유라고 설명

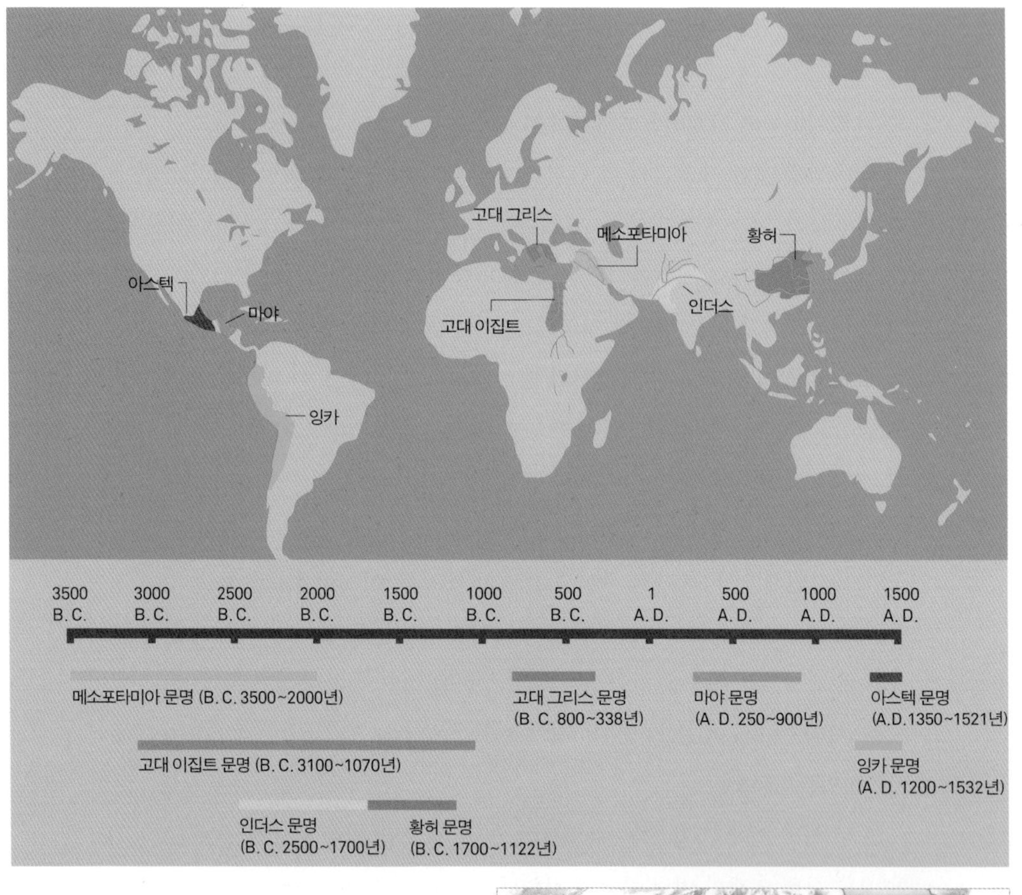

그림 10-2 세계의 고대 문명 발상지

문명(文明, civilizations)이란 고도로 발달한 인간의 물질 및 정신 문화를 뜻한다. 고대란 선사 시대와 중세 시대의 사이 시기를 지칭한다. 일반적으로 서양의 고대는 대략 기원전 3500년 전후부터 로마제국 멸망이 있었던 서기 476년까지를 지칭하지만, 중세 시대를 언제부터로 볼 것이냐에 따라 세계의 각 지역마다 고대의 시기 설정은 차별적이다. 학자들은 메소포타미아 문명, 고대 이집트 문명, 인더스 문명, 황허 문명을 일컬어 세계 4대 문명이라 부르며, 다른 고대 문명에 비해 상대적으로 늦은 시기에 발달한 아메리카 대륙의 아스텍과 마야, 잉카 문명도 모두 고대 문명으로 간주한다.

한다. 야금술의 발달로 청동기나 철기를 사용할 줄 알게 되면서 전쟁이 발생하고 이는 승리한 자와 패배한 자 사이의 지배 – 종속 관계로 귀결한다. 곧 통치자가 등장하고 이들을 지원하는 지배 이데올로기의 창출자로 신관과 무사계급이 출현한다. 이러한 지배 계층은 자신들의 권력의 원천인 무기와 병력은 물론, 그것의 과시 및 군림의 의미로서 숱한 장신구와 물적 시설을 요구하기 때문에 이를 위한 다수 수공업 계층 및 노예를 필요로 했다는 것이다.

3) 도시화와 도시 – 촌락 연속체

일반적으로 도시는 촌락과 구분되어 정의된다. ① 다수의 인구가 비교적 좁은 구역(area)에 밀집하여 거주하고, ② 비농업(어·목축업) 인구의 비중이 높으며, ③ 주변 지역에 재화와 서비스를 공급하는 중심지, 이것이 학술적인 의미에서 도시의 정의이다. 첫 번째 규정은 인구가 많으며 인구 밀도도 높을 것을 요구하고, 두 번째 규정은 공업이나 상업 및 행정 등 2차 및 3차 산업의 비중이 높아야 한다고 청구하며, 세 번째 규정은 중심지의 기능을 갖출 것을 요청한다.

법·행정적인 도시(city)와 학술적인 의미로서의 도시(the urban place)는 구분된다. 행정 기관의 입장에서는 도시와 촌락의 성격을 뚜렷이 구분하는 것이 편리하므로 행정적 편의에 따라 도시를 규정할 필요성이 생긴다. 그래서 학술적 도시 규정을 기반으로 하면서도 나름의 도시에 대한 규정을 마련한다. 대개 인구 수와 인구밀도, 비농업 비율, 시가지 연속 정도 따위로 도시를 규정하되, 그 기준은 무척 다양하다. 인구 밀도가 낮은 북유럽 국가들은 인구 수백 명 이상만 되어도 도시로 규정하는 반면(노르웨이 200명, 네덜란드 2,000명, 미국 2,500명 이상), 인구밀도가 높은 한국이나 일본 등에서는 인구가 2만 명 이상일 것을 요구한다(표 10-1). 우리나라의 도시 규정은 읍(邑)이 인구 2만 이상, 2·3차 인구 비중 40% 이상이고, 시(市)는 인구 5만 이상 2·3차 인구 비중 50% 이상이다.

원래부터 도시인 곳은 없으며 도시가 아니었던 곳이 도시로 변화되는 상황을 거쳐 도시는 태어난다. 그러한 상황을 도시화(urbanization)라 한다. 우선 도시화는

표 10-1 각국의 다양한 도시 승격 기준

국가 이름	도시 승격 기준
노르웨이	주민 200인 이상
아이슬란드	주민 200인 이상
호주	주민 1,000인 이상
캐나다	주민 1,000인 이상, 인구밀도 400명/km^2 이상
아르헨티나	주민 2,000인 이상
네덜란드	주민 2,000인 이상
프랑스	주민 2,000인 이상, 공간적으로 연속된 주거지
이스라엘	주민 2,000인 이상, 농가 1/3이하
미국	주민 2,500인 이상의 도시화된 지역
인도	주민 5,000인 이상, 인구밀도 390인/km^2이상
포르투갈	주민 10,000인 이상
대한민국	주민 50,000인 이상, 도시 형태(시가지)를 갖춘 지역
일본	주민 50,000인 이상, 행정구역 내 시가지 면적 60% 이상

도시 수의 증가, 도시 면적의 확대, 도시 주민 수의 증가를 말한다. 한국의 도시화율이 80%라고 말할 때의 도시화는 바로 이러한 양적인 의미에서의 도시화이다. 그러나 오늘날, 도시적인 특성은 촌락에도 나타나고, 도시에서도 촌락적인 특성이 존재한다. 도시의 물질문명이 촌락으로 전파된 것이나, 촌락의 농업이 도시를 지향하며 상업적 농업으로 변모하는 것 역시 도시적인 특성이 촌락에 침투한 것이다. 반면에 도시에 존재하는 각종 향우회와 친족 및 소수 민족 집단이 공동체를 형성하는 것은 도시에 존재하는 촌락적 요소를 대표한다.

따라서 도시화의 규정은 좀더 정교해져야만 한다. 이 맥락에서 도시성(都市性, urbanism)이라는 것을 먼저 규정하고, 그러한 도시성을 획득해가는 과정을 도시화라 정의하는 것이다. 도시성이란 농촌성(農村性)의 대응어로, 도시적 생활 양식, 도시적 경제 방식, 도시적 행동 방식을 결정하는 제반 요소들을 말한다. 그리하여 취락은 도시성이 강한 도시적 취락과 그것이 약한 촌락적 취락으로 구분할 수 있다. 이러한 시각에서 도시란 이제 도시성이 응축된 장소를 뜻한다. 결국 도시와 촌락은 분리

| **참고 10-1** |

도시화와 관련된 용어

오늘날 도시화 과정이 무척 복잡하게 전개되면서 다양한 현상을 지칭하는 도시화 개념들이 등장하였다. 학자들 간에 용어 사용에서 약간의 차이는 있으나, 대체로 다음과 같이 정리할 수 있다.

① 교외화(suburbanization): 교외화로 번역되는 이 말은 도시 인구의 교외 유출, 그리고 상업 및 서비스의 교외 지역 유출을 말한다. 교외화가 진행되더라도 중심 도시 인구는 증가할 수 있다.

② 엑스얼바니제이션(exurbanization): 교외의 외곽 지역을 지칭하는 준교(exurb)로의 도시 인구 유출을 말한다. 즉 교외화가 심화되어 중심 도시에서 더 먼 곳까지 인구가 이동하는 현상이다(Knox, 1994). 근교(suburb)와 준교(exurb)의 경계가 사실상 모호하기 때문에 경우에 따라서는 원교(far suburb)로의 교외화, 혹은 확장된 교외화로 이해할 수 있다(Pacione, 2001).

③ 역도시화(counterurbanization): 대도시 인구가 절대적으로 감소하는 현상을 말한다. 이 경우 교외 지역이나 먼 촌락 지역은 인구가 증가한다. 혹자는 대도시 영향권 밖으로 인구가 유출되는 것을 지칭하는 것이라고도 말한다(Short, 1996).

④ 재도시화(reurbanization): 역도시화의 반전으로서 교외나 먼 교외는 인구를 잃는 반면 중심 도시의 인구가 증가하는 현상이다. 혹은 중심 도시의 인구 감소율이 완화되는 현상을 말한다.

⑤ 탈도시화(deurbanization): 싱클레어(Sinclair) 등이 교외화와 역도시화 등을 보고 탈도시화 개념을 추정하였으나 1980년대 중반 재도시화가 발생함으로써 가상에 머문 용어이다. 원래의 의미는 인구와 가구 수는 물론 토지 이용마저 감소하여 공지가 늘어나는 것을 말한다.

⑥ 페리퍼럴 얼바니제이션(peripheral urbanization): 제3세계에 자본주의가 이식되어 도시화가 일어나는 경우를 말한다.

⑦ 엑소-얼바니제이션(exo-urbanization): 제3세계에 외국인 직접 투자가 도시 성장을 이끄는 경우를 말하는 것으로서, 후진국 입장에서 외부의 힘에 의한 종속적 도시화를 말한다.

⑧ 과잉도시화(overurbanization): 제3세계에서 산업화가 미약한 가운데 대규모 인구가 몰리는 경우를 말한다. 이는 농촌 지역의 소득이 현저히 적은 경우에 발생하는데, 농촌 인구는 농촌으로부터 '밀려나(push out)' 도시에 들어가 불량 주택 지구를 형성하고 도시 비공식 부문에 취업하거나 실업 상태에 머물게 된다. 1970년대의 서울도 과잉 도시화 상태였다고 보고된 바 있다.

되는 것이 아니라 하나의 연속체(continuum) 개념으로 보아야 하는 것이다.

2. 도시의 기원에서 세계도시까지

1) 도시의 기원과 확산

일반적으로 세계 최초의 도시는 중동 지방의 비옥한 초승달 지대(the fertile Crescent of the Middle East)에서 시작되었다고 한다. 그 후 도시는 이집트와 중국, 남아시아의 인더스 강 유역으로 확산되었다는 설이 있고, 이들 네 곳의 세계 문명 지역에서 각기 독자적으로 나타났다는 주장도 있다. 어쨌든 세계 4대 문명 지역으로부터 도시적 취락이 전 세계로 확산되었다는 점은 관련 학계의 일반적 견해이다.

현재 가장 오래된 기록을 가진 도시는 메소포타미아의 '우르(Ur)'이다. 우르란 '불(fire)'을 의미하는데, 성경에 의하면 기원전 1900년경 아브라함(Abraham)이 가

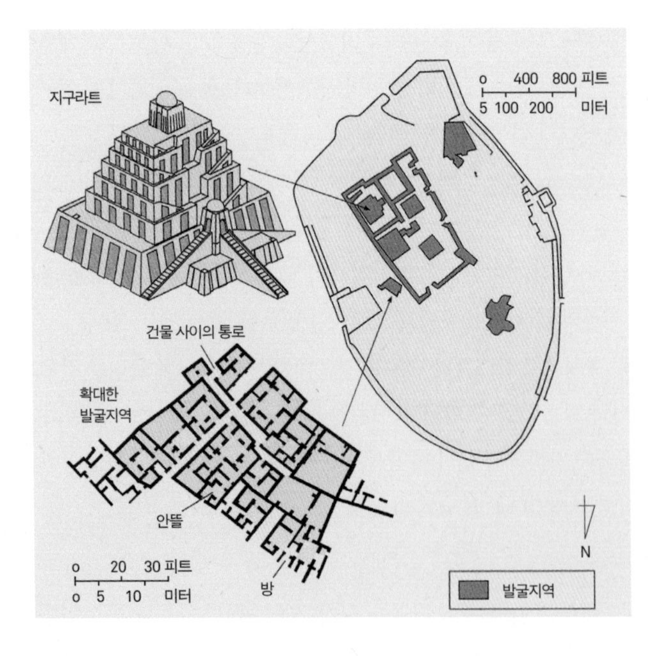

그림 10-3 고대도시 우르(Ur)
우르는 오늘날의 이라크 지역에 위치한다. 왼쪽 그림에서 좌측에 있는 계단식 건물이 지구라트(ziggurat)이며 도시에서 가장 중요한 건물이었다. 지구라트를 둘러싸고 가옥들이 펼쳐져 있었으며 가옥들에는 마당이 있었고 좁은 골목길로 연결되어 있었다(Rubenstein, 2005).

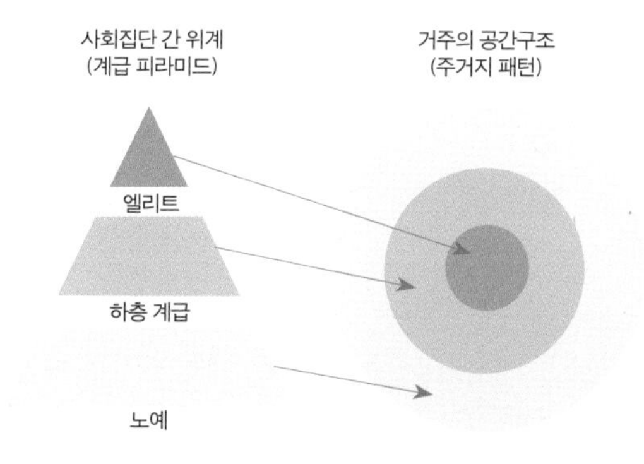

그림 10-4 쇼버그(Sjoberg)의 전산업 도시 모델
사회집단(계급) 간의 위계 질서가 '핵심-중심-주변'이라는 거주의 공간 구조와 상응하고 있다.

나안(Canaan)으로 가는 길에 한동안 거주하였던 곳이라고 한다. 고고학자들은 이 지역에서 발굴된 지하 유물에 근거하여 우르의 기원 시기를 대략 B. C. 3,000년경(학자에 따라서는 B. C. 4,000년경)일 것으로 추정하고 있다. 지금까지 밝혀진 성과에 의하면, 우르는 성곽으로 둘러싸인 작고 아담한 도시였다. 가장 중요한 건물은 지구라트(ziggurat)라고 알려진 제단 건물로 도시의 중심 장소였고, 그 주변으로 거주지가 분포하였다. 지구라트는 원래 64×46m 규모의 3층 건물이었다고 하는데 기원전 6세기경에 4층이 추가로 올려졌다(Rubenstein, 2005: 412).

그러면 최초의 도시 기원지가 왜 메소포타미아 지방이었을까? 티그리스(Tigris)강과 유프라테스(Euphrates) 강 유역 일대에 걸쳐 있는 메소포타미아는 비옥한 하천 충적지가 펼쳐진 곳이었다. 이 말은 대규모의 농업적 취락들이 다수 분포했을 것이라는 뜻이고, 이들이 성곽을 갖춘 도시국가(city-state) 발생의 토대가 되었을 것으로 추정되고 있다. 우르 역시 그렇게 발전한 도시국가 중 하나로서, 고도의 기술력이 지원하는 대규모 관개 시스템의 구축, 광범위한 무역망의 형성, 1만 명 이상의 인구 규모, 정치인과 종교인과 군인으로 이루어진 사회적 계급 분화 등을 특징으로 하였다(Knox and Marston, 2007: 396, 그림 10-4). 우르를 포함한 최초의 도시들은 최소한 5천 명 이상의 대규모 인구가 거주했다는 점, 문자를 사용했다는 점, 거대한 제단이나 사원 등의 의례 중심지(ceremonial center)를 확보하고 있었다는 점에서 주변의 촌락들과는 달랐다.

그림 10-5 잉카 문명의 고대 도시: 안데스의 마추픽추(Machu Picchu)
페루의 안데스 고산지대에 위치한 마추픽추는 잉카 문명이 세운 고대 도시이다. 사진에 보이는 곳은 메소포타미아 우르의 경우와 마찬가지로 의례 중심지였을 것으로 추정되며 그 주위로 대규모 거주지와 다시 계단식 농경지가 확인되고 있다. 지리학자와 고고학자들에 의하면 마추픽추는 잉카의 후예들이 지리상 발견 시대의 스페인 정복자들에 대항하여 최후까지 저항했던 곳이라 전한다(Knox and Marston, 2007: 152).

기원전 2500년경에는 지중해 동쪽 연안에서도 도시적 취락이 발생하였다. 소아시아(현재의 터키) 지역의 트로이(Troy)가 대표적인데, 이들 도시는 에게 해와 동부 지중해 일대의 무역 중심지 역할을 한 것으로 알려져 있다. 이때 기원한 도시들은 점차 독립적인 도시국가로 발전해 갔다고 하며, 인근의 촌락들에 대한 정치 중심지, 군사 중심지, 공공 서비스 중심지 기능을 수행하였다. 이외에 인더스 강 유역에서도 기원전 2500년경에 도시가 발생했으며, 중국의 경우에는 기원전 1,800년경, 그리고 중앙 아메리카에서는 기원전 100년경, 안데스 산맥 일대에서는 800년경에 각각 도시가 발생하였다(그림 10-5).

도시적 취락은 그리스, 로마, 비잔틴 제국, 그리고 지리상 발견 이후의 식민지 개척과 제국주의 등 각 시대마다 세계 제국(world-empire)들의 출현에 힘입어 최초의 기원지로부터 세계 각지로 확산되었다. 특히 서양의 경우 도시의 확산에 가장 큰 공헌을 한 세계 제국은 로마였다. 유럽, 북아프리카, 서남아시아 일대는 로마의 지배를 받으면서 행정, 군사, 공공 서비스업, 기타 소매업을 비롯한 소비자 서비스업 중심지로서 많은 도시들이 발생하였다. 로마군의 보호 속에서 도시에는 도로와 상·하수도가 대단위로 건설되었고 도시 간 교통이 발달하였으며 그 결과 지역 간 무역이 활발하게 이루어졌다. 특히 수도였던 로마 시는 25만(100만에 가까웠다는 설도 있음)의 인구가 거주하는 황제의 거점으로서 행정, 상업, 문화, 기타 모든 서비스업의 중심지였다. '모든 길은 로마로 통한다'는 말을 상기해 보면, 당시 로마가 가졌던 중심성이 얼마나 컸는지 알 수 있다.

2) 고대와 중세, 그리고 '왕의 귀환' 시기의 도시

고대 그리스와 로마의 도시: 중앙 광장에서 시민들이 모이다

도시는 사익 추구 활동(private activities)과 공공 활동(civic activities)이 서로 공존·대립하면서 발달해 왔다. 공공 활동은 왕도나 지방 행정 중심지에서 보이는 지역 통치 및 도시 행정, 그리고 방어 기능을 아우르고, 사익 추구 활동은 시장 기능, 대외 무역 기능, 수공업 및 금융·서비스업 기능을 포괄한다. 시대별 도시의 성격을 이러한 사익 추구 활동과 공공 활동 간의 상대적 비중에 주목하며 이해하는 것도 유용할 것이다. 이러한 관점에서 먼저 서양 문명권, 그 중에서도 유럽의 도시를 보자.

고대 그리스의 도시인 폴리스(polis)는 B. C. 8세기경 등장하여 그 후 200여 년간 발칸반도 남부와 에게 해, 스페인 등지로 확산되었다. 폴리스는 대개 인구 십여 만 명 정도의 인구밀도 높은 도시로 정치적 독립 단위를 이루고 있었다. 가장 대표적인 아테네를 보면, 중앙 구릉에 아크로폴리스라는 종교 및 방어 기능을 담당하는 장소를 둘러싸고 시가지가 전개되었다. 성채로 둘러싸여 있으며 파르테논 신전이 서 있는 가장 높은 곳의 아크로폴리스는, 일상적 예배의 장소이면서 동시에 최후의 방어선으로서의 기능을 담당하였다. 아크로폴리스 아래의 평지에는 아고라(agora)라 불리는 시장 및 광장이 형성되고, 나머지는 주거지로 이루어졌다.

그림 10-6 고대 아테네의 도시 구조

아테네의 공간 구조는 중앙 구릉의 아크로폴리스를 중심으로 이루어져 있다. 파르테논 신전이 서 있는 아크로폴리스는 가장 높은 곳에 위치하는데 일상적 예배의 장소이면서 최후의 방어선으로서 기능한다. 아크로폴리스 아래의 평지에는 아고라(agora)라 불리는 시장 및 광장이 형성되고, 나머지는 주거지로 구성되어 있다(한국일보 타임-라이프 편집부, 『고대 그리이스』, 1997).

광장에서는 민회(ecclesia)가 소집되었고 대중 연설 및 투표 행위가 이루어졌으며 광장 주변의 건물에서는 상품이 거래되었다. 방어를 위해 둘러싼 성벽 안쪽의 밀집된 주거지의 핵심부에 도시의 상징이 되는 아크로폴리스와 아고라가 위치하고, 아고라를 둘러싸고 공공 기능과 시장 기능이 배치되었으므로 전체적으로 공공 기능이 우세하였다.

이후 로마의 도시는 경관상 그 모델로 삼은 그리스의 도시와 여러 가지 특징을 공유하였다. 그리스 시대 후기에 나타난 격자형 도로망이 로마의 도시들에서도 기본

그림 10-7 포룸을 중심으로 한 고대의 로마 중심부
로마의 포룸(Foro Romano)은 현재의 베네치아 광장과 콜로세움 사이에 있으며 고대 로마의 정치, 사회, 경제 중심부였다. 현재 포룸 주변에는 바실리카 양식의 원로원, 로마의 건국 시조인 로물로스 신전(현 다미아노 성당 입구), 농업의 신 사트르누스 신전, 안토니우스 피우스 황제 신전, 세베루스 황제 개선문 등이 유적으로 남아 있다.

적으로 나타났다. 이러한 직선형 도로와 직각의 교차로는 중세 후기 혹은 로마 시 자체의 도로망에서 나타나는 구불구불한 미로형 도로망과 대조를 이룬다. 도시 내에서 두 개의 간선 도로가 교차하는 지점을 포룸(forum)이라고 하였는데, 이곳은 그리스의 아크로폴리스와 아고라적 요소가 합쳐져 있는 장소였다. 여기에는 신을 숭배하는 사원과 관공서, 보물 창고는 물론이고 일반인들을 위한 도서관, 학교, 시장이 함께 위치하였다. 포룸 주변에는 권력 엘리트의 궁전들이 밀집해 있었다.

도시 기능의 면에서 볼 때 로마의 도시는 그리스 도시를 모델로 형성되었지만 영역 국가로서의 특성 때문에 그리스의 도시들보다도 더 많은 기능을 보유하였다. 특히 종교·민회·방어 기능에 지방 행정 기능 및 대중목욕탕·경기장·극장 따위의 공공 서비스 기능이 추가되었다. 도시국가를 넘어 영토 국가로 확대되면서 수도는 중앙 행정 기능, 지방 중심 도시는 지방 행정 기능이 추가되었는데, 이는 로마의 제국주의적 확장에 따른 공공 서비스 기능이었다. 도시 중앙부에는 포룸이 있어 집회 및 극장 기능을 수행하였고 그 둘레에는 회랑 건물(porticoes)이나 바실리카(bascilica) 건물을 설치하여 상가 건물 혹은 법정 기능을 수행하게 하였다. 아울러 원로원 회의 장소(curia)를 두었고 쥬피터 신전, 공중 목욕탕과 도서관, 경기장 등을 배치하였다. 고대 로마 도시의 전형이 잘 보존된 폼페이의 경우, 중앙 광장 포룸을 둘러싸고 주피터 신전과 여러 신전들, 그리고 회의 건물, 바실리카, 원로원 의사당, 공공 도서관이 들어서 있다. 시장은 포룸 옆의 한쪽 구역을 차지하고 있으므로 전체적으로 공공 기능이 시장 기능을 압도하는 형국이었다.

중세의 도시: 도심 광장을 상인들이 장악하다

유럽의 경우 중세는 대략 11세기부터 16세기에 이르는 시기를 말한다. 11세기부터 유럽의 도시들은 크게 활기를 띠기 시작했는데, 그 이유는 인구 증가, 정치적 안정과 통일, 새로운 토지 개척과 농업 기술 발달에 의한 농업 발달 등의 요인들이 함께 조합된 결과 지역적, 장거리 무역이 부활하였던 결과로 학자들은 보고 있다. 시장이 보호받았고, 특히 장거리 무역이 활발해지면서 새로운 계층의 사람들, 즉 상인 계층을 탄생시켰다. 상인 계층은 일련의 도시 건설을 위한 계기와 부를 제공하면서 중세 초기의 도시들에 새로운 삶을 불어 넣었던 것이다.

중세의 도시들은 로마제국과 같은 중앙 권력이 사라진 상태였기 때문에 중앙 및 지방 행정적 기능이 소멸되었고, 그 결과 도시의 기능은 자치적 기능, 방어 기능, 상업 기능이 행정 기능을 대신하며 중심을 이루었다. 중세 후기에는 상업이 더욱 발달하면서 이른바 '상인 도시(mercantile city)'가 출현하였다. 13세기에는 무역량이 증가하면서 북유럽의 한자동맹 도시들(함부르크, 뤼벡, 브레멘 등)과 남유럽의 지중해 연안 도시들(제네바, 피사, 베니스 등)이 자체적인 성곽과 군대를 갖추고 무역 및 상업 기능이 우위를 점하는 부의 중심지가 되었다. 대상인과 은행가, 그리고 소매상인 및 수공업자들이 도시에 집중하고 이들 엘리트의 연합으로 도시 방어기능이 운영되는 도시들이 등장한 것이다. 한자동맹 도시였던 뤼벡의 도시 구조는 중세 도시 전형의 성벽을 갖춘 시가지의 핵심부에 교회 건물과 중앙 광장을 갖추고 있었다. 중앙 광장에는 시청사 건물이 있었으며 나머지는 시장 기능이었다. 시장은 각종 전문 상가들로 분화되어 있어서 시장 기능이 도시의 핵심이 되고 있었다.

뤼벡의 경우, 핵심부의 주변은 전부 주거지였으며 맨 외곽은 성벽이었다. 상인

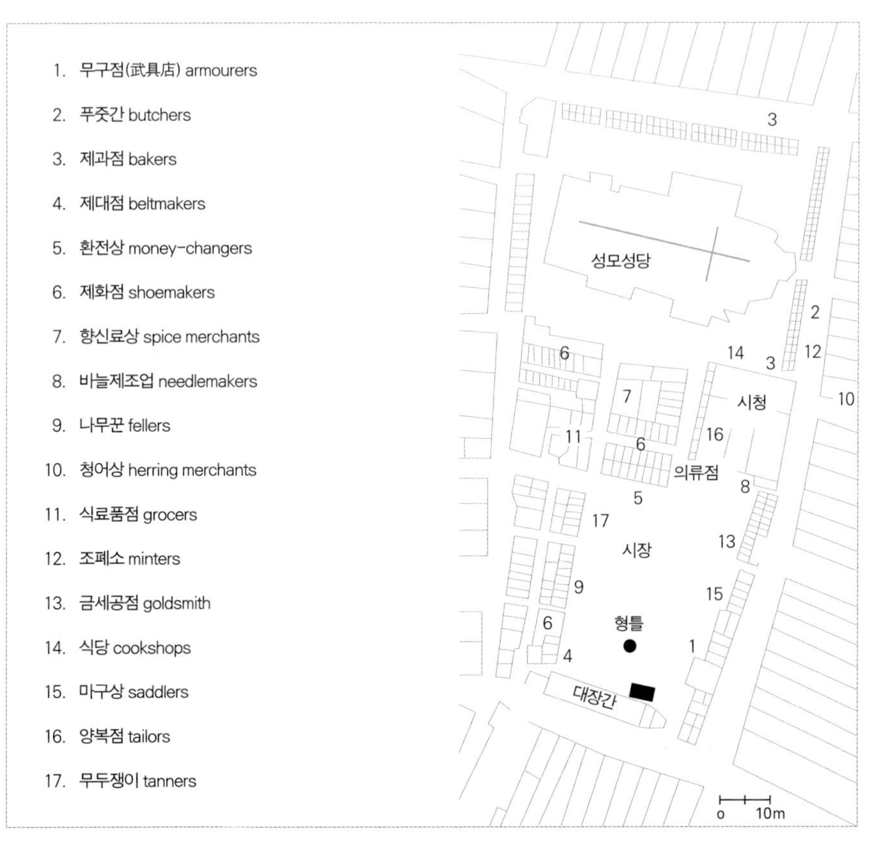

그림 10-8 중세 상인도시 뤼벡의 도심부(Pacione, 2001)

그림 10-9 1562년 벨기에의 브뤼헤(Brugge) 시의 파노라마 지도(Benevolo, 1980)

지도의 한 가운데에 이 도시의 경제적 심장부인 대회관이 위치하고 있다. 바로 이 건물 전방 왼쪽으로 '워터홀(waterhall)'이라는 공간이 있는데 운하로부터 각종 재화를 하역하는 곳으로서, '워터홀(waterhall)'이라는 이름은 운하와 시장을 연결한다(양쪽에 걸쳐 있다)는 의미에서 붙여진 것이다. 이 왼쪽으로는 길드 회관과 공회당에 의해 둘러싸인 오래된 성채가 있고, 지도의 오른쪽 끝으로 성당 건물이 보인다.

들의 거주지는 도심부 상가 건물에 인접한 주거지였고, 상류층들의 주거지가 도시 중심부에 있었다. 수공업자나 하류층의 주거지는 도시의 전역에 산재하였다. 중세 도시의 성벽은 대포가 발명되면서 무용지물이 되었고, 국민국가가 출현하는 시기에 이르면 오히려 도시가 확대되는 데에 장애물이 되었다.

조단(Jordan) 등에 의하면, 중세 도시들이 갖고 있던 주된 기능이 무엇이었는지는 다섯 가지 상징물 – 성채(the fortress), 특허증(the charter), 성벽(the wall), 시장(the marketplace), 성당(the cathedral) – 을 통해 잘 이해할 수 있다(Jordan *et al.*, 1997: 371). 첫째, 성채의 존재는 자체 방어의 수립을 의미한다. 방어를 위해 도시들은 요새화된 장소를 중심으로 밀집 분포하였다. 게르만 문화권의 잘츠부르크(Salzburg), 프랑스의 스트라스브르(Strasbourg), 영국의 에딘버러(Edinburgh) 등 접미사가 '–부르크(burg)'나 '부르(bourg)', '버러(burgh)'인 도시들은 대부분 그 기원이 중세의 성채 도시였다고 한다. 오늘날 자본가 계급을 의미하는 '부르주아'(bourgeoisie) 역시 원래는 중세의 성채 도시에 살던 시민들을 뜻하던 용어였다. 둘째, 특허증은 성채 안에 거주할 수 있는, 즉 시민권을 보장하는 일종의 증서였다. 셋째 성벽은 성채 내부의 시민과 성채 밖의 촌락민을 구분해 주던 물리적 경계였다. 원칙적으로 특허증을 가진 자만이 성문을 자유롭게 드나들 수 있었다. 넷째, 시장은 중세 도시의 중심 기능이 무엇이었는지, 그리고 경제 활동이 얼마나 중요했는지를 보여주는 장소이다. 시장은 또한 도시와 도시 간에 이루어지던 장거리 무역의 중심지였다. 시장의 한 쪽 끝에는 공회당(town hall)이나 대회관(the great hall)이 있었는데, 특히 대회관은 상인 계층을 위한 교류의 장이었고 대회관의 탑은 성당의 탑과 견줄 정도였다(그림 10-9). 끝으로, 중세 도시에서 가장 높은 상징물은 성당이었다. 성당은 당시 교회의 역할이 얼마나 중요했는지를 상징적으로 보여주던 건물이었다. 성당, 시장, 공회당은 서로 가까이 위치하는 경우가 많았는데, 이 점은 종교와 상업과 정치가 서로 긴밀한 관계에 있었음을 시사한다.

그림 10-10 나폴레옹 3세 시대에 개설된 파리 시의 대로망(Jordan, *et al.*, 1997: 377)
이 대로는 대개 공공 건물이나 대규모 조형물로 이어지는 의례용 도로였다. 대로를 따라서 상류층 가옥이나 가로수가 조성되어 있지만, 이 대로가 건설되기까지는 수천 명의 가난한 자들이 희생되면서 빈민 주택 지구가 철거되었다.

절대 군주 시대의 도시: 왕의 귀환과 도시 경관

유럽에서는 소위 르네상스(16~17세기)와 바로크(17~19세기) 시대를 거치면서 절대 군주가 등장하여 국민국가(nation-state) 위에 군림하였다. 유럽의 제국주의적 정복 사업이 시작됨으로써 도시 규모는 급속히 확대되었고, 이전까지 도시의 주인공이었던 상인 계층은 이 때부터 자신들의 자유를 포기하고 왕과 협력하였다. 절대 권력을 가진 군주에 의해 국가가 통치되면서 지금까지 물리적으로 나뉘어져 있었던 도시와 촌락 지역이 서로 병합되었고, 특권을 가진 국가적 중심지로서 수도가 출현하였으며, 지방 도시들은 수도에 종속되었고 권력은 수도권에 집중되었다.

도시 계획을 보는 관념도 달라졌다. 통치자들은 도시를 자신들의 운명을 실현해 보는 무대로 생각했고 자신들의 의지대로 도시를 재계획할 수 있다고 믿었다. 특히 넓고 장대한 도로를 건설하는 데에 크게 집착한 것이 당대 도시의 특징이었다. 그러한 도로를 이용하여 부자들은 마차를 타고 다녔으며, 군인들도 권력을 과시하듯 행진하였다. 이 밖에 궁전, 광장, 대규모 조형물 등 도시의 어디에서나 볼 수 있는 대규모 건물들이 지어졌는데 이 모든 것은 강력한 권력을 지닌 왕의 귀환을 상징하는 경관들이었다. 가령, 나폴레옹 3세가 건설한 파리 시의 대로망은 특히 일반 대중을 잘 통제할 수 있도록 계획된 것이었다. 즉 직선화된 넓은 도로는 폭도들을 쉽게 제압하고 군인들이 대포를 쏘며 기동 작전을 벌이기에 매우 좋았다(Jordan, *et al.*, 1997: 377).

3) 산업혁명과 도시화: 상인도, 절대 군주도 아닌 제조업인의 도시

산업혁명 초기: 공업이 주도했던 도시 발달

18세기 초의 산업혁명 후에는 공장제 대공업이 도시 발달의 원동력이 되면서 공업 도시가 나타났다. 공장제 대공업이 가진 대량의 인구 흡인력 때문에 공업이 주도하는 도시는 수십 만 수준으로 인구가 급증하였다(맨체스터의 경우 18세기 초 1만 7,000명 인구가 19세기 중반 30만 명으로 급증하였다). 엥겔스(F. Engels)가 보고한 산업 혁명기 영국 맨체스터의 사례에서 보듯이 도심부에는 거대한 공장들이 들어서고 그 주위에 비참한 형태의 노동자 거주지가 분포하고, 부르주아는 도시 외곽 큰 저택에 거주하는 패턴이었다. 고대나 중세 도시의 상류층이 도시 중심부에 거주하던 것과는 상반되는 공간구조였던 것이다.

> 맨체스터는 그 중심에 더 확장된 상업 지구가 있다. (중략) 상업 지구는 전체적으로 거주자가 적어, 야간에는 외롭고 쓸쓸한 광경이 된다. 그와 달리 거의 모든 맨체스터에서 그 상업 지구를 둘러싸고 노동자 지구가 길이 약 1마일(1.6km), 폭 반 마일 정도의 띠를 이루며 뻗어 있다. 그 노동자 지구 바깥에는 상류 및 중류 부르주아지들이 사는데, 가로망도 규칙적이다. 상류 부르주아지들은 정원이 딸린 빌라에서 시골 공기를 마시며 안락한 집에서 지낸다(Engels, 1844).

산업화 초기의 도시는 도심부에 상업 기능, 공장, 주거지들이 혼재하여 있었다. 도시 계획이 거의 없는 자유방임주의적인 것이었다. 도시 내 실력자나 학식가들이 모인 도시 위원회에서 했던 것은 약간의 세금을 사용하여 야경(夜警), 위생, 구빈, 감옥 수준의 활동을 했던 것이 전부였다. 부르주아는 공장을 어디든 지을 수 있었고, 취업한 노동자들의 주택이 어디서 어떤 기반 시설(상하수도, 전기, 도로 따위)의 지원을

그림 10-11 산업혁명기의 맨체스터(1840년 동판화)
산업혁명 후 공장제 대공업이 도시 발달의 원동력이 되면서 공업도시가 형성되었다. 공장제 대공업의 대량의 인구 흡인력 때문에 공업이 주도하는 도시는 수십 만 수준으로 인구가 급증하였다.

받든 그것은 문제가 안 되었다. 새로운 대규모 공장이 입지하는 것과 관련한 도로나 상·하수도 시설, 가로등, 주거지 부지 따위는 공장을 짓는 자본가들의 관심 밖이었다. 자본주의라는 사유재산제 체제와 '시티(city)'가 함축하는 공유 공간으로서의 도시의 모순이 절정에 이르렀던 것이다. 상·하수도와 가로등 부족, 좁은 도로와 불량 주택 지구, 소방 서비스 부족, 전염병 및 범죄 만연 등의 숱한 도시 문제들에 산업혁명 초기의 도시는 속수무책이었다.

19세기 말~20세기 초의 도시: 도시의 공공성이 강화되다

도시의 사익성에 의해 공공성이 황폐화되는 모순은 결국 포괄적인 노동력 재생산의 문제에 봉착하게 되고, 결국 자본가 측은 도시 운영에서 공공적 부문을 확대하게 된다. 19세기 후반부터 도시는 세수 증가, 법인화(incorporation)를 거쳐 재정을 확대하고, 도시 하부 구조 건설, 주택 문제 해결 등 도시 공공 서비스 부문에 관심을 가졌다. 도시에 거대한 시청사와 시의회 건물이 들어서고, 경찰청 건물, 교육시설 및 교육관리 기구, 공공 병원 등 기타 공공 서비스 시설이 입지하였다. 이른바 '집합적 소비(collective consumption)' 영역이 확대된 것이다.

도시의 토지 이용은 용도 지구제(zoning)에 의해 규제되었고, 도로, 교량, 철도 등의 기반 시설이 갖추어졌다. 도시에 철도, 궤도 전차 등 교통 시설이 확립되면서 도시의 주거지는 외곽으로 확대되었고 백화점 등 상업 시설이 도심부에 입지하였다. 제조업은 대규모 업종일수록 점차 교외나 도시 변두리로 이전하였다. 그리하여 도심은 점차 상업과 서비스업, 그리고 사무실 기능, 행정 기능으로 특화되어 근대 도시의 핵심 기능을 압축한 장소로서 '중심업무지구(Central Business District, CBD)'를 형성하였다.

중심업무지구의 외곽에는 주거지가 펼쳐졌는데, 도시 중심에서 멀어지면서 노동자 지구, 중산층, 상류층 지구가 전개되었다. 근대 도시에 이르러 상류층은 더 넓은 면적과 쾌적한 환경을 찾아서, 자신들의 교통비 부담 능력과 간선 도로 건설에 기반하여 도시 외곽으로 이주해 가려는 경향을 보인다. 반면에 하류층은 기존 불량 주택 지구의 비좁고 오래된 주거지를 선택할 '자유' 밖에는 주어지지 않은 까닭에 도시 내부의 슬럼 지구에 잔류하게 된다. 특히, 미국 도시의 경우 해외나 지방에서 이주해온 1세대 유입 인구는 도시 내부의 슬럼에서 자신들의 삶을 시작해야만 하고, 낯설고 차가운 도시 환경에서 그들이 의지할 데라곤 자신들과 같은 인종·민족·계급뿐인 까닭에 나름의 집단 주거지[블랙 벨트(Black belt), 차이나타운(Chinatown), 히스패닉 에어리어(Hispanic area) 등]를 형성하였다. 이러한 주거 분화의 패턴이 이른바 20세기 초 도시 생태학 학파의 '동심원 이론' 등으로 포착되었다.

다핵 도시로 진화하는 현대의 대도시들

현대 도시가 그 이전의 도시와 구별되는 중요한 특성은 도시 내 공간적 계층 질서의 출현이다. 도시가 단핵 도시에서 다핵 도시로 성장하였다는 것인데, 철도와 궤도 전차의 등장으로 도시가 확대되면서 역사가 있는 곳에는 상업 및 업무 기능이 집중되어 도심의 기능을 분담하는 '리틀 CBD'(little CBD), 즉 부심이 등장하였다. 또한 도시 내 주거지가 크게 확대된 상태였기 때문에, 부심보다 하위 계층의 상업 센터가 일정한 간격으로 분포하면서 주거지에 일용품 및 일상 서비스를 공급하여야 했다. 그리하여 '도심 – 부심 – 근린 상업 센터 – 주거지'라는 공간적 계층 구조가 도시 생활의 일상적 궤적을 유도하게 되었다.

4) 도시의 외연 확대: 교외로 또 세계로

20세기 중반 자동차 교통이 본격화하면서 도시의 외연이 더욱 확장되었고, 도시 경계 밖으로 도시화가 진행되는 교외화(suburbanization)가 진행되었다. 물론 모든 도시가 그러한 외연 확장을 달성하는 것은 아니다. 새로운 혁신 산업이 발생하고, 또 새로운 개인 및 사업 서비스가 창출되어 산업 구조를 고도화할수록, 그러한 신규 기능들이 추가·증강되는 도시는 지속적으로 성장한다. 많은 도시들 중 그러한 도시는 그다지 많지 않은데 지속적으로 성장하는 도시는 대개 한 국가에서 몇몇 대도시로 한정된다.

성장하는 대도시는 인구가 지속적으로 유입될 뿐 아니라, 도시의 외연을 확대하면서 도시화가 도시 경계를 뛰어넘게 되고 교외에 교외 중심지를 형성한다. 그 과정에서 중심 대도시의 도심부 인구는 감소한다. 도심 인구가 빠져나간 그 주거지는 도심 재개발 과정을 통해 상업 시설, 업무용 빌딩이 들어선다. 주거 인구가 유입되면서 교외에 형성되는 주거지는 대개 중산층 이상의 주거지로서 새로운 상업 중심지를 형성한다. 교외화는 중심 대도시의 외연 확장을 의미하며 도심과 부심, 그리고 교외 중심지 간 간선도로와 고속화 도로로 연결되는 대규모 도시화 지역을 탄생시킨다.

특히, 미국과 서유럽의 도시민들은 교외에 거주하고자 하는 강한 욕구를 보이고 있다. 한 조사에 의하면 시민의 90% 이상이 내부도시보다는 교외에 거주하기를 희망하는 것으로 보고된 바 있다. 이런 현상을 보면서 다핵이론의 창안자였던 해리스(C. D. Harris)는 '주변부 모델'(peripheral model)을 구상하였다. 그의 주변부 모델

그림 10-12 주변부 모델이 보여주는 에지 시티 경관(Bradshaw, 2004: 534)과 다핵 도시(Harris, 1997: 17)

에지 시티 경관은 미국 메릴랜드(Maryland)의 베테스타(Bethesta) 시가지이다. 새로 지어진 사무실과 아파트가 공원, 고속도로, 쇼핑 센터 등과 공존하는 것이 에지 시티의 경관적 특징이다.

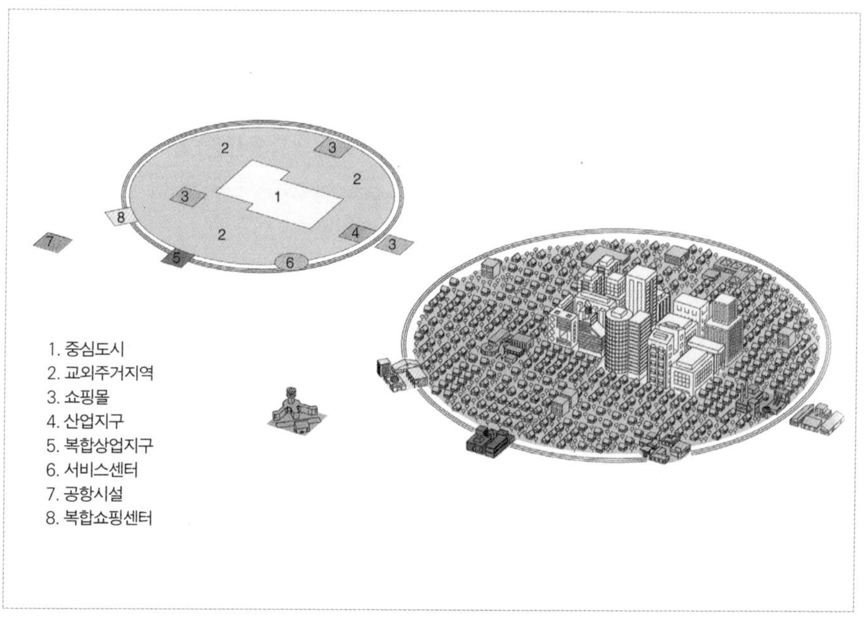

에 따르면, 현대 도시의 공간구조는 내부도시와 그것을 둘러싼 교외 거주지와 업무 지구, 그리고 교외 거주지와 사업 지구를 잇는 환상 도로(beltway or ring road)를 특징으로 한다. 환상 도로 주변에는 소비와 업무 서비스의 결절점이 형성되는데, 이곳을 주변 도시 혹은 에지 시티(edge cities)라고 부른다. 에지 시티는 원래 도시 중심부에 일터를 가진 사람들의 교외 거주지 근처에 쇼핑몰이 지어지면서 성장하였다. 그러다가 최근의 에지 시티에는 운영의 효율성을 추구하며 제조업 센터가 들어서고 있고 생산자 서비스업에 종사하는 업무 단지가 조성되고 있으며, 공항이나 국가 간 장거리 고속도로 및 대규모 테마 공원에 연계된 호텔과 창고업의 집적이 이루어지고 있다.

세계체계(world-system)의 형성과 세계도시(world cities)

16세기 식민지 개척와 제국주의의 확장과 더불어 이른바 세계체계(world-system)가 작동하기 시작하였고, 이때부터 세계의 특정 도시들은 이른바 세계도시(world cities)로서 '국경을 넘어서 공간을 조직하는' 핵심 기능을 수행하였다. 세계 시스템이 작동하기 시작한 초기에는, 무역 및 식민지 개척과 제국주의 정책의 실현 같은 것들이 그러한 세계도시들의 주요 기능이었다면, 오늘날에는 경제의 세계화가 범지구적 도시 체계를 창출하면서 세계도시들의 주요 기능은 무역이나 제국주의 권력의 집행보다는 국제 금융이나 재정, 혹은 초국가적 정부 기능에 모아지고 있다. 그리하여 현대의 세계도시들은 경제와 문화의 세계화를 유도하는 정보, 문화 상품, 자본 흐름의 중심지로 기능하고 있다.

세계도시란 한 나라의 국경을 넘어 전세계를 공간적으로 조직하는 기능을 수행하는 도시로, 세계와 각 지역을 이어주는 연결 회로(interface) 기능을 수행한다. 세계도시는 한 나라 및 각 지역의 자원을 세계 경제 속으로 편입시켜주는 한편 각 국가나 지역으로 하여금 세계 수준의 맥박을 느낄 수 있도록 해 주는 일종의 경제적, 문화적, 제도적 장치 역할을 수행하는 것이다. 특히 일련의 세계도시들은 정보의 흐름과 자본의 중심지로서 세계 경제 체계 속으로 편입되면서 상호 긴밀한 관계를 갖게 되었다. 이들 세계도시에는 법률, 금융, 보험, 회계, 광고 등의 사업 서비스들이 대거 모여들었다. 오늘날 세계도시들은 다음과 같은 기능들을 보유하고 있다는 점이 주요 특징이다(Knox and Marston, 2007: 411).

- 세계의 상품과 투자 자본과 외국환 시장을 주도하는 곳이다.
- 전문화된 사업 서비스, 특히 국제적 수준의 금융, 회계, 광고, 법률업이 집중되어 있는 곳이다.
- 다국적 기업의 본사뿐만 아니라 주요 국가 기업 및 대규모 외국 기업의 본사가 집적되어 있는 곳이다.
- 국제적 수준의 무역협회와 전문가협회의 본부가 집중되어 있는 곳이다.
- 세계보건기구나 유네스코, 국제노동기구 등과 같은 국제적 수준의 비정부 단체들(NGOs)과 정부 간 조직체(IGOs)가 모여 있는 곳이다.
- 신문, 잡지, 출판, 위성 방송 등 국제적 영향력을 지닌 강력한 언론 매체들이 집중되어 있는 곳이다.
- 이러한 중요한 기능 때문에 많은 테러리스트들의 활동 무대이자 표적이 되고 있는 곳이다.

어떤 도시들이 세계도시인가 하는 것은 어떤 준거를 중심으로 하느냐에 따라 약간씩 견해가 다른 편이다. 테일러(P. Taylor, 2000)는 세계 최대의 사업 서비스를 준거로 하여 가장 중심성이 높은 1차 세계도시로부터 3차 세계도시까지 제시한 바 있다. 그에 의하면 런던과 뉴욕은 도시 기능이 전 세계에 걸쳐 있는 1차 세계도시에 해당하는 도시들이라고 한다. 2차 세계도시로는 마이애미(라틴아메리카의 중심 도시), 홍콩(동아시아의 중심 도시), 싱가폴(동남아시아의 중심 도시)이 있고, 3차 세계도시로는 보다 제한적 수준의 국제 기능을 수행하는 브뤼셀, 파리, 도쿄를 들고 있다.

루벤스타인(Rubenstein, 2005)은 주식 시장의 규모와 금융 및 관련 사업 서비스업을 준거로 하여 런던, 뉴욕, 도쿄를 각각 서유럽, 북아메리카, 동아시아를 관할하는 1차 세계도시로 꼽았다. 2차 세계도시로는 북아메리카의 시카고, 로스엔젤레스, 워

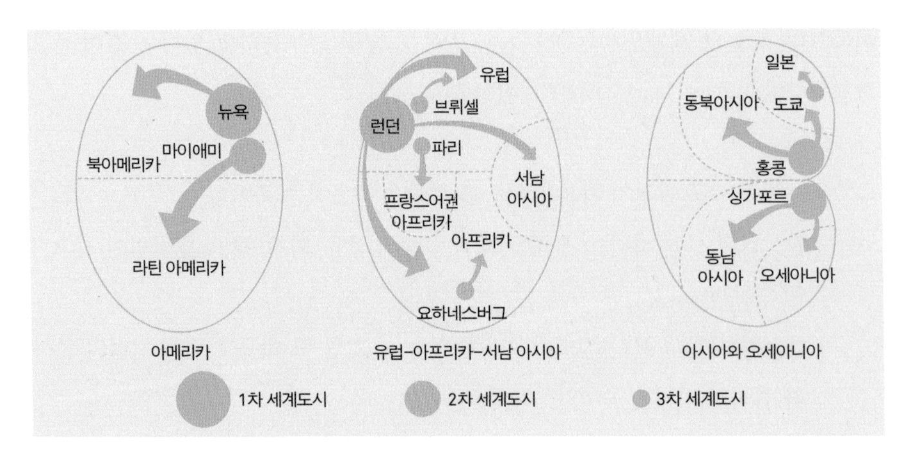

그림 10-13 테일러의 세계도시
테일러(Taylor, 2000)는 금융, 법률, 재정, 광고, 회계 등 세계 최대의 사업 서비스를 준거로 하여 세계도시를 선정하였다.

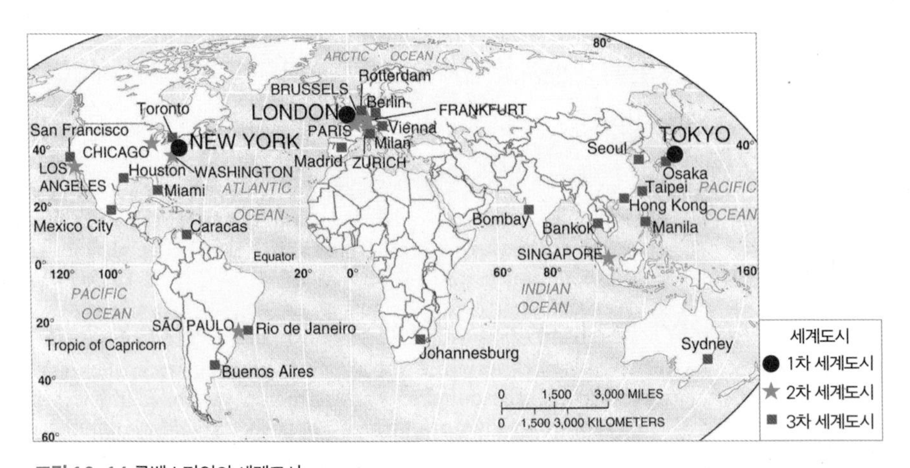

그림 10-14 루벤스타인의 세계도시
루벤스타인(Rubenstein, 2005)은 주식 시장의 규모와 금융, 이에 관련된 사업 서비스업을 준거로 하여 세계도시를 선정하였다 (세계도시의 네트워크를 측정하는 방식에 대해서는 11장 참조).

싱턴, 서유럽의 브뤼셀, 프랑크푸르트, 파리, 취리히, 그 외 지역의 상파울루와 싱가폴을 들었다. 3차 세계도시로는 북아메리카의 휴스턴, 마이애미, 샌프란시스코, 토론토, 아시아의 서울, 오사카, 홍콩, 타이페이, 방콕, 봄베이, 마닐라, 서유럽의 베를린, 마드리드, 밀란, 로테르담, 비엔나, 라틴아메리카의 부에노스아이레스, 카라카스, 멕시코시티, 리오데자네이루, 아프리카의 요하네스버그, 남태평양의 시드니를 선정하였다.

한편, 1970년대 이후 세계도시들을 포함한 세계의 주요 대도시들은 다국적 기업의 본사로서 기능하면서 세계 각지의 생산을 통제하는 중심으로 등장하고 국제 금융 및 사업 서비스업의 중심지로 대두되었다. 이들 도시는 제조업 감소, 3차 산업 증가, 도시 정부 기능의 약화 및 기업화 등을 겪으며 사익 추구 기능이 공공 기능을 더욱 압도하게 되었다. 도시 정부가 기업 투자에 더욱 의존하게 되면서 도시는 점점 더 사유 공간의 의미가 강화되었다. 공공적 장소는 약화되거나 정체 혹은 주변화되고, 도심부는 더욱 화려해지고 소비 지향적이 되었으며 고급화되었다. 하류층의 접근은 더욱 차단되었고 그들은 도시 공원에, 기차역 주변에, 슬럼에 묶여지며 도심부 허드렛일 정도의 불안한 생계에만 열려 있는 정도가 되었다.

3. 한국의 도시 발달: 왕의 도읍지에서 자본주의 도시까지

1) 조선 전기 이전에 도시가 있었을까?

조선 전기 이전까지, 우리나라에서 도시라 부를 수 있는 곳은 고구려의 국내성이나 평양, 백제의 공주와 부여, 신라의 경주, 고려의 송도, 조선의 한양과 같은 왕도(王都)들을 거론할 수 있을 것이다. 그리고 기능 면에서 이들 왕도는 다분히 통치와 행정, 방어 등 공공 기능이 우세하였다. 사료의 빈약 때문인지 왕도 이외의 번성한 도시, 특히 상업 중심지에 대해서는 아직 지식이 부족한 상태이다. 아무튼 우리나라의 도시 발달 과정을 공공 기능과 사익 추구 기능이 부침하는 역사로 정리해볼 수 있지 않을까?

우선 공주와 경주를 사례로 하여 삼국시대 도시의 면모를 살피면, 하천이 둘러쳐진 곳에 토성을 쌓고 목책을 둘러 그 안에 왕궁과 거주지, 그리고 시장을 두었다. 오늘날과 같은 국경 개념이 없이 산성이나 읍성의 탈취 및 소유 여부가 영역을 뜻하던 시절에 도시의 기능은 방어 기능이 위주였다. 남북국 시대에 들어서 발해와 신라에서는 영역 국가로서 지방 행정 중심지를 설치하였으며 이들 지방 도시들은 주로 통치 · 행정적 기능을 담당하였다. 발해의 5경(상경, 중경, 남경, 동경, 서경)과 신라의 5소경(중원경, 서원경, 북원경, 남원경, 금관경)이 그곳들이다. 고려 시대에는 역원제를 통해 교통 · 통신 수단을 체계화함으로써 남북국 시대보다 지방 통치 네트워크를 좀더 면밀히 할 수 있었다. 기본적인 지방 통치 거점으로서 8목(경기도 광주, 충주, 청주, 진주, 상주, 전주, 나주, 황주)을 두고 3경과 5도호부를 설치하여 행정 거점으로서의 지위를 부여하였다.

고려의 멸망과 함께 조선의 새로운 도읍지가 된 한양은 도시 내부에 기능 지대가 분화되는 등 이전의 어떤 도시보다도 제법 대도시다운 면모를 갖추어갔다. 조선 초기부터 한양의 중심지는 현재의 광화문 및 종로에서 광교를 거쳐 남대문로 1가에 이르는 지역이었다. 광화문 앞은 육조거리를 이루었는데, 광화문 앞 동쪽으로는 의정부, 이조, 한성부, 호조가 나란히 있었고, 서쪽으로는 예조, 사헌부, 병조, 형조, 공조가 나란히 분포하는 식으로 행정 타운을 이루고 있었다. 종루(현재의 보신각)를 중심으로 펼쳐진 당시의 운종가(현재의 종로)는 저잣거리, 즉 시장으로 발전하였다. 도시 내 거주지 분화 역시 이루어졌다. 궁궐을 중심으로 고관대작들이 거처를 정했고, 운종가를 중심으로 상공인들이 거주하였다. 한양에서 가장 오랜 부자촌은 가회동과 계동 일대였다. 이곳은 경복궁과 창덕궁의 중간에 위치한 요지였기 때문에 이른바 북촌(北村)을 형성하게 된다. 서리나 아전들은 경복궁의 서쪽 주변인 내자동, 통의동, 사직동 등지에 살았으며, 상공업이나 서비스업에 종사하던 서민들은 현재의 종로나 을지로 일대에 모여 살았다. 반면 하급 관리나 가난한 선비들은 좀 떨어진 남산 기슭에 모여 살면서 소위 남촌(南村)을 형성하였다(차종천 외, 2004).

조선 시대에는 지방 행정 도시 체계가 더욱 촘촘해져, 전국적인 군현제 통치 체제를 확립한다. 8도의 중심지로서 부(府)를 설치(한성, 공주, 원주, 전주, 대구, 해주, 함흥, 평양)하여 1차 지방 중심지로서의 기능을 부여하고, 그 아래에 목(牧)과 도호부(都護府), 그리고 군현(郡縣)을 설치하였다. 충청도를 예로 든다면, 공주부에 충청 감영을 두고 홍주목, 충주목, 청주목이 있어 각기 해당 관할 군현을 통할하였으며, 청주목 관

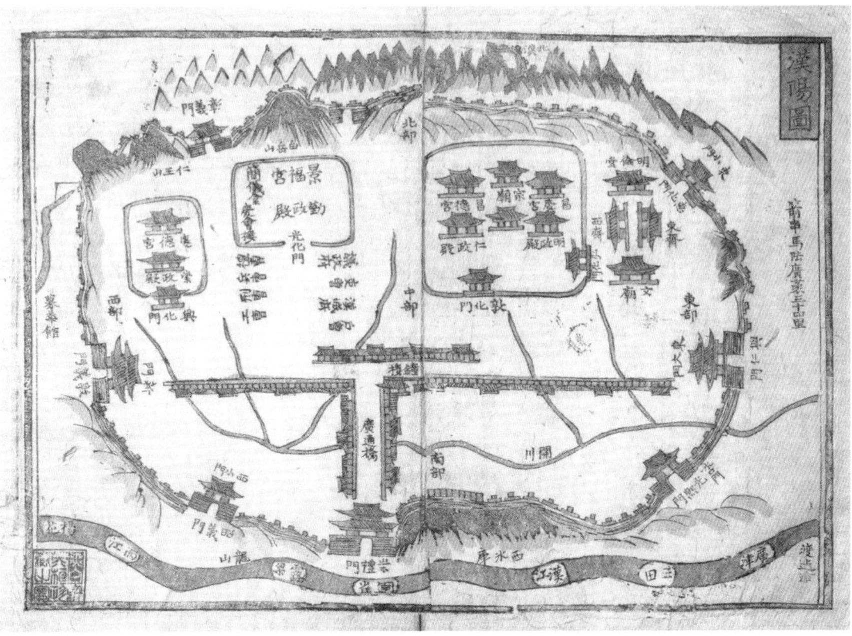

그림 10-15 1700년대의 한양지도(위백규, 1770)와 1894년의 한양 모습(위)

그림 10-16 1901년경의 서울 지도(한성부지도)

그림 10-17 1910년까지 남아 있었던 광화문 앞 육조거리(손정목, 1996: 17)
조선 초기부터 광화문 앞은 육조거리를 이루었는데, 광화문 앞 동쪽으로는 의정부, 이조, 한성부, 호조가 나란히 있었고, 서쪽으로는 예조, 사헌부, 병조, 형조, 공조가 나란히 분포하는 식으로 행정 타운을 이루고 있었다.

할 하에 문의현, 보은군, 회덕현, 괴산군 등을 두었다.

시장 기능은 행정 중심지 체계를 따라 부수적으로 존속하였다. 고차 행정 중심지가 정기시장 체계에 있어서도 고차 중심지였다. 그러므로 조선 후기 상업 발달기에 나루터 취락 등 상업 기능으로 충만한 도시가 등장하기 이전의 도시란 주로 통치 거점으로서의 행정 중심지들이었던 것이다. 이들 행정 중심지들은 읍성을 두르고 그 안에 주거지와 동헌(東軒), 객사(客舍), 형옥(刑獄) 등을 배치하는 형태였다. 시장은 주로 남문 밖이나 성문 안에 부가되는 식으로 개설되었다.(읍성 내 경관요소에 관해서는 7장 참조).

2) 조선 후기부터 광복 직후까지

우리나라에서 상업 기능이 공공 기능보다 우세한 도시가 본격적으로 등장한 것은 조선 후기 상업 발달기로부터 비롯된다. 조선 후기에 이르러 수도 한양을 위시한 각 지방 중심지들에서 상업 기능이 크게 강화되었고, 일부 교통 중심지들은 신흥 도시로 발달하였다. 한양의 경우, 사대문 안팎, 한강변 나루터, 송파, 마포, 서강 등지를 중심으로 도소매 시설과 창고가 갖추어지고 상인 거주지가 형성되는 신흥 시가지가 형성된다. 한양은 물론이고 전주나 청주, 대구 등도 지방 행정 중심지이자 정기시장 중심지로서 상업 구역이 크게 성장하였다. 한성부에서 종로 육의전 이외에 배오개 거리, 남대문 이현, 칠패 시장, 남대문 밖 시장이 확대된 것이 대표적인 사례이다. 또한 강

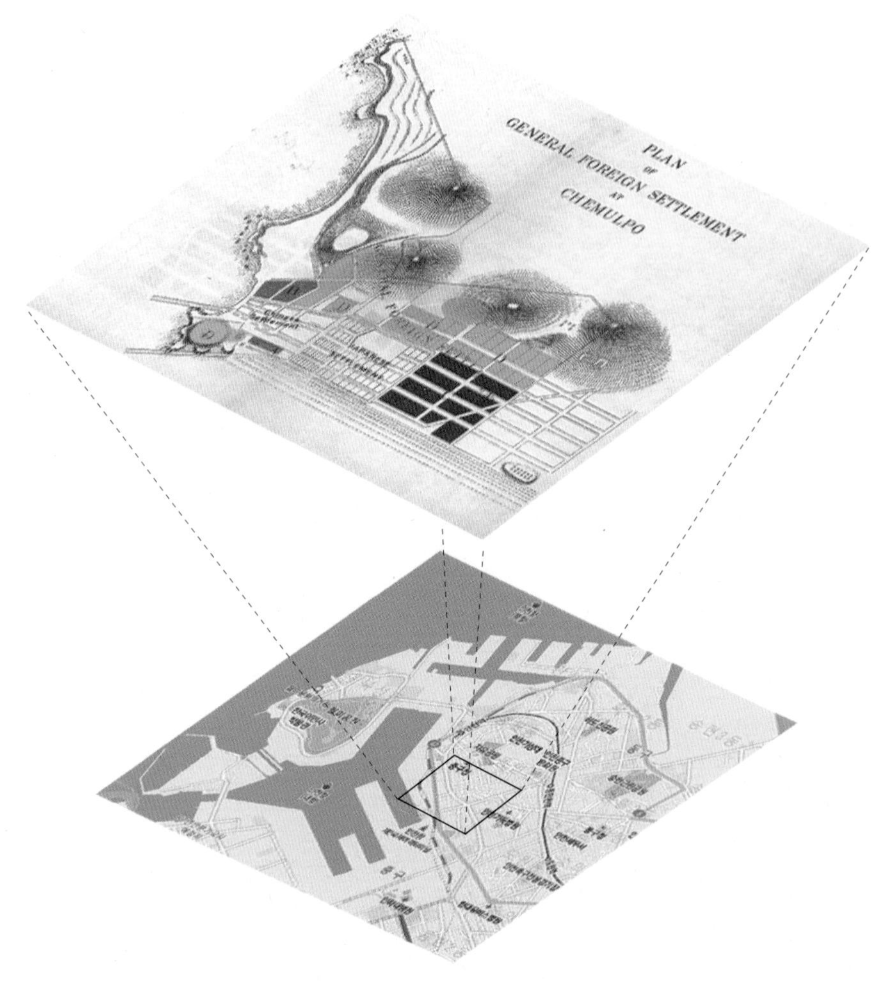

그림 10-18 인천 조계지

개항 이후 부산, 인천, 남포, 원산 등지에는 외국인 조계지(租界地, concession)가 형성된다. 조계지를 중심으로 상업 시설, 은행, 공업 시설이 증가하고 본격적인 도시화와 함께 한국에 자본주의 체제가 도입된다.

경, 문경, 목천, 남포 등의 도시들이 하항(河港) 기능을 배경으로 상업 도시로 성장하였다. 이들 도시에서는 분명 상업 기능이 행정 기능을 능가하고 있었다고 추정할 수 있다.

개항 이후 부산, 인천, 남포, 원산에는 외국인 조계지(租界地, concession)가 형

| **참고 10-2** |

일제 강점기 도시화 속의 조선인의 삶의 공간

변화영(2004)은 "일제 강점기 박화성의 소설에 나타난 민중의 일상성 연구"라는 글에서 목포의 도시화과정에서 나타나는 사회 · 공간적 이중성을 다음과 같이 그리고 있다.

목포시

"(목포의) '개항장 거리'는 만호진 주위의 공동거류지(조계지)에 형성된 일본인 마을이고, 쌍교리 무덤 자리에 터 잡아 생긴 '쌍교천 거리', 남자 중등 교육의 영흥학교와 여자 중등 교육의 정명학교, 양동교회가 있는 '민족의 거리', 그리고 돼지우리 같은 초막들이 밀집해 있는 '유달산 길'은 조선인 마을이다. 일본인 마을은 깨끗하게 정비된 신작로에 관리들이 살았던 장옥과 일본식 가옥들로 이루어진 반면, 조선인 마을은 꼬불꼬불한 길에 허름한 초가나 구멍만 뚫어진 돌 틈에 지은 초막이 대부분이다. 부청, 경찰서, 우편국 등의 관공서들을 낀 일본인 마을에 비해 조선인 마을은 상 · 하수도 시설 하나 제대로 갖추지 못한 낙후 지역이다. 일본인 마을과 조선인 마을의 이분법적인 거주지 배치는 근대화의 수혜자는 일본이며 조선인은 타자에 불과하다는 사실을 반영하고 있다. 목포의 도시화는 이 같은 이중성을 바탕으로 전개되었다."

김경남(2004) 역시 1930년대 일제의 부산 시가지 계획에 대해 연구하면서 식민지 조선에서의 도시 건설 과정에 대해 다음과 같이 분석하고 있다.

"식민지였던 조선에서 도시의 건설 과정은 일제의 침략으로 인해 식민지 지배 정책의 일환으로 전개되었으며, 그렇기 때문에 자본의 집적 · 집중이 이루어진다는 측면은 보편적인 요소이나 애초에 형성되어 왔던 전통적인 상품 화폐 경제의 흐름은 완전히 파괴되는 특수성을 가지는 것이다. 그리하여 조선에서 근대 도시는 거류지를 중심으로 이루어졌고 그 과정에서 이주한 일본인들은 일제의 이주 권장 정책과 토지소유권 인정에 따라 대자본가로서 성장하고 도시의 가치를 더욱 높이고자 노력하는 근대 도시의 주역이 되지만, 노동력을 제공하며 살아가는 노동자나 때로는 무상 공급 주민들은 근대 도시의 하류계층을 형성하게 된다."

성된다. 조계지를 중심으로 상업 시설, 은행, 공업 시설이 증가하고 한국에 자본주의 체제가 도입된다. 그리고 자국민 보호를 위해 외국 군대의 병영이 입지하였다. 이러한 면모는 한양 용산, 충무로, 서대문, 정동 일대에도 나타났다. 조계지는 일제 시대에 이르러 도시의 통치 기관의 기능까지 입지해가며, 일약 도시의 행정 및 경제 중심지로 등장한다. 경성, 평양, 남포, 인천, 부산, 목포, 군산, 원산, 남포 등의 항구도시는 일본인 거주지를 중심으로 상업 기능, 공업 기능, 사무실 기능, 금융 및 기타 서비스업 기능이 입지하면서, 행정 기능보다 우세하였다. 그러나 식민지 지배의 특성상, 행정 기구, 경찰 기구, 군대, 교육 기구 등 물리적·이데올로기적 억압 기구가 비대해야 하는 까닭에 '공공적' 기능 역시 약화되지 않았다. 뿐만 아니라 일본인 자본 주도의 상공업 투자가 식민지의 균형 발전을 위한 것이 아니었기 때문에, 상공업 기능이 공공 기능을 넘어서는 경우는 몇몇 교통 도시에 한정된 것이었다(참고 10-2).

일제 강점기에 그 골격을 갖춘 철도 교통 네트워크는, 강경, 상주, 충주, 목천, 문경 등 하항(河港)을 기반으로 한 기존 중심지들을 쇠퇴시켰다. 1930년대에 이르면 경부선은 물론 호남선, 전라선, 경의선, 경원선, 충북선 등 주요 철도의 골격이 완성된다. 철도 교통의 결절지로서 대전, 신의주, 익산 등의 신흥 도시들이 성장하였다. 대개의 철도 역사(驛舍)는 기존의 전통 도시들이 없는 불모지거나 농지에 건설되었고, 그곳의 땅은 대단히 쉬운 절차를 통해 일본인 수중에 넘어갔기 때문에, 역세권은 주로 일본인 거주지가 되고 또한 상공업 중심지로 발전하였다. 우리의 도시화 과정에서 일제 강점기는 도심부에 상업과 공업, 그리고 주거지가 혼재하는 '점이적인 도시' 시기에 해당한다.

일제가 조선에서 도시를 건설하는 과정은 1차~3차로 나누어볼 수 있다. 제1차는 1876년 침략 이후 개항장에서 거류지를 확보한 시기이고, 제2차는 한일 병합이후 12개의 부(府)를 설치한 시기이며, 제3차는 1934년 '조선 시가지 계획령'을 발포하면서 모두 43개 지역에 신도시 건설과 기존 도시의 정비 및 부도심의 설치를 추진한 시기이다. '조선 시가지 계획령' 발포 이전에도 경성(현재의 서울)을 중심으로 도

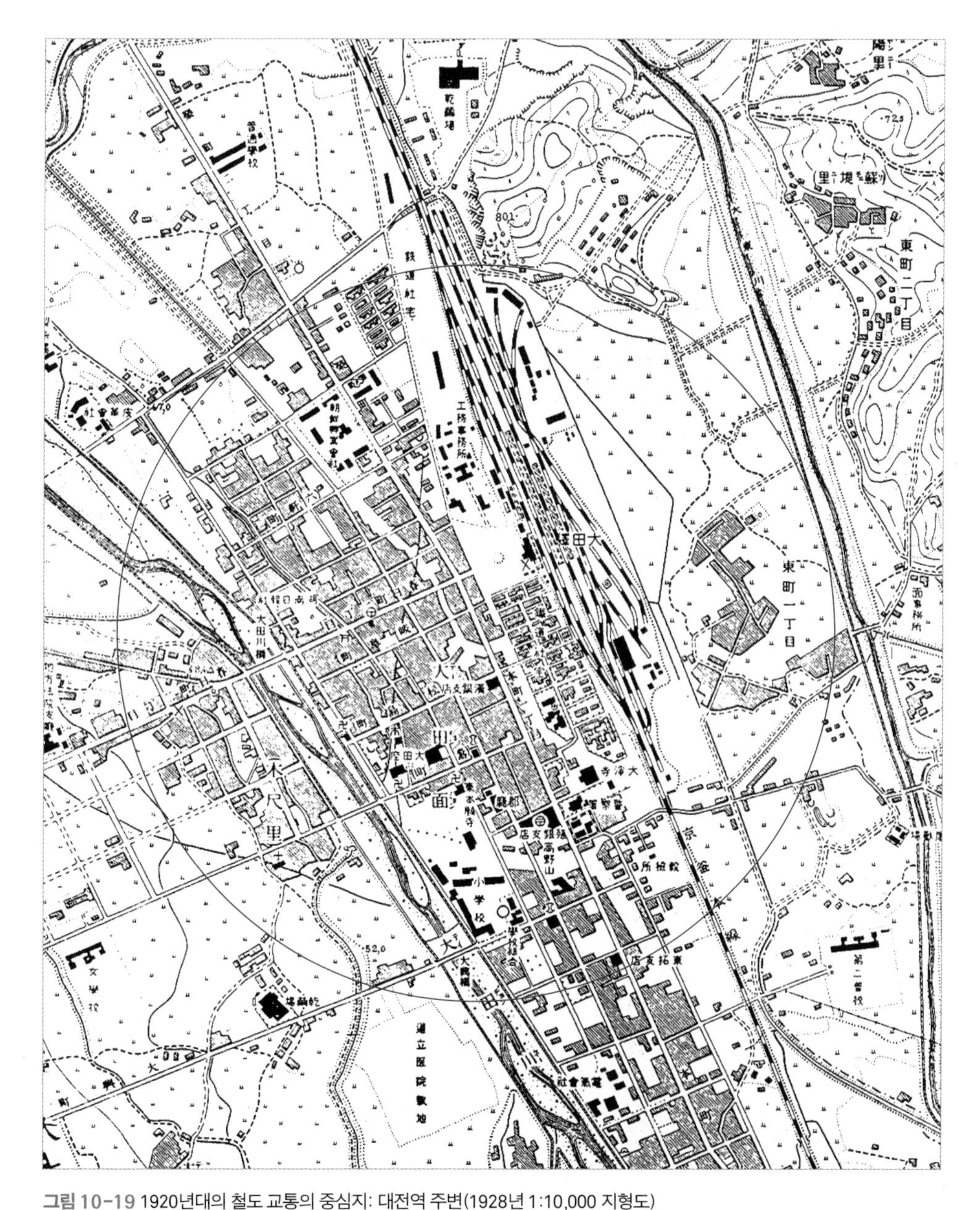

그림 10-19 1920년대의 철도 교통의 중심지: 대전역 주변(1928년 1:10,000 지형도)

대전역 일대는 일제 강점기 전국적인 철도 교통 네트워크가 형성되면서 본격적으로 시가지로 개발된 곳이다. 대전역을 중심으로 격자망의 도로가 개설되어 있고 계획 중인 도로도 확인된다. 오른쪽 위에 충청도의 주요 사족 촌락의 하나이자 우암 송시열의 고택이 있던 소제리가 보인다.

그림 10-20 1930년대의 대전역 앞 경관(손정목, 1996: 21)
대전은 일제 강점기 철도 교통의 요지로 부상하면서 도시화가 급진전되었다. 대전역과 도청을 잇는 도로를 중앙로로 하여 도로망과 시가지가 발달하였다. 사진 전면의 도로 끝에 보이는 건물이 충청남도 도청이다.

시 계획에 대한 논의가 계속 있어 왔지만 그것이 법적, 정책적으로 진행된 것은 이때부터였다. 이 시기 식민 도시 건설 정책의 핵심은 구도시의 경우에 거류지 확장을 통한 기존 거점 지역의 강화이며, 신도시의 경우는 새로운 시가지 건설로 신흥 거점 지역을 확보하는 일이었다(손정목, 1996: 184-186). 특히 조선총독부는 식민지라는 특수성을 이용해서 일본 본국의 도시 계획보다 훨씬 주도적이고 집약적인 정책적 개입을 이룰 수 있었다.

한편, 해방 후 분단 과정에서 일제 후기 북부 지방에서 성장한 공업 도시들(평양, 남포, 원산, 함흥 등)과 남한의 도시들의 체계가 단절되었다. 해방 공간에서 해외로부터 그리고 남북 간에 많은 인구 이동이 있었다. 이동 인구는 대개 서울, 부산, 인천 등 대도시에 유입되었으므로 당시 도시 외곽에는 이주민 불량 주택 지구가 형성되었다. 서울의 경우 한남동 해방촌이 그러한 곳이다. 일제 시기 서울의 불량 주택 지구도 당시 경성의 주변 지역에 형성되었는데 서구의 슬럼이 중심업무지구(CBD) 주변에 형성되었던 것과는 다른 모습이다. 그것은 왕도 기능과 일제 시기의 통치 기능 및 일본인 거주지가 주로 사대문 안팎에서 이루어진 까닭에 상공업을 핵심 기능으로 하여

성장한 도시와는 다른 도시화 궤적을 보이는 것이다. 어떻든 상류층들이 교외화할 의사가 없는 상황에서 그들이 진입하기 비교적 용이한 공간에 일제 시대의 토막민, 해방과 한국 전쟁 기간의 이주민이 거주하게 된 것이다.

3) 급격한 산업화, 급속한 도시 발달

현대 한국의 도시는 1960년대 압축적인 산업화 과정의 산물이다. 이 시기에 한국의 도시는 말 그대로 경천동지(驚天動地)의 격변을 겪었으며, 도시 체계는 물론 도시 구조 면에서 불과 몇 십 년 단위로 근대적인 도시 시기에서 포스트모던 도시 시기로 급변을 거듭하였다. 1960년대 이후 불과 30년 만에 도시화율이 80%에 이르렀고, 촌락은 급격한 쇠퇴, 도시는 급격한 성장을 경험하였다. 이 모든 산업화－도시화가 한 세대 내에서 이루어짐으로써 거대한 이촌향도(離村向都)의 물결 속에서 명절마다 반복되는 '민족 대이동'을 낳은 것이다.

한국의 공업화 과정은 철저하게 경인 지방 중심, 경부축 중심, 남동 임해 공업 지역을 중심으로 전개되었다. 그러한 공업화 과정에 따라 서울 팽창, 인천 및 수원, 안양, 성남 등 서울 남부의 위성도시 급성장, 지방의 대전, 대구, 부산, 울산, 창원의 급성장으로 특징지어진다. 1960년대에 서울－인천권의 구로 공단, 부평 공단, 인천 공단을 중심으로 도시 외곽의 넓은 부지에 국가 계획 공단이 설치되었으며, 1970년대에는 울산, 창원, 포항, 여수 등지에 대규모 중화학 공업 단지가 건설되었다.

이들 대규모 공업 도시에는 지방 행정 기능이나 상업 기능을 압도하는 대규모 공업 기능이 두드러졌다. 서울, 인천, 대전, 대구 등 1960~1970년대의 도시 성장은 바로 제조업 기능이 주도하였다. 도시들은 공단을 중심으로 인구가 밀집하였고, 시가지는 공단을 따라 확장되었으며, 도심부는 상업 기능, 금융 기능이 증가하였다. 서울의 불량 주택 지구는 공장 지대, 서울 외곽을 따라 형성되어 황폐화된 촌락 인구를 가장 열악한 방식으로 수용하였다. 공업 기능이 주도하는 상공업 및 서비스 기능이 공공 기능을 압도하는 형국이 이 시기에 전개되었다. 서울의 경우는 국가 통치 기구의 비중이 높았지만, 1980년대에 이르면 주요 대기업과 금융 기관 본사 기능이 성장

그림 10-21 남산에서 본 서울 도심부

서울 도심부는 사무실 기능, 전문 상업 기능, 금융 기능, 사업 서비스 기능 등이 정부 기능을 넘는 물적 외양을 갖추었다. 1990년대 들어 두드러진 서울 인구의 교외화는 서울 인구 순 전입을 거의 0으로 수렴시켰다. 그렇게 서울 인구가 떠나간 자리에는 상업 및 업무용 빌딩이 들어서면서, 서울의 사익 기능을 더욱 강화해 가고 있다.

그림 10-22 테헤란로 전경

최근 지식 기반사회로 이행해가면서, 더욱 지식과 정보가 집중된 서울은 그 중심성을 한층 강화하고 있다. 테헤란로를 중심으로 하는 IT 산업이나 구로 공단을 디지털 산업 단지로 일변시키는 힘은 아직 서울이 갖는 제조업의 힘이 건재함을 과시한다.

하였다. 그리하여 서울 도심부는 사무실 기능, 전문 상업 기능, 금융 기능, 사업 서비스 기능 등이 정부 기능을 넘는 물적 외양을 갖추었다.

1990년대 들어 두드러진 서울 인구의 교외화는 서울 인구 순 전입을 거의 0으로 수렴시켰다. 그렇게 서울 인구가 떠나간 자리에는 상업 및 업무용 빌딩이 들어서면서, 서울의 사익 기능을 더욱 강화해 가고 있다. 서울의 성장은 서울 주변의 촌락들을 근교 농업 지역으로 종속시켰고, 서울의 중산층 인구의 주택 요구에 따라 고양, 성남, 안양 등지에 베드 타운을 건설하게 하였다.

21세기 현재 서울은 한국 자본주의의 총 역량의 중심지로서, 지방과 해외에 분공장과 지사를 갖는 대기업의 본사 소재지이며, 중앙 행정 기관의 중심지이고, 전국 금융 기관 및 방송 기관의 중심지이며, 전 대학의 핵심 중심지이다. 최근 지식 기반사회로 이행해가면서, 더욱 지식과 정보가 집중된 서울은 그 중심성을 한층 강화하고 있다. 테헤란로를 중심으로 하는 IT 산업이나 구로 공단을 디지털 산업 단지로 일변시키는 힘은 아직 서울이 갖는 제조업의 힘이 건재함을 과시한다. 다른 한편에서 '이 힘은 이제 국가 전반의 불균형 발전을 초래하는 힘이기도 하다'는 비판 또한 강하게 제기되고 있다.

권용우 외(2002), 『도시의 이해』, 서울: 박영사.

김경남(2004), "1930년대 일제의 도시 건설과 부산 시가지 계획의 특성," 『동아시아 개항장 도시의 식민성과 근대성』 역사문화학회 2004년 학술대회 발표자료집.

남영우(1998), 『도구구조론』, 서울: 법문사.

변화영(2004), "일제강점기 박화성 소설에 나타난 민중의 일상성 연구," 『동아시아 개항장 도시의 식민성과 근대성』 역사문화학회 2004년 학술대회 발표자료집.

손정목(1996), 『일제강점기 도시화과정연구』, 서울: 일지사.

차종천 외(2004), 서울시 계층별 주거지역 분포의 역사적 변천, 서울: 백산서당.

한국도시지리학회 편(1999), 『한국의 도시』, 서울: 법문사.

한국일보 타임-라이프 편집부(1997), 『고대 그리이스』, 라이프북스.

Benevolo, L.(1980), *The History of the City*, Cambridge: MIT Press.

Engels(1844), *Conditions of the working class in England.*

Harris, C. D.(1997), The Nature of Cities and Urban Geography in the Last Half Century, *Urban Geography*, 18(1).

Jordan, T.G *et al.*(1997), *The Human Mosaic*, NewYork: Longman.

Knox, P. L.(1994), *Urbanization: An Introduction to Urban Geography*, Englewood Cliffs: Prentice-Hall.

Knox, P. L. and S. A. Marston(2007), *Human Geography-Places and Regions in Global Context*, NJ: Pearson Prentice Hall.

Pacione, M.(2001), *Urban Geography: A Global Perspective*, NewYork: Routledge.

Rubenstein, J. M.(2005), *Human Geography*, NJ: Pearson Prentice Hall.

Short, J. R.(1996), *The Urban Order: An Introduction to Cities, Culture, and Power*, Cambridge: Blackwell.

Taylor, P. J.(2000), World cities and territorial states under conditions of contemporary globalization, *Political Geography* 19.

11장

도시의 안과 밖

1. 도시의 다양한 얼굴

1) 세 가지 차원으로 보는 도시의 다양성

도시는 다양한 얼굴을 하고 있다. 도시는 우선 빌딩과 주택으로 가득한 시가화 구역(built-up area)이기도 하고, 이질적인 계층과 민족들이 고밀도로 거주하는 장소이기도 하며, 제조업이나 서비스업이 고도로 집적된 지역이기도 하다. 아울러 새롭게 건물이 부서지고 다른 건물이 건설되는 장이기도 하며 그 과정에서 밀려나는 사람들과 관리하는 사람들 간의 갈등이 표출되는 장이기도 하다. 뿐만 아니라 범죄가 밀집된 장소이기도 하고 어마어마한 폐기물로 골치를 앓는 곳이기도 하다. 그런가 하면 도회적, 현대적, 혹은 서구적인 상품과 이미지를 소비하며 볼거리로 가득한 거리를 보유한 곳이기도 하다.

도시는 이렇게 헤아리기 만만치 않은 다채로움을 보유하고 있는 곳이지만, 이 복잡한 것들 중 학자들이 도시를 이해함에 있어 가장 중요한 것으로 다루어 온 세 가지 차원이 있다. ① 건조 환경(built environment) 혹은 시가화 구역(built-up area)이라는 도시의 물리적 차원, ② 2·3차 산업 등의 경제·기능적 차원, ③ 계급이나 계층, 민족 집단 등으로 구성되는 사회적 차원이 그것이다.

위의 세 차원은 도시의 정의로부터 도출된 것이다. 도시지리학 개론서들에서는 도시 혹은 도시적 취락을 다음과 같이 정의한다. '인구밀도가 높으면서 시가화되어 있고, 1차 산업 비중이 극히 낮으며, 주변 지역에 대한 중심지로서의 공급 기능 크고, 생활양식 측면에서도 독특한 특징을 가지고 있는 곳'이다. 도시의 정의 중 시가화 구역이라는 규정은 도시의 물리적 차원과, 2·3차 산업 및 중심지 기능 규정은 도시의 경제·기능적 차원과 등치시킬 수 있다. 인구밀도와 생활양식 규정은 사회적 차원과 연관된 것인데 이 부분에서는 약간의 설명이 필요할 듯하다.

도시는 인구밀도가 높은 곳, 즉 비교적 좁은 지역에 많은 인구가 밀집해 거주하는 곳이라는 정의는 대규모 상공업을 전제한다. 이때 대규모 상공업이 발달한 곳은 광대한 면적으로부터 물자가 상공업 거래 명목으로 집산하는 대도시여야 한다. 한 국가의 수도, 원격지 무역의 거점, 혹은 다수의 미숙련 노동력을 흡인한 기계제 대공업의 발상지들이 그 예이다(Hartshorn, 1992: 23-32). 이러한 대규모 상공업 밀집지는 다양한 직종에서의 계급 혹은 계층을 만들어낸다. 장인/도제, 거상/종업원, 운수업자/짐꾼, 은행가/은행원, 자본가/노동자, 고급관료/하위관료 등이 그것인데, 이것이 곧 사회적 차원에 해당하는 것이다. 그리고 이러한 다양한 직종은 화폐를 매개로 상호 연결되어 이질적이면서도 이해타상적인 근대적 인간관계를 형성한다(L. Wirth, 1938: 1-24). 도시적 생활 양식이란 바로 그러한 측면을 말한다.

2) 도시화의 세 가지 차원

우리가 도시를 세 가지 차원에 입각해서 파악하고자 하는 것은 사실 잠정적인 것이다. 현실의 도시는 늘 역동적인 도시화(urbanization) 과정에 있기 때문이다. 도시를 그 인구밀도, 산업체의 종류와 개체 수, 주거지와 상업중심지의 분포 및 구획 따위로 파악할 수도 있지만, 그것은 한 시점, 대개는 연구 당시의 시점까지의 도시화 과정의 결과를 정지된 사진처럼 파악하는 것이다. 이러한 정태적 연구로는 해당 연구 시점

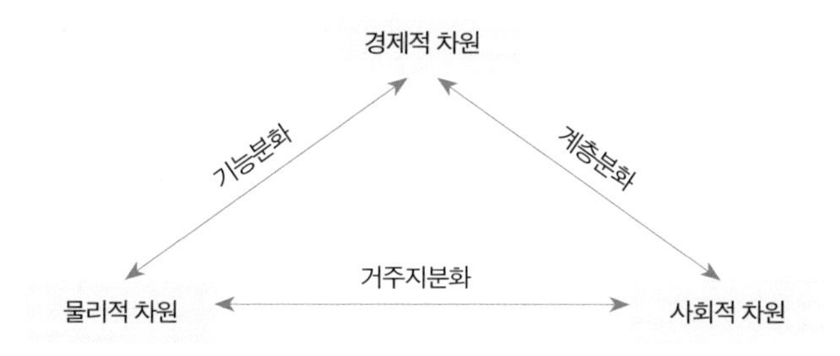

그림 11-1 도시화의 세 가지 차원 간 상호 영향

에서의 인구와 산업의 분포, 교통로 구조를 파악할 수는 있겠지만, 도시의 발전 상황, 현재의 변화, 미래에 대한 전망은 포착하기 어렵게 된다. 그러므로 도시에 대한 정태적인 분석은 해당 도시를 절반만 이해하는 것이 된다.

우리가 일상적으로 인지하는 도시 경험은 뉴타운이나 개발, 용산 참사, 또는 롯데타워를 위해 군사용 서울공항의 고도제한기준을 완화했다는 따위의 도시의 정태적 구성에 변화를 초래하는 사건들, 그리고 과거로부터의 변화의 추세는 동태적 연구라 할 수 있는 도시화 연구를 통해 포착될 수 있다. '도시가 되어간다'(urbanize)는 뜻에서 조어된 '도시화'란 도시-촌락 연속체의 관점에서 도시적 성격이 확대·심화되어가는 과정을 뜻한다.

도시적인 성격이 확대·심화되어가는 과정으로서의 도시화 역시 세 가지 차원을 갖는다(그림 11-1). ① 물리적 차원의 도시화, ② 경제·기능적 차원의 도시화, 그리고 ③ 사회적 차원의 도시화가 그것이다. 첫째, 물리적 차원의 도시화는 빌딩이나 주택의 건설, 도로의 개설, 기타 도시하부구조의 건설 등 주로 건조 환경(建造環境)의 구축 과정을 뜻하므로 주로 도시 개발 과정에 해당한다. 다만 무허가 불량 주거 지구(squatter settlement)의 형성 과정과 같은 물리적 도시화 과정도 있을 수 있다. 가령, 서울의 포이동 266번지나 송파구 문정동에서 보이는 비닐하우스촌(현재 개발이 진행되어 사라짐)은 도시 계획과 무관한 도시 빈민의 집단 거주지 형성 과정과 같은 사례가 그것이다(하성규, 2001: 61-82). 그러나 일반적으로 도시 개발 과정이란 소위 도시 관리자들이 주체가 되어 계획적으로, 합법의 외양을 띠고 진행하는 건설 과정을 뜻한다. 이때 도시 관리자들이란 중앙 또는 지방 정부로 대표되는 공적 권위체들과 그들의 위임을 받은 공공 개발업자들, 계획 능력을 갖춘 대규모 개발업자나 건설사들을 말한다(Knox, 2006: 134). 둘째, 경제·기능적 차원의 도시화는 도시의 산업구조의 변화 과정과 산업부문별 도시 내 분포 구조의 변화를 의미한다. 도시 내 산업의 부문별 변화와 그것의 분포 변화는 도심-부심-주변으로 이루어진 다양한 도시구조를 창출하거나 변형시킨다. 셋째, 사회적 차원의 도시화는 도시 전체의 주민 구성, 민족별 구성, 계급구성의 변화와 그 분포의 변화를 의미한다.

도시화의 세 가지 차원은 상호 영향 관계에 있다. 대단위 주거단지 개발은 주민 구성을 변화시키고 그 정치적 성향까지 변색시킨다(물리적 차원 → 사회적 차원; 김희정, 2006). 또한 과거 무허가 판자촌이었던 곳은 현재 합법적인 저급 낙후 주거지로 변모해 있다(사회적 차원 → 물리적 차원). 중심업무지구의 확대는 도심재개발 과정을 통해 업무용 빌딩이 건축됨으로써 가능해진다(물리적 차원 → 경제·기능적 차원). 탈공업화 과정에 의해 도시내 소규모 공장 밀집 지구는 주거지나 상업 용지로 재개발된다(경제·기능적 차원 → 물리적 차원). 도시의 물리적 차원은 사실상 도시 내 정치적 과정에 의해 조성된다. 도시개발 과정은 관련된 도시 내 이해 집단 간에 치열한 갈등을 겪고서야 구현된다. 물론 그 갈등의 결과는 늘 누군가의 패배와 양보로 귀결되는 경우가 많다.

강남, 목동, 상계 지구 등 도시 중산층이 대규모로 유입되는 곳의 상업 용도 지구에는 학원가와 같은 사교육 업체의 구성비가 증가한다(사회적 차원 → 경제·기능적 차원, 김경숙, 2004). 도시 내 제조업 기능 증가는 노동자 계급의 증가를 유도한다(경제·기능적 차원 → 사회적 차원).

다시 도시의 정태적인 상황으로 돌아간다면, 도시는 모종의 구조(structure)로 존재한다. 이를 흔히 도시구조(urban structure)라고 부르는데, 여타의 인문·사회과학에서 무척 난해한 용어로 간주되는 '구조'라는 용어를 지리학에서는 흔히 사용한다. 구조란 폭넓게 말해 인간의 자율성을 통제하는 무엇으로서, 지리학에서 말하는

'공간 구조' 역시 인간의 일상적 행위 궤적을 시간 지리학적으로 유도한다는 점에서 '구조'라고 할 수 있으며 도시구조 역시 그러하다(Parkes and Thrift, 1980: 252). 그렇다면 도시구조는 어떤 모양인가? 물론 우리는 아직 도시구조의 완전한 형태를 알지 못한다. 그것을 알아내는 것이 도시지리학의 과제이기 때문에, 부분적인 몇 가지는 알 수 있어도 그 구조의 전체적인 양태를 알고 있지는 못한 것이다. 다만, 전술한 도시의 세 가지 차원에 따라, 건조환경의 배열, 산업구조와 공간적 배열, 사회적 주민 구성과 그 배치 상태 등이 도시의 공간구조를 이룬다는 원론 정도의 명제만 알고 있다. 그리하여 우리가 말할 수 있는 도시구조는 우선 용도별, 규모별 건물의 배치와 교통로의 종별, 규모별 배열로 이루어진 물리적 구조 형태를 띤다. 교통로의 결절에 업무용 빌딩이 들어서고 도심과 크고 작은 부심의 배열이 도시민의 흐름을 통제하고, 주택의 규모별, 형태별 입지 패턴이 계급·계층·민족별 거주지를 지구별로 획정해낸다. 물론 계급·계층별 거주지에 거주하는 시민들은 자신의 거주지에 맞는 소비행태와 의식을 빚어내고 자신들의 행동 범위를 한정한다(Knox, 2005: 331-335).

2. 도시 내부의 구조와 동학

1) 모자이크로서의 도시(urban mosaic)

도시의 내부 구성이 무척 다양하다는 사실은 도시에서의 일상 경험이 매일 가르쳐준다. 우리의 삶의 궤적을 유도하는 도시의 내부 구조는 도대체 어떤 질서를 따라 배열되는가? 도시를 면으로서 파악하려는 도시 구조론이 탐색하는 과제가 바로 그것이다. 도시 내부의 다양한 구역(area)을 만들어 내는 동학은 거칠게 구분하여 ① 집적(集積)-분산(分散)의 동학, ② 주거지 분화의 동학, ③ 도시 계획 및 개발의 동학(dynamics)이다.

집적-분산 동학의 배후는 결국 경제적인 힘인데, 공간적 과정에 작용하는 경제적 힘이라는 점에서 공간-경제적 힘(spacio-economic forces)이라 할 수 있다. 주거

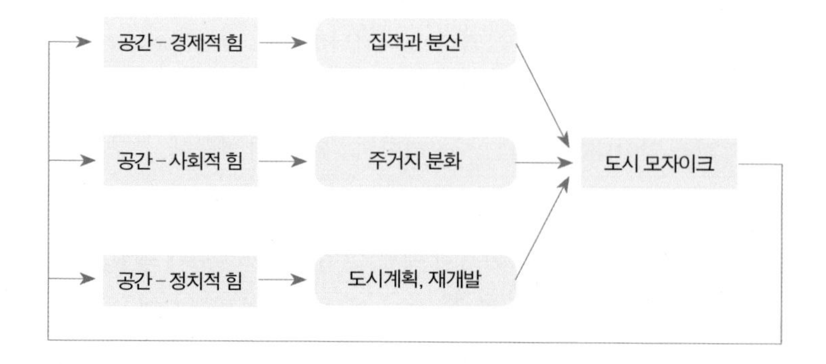

그림 11-2 도시에 작용하는 힘

지 분화의 동학은 도시 내 주거지가 계층별, 민족별 차별화를 가져와 '동네'의 구별로 나타난다는 점에서 공간-사회적 힘(spacio-social forces)이다. 마지막으로 도시계획 및 개발의 동학은 필지 하나의 수준을 넘어선 넓은 구역에 대한 도시 구조를 재조정하는 것에 관한 것으로, 도시 내 제 세력 간의 이해 대립의 결과로 나타난다는 점에서 공간-정치적인 힘(spacio-political forces)이다. 도시 모자이크(Urban Mosaic)는 이러한 세 가지 힘들이 기존 도시 구조에 작용함으로서 나타나는 복잡한 동학의 산물이다. 그래서 나타나는 도시 구조는 또한 차후의 도시 모자이크 형성의 '환경'으로 작용한다.

2) 공간-경제적 힘과 도시 구조

집적과 분산의 배후: 지대의 원리

도시의 내부 구조를 이룩해 내는 동학 가운데 집적과 분산은 주로 산업적 기능체들에 대하여 작동한다. 전문 소매업, 전문 서비스 및 대기업 본사와 같은 업무 기능은 도시의 중심으로 집적하려는 경향을 가지고, 주거지, 학교, 대규모 공장 등과 같은 기능은 도시 외곽으로 분산하려는 경향을 가진다는 것이다. 기능의 특성에 따라 집적 경향과 분산 경향이 엇갈리는 동학의 배후에는 우선 지대 원리(rent principle)가 도사리고 있다.

지대(地代, rent)란 토지 '이용'의 대가로, 토지 매매 가격인 지가(地價, land price)와 구별된다. 도시에서 상업 점포든 게임업체 사무실이든 산업적 기능체들은 업무 공간을 확보해야 하는데, 건물, 또는 방을 '매입'해서 영업하는 경우도 있겠지만 대개의 경우 빌려서 영업한다. 그리고 이렇게 임대하는 경우에 물론 보증금 얼마에 월세 얼마 따위의 응분의 대가를 지불하게 되는데 그것이 곧 지대이다. 그러므로 도시 내 토지 이용 구조에 작용하는 변수는 지가보다는 지대이다. 다만, 지대와 지가는 서로 밀접하게 관련되므로 실제 연구 과정에서는 자료를 구하기 쉬운 지가 데이터를 주로 사용하기도 한다. 임대료 데이터는 공식적으로 공표되지 아니하므로 전수로 구하기가 어렵기 때문이다(참고 11-1).

지대의 높낮이는 점포나 사무실의 위치와 건물의 질 따위에 따라 변화하는데, 가장 큰 부분은 '목 좋은 곳'인가의 여부, 곧 위치(location)이다. 여기서 '목 좋은 곳'이란 도시에서 가장 큰 네거리처럼 유동 인구가 많고 교통이 가장 편리한 접근성이 좋은 곳을 말한다. 대체로 도시 중심부이고 도시의 대표적인 철도역이나 전철역이 있으며 도시 내 간선 도로가 교차하는 곳이다. 도시를 백지 위의 평면이라고 보더라도 그 중심이 가장 접근성(accessibility)이 좋으며, 도로와 철도, 그리고 전철을 놓으면 각 교통로의 결절(node)이 가장 접근성이 좋다. 여기서 결절이란 도로의 교차점, 철도나 전철의 환승역을 말한다. 큰 도로의 교차점일수록, 철도나 전철이 많이 교차하는 환승역일수록 접근성은 높으며, 그러한 곳은 대개 도시 내에서 중심이고 도시화의 역사가 시작된 곳이며 대개 시청이 입지한다.

접근성이 좋은 곳은 왜 지대가 높으며, 그 지대의 원천은 무엇인가? 접근성이 좋은 곳은 많은 방문객, 홍보적 위치 등으로 인해 방문객이 많고 '장사가 잘되는' 위치이다. 그만큼 다른 평균적인 위치에서보다 높은 수입을 올려 '초과 이윤'을 획득한다. 그러므로 초과 이윤은 도심으로부터 거리가 가까울수록 높으며, 도심에서 거리가 먼 특정 지점에서 정상 이윤을 취할 때까지 나타난다. 도심으로부터 거리가 너

| 참고 11-1 |

임대료와 지대, 정상이윤과 초과이윤

본문에서는 '임대료가 곧 지대'라고 표현했는데 이것은 매우 거칠게 말한 것이다. 정확하게 표현하려면 '임대료의 대부분이 지대'라고 해야 한다. 임대료는 지대와 지대 아닌 임대료로 구성된다는 것인데, 합쳐진 액수로 나타나는 임대료에서 지대 아닌 임대료 부분이 도대체 얼마인지가 늘 문제가 된다. 이를 위해 기준 토지(기준 임대 공간)라는 가상 토지의 임대료 개념을 들여오기도 하지만, 그 기준을 결정하기 위해 고려하는 공간 범위를 어디까지로 할 것인가를 정하기 어렵다. 차라리 지대가 아닌 기초적인 임대료는 기회비용을 고려한 비용 속에 포함되어 있는 것으로 생각하는 것이 편리하다. 그렇게 하면 '지대는 임대료와 같은 것'이라고 생각하고 논의를 전개할 수 있다. 동일 면적의 공간을 빌렸을 때 위치와 무관하게 지불해야 하는 기초임대료는 기회비용까지 포함한 '비용'의 일부로 생각할 수 있기 때문이다.

임대료를 기회비용까지 포함하는 비용의 하나로 보기 위해서는 정상이윤(normal profit)과 초과이윤(excess profit) 개념이 필요하다. 어느 고립된 지역에 모든 생산 조건이 같은 사과농장과 배농장이 있는데, 이들은 모든 재배 및 유통 비용이 같다고 하자. 사과와 배의 가격이 개당 1,000원으로 같고, 모든 재배·유통 비용을 제하고 나면 각각 개당 500원의 회계상 이익을 올린다고 하면, 이들 두 농장으로 이루어진 체계에는 어떠한 변화도 있을 수 없다. 사과농장은 계속 사과를 재배하고 팔 것이며 배농장도 역시 계속 배를 할 것이다. 이 같은 안정적인 상황은 0이라고 표현하는 것이 좋기 때문에, 기회비용(opportunity cost)이라는 가상의 비용이 도입되었다. 기회비용이란 사과농장이 자신이 하던 것을 중단하고 다른 것(여기서는 배농장)을 했을 때 얻을 수 있는 최대의 회계상 이익이다. 우리의 사례에서는 사과농장도 배농장도, 자신이 하던 것을 중단하고 다른 것을 했을 때 얻는 최고의 회계상 이익이 개당 500원으로 같다. 이때 사과농장에게 기회비용은 개당 500원이며 배농장에게의 기회비용도 그러하다. 그렇다면 이 둘의 이윤(학술적인 이윤)은 0이 된다. 0으로 표현되는 이윤은 경제학자들이 생산 분석하는 데 있어 수학적으로 다루기 좋다. 기회비용을 고려한 이윤이 0인 것을 정상이윤이라 한다.

초과이윤은 그 반대다. 예컨대, 다른 조건이 동일한데 배의 가격이 개당 200원이 올랐다 하자. 그렇다면 사과농장에서는 사과 대신 배를 재배할 경우 회계상 이익이 개당 700원이 된다. 그러므로 사과농장에서는 학술적인 이윤이 개당 -200원이 되어 마이너스 이윤이 된다. 반대로 배농장에서는 회계상 이익이 700원이 되고, 기회비용은 500원이 되어 학술적 이윤이 +200원이 된다. 이 경우가 초과이윤이다. 이렇게 되면 우리의 고립된 지역에서는 변화가 발생한다. 사과농장이 당장 사과 재배를 중단하고 배농장으로 전환하려 할 것이기 때문이다. 그렇게 되면 이 지역에는 배농장만 존재하게 된다.

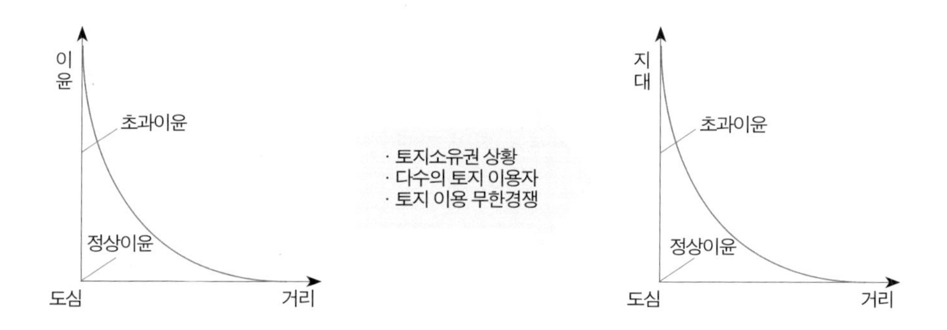

그림 11-3 초과이윤의 지대로의 변화

무 멀어서 정상 이윤도 취하지 못하는 위치에서는 해당 업종은 포기된다. 그런데 토지 이용 계약이 갱신되는 시기에 이르면, 접근성 좋은 위치에로의 토지 이용 신청자가 쇄도하게 되고, 결국 입찰 과정에서 해당 위치에서 얻을 초과 이윤의 일부를 지대로 헌납하게 된다. 경쟁이 충분히 치열하다면, 입찰 과정은 이론상 해당 위치에서 얻을 초과 이윤 전부를 지대로 납부하는 수준에서 멈추게 된다. 결국 초과 이윤은 지대로 전화하고, 해당 지주는 그 토지를 소유했다는 이유 하나만으로 초과 이윤의 열매를 전취한다.

그런 까닭에 지대를 계산하는 공식(지대=수입-생산비-운송비)은 이윤을 계산하는 공식(이윤=수입-생산비-운송비)과 닮았다. 그렇게 된 배경은 위에서 설명한 바와 같이 초과 이윤이 지대로 전환되는 과정이다. 그 과정은 다음과 같다.

$\pi = r - C - T(x)$(이윤=수입-생산비-운송비)

토지 이용자 다수가 좋은 토지의 지주에게서 땅을 빌리기 위해 경쟁하게 되면, 지대(R)가 0보다 커지게 된다(생산비 C에는 기회비용도 포함되고 기초적인 임대료도 포함된다).

$\pi = r - C - T(x) - R, R > 0, T(d)$: 거리x의 함수로서의 운송비

다수의 토지 이용자가 지주로부터 좋은 땅을 빌리기 위해 더 많은 웃돈을 얹어 주려 하는 입찰상황(bidding)에 이르게 되면 지대(R)는 점점 증가하게 되어 초과 이윤 (π)에 육박하게 된다. 그러면,

$R \rightarrow \pi$, $\pi = r - C - T(x) - R = 0$ 으로 되어

$R = r - C - T(x)$가 된다. 공간 경제 상황에서 가격도 생산비도(C)도 일정하다고 가정되면 수입(r=가격×판매량)과 C가 상수이므로 지대(R)는 거리(x)만의 감소함수가 된다.

| **참고 11-2** |

여러 가지 지대 개념

지대(rent)란 근대적인 토지 소유권 상황하에서 다수 토지 이용자 간 무한 경쟁 조건에서 입지에 따른 초과 이윤이 지주에게 귀속된 것이다. 그래서 지대로 전화되는 초과 이윤의 원천이 무엇이냐에 따라 여러 가지 지대 개념이 등장하였다.

① 차액 지대 I(differential rent I)

리카도(D. Ricardo, 1817)가 '차액 지대'라고 제시한 것으로 비옥도 차이에 따라 발생하는 초과 이윤이 지대로 전화한 것을 말한다. 이후 튀넨(Thunen, 1826)은 입지에 따른 차액 지대를 제시하였으며, 마르크스는 '비옥도 지대'와 '입지 지대'를 합쳐서 '차액 지대 I'이라고 했다.

② 차액 지대 II(differential rent II)

마르크스는 리카도의 비옥도 지대와 튀넨의 입지 지대 이외에 토지 개량 사업에 따른 차액 지대를 차액

집적과 분산의 배후: 지대 원리와 도시 구조 분화

이제 도시 내의 다양한 기능을 고려해 보자. 각 기능들은 고유한 지대 곡선을 갖는다. 지대 곡선의 차이는 결국 ① 세로축 절편 차이와 ② 기울기 차이이다. 세로축 절편이 높다는 것은 해당 업종의 이윤이 크다는 것을 의미하고, 기울기가 가파르다(기울기의 절대값이 크다)는 것은 접근성이 떨어지면 이윤이 급격히 떨어지는 것을 말한다. 그만큼 좋은 접근성에 대한 절박함이 큰 업종이라는 것이다. 박준 미용실과 일반 미장원을 비교하면, 전자의 경우 미용실 시설을 구비하고 전문 염색약 및 전문 헤어디자이너를 고용하는 데 많은 비용이 들어가지만 서비스 건당 고수익을 올릴 수 있다. 그러므로 박준 미용실은 세로축 절편이 높고 지대 곡선 기울기가 가파르다. 접근성이 떨어지는 곳에서는 전 도시 수준의 고객을 확보하기 어렵고 그만큼 미용실 유지가 힘들게 된다. 반대로 시설 구비하는 데 비용이 덜 들고 건당 수익성도 낮은 일반 미장원은 중심가에서 먼 주택가에 입지한다 하더라도 동네 손님으로도 충분히 미장원을 유지할 수 있다. 그림 11-4에서 보듯이 이러한 상황이라면 접근성 좋은 도심 쪽에는

지대 II라고 명명하였다.

③ 절대 지대(absolute rent)

토지 소유권이 있는 한 아무리 생산력이 없는 토지라도 지주는 토지 이용자에게 공짜로는 임대해 주지 않고 최소한의 기본 대가를 받는데, 이를 절대 지대라고 한다. 개념상 기본 지대라고 부르는 것이 적절하다. 그림 11-3에서 초과 이윤이 0인 지점의 토지를 임대할 때라도 기본적으로 낮은 지대를 지불하는데, 이 지대가 절대 지대인 것이다.

④ 독점 지대(monopolistic rent)

특수한 토질의 지대가 독점 지대로서, 농업의 경우 '보르도산 포도주'와 같이 그곳에서만 산출되는 특수한 토질이 갖는 독점성 때문에 붙는 지대를 말한다. 한국 상황에서 접근성과 무관하게 사교육 시장에서 '강남' 지역이 갖는 지대는 독점 지대에 해당한다.

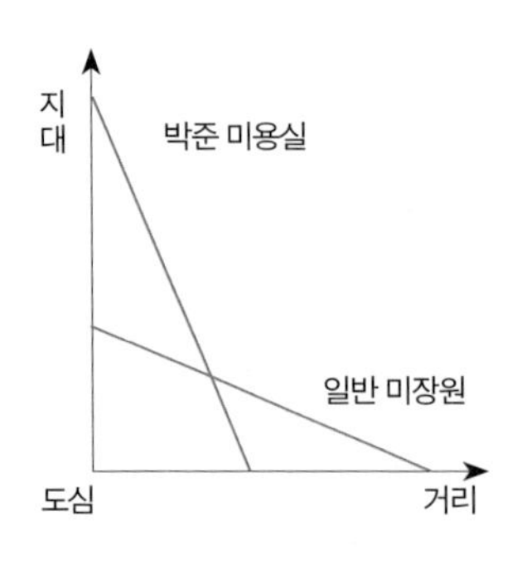

그림 11-4 미용실의 지대 원리

박준 미용실이, 그리고 도심에서 먼 곳에는 일반 미장원이 입지하리라는 것은 쉽게 도출할 수 있다. 일반 미장원 입장에서도 도심부에 입지하는 것이 고객 확보에 더 유리할 것이지만, 박준 미용실과 같은 고비용-고소득 전문 업종과 토지 이용 입찰 경쟁이 이루어질 경우 박준 미용실보다 더 높은 입찰가를 제시할 능력이 없기 때문이다. 이러한 사례는 피부과 전문의와 일반 의원, 고급 양품점과 일반 옷가게 등 무수히 찾을 수 있다.

도시가 전문 상업, 소규모 제조업, 주거의 세 가지 기능으로만 구성되었다면, 각 기능의 지대 곡선은 그림 11-5와 같을 것이다. 전문 소매업의 경우 높은 수익성, 고객 확보의 절박성 때문에 세로축 절편도 높고 기울기도 가파르다. 반면 주거지는 도심부에 있으면 여러 가지로 편리한 점이 있겠지만 수익이 있는 것도 아니고, 접근성이 낮다 하더라도 주거의 유지를 못하는 것도 아니기 때문에 세로축 절편도 낮고 기울기도 완만하다. 제조업의 경우는 그 중간이라 할 수 있다. 이때 토지 이용을 위한 입찰 경쟁이 발생한다면, 도심으로부터 지대 지불 능력상 A지점 이내에서는 전문 상업이 입지하게 될 것이고, A~B구간에서는 제조업(주로 도시형), 그리고 B 외곽 구간

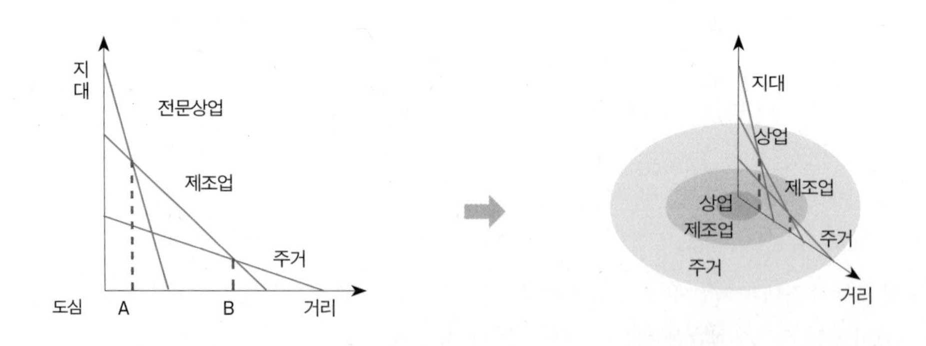

그림 11-5 지대 원리와 도시 내부의 공간 분화

에서는 주거지가 형성될 것이다.

지대의 법칙에 따라, 도심부의 높은 지대를 지불할 능력이 있는 전문 소매업 기능, 업무 기능, 금융기능 등은 도심부에 집적하려는 경향을 보이고, 지대 지불 능력이 낮은 주거, 학교, 대규모 공장 등의 기능은 도심부의 높은 지대를 지불할 능력이 없으므로 외곽으로 밀려난다.

집적과 분산의 배후: 집적 경제와 집적 불경제

지대 원리는 포함과 배제의 원리이다. 이른바 지대 지불 능력이라는 것에 의해 그것이 있는 기능은 도심부에 모이고 그것이 없는 기능은 외곽으로 밀려난다는 것이다. 이 때의 핵심은 모든 기능은 도심부에서 최대의 초과 이윤을 획득하므로 기본적으로 도심 지향이라는 속성을 갖는다는 것이고, 일부 기능의 외곽 입지는 입찰경쟁에서 '밀린' 결과라는 것이다. 그러나 이렇게 설명하기에는, 도심부로부터는 물론이거니와 도시 전체로부터 교외로 이전해가는 기능, 곧 제조업이나 주거 기능에 대해서는 설명력이 취약하게 된다. 또한 도심부에 집적하는 백화점과 같은 전문 소매업, 대기업 본사, 금융 본사, 고차 사업 서비스업 기능이 지대 지불 능력이 있기 때문에 도심부에 입지한다는 논리는 그들이 '적극적으로' 도심부 입지를 선호한다는 점을 놓친다. 도심 중심업무지구에 집적해 있는 이른바 '중추 관리 기능'과 고차 사업 서비스업의 적극성을 설명하고, 어떤 의미에서 '적극적으로' 교외화 하는 기능들에 대한 적확한 이해를 도모하기 위해서는 집적 경제와 집적 불경제의 개념이 지대 원리 위에 덧입혀져야 한다.

집적 경제(agglomeration economy)란 집적함으로써 발생하는 이익인데, 고전적인 공동 구매 효과 및 인프라 공동 이용 효과 이외에도 오늘날 주목받는 전후방 연계 효과와 학습 경제 효과를 말한다. 한국의 사례에서 대기업 본사는 정부종합청사, 시청, 그리고 언론사들이 갖추어진 도심부에 입지함으로써 유무형의 막대한 사업상 이익을 얻는다. 금융 기능 역시 최대의 투자처가 밀집한 독점 대기업과 전문 소매업 시설들이 입지해 있는 곳에 근접하는 것이 사업상의 필연이 된다. 법률, 광고, 부동산, 보험 및 증권 등의 고차 사업 서비스 역시 도심부에 입지함으로써 막대한 외부 경제를 누린다. 오늘날 세계적인 대도시 도심부는 대기업 본사 및 금융 본사, 고차 사업 서비스업의 '업무상의 집적'으로 더욱 순도를 높여가고 있다. 도시형 제조업의 경우도, 도심부의 주변에 집적 지구를 갖는데 도심부에서의 주문과 밀접하게 연계되고 전문화된 중소기업들이 상호 연계 관계를 통해 집적하기 때문이다. 서울 동대문의 의류업 집적 지구나, 을지로 4·5·6가의 인쇄·출판 업체 집적 지구가 대표적인 사례가 된다. 도심부의 집적 경제 효과의 공간적 결과는 도심 중심업무지구의 분화 현상으로 나타난다(그림 11-6).

반면에 집적 불경제(agglomeration diseconomy)는 집적에 따른 혼잡 비용과 환경 비용 때문에 오히려 손해를 보는 것으로서, 업종상 도심부 입지로부터 얻는 연계 효과 및 학습 효과가 낮은 경우에 해당한다. 주거지는 물론이거니와, 넓은 면적이 필요한 공장, 학교와 같은 비수익성 공공 시설 등은 도시화의 확대에 따라 도심부에서 외곽으로 이전하는 경향을 보인다. 제조업의 경우 교외 공단과 같은 교외 인프라 구축에 따라 이전하기도 하고 그것과 무관하게 대도시 주변 농지나 택지를 선택하여 교외화하기도 한다. 주거 기능의 경우는 대개 대단위 주거 단지 건설과 같은 도시 계획 및 개발 사태를 매개로 교외화한다. 학교 등의 공공 서비스 기능은 주거지 교외화를 따라 이전하며, 상업 시설 역시 주거 교외화를 쫓아 교외 신시가지의 중심지로 이전한다. 도시 모자이크를 이룩하는 공간-경제적 힘이 빚어내는 집적과 분산의 다이내믹은 이렇게, 기본적인 지대 원리와 집적 경제/불경제 효과의 중첩이다.

도시에서 작동하는 지대 법칙과 집적 경제의 원리는 도시화가 진행되면서 심화된다. 그리하여 도시가 작을 때에는 도시의 중심에 주거지도 많고 창고나 넓은 공장이 전문 상업 시설과 혼재할 수 있다. 그러나 도시화가 지속적으로 진행되어 대도시(metropolis)에 이르면 도심부에는 지대 지불능력이 높은 기능들이 집적되어 중심업무지구(Central Business District)를 형성하게 된다. 주거 기능이나 면적이 넓은 공장, 면적이 필요한 창고, 학교 기능 등은 밖으로 밀려난다. 도심부에서도 중앙행정기관이나 대기업 본사, 은행 본사, 백화점, 귀금속 상가는 그 핵심부에 입지하고, 그

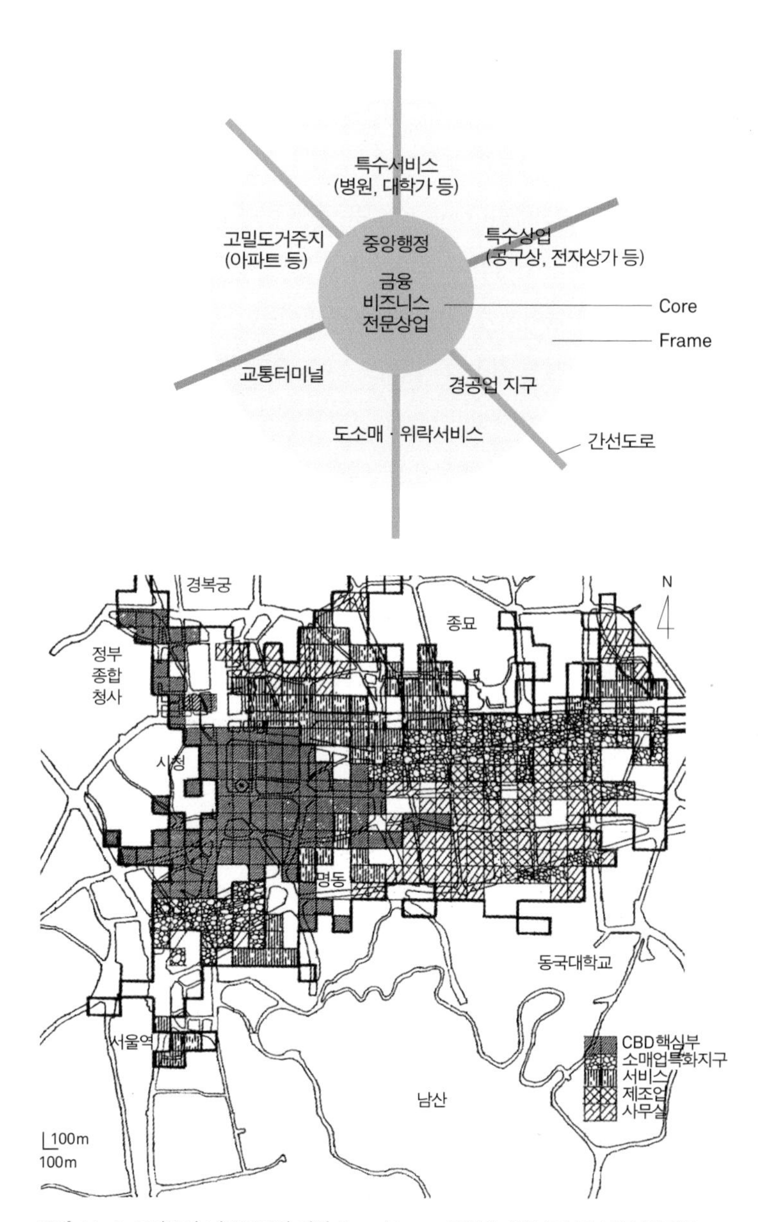

그림 11-6 도심부의 내부구조에 관한 Core-Frame 모델과 서울 도심의 내부 구조(Knox, 2005: 132; 서민철, 1997)

대도시 도심은 도심의 핵심부로부터의 간선도로를 따라 주요 기능이 분화된다. 서울 도심부 역시 시청과 종로 1가-을지로 1가 중심의 도심의 핵심부로부터 상업 및 서비스 지구, 경공업 지구 등이 전개되고 있다.

것을 둘러싸고 전자상가, 공구상과 같은 전문 소매업 및 도매업 집적지, 그리고 교통 터미널, 종합 병원, 소규모 도시형 경공업 등이 지역별로 분화되어 입지한다. 다시 말해서 도심부도 또한 지역적으로 분화된다. 도심, 즉 중심업무지구의 내부 분화는 CBD 핵심부(core)와 CBD 주변(frame)이라는 틀로 이해한다. CBD 핵심부에는 금융 본사, 대기업 본사, 전문 소매업이 입지하고 높은 지가와 지대, 그리고 높은 공간 수요때문에 고층 빌딩이 들어서게 된다. CBD 주변에는 간선 도로를 따라 전문화된 특화 지구가 형성된다. 도시형 경공업 지구, 도소매·위락 지구, 교통 터미널, 병원, 전문 상가 지구가 형성된다(그림 11-6).

서울 도심의 경우, 세종로와 종로 1가, 태평로와 남대문로, 을지로 1가에 중앙 행정기관, 대기업 본사, 금융기관 본사, 백화점 및 전문 상가가 집중되어 이른바 중추 관리기능 지구가 형성되어 있다. 이곳이 서울의 중심업무지구 핵심부(CBD-core)를 이룬다. 이를 둘러싸고 남대문 시장과 동대문 시장 부근에 소매업 특화 지구가 있으며, 종로 북쪽의 공평동, 인사동 지역이나 회현동 지역에 음식·접객업 중심의 서비스업이 밀집해 있다. 또한 을지로 3·4·6가와 종로 4·5·6가에는 소규모 금속 공업 및 의류업, 인쇄·출판업이 집중되어 도시형 제조업 지구를 형성하고 있다. 도심에 닿는 교통 터미널은 철도의 경우 서울역이 있다. 고속버스 터미널은 1976년 강남에 종합고속버스 터미널이 개장하기까지 서울 시내에서 버스 회사마다 관철동, 동대문, 서울역 앞 등지에 있었다.

3) 공간-사회적 힘과 도시 구조

도시 내 주거지 분화: 계층별 유유상종

도시는 한 사회의 계급·계층의 스펙트럼과 같은 장소이다. 최고 상류 및 지배 계층으로부터 최하 계층에 이르기까지의 사람들이 같은 공간을 공유한다. 면식(面識)의 범위를 훨씬 초과하는 규모를 지니는 생활공간인 도시에 있어서 그 계급·계층의 구별은 주거에 그대로 담긴다. 우리의 일상적 도시 경험은, 부자 동네와 가난한 사람들의 동네, 서울 강남구 도곡동의 타워팰리스가 상징하는 상류층과 구로구 공단 주변의 외국인 노동자 쪽방촌에 이르기까지, 다양한 주거지의 스펙트럼을 통해 계급과 계층을 드러낸다. 촌락이나 고대 그리스의 폴리스와 달리, 도시가 하나의 공동체(community) 수준을 훨씬 넘어서기 때문에 상류층 지구와 하류층 지구는 서로 멀리 떨어져 있어 서로에 대해 잘 모른다. 두 극단의 계층에게 자신들의 '동네'가 자신들의 세계이고, 소문으로 들리는 다른 동네의 얘기는 먼 나라 이야기처럼 낯설고 신기하다. 도시는 그러한 다양한 계층의 혹은 계급의 이질적인 공동체들(communities)로 이루어져 있으며, 도심 상업 지구의 빌딩이나 사무실 빌딩, 간선 도로변에서 각각의 구성원들은 서로 어색하게 마주친다. 고층 빌딩 유리창닦이가 재벌 총수의 집무실 유리창에서 줄타기할 때, 밤늦은 퇴근길 빌딩을 나선 펀드매니저가 길가 포장마차를 지나칠 때, 출근길 꽉 막힌 태평로에서 고급 세단 앞을 가로막은 청소차에게 크랙션을 울릴 때, 그들은 서로 불편하게 쳐다보고 스쳐간다. 그들이 무척 가까이 살고 있다는 사실은 높은 빌딩 숲에 가려, 또 짙은 매연에 가려 잊혀진 지 오래다.

도시는 그렇게 사람들을 공간적으로 구별해낸다. 사람들의 특성, 그것도 계급·계층적 특성을 공간적으로 구별해 내는 작용이 바로 도시의 '공간-사회적 힘'이고, 그것은 주거지 분화(residential differentiation)의 동학으로 현상한다. 실제로 도시에서 주거지 면적이 대개 80% 이상을 차지하며 도시 생활공간의 대부분을 이룬다. 생활공간은 생산 공간, 주거 공간, 여가 공간으로 이루어지는데, 여가 공간의 대부분이 주거지 근처에서 이루어지므로 주거 공간이야말로 도시 해석의 핵심 부문이 아닐 수 없다.

생태학적 도시 구조 이론: 동심원 이론, 부채꼴 이론, 다핵심 이론

주거지 분화의 이론을 통하여 도시의 사회적 힘들을 최초로 규명하려 한 시도는 1920년대 미국 시카고 학파의 도시 생태학적 연구이다. 당시의 지적 조류는 진화론적 사고였고, 사회 유기체설에서처럼 인간 사회는 하나의 유기체와 같다는 생물학적 유추가 횡행하였다. 이러한 지적 분위기 속에서, 급성장하는 미국 대도시의 다양한 민족 및 계층 집단에 의한 주거지 분화 현상을 설명하는 틀로서, 생태학(ecology)을 채택한 것이다. 물질적 과정으로 인간의 실존적 과정을 '설명'하려 한다는 것이 얼마나 허약한지가 분명해진 오늘날에는 그들의 주장이 순진해 보일 수 있지만, 당시의 지성사에서는 최선의 아카데미즘이었다.

19세기 말에서 20세기 초에 미국에는 아일랜드, 영국, 독일, 이탈리아, 동유럽 지역에서 거의 매년 수십 만 명씩 이민자들이 몰려들었다. 이민자들 대부분은 미국 북동부 산업지대로 몰려들었으므로 시카고는 급격한 인구 팽창과 역동적인 주거지 분화를 겪고 있었다. 로버트 파크(R. Park), 어니스트 버제스(E. Burgess) 등의 시카고 대학 도시사회학자들이 이민자 집단, 노동자 주거지, 흑인 주거지, 중산층 및 상류층 주거지 등 변화무쌍한 도시 내 주거 지역을 생태학적 시각으로 해석하려 한 것은 바로 이러한 배경에서이다. 생태학적 시각은 인간의 생물적 측면과 정신적 측면 중에서 전자에 초점을 맞추고 인간 사회를 개체와 집단으로 구분해 바라보고, 도시를 집단 간 생존을 위한 영역 경쟁의 장으로서 이해한다. 그들이 생각하기에 도시는 기업가, 노동자, 사무직, 다양한 이민자 집단들, 흑인 등의 제반 집단이 물리적 환경이 주어진 도시 내에 일정한 영역을 침입·점유하고 유지·계승해나가는 과정에 있다. 그러므로 현재 포착되는 도시의 주거 분화 양상은 그러한 제 집단들의 생존을 위한 도시 내 영역 확보 경쟁 과정의 한 장면인 것이다. 그들은 이러한 과정을 통해서 형성되는 '골드 코스트(Gold Coast)'(상류층 지구), '타워타운(Towertown)'(유흥가), 슬럼, 세입자 지구, 차이나타운, '리틀 시실리(Little Sicily),' '블랙 벨트(Black belt)' 등의 지역을 '자연 지역(natural area)'이라고 부를 정도였다.

특히, 버제스(1925)는 도시가 성장함에 따라 도심에는 상업 기능이 집중하고 그 주변에 공업 기능과 창고 기능이 집적하는데 공장과 창고가 중심업무지구 바깥으로 확대되면서 기존 주거지를 잠식함에 따라 주거지와 공업 기능이 혼재하는 점이 지대(transitional zone)가 형성된다고 보았다. 점이 지대에서는 주거지의 질이 급격히 떨어지게 되어 수입이 조금 나아진 기존 노동자들이 바깥으로 떠나고 대신 새로운 이민자 집단이 민족별로 거주하게 된다. 그렇게 하여 점이 지대는 차이나타운, 이탈리

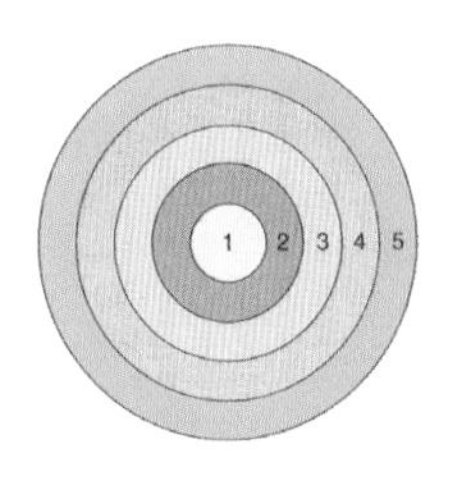

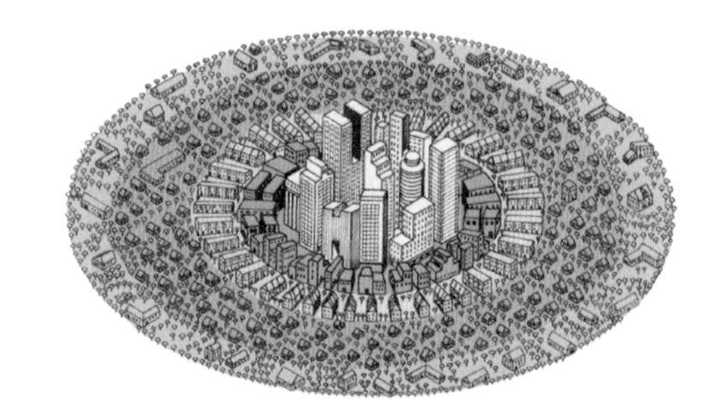

A. 동심원 모델

1. 중심업무지구
2. 점이 지대
3. 노동자 주택지대
4. 중산층 거주지대
5. 통근자 지대

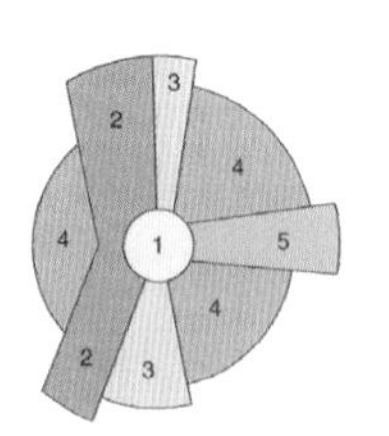

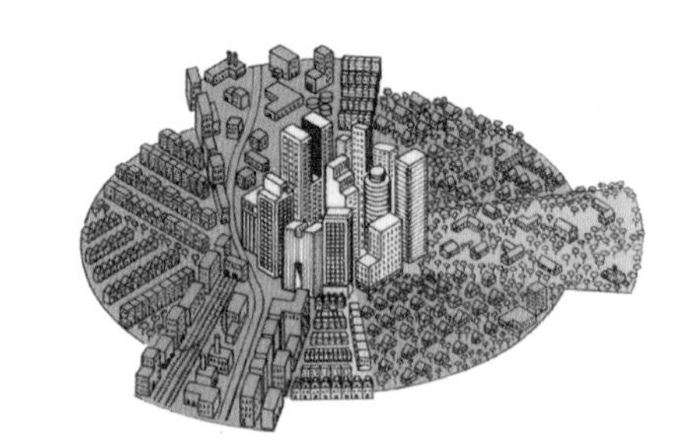

B. 부채꼴 모델

1. 중심업무지구
2. 교통 및 산업지구
3. 저소득층 거주지구
4. 중산층 거주지구
5. 상류층 거주지구

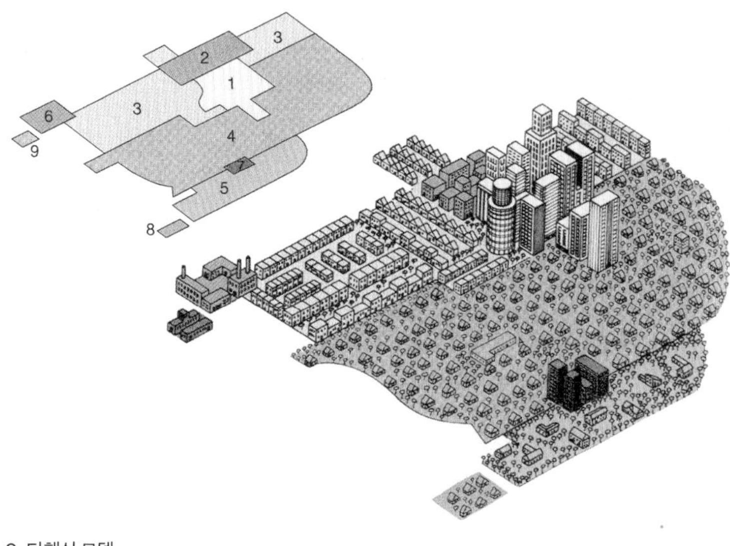

C. 다핵심 모델

1. 중심업무지구
2. 도매업·경공업지구
3. 저소득층 거주지구
4. 중산층 거주지구
5. 상류층 거주지구
6. 중공업지구
7. 교외 업주지구
8. 교외 거주지구
9. 교외 산업지구

그림 11-7 도시 구조에 관한 여러 가지 모델(Rubenstein, 2005: 439-440)

아인 지구, 흑인 지구, 세입자 지구 등 슬럼 지구가 형성된다. 그들은 물론 원래의 주택 구조를 칸칸이 나눠 옹색해진 방을 여러 명이 임대해 거주한다. 그 점이 지대의 바깥 둘레에는 대체로 이민 2세대에 의해 구성되는 노동자 주거지가 형성된다. 그 노동자 주거지 바깥 둘레에는 보다 나은 중산층 주거지가 형성되고 넓은 마당을 가진 단독 주택 지구를 이룬다. 그리고 중산층 주거지 바깥에는 간선 도로를 따라 소도시들이 분포하고 그곳으로부터 중심 도시로 출퇴근하는 통근자 지역이 형성된다. 결국 그는 도심의 중심업무지구로부터 주변의 다양한 주거지가 도심으로부터의 거리에 따라 동심원 모양으로 분화된다고 정리하였다. 상업이나 공업 등의 중심 업무 기능은 집심(集心, centralization), 주거지는 이심(離心, decentralization)하는 경향이 있는데, 이 두 경향이 어우러져 동심원적 띠모양 패턴을 결과한다는 것이 그의 논지이다.

버제스의 이론은 명료하나 현상을 너무 단순화했다는 위험이 있고 또한 시카고 이외의 도시에 적용하기에는 어려움이 있었다. 그리하여 그로부터 십수 년 후 호머 호이트(H. Hoyt, 1939)는 미국 내 149개 도시를 조사 검토해본 결과, 경공업 및 도매업 지구가 중심업무지구로부터 간선 도로를 따라 길게 전개되는 경향이 있으며, 그곳을 둘러싸고 노동자 지구가 길게 펼쳐진다고 주장했다. 상류층 지구 역시 중심업무지구로부터 다른 간선 도로를 따라 펼쳐지며, 중산층 지구는 노동자 지구와 상류층 지구 사이에 분포한다고 정리하였다. 결과적으로 간선 도로를 따른 부채꼴(sector) 모양의 도시 구조가 도출된다.

호이트의 모델이 제출되던 시기의 미국은 자동차가 폭발적으로 증가하여 도시화가 격동하던 시기였다. 자동차가 일상화되었으며 도시가 팽창하여 교외 지역이 성장하였고, 무엇보다도 도시 내부가 다핵화하게 되었다. 중심업무지구 이외에 간선도로가 교차하는 지점에서 부심이 성장하였고, 기타 상업 지구, 경공업 지구 등이 등장하였다. 해리스(C. D. Harris)와 울먼(E. Ullman, 1945)이 다핵심 이론을 제출한 것은 바로 이러한 도시화 상황을 적절히 포착하려 한 시도이다. 간선도로가 최대로 교차하는 도시 중심 지점에서 중심업무지구(Central Business District)가 형성되고, 다른 간선도로 교차 지점에 상업 지구 결절이나 공업 지구 결절이 형성된다. 중심업무

지구 주변으로는 공업과 도매업 기능이 분포하는 점이 지대가 형성되고, 상업 지구 주변에는 중산층 주거지나 상류층 주거지가 형성되며, 공업 지구 주변에는 노동자 주거지가 형성된다. 도시의 내부 구조는 이렇게 간선도로의 주요 결절을 중심으로 형성되는 업무 지구, 상업 지구, 공업 지구의 핵을 중심으로 적절한 주거지가 형성되는 '다핵(multiple-nuclei) 구조'이다.

인간의 동물성? 도시(인간) 생태학의 비판과 수정

오늘날 20세기 전반부를 풍미하던 생태학적 관점이 갖는 한계는 명백하다. 도시 내에서도 '생존 투쟁'적 동기를 훨씬 넘어서는 문화적 동기에 의한 커뮤니티들이 여럿 보고되었고, 이촌 향도한 도시민들이, 그리고 도시 이민자 집단들이 자신들의 문화적 배경에 따라 공간적으로 또 사회적으로 결집하는 양상들을 더 이상 부인할 수 없게 되었다. 미국에 정착한 중국인, 한국인, 이탈리아인이 집단 거주하면서 자신들의 문화를 보존하고 강화하는 현상, 상류층끼리의 커뮤니티 현상, 도시 내 동호회 집단 등등은 집단 간 '영역 경쟁'의 분위기와 사뭇 다르다.

생물학적 유추가 더 이상 지성적으로 받아들여지지 않으면서 고전적인 도시 생태학은 그 효력을 상실하게 되었다. 도시 생태학은 1950년대에 접어들어 '공생' 관계를 강조하는 '사회학적 인간 생태학' 혹은 신고전 인간 생태학으

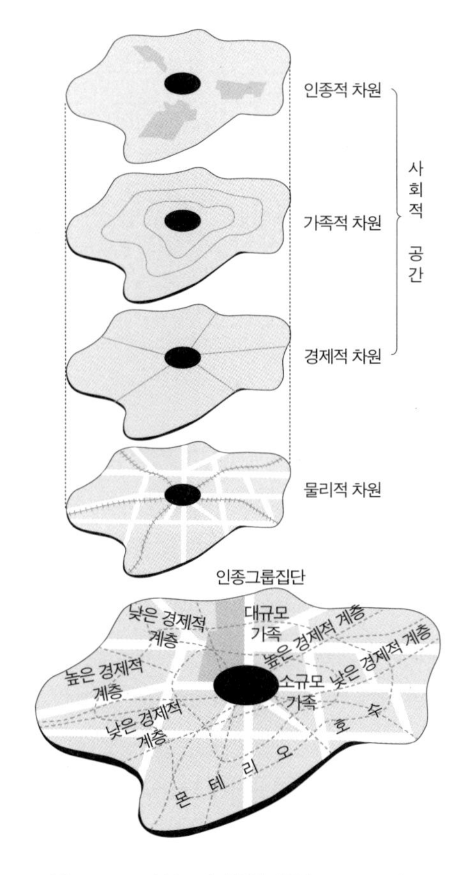

그림 11-8 도시 구조의 다차원 이론(Knox, 1994)

로 후퇴했으나, 그 전개 과정에서 심리 요소, 상징, 가치관 따위를 부여하게 되었고, 그만큼 덜 '생태학적'인 모습을 띠게 되었다.

특정 집단과 그들의 '역량'상 점유하게 되는 '영역'이 생태적 필연으로서 연관되는 '자연 지역'이라는 관점이 점차 희석되어, 사회 경제적으로 비교적 동질적인 인구 집단이 모인 '사회 지역(Social area),' 또는 '근린 유형'이라는 이름으로 바뀌었다. 뿐만 아니라, 동심원이든 부채꼴이든 혹은 다핵이든 형태에 대한 '법칙'을 찾아내려 하기보다는 주거지를 분화시키는 주요 변인들을 확인하고자 하였다.

쉐브키와 벨(Shevky & Bell, 1955)의 '사회 지역 분석(Social Area Analysis)'이 바로 그것인데, 그들은 인구 특성과 주택 특성에 관한 많은 자료를 조사하는 인구 및 주택 센서스 데이터를 활용하였다. 그들은 센서스 구획별로 수집된 직업과 학력, 직장여성과 핵가족 수, 소수 민족 인구 및 이민자 수에 관한 20여 개 변수들을 종합하여 ① 사회-경제적 지위, ② 가구 형태, ③ 소수 민족 배경이라는 세 변인을 안출하였다. 사회 지역 분석은 그후 요인 분석(factor analysis)이라는 정교한 다변량 통계 기

| **참고 11-2** |

주택 여과 과정(filtering process)

생태학적 패러다임 하에서의 주택 연구의 한 성과로서 나온 개념이다. 주택 여과 과정이란, 고소득층이 살다 떠난 주거지를 중간소득층이 거주하게 되고, 중산층이 남기고 떠난 주택에는 저소득층이 거주하게 되는 일련의 과정을 말한다. 이 개념은 내부도시의 슬럼화와 중산층 교외화를 적절히 설명해 주지만, 지나치게 단순하여 도시별로 다양한 제특성을 반영하지 못하고 있을 뿐 아니라 내부도시의 재개발, 즉 젠트리피케이션(gentrification) 현상을 설명하지 못한다.

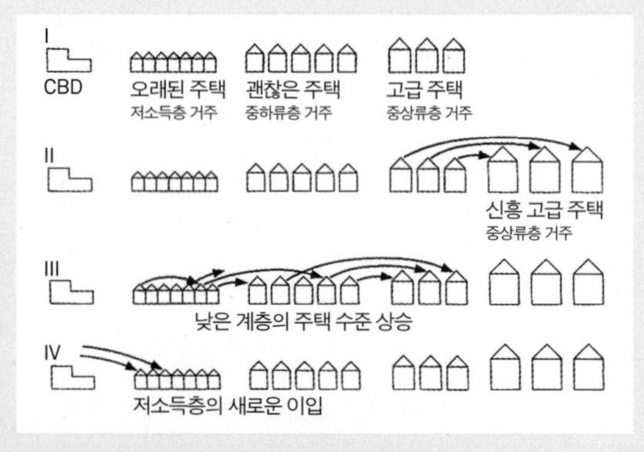

법이 소개되면서 '요인 생태학(factorial ecology)'이라는 이름을 얻게 되었다. 사회 지역 분석이 물론 도시 생태학의 연장선상에 있는 것은 맞지만, 주거 분화의 궁극적 원인처를 인간 집단의 생태학적 욕망에 두지 않는다. 단지 근린 유형을 구별해내고 그것의 제반 특성을 서술해낼 뿐이다.

1960년대 미국 도시들에 대한 요인 분석을 이용한 사회지역 분석에서 가장 중요한 '요인'들로 드러난 것은, 쉐브키와 벨이 주장한 것과 같이 첫 번째가 사회·경제적 지위이고, 두 번째가 가구(家口) 지위(혹은 생애 주기)이며, 세 번째가 소수 민족 요인이었다. 더욱이 각 '요인'들의 공간적 전개 패턴은, 독특하게도 사회·경제적 지위는 부채꼴 패턴을 보였고, 가구 지위 요인은 동심원 패턴을 보였으며, 소수 민족 요인은 다핵 패턴을 보였다. 흡사 동심원 이론과 부채꼴 이론, 그리고 다핵 이론을 멋지게 종합한 것처럼 보이는 머디(R. Murdie)의 '다차원 이론'은 실상 부채꼴 이론만을 적확히 반영할 뿐이다. 게다가 다차원 모델이 제출된 지 30년이 지난 지금 도시의 주거지 분화는 전혀 새로운 양상을 지니게 되었다. 무엇보다도 교외 지역이 더욱 확장되었고, 여성의 노동 참여가 증가하면서 종래의 핵가족 지구는 희미해졌으며, 사회적 양극화로 '언더클래스(Underclass)'라는 요인이 하나 더 추가되었다.

도시 관리주의와 주체의 문제 – 문지기들의 농간

역동적인 도시화 과정의 결과로서 드러나는 주거지 분화 양상을 공간적으로 정리하는 수준에서 더 나아가, 특정 '사회 지역' 혹은 '근린 유형'이 어떻게 형성·유지되고 있는가에 초점을 두는 접근법이 1960년대 말부터 나타났다. 방대한 인구·주택 센서스 자료와 컴퓨터의 도움으로 각 도시들의 사회 지역 분포 양상은 어렵지 않게 알아낼 수 있었으므로, 학자들의 시선이 각 사회 지역들의 형성 프로세스로 옮아간 것이다. 일종의 주택 수요자 측면의 접근이라 할 수 있는 생태학적 프로세스를 기각한다면, 결국 주택 공급 부문에 주목하는 것이 된다. 그것은 두 가지 접근으로 나타났는데, 그 하나가 도시 관리주의(Urban Managerialim) 접근이고 다른 하나는 구조주의적 접근(Structuralist Approach)이다.

도시 관리주의 접근은 주택 공급에 관여하는 도시 관리자들(주택 담당 관료와 민간 전문직)이 다양한 계층의 사람들의 주택 시장 진입에 있어서 문지기(gatekeeper) 역할을 한다고 본다. 시청이나 구청의 주택 담당관이나 공공 주택 담당관, 그리고 금융 기관이나 부동산 회사의 평가사 등이 저소득, 유색 인종의 주택 구입 시 백인이나 상류층 지구에 접근하기 어렵도록 함으로써, 기존 '사회 지역'을 강화시키거나 혹은 그 반대의 역할을 한다는 것이다. 결국 근린 유지 혹은 변동의 핵심 원인을 해당 변화나 유지에 이해 관계를 갖는 핵심 주체(key actors)에 두는 것이다.

기존 근린 유형을 유지·강화하는 프로세스로 대표적인 것은 '붉은 줄긋기(redlining)'가 있고, 기존 근린을 변화시키는 대표적인 프로세스로는 '블록 파괴(blockbusting)'가 있다. 전자는 저당 대출 금융 기관(mortgage financiers)이 불량 주택 지구인 내부도시(inner city) 지역의 근린에 붉은 줄을 그어두고 주택 평가사들의 평가에서 조직적으로 저평가되도록 유도하는 것을 말한다. 그렇게 하면 기존에 내부도시에 살던 사람들은 주택 평가가 낮아서 더 많은 저당 대출을 받지 못하므로 내부도시를 벗어난 지역의 주택을 구하기 힘들기 때문에 그곳을 벗어나기 어렵게 된다. 뿐만 아니라 평가사들의 인종적 편견 때문에 흑인의 주택을 저평가함으로써 흑인 및 유색 인종들이 내부도시에 '갇히'도록 유도하기도 한다. 블록 파괴는 주로 부동산업자가 주체가 되는 근린 변동 메커니즘이다. 어떤 백인 지구에 흑인 가구가 상당수 진입하게 되면, 부동산 중개업자들이 백인 가구들에게 여러 가지 불법적인 수단으로 저가에 주택을 처분하고 떠나도록 유도하고 진입하는 흑인에게는 고가에 판매함으로써 막대한 차익과 함께 근린의 성격을 변화시키는 것이다.

도시 관리주의는 주택 시장에 관여하는 핵심 행위자들을 중심으로 근린지구의 특성 변화를 파악함으로써, 도시 주거 지분화 연구를 맥락화시켰다. 즉 기존의 생태학적 연구가 모든 도시에 적용되는 일반적인 공간 패턴을 구하려 하던 것을 부정하고, 각 도시들의 상황에 적절한 도시 주거분화 양상을 세밀하게 포착하려 하였다. 다만, 인종적 편견이 큰 나라의 도시에서는 뚜렷한 '도시 관리'의 흔적이 나타났으나 아직 우리나라의 도시에서는 이러한 뚜렷한 사례가 보고되지 않고 있다.

'구조주의적' 접근: 거시적인, 너무나 거시적인

흔히 '구조주의적 접근'이라고 일컬어지는 도시 구조의 동학에 관한 이론은 사실상 마르크스주의 정치경제학적 관점에 입각한 도시 구조 이론이다. 그것의 핵심적 기초는 하비(D. Harvey, 1989)의 '자본의 순환' 도식인데, 도시 내 생산 부분(노동-자본 순환)에서 과잉 축적이 이루어지면 과잉 자본을 건조(建造) 환경(built environment) 투자로 전환함으로써 위기를 모면하고 동시에 차기의 축적을 예비한다는 것이다. 건조 환경이란 공장 설비는 물론, 공업 단지, 주택 단지, 도로, 상·하수도 등과 같은 도시 하부 구조처럼 당장은 비생산적이지만 차기에 생산성을 높일 수 있는 물리적 시설을 말한다(그림 11-9). 1950~1960년대 호황기 미국 대도시에서의 대규모 교통 시설 확충 및 대단위 주택 단지 공급을 통한 대대적인 교외화(郊外化)는 바로 이런 틀로 설명된다.

1950년에서 1970년 사이에 미국 대도시 지역에서는 교외 지역의 인구 성장이 무려 1,900만 명에 이를 정도였다. 반면 중심 대도시는 600만 명 정도만 성장했다

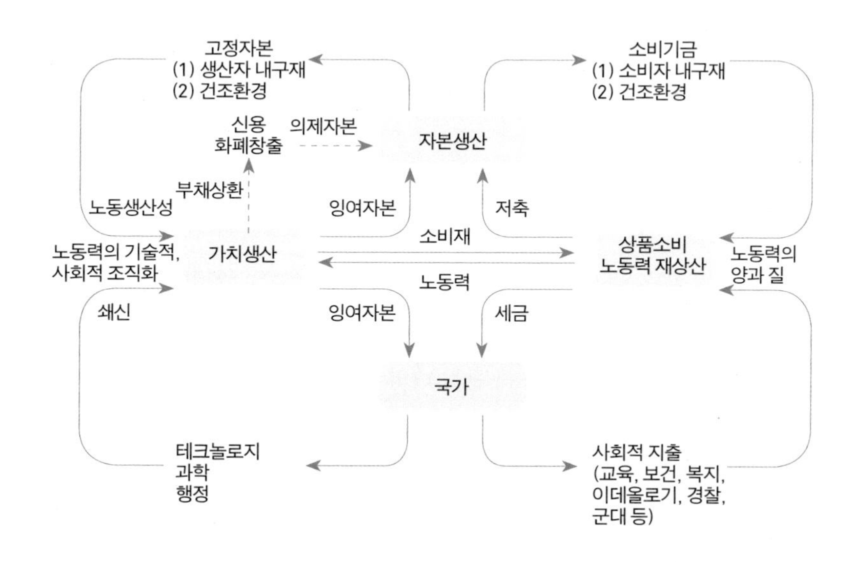

그림 11-9 하비의 자본 순환 이론

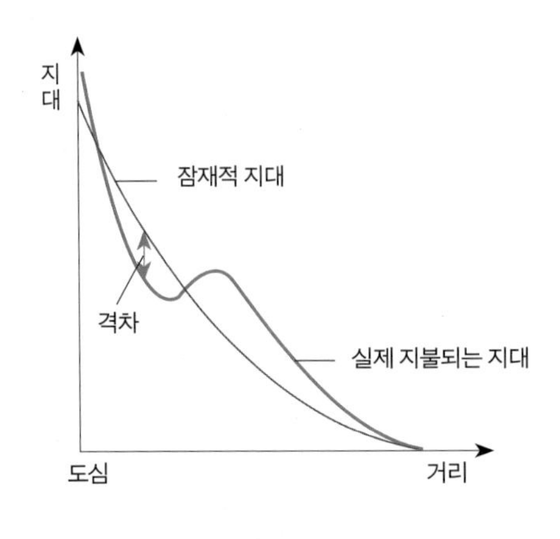

그림 11-10 지대격차

(Knox, 2000). 중심 대도시에 자본 투자가 집중되면서, 중심 대도시의 이윤율이 감소하게 되었고, 따라서 이윤율이 높은 교외로 자본이 이동한 것이다. 대도시 교외화를 통해 내부도시는 점차 쇠락하였으며, 위치에 따른 잠재적 지대보다 실제 거래되는 지대가 현저히 낮아지게 되었다. 이러한 차이, 즉 위치에 따른 이론적 지대인 잠재적 지대(latent rent)와 쇠락된 환경 하에서 실제 지불되는 지대(actual rent)의 차이를 지대격차(rent gap)라 한다(그림 11-10). 지대격차에 의해 내부도시가 충분히 이윤율을 회복하면 내부도시에는 젠트리피케이션(gentrification)이 발생한다. 내부도시의 가장 쇠락된 불량 주택 지구에서부터, 지방 자치 단체와 개발업자들이 연합하여 고급 주택 지구로 재개발하고, 도심 업무 빌딩에 근무하는 고학력 전문직 종사자들을 입주시키는 것이다.

서구 도시에서 젠트리피케이션 현상은 1970~80년대에 주목되어 왔으나 우리나라의 도시에서는 교외화와 함께 내부도시의 슬럼화 현상을 딱히 발견하기 어렵다. 그래서 서구 도시에서의 젠트리피케이션 현상과 그 내용이 같은 현상을 발견하기도 쉽지 않다. 현재 서울 도심부에서 전개되는 고급 주상복합 단지의 형성을 거기에 비유할 수도 있지만, 고급 주상복합 아파트의 형성은 도심부만이 아니라 강남, 목동, 여의도 등 주요 부심지에서 화려하게 전개되고 있다. 그 세부 위치도 쇠락된 지구를 재개발하는 경우보다는 기존 고급 주택 단지 내의 핵심 지역에 위치하는 경우도 많다. 사실 그 이전에 우리나라 서울의 경우 1970년대 이후 지속적인 도심 재개발 사업에 의해 도심부 인근의 불량 주택 지구가 재개발되어 고층화됨으로써 내부도시 슬럼 지구가 형성되기 어려웠다. 도심 주변의 오랜 전통 주거 지역 또한 대체로 한계 인구(marginalized population)가 거주하지 않았고, 오히려 그들은 도심과 그 인근으로부

그림 11-11 서울 청계천 주변의 경관 변화

'매우 긴 인공 어항'이라는 비판을 받으며 개발된 청계천은 천변의 공구상, 전구상 등의 점포들을 폐점, 이전시키고 소비지향적인 업종이 들어서게 하고 있다. 그런 점에서 청계천을 비롯한 부근의 경관 개조는 젠트리피케이션의 일종으로 보아도 무리가 없다(왼쪽: 2006년 7월 23일의 청계천, 오른쪽: 떠나가는 공구상, 2008년 5월 12일 촬영).

터 도시 밖이나 변두리로 이미 밀려나 있다. 현재 도심부 쪽방촌은 돈의동, 창신동, 서울역 주변에 위치하며, 2,000여 명이 3,000여 개 방에 거주하고 있다.

4) 공간-정치적 힘과 도시 구조

도시 거버넌스

지리학은 오랫동안 공간 과정에서 정치 요인을 배제해 왔다. 정책적으로 결정된 산업 입지나 도시 계획은 자의적인 것으로 보고 분석의 칼날을 들이대지 않은 것이다. 그러나 정부는 시민사회로부터 구성되고 시민사회는 제반 사회 세력으로 균열되어 있으며, 그들 간 역학 관계가 정치 과정을 통하여 정책으로 드러나는 것이 알려진 후, 공간 과정에서 정치 요인은 내버려둘 수 없는 요인이었다. 특히, 한국과 같이 국가가 '과대 성장'한 경우, 산업 입지 및 도시화에 있어서 국가의 역할은 지대하였으므로 도시를 연구함에 있어 정치 요소는 경제적 요소와 더불어 핵심적 중요성을 갖는다. 서울 시내의 경복궁과 종묘에서부터 오늘날 보이는 세종로 정부청사와 여의도 건설, 그리고 도심부 CBD 형성 등에 있어서 중앙 정부와 시 당국의 정치적 과정이 핵심적 요소였다.

서구 도시에서도 자유방임적 시기를 제외하고 도시는 줄곧 정치적 과정이 강하게 작용해왔다. 공장이 입지하고 상업 시설이 들어서는 데 있어서 자유가 충만했지만, 그것은 이내 공유 공간(shared space)과 사유 재산권(private ownership) 간의 모순에 봉착하였다. 다시 말해, 공장이 입지하는 경우 고용된 다수 노동자의 주택은 어디에 어떻게 마련될 것이고, 또 상·하수도와 전기는 어떻게 충족될 것이며, 물건을 실어 나를 도로는 누가 어디에 지을 것인가에 대한 대책이 절박해졌다. 자유방임형 자본주의 경제 과정이 도시의 존립에 필수적인 도시 공공재(urban public goods)인 상·하수도, 주택, 도로, 전기 및 연료, 폐기물 처리 등의 공급문제에 있어 턱없이 무력하다는 것이 드러나게 된 것이다. 이후 도시는 자체적인 도시 관리의 행정적 주체, 곧 도시 행정권(Municipality)을 구성하게 되었다. 그로 인해 도시는 이제 도시 내 거주하는 각 주체(도시 자본가, 상인, 노동자, 중산층, 지주 등)들의 이해(利害)의 각축장이 되었다. 그것은 국가가 사회 내 제 세력들의 이해의 각축장(arena)으로 되는 것과 마찬가지이다. 그리하여 도시 경관은 경제적 생산 시설들의 입지론에 입각한 최소 비용 원리나 혹은 집적 경제 원리에 따라 구성되기도 하지만, 그것을 조정 통제하는 도시 내외의 정치 과정을 통해서 변형되어 표출되게 된다. 뿐만 아니라, 도시의 정치 과정은 공공 시설의 형성에 있어서, 그리고 전반적인 도시 계획 및 설계에 있어서 자본주의 경제 과정이 미칠 수 없는 자신의 고유 영역을 갖는다.

이러한 이유에서 도시 구조에 미치는 정치 요인의 동학을 따로 고찰할 필요가 있다. 여기에서는 서구 도시 정치의 진행 과정을 통하여 도시 통치 양식(urban governance)의 변화를 고찰하고 우리나라의 그것과 비교해보자. '통치 양식'으로 번역되는 '거버넌스'란 도시 계획의 주체가 더 이상 시청이나 구청 따위의 도시 정부만이 아니라 민간 기구도 폭넓게 참여하게 된 상황에서 도시 정부와 민간 기구의 참여 정도 및 위상의 양식을 말한다. 도시 정책에서 도시 정부와 민간 기구의 상호 연관 방식이 중요하게 된 것이다.

〈갱스 오브 뉴욕〉: 도당 정치와 성장 연합

19세기 후반 도시는 공공재 공급의 주체로 나서게 되었고 그것을 가능하게 한 것은 공공 법인화(incorporation)였다. 법인이 되면 부채 금융이 가능하므로 보다 큰 규모의 재원을 운용할 수 있었다. 도로, 교량, 상·하수도, 에너지 설비 등은 대규모 예산이 필요한 것으로 채권 발행이나 대출을 통해 자금을 조성해야만 수행할 수 있었다. 자본주의가 성장하면서 도시 인구가 팽창하였으므로 막대한 기반시설(infrastructure) 건설이 요구되는 시기였다. 부채 금융을 통해 도시를 정비하면 우선 부동산 가치가 증대하고 산업 활동이 촉진되므로, 그렇게 증가한 재산세와 부지 매각 대금으로 시정(市政, municipality)의 부채를 해결하는 방식이었다. 부동산 가치의 증식을 통한 시정 운영은 막대한 이권이 발생하는 방식이기 때문에 이를 위한 정치적 '조직(machine)'이 등장하게 되었다.

19세기 말 뉴욕의 '태머니 조직'이 대표적인 사례인데, 이들 정치적 조직은 밀려드는 이민자 표를 이용하여 시정을 장악한 다음, 공무원 조직의 사조직화 부채 금융을 통한 대대적인 개발 사업을 통해 부동산 가치를 증식하였고, 여기서 발생한 차익은 개인적 축재, 조직 관리 등에 활용하였다. 이러한 방식으로 이들은 수 차례에 걸쳐서 시정을 장악하였는데 이를 '도당 정치(machine politics)'라 한다. 그 특징은 대중정치를 이용한 시정 장악과 부동산 가치 증식을 통한 권력 재생산이다. 그들의 개발위주의 시정은 상공인, 개발업자, 부동산 투기자들의 이익과도 일치하는 것이었다.

도당 정치는 그 특성상 부정과 뇌물에 연루되었고, 중산층이 주도가 된 반부패 개혁주의 운동을 초래하면서 사라져갔다. 이후 시정은 노동자 이익보다는 중산층(신흥 상공인)의 이익이 우선하였고 산업 기반 시설 확충에 치중하였다. 그런데 대도시 교외화로 중산층이 중심 도시에서 빠져나가고 교외 지역은 자체 시정(municipality)을 형성하여 독립함으로써(그림 11-12) 중심 도시는 재정난에 빠지게 되었다. 중심 도시에는 저소득층 인구가 증가하면서, 도시 인프라 및 복지 시설 수요는 증가했지만, 세수는 감소한 것이다.

이에 도시들은 시 당국-상공인-노동자 3자 연합의 성장 연합(progrowth

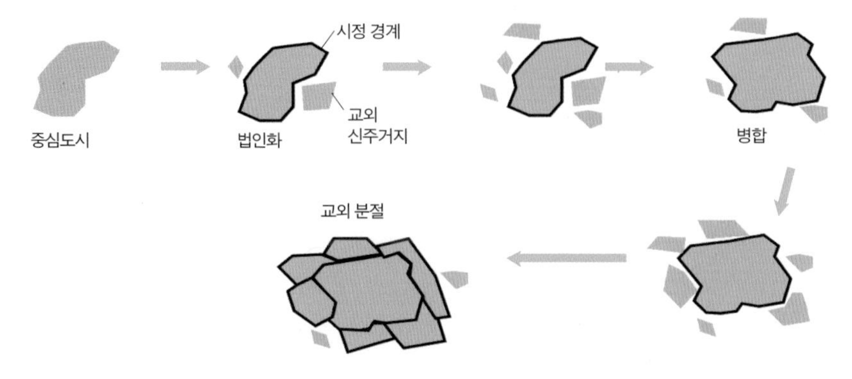

그림 11-12 대도시 분절(Metropolitan segmentation)

coalition)을 결성하여 대응하였다. 성장 연합은 중앙 정부에 개별 도시 지원을 요청하고 주택 공급과 도시 재생(urban renewal) 프로그램을 추진하였다. 노동자 계급이 참여하였지만 대체로 상공인 주도였기 때문에 주택 공급과 사회 복지 시설이 추진되더라도 주로 도심부의 재생 프로그램이 중심이 되었다. 도시마다 성장 연합은 민관위임 기구 형태를 띠었는데, 예컨대 샌프란시스코 계획 및 도시재생협회(SPUR), 세인트루이스 공민발전(Civic Progress), 뉴헤이번 시민행동위원회(CCAC), 피츠버그 커뮤니티개발회의, 대필라델피아 운동본부, 보스턴 재개발위원회 등이다. 이들 성장 연합 기구에는 도시의 다양한 행위자들이 참여하는데 그 핵심은 지방 정부 지도자, 도심부 상공인, 개발업자였다. 그 주변에 노조와 언론사, 지방 대학, 연방 정치인 등이 관여했지만 대체로 도심부 상공인의 목소리가 컸다. 그리하여 주요 개발 내용은 내부도시(inner city)의 슬럼을 철거하고 오피스 단지[필라델피아의 펜(Penn) 센터], 상업 단지(뉴헤이번), 고속도로와 병원(세인트루이스), 업무용 신시가지 건설[피츠버그의 골든 트라이앵글(Golden Triangle)] 등이었다. 슬럼을 철거한 자리에 공공 주택을 건설하는 사업도 추진되긴 하였으나 적극적이지 않았다. 이러한 도심 활성화 방향의 도시 재생 프로그램은 내부도시 주민의 강력한 반발을 초래하였고 몇몇 프로그램을 중단시키기도 하였다.

한국의 경우 지방자치제가 실시된 것은 1995년이었으므로 그 이전에는 지방 정부가 중앙 정부의 하위 집행 기관에 불과하였다. 서울의 경우만 해도 대통령의 의중과 그 하위 집행자로서의 시장의 의지, 그리고 독점 재벌의 이익이 도시의 면모를 일신하는 방식이었다. 이것은 어떤 점에서 중앙 정부-시 당국-재벌 3자의 성장 연합과 다를 바 없었다. 소요되는 자금 역시 국가의 보증에 따라 무제한 부채 금융이 가능하였다. 서울 도심부 재개발 과정은 기존의 불량 주택 지구 주민을 내몰고 기존 복잡한 토지 소유자를 위협 반 협상 반으로 매각하게 하고, 독점 자본이나 가능할 고층화 지구로 지정한 뒤 재개발 시행자에게는 특혜 금융을 통하여 자금을 조달할 수 있도록 하는 방식이었다. 그 결과 소공동, 을지로 1가, 태평로, 남대문 지구 등지에는 독점 자본 중심의 대형 빌딩, 호텔, 백화점 등이 입지하게 되었다. 막대한 부동산 가치 증식분은 독점 자본이나 정부에 귀속되었고 저소득층과 세입자들은 어디론가 밀려났다.

기업가주의 도시: 시장(市長)인가 사장(社長)인가

1970년대 경제 위기는 연방 정부 교부금 감축, 소득세 감소, 성장 연합의 비용 지출 증가 등에 따라 도시 재정 위기를 초래하였고 성장 연합은 대부분 해체되었다. 시 재정에서 제일 먼저 사회 복지, 공공 서비스 지출을 감축하였고 도시 정책에 상공인의 이해가 더욱 중요해졌다. 그리하여 도시는 점차 기업가적이 되었다. 시 정부와 민간 자본이 합작하여 도시 활성화를 위한 재생 프로그램을 추진하였고, 도시는 장소 마케팅을 통하여 산업 유치를 위해서 위락 지구 조성, 고급 주거지 형성, 오피스파크, 사이언스파크 조성 및 홍보 활동에 적극 나서게 되었다. 전기, 가로등, 가스 등의 대부분의 도시공공 서비스를 민영화하였고, 상하수도 수리, 도로, 교량, 터널 건설 등 도시 인프라 사업도 민간 위탁하였다. 도시 개발 프로그램은 대개 민-관 파트너십(public-private partnership)에 위임되었다. 민관 파트너십의 형태는 지방개발공사(Local Develoment Corporation), 경제개발공사(EDC), 도시개발공사(UDC) 등의 형태였다. 이 기관들은 그전의 성장 연합 기관들과 두 가지 점에서 질적으로 다르다. 첫째, 시 당국과 도시 내 대표적인 기업 및 금융업자들이 참여한다는 점이다. 둘째, 주로 도시 계획 및 개발, 공공 기금 운용, 세금 감면 정책 등에 재량권을 가지며 토지 수

용권도 갖고 법령도 발의할 수 있는 실로 막강한 권한의 준정부 기구라는 점이다. 이들 기관들은 도시 경제 성장을 목표로 하고 감면세나 금융 혜택 등 다양한 방식으로 민간 개발을 유도한다. 이렇게 도시 정부에 기업 성분이 침투하고 도시가 기업가처럼 행동하는 것을 '기업가주의 도시(enterpreneurial city)'라고 한다.

민관 파트너십 기관들이 주로 추진한 것은 ① 첨단 산업 촉진형(도로, 교량, 하이테크 산업 단지, 첨단학부 대학 설립 등), ② 중앙 정부 지출 유치형(선벨트의 방위 산업 단지 건설, 항공 우주 산업 단지 건설, 관련 대학 설치), ③ 금융 및 고차 서비스 촉진형(물류 및 정보 인프라 구축, 공항, 텔레포트, 컨벤션센터, 호텔, 오피스파크, 어메너티 조성), ④ 소비 매력도 촉진형(버팔로의 문화 지구 조성, 디트로이트의 우드워드 유흥 지구 재활성화, 피츠버그이 골든 트라이앵글) 등이다. 메이저리그 스타디움을 조성하고(미니애폴리스, 볼티모어), 대형 쇼핑몰, 갤러리, 축제 시장(보스턴의 퀸시 마켓, 필라델피아의 갤러리 앳 마켓, 볼티모어의 하버 플레이스, 뉴올리언스의 리버웍, 내쉬빌의 세컨스트리트)이 조성되기도 하였다. 이렇게 도시 전체적으로 도시의 이미지 메이킹을 시도하고 시장까지 나서서 적극 홍보까지 하는 와중에 소외되는 것은 노동자와 저소득층의 생활 조건이었다. 복지 시설은 축소되고 슬럼 지구는 철거되며 그들을 위한 직종은 증가하지 않았다.

우리나라의 도시에서도 지역 축제를 활성화하고, 국제 영화제를 개최하여 전국 혹은 국제적인 이벤트를 통해 도시를 홍보하여 관광객을 유치하며 산업 단지 및 고속도로 · 항만을 조성하고 파격적인 우대 조치 등을 통해 기업체를 유치하려고 하는 등 도시가 점차적으로 기업가적으로 되고 있다. 도시가스 등 몇몇 분야에서 민영화가 시도되었으며, 교량 및 도로 건설, 철도 역사 건설 등에서 민자 유치, 혹은 민관 컨소시엄 등이 확대되고 있다.

도시 거버넌스의 이론

도시화를 주도하는 도시 정치의 이와 같은 여러 양상들을 '도시 거버넌스(Urban Governance)'라 한다. 거버넌스는 일종의 정치적이고 경제적인 조정 양식으로서 통치 체제라고 번역하기도 하는데, 지방 정부의 다양한 조정 양식을 종합하고 정리 · 해석하려는 논의를 도시 거버넌스 이론이라 한다. 도시 거버넌스 이론으로 처음 등장한 것은 1970년대 중반 몰로치(Molotch, 1976)의 '성장 연합'론이다. 그는 당시의 도시들에 나타난 제반 성장 연합 기관들과 그 참여자들의 이해 관계를 해석하고 그것이 도시들마다 어떤 결과를 초래했는지를 추적하였다. 그러나 얼마 후 도시들은 '성장 연합' 기관과는 질적으로 다른 거버넌스, 즉 민관 파트너십 중심의 기업가주의 도시로 이행했고 이에 도시 거버넌스의 특성을 분류하려는 시도가 나타났다. 페인스타인 등(Feinstein *et al.*, 1983), 스톤(Stone, 1991), 디케타노 등(Digaetano *et al.*, 1999)이 도시 레짐을 여러 가지로 분류한 것이 있다. 이를 도시 레짐 이론이라 한다.

위에서 열거한 '도당 정치 → 성장 연합 → 기업가주의 도시'의 이행은 모든 도시들마다 일률적으로 전개된 것이 아니고 각 도시별로 다르게 전개되었으며, 같은 기업가주의 도시라 하더라도 그 양상은 개별 도시가 처한 상황에 따라 달라진다. 따라서 도시들의 도시 거버넌스의 양상을 적절한 기준으로 분류하는 것이 필요하다.

3. 도시의 외부, 도시들 간의 관계

1) 점으로서의 도시

도시는 그 내부에 다양한 측면을 포함하고 있지만 도시 전체적으로도 하나의 특성을 갖는다. 그 내부의 다양성을 사상하고서 파악한 도시 전체적인 특성은 사실 도시 바깥의 대상을 향하는 것이다. 도시 바깥이 촌락이든 아니면 다른 도시든, 혹은 국가나 지역이든 말이다. 하나의 도시는 그 외부에 대하여 중심지로 파악될 수도 있고, 대도시 혹은 소도시 따위의 도시 규모로 파악될 수도 있으며, 공업도시나 광업도시 등속의 기능으로 파악될 수도 있다. 이때의 도시는 하나의 점으로 이해된다. 여러 도시들 간의 관계 속에서 점이든, 한 지역이나 국가 속에서의 점이든 그러하다. 도시들은 한 나라 혹은 한 지역에 속해 있으며, 이웃한 도시들과의 관련 속에서 존재한다. 이 관련에 대한 논의를 도시체계론이라 한다.

다수의 도시들은 우선 그 인구 규모 면에서 모두 동일할 수 없고, 위치적 특성이 같을 수 없으며, 따라서 그 기능이 일률적일 수 없다. 규모에 따라 대도시, 중도시, 소도시가 있으며, 위치에 따라 항구 도시와 내륙 도시가 있고, 공업 도시와 관광·소비 도시가 따로 있게 마련이다. 도시지리학자들 중에는 개별 도시들의 그러한 '개성'들 간에는 모종의 질서가 있다고 생각하며 여러 가지 절차를 통해서 그 '질서'를 해명하고자 하는 부류가 있다. 이들은 개별 도시들이 보유하는 여러 종류별 제조업 및 상업·서비스업 등의 자료를 통해서 도시들의 '기능'을 분류하고, 도시 인구 규모를 통해 도시의 위계를 설정하며, 도시의 입지를 통해 도시들의 위상을 설정한다. 이렇게 도시간의 '질서'를 규명하려 것이 도시 체계론의 내용이다. 도시 체계론에서는 각 도시들에서 시청이 어디에 있고, 공업 단지는 어느 위치에 있으며, 주거지는 또 어디까지인가 하는 따위의 도시 내부의 세세한 사항들은 사상(捨象)된다.

2) 도시들 간의 순위

도시들의 순위와 규모 간에 모종의 관계가 있다는 아이디어는 지프(G.K. Zipf)가 처음 제기한 것이다. 그는 도시들 간에는 인구 규모 순위 2위 도시의 인구가 1위 도시 인구의 절반이고, 3위 도시 인구가 1위 도시 인구의 1/3이라는 규칙을 제시하면서 이를 순위-규모 규칙(rand-size rule)이라 하였다(Berry, 1958). 이후 크리스탈러, 라세프스키(Rashevsky), 사이먼(Simon) 등 여러 학자들이 도시의 순위와 도시 규모 간 모종의 관계를 "r 순위 도시의 인구는 수위도시인구의 1/r배이다"라고 정식화하고 이 명제를 여러 가지 근거로부터 도출하려 하였다. 지프의 추론이라는 것은 '인구는 분산화 경향과 집중화 경향 두 가지가 있는데, 분산화 경향은 작은 도시를 많이 만들고 집중화 경향은 소수의 큰 도시를 만들어, 그런 도식이 나타난다'는 무척 거친 논리이다. 대도시는 그 수가 적고 소도시는 많다는 진술은 도시 간에 어떤 순위도 말해주지 않기 때문에, "지프의 법칙"이라고까지 칭송되는 '법칙'에 아무런 뒷받침도 되지 못한다.

그후 도시 순위와 도시 인구 규모 간에 존재하는 모종의 규칙을 이론적으로 도

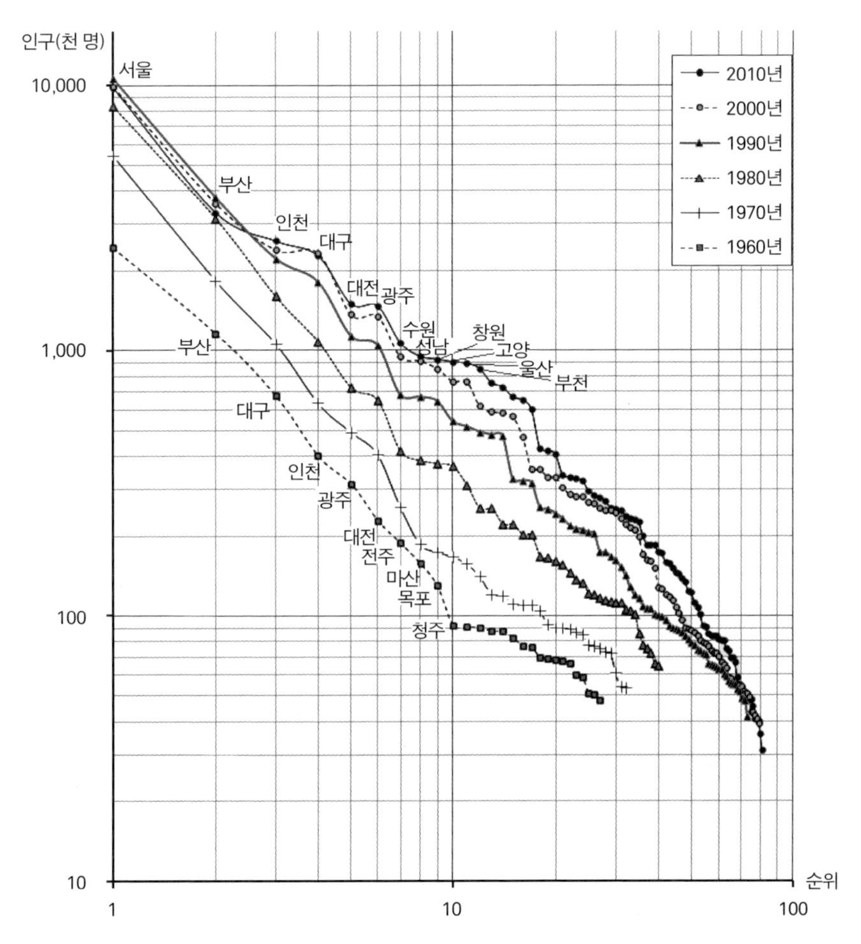

그림 11-13 한국에서의 도시 순위-규모 분포의 변화

출하려는 여러 가지 노력이 있었지만 그다지 성공한 것은 없다. 순위-규모 규칙은 그래서 아직까지 경험 규칙 상태로 머물러 있는 것이다. 다만 도시의 순위와 규모 간에 존재하는 규칙성은 한 나라의 도시 발달의 성향을 관찰하는데 편리한 도구이다(Berry, 1958). 국가별로 도시들의 순위를 1위부터 마지막 순위까지 로그 그래프에 표시하면, 그것이 도시의 순위-규모 그래프이다. 우리나라의 도시 순위-규모 그래프를 그려보면(그림 11-13)과 같다.

도시의 순위-규모 그래프는 통상 로그 그래프로 그리는데 변화 패턴을 더 잘 읽을 수 있기 위해서이다. 그림 11-13에 나타난 도시 순위-규모 그래프는 1960년부터 10년마다의 인구센서스 자료에 기반한 것이다. 5년마다 이루어지는 통계청의 전수 상주 인구 조사인 센서스는 주민등록을 기준으로 하는 매년의 인구 통계치보다 정밀하다고 할 수 있다. 또한 이 자료는 해당 시 행정 구역에서 읍지역이나 면 지역을 제외하고 동 지역만을 추출하여 그린 것이다. 1995년 이후에는 도농통합시와 광역시 제도에 의해서 행정구역상 시이면서도 읍이나 면을 포함할 수 있도록 되어있다. 그리하여 1995년 이후의 도시화 정도를 가늠하기 위해서는 읍이나 면을 제외하고 순수한 동 지역을 기준으로 할 필요가 있다. 경우에 따라서는 읍 지역도 도시에 포함하기도 한다.

그래프를 보면 서울이 1,000만 명 지점에 찍혀 있고, 부산이 그로부터 6칸보다 더 아래에 찍혀 있다. 2위 도시인 부산은 서울의 절반인 500만보다 더 인구가 적다. 이렇게 1위 도시 인구가 2위 도시 인구보다 2배가 넘는 경우 1위 도시를 종주도시(宗主都市, primate city)라고 한다. 그만큼 서울 중심으로 편중된 발전이 이루어졌다는 뜻이다. 1960년에는 서울 인구는 부산의 약 2.1배였으나 그 차이는 점점 벌어져 2000년에는 3배가 되었고 2010년에는 2.9배이다. 그만큼 1960년 이후 서울의 종주성은 심화된 셈이다. 전체적으로 1960년에서 1980년까지는 서울, 부산, 대구 등 대도시 중심의 성장이 두드러지고, 1980년대 이후부터는 인천 이하의 중규모 도시들의 성장이 두드러진다. 대전, 광주, 울산의 성장이나 수원, 성남, 고양 등 수도권 신도시의 성장이 두드러진다. 창원은 마산-진해와의 합병 이후 동부 90만 대의 규모로 성장하였다. 울산은 제조업을 기반으로 동부 인구만 해서 80만 대로 성장하였다. 3위 도시와 4위 도시의 순위에서 대구와 인천의 순위가 바뀌고, 5위 도시와 6위 도시에서 대전과 광주의 순위가 바뀐 것은 흥미로운 일이다. 그만큼 수도권과 비수도권의 격차를 잘 보여준다. 아울러, 동부 인구만 해서 수원, 성남, 고양이 울산보다 크다는 점에서 우리나라 도시 체계에서 수도권의 집중도를 잘 보여준다. 창원은 마산-진해와 합친 후에 동부 인구만 10위권 이내에 들어올 수 있었다.

3) 크리스탈러의 중심지 이론

도시 체계와 중심지 이론

도시의 기능 분류나 도시 순위-규모 규칙성에 대한 연구는 개별 도시들의 특성(산업 특성, 인구 특성)을 상호 비교하여 그 비교 우위를 매기려하는 시도로서, 엄밀히 말해서 도시들간의 '모종의 관계'를 밝히려 하는 연구는 아니다. 도시와 도시들 간의 '관계'를 밝히는 도시 체계 연구의 본격적인 분석은 1950년대 계량 혁명기의 중심지 이론으로부터이다. 유명한 발터 크리스탈러(Walter Christaller)의 중심지 이론이 출간된 것은 1933년이다. 그러나 그의 역작 『남부 독일의 중심지 연구(*Die Zentralen Orte in Südeutschland*)』는 정작 독일 지리학계에서 별로 주목받지 못하였는데 너무 '경제학적'이라는 것이 그 이유였다. 물론 경제학자들 역시 그의 연구가 '지리학적'이라며 주목하지 않았다. 그의 연구를 당대 최고의 지리학 연구물로서 찬사를 아끼지 않은 사람들은 공간 분석 지리학(Geography as Spatial Analysis)을 출범시킨 1950년대 미국 지리학자들이었다. 그들은 크리스탈러의 연구로부터 계량적 기법을 통해 지리학을 공간 분석학으로 정립시키려는 열정을 불태웠으며, 그의 중심지 이론을 더욱더 정교하게 다듬었다. 오늘날 우리가 '중심지 이론'이라고 알고 있는 것은, 크리스탈러의 원본 연구물이라기보다는 오히려 1950년대와 60년대 미국과 영국의 공간 분석 지리학자들이 재해석하고 정교화한 '중심지 이론'이다.

그림 11-14 크리스탈러

크리스탈러의 중심지 이론은 원래 중심지 간 전화 접속 수를 지표로 사용하였다. 도시와 도시 간의 '관계'란 실상 인구 크기의 순위를 매기는 것이나, 기능체 수와 종류의 순위를 매기는 것이 아니라 도시에서 도시로의 인구·물자·정보의 흐름을 포착함으로써만 가능하다. 크리스탈러는 그중 정보의 흐름을 가지고 중심성의 위계를 설정한 것인데, 오늘날에는 교통의 흐름, 정보의 흐름, 여객의 유동, 화물 유동 따위를 지표로 하여 도시들 간의 위계(hierarchy)를 규명한다. 물론 아래에서 서술한 중심지 체계의 논리적 도출은 '흐름(flow)'에 대한 포착이라기보다는 오히려 기능체의 종류를 기준으로 하는 논리이다. 그러나 흐름 데이타에 의한 것이든, 기능체의 종류를 기준으로 한 것이든 대체로 유사한 결론이 도출된다는 것이 이미 알려졌다. '흐름' 데이타를 활용하는 경우는 사실 이 책의 범위를 넘는 것이므로, 기능의 종류를 기준으로 도출하는 개론적인 수준에서 중심지 이론을 설명하고자 한다.

중심지 이론의 전제

중심지 이론은 소매업에 관한 이론이다. 도매나 제조업도 역시 중심지-배후지 관계에 있지만, 그것의 범위는 거의 전국적인 경우가 많아서 작은 도시들끼리의 규칙성을 포착하기에는 너무 거칠다. 소매업의 경우 그 배후지가 매우 작은 업종에서부터 전국적인 업종에 이르기까지 무척 다양하고, 또한 전국의 모든 크고 작은 도시들에 공통적으로 존재하는 기능이다. 그래서 작은 도시에서부터 대도시에 이르기까지 그 중심지-배후지 관계를 이론화하는 데 적절한 부문이다. 그리하여 부분 이론에 불과한 중심지 이론이 도시 체계를 규명하려는 대표적인 이론이 된 것이다.

이론이란 것이 원래 복잡한 현상을 단순화하여 정리하는 것일진대, 크리스탈러의 중심지 이론 역시 몇 가지 단순화 가정으로부터 출발한다. ① 등질 공간 가정, ② 운송 방식 동일성 가정, ③ 공간적 완전 경쟁 가정, ④ 지방 상업 가정이 그것이다. 등질 공간 가정은 비옥도가 어디나 같고 기복이 없는 평면 공간이며, 인구 분포도 일정하고 인구의 소비 성향 또한 일률적이라는 가정이다. '지리적'인 다른 사항들이 개입될 소지를 차단하는 가정이다. 두 번째의 운송 방식 동일성 가정은 운송 수단이 동일하며 어느 방향이든지 운송 가능하다는 것으로서 공간 이론에서 흔히 전제되는 가정이다. 세 번째의 공간적 완전 경쟁 가정이란, 기본적인 완전 경쟁 가정이 관철되지만 공간 독점(spatial monopoly)은 허용하는 가정이다. 공간 이론이 경제학과 같은 비공간 이론에 대해 갖는 가장 근본적인 문제 의식은, 인간 행위의 공간적 차원을 무시하는 것이 현실을 포착하는 데 많은 한계를 지닌다는 것이다. 다시 말해, 공급자는 소비자 입장에서 일정한 거리 이내의 공급자들로 제한된다. 그리하여 공간 상황에서는 공급자가 기껏해야 과점적 상황이 되고 마는 것이다. 특정 업체 가 자신의 영역 내에서 독점력을 행사하는 것이 공간을 고려한 상황에서는 무척 자연스럽다. 마지막으로 네 번째 가정은 제조업이나 무역과 같은 다른 기능은 고려하지 않는다는 것이다. 이 점 때문에 중심지 이론은 소매업 이론이라는 특성을 지닌다. 공간상에서 작동하는 제약 요소로서 오로지 '거리'만이 문제가 된다.

중심지 간 계층의 형성

'거리'가 문제가 되는 한 재화와 서비스를 공급하는 '중심지'로부터 일정한 구역이 배후지(背後地)로 설정된다. 중심지(central place)란 주변에 재화와 서비스를 공급하는 장소를 말하고 배후지(market area)란 중심지로부터 재화와 서비스를 공급받는 지역을 뜻한다. 중심지를 간혹 소매업 점포와 동일시하기도 하는데, 정의를 곧이곧대로 따르면 그러하다. 하나의 상점도 배후 시장을 가지므로 충분히 '중심지'의 자격을 갖춘다. 다만, 도시화 과정을 통해 상점들은 집적하게 되고, 이 집적지가 집합적으로 중심지가 된다. 작은 중심지인 상점들이 모여 하나의 장소로서의 '중심지'가 되는 과정은 12장에서 다룬다. 배후지의 면적이 일정하게 되는 까닭은 재화의 도달 거리(range of goods) 때문이다. 여기에 중심지 간 경쟁을 도입하면, 배후지는 재화의 도달거리 만큼으로부터 축소되어 문턱값(최소요구치)만큼의 면적에서 평형을 이룬다. 이때의 중심지는 정상 이윤을 취한다. 이때의 배후지망은, 등질 평면 공간상에 각 중심지들이 가장 조밀하게 경쟁하는 육각형의 배후지망을 형성하게 된다(문턱값과 육각형 배후지망에 관해서는 12장 참조).

각 재화와 서비스는 도달 거리와 문턱값이 다른데 고차의 재화일수록 문턱값도 도달거리도 크다. 문턱값이 큰 재화는 고급 사치재에 해당하고 문턱값이 낮은 재화는 대개 생활 필수품에 해당한다. 문제는 이들 다양한 배후지 크기의 재화를 판매하는 중심지들이 한 곳에 모인다는 것인데, 이 과정에 대해서는 크리스탈러의 이론이 설명하지 못하고 있다. 이 과정은 한 중심지에 다양한 문턱값을 갖는 업체들이 모이는 도시화(urbanization) 과정일텐데 이 과정에 대한 논의는 충분하지 않다. 다만 문턱값이 작은 재화일수록 생필품이기 때문에 어디서나 볼 수 있는 잡화점처럼 모든 도시들에 입지한다고 말한다. 문턱값이 큰 재화를 판매하는 고차 기능이 입지하는 중심지에는 보다 작은 차수의 기능도 입지하므로 판매하는 재화 종류가 많은 큰 도시가 된다. 고차 기능과 저차 기능이 동시에 입지하는 중심지를 고차 중심지(high order central place)라 하고, 저차 기능만 입지하는 중심지를 저차 중심지(low order c.p.)라 한다. 당연하게도, 고차 중심지/저차 중심지 개념은 상대적인 것이고 그 사이에는 다양한 차수의 중심지가 가능하다.

크고 작은 중심지들 간의 관계가 계층 구조를 띤다는 것은 대도시, 중도시, 소도시의 관계를 일상적으로 경험하는 우리에게 익숙한 사실이다. 대도시의 영향력 범위는 중도시나 소도시의 영향 범위를 포함하고 대도시에는 중소 도시에 있는 기능 이외에도 중소 도시에서는 찾아볼 수 없는 기능을 포함한다는 점은, 우리의 일상 생활을 패턴짓는 공간 '구조'이다. 이러한 도시 간 계층 구조를 이론적으로 도출하려고 한 시도가 바로 중심지 이론이고 그것은 상당히 성공적이었다. 크리스탈러의 중심지 이론에서 핵심적인 결론은 다음과 같다. ① 중심지들 간에 배후지 포섭 관계의 계층 구조가 존재한다. ② 고차 중심지일수록 기능의 개수와 종류가 크게 증가한다. ③ 고차 중심지의 개수는 적고 중심지 간 거리는 더 멀어진다. 저차 중심지는 반대로 개수가 많고 중심지 간 거리가 짧다.

중심지 이론의 적용과 한계

중심지들의 계층적 배열 원리에 관한 이러한 모델은 대체로 대도시 지역이 아닌 지역에서 잘 입증된다. 대도시의 경우 대개 제조업이라든가, 무역업, 금융업 등 중심지 이론이 가정하는 기능을 넘어서는 업종이 많아진다. 또한, 거대한 도시화 효과(urbanization effect)에 의해 기능들의 집적과 인구 밀도 증가가 초래되고, 중심지 이론에서 상정하는 중심지 기능들 간 공간 경쟁에 의한 중심지 이격(離隔, spacing) 효과가 완전히 발휘되지 못한다. 더욱이 교외화(suburbaniztion)에 따른 교외 중심 도

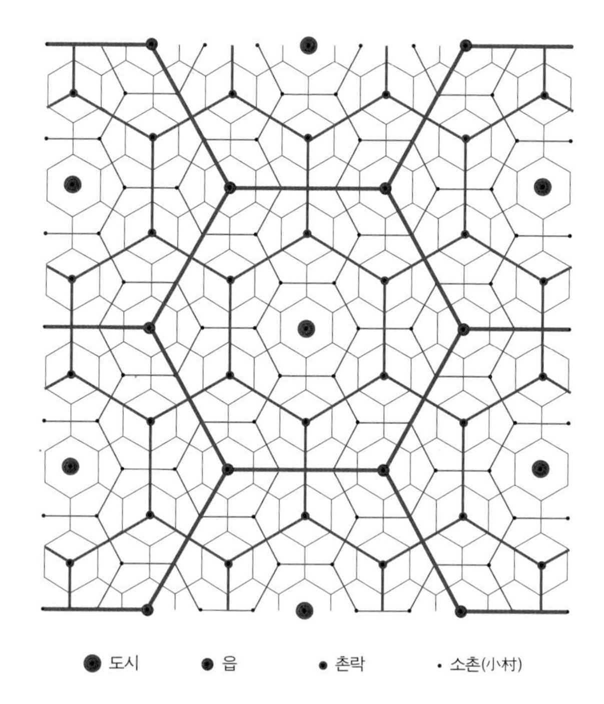

그림 11-15 도시들의 중심지 체계

시들의 형성은 중심지 이론이 제출되던 시기에는 상상하기 어려웠던 현상이다.

그리하여 중심지 이론이 입증되는 사례 지역은 대개 농촌 지역의 중심지이다 (그림 11-16). 크리스탈러의 남부 독일 사례도 역시 라인 강 유역의 대도시 지역인 루르 지방과는 멀리 떨어진 남부 독일이었다. 크리스탈러는 최하위 중심지를 햄릿(hamlet)이라 하였고, 그보다 상위 중심지로 갈수록 촌락(village), 읍(town), 도시(city)라 하였는데, 이러한 것은 '지방적인' 상황에 적절하다. 캐나다의 온타리오 주(州) 남부의 시골 지역의 도시 체계 사례에서나, 혹은 김제의 정기시장 중심지 체계 사례에서나, 그리고 진도의 사례에서 쉽게 확인할 수 있다.

앞서 말했듯이 중심지 이론은 도시 체계를 설명하는 데 많은 성과를 거두었지만 그만큼 한계도 분명하다. 중규모 지역에 대한 도시 체계까지는 매우 훌륭하게 설명할 수 있지만, 대규모 공업 지역이 있는 지역이나 대도시 지역에 대한 설명은 매우 제한적이다. 특히 대도시의 도시화 과정에 의해 형성되는 교외 도시들과 대도시의

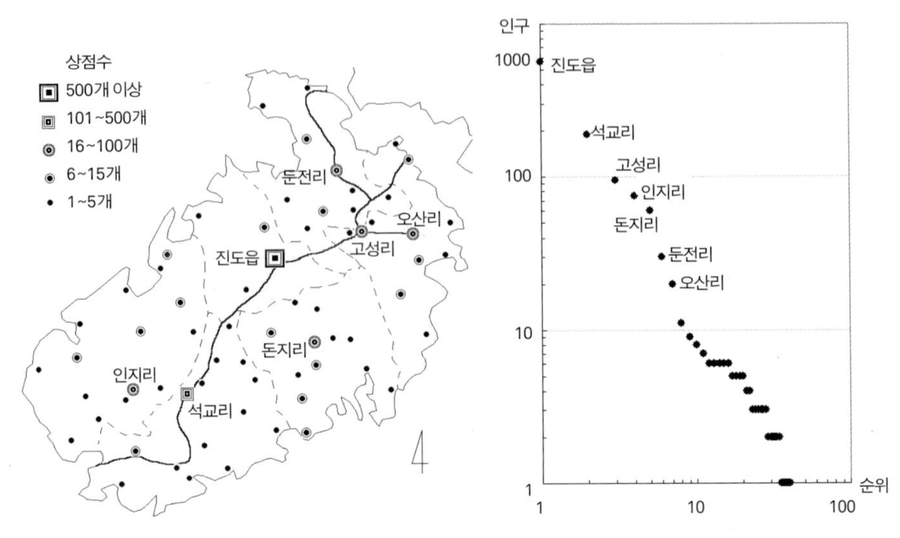

그림 11-16 진도의 중심지 체계와 기능체 분포(주경식, 1986)

관계는 중심지 이론으로 포착할 방도가 없다.

오늘날 산업화된 국가들에서 도시화 비율이 80%를 웃돌고 대도시 지역의 발달에 따른 도시화의 역동성이 현저해진 탓에, 도시 내부의 역동적인 도시화 과정에 대한 연구가 주류를 이루면서 정태적인 도시 체계 연구는 점차 쇠퇴하게 되었다. 그 배경에는 중심지 이론이 도시체계 이론으로서 갖는 한계 탓도 없다고 할 수 없다. 중심지 이론이 갖는 가장 큰 한계는 그것을 '부분 이론'이 되게 한 제조업 문제이다. 전술한 바와 같이 중심지 이론은 소비자의 구매 통행에 입각한 소매업 이론으로서 제조업이 갖는 도시화 효과는 생략된다. 인구는 소비자일 뿐 노동자가 아니므로 도시의 높은 인구 밀도가 갖는 효과는 고려되지 않는다. 또한 생산 과정에서 있을 수 있는 명령·통제와 원료나 부품의 구매 및 판매와 같은 네트워크 효과는 생각할 수 없다. 아울러 제조업이 갖는 폭넓은 구매-판매망이 국경을 넘나드는 것이나, 관련된 투자 및 금융이 국민국가를 벗어나서 운행하는 것을 이론적으로 포섭하지 못한다. 그렇기 때문에 오늘날 주목되는 서비스 업종인 사업 서비스를 적절히 논의할 수 없다. 오늘날 도시 현상을 지배하는 이러한 사태들을 제대로 논급할 수 없다는 것 때문에 중심지 이론이 고전적이라는 평가를 받을 수밖에 없게 된 것이다. 그럼에도 불구하고 중심지 이론은 여전히 소매업 체계에 대한 이론으로서는 여전히 강력한 틀이다.

4) 세계화와 세계도시 체계

세계화(globalization)

아파트 이름이 외래어로 가득한 것을 보고 '세계화(globalization)'를 실감하노라고 말하는 사람들이 있을 정도로 세계화는 이제 지나치게 보통명사화되었다. 오늘날 세계화는 우리의 경험을 지배하는 '현상'이기도 하고, 정부와 지방정부는 물론 기업과 개인도 따르거나 추구해야 할 '전략'으로까지 확대되고 있기도 하다. '전 지구화'로 번역하는 것이 오히려 적확할 '글로벌라이제이션(globalization)'은 경제뿐 아니라 정치, 문화, 사회에 까지 그 가공할 그림자를 드리우고 있지만, 그 핵심은 물론 경제, 즉 토대이다.

경제의 세계화에서 핵심은 초국적 생산 기업이 주도하는 생산의 세계화와 초국적 금융자본이 주도하는 해외 자본투자이다. 생산의 세계화는 생산의 역외화(offshoring), 외주화(outsourcing), 위탁생산(original equipment manufacturing, OEM) 등을 통해 생산 기지를 세계적으로 분포시키는 것을 말한다. 생산의 역외화는 해외에 생산 공장을 설립하는 것이고, 외주화는 해외 지역의 하청 업체에게 부품 등의 생산을 발주하는 것이다. 위탁 생산은 해외 기업에 완제품을 생산하게 하여 자신의 상표를 붙여 판매하는 것을 말한다. 이것이 오늘날 흔히 관찰할 수 있는 생산의 국제화 형태들로서 해외직접투자(foreing direct investment: FDI)로 포착할 수 있다. 해외 자본투자는 해외 주식 투자, 채권 투자, 부동산 투자 또는 해외 금융 기관 설립 등이다. 1980년대 이후 미국은 개발도상국에게 무역의 자유화는 물론 자본의 자유로운 이동을 촉구하였으며, 1990년대에 이르면 그것이 어느 정도 성공을 거두는데, 90년대 후반 우리나라를 비롯한 동아시아 경제 위기의 중요한 요인 중 하나다.

그러므로 세계화의 주체는 주로 본사를 미국 등 주요 선진국에 둔 초국적 기업

(transnational corporations: TNCs)과 국제 금융기관이다. 이들이 세계를 무대로 생산 기지와 하청 업체 및 OEM 업체를 편성하고 국제적인 금융 기관 네트워크를 구성하고 국제 투자를 주도하면서 세계화를 주도하고 있다. 이 과정에서 국민국가의 국경의 의미는 약화되고, 국가 내 지역, 또는 초국적 기업, 그리고 이를 감시하는 국제기구가 주요 행위자가 된다. 세계화 논제의 원조라 할 피터 디킨(Peter Dicken)의 설명에 따르면, 세계화가 국제화와 구분되는 가장 큰 준거는 국민국가의 약화를 수반하는 전지구적으로 확산된 생산 활동들의 기능적 통합 여부이다(Johnston *et al*., 2000: 315-316). 국민국가를 전제로 하여 국제무역량의 증대를 주요 준거로 하는 '국제화(internationalization)'와 달리, 세계화는 생산체계의 국제적 통합과 국경의 약화를 수반한다는 것이다. 선진국 대도시가 초국적 기업의 본사 소재지가 되어 명령과 통제, 연구개발 기능을 수행하고, 후진국이나 개발도상국의 대도시나 중소도시가 생산기지 역할을 수행하는 방식의 노동의 국제적 공간분업이 초래되는 현상을 뜻한다. 요약하여 말하면, 국제화는 양적인 개념이고 세계화는 질적인 개념이며, 전자는 후자에 수반된다.

세계화의 시작 시점에 대해서 경제사가들은 지리상 발견 시대까지 거슬러 올라간다고 하기도 하지만, 오늘날의 의미로 사용하는 '세계화'는 1970년대 선진국 경제의 구조재편(restructuring) 시기로 보는 것이 적절하다. 국제화 개념을 구성하는 양적인 지표(국제무역량, 국제투자량, 금융투자량)로만 확인한다면 세계화는 19세기 말~20세기 초에도 존재하였으며, 2차 대전 이후 1950년대부터 GATT체제에 의해 국제무역이 활성화되면서 다시 재개되어 오늘에 이르게 된다. 그런데 오늘날 국민국가의 힘을 약화시키는 실체로서 운위되는 '세계화'는 1970년대부터 시작되었다고 보는 것이 보다 적절하다. 그림 11-17에서 볼 수 있듯이, 미국의 해외직접투자 규모는 1970년대에 60년대의 3배로 증가했고, 다시 1980년대에는 70년대의 3배 정도로 증가했다.

세계화를 추동한 힘은 1970년대의 세계 경제 위기와 그에 대한 대응으로부터 왔다. 1970년대 세계 경제위기는 1950~60년대 서구 자본주의 황금기를 구가하던

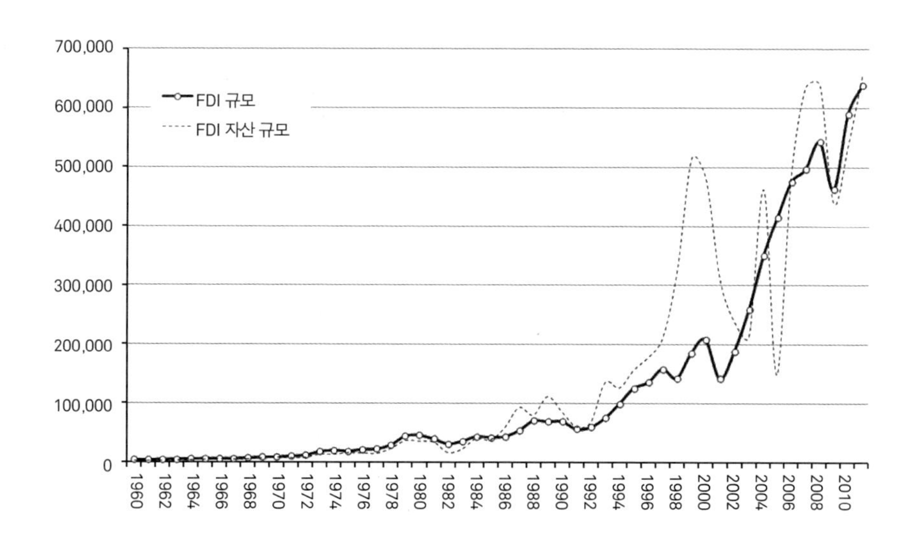

그림 11-17 미국의 해외직접투자(FDI) 규모 추이[자료: 미국경제통계국 자료(www.bea.gov)]

대량생산-대량소비 체제의 위기로부터 비롯되었다. 사회적 합의에 의한 직간접적 임금상승과 이를 상회하지 못하는 기술혁신 속도, 자원 위기에 의한 자본집약적 산업의 한계, 대량생산체제의 높은 리스크, 일본과 유럽의 성장에 의한 경쟁의 격화, 달러화 약세에 의한 브레튼우즈 체제의 붕괴, 로마클럽 보고서 이후의 환경적 압력 증대가 복합적으로 작용하여 초래되었다. 위기의 내용은 이윤율 저하였다(제라르 뒤메닐 외, 2006: 25-36). 이에 대한 자본의 대응은, 노조 약화 정책을 필두로 한 임금 비용 저하 정책과 '공간적 돌파'의 노동의 공간분업, 생산체제의 유연화, 변동환율제 도입, 자본집약적 산업의 개발도상국 이전과 첨단산업으로의 전환이라는 신국제분업이었다. 이 과정에서 확대된 분공장 경제 현상과 그 본질적 내용인 노동의 공간분업(spatial division of labour)은 국내 경계를 넘어 세계로 확대되었다. 임금 및 환경비용 절감, 새로운 시장 개척, 전국단위 노조의 회피를 위해 코드화된 지식으로 운영 가능한 분야는 세분화하여 해외로 생산기지를 이전하였다. 그리하여 원료-부품-반제품-제품의 상품사슬이 국제적으로 전개되고, 선진국 대도시에 본사와 연구개발 부서가 입지하는 초국적 기업이 확대되었다.

세계도시(global cities)

세계화 과정은 세계도시라는 국제적인 명령·통제 중심지를 산출시켰다. '세계도시'라는 개념은 사센(S. Sassen)(1991)의 저서에서 처음 제기되었다. 그녀는 세계도시의 특징으로 ①명령·통제 중심, ②생산 중심, ③시장, ④혁신 센터를 들었다. 그 후 2001년 개정판에서는 세계도시를 네트워크화된 장소(networked places)라고 규정하였다. 1991년의 규정에서 '명령·통제 센터'라는 규정과 '혁신 센터'라는 규정이 10년 후 '네트워크화된 장소'라는 규정으로 발전한 것으로 보인다.

세계화 과정은 초국적 기업의 지사, 분공장, 판매 센터가 국제적으로 편성되는 현상을 핵심으로 하므로, 본사의 명령·통제가 이루어지는 곳이 세계도시라는 것이다. 그러므로 세계도시는 초국적 기업은 본사가 입지하고, 그에 따른 국제 금융기관의 본사, 덧붙여 국제기구의 본사가 입지하는 곳이 된다. 이러한 곳은 오랫동안 도시화의 선두에 있어왔으며, 그만큼 유명한 대학과 연구소, 창조적인 인력이 집중하여 혁신의 중심지가 되기도 한다. 아울러 고소득 인구가 많기 때문에 자연스럽게 '시장'이기도 하다. 잘 알려져 있는 바와 같이 사센이 언급한 뉴욕, 런던, 도쿄가 가장 수위의 세계도시이다. 그간의 세계도시 연구들은 초국적 기업의 본사 수, 국제 금융기관 본사 수, 국제 항공 승객 수, 국제 항공우편량 등을 활용하여 세계도시의 순위를 매기곤 하였다. 통상 뉴욕, 런던, 도쿄를 1차 세계도시, 시카고, 파리, 프랑크푸르트, 로테르담, 싱가폴 등을 2차 세계도시, 그리고 서울 등 그와 비슷하다고 여겨지는 유명 도시들을 3차 세계도시라고 분류하곤 하였다. 학자들마다 분류는 다소 다르긴 하지만, 적어도 뉴욕, 런던, 도쿄를 포함한 몇몇 유명 도시를 최고차 세계도시로 하여 그 하위에 몇 차의 세계도시들이 마치 계층 구조를 갖고 있는 것인 양 제시하였다.

그러나 중심지 이론에서 잘 볼 수 있듯이, 도시 간의 계층 구조란 도시 기능체 수를 가지고서만 규정할 수는 없는 노릇이다. 도시 간에 모종의 연결 관계를 가지고서야 비로소 계층 구조를 규정할 수 있다. 그리하여 테일러(P. Taylor)와 그의 동료들은 세계도시의 체계를 규정하기 위해 사업 서비스(business services) 기능에 주목하였다. 그들은 세계도시가 초국적 기업의 네트워크 중심지라는 점에 착안하여, 초국적 기업 본사 기능과 연관되어 입지하는 글로벌 사업 서비스 업체를 검토하기로 하였다. 그들이 보기에 도시의 힘은 역량(capacity)과 매개(interconnection)인데, 역량은 글로벌 사업 서비스 업체 규모로 측정하고 매개는 각 업체의 상호 연결망으로 측정하려 하였다(Taylor *et al.*, 2001).

테일러와 그의 동료들은 전 세계 300여 개의 도시를 선정하여 각 도시에 입지하면서 국제적인 규모를 갖추고 있는 회계, 광고·홍보, 금융, 보험, 법률, 경영컨설팅과 같은 사업 서비스 업체 100개를 선정하였다. 그리고 각 업체의 웹사이트에서 규모, 사업 파트너, 사무실 수, 지사 및 자회사 정보를 수집하였다. 이를 기초로 하여 각 업체에 있어서 각 도시의 전략적 중요도를 점수화하였다. 점수는 5점 평정척으로서, 보통 사무실이 있는 정도면 2점이고, 좀 부족하면 1이고(파트너가 없는 사무실이면 1), 사무실이 없으면 0이고, 사무실 규모가 좀 크면 3이고, 중요한 다른 기능이 있으면 4이고, 기업의 본사적 기능을 하면 5로 설정하였다. 이 값을 해당 도시 해당 업체의 네트워크 서비스 가치(service value) V_{ij} 이라고 하고, 이를 다음과 같은 식으로 계산하여 a 도시의 네트워크 연결성(network connectivity)을 산출하였다.

$$N_a = \sum_{i}^{n}\sum_{j}^{m} V_{aj} \cdot V_{ij}$$

여기서 $a \neq i$ 이고 i는 도시 번호이며, j는 업체 번호이다. 이것은 같은 회사는 여러 도시에 있는 지점들끼리 네트워크가 있을 것이라는 가정하에 만들어진 식이다. 어쨌든 이 네트워크 중요도를 나타내는 측정치로 300여 개 도시들을 점수화하면 표 11-1과 같은 결과가 나타난다.

표 11-1 네트워크 중심성에 따른 세계도시의 분류

	연결도 높은 세계도시	국제금융 센터	지배 중심	글로벌 명령 센터	지역 명령 센터	연결도 높은 관문	신흥 관문 도시
암스테르담				★			
베이징							★
브뤼셀				★			
보스턴				★			
부에노스아이레스						★	
카라카스							★
시카고	★	★	★	★★			
프랑크푸르트		★	★	★			
홍콩	★	★	★		★	★★	
자카르타		★				★	
쿠알라룸푸르						★	
런던	★★	★★	★★	★★★	★★		
로스앤젤레스	★						
마드리드		★				★★	
멜번						★	
멕시코시티						★	
마이애미					★★	★	
밀라노	★					★★	
모스크바							★
뭄바이						★	
뉴욕	★★	★★	★★	★★★	★★	★	
파리	★	★	★	★★	★		
상파울루					★	★★	★
서울							★
싱가폴	★	★			★	★★	
시드니						★★	
타이페이						★	
도쿄	★	★★	★	★★	★		
토론토	★					★★	
워싱턴DC				★			
취리히				★			★

네트워크 연결도를 기준으로 높은 값을 갖는 도시들을 연결도가 높은 세계도시라고 하였다(상위 10위권 이내). 국제금융센터는 국제 금융 기능의 네트워크 연결도 값이 높은 도시들을 말한다(상위 10위권 이내). 서비스 가치가 높은 도시들은 지배 중심으로 그 도시에 입지하는 사업 서비스 업종의 서비스 가치가 평균적으로 2.5 이상인 곳이다. 글로벌 통제 센터는 100대 글로벌 서비스 기업을 보유한 도시. 즉 서비스 가치 5가 하나의 업체에서라도 발견된 도시이다. 지역 통제 센터는 하나 이상의 오피스를 가지는데 본사인 경우이다. 연결성 높은 관문도시는 지역 통제 센터 이외에 연결성이 높은 곳을 말한다. 마지막으로 신흥시장 관문도시는 연결성이 높지 않은 도시들이다.

테일러는 영국 러프버러대학 지리학과 내에 세계도시 네트워크 연구 센터를 만들고 다수의 연구자들과 협력하여 지속적으로 세계도시 연구 프로젝트를 수행하고 있다. 이들은 세계도시의 네트워크를 계량적으로 포착하기 위해 다양한 방법을 고안하고 있다. 어떤 도시가 세계 네트워크 상에서 얼마나 중요한가를 측정하는 것은 대단히 어려운 일이다. 표 11-1의 결과에서 알 수 있듯이, 이들의 분류 역시 5점 척도의 평정척에 의존한다거나, 상위 10개 도시를 임의적으로 선정한다거나 또는 신흥시장 관문도시를 임의적으로 선정한다거나 하는 등 여러 군데서 자의성을 노출하고 있다. 그럼에도 네트워크의 객관화에 어느 정도는 성공했다고 볼 수 있다.

중심지 계층 구조와 네트워크 구조의 가장 큰 차이점은, 포섭 관계냐 상호 보완 관계냐 하는 데 있다. 잘 알려져 있듯이 중심지 계층 구조는 하위 중심지의 배후지가 상위 중심지의 배후지에 거의 완전히 포섭되는 위계적인 구조를 가지고 있다. 그러나 네트워크 구조는 배후지의 완전 포섭이 없고, 작은 도시라도 인근의 큰 도시에 독자적으로 공급할 것이 존재한다. 이러한 상호보완적인 구조는 공업 부문에서는 흔히 나타나는 일이다. 공업 도시와 광산 도시는 규모의 차이가 크지만, 각각 원료와 공산품을 상호 보완적으로 교환한다. 뿐만 아니라 모든 공업 부문을 모두 보유하고 있는 도시란 상상할 수 없다. 다양한 제조업 업종들은 여러 도시에 흩어져 분포하고, 각 공장들의 전후방 연계는 도시와 도시를 넘나들면서 이루어지기 때문에, 공업 부문을 고려하는 도시 체계는 네트워크 도시 체계(networked urban system)로 파악해야 적절하다. 특히 메트로폴리스나 메갈로폴리스에서처럼 도시들이 몰려 있는 경우에 각 도시들의 관계를 네트워크 구조로 이해하는 것이 적절하다. 다만 인접 도시 군집 지역에서의 도시 체계 연구는 테일러의 세계도시 체계 연구에서처럼 경험적인 자료를 확보해 내는 것이 중요하다.

세계도시들은 제조업이 현저히 쇠퇴하고 국제 업무 기능, 금융, 컨설팅, 부동산, 법무, 회계, 증권 등 사업 서비스가 성장하면서, 새로운 계층 구성을 보인다. 고소득 전문직이 증가하고, 대신 빌딩 청소부, 유리창 닦이, 구두닦이, 노점 등 도시 비공식 부문도 성장한다. 그리고 사업 서비스 업종이 많이 분포하는 도심 근처에 기존의 슬럼 지구가 재개발되어 고소득 전문직 화이트칼라층이 이주하여(gentrification) 도시는 매우 단절되고 빈부격차가 큰 양태를 보인다. 세계도시 같은 대도시들에 나타나는 이 같은 특성을 염두에 두고 이중 도시(dual city)라는 개념을 적용하기도 한다(Kaplan, 2004).

| 참고문헌 |

권용우 외(2002), 『도시의 이해』, 개정판, 서울: 박영사.

김경숙(2004), "서울시 학원의 성장과 공간적 분포 변화," 한국교원대학교 석사학위 논문.

김희정(2005), "주택재개발 이후 주민의 정당 지지성향의 변화," 서울대학교 석사학위논문.

남영우(1986), 『도시구조론』, 서울: 법문사.

서민철(1997), "서울 도심의 내부구조", 한국교원대학교 석사논문.

제라르 뒤메닐, 도미니크 레비(2000), 『자본의 반격: 신자유주의 혁명의 기원』, 이강국, 장시복 역, 필맥.

주경식(1986), "불완전 개방지역의 지역구조에 관한 시론: 진도의 경우", 『지리학』 34.

하성규, 노두승(2001), "신흥 무허가 불량주거지역 실태에 관한 연구," 『주택연구』 제9권 제2호.

한국도시지리학회 편(1999), 『한국의 도시』, 서울: 법문사.

Berry, B. J. L and W. L. Garrison(1958), Alternate explanations of urban rank-size relationships, *AAAG*, v.48.

Christaller, W.(1933), *Central Places in Southern Germany*, trans. by C. W. Baskin, Prentice-Hall.

Hartshorn, T.(1992), *Interpreting the City: An Urban Geography*, NewYork: John Wiley and Sons.

Johnston, R. J. *et al.* (eds.)(2000), *The Dictionary of Human Geography*, Oxford: Blackwell Publishers Ltd.

Kaplan, D. H. *et al.*(2004), *Urban Geography*, John Wiley & Sons.

Knox, P.(2000), *Urbanization: An Introduction to Urban Geography*, Englewood Cliffs: Prentice-Hall.

Knox, P.(2000), *Urban Social Geography*, Prentice Hall.

Knox, P.(2006), *Urban Social Geography: An Introduction*, 5th edition, Pearson/Prentice Hall.

Knox, P. and M. McCarthy(2005), *Urbanization: An Introduction to Urban Geography*, Prentice-Hall.

Marshall, J. U.(1987), *The Structure of Urban System*, Toronto: Univ. of Toronto Press.

Paccione, M.(2001), *Urban Geography: A Global Perspective*, NewYork: Routledge.

Parkes, D. N. and N. Thrift(1980), *Times, Spaces and Places*, John Wiley & Sons.

Sassen, Saskia(1991), *The Global City: New York, London, Tokyo*, Prinston Univ. Press.

Taylor, P., D. Walker, G. Catalano and M. Hoyler(2001), "Diversity and power in the world city network," *Cities* 19(4).

Wirth, L.(1938), "Urbanism as a Way of Life," *The American Journal of Sociology*, Vol. 44, No. 1.

12장

산업 활동과 지역의 형성

1. 산업의 입지와 지역

1) 경제지리학과 경제학

경제학이 '무엇을' '얼마나' 생산할 것인가를 문제 삼고 그것이 어디에 입지하는가를 고려하지 않는 반면, 지리학은 무엇이 '어디서' 생산되는가를 주시한다. 이른바 산업 활동의 '입지(location)'를 중요시한다는 말이다. 지리학이 산업 활동의 입지를 문제 삼는 이유는 입지의 원인을 추적하려는 뜻 이외에, 산업체들의 입지가 지역의 성격을 구성하는 핵심 요소이기 때문이다. 잘 알려져 있다시피 지리학의 임무는 지역성을 밝히는 것인데 그 지역성을 구성하는 핵심적 요소가 바로 산업 활동인 것이다. 농촌에서는 농업이, 광산촌에서는 광업이, 도시에서는 공업이나 상업 따위가 주민들의 생존 방식인 것에서 보듯이 산업 활동은 주민들의 생활 양식을 규정한다. 공동 노동 조직과 동질성을 특징으로 하는 농촌에서의 공동체적 생활 양식과 임금 관계를 매개로 하고 잘게 부서진 안면 관계로 섞인 공업 도시의 생활 양식은 생존 방식으로서의 산업 활동을 그 배경으로 한다. 그런 까닭에 지리학은 어떤 산업이 '어디에' '왜' 분포하는가를 묻고, 그런 산업체들의 입지가 지역을 형성하는 양상을 포착하려 한다.

경제학은 공간 차원을 고려하지 않은 채, 수요와 공급을 말하고 비용과 생산을 논한다는 점에서 '핀 위의 경제학'이다. 추상 이론을 구축하기 위해서는 응당 시간과 공간 차원을 사상(捨象)해야 하는 것은 불가피한 일이나, 천사들의 세계가 아닌 다음에야 경제 활동들이 공간을 차지하지 않고서 굴러간다는 것은 현실적이지 않다. 미시 경제학에서의 완전 경쟁 시장이란 다수의 생산자와 다수의 공급자를 전제로 하여 전 경제 주체의 가격 수동성을 그 특징으로 한다. 그러나 소비자든 생산자든 주거나 점포로써 공간상에 자신의 면적을 갖는다고 하면, 공간상에 무한한 수의 생산자도 무한한 수의 소비자도 불가능해지게 된다. 그렇다면 유한한 수의 소비자와 유한한 수의 생산자를 상정해야 한다는 말인데, 이때 무한한 수에 의한 완전 경쟁 시장은 불가능한 것이 된다. '핀 위의 경제학'은 거시 경제학 영역에서 커다란 맹점을 갖는다. 거시 경제는 한 국가를 상정하는데, 특정 기업체가, 또는 주민들이 어디에 어떻게 분포하며, 어떤 특성을 갖는가 하는 것은 모두 생략된다. 중화학 공업 지역이 서울-인천 지역에 있든, 울산-창원에 있든 GDP는 변동 없으며 성장율도 변동 없다. 조선 시대 이래로 아무런 변화가 없이 논두렁 밭두렁만 있는 지역의 국민소득도 공간에 대한 평균이라는 산술적 계산을 통해, 소득이 상당히 올라간 것처럼 보이는 것이다. 그 지역과 아무런 상관이 없는 머나먼 지역의 집중된 공업화에 의해서 말이다. 요컨대, 핀 위의 경제학은 공간 차원을 사상하거나 혹은 한 국가를 전체로 파악함으로써, 구체적인 생산 시설 및 노동자 거주에 대해서는 베일로 가려둔다. 그 베일 뒷편에 노동자의 저임금과 낙후 지역의 소외와 행복 추구 기회의 불균등이 있다는 것을 은폐하는 것이다.

추상적인 경제학의 이러한 난점을 극복하기 위해 지역경제학(Regional Economics)이라는 학문 분야가 생겨났다. 경제학에 공간 차원을 도입한 것이다. 지역경제학에서 말하는 '지역'은 대체로 한 국가 내부의 여러 지역, 우리로서는 '도' 단위의 지역에 대한 거시 경제 법칙들을 추적해 내려는 것이다. 그러나 지역경제학은 도 단위보다 더 세분한 생활 세계 중심의 시·군 단위에 대해서는 더 고려하지 않는다. 세

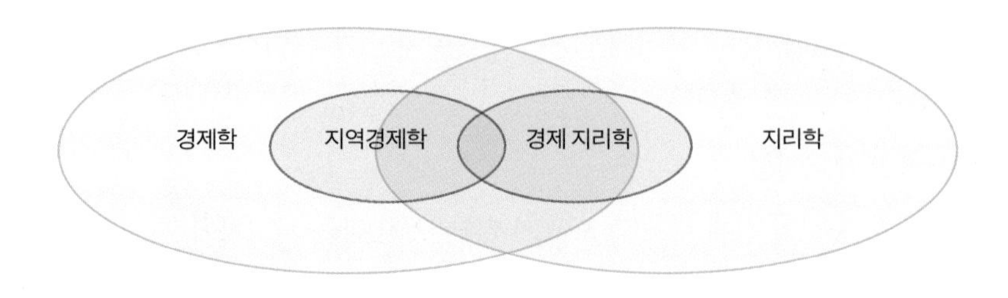

그림 12-1 경제 지리학과 지역경제학의 연구 영역

분한 지역 단위가 시·군 수준의 단위에 이르면, 그것이 거의 일상생활의 공간 단위와 일치하기 때문에, 또 우리나라의 경우 그 수가 200여 개가 되므로 경제학적 도구로써는 분석이 곤란해진다. 세분화된 지역에는 입지하는 기업체 수가 한정되고 노동자 수도 그러하므로, 지역경제의 문제라기보다는 기업체들의 입지가 문제가 된다. 그러하면 이것은 벌써 지리학의 영역으로 들어오게 된다. 하물며 분석의 공간적 해상도(spatial resolution)를 더 세분하여 읍·면 수준에 이르면 그것은 본격적인 산업체 입지의 주제가 된다. 산업체의 입지 수준에 이르면 산업체 간 상호 작용이 문제가 되고, 이것은 전통적인 지리학의 주제이다. 결국, 경제학이 암묵적으로 사상해버린 공간 스케일을 '구체화'시키는 순간 지리학의 전통적 주제가 관건이 된다.

경제지리학은 산업체의 입지 수준으로부터 시작하여 그것의 공간적 배열 원리를 추구하고, 그것이 형성해 내는 지역의 성격을 포착한다. 경제학이 경제 활동을 총량 수준에서 이론화하는 것과 반대로, 경제지리학은 경제 활동의 구체적 입지로부터 '아래로부터(bottom-up)'의 일반화를 추구한다. 산업체의 입지와 그 상호 관계로부터 시작하여 지역 경제를 파악하는 방식은, 추상적인 경제학으로부터 지역경제학으로 '내려오는(from-above)' 방식과 다른 접근법을 요구한다. 산업체의 입지로부터 시작하는 '아래로부터'의 방식은 경제지리학이라는 지리학의 한 분과에서 발전시켜 온 방법이다. 학문 간 경계가 모호해져버린 오늘날, 경제지리학과 지역경제학은 그 구별이 더더욱 희미해져가고 있지만 아직도 경제지리학에서는 지리학적 전통을, 그리고 지역경제학에서는 경제학적 전통을 뚜렷하게 느낄 수 있다.

2) 시장 분포의 국지성

무한히 많은 동질적 경제 주체(즉 노동, 가계와 기업체)라는 가정하에, 가격 결정의 무차별적 수동성을 전제하는 것이 경제학의 핵심 가정이다. 그러나 전술한 바와 같이 그것은 바늘 끝 '천사들의 경제학'이지 현실 공간 위에서 벌어지는 범부들의 경제학과는 거리가 멀다. 거주가 필수인 인간 개인은 자신의 실존을 위해 일정 면적의 공간을 필요로 하며, 공급체 또한 당연히 그 활동에 필요한 면적(area)을 요구한다. 경제 주체들의 이러한 면적 필연성(area-necessity) 때문에, 입지적 배타성이 초래되고 이는 필연적으로 '거리'를 성립시킨다. 거리가 존재하므로 경제 주체들의 수는 이제 유한하게 된다. 입지적 배타성에도 불구하고, 무수히 많은 경제 주체들을 생각하려면 무한히 넓은 면적을 고려해야 하는데 그것은 불가능하다. 저 먼 거리에 있는 소비자는 정반대편의 먼 거리의 공급자를 자신과 가까이 있는 공급자와 '무차별하게' 거래할 리가 없다. 여기서 벌써 경제학의 완전 경쟁 가정은 현실성을 상실한다.

더욱이 인간의 시간지리학(time geography)적 한계는 소비자와 공급자 간 자유로운 무차별적 선택을 거의 불가능하게 만든다. 무한히 넓은 의류점 집적 지구가 있다고 하자. 거기서 옷을 구입하려는 고객은 하루 동안 고를 수 있는 옷의 수도, 그가 돌아다닐 수 있는 가게의 수도, 시간 제약과 능력 제약 때문에 제한될 것이다. 그렇다면 소비자가 공급자를 선택할 수 있는 공간적 범위가 일정하게 한정되고, 시장은 국지적(local)이 된다. 결국 공급자가 무한히 많더라도 그래서 시장이 무한히 넓더라도, 구체적인 고객이 방문하게 될 범위는 한정되므로 그 고객에 유의미한 공급자 역시 한정된다.

시장이 국지적이라면 이론적으로 균형가격은 존재하지 않는다는 것이 알려졌다. 이것을 밝혀낸 사람들은 경제학이 비공간성이 갖는 한계를 극복하기 위해 경제학에 공간 차원을 도입한 경제학자들에 의해서였다. 그들은 복잡한 수식을 동원한 '가격 불가능성 정리(spatial impossibility theorem)'라는 것을 정식화했는데, 그 결론은 운송비가 0이 아닌 이상 경쟁에 의한 균형가격은 하나로 설정되지 않는다는 것이다. 또한 거리가 다르면 상품도 달라진다. 같은 옷이라도 이웃집 가게의 옷과 한 시간 거리에 있는 가게의 옷은 다른 상품이 되므로 상품의 동질성은 이제 거의 불가능하다. 공간 차원을 고려할 경우 장소별 가격 차이가 발생하고 이것은 시장을 국지적으로 만든다. 시장의 국지성(locality)은 결국 상권(market area)을 형성하게 되고, 해당 상권에서 업체들은 독과점적 성격을 지닌다. 이를 공간 독점(spatial monopoly)이라 하는데, 공간 독점의 귀결은 중심지 체계이다.

3) 문제는 지리

시장이 국지적이라는 점 이외에도, 오늘날 경제 활동이 고도로 집적하는 경향이 있다는 사실에서 우리는 그 배경에 '지리'가 있음을 새삼 확인한다. 교통과 통신 기술이 눈부시게 발달한 오늘날에도 공장들과 기업체들은 특정 지구에 고도로 집적하는 경향을 보인다. 특히 첨단 기술 산업은 실리콘 밸리나 테헤란 밸리와 같이 특정한 곳으로 집적하는 경향을 보이며, 정보 컨설팅, 금융, 법무, 부동산 등 고차 사업서비스의 경우도 대도시 도심이나 부심에 집적하려는 경향을 보인다. 뿐만 아니라 비교적 노동 집약적인 (섬유나 인쇄·출판과 같은) 산업도 도시 내에서 집적하려는 경향을 보인다. 따라서 국지적인 시장의 분포를 해명하고 산업 활동의 집적 지구를 해석하기 위해서는 지리적 접근이 필수적이다. 이런 의미에서 제도주의 경제학자들이 '문제는 제도(institution matters)'라고 강조했던 그 어조로 '문제는 지리'이다(geography matters).

경제 활동의 집적 현상은 '특이한' 현상이 아니고 기정 사실 뿐 아니라, 지역경제를 활성화시키려는 방략으로 적극적으로 '활용'되는 단계에 있다. 그리하여 중앙 정부와 지방 정부, 상공인 연합 등이 주체가 되어 산업 집적지를 인위적으로 창출하려는 노력을 서슴지 않는다. 성공적인 산업 집적지의 창출을 위해서는 집적 이익(agglomeration benefits)의 원천이 도대체 무엇이며 그 원천을 어떻게 창출, 육성, 활성화시킬 것인가 하는 것을 알아야 한다. 여기에 경제학자들뿐 아니라 정책가들,

경제지리학자들, 지역 개발학자들의 노력이 경주되고 있다. 집적 이익론은 19세기 마샬(A. Marshall)에까지 거슬러 올라가는 오랜 주제이지만, 당시에는 비용절감 효과나 연계 효과 정도로 보았던 것을 오늘날에는 적극적인 기술혁신 창출 환경으로까지 칭송되고 있는데 이것이 '산업 지구' 또는 클러스터(산업 집적지)이다. 그리하여 최근 국가나 지방 자치 단체에서는 지역 혁신 체제(Regional Innovation System)를 구축하려는 갖가지 정책들을 추진하고 있다.

2. 공업의 입지와 지역 변화

1) 여러 가지 산업

지역성의 핵심 내용을 이루는 생산 활동인 산업을 분류하는 것은 지역의 특성을 파악하기 위한 기초이다. 흔히 알려진 1차 산업(농림 수산업), 2차 산업(광공업), 3차 산업(각종 서비스업)은 산업의 '고도화' 방향을 일컫기 위한 분류였다. 그러나 산업이 대단히 고도화된 오늘날, 클락(C. Clark, 1940)의 3차 산업은 다양하게 분화되고 있으며 이에 각국은 다양한 표준산업분류를 제정하여 각종 통계에 활용한다. 우리나라의 경우 1963년 표준 산업 분류를 도입한 이래 여러 차례의 개정을 거쳐 2007년 제9차 개정안을 현재 사용하고 있다.

표 12-1은 1963년 처음 제정한 이후 아홉 차례의 개정을 거친 표준산업분류의 대분류를 정리한 것이다. 표에서 2007년 이후에는 21개 대분류로 구분하여 사용하고 있다. 특징적인 것은, 1차와 2차 산업 부문은 분류상 변화가 거의 없는 데 비하여 3차 산업 부문은 50여 년간 현란한 분화를 거듭한 것이다.

3차 산업이 이렇게 분화되는 이유는 3차 산업에 포함되는 업종들의 다양성도 있고, 산업화가 진행되고 소득이 증가할수록 다양한 수요가 새롭게 창출되기 때문이다. 제조업이 발달할수록 공장의 수와 규모가 확대되고, 공업 지역들이 성장하면서 이들을 연결하는 물류와 정보 교환을 위해 교통과 통신이 발달하고, 항만, 정류장 등

표 12-1 우리나라 표준산업분류에서 대분류의 변화

	제정~2차 개정 (1960년대)	3~5차 개정 (1970~80년대)	6, 7차 개정 (1990년대)	8차 개정 (2000년대)	9차 개정 (2008년 이후)
1차	농업 임업 수렵업 및 어업	농업 수렵업 임업 및 어업	A. 농업 수렵업 및 임업	A. 농업 및 임업	A. 농업 임업 및 어업
			B. 어업	B. 어업	
2차	광업	광업	C. 광업	C. 광업	B. 광업
	제조업	제조업	D. 제조업	D. 제조업	C. 제조업
3차	건설업	건설업	F. 건설업	F. 건설업	F. 건설업
	전기 가스 수도 및 위생시설 서비스업	전기 가스 및 수도사업	E. 전기 가스 및 수도 사업	E. 전기 가스 및 수도사업	D. 전기,가스,증기 및 수도사업
	상업	도소매 및 음식 숙박업	G. 도소매 및 소비자 용품 수리업	G. 도매 및 소매업	G. 도매 및 소매업
			H. 숙박 및 음식점업	H. 숙박 및 음식점업	I. 숙박 및 음식점업
	운수 보관 및 통신업	운수 창고 통신업	I. 운수 창고 및 통신업	I. 운수업	H. 운수업
				J. 통신업	J. 출판,영상,방송통신 및 정보서비스업
	서비스업	금융 보험 부동산 및 사업서비스업	J. 금융 및 보험업	K. 금융보험업	K. 금융 및 보험업
			K. 부동산, 임대 및 사업서비스업	L. 부동산및임대업	L. 부동산업 및 임대업
				M. 사업서비스업	M. 전문,과학 및 기술서비스업
					N. 사업시설관리 및 사업지원서비스업
		사회 및 개인 서비스업	L. 공공행정, 국방 및 사회보장행정	N. 공공행정 국방 및 사회보장행정	O. 공공행정,국방 및 사회보장행정
			M. 교육서비스업	O. 교육서비스업	P. 교육서비스업
			N. 보건 및 사회복지사업	P. 보건 및 사회복지사업	Q. 보건업 및 사회복지서비스업
			O. 기타 공공 사회 및 개인서비스업	Q. 오락 문화 및 운동관련 산업	R. 예술,스포츠 및 여가관련서비스업
				R. 기타공공 수리 및 개인서비스업	S. 협회 및 단체, 수리 및 기타 개인서비스업
					E. 하수·폐기물처리,원료재생 및 환경복원업
			P. 가사서비스업	S. 가사서비스업	T. 가구내 고용활동 및 달리분류되지 않은 자가생산활동
			Q. 국제 및 기타 외국기관	T. 국제 및 기타 외국기관	U. 국제 및 외국기관
	분류불능의 산업	분류 불능 사업			

의 교통 시설 및 통신 설비 시스템이 증가한다. 또한 노동자의 증가와 도시화로 도시적인 소매 및 음식·숙박 업종이 증가한다. 이러한 서비스 역시 새로운 산업의 창출이므로 관련 교통·통신 시설이 증가한다. 또한 제조업이든 상업이든, 혹은 음식·숙박업이든 새로운 창업과 관련하여 금융, 보험, 부동산 관련 업종이 증가한다. 산업화에 따라 공장 노동자, 사무직이 증가하고 이들을 위한 주택, 도로, 교통 시설을 위한 건설업이 성장하지 않을 수 없다. 기업의 규모가 커지면 광고·홍보, 회계, 법률서비스, 경영컨설팅 등 사업 서비스(business services)가 증가한다. 이러한 연유로 제조업이 선도하는 산업화는 필연적으로 다양한 서비스 부문의 성장 및 확대, 분화가 따라 나온다.

여기서는 산업에서 핵심적이라 할 공업 입지와 상업(서비스업)의 입지를 중심으로 다루기로 한다(농업 입지에 관해서는 참고 6-4).

2) 베버의 공업 입지 이론

베버 시대의 공업 입지

공업은 산업 혁명 이후 농업이나 상업을 제치고 최고의 생산력을 갖는 산업이 되었다. 수공업 수준이 아닌 기계제 대공업 상황에서의 공업은 대량의 물질적 풍요를 가져다주었을 뿐 아니라 광범위한 공업 노동자를 수용함으로써 높은 인구부양력을 발휘하였다. 농업이나 상업이 할 수 없는 끊임없는 상품 생산으로, 공업은 실로 사회 전체를 상품화하는 위력을 발휘하였다. 원료를 위한 농림어업 및 광업과 연계, 상업이 취급하는 품목의 폭발적인 확대, 대량의 수송 수요 창출 등을 통해 여타의 산업을 선도하는 산업이 되었다. 아울러 고도로 복잡해진 기계를 사용함으로써, 기계 및 부품을 생산하는 공업과 연계되어 공업이 새로운 공업을 낳는 확대 재생산의 경향까지 지녔다. 이러한 면모는 농업이나 상업이 수행하던 것과는 전혀 다른 것이다. 또한 중화학 공업 시설은 곧바로 무기생산시설로 전환 가능했으므로 공업은 그야말로 부국강병을 보장하는 산업이었다.

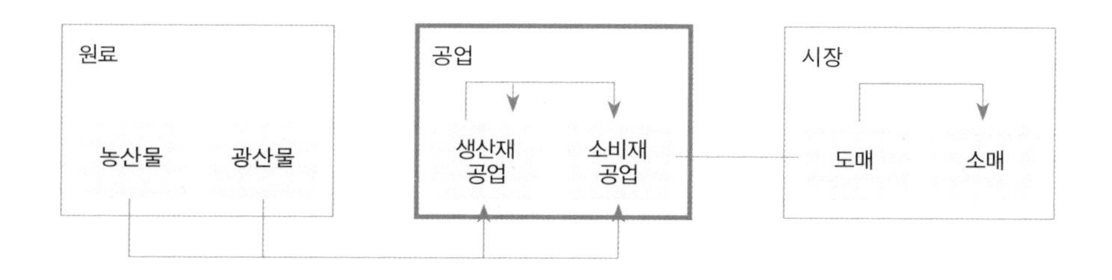

그림 12-2 공업의 생산 과정

기계제 대공업이 갖는 이러한 면모 때문에 산업혁명 이후 서양 각국 정부는 비상한 관심을 갖고 자국의 공업을 보호·진흥하였다. 산업혁명 초기의 공업 지역은 증기 기관 때문에 석탄 산지에 입지하였다. 영국의 맨체스터-리버풀 지역, 프랑스 로렌 지역, 독일 루르 지방, 미국 북동부가 대표적이다. 그런데 20세기를 넘기면서 전기나 석유와 같은 새로운 에너지가 등장하고 철도가 놓이면서 공업 지역에 변화가 발생하고 있었다. 베버(Alfred Weber, 1909)는 20세기 초 자본이 국제적으로 이동하고 신흥 공업 지역이 형성되는 상황을 보고 공업 입지의 문제에 처음 주목하였다. 그래서 그의 책의 제목이 『공업 입지에 관하여(*Über den Standort der Industrien*)』이다.

베버 공업 입지론의 가정과 개념

공간 이론을 구축하기 위해서는 기본적으로 ① 등질평면(지형, 인구, 비옥도, 소비자 선호 등) 가정과, ② 운송 수단 동일 가정, 그리고 ③ 이동 방향의 무제한성 가정이 필요하다. 베버 역시 그러한 기본적인 가정위에서 공업 입지 이론을 구축하기 위해, ④ 원료 비용을 불문에 부쳤고, ⑤ 노동력 공급지가 한정되고 공급량은 무한하다는 가정을 더하였다. 그러나 원료 비용 가정은 충분히 수긍할 만한 가정이지만 노동력 가정은 다소 무리한 가정이다. 노동력의 공급지가 한정되는 경우는 기술 인력이나 연구 인력의 경우인데, 당시로서는 비숙련 노동이 대부분이었으므로 노동력은 촌락으로부터의 이촌 향도에 의해서 어디든 충분히 공급 가능하였다.

그는 음료수 공업에서의 물과 같이 어디든 분포하는 원료를 보편 원료(ubiqui-

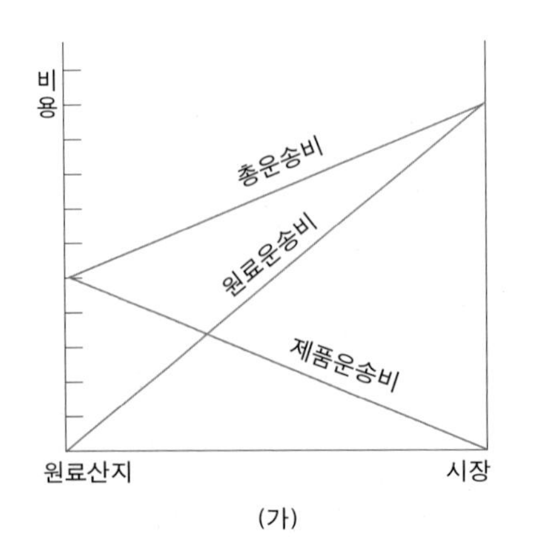

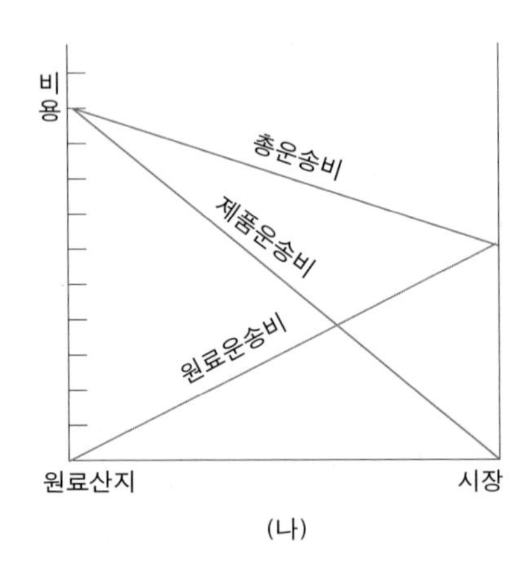

그림 12-3 베버의 공업 입지론

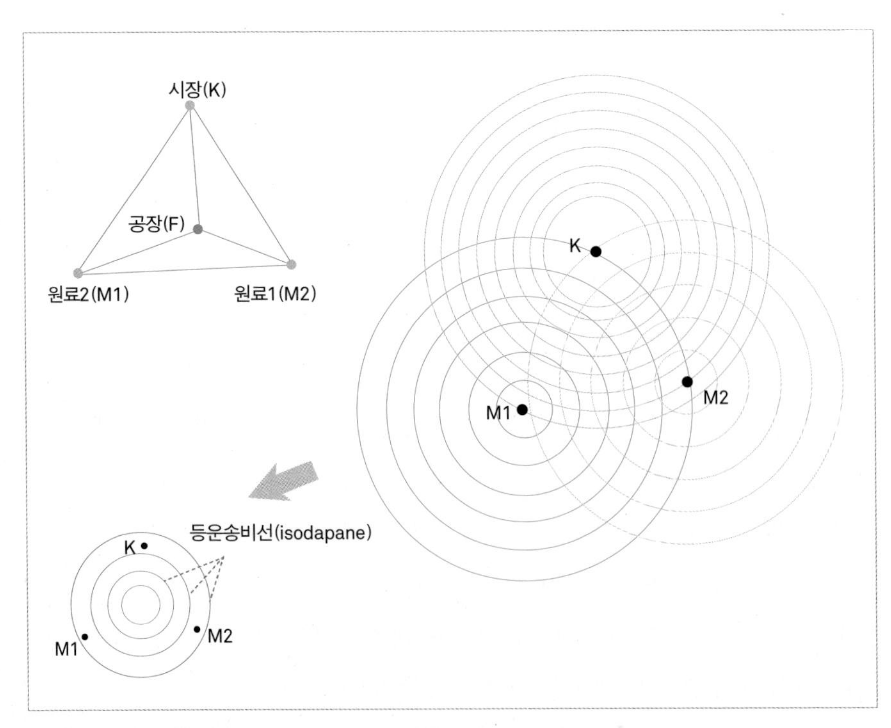

그림 12-4 등비용선의 활용

ties), 석탄이나 철광석과 같이 특정한 곳에만 분포하는 원료를 국지 원료(localized material)라 하였다. 또한 제철 공업의 철광석처럼 제작 과정에서 중량이 감소하는 원료를 중량 감소 원료(gross material), 그렇지 않은 원료를 순수 원료(pure material)라 하였다. 이때 국지 원료의 무게를 완제품의 무게로 나눈 값이 원료 지수(material index)이다. 원료 지수가 1보다 크면 원료가 제품보다 무거우므로 원료 운송비가 비싸게 되고, 이런 공업은 원료를 되도록 덜 운반하는 곳에 입지하는 것이 유리하다. 결국 공장은 원료 산지 쪽으로 가는 것이 유리하게 된다(그림 12-3 그래프 [가]). 반대로 원료 지수가 1보다 작으면 제품의 무게가 더 무거우므로 되도록 제품을 덜 움직이게 하는 것이 유리하고, 이런 공업은 시장 쪽에 입지하려 할 것이다(그림 12-3 그래프 [나]). 원료 지수가 1과 같으면, 공장은 시장이나 원료 산지 어디든 입지해도 된다.

원료가 둘 이상 필요한 경우나 원료 이외에 동력 자원이 필요한 경우에는 세 점으로부터 최소 비용 지점을 찾아야 한다. 원료가 둘 이상 있는 경우라면 각 원료의 거리에 따른 운송비 등치선을 동심원 모양으로 그릴 수 있을 것이다. 또한 제품 운송비도 시장으로부터 거리가 멀어질수록 비싸지도록 동심원 모양의 등치선을 그릴 수 있다. 그렇다면 각 지점에서 M1 원료운송비와 M2 원료운송비, 그리고 제품운송비를 합산하여 총 운송비용을 계산할 수 있게 된다. 그 경우에도 총 운송비가 동일한 지점을 등치선으로 그리면 그것이 등운송비선(isodapane)이다. 총 운송비가 가장 작은 지점은 이렇게 찾을 수 있다.

'비용 절감'이라는 지상명령

베버는 공장이 입지하는 장소는 비용을 최소화하는 지점이라고 보았다. 이는 20세기 초의 자본주의가 적극적인 시장 차별화 전략에 의해 이윤을 극대화하는 데에까지 이르지 못한 상황을 반영한다. 당시의 경쟁은 주로 가격 경쟁이었으므로 비용 요인이 핵심 사안이었던 것으로 보인다. 그리하여 그는 최적의 공업 입지 지점으로 ① 운송비 최소화 지점, ② 노동비 절감 지점, ③ 집적 이익 지점을 들었다. 그에게서는 집적 이익의 내용도 대량·공동 구매 절감 효과나 인프라 공유 절감 효과와 같이 '비용'

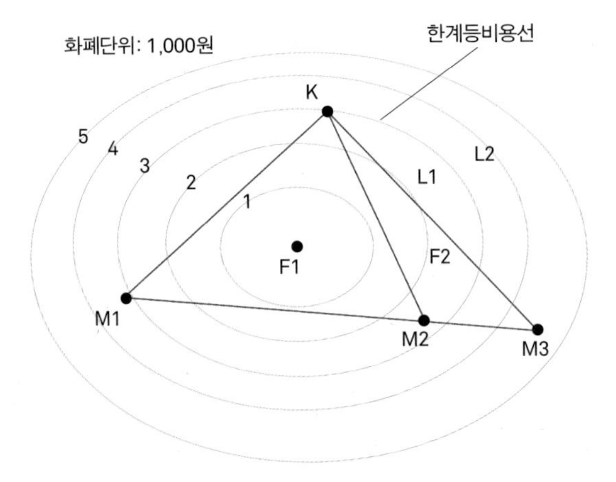

그림 12-5 노동비 절감지점 공장입지

노동비는 전적으로 고른데, 유독 L1 지점과 L2 지점이 무척 싸다고 하자. 예컨대 단위당 3천원씩이라고 하자. 그러면 L1 지점의 경우 노동비까지 고려한 총 비용을 F1 지점보다 몇 백원 절감시키지만 L2 지점은 그렇지 못하다. 이때 3천원 등비용선이 임계등비용선(critical isodapane)이다.

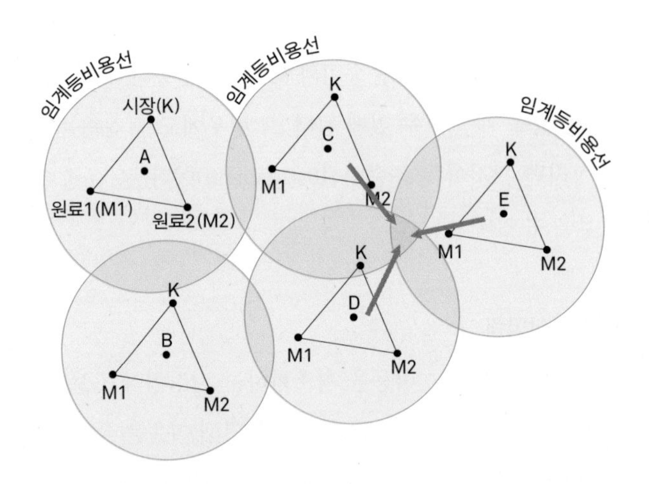

그림 12-6 집적 경제 효과에 따른 최적 지점의 이동

세 공장이 공동입지하는 경우(둘로는 부족하다고 가정), 비용절감 효과가 무척 커져서 기존 운송비 최소 지점들보다도 총 비용이 더 낮아진다면 공장들은 집적하게 된다. 이때 여전히 각 공장의 '임계'등비용선 내에서만 각 공장은 이전할 유인을 갖게 되므로, 집적 장소는 세 공장의 임계등비용선이 중첩되는 부분 내에 위치할 것이다. 그러나 그림에서 A, B, D 공장의 경우, 세 공장 집적에 의한 절감 효과를 얻기 위해서는 임계선 밖으로까지 이전해야 하므로 오히려 손해가 커져서 A-B-D 집적은 일어나지 않는다.

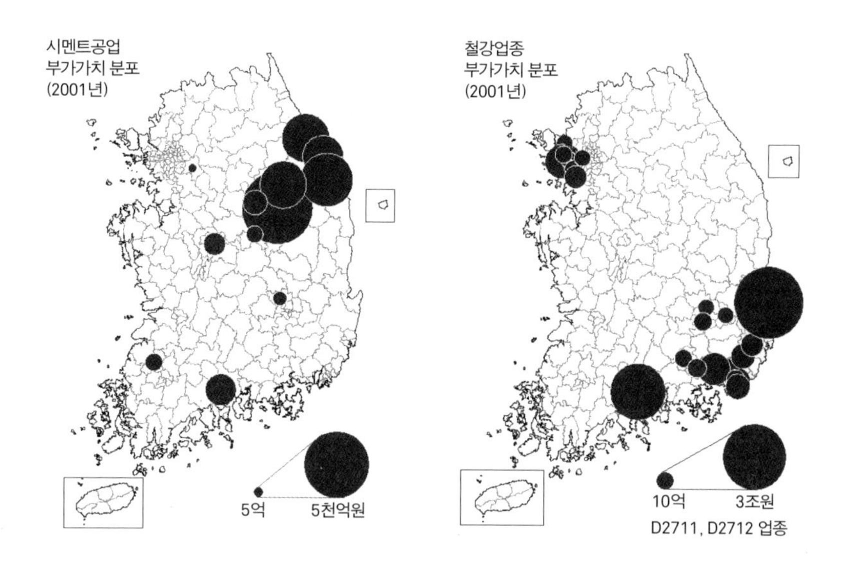

그림 12-7 시멘트 공업과 제철 공업의 입지

요소였다. 운송비 최소 지점과 노동비 절감 지점, 그리고 집적 이익 지점을 찾는 과정은 이른바 '입지 삼각형' 임계 등비용선 방법, 그리고 임계 등비용선 중첩 방법을 사용한다(그림 12-4, 5, 6).

그는 여러 업종의 공업을 원료 지향성, 시장 지향성, 동력 지향성, 노동비 지향성, 집적 지향성, 입지 자유형 등으로 구분하였다. 공업 입지의 유형을 분류하고 공업 지역의 변화를 해석한 것이다. 그는 당시의 시장 지향성 공업들도 운송비 절감을 위해 시장, 즉 도시에 입지한다고 보았다. 그러나 그의 저서가 출간된 이후 자본주의의 발달은 그의 이론과 멀어져갔다. 점차로 시장 요인이 중요해지고 운송 수단이 발달했으며, 공업 집적의 경향이 강화되어 갔다. 특히 의류·신발, 인쇄·출판업과 같이 대도시에 입지하면서 도시의 수요에 민감하게 반응해야 하는 업종이 증가하였고, 대량의 원료를 원거리 수송하면서 공장을 운영하는 공업 지역이 생겨났으며, 비용 절감 효과로만 설명할 수 없는 공업의 집적이 이루어졌다. 즉 공업 입지에서 수요 극대화 지점이 중요해졌으며, 원료의 대량 수송 때문에 항구와 같은 수송 적환지(transshipment point)가 주요 공업 지역으로 부상하였다. 노동자들은 도시에 집중되어 있었으므로 노동력 절감 지점을 특별히 분리할 수 없게 되었고, 공업 입지에서 석탄 산지가 차지하는 중요성은 점차 약화되었다. 공업이 도시에 입지하든가, 아니면 공업 지역이 대도시, 즉 대소비 시장이 되었다. 더욱이 부품이나 반제품을 원료로 하는 공장은 기존의 공업 지역에 입지하는 경향을 보였으므로, 공업은 전후방 연계(linkage)의 편의성 때문에 고도로 집적하는 경향을 보였다. 그리하여 오늘날에는 대도시에 입지하는 시장 지향성 공업이 흔하며 원료 산지를 지향하는 공업은 적다. 노동 지향성의 의미도 고급 인력이나 기술 인력이 있는 곳에 공업이 입지하려는 경향으로 변하였는데, 그런 지역은 결국 기존의 대도시이거나 대규모 공업 도시이다.

이러한 사정으로 베버의 이론은 수정되거나 비판되어 수요 중심 이론(Lösch의 이론, 1939), 집적경제론, 적환지 이론(Hoover, 1937) 등이 제시되었다. 최근에는 다공장 기업이 등장하고, 분공장 경제가 진행되면서 베버의 이론은 그 적용 범위가 무척 협소해지게 되었다. 오늘날 시멘트나, 제철, 정유 공업 정도가 베버를 지지하는 업종이 될 것이다.

3) 현대의 공업 입지 이론

포디즘과 포스트포디즘

20세기 후반의 자본주의는 다수의 공장과 판매망 및 관리 조직을 갖춘 기업 집단이 주도하며, 이에 따른 전문 사무직의 증가, 금융 및 부동산, 법률, 광고·홍보 등과 같은 전문 사업 서비스의 증대, 해외직접 투자, 글로벌 네트워크 생산 등이 그 특징이다. 공업의 입지 조건 역시 그러한 변화에 따라 전혀 새로운 양태를 띠게 되었다. 전후 2~3년에 걸쳐 서구 선진국 경제는 전쟁 이전의 생산력을 회복하였고, 1950년대와 1960년대 고도 성장을 구가하며 자본주의 최고의 황금기를 달성한다. 이 당시의 자본 축적 방식은 포디즘적 축적(Fordist accumulation)이라고 일컬어졌고, 자본-정부-노동

표 12-2 현대 자본주의의 구조 재편(restructuring)

1950~1960년대	1970년대	1980~1990년대
• 포디즘	과도기	• 포스트포디즘, 유연적 전문화
• 대량생산, 대량소비, 제품 표준화		• 다품종 소량생산, 제품 다양화(범위의 경제)
• 일관 생산 라인, 대공장, 수직적 통합, 강한 하청		• 외주화(outsourcing), 수직적 분리, 유연한 하청
• 위계적 조직, 업무 전문화		• 다기능 숙련 노동자, 수평적 유연 조직
• 고임금, 단체 교섭(강력한 노조)		• 노동 유연화(비정규직 증대), 노동시장 분절
• 케인지언 복지 국가		• 신자유주의, 슘페터리언 근로 국가
• 사회복지 지출 증대(강한 노동자 정당)		• 노조 약화, 복지 지출 삭감, 규제완화, 보수적 정당 주도

자의 사회적 합의에 기초한 대량생산-대량소비 체제가 가동되었다. 노동자의 정치세력화 혹은 케인즈주의 정책 때문에, 선진국의 노동자 실질 임금이 증가하였고 사회복지 안전망이 확충되었다. 규모의 경제에 입각한 대규모 공장 및 대기업 조직, 그리고 기술 혁신에 의한 생산성 향상 등이 포디즘 축적 체제의 핵심 요강이었다.

그러나 기술 혁신에 의한 생산성 향상은 새 기계 도입 속도를 가속화하고 낡은 기계 폐기 속도를 증가시킴으로써, 낡은 기계에 내재된 가치를 다 실현하지 못하고 폐기하는 자본 잠식을 초래하였다. 생산성 향상 속도는 그러한 자본 잠식 정도를 상쇄할 만큼 더 빠르게 향상될 수 없었으므로, 실질 임금 상승률을 추월하지 못하고 자본의 이윤율 하락으로 이어졌다. 그 결과는 생산의 갑작스런 퇴장, 즉 공황이었다. 1970년대는 포디즘적 축적의 구조적 모순이 표출되는 대불황의 시기였고, 한편 포디즘의 모순을 극복하는 새로운 축적 체제로의 이행의 시기였다.

새로운 축적 체제는 포스트포디즘(post-Fordism), 혹은 유연적 전문화(flexible specialization)라고 일컬어진다. 새로운 축적 체제의 방향은 ① 제품 유연화, ② 생산 과정 유연화, ③ 기업 조직 유연화, ④ 노동 유연화이다. 제품 유연화란 다품종 소량생산 방식을 말하며, 생산 과정 유연화란 포디즘적인 컨베이어벨트와 단종 대량생산 기계가 아닌 컴퓨터 통제하의 범용 기계에 의한 다품종 소량생산을 말한다. 기업 조

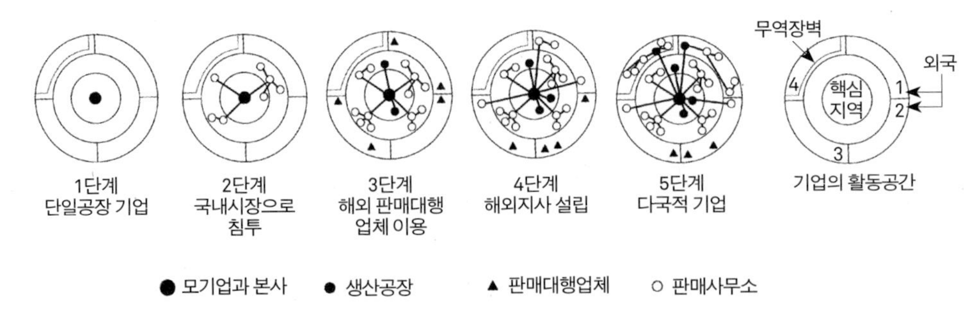

그림 12-8 다국적 기업의 성장(Håkanson, 1979)

직 유연화란 팀(team)제를 도입하고 몇몇 기능을 외주화하는 등 기존 위계적 조직을 분리하여 수평화하는 조직 운영 방식을 뜻한다. 마지막으로 노동 유연화는 간접 임금(사회 보장) 부담이 큰 정규직 고용을 축소하고 파트 타임, 파견 근로 등을 포함한 비정규직을 늘리며, 수시 해고를 제도화하는 것을 뜻한다. 아울러 노조를 약화시키는 제반 조처가 뒤따랐다. 제품 유연화나 생산 과정 및 기업 조직 유연화는 기업 내부에서 해결할 문제이나, 노동을 유연화하는 작업은 기업의 재량 범위를 벗어난다. 그것은 2차 대전 후의 사회적 합의를 파기하는 것이기 때문에 필히 정부의 지원이 요구된다. 1970년대 말 집권한 영국의 대처와 미국의 레이건 정부는 이러한 자본의 요구에 적극적으로 응했고, 그 결과는 비정규직을 늘리고 노조를 탄압하고 파업 요건을 강화하며 사회 복지 지출을 대폭 삭감하여 빈부 격차를 확대하는 방향이었다. 이러한 친기업적, 친시장적 정책 프로그램을 신자유주의(neo-liberalism) 정책이라 한다.

생산의 세계화: 다국적 기업

전후 황금기를 통해 축적된 자본이 생산의 세계화를 진행하였고, 해외 현지 법인을 설립하는 다국적 기업(MNC; Multinational Corporations)이 등장하였다. 해외에 현지 공장을 설립하여 생산을 세계화하는 이유는, ① 후진국의 저임금 노동력과 우호적인 투자 환경을 이용하기 위한 것이기도 하며, ② 해외 시장을 개척하기 위한 것이기도 하고, ③ 표준화 모방 업종을 해외 생산으로 전환하려는 이유이기도 하다. 낯선 시장 환경이라 할 해외 시장을 개척하는 것이 가능한 까닭은 기술 우위를 향유할 수 있고(기술 우위가 있는 업종의 경우), 내부 거래 이점을 활용할 수 있기 때문이다. 해외 법인은 선진국 모기업의 부품 및 반제품을 유리한 조건으로 신속하게 공급받을 수 있기 때문에 여타의 토종 기업들과의 경쟁에서 우위를 점할 수 있다. 국제 무역에서 다국적 기업 간 내부 거래의 비중이 높다는 점이 이를 방증한다. 미국의 경우 상품 무역에서 기업내부거래가 수입의 경우 45% 이상이고 수출의 경우 30% 이상이다(Lanz, 2011: 16)

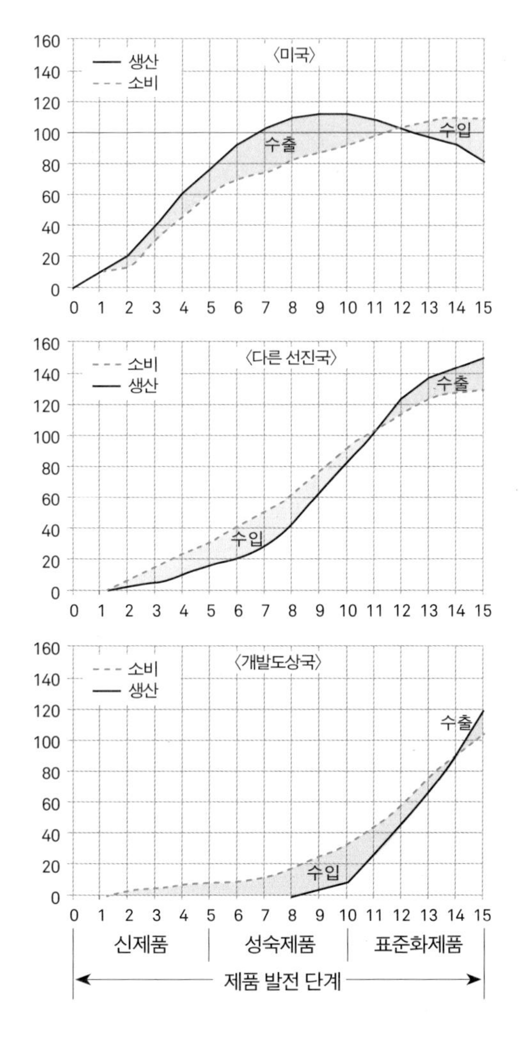

그림 12-9 제품 수명 주기 이론(Vernon, 1966)

다국적 기업이 해외 현지 공장을 설립할 때에는 다양한 지역적 특성을 활용한다. 미국 다국적 기업은 캐나다나 멕시코처럼 비교적 근거리의 나라에 투자하는 경우가 많고, 캐나다나 영국과 호주처럼 영어권 국가들에 투자하는 사례가 빈번하다. 또한 정치적으로 안정된 국가를 선호하며, 시장 규모가 큰 중국, 그리고 동유럽이나 한국과 같이 해외 직접 투자를 적극적으로 유치하려는 국가들에 입지하려 한다.

생산 기술이 표준화되어 개발도상국에서도 모방 생산하는 업종의 경우(TV 등 가전제품), 선진국 대도시에 있던 공장을 해외로 이전하는 현상을 설명하는 이론이

제품 수명 주기 이론(Product Life-cycle theory)이다. 제품이 개발 단계에 있을 때에는 대도시 도심부의 연구 부서에서 시작하고, 특허 보호를 받는 시기에는 대도시에서 생산하다가, 특허가 끝나고 후발 주자들이 모방 생산하는 시기에는 공장을 지방으로 이전한다. 후발 개도국이 저가로 공급하는 단계에 이르면 해외로 공장을 이전하거나 해외 현지 기업과 합작 투자 방식으로 전환하는 등 선진국시장에서 후퇴하게 된다. 그런데 제품 수명 주기 이론이 제출된 후, 1990년대에 이르러 후발 주자인 일본이나 한국 TV 산업은 평면 기술, 액정 기술, 고화질 기술 등 첨단 기술을 개발함으로써 새로운 중흥기를 맞고 있다.

노동의 공간 분업(Spatial Division of Labour)

1970년대의 경제위기에 대한 기업의 대응 가운데 하나는 위기의 '공간적 돌파(spatial fix)'였다. 후진국으로 하위 조립 공장을 이전하는 경우나 국내의 지방으로 공장을 이전하는 사례가 그것이다. 본사는 대도시 도심부에 두고 생산 공장을 지방 이전하여 구상(構想)과 실행(實行)을 공간적으로 분리하는 것이다. 그리하여 주변 지역에서는 때 아닌 공업 기능이 성장하였는데, 한국의 용인-이천 지역, 천안-청주 지역, 구미-대구, 군산-장항, 남동 임해 등지에서도 1980년대에 대기업 분공장에 의한 공업 성장을 경험하였다. 대도시 지역의 과밀과 높은 지가, 강력한 노조, 까다로운 환경 규제 및 토지 이용 규제를 회피하려는 이유에서 공장의 지방 이전이 진행되었다. 지방 자치 단체들은 중심 지역 대기업의 분공장을 유치하기 위해 부지 및 인프라 공급, 지방세 감면 등으로 유인하였다. 본사 기능과 밀접할 필요가 없는 표준화된 단순 생산 기능은 지방에 이전하더라도 지장이 없었기 때문이다. 그리하여 오늘날 일국의 생산 공간은 본사-분공장 체제로 재편되는 경향을 보인다. 그리고 대기업 분공장이 입지한 지방 공단과 그 인근에는 대기업 하청 업체들을 중심으로 중소 업체들이 입지한다.

분공장 경제(branch plant economy)에 대해서는 '균형 발전'의 청신호라는 낙관론이 있었지만, 외부 지배(external control)에 의한 새로운 지역 불균등 발전이라

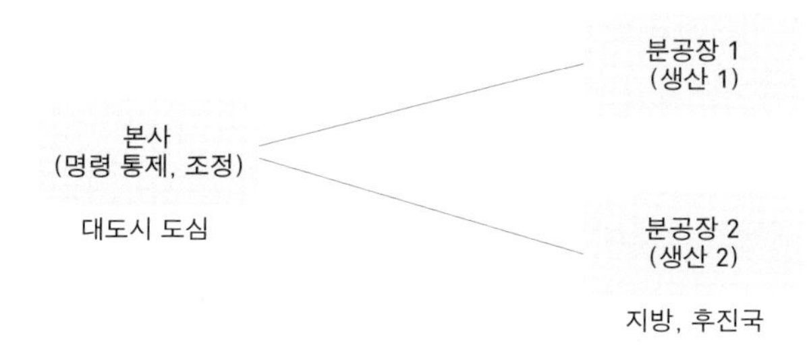

그림 12-10 노동의 공간 분업(Massey, 1995)

는 비판도 있었다. 낙관론의 주장은, 본사의 재정 및 기술을 활용할 수 있으므로 분공장은 안정적으로 성장하여 지역 고용을 창출함으로써 지방의 성장에 기여할 것이라는 것이다. 그러나 외부 지배 방식인 탓에 지역적 필요에 둔감하고, 경기하강기에 분공장을 우선 폐쇄하며, 지역 내 다른 기업들과의 연계가 부족할 뿐 아니라, 지역 고용 효과도 단순 비숙련 노동직에 제한된다는 비판도 제기되었다.

분공장 경제(brant plant economy)가 결과하는 공간적 구조 재편은 ① 명령·통제 기능 및 의사 결정 기능, 연구 개발 기능이 집적하는 대도시 도심부와, ② 생산 공장이 분포하는 지방 중소 도시나 후진국의 중심-주변 관계로 나타났다. 중심부는 전문직 고소득 화이트칼라가 다수를 차지하며, 지방과 후진국은 저임금 단순 조립 노동자가 많아지게 된다. 이러한 결과 노동의 공간 분업(Spatial Division of Labour)이 현상하였다. 대도시 도심은 본사 화이트칼라 계층은 물론, 고차 사업 서비스업이 집중함으로써 고학력 고소득 전문직종이 집중하게 되고, 중소 도시 및 촌락은 저임금 미숙련 노동력이 많아짐으로써 중심과 주변 간의 지역격차는 오히려 심화된다.

신산업 지구

1970년대 이후 미국의 실리콘밸리, 이탈리아의 북동부 지역의 중소기업 집적지가 기술 혁신을 통해 성장하는 사례가 보고되었다. 그리고 이를 19세기 마샬의 산업 지구론을 원용하여 "신산업 지구(New Industrial District)"라고 규정하였다. 연관 중소기업 업체의 긴밀한 전후방 연계에 의한 네트워크 형성, 잦은 노동 이동과 정보의 유통, 빈번한 기술 혁신에 의한 다품종 소량생산 등이 그 특징으로 지적되었으며, 각국에서 유사한 사례들이 보고되었다. 이러한 포스트포디즘적인 특성 때문에 신산업 지구 현상은 유연적 축적 체제의 공간적 표현으로 절찬리에 해석되었다. 그리하여 신산업 지구란 "대체로 새롭게 형성되고, 전문화된 중소기업들이 상호 뿌리내려진 연줄망(embedded network)을 형성하며, 유연한 고용이동, 빈번한 기술 혁신을 통해 생산 및 고용 측면에서 성장을 시현하고 있는 국지화된 지역"(박삼옥, 2000)이라고 정의된다.

신산업 지구를 넓게 해석하면, 대량 생산 체계가 혼재하거나, 혹은 역외 연줄망이 있고, 대기업이 혼재하더라도 신산업 지구의 한 유형이라고 할 수 있다(박삼옥, 2000). 중소기업만의 전후방 연계 연줄망으로 이루어지고 역내 연줄망이 대부분인 경우를 전형적인 마샬형 신산업 지구라 한다면, 첨단 산업형 중소기업이 집적하여 전후방 연줄망을 이루고 역외 관련 업체와의 연줄망도 강한 경우가 실리콘밸리와 같은 신산업 지구 유형이다. 그러나 울산이나 포항처럼 대기업과 그 연관 업체들이 국지화되어 역내 역외 연줄망을 이루는 경우도 다른 유형의 신산업 지구라고 할 수 있다.

집적 이익의 배후

교통·통신이 세계화하는 오늘날에도 산업이 집적하는 현상은 지속되고 있다. 마

| **참고 12-1** |

신국제 분업(New Industrial Division of Labour)

1970년대 자본주의 경제의 위기에 대한 대응으로, 선진국 자본은 고에너지, 중량(重量) 산업을 한국, 대만, 인도네시아, 브라질 등과 같은 개발도상국에 이전하고, 자신들은 첨단 기술 산업 및 경량 산업으로 이행하고자 하였다. 그리하여 한국에는 남동 임해 공업 지역에 제철, 제련, 정유, 석유 화학, 조선 등과 같은 대형 장치 산업이 입지하게 되었다. 이 같은 현상을 종래의 선진국 공산품-후진국 원료-개도국 소비재 경공업과 같은 국제 분업과 대비해서 신국제 분업(NIDL)이라 한다.

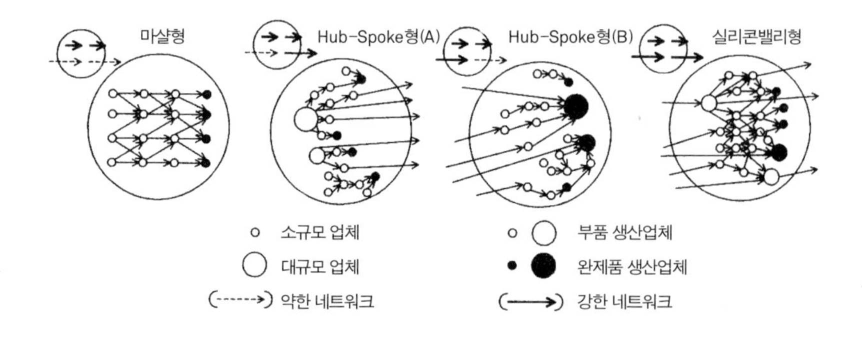

그림 12-11 신산업 지구의 유형(박삼옥, 2000)

샬과 베버 이후 산업 집적지에 대한 논의가 오랫동안 계속되었지만 집적 이익(agglomeration benefits)의 요인에 대해서는 여전히 연구 중이다. 신산업 지구 연구로 재촉발된 오늘날의 집적론 연구에서는 집적 이익의 핵심 요인을 기업 연줄망(네트워크)에 의한 이익으로 이해한다. 근접 중소기업들 간 긴밀한 전후방 연계(linkage)와 연계를 안정화하는 공식·비공식 접촉에 따른 네트워크의 형성이 거래 비용(transaction cost)을 절감하고, 정보의 교류를 통해 기술 개선을 달성한다는 것이 그 골자다. 신산업 지구 연구에서는 네트워크의 안정화에 중요한 요소로서 산업 지구가 입지한 지역의 사회, 문화에 뿌리내리는 것(embeddedness)이 중요하다고 보았다.

한편 정보화 경향이 뚜렷해지면서 산업적 성장의 원동력을 '학습'으로 파악하는 학습 경제(learning economy)의 시대라고 현대를 규정하게 되었다. 학습 경제에서는 명시적이고 코드화된 지식(codified knowledge)보다는 암묵적 지식(tacit knowledge)의 유통이 중요한데, 암묵적 지식은 국지적인 범위에서 대면 접촉(face-to-face contact)을 통해서만 교류된다. 그리하여 산업체들이 집적된 곳에서는 암묵적 지식의 교류가 발생하면서 기술 개선이 이루어진다는 것이 보다 중요한 집적 이익 요소로 인정되고 있다. 그런데 중소기업끼리의 암묵적 지식 교류를 통해서는 점진적인 기술 개선은 가능할지라도 혁명적인 기술 혁신은 곤란하다. 이런 까닭으로 산업 지구가 입지한 지역의 대학과 연구소, 상공회의소와 지방 정부의 지원, 대기업

표 12-3 노무현 정부 시기 산업자원부가 발표한 핵심 지역 전략 산업(2003년 11월)

	시도	핵심지역전략산업	유망지역전략산업
수도권	서울	정보서비스, 비즈니스서비스, 문화, 섬유·의류	정밀기기, 전자·정보기기, 신발
	인천	환경, 생물, 메카트로닉스, 기계, 물류	정보서비스, 신소재, 전자·정보기기, 자동차
	경기	생물, 정밀화학, 전자·정보기기, 반도체	정보서비스, 문화, 환경, 정밀기기, 메카트로닉스, 자동차, 물류
충청권	대전	정보서비스, 생물, 정밀화학, 전자·정보기기	비즈니스서비스, 문화
	충북	생물, 정밀화학, 전자·정보기기, 반도체	문화
	충남	정밀기기, 전자·정보기기, 자동차, 석유화학	생물, 메카트로닉스
서남권	광주	문화, 전자·정보기기, 자동차, 가전	정보서비스, 비즈니스서비스, 환경, 메카트로닉스, 기계
	전북	환경, 생물, 자동차, 기계	정보서비스, 문화, 물류, 섬유·의류
	전남	생물, 철강, 석유화학, 물류	신소재, 조선, 기계, 관광
동남권	부산	비즈니스서비스, 자동차, 물류, 신발	정보서비스, 문화, 메카트로닉스, 조선, 섬유·의류
	울산	정밀화학, 조선, 자동차, 석유화학,	환경, 물류
	경남	항공·우주, 메카트로닉스, 조선, 기계	환경, 생물, 전자·정보기기, 자동차
대구 경북권	대구	정보서비스, 메카트로닉스, 기계, 섬유·의류	비즈니스서비스, 생물, 전자·정보기기, 자동차
	경북	신소재, 전자·정보기기, 가전, 철강	문화, 생물, 섬유·의류
강원 제주권	강원	문화, 생물, 정밀기기, 관광	정보서비스
	제주	정보서비스, 생물, 관광	

과의 긴밀한 연계가 강조되는 '지역 혁신 체제(Regional Innovation System)' 개념이 등장하였다(B-Å Lnudvall and P. maskell, 2000) 유럽의 경험으로부터 비롯된 지역 혁신 체제 개념과 맥락은 비슷하지만, 미국적 경험에서 비롯된 포터(M. Porter)의 '혁신 클러스터(innovation cluster)' 역시 국지화된 유사·관련 업종의 집적, 제도 및 기관들과의 지속적인 정보 교류를 강조한다. 디트로이트의 자동차 산업 클러스터, 뉴

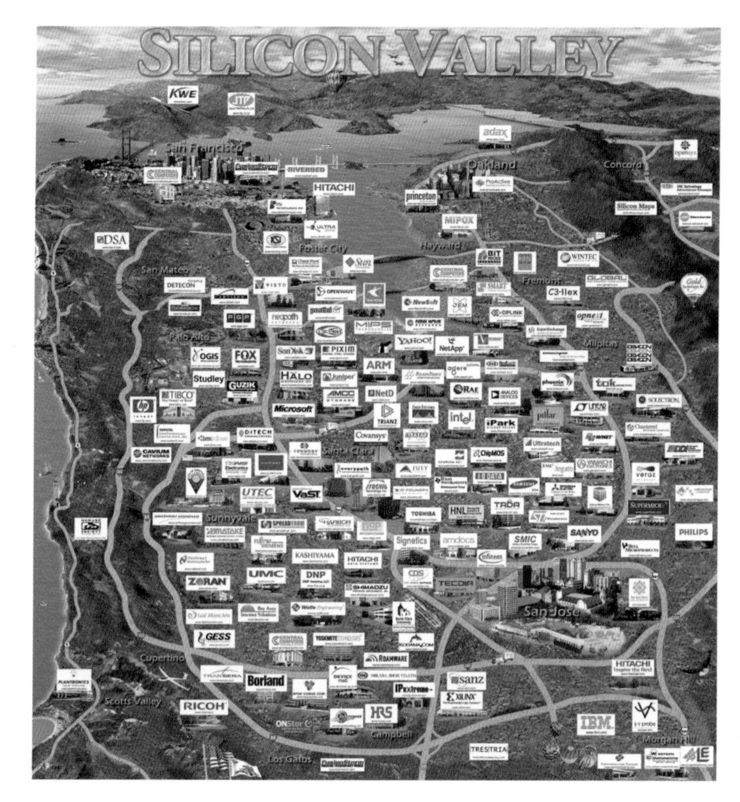

그림 12-12 혁신 클러스터: 실리콘 밸리

욕의 사업 서비스 클러스터 및 패션·의류 클러스터 등 혁신 클러스터는 지역 혁신 체제 개념에 비해 공간 규모가 작고 부문별로 정의된다는 특징이 있다는 점을 제외하면, 국지화된 집적지에서의 산-학-정부 간 긴밀한 네트워크를 통한 혁신 창출을 강조한다는 점에서 대동소이하다.

산업지구 및 지역 혁신 체제 개념과 혁신 클러스터 개념은 지역의 경제 성장을 위한 유용한 정책적 함의를 갖는다. 지역별 개성을 활용한 혁신 전략을 도모하는 데 유용한 참고가 될 수 있기 때문이다. 2003년 가을 정부가 지역 균형 발전을 도모하기 위해 각 지역의 지역 혁신 체제를 구축하려 할 정도로 지역 혁신 체제는 오늘날 지역 성장의 핵심 화두가 되었다.

3. 서비스업의 입지: 상업의 경우

1) 서비스업 입지의 특징

서비스업은 개념상 구체물이 아닌 용역을 제공하는 산업을 뜻한다. 이·미용 서비스처럼 생산과 소비가 일체인 그런 산업이다. 오늘날 산업화의 방향을 '3차 산업화(tertiarization)'라고도 하듯이, 2차 대전 이후 서비스업은 그 규모와 종류가 눈부시게 비대해졌으며 해마다 새로운 서비스업이 창출되고 있다. 서비스업은 상업(도소매업), 운수업(여객과 화물), 생활 서비스업(이·미용·세탁 및 가사), 음식·숙박업, 유흥·접객업, 교육 서비스업, 의료 서비스업, 공공 및 사회 서비스업, 통신업, 건설업, 체육·운동·오락 관련업, 문화 서비스업, 그리고 사업 서비스업 등 그 범위가 넓다. 서비스업은 선진국이든 후진국이든 가장 많은 비중을 차지하지만, 산업화된 국가의 서비스업은 제조업과 기업 활동으로부터 파생된 사업 서비스업이 발달하고, 높은 소득 수준에 따라 고급화되는 경향을 보인다는 것이 특징이다. 특히, 금융·보험·증권, 업무용 부동산, 광고·홍보, 법률, 회계, 연구·개발, 컨설팅과 같은 사업 서비스(business services) 부문은 산업 고도화의 지표가 되는 업종들이다. 우리나라의 경우도 1990년대부터 제조업 비중은 30%대에서 정체하는데 서비스업 비중은 60%를 넘어서 꾸준히 성장한다. 그 중에서 사업 서비스업의 성장은 두드러진다.

서비스업은 유통 과정을 수반하는 농업이나 공업과 공간적 패턴이 다르게 나타난다. 고객의 방문이 필수 요소인 탓에 교통이 가장 발달한 곳, 접근성이 가장 좋은 곳에 밀집하거나 생활 서비스의 경우 주택가의 가운데에 들어선다. 즉 수요를 극대화하는 지점이 서비스업이 입지하는 지점이 된다. 다양한 계층의 소매업, 음식·숙박업, 유흥·접객업, 이미용 세탁업과 같은 근린 서비스업, 운수업 등이 그런 사례이다. 서비스의 특성이 일회성 소비(one-time consumption)로 완결되기보다는 상당한 기간 지속적인 서비스가 필요한 장시간 소비(long-time consumption)인 사업 서비스의 경우, 소비자와의 잦은 대면 접촉(face-to-face contact)이 필수적인 요소가 된다. 그래서 사업 서비스는 주요 고객이 있는 도심이나 부심의 업무 지구에 밀집하는 경향을 보인다. 요컨대 서비스업은 소비자 지향성을 보이므로 접근성 및 주거지 분포와 밀접하게 관련된다. 인구의 분포가 공간상에 널리 퍼져 있기 때문에 서비스업의 입지는 교통 결절로의 집중 경향과 주거지로의 분산 경향을 동시에 갖는다.

그렇다면 어떤 서비스업이 접근성을 추구하며 어떤 서비스업이 분산 경향을 갖는가? 이에 대한 대답은 다양한 서비스업을 하나하나 조사해야 하지만 아직까지 서비스업 입지에 관한 종합적인 이론은 제출된 바 없다. 다만, 서비스업에서도 가장 오래된 업종이고 한때 서비스업을 대표한 적도 있는 상업에 대해서는 일반적인 기본 이론이 제출된 바 있다. 그것이 유명한 중심지 이론(central place theory)이다. 중심지 이론은 상업, 그것도 소매업에 대한 기초적인(혹은 기초적일 뿐인) 대답을 제공한다. 크리스탈러(W. Christaller)의 중심지 이론은 원래 도시 체계 이론으로 제출되었지만, 소매업 입지 과정을 통해서 도시 체계를 도출하려 하였기 때문에 상업 입지 이론으로서도 '기능'한다. 여기서는 상업 입지와 관련되는 주요 개념들과 입지 배열 방식만을 중심으로 논의한다.

2) 문턱값과 도달거리

'거리'가 고려되는 공간 상황에서, 그 상품이 무엇이든지 공급자는 거리에 따른 운송비를 고려할 수밖에 없고 수요자는 구매 통행을 고려하게 된다. 중심지란 배후지에 상품을 공급하는 곳으로서, 재화의 도달거리(range of goods)와 최소요구치(threshold size)를 기본 개념으로 한다. 재화의 도달거리와 최소요구치(또는 문턱값)은 공급자 입장에서도 도출 가능하고 수요자 입장에서도 도출 가능하다. 공급자 입장에서는 짜장면 배달에서와 같이 상품을 공급자가 수요자에게 배달하는 상황을 가정한다. 수요자 입장에서는 소비자가 특정 점포로 구매 통행하는 상황을 가정한다. 상품의 소비는 두 가지 방식으로 이루어지지만 후자의 방식이 보다 일반적이라는 점에서 중심지 이론은 수요자 입장에서 정립하는 것이 좀더 타당하다. 그럼에도 공급자 입장에서 중심지 이론을 설명하는 것은 재화의 도달거리나 최소요구치를 도출하는데 있어서 대단히 간명하고 직관적이기 때문에 고등학교 과정이나 대학 초급 과정

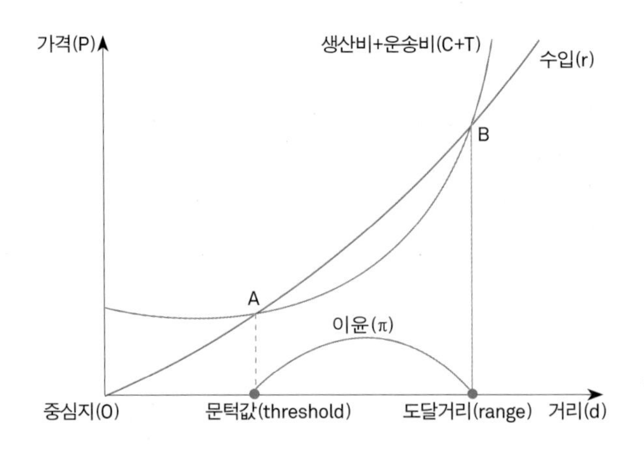

그림 12-13 문턱값과 도달거리

에서 자주 사용된다.

공급자 입장에서 이윤 공식은 '이윤(π) = 수입(r) - {생산비(C) + 운송비(T)}'이다. 즉, 이윤(profit: π)은 수입(revenue: r)에서 비용, 즉 생산비와 운송비를 제한 양이다. 공간 상황에서 생산비는 고정된 것으로 파악할 수 있고, 운송비만 거리에 따라 증가한다. 또한 판매는 원점에서는 0인 것으로 이해되고 판매 거리가 증가할 때 수입도 증가한다. 그리하여 그림 12-13과 같은 수입-비용 그래프가 나타난다. 수입은 판매 거리가 증가하면서 원점에서부터 증가하지만, 총 비용(생산비+운송비)은 0보다 큰 세로축 절편에서 시작하여 거리에 따라 증가한다. 그리하여 수입 곡선과 총비용 곡선은 두 점에서 만나게 되는데, A점에 대응하는 거리가 최소요구치이고, B점에 대응하는 위치가 재화의 도달거리이다. 그러므로 재화의 도달거리란, 운송비 제약에도 불구하고 판매가 실현되는 최대한의 거리이다. 그리고 최소요구치란 판매가 이루어져 총 비용을 상회하기 시작하는 거리이다. 공급자 입장에서 중심지 이론을 수립하는 것이 편리한 이유는, 그 주요 개념인 최소요구치와 재화의 도달거리가 그래프 하나로 간단하게 설명되기 때문이다.

수요자가 구매 통행하는 것이 더 일반적이기 때문에, 최소요구치와 도달거리를 수요자 입장에서 정의하는 것이 보다 적절하다. 그런데 이 방식은 공간수요곡선(spatial demand curve)을 통해야 하기 때문에 다소 번거롭다. 공간수요곡선이란 거리에 따른 수요량 감소 관계를 함수 형태로 나타낸 것이다. 잘 알려져 있듯이, 수요량은 가격과 음의 관계에 있다. 이것을 가장 간단하게 표현하는 방법은 수요량(Q)을 가격(P)의 감소함수로 정의하는 것이다. 여기서는 이해를 돕기 위하여 간단한 형태인 일차 함수인 경우로 하자. 그러면 수요함수는 다음과 같이 나타낼 수 있다.

$$Q = Q_0 - aP.$$

여기서 Q_0 는 공짜 수요량으로서, 가격이 0일 때의 수요량이고, a는 가격 증가에 따른 수요 감소율이다($a > 0$). 그런데 수요자는 시장 가격으로 상품을 구매하는 것이 아니라, 일정한 거리를 이동하여 구매하게 된다. 즉 구매 통행(shopping trip)이 발생한다. 이때 실제 소비자가 구매하는 가격은 주어진 시장 가격(P_0)에 교통비를 더한 값이 된다. 즉 구매 가격 $P = P_0 - bX$이다. 여기서 b는 교통비율(단위 거리 교통비)이고, X는 거리이다. 수요 함수에 구매 가격 함수를 대입하면 다음과 같은 공간수요함수가 나온다.

$$Q = Q_0 - a(P_0 - bX) = (Q_0 - aP_0) - abX.$$

여기서 앞 항($Q_0 - aP_0$)은 시장 가격 수요량으로서, 구매 통행을 하지 않는다고 생각할 때의 수요량이다. 그리고 ab는 거리에 따른 수요 감소율로서 가격 감소율과 교통비율의 곱이다. 이를 그림으로 표현하면 그림 12-14와 같다.

재화의 도달거리는 공간수요 곡선이 거리 축과 만나는 지점이다. 수요가 발생하지 않는 지점이 곧 재화의 도달거리이다.

최소요구치를 구하기 위해서는 거리에 따른 수입의 변화를 함수로 표현해야 한다. 공간수요 곡선도 그림 12-13의 공급자 입장에서의 수입-비용 곡선과 마찬가지

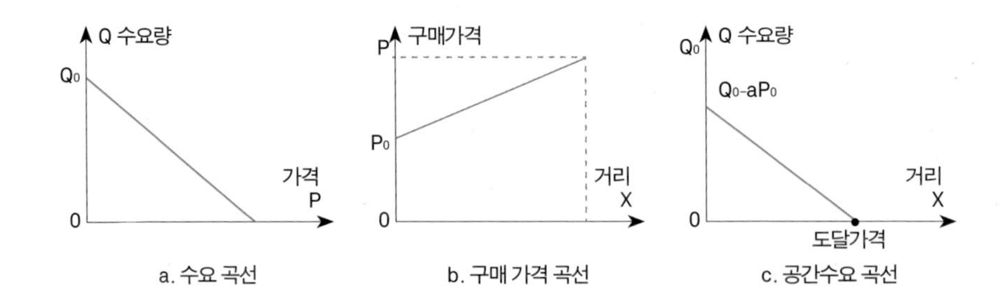

그림 12-14 공간수요 곡선의 도출

로 한 점포에 대한 그래프이다. 거리 축의 각 지점마다의 수요량을 표현한 것이다. 그리하여 해당 점포의 거리에 따른 수입 곡선은 각 지점에서의 수입을 원점에서부터 도달거리까지 합하여야 한다. 공간수요 곡선은 수입은 원래 가격×수요량으로 계산한다. 이때 공급자 입장에서 가격은 시장 가격이다. 멀리서 오는 구매자는 시장 가격(P_0)에 교통비를 합한 구매 가격을 지불하지만, 판매자 입장에서는 시장 가격으로 팔아야 하기 때문이다. 다만 거리가 먼 곳은 수요량이 적을 뿐이다. 그러므로 공급자 입장에서 거리상 위치마다의 수입은 $P_0 \times [(Q_0 - aP_0) - abX]$ 가 된다. P_0는 주어진 상수로 생각하므로 편의상 1로 보고 시작하자. 그렇다면 공간수요 곡선이 그대로 각 지점에서의 수입량이 된다. 판매자 입장에서는 원점에서부터 도달거리까지 각 지점에서의 수입량을 다 합해야 한다. 즉 각 지점에서의 수입량을 적분한 함수가 바로 그 점포의 수입 함수가 된다. 공간수요 곡선을 편의상 직선의 감소함수로 생각하였으므로 거리에 따른 수입 함수는 다음과 같이 원점을 지나고 위로 오목한 2차 함수가 된다.

$$R = (Q_0 - aP_0)X - \frac{1}{2}abX^2$$

수입 곡선은 재화의 도달거리까지만 존재하고, 거리에 따른 증가 함수이다. 그런데 거리가 증가할수록 수요량이 줄어들기 때문에, 수입의 증가율은 감소하여, 재

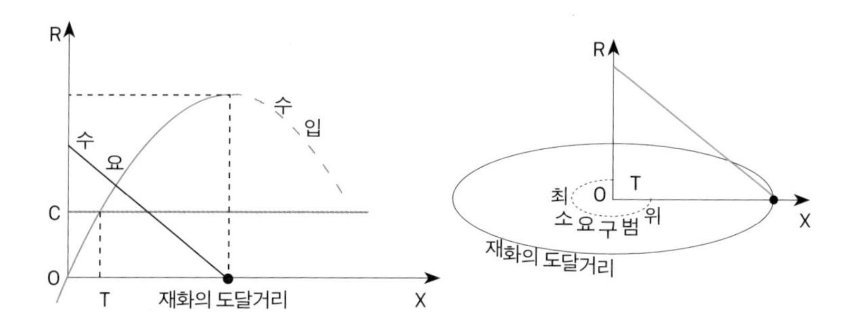

그림 12-15 수입 곡선과 최소요구치

화의 도달거리에서 극대값을 이룬다. 재화의 도달거리를 지나면 수요가 없다.

최소요구치는 생산비 곡선이 거리와 무관하게 일정하므로, 수입 곡선과 만나는 지점은 T가 된다. 그리고 이때 C가 최소요구치이고 이에 대응하는 T가 최소요구거리이다. 최소요구치는 소매업 점포를 유지할 수 있는 최소한의 수입이다. 공간 상황에서 재화의 도달거리는 원형의 도달 범위로 나타나고, 최소요구거리는 최소요구범위가 된다. 그리고 최소요구치는 곧 정상이윤이므로, 최소요구범위는 정상 이윤이 취해지는 범위이다(정상이윤과 초과이윤의 개념에 대해서는 11장 참고 11-1). 그 범위 이상으로 넓게 판매한다면 해당 업체는 초과 이윤을 획득한다. 재화의 도달거리는 통상 최소요구치보다 멀기 때문에 공간 독점 상황에서 소매 점포는 그만큼의 초과 이윤을 획득한다. 재화의 도달 범위와 최소요구범위의 크기는 주어진 지역의 인구 밀도, 소비 성향, 그리고 단위 교통비가 결정한다. 인구가 증가하거나 소득이 증가하여 소비 성향이 좋아지면 최소요구치는 줄어들고, 교통이 발달하여 교통비가 낮아지면 재화의 도달거리는 확대된다.

3) 상권 경쟁과 상업의 계층적 입지

무한히 열린 공간 상황에서 초과 이윤 상황은 오래 가지 않는다. 동일한 소비 성향의 인구가 무한히 넓게 분포하기 때문이다. 새로운 소매 점포가 여기저기 들어서서 고

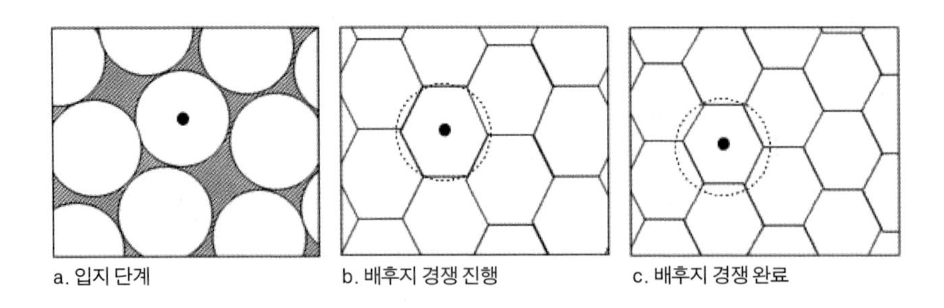

그림 12-16 공간 경쟁에 의한 배후지망 형성 과정

객들을 유혹한다. 그리하여 이 재화가 없으면 살 수 없는 필수품이 아닌 한, '멀어서 사러 가지 않는' 배후지의 그늘이 존재하기 마련이다(그림 12-16의 a단계). 그러나 너무 많은 초과이윤은 이러한 공간 상황을 오래 두지 않는다. 새로운 소매 업체가 입지하여 서비스가 이루어지지 않는 '그늘'을 곧바로 메우고 중심지들끼리의 배후지 경쟁에 돌입한다. 배후지 경쟁은 이웃하는 중심지의 재화의 도달 범위를 잠식해 가면서 진행된다. 그리하여 고객은 같은 품목을 파는 소매점이라면 조금이라도 가까운 소매점으로 가게 된다. 결국 배후지 경쟁 과정에서 동일 품목의 소매점들은 육각형의 배후지망이 공간을 빈틈없이 메우게 된다(b단계). 공간 전체를 빈틈없이 메우면서도 주어진 반지름에서 가장 넓은 다각형은 육각형이기 때문이다.

여기서 주의할 점은 b단계에서도 중심지들은 최소요구범위보다 더 넓은 범위의 배후지를 갖는다는 점이다. 다시 말하여 b단계에서도 중심지들은 초과이윤을 획득한다. 초과이윤은 새로운 소매점의 입지를 유도한다. 그리하여 공간 경쟁이 충분히 치열하다면 새로운 소매점이 들어서는 일은 모든 중심지들의 초과이윤이 없어질 때까지 진행된다. 그림 12-16의 b단계에 나오는 점선으로 된 원은 중심지 간 배후지 경쟁이 아직 일어나지 않은 a단계에서의 최대한의 도달범위를 표현한 것이다. 그리고 c단계에 이르면 공간 경쟁은 모든 중심지들의 초과이윤이 사라지게 되고 여기서 더 이상의 신규 소매점 입지는 없게 된다. 그리고 이 단계에서 모든 중심지들의 배후지는 최소요구범위와 일치하게 된다. 이 c단계가 치열한 공간 경쟁 끝에 도달한 평형 상태이다.

이제 중심지들 간의 계층 구조를 설명해 보자. 재화마다 그 도달 거리도 최소요구치도 다르다. 공간 경쟁의 상황에 이르면 각 점포는 정상 이윤만을 취하는 판매 지역을 갖기 때문에, 문제가 되는 것은 재화마다 다른 최소요구치의 차이이다. 최소요구치가 큰 재화는 공간 경쟁을 통해 그 판매 지역이 넓게 형성되고, 작은 재화는 좁게 형성된다. 최소요구치가 큰 재화는 고정 투자 비용이 높고 단위 생산비도 높으면서 가격도 높은데, 그런 재화를 판매하는 업종을 고차(high order) 업종이라 한다. 물론 그 반대는 저차(low order) 업종이다. 예컨대, 귀금속 소매점은 담배 가게에 비해 최소요구치가 크며, 그래서 공간 경쟁의 결과 형성되는 정상이윤의 배후지도 넓다.

그런데 이 다양한 크기의 최소요구치를 갖는 소매업체들은 어떤 질서로 입지하고 배열되는가? 중심지 이론에서는 우선 최대의 최소요구치를 갖는 소매업체들이 가장 넓은 배후지망을 형성한다고 본다(그림 12-17의 a 단계). 이 최대의 최소요구치를 p라 하자. 현실의 소매업체들은 동종의 업체라 하더라도 규모가 다양하기 때문에 여기서 다수의 소매 업체가 중심지를 형성했는지, 1개의 소매 업체가 중심지를 형성했는지는 알 수 없다. 동종 업종의 집적에 대해서 어떠한 설명도 하지 못하기 때문에 중심지 이론은 도시화 과정에 대한 이론으로서 불완전하다. 어쨌든 이 최대의 최소요구치를 갖는 소매업체들이 입지한 곳이 최고차 중심지가 된다.

그런데 중심지 이론은 이종 업종의 집적 과정에 대한 논리를 제공한다. 최고차 업종의 업체들이 입지하면, 같은 곳에는 최대의 최소요구치 p보다 조금 더 작은 최소요구치를 갖는 업체들이 입지한다(그림 12-17의 b 단계). 예컨대, p-1, p-2, ... 의 최소요구치를 갖는 소매 업체들이 입지한다. 이들은 최대의 최소요구치를 갖는 업체와 같은 곳에 입지하여 최대 최소요구치 업체의 배후지를 향유한다. 그러므로 p-1, p-2, ... 의 최소요구치를 갖는 업체들은 최소요구범위를 넘는 배후지를 갖게 되므로 초과이윤을 획득하게 된다. 중심지 이론은 이와 같이 이종 업종이 집적하는 도시화 현상에 대해 더 큰 배후지의 확보라는 논리를 제공한다.

최고차 중심지에 p, p-1, p-2, ... 의 최소요구치를 갖는 업종이 입지해가는 과정

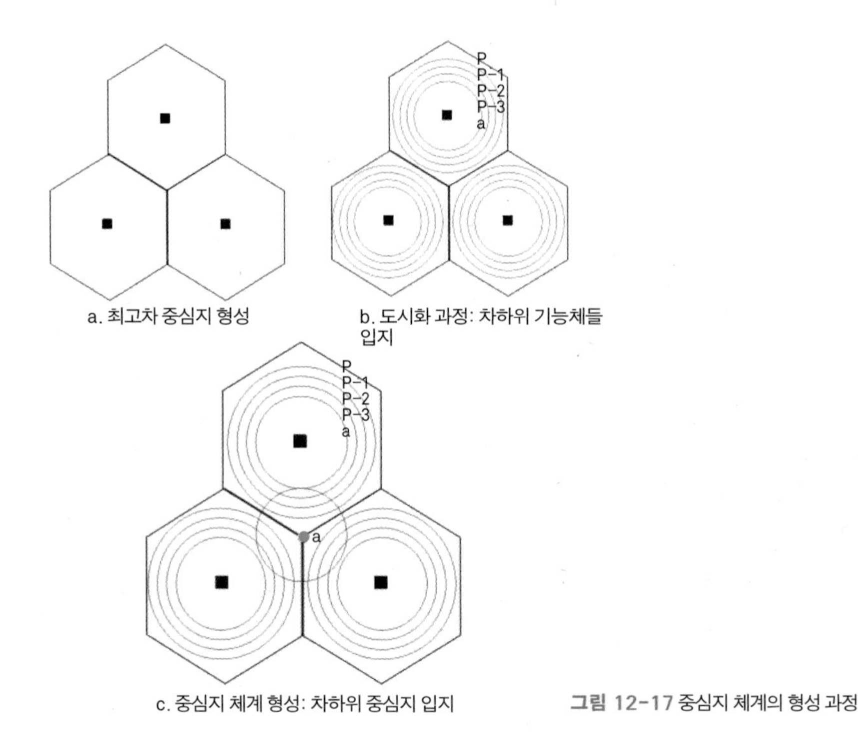

그림 12-17 중심지 체계의 형성 과정

은 최고차 중심지 사이에 새로운 중심지가 들어 설 수 있는 여지가 발생할 때까지 지속된다. 그림 12-17의 b 단계에서, 최소요구치 p-1, p-2인 업종의 최소요구범위를 나타내는 동심원들을 살펴보면, 그 원들과 원들 사이에 새로운 p-1, p-2 최소요구범위의 원을 그릴 수가 없다. 이것은 기존의 업체들 사이에 새로운 동종 업종이 들어 설 충분한 최소요구범위가 나오지 않는다는 것이다. 그러므로 최대의 최소요구치보다 작은 최소요구치를 갖는 업종이 입지하는 것은 q의 최소요구치를 갖는 업종이 입지할 때까지 지속된다. 최고차 중심지에 p, p-1, p-2, ... 보다 작은 q의 최소요구치를 갖는 업종이 입지하면, 그림 12-17의 c단계에서 볼 수 있는 바와 같이, 최고차 중심지 사이에 q 업종이 입지할 수 있는 여지가 생긴다. 그리하여 최대의 초과이윤을 달성하는 q 업종은 그 사이에 입지하게 된다. 그리하여 새롭게 q 업종이 입지하는 곳에 차하위 중심지가 형성된다.

전술한 바와 같은 더 작은 최소요구치 업종들이 기존 중심지에 입지하는 일은 지역의 수요가 소진될 때까지 지속된다. 그리하여 최고차 중심지에도 p, p-1, p-2, ..., q, q-1, q-2, ... 업종들이 입지하게 되고, 차하위 중심지에도 q-1, q-2, ... 업종들이 입지하게 된다. 그리하여 차하위 중심지는 최소요구치도 다양한 업종들이 입지한 어엿한 '중심지'가 된다. 그리고 그 위치는 차상위 중심지들의 사이가 된다. 그리고 이러한 차하위 중심지 입지 과정은 지속적으로 이루어진다(그림 12-18). 그림 12-18에서는 5차 중심지가 최고차 중심지가 된다. 그림에서 볼 수 있듯이, 4차 중심지는 5차 중심지 3개의 사이에 입지한다. 그리고 3차 중심지는 4차 중심지 2개와 5차 중심지 1개에 사이에 입지한다. 이러한 입지 과정은 지속적으로 이루어진다. 다시 최소요구치 크기별 입지로 돌아가보면, 이와 같은 기능체 입지 과정을 통하여 최고차 중심지에는 p, p-1, p-2, ..., q, q-1, q-2, ..., r, r-1, r-2, ... 의 기능이 입지하게 되고, 차하위 중심지에는 q, q-1, q-2, ..., r, r-1, r-2, ... 의 업체들이 입지하고, 그보다 더 아래인 차수의 중심지(그림 12-18에서는 3차 중심지)에는 최소요구치 r인 업종부터 r-1, r-2

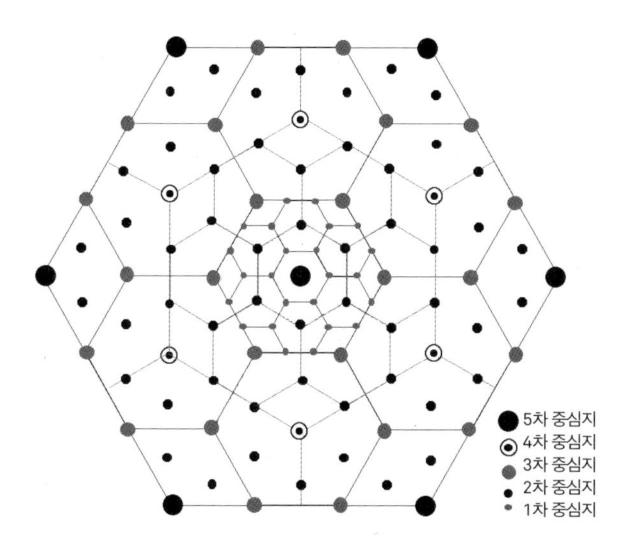

그림 12-18 중심지 계층 배열

3차 중심지	2차 중심지	1차 중심지
p p-1 p-2 …		
q q-1 q-2 …	q q-1 q-2 …	
r r-1 r-2 …	r r-1 r-2 …	r r-1 r-2 …

a. 중심지 차수별 기능체

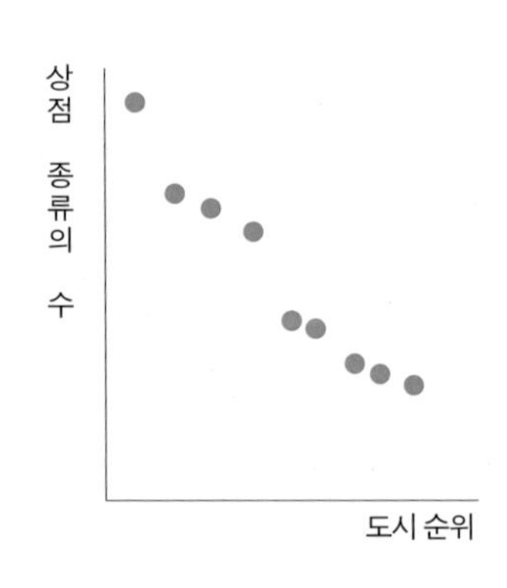

b. 기능체 종류와 도시 순위

그림 12-19 중심지 차수별 기능체표와 띄엄띄엄한 업종 증가

인 업종이 입지한다. 그림 12-19의 a는 총 3개 차수의 체계를 지닌 중심지 체계를 기준으로 중심지 차수별 업종들의 최소요구치를 표현한 것이다. 각 차수의 중심지에서 최대의 최소요구치(p, q, r)를 지닌 업종을 계층 한계 기능(hierarchical marginal functions)이라 한다. 계층한계기능의 업체는 정상이윤만 획득한다.

그러므로 각 차수의 중심지들에는 고차 중심지일수록 그곳에 입지하는 업체들의 업종 수가 점점 증가한다. 그런데 그 증가 방식은 연속적이라기보다는 띄엄띄엄 증가한다. 다시 말하여 최고차 중심지에는 총 9종의 업체가 입지한다면, 차하위 중심지에는 6종의 업종이 입지하고, 최저차 중심지에는 3종의 업체가 입지한다든가 하는 방식이다. 이렇게 차수가 증가할수록 기능체의 종류의 수가 띄엄띄엄 증가하는 방식을 상품 바구니 증가(commodity busket increment) 방식이라고 한다.

중심지 이론이 상업 입지에 대하여 제시하는 바는 동종 업종의 분산 분포와 이종 업종의 집적 분포이다. 고차 업종이 입지하는 큰 도시에는 고차 업종에서부터 저차의 생필품 업종까지 모두 입지하고 작은 도시에는 저차의 업종만 입지하는 것은, 중심지 이론이 설명하는 바이다. 또한 동일한 생필품 업종이 도시 내 어디에든 그리

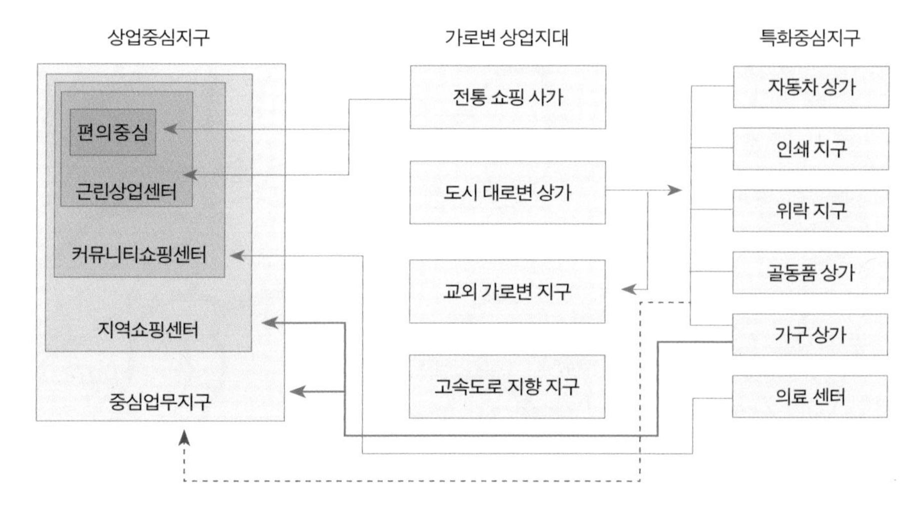

그림 12-20 중심지-상업지대 모델(Berry, 1963)

고 작은 도시에도 분포하는 것이나, 고차의 백화점 업체가 도심과 부심에, 그리고 지방 대도시에 분산 분포하는 것도 크리스탈러적인 입지 패턴이다. 그러나 중심지 이론은 일산 덕이동의 의류업체 집적지, 용산 전자 상가 집적지, 동대문 의류업체 집적지와 같은 동종 업체의 특화 지구를 설명하지 못한다. 그리하여 도시 내 상업지구 이론을 정립한 베리(B. Berry)의 유명한 중심지-상업지대 모델(Center-Ribbon Model)(1963)에서는 대도시 내에서 중심지 이론의 계층 분포를 따르는 CBD-부심-지역 센터-근린 센터 계열 이외에 별도로 특화 지구와 대로변 상업 지구를 포함하였다.

대전시를 사례로 한 의료 서비스업의 분포가 경제 논리에 의해 중심지 이론을 따른다는 보고가 있다(김홍주, 2004). 개인 병원 부문에서는 피부과나 성형외과가 최고차 업종이고, 일반 의원은 최저차 업종인데, 성형외과나 피부과는 도심부에 몇 개가 집중하고 일반 의원은 도시 전역에 분산 분포하고 있다. 의료 서비스가 철저한 상업의 논리에 맡겨진 우리나라의 경우 최근 메디컬플렉스(medicalplex)가 형성될 정도로 도심부에 집적되고 있다. 의료 센터가 커뮤니티 쇼핑 센터(부심보다 하위이고 근

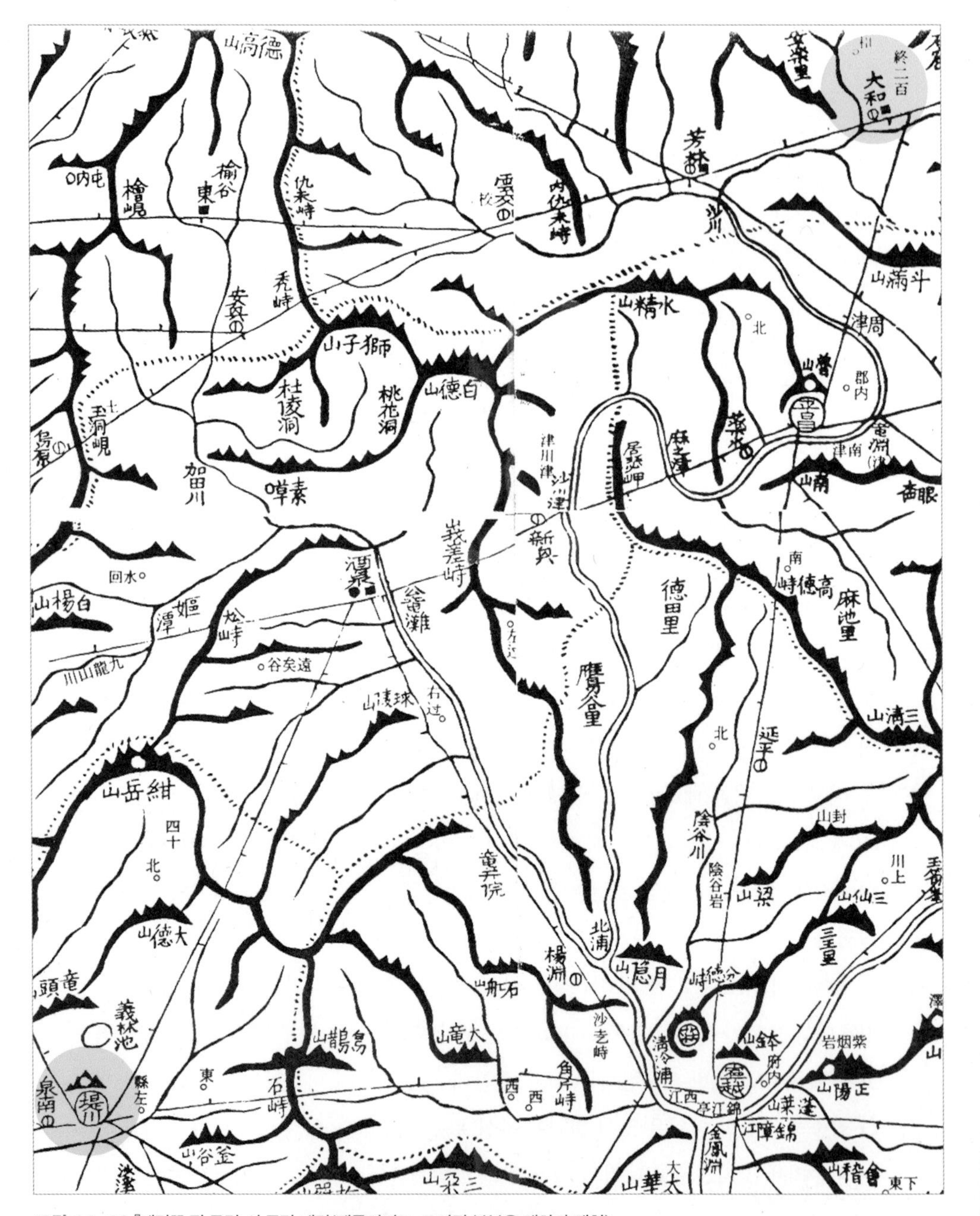

그림 12-21 『메밀꽃 필 무렵』의 공간 배경(대동여지도, 표시된 부분은 대화와 제천)

린 센터보다는 상위)에 입지하는 서구의 경우와 다른 점이다.

4) 『메밀꽃 필 무렵』의 지리학: 정기시장의 해석

> 조선달 편을 바라는 보았으나, 물론 미안해서가 아니라 달빛에 감동하여서였다. 이지러는졌으나 보름을 가제 지난 달은 부드러운 빛을 흐뭇이 흘리고 있다. 대화까지는 칠십 리의 밤길. 고개를 둘이나 넘고 개울을 하나 건너고 벌판과 산길을 걸어야 된다. 길은 지금 긴 산허리에 걸려 있다. 밤중을 지난 무렵인지 죽은 듯이 고요한 속에서 짐승 같은 달의 숨소리가 손에 잡힐 듯이 들리며, 콩포기와 옥수수 잎새가 한층 달에 푸르게 젖었다. 산허리는 온통 메밀밭이어서 피기 시작한 꽃이 소금을 뿌린 듯이 흐뭇한 달빛에 숨이 막힐 지경이다. 붉은 대궁이 향기같이 애잔하고, 나귀들의 걸음도 시원하다. 길이 좁은 까닭에 세 사람은 나귀를 타고 외줄로 늘어섰다. 방울 소리가 시원스럽게 딸랑딸랑 메밀밭께로 흘러간다. 앞장 선 허생원의 이야기 소리는 꽁무니에 선 동이에게는 확적히는 안 들렸으나, 그는 그대로 개운한 제멋에 적적하지는 않았다.
>
> -이효석의 『메밀꽃 필 무렵』 중에서

그림 같은 서사로 유명한 『메밀꽃 필 무렵』에 나오는 장돌뱅이는 어째서 그 먼 길을 힘겹게 다니며 장사를 하는 것일까? 그 배후에는 중심지 이론의 키워드인 재화

그림 12-22 정기시장에서 상설시장으로의 진화
수요가 부족하고 교통이 불편한 상황에서는 문턱값(거리)이 도달거리보다 커, 정기시장이 형성되어야 수요를 채울 수 있는 반면, 교통이 발달하고 수요가 증가한 상황에서는 문턱값이 도달거리보다 작아 상설시장화한다.

의 도달거리와 문턱값 개념이 작용하고 있다. 정기시장이란 상설시장과 구분되어, 주기적으로 열리는 시장을 말한다. 정기시장은 세계 여러 나라에서 보편적으로 존재하였던 것으로, 중세 유럽, 중국, 일본에도 있었다. 정기시장은 상업이 발달하기 이전의 상품 유통 형태이다. 인구밀도가 낮고, 교통이 미발달한 상황에서는 상업의 문턱값이 터무니없이 크고, 재화의 도달 거리가 매우 작게 된다. 그리하여 상설 점포를 내고 상행위를 하는 것은 불가능해지고 만다. 농촌 지역이 대표적인데 이런 경우 상품을 유통하고자 할 때, 상인이 직접 이동하여 문턱값을 채우는 상황이 전개되는데, 이것이 곧 이동 상인에 의한 정기시장이다.

장이 열리는 주기는 나라마다 달랐지만 우리나라의 경우 조선 초기에는 6~7일 간격으로 서는 정기시장이 많았다고 하며 조선 중기를 지나면서 5일 주기로 정착되었다. 기록상으로 보면 15세기 말, 즉 조선 성종 1년(1470) 심한 흉년이 들어 전라도 농민들이 이를 극복하기 위해 이듬해부터 가지고 있는 물건들을 서로 들고 나와 장을 열었는데 이것을 장문(場門)이라 불렀다고 한다. 16세기를 지나면서부터 정기시장은 지방마다 상당한 발전을 이루게 되지만, 중앙 정부에서는 정기시장을 계속 억제하는 정책을 폈다. 그 이유는 농민들로 하여금 농업에 전념하도록 해야 한다는 이유였다.

그럼에도 불구하고 16세기 말~17세기 초를 전후로 5일 간격의 정기시장이 출현하였다는 기록이 있고, 동시에 개시일자의 면에서 각 지역들이 서로 연결되는 이른바 정기시장권이 형성되기 시작하였다. 이에 따라 18세기 이후에는 중앙 정부에서도 점차 장시의 개설을 인정하고 장세(場稅)라는 세금을 걷는 쪽으로 정책을 바꾸었다. 그러자 지방의 정시시장의 수도 크게 늘어나 서유구의 『임원십육지(林園十六誌)』에 따르면, 19세기 초에는 경기 93곳을 비롯하여 호남 188곳, 영남 268곳, 관동 51곳 등 모두 1,000여 곳에 이르렀다고 한다.

정기시장은 인구가 증가하고 소득이 증가하며 교통이 발달하면서 점차 상설시장화한다. 그러므로 우리나라의 경우 근대화 과정에서 정기시장은 점차 쇠퇴하여왔다. 현재 남아 있는 정기시장은 농촌 지역에 잔존하고 있는 형태이며, 그나마 도시화

그림 12-23 도시 속에 형성되는 '신'정기시장
대전광역시 대사동의 금요장터 모습과 고양시 행신동의 주말장터 모습이다.

의 확대에 따라 점차 쇠퇴하고 있다.

그러나 최근 대규모 아파트 지구에 '주말장터'라는 이름의 새로운 형태의 정기 시장이 나타나고 있다. 개시 주기는 일주일이고 보통 토요일 오후에서부터 일요일까지, 혹은 금요일에 장이 열린다. 장소는 도로변 보도이고 잘되는 곳은 고착화되는 경우가 있다. 경기도 고양시 행신지구 아파트단지 소만마을 인근에 서는 주말장터는 1997년 정도부터 10여 개 점포로 시작했지만 지금은 점포 수가 50여 개가 넘으며 그 범위도 2km가 넘게 확대되었다(그림 12-23).

대부분 소형 트럭에 상품을 싣고 간단한 거치대를 통해 진열하며, 일용 잡화, 생선류, 건어물류, 저가 의류 등, 상, 주방용품 등을 판매하고 있다. 대부분 점포가 없는 영세 상인들이며, 수도권 지역의 노점상들로 이루어졌다. 이들은 나름대로 네트워크가 있어서 함께 모여 집단적으로 개시하고, '잘되는 곳과 시간' 등에 관한 정보를 교환하며 장을 전전한다. 다만 전통적인 순회 상인은 아니며, 경우에 따라서는 아파트 단지 내 부인회와 접촉하여 알뜰장터를 여는 경우도 있다.

| 참고문헌 |

김홍주(2004), "대전시 의원의 입지와 분포," 한국교원대학교 석사학위논문

박삼옥(2000), 『현대경제지리학』, 서울: 아르케.

이희연(2000), 『경제지리학』, 서울: 법문사.

Berry, B. J. L.(1963), *Commercial Structure and Commercial Blight: Retail Patterns and Processes in the City of Chicago*, Univ of Chicago Press.

Clark, Colin(1940), *The Conditions of Economic Progress*, MacMillan.

Clark, G. L., M. P. Feldman & M. S. Gertler(eds.)(2000), *The Oxford Handbook of Economic Geography*, London: Oxford Univ. Press.

HåKanson, L.(1979), "Toward a theory of location and corporate growth," *Spatial Analysis, Industry and the Industrial Environment*, Hamilton & Linge(eds.), NewYork: Wiley.

Lundvall, B-Å, and P. maskell(2000), "Nation states and economic development: from national systems of procution to national systems of knowledge creation and learning," in G. L. Clark, M. P. Feldman and M.S. Gertler(eds.) (2000), *The Oxford Handbook of Economic Geography*, Oxford Univ. Press.

Lloyd, P. E. & P. Dicken(1977), *Location in Space : a Theoretical Approach to Economic Geography*, London: Harper & Row.

Vernon(1966), International investment and international trade in the Product Cycle, Quarlery Journal of Economics 80.

13장

지역 불균등과 공간적 정의

1. 공간적 정의(Spatial Justice)의 문제

1) 공간에도 정의가 있는가?

자본주의는 그 속성상 생산 시설을 특정한 공간에 집중하려고 하며, 필연적으로 진흥 지역과 소외 지역을 초래하게 된다. 자본주의의 발달은 공간적으로 점(point)에서 시작하여 교통로를 따라 선(linear pattern)적으로 확대되므로 자본주의를 담지하는 국민국가 영토의 전 영역 구석구석까지는 발전의 손길이 미치지 않는다. 자본주의의 이러한 속성은 민주주의와 충돌한다. 민주주의 국민국가의 이념은 국민의 거주지를 불문하고 동일한 행복 추구권을 갖도록 보장하는 것인데, 실질적으로 발전의 정도가 차이가 크다면 기본권 향유의 평등은 심각하게 침해되고 만다. 시골에 산다는 것만으로 서울의 문화시설을 용이하게 이용할 권리를 박탈당하며 사회 최고의 자원을 획득할 정보와 기회를 얻지 못한다.

지방민의 불만에 대한 반론도 있다. 민주주의의 평등은 기회의 평등이고 민주국가는 거주 이전의 자유를 보장하므로, 서울에 존재하는 제반 자원들(대학, 중앙 행정 기관, 대기업 본사, 문화 체육 시설, 상업 서비스 시설 등)에 접근할 '기회'는 국민 누구에게나 다 주어졌다는 반론이다. 그러나 이러한 반론은 그 '민주주의'를 이룩해 나가는 주체가 인민(人民, people)임을 망각한 것이다. 천사들처럼 바늘 끝에도 무수히 거주할 수 있고, 지구 반대편에도 0.1초 만에 가 닿을 수 있다면 삶의 장소로서의 공간은 아무런 의미를 갖지 않을 것이므로, 공간적 정의를 거론할 필요도 없을 것이다. 그러나 공간 위에서 피곤한 근육을 움직여 삶을 살아야 하는 인간이라면, 교통을 위한 이동은 곧 노동이고, 탈 것을 타고 가는 경우도 일정한 대가를 주고 타인의 노동을 빌리는 것이므로 먼 곳의 자원이 '가까울' 리 만무하다. 물론 형식적으로 기회는 누구에게나 다 주어져 있다. 그러나 서울에 집중된 자원에 가까이 있는 사람들은 지불하지 않아도 되는 이동 비용과 시간 비용이라는 고개를 넘어야 하므로 주어지는 기회의 양(量)에는 분명 지역 간에 차이가 있다.

거주(residence)의 문제에 이르면 공간의 불평등은 더욱 심각해진다. 인간에게 거주지는 자신의 삶의 투영이자 자신의 생존 수단이다. 기회의 평등을 위하여 넓은 영토 국가에서 시골 지역 전체의 주민들을 모두 서울로 이거시킨다면, 그래서 그것이 가능하다면, 거리에 따른 기회의 불평등도 사라질 것이다. 그러나 그것이 가능한가? 그렇지 않다는 것이 명백하기 때문에 영토 국가는 변방 지역 주민을 필수적으로 포함하게 되며, 이로부터 '공간적 정의(spatial justice)'의 문제가 발생한다.

봉건 국가의 경우 국가가 촌락에 대해서 지는 책임보다 촌락이 국가에 대해 져야할 의무가 훨씬 컸지만, 계약론 원리가 정당화 논리로 차용되는 근대 국가에서는 국가의 국민 복리 증진 책임은 전 영토에 평등하게 보장되도록 요청하고 있다. 물론 현실적인 근대 국가 성립 과정은 사회계약 과정과는 거리가 먼 자본가 계급의 이해 증진 과정이었고, 계약론 원리는 그 정당화 이데올로기였다. 국가는 전 계급의 이익을 보장한다고 표방하나, 실상은 자본가 이익에 더 복무하였고 마찬가지로 전 지역 이익을 대표한다고 주장하는 국가가 실제로는 중심 지역의 발전에 더 많이 투자하였다. 자본주의 생산의 효율은 집적을 지향하므로 국가는 자신의 물적 토대 확보를 위해 기존 집적지의 성장에 더 많은 기회를 할당하고, 그 열매를 전국을 기준으로 평균

하여 전 국민의 '열매'로서 홍보하였다. 물론 열매의 평균값은 결코 노동자와 지역민의 수중에는 떨어지지 않는다.

한국의 경우 국가 권력의 창출이 인민(people)으로부터, 혹은 지역민으로부터 나오지 않았으므로, 총량 평균값의 상승이 구체적으로 어디서 이루어지고 누구의 수중에 떨어지는지는 고려하지 않았다. 노동자가 자본의 축적을 위한 토대로서 필요했듯이, 지방은 중앙의 성장을 위한 물적 토대로서 기능했다. 저렴한 식량 생산 기지로서, 광대한 노동력의 저수지로서, 그리고 납세원으로서, 또 정권 수호 병력으로서 기능하였다. 그리하여 근대화 과정에서 서구의 산업 혁명 과정이 그랬듯이 급격한 이촌 향도를 겪었다. 우리의 촌락에서는 청장년층 인구가 빠져나가고 노년층만 남았고, 농어촌의 농악과 세시 풍속, 풍어제는 추억 속으로 사라지고 있다. 촌락의 생활세계(Lebenswelt)는 해체에 직면해 있다.

부르주아 정치 이론에서도, 정의(正義)의 원칙으로 ① 기회의 균등, ② 최소 수혜자에게 보정적 이익을 부여하는 평균화 원리를 들고 있다. 공간 상황에서, 기회 균등 원리는 국민국가 영토의 고른 발전을 요청하고, 최소 수혜자에 대한 보정 원리는 낙후 지역에 대한 우선 개발을 요구한다. 공간적 정의는 결국, 자본주의 축적 과정이 경향적으로 초래하는 집중에 의한 불균등 발전 경향을 교정하는 정책적 · 제도적 처치를 말한다. 곧 불균등 발전에 대한 균등 발전이다.

2) 지역격차 비판은 정당한가

인문지리학에서 공간적 정의가 주로 주목하는 현상은 지역 불균등 발전과 도시 내 계층의 지역 분화 현상이다. 지역 불균등 연구는 지역의 차이를 전문으로 하는 지리학이 마땅히 부담해야 할 학문적 '의무'이지만, 그 '의무 이행'은 금세기 후반 지리학의 가치 중립성에 대한 중대한 기각이 이루어지고 난 후에야 시작되었다. 가치 중립적인 '차이'를 가치 의존적인 '격차'로, 더 나아가 '불균등'으로 인식하는 것에는, 특정한 지표(指標)에 의한 '차이'가 가치론적으로 부적절하다는 판단이 개입되기 때문이다. 물론 해당 불균등을 가늠하는 '지표'는 자체로 가치를 지닌 것이어야 하며, 그것은 자원과 생산과 소비 및 권력과 같은 사회적으로 '가치로운 것'으로 합의된 것들, 즉 주로 경제적인(혹은 정치적인) 지표들이다.

지역격차, 혹은 지역 불균등에 대한 연구는 후진국 혹은 낙후 지역 개발에 관한 불균형 개발론과 연관되어 오랜 연구사를 갖는다. 그 대부분이 신고전 지역 성장론에 기댄 이른바 '역U 가설(inverted U hypothesis)'을 둘러싼 논의였다. 그리하여 지역격차 논의가 개발도상국의 불균형 개발을 정당화하는 논리로도 기여하였다. 더욱이 선진국에서는 지역격차가 완화되었다는 것이 널리 알려졌으나, 1980년대 이후 다시 격차가 확대되는 현상이 주목을 받고 있다. 또한 동유럽이나 중국과 같이 1980년대와 1990년대에 체제 이행을 겪었던 나라에서는 개발도상국에서 볼 수 있는 바와 같은 극심한 지역격차가 심각한 문제로 제기되고 있다.

당연한 말이겠지만, 지역 불균등을 논의하는 것은 지역 불균등 현상을 비판하고 균등 발전을 위한 대안을 모색하려 함이다. 그렇다면 균등 발전이 옳다는 명제는 어떻게 정당화되는가? 불균등에 대한 비판, 역으로 말해 균등성(equity)에 대한 당위 명제는 두 가지 논점으로부터 유래한다. 첫째는, 해당 격차가 지속적인 성장을 저해한다는 것이고, 둘째는, 불균등은 사회 전체적 입장에서 바람직하지 않다는 것이다. 전자를 실용주의적 입장에서 성장 방해론이라 한다면, 후자는 의무론적(deontological) 입장에서 형평성론이라 부를 만하다.

사회과학에서 거론되는 격차 혹은 불균등은 계층 간 소득 격차, 경제 활동 부문 간 규모 격차, 지역 간 생산 및 소득 격차 세 가지이다. 이 중 부문 간 격차 문제는 실용주의적 입장에서 계획가들에게 거론되고, 소득 격차는 성장 방해론과 형평성론 모두에서 강력히 뒷받침되어 많은 논의가 이루어져 왔다. 반면에 지역 불균등 문제는 주로 의무론적인 입장에서만 정당화되고 실용주의적 입장에서는 '불균형 성장론'이라는 강력한 반론이 존재한다. 그리하여 지역 불균등 문제는 주로 주민의 삶의 질에 대한 형평성(equity) 논의로부터 제기되는데, 이 점이 지역 불균등 연구가 경제의 영역을 넘어서 정치 및 제도의 영역으로 확대되도록 하는 입론적 조건이다.

2. 지역 불균등 발전에 관한 이론

1) 지역 불균등 발전론의 이론적 배경

경제지리학에서 지역 불균등 발전론이라는 주제 영역이 성립하는 데 기여한 분과 학문의 배경은 다양하다. 지리학의 이른바 '불균등 발전(uneven development)' 논의는 신고전 경제학의 지역 성장론에서 유래하는 지역 개발론의 불균형 성장론과 그것에 대한 비판으로서의 누적 인과론 및 상향식 개발론, 그리고 비주류 쪽의 종속 이론, 신제국주의 이론을 그 선행 이론으로 삼고 있다. 불균등 발전론은 기본적으로 종속 이론, 마르크스주의 지리학의 자본 순환론 및 노동의 공간 분업론 등을 핵심으로 하지만, 그 입론에는 불균형 성장론에 대한 비판과 누적 인과론 등에 대한 한계 인식이 스며 있다. 각각의 이론적 지도를 그리자면 표 13-1과 같다. 우선 각 이론들의 성과와 한계를 검토하기로 한다.

지역 불균등 이론은 국내 스케일에서 지역 간 성장 격차 현상과 그 메커니즘을 논구하는 연구 영역이다. 그래서 국가 간 성장 격차에 관한 논의보다 늦게 주목받았는데, 지역 문제가 국가 간 문제와 질적으로 다른 문제라는 것을 자각하게 된 것은 1970년대 지리학계의 지역 불균등 발전 이론에 이르러서이다. 종속 이론이나 세계체제론에서도 국제 간 불평등을 일으키는 메커니즘이 그대로 지역 간 격차에도 적용된다는 논리, 혹은 암묵적 가정이 들어 있었다. 이렇게 국제적 불균등 관계로 지역적 불균등 관계를 유추하려는 발상을, 국제-지역 동형성(同型性, nation-region homomorphism) 가정이라고 한다면, 여기에 해당되지 않는 지역격차 이론은 지리

표 13-1 지역격차에 관한 이론들

구분	동형 이론	비동형 이론
수렴론	신고전 지역성장론 불균형 성장론	내생적 지역성장론
격차 확대론	뮈르달 종속 이론	프리드먼 지역불균등발전론

학의 불균등 발전론, 신산업 지구론, 그리고 주류 이론으로서 프리드먼(Friedman)의 이론이다. 국제적 불평등의 메커니즘은 자본 및 노동의 이동성 제약(정도의 차이는 있지만), 세계 정부의 부재 등의 환경에 있어서 국내 지역 간 불평등 메커니즘에 작용하는 제 요소들과 속성상 현저한 질적 차이를 드러낸다. 따라서 국제 불평등을 지역 간 불평등에 비유할 수 없는 커다란 간극이 존재한다. 국제 수준에서는 '지방 엘리트의 저항'(프리드먼 이론) 따위는 있을 수 없으며, 산업 지구 내에서의 긴밀한 연줄망도 곤란한 일인 데다가 생산 양식의 접합(接合, articulation)은 국제 간보다는 국내에서 보다 '구조적'으로 나타날 수 있기 때문이다(김윤자, 1983: 381).

각 논의는 지역격차가 심화된다거나 혹은 좁혀진다고 주장한다. 신고전 지역 성장론은 지역격차의 일시성을 강조했다. 이른바 불균형 성장론이며 그것의 경험적 확인이 '역U 가설'이라는 것이다. 이에 대해 종속 이론이나 지역 불균등 발전론은 지역격차가 누적적으로 심화되며 결코 좁혀지지 않는다고 보았다. 뮈르달(Myrdal)이나 프리드먼의 경우는 엄밀히 말해서 수렴론을 부정적으로 보는 논의로 보아야 한다. 선진국의 경우는 격차의 수렴을 논하고 있기 때문이다. 상향식 개발론의 전망이나 내생적 성장론 역시 대체로 '격차확대론(divergence)'의 입장에 선다. 비주류 이론은 기본적으로 격차확대론에 해당하지만, 최근의 신산업 공간론은 오히려 격차수렴론(convergence)에 근접한다.

2) 수렴론: 신고전 지역 성장론과 불균형 성장론

신고전 경제 성장론의 비공간성

신고전 지역 성장론은 경제 성장론의 해로드(R. Harrod, 1939), 솔로우(R. Solow, 1956) 등의 경제 성장론에 기대어 자유로운 요소 이동성을 가정하고, 지역 간 격차는 '자연스럽게' 사라진다고 주장한다. 두 지역의 자본은 이자율을 따라 움직이고 노동자는 임금을 따라 자유 이동하므로 자본이 높은 곳은 소득이 높아 인구가 유입하지만, 결국 많은 인구 유입으로 수요-공급 법칙에 의하여 임금이 낮아지고 반대로 인구 유출 지역은 인구가 적어 임금이 증가한다는 것이다. 자본 역시 자본 투자가 많은 곳은 이자율이 낮아지고, 자본 투자가 없는 곳은 이자율이 높아 결국 후진 지역에 자본도 노동도 이동하여 두 지역은 결국 균형을 달성한다는 것이다. 이 낙관론이 요소의 자유 이동성과 규모 수익 불변 및 완전 경쟁을 가정한다는 것은 자명한데, 역설적으로 이 세 전제가 대단히 비현실적인 탓에 해당 '낙관론'을 비관하게 만드는 주요 요인이 되었다. 국제 수준에서의 자본 이동은 국경 제약이라는 난관이 있으며, 국내 수준에서 역시 자본 투자는 하부 구조와 연계 기업 및 판로 등 여러 가지 입지 조건이라는 제약하에 있다. 자본 집적지에 자본이 더 집적하는 규모의 경제가 횡행하기 때문이다. 그렇다면 노동의 이동 역시 그 방향이 구직 확률이 높은 곳, 즉 자본 투자가 많은 곳이지 노동자가 적은 곳이 아니다. 노동자가 적은 곳이 임금이 높을 리 만무하기 때문이다(Richardson, 1973). 여기에 공간적 거리를 고려하는 경우, 공급자 및 수요자의 입지적 배타성 혹은 균등 분포 때문에 같은 상품이라도 거리 차이가 상품의 동질성을 훼손하고 만다. 결국 입지 지점이 다른 경우 자신의 재화의 도달 거리를 형성하면서 상권을 형성하고, 그 관할권하에서 공급자는 독과점적 성격을 자연스럽게 내포하게 된다.

성장과 균형은 배타적? 불균형 성장론과 역U 가설

어쨌든 신고전 지역 성장론의 전망은 지역격차가 일시적 현상이라는 것인데, 이 같은 믿음을 구체적 지역개발 정책에 적용하려 한 것이 뻬루(Perroux, 1953)와 허쉬만(Hirschman, 1958)의 이른바 불균형 성장론이다. 그는 넉시(R. Nurkse, 1953)의 균형 성장론을 후발국의 재원 부족, 성장의 부문적, 거점적 성격을 들어 비판하고 불균형 성장론을 피력했다. 성장은 필연적으로 성장점(growth point)이라 불리는 한 지점에서 시작될 수밖에 없으며, 극화 효과(polarization)와 적하(滴下) 효과(trickling down)의 이중주에서 불균등이 심화되거나 '결국에는' 적하 효과가 극화 효과를 극복하리라고 보았다. 그 '결국'의 낙관의 근거를 성장 지역-낙후 지역 경제 활동의 보완성에서 찾고 있다. 성장 지역의 성장은 필연적으로 낙후 지역의 1차 상품의 성장

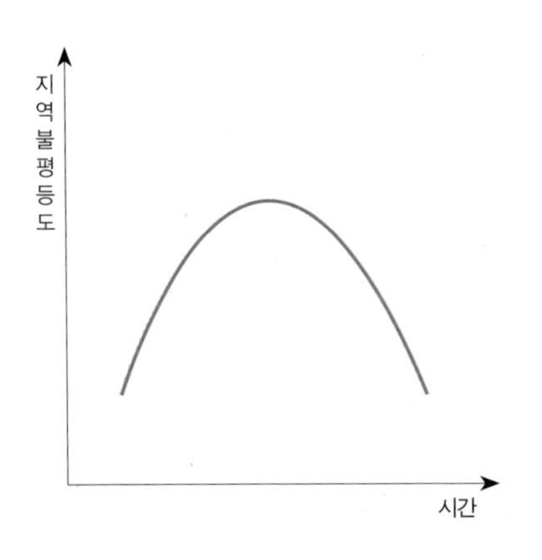

그림 13-1 역U 가설
한 국가의 발전 초기에는 지역격차가 증가하다가 어느 정도 발전이 성숙되면 지역격차가 완화된다는 가설이다.

을 요청하기 때문이다. 그러나 그도 적하 효과의 반전을 기대하기 힘든 경우(예컨대 성장 지역이 1차 산품을 해외 수입한다든가 하는 방식의 후진 지역과의 보완성을 약화시키는 경우)를 고려하였는데, 이 부분에서 그는 사회 간접 자본 투자 등 정부의 지역 정책을 요청하고 있다(Hirschman, 1958: 190-195).

여기에 대해 쿠즈네츠(S. Kuznets, 1955; 1963)는 방대한 자료에 의해 소득 격차의 확대 후 수렴론(이른바 역U 가설)을 제창했고, 그것을 지역격차의 확대 후 수렴론으로 적용한 것이 바로 윌리엄슨(J. Williamson, 1965)의 역U 가설이다. 역U 가설에서 중요한 것은 극화 반전(polarization reversal) 현상인데 지역 간 요소 이동성을 그 중요한 배경으로 거론한다. 초기 성장의 불균형 확대 현상에 대해서는 초기 성장 잠재력 차이(예컨대 부존 자원 차이, 인프라 차이 등)와 이동 및 소통 장벽, 그리고 투자의 집적 효과나 선택적 이주(숙련 노동 이주) 등에 의해 극화 효과가 우세하나, 전환점(turning point)을 유도하는 '강력한 힘'이 존재한다는 것이다(Williamson, 1965). 물론 그는 그 '힘'의 실체를 제대로 지적하지는 않았다.

이 신고전 성장론의 지역 개발적 전망이 기대하는 '극화 반전'을 초래하는 '힘'의 실체를 그 누구도 언급하진 않으면서도 신고전 성장론과 불균형 성장론은 지속적으로 자신들의 '믿음'을 굳혀나갔다. 알론소(W. Alonso, 1968)는 문자 해독율 확산, 관료제 확산, 지식 확산, 운송로 확산의 경향이 적하 효과가 극화 효과를 압도할 것이라는 장기적 전망을 피력했고, 리처드슨(Richardson, 1976)은 지리학의 확산 이론까지 동원해가며 시간이 지날수록 '적하 효과'가 '극화 효과'를 능가한다는 논의를 개진하였다.

신고전 성장론과 불균형 성장론의 역U 가설이 갖는 치명적인 약점은 ① 이론적으로 비현실적인 가정에 근거해 있고, ② 극화 반전의 힘을 설명하는 원인을 제시하는데 취약하며, ③ 경험적 증거들이 완벽하게 역U 가설을 지지하지 않는다는 것이다. 첫 번째 약점은 역U 가설이 전제로 하는 신고전 성장론의 가정들이 비현실적이라는 전술한 비판으로부터 나오고, 두 번째 약점은 극화 반전을 실체적 힘의 규명 없이 '경향'과 '추세'로만 말하려 했다는 점으로부터 나온다. 역U 가설을 궁극적으로 지탱해 주는 근거는 사실상 쿠즈네츠와 윌리암슨의 방대한 경험적 자료와 여러 선진국들에서의 실증적 자료들로부터의 보고들이었다. 그러나 경험적 자료는 일방적으로 역U 가설만을 지지하지 않는다는 것이 알려졌다.

3) 비수렴론: 뮈르달, 프리드먼, 내생적 성장론

뮈르달과 프리드먼

역U 가설에서 성장 초기의 불균등 심화 부분은 뮈르달의 '비관론'과 무척 닮았다. 실제로 허쉬만의 극화 효과는 뮈르달의 '역류 효과(집중화)'와 같으며, 알론소, 리처드슨 등의 입론에도 성장 초기의 격차 확대 부분은 뮈르달을 의식하고 있다. 누적적 인과 모델(cumulative causation model)로 알려진 뮈르달의 논의는, 신고전 성장론과 정반대로 요소 이동(자본 및 인구 이동)과 재화 이동이 오히려 중심을 확장시키면서 주변을 희생시킴으로써 지역 불균등을 심화시킨다는 것이다. 이것이 이른바 역류 효과(backwash effect)인데, 신고전 성장 모형에 집적 경제만 도입해도 '자연스러운' 귀결이다. 여기에 이동 마찰과 공간상에서의 불완전 경쟁을 도입한다면, 중심지 이론과 호텔링(Hotelling)의 이론에서 보는 바와 같이 집적 및 격차 확대는 필연적이다.

뮈르달 역시 확산 효과(spread effect), 즉 주변의 생산물에 대한 구매 혹은 주변에의 투자 및 기술 자극 등의 존재를 인정했지만, 역류 효과에 비해서 미약하다고 보았다(Myrdal, 1957: 27-33). 결국 지역 불균형 확대에 대한 뮈르달의 대안은 정부 정책이다. 그는 신고전 성장론이나 불균형 발전론에서와 반대로 시장의 작용은 불균형을 확대할 뿐이며, 정부의 평등주의적 정책들(egalitarian policies)이 불균형을 완화한다고 보았다. 결국 허쉬만과 반대로, '중앙 정부'가 없는 국제 규모에서는 성장 격차가 더욱 심대할 수밖에 없다. 또한 후진국 내부에선 정부의 균형화 정책이 미약하여 시장 메커니즘이 더욱 자유로이 작동함으로써 지역격차가 심화된다. 반대로 선진국의 경우 복지 국가 등장에 따라 균형화 정책이 효과를 발휘하여 지역격차가 완화된다. 이 부분에서는 그가 역U 가설에 동조한 것처럼 보이지만, 후진국의 성장과 격차 완화를 위해 강력한 계획 정책을 요청했다는 점에서 심화되는 지역격차를 수수방관해야 한다는 신고전 성장론과는 분명 차이가 있다.

프리드먼(1966, 1973)은 지방 중심 도시의 설정을 통해 허쉬만과 뮈르달을 종합하려 했다. 역류 효과(집중화)도 있고 확산 효과(분산화)도 있는데, 그 귀결은 '균형적인' 중심지 체계라는 것이다. 그것이 이른바 그의 '극화 발전(polarized development)'이라는 것이다. 극화 발전 이론에서 핵심은 쇄신 중심지로서의 핵심 지역으로부터 지방 중심 도시가 형성된다는 것이다. 그 지방 중심 도시는 해당 지방에서 작은 '핵심' 역할을 부여받는다. 확산 효과와 역류 효과를 모두 긍정하는 이 절묘한 프리드먼의 세계는 그 궁극에 이르면 도시 계층 원리에 따라 고도로 구조화된 공간 조직으로 된다. 즉 크리스탈러의 우아한 중심지 체계가 등장하는 것이다.

중심지 체계의 특징은 일정한 조건하에서 순위-규모 규칙성(rank-size regularity)을 달성한다는 데 있다. 그리하여 프리드먼의 정책적 함의는 지방 중심 도시를 육성하는 것이 된다. 과연, 뮈르달의 역류 효과와 허쉬만의 적하 효과 모두에 대해 응분의 비중을 부여하고도 경제력 집중의 이상적인 공간적 분포를 도출했다는 점에서, 프리드먼은 이론적으로나 실천적으로나 양자를 종합한 셈이다. 이 종합에는 물론 지리학자들에게 익숙한 쇄신 확산 이론, 중심지 이론, 공업 입지 이론이 깊숙이 개입되어 있다(Friedman, 1973: 347-341). 그런데 프리드먼이 '극화 반전'의 요인으로 든 것은 정치·사회적인 것이다. 핵심-주변 관계의 심화로부터 발생하는 지방 엘리트의 성장과 그들의 요구 때문에 지방 중심지가 성장한다는 것이다. 그는 경제학 내부의 논리에서 극화 반전의 요인을 찾지 못하고 사회학적 요인으로 대체한 것이다.

지방 엘리트와의 갈등에 의한 지역 안배로서의 지방 중심 도시 성장 및 그것에 의한 불균형 해소 전략이 갖는 나름대로의 '현실성' 때문에 프리드먼의 입론은 허쉬만이나 뮈르달에 비해 정교하다. 그러나, 요행히 조화로운 중심지 체계를 달성한 국가는 모르겠으나 종주 도시 체계이기 일쑤인 대개의 개발도상국에서 '순위-규모 규칙성'으로서의 '균형'이나마 달성할 방안에 대해서는 여전히 의문이 남는다. 중심지 이론가들은 순수 경제 논리의 작동을 방해하는 여러 요소들의 제거를 주문하겠지만, 집적 경제와 규모 수익 증대를 고려하면 크리스탈러 체계의 순위-규모 규칙성은 당장 훼손되고 만다. 게다가 중심지 이론이 제한적인 지방 상업에 관한 이론이라면, 주로 공업 집적 및 사업 서비스 집적에 의해 주도되는 지역 불균등 발전에 대해 적절한 경제 논리적 이념형이라고 보기 어렵다. 프리드먼의 '주변 엘리트의 저항' 요인은 그 '조화로운' 중심지 체계의 달성조차도 중심지 이론 내에서 보장할 수 없기 때문에 그가 선택한 대안일 것이다. 다만 '주변 엘리트' 개념은 '엘리트 이론' 일반이 갖는 난점을 고려하여, 민주주의 정치 사회에서 시민 사회 혹은 지역 사회 개념으로 고쳐져야 한다. 쇄신 확산에 의해 지방 엘리트가 형성된다는 논의는 산업화 이전에도 지방 엘

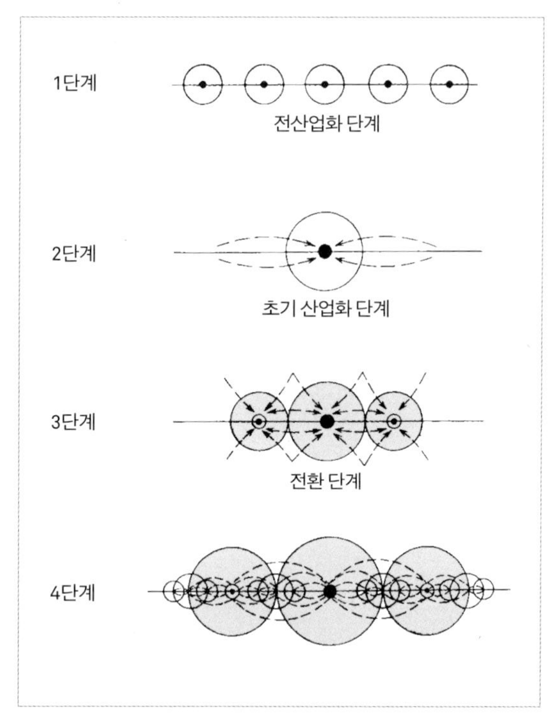

그림 13-2 프리드먼의 공간구조 발달단계 모델(이희연, 2004)
단계가 상승하면서 2차 중심지가 형성되는 것이 특징이다.

리트가 엄존했던 한국의 현실과 괴리될 뿐만 아니라, 국가의 공간 선택 역할을 포착할 수 없는 난점이 있다.

내생적 지역 성장론: 산업 지구론과 지역 혁신 체제

경제 성장에서 기술의 역할을 내생 변수로 도입하려는 시도는 경제학의 경우 1980년대 이후 기술발전 변수를 내생화한 내생적 성장론(endogenous growth theory)으로 전개되었다. 종래의 솔로우 모형 등의 '외생적' 성장론은 자본의 한계 생산성 체감 때문에 후발 국가의 성장율이 더 빠르게 되는 '따라잡기 효과(catch-up effect)'를 포함할 수밖에 없으므로, 현실의 국가 간 성장 격차 심화 현상을 설명하기 위하여 대안적 성장 모형으로 제출된 것이다. 오늘날 경제 성장의 관건이 더 이상 노동과 자본 요소가 아니라 기술 수준에 있으며, 선진국과 후진국 간에 엄존하는 성장 격차 현상의 배후가 다름 아닌 현격한 기술 격차라는 사실을 이론 모형 수준에서 반영한 것이다. 내생적 성장론은, 기술 발전을 위해서 국가가 무엇을 할 것인가에 대한 정책적 '대안'까지도 연구 대상에 포함된다는 점에서, 이론적으로나 정책적으로나 '수요'가 많을 운명이었다.

경제지리학과 지역경제학에서 기술 변수를 핵심 위치에 넣은 입지 이론은 제품 수명 주기(product life-cycle theory) 이론으로부터이다(Rees, 2001). 그 이전까지의 산업 입지론은 최소 비용 이론이거나 최대 수요 이론이라 하여도 그 수요 극대화 요인을 시장 범위 극대화 정도로만 생각하였다. 그러나 오늘날 기업의 생산·판매 전략에서 '거리' 요소에 의한 비용 최소화 전략은 많은 이윤 극대화 요소 중 일부에 불과하며, 공정 및 조직 혁신에 의한 비용 절감은 물론 제품 혁신과 마케팅에 의한 시장창출 및 확대가 더 중요한 요소가 되었다. 현대 산업에 있어서 경쟁력의 요체가 기술에 있다는 점에서, 기술의 '신선도'에 따라 공업의 입지가 변화한다는 제품 수명 주기 이론의 발상은 현대 산업 입지의 '비밀'에 상당히 근접한 것이었다. 그러나 혁신 단계에는 선진국 대도시에, 성숙 단계에서는 지방에, 표준화 단계에서는 후진국에 공업이 입지한다는 이론은, 영구적인 혁신의 심장으로 이해했던 미국 북동부가 '혁신 선봉'의 지위를 남서부 지역에 내주게 되자 이론적 동력을 상실하게 되었다(Johnston, *et. al.* eds., 2000: 641-643). 이제 혁신이 발생하는 장소는 도대체 어떤 곳이냐가 문제가 된 것이다.

버넌(Vernon, 1966) 등이 혁신 단계에서 공장이 선진국 대도시에 입지하는 이유로 든 것은 신제품 구안 과정에 따른 소비자 및 부품공급자와의 잦은 접촉 및 연계, 연구 개발 기관, 풍부한 모험자본 등이었다. 즉 제품 수명 주기 이론에서 혁신은 특정한 환경에서 창출되는 것이 아니라, 연구 기관의 발명으로 '주어지는' 것이고, 공장의 입지는 발명품의 상품화에 필요한 거래 비용을 최소화하기 위해 대도시에 입지한다는 논리다. 이 외에도, 기술 혁신을 신제품 개발이라는 의미로 좁게 해석했다는 점도 제품 수명 주기 이론의 한계로 지적된다.

산업 지구(industrial district)론은 제품 수명 주기 이론이 놓친 선벨트 및 제3이탈리아 산업지구와 같은 혁신적인 산업 지구를 적극적으로 해석하려 했다. 1970년대 이후, 새로이 형성된 중소기업 집적 지구가 긴밀한 상호 연계와 인적 교류를 통해 기술 혁신을 달성하고 성장하는 현상이 보고되자, 이를 19세기 마샬의 '산업 지구' 개념을 적용한 것이다(Storper, 1997). (신)산업 지구의 특성은 ① 중소기업의 전후방 연계에 의한 네트워크와 전문화, 그리고 ② 노동 이동 및 빈번한 대면 접촉, 그리고 신뢰 관계에 기초한 제반 정보 순환 및 지식 이전이다. 전자의 측면에서 지구 내 중소기업은 '규모의 외부 경제'를 달성하고, 후자의 측면에서 지속적인 혁신을 창출함으로써 해당 산업 지구는 글로벌 경제에서 경쟁력을 갖는다는 것이다(Asheim, 2000). 지구 내 기업간 '신뢰' 관계에 의한 지속적이고 안정적인 네트워크와 공식·비공식 접촉, 인적 교류 등은 지리적 근접과 '전통'에 의해서 담보되는 것이므로, 이러한 속성이야말로 해당 지역에 뿌리내린(embedded) 것이라는 점에서, 산업 입지 이론에서 '지역'이 재발견되는 계기가 되기도 하였다(Storper, 1997). 그러나 산업 지구론은 산업 지구의 성장에서 핵심인 지속적인 혁신의 근원을 더 풍부하게 캐내지 못하였다. 대면 접촉과 인적 교류가 어떤 연유로 혁신을 창출하고 그 혁신은 어떤 종류의 것인지에 대한 대답이 빈약했다. 다소 막연한 '산업적 분위기(atmosphere)' 개념으로 짐작하게 해줄 뿐이다(Asheim, 2000).

산업 지구론은 혁신의 근거를 파헤치는 혁신 체계(innovation system) 개념으로 보강되어야 했다. 중소기업의 네트워크만 있는 산업 지구에서 과연 거대한 투입 예산이 요구되는 혁명적 혁신(revolutionary innovation)을 수행할 능력이 있는가 하는 비판이 제기되었다. 산업 지구에서 창출할 수 있는 혁신은 기술 전수나 정보 교류에 의한 점진적 혁신(incremental innovation)이므로 세계화되는 경제에서 경쟁력을 오래 유지할 수 없다는 것이다(Asheim, 2000). 이러한 연유로 중소기업 네트워크로서의 산업 지구에 지방 정부의 지원, 대학 및 연구 기관과의 네트워크, 대기업과의 연계 등이 결합되어야 한다는 주장이, 경험 사례와 함께 설득력 있게 제시되었다. 중소기업 집적지로서 산업 지구가, 기업간 공식·비공식 네트워크 이 외에 지방 정부, 연구 기관, 상공회의소 등이 엮어지는 '제도적 두께'를 갖추어야 한다는 아이디어에 든든한 이론적 배경을 제공한 것은 혁신 체계 이론이다. 혁신의 창출이 선형적 과정으로부터가 아니라 기업과 고객, 기업과 연구 기관과의 꾸준한 상호 작용으로부터 발생한다는 견해가 혁신 체계 이론이다(Lundvall, 2000). 혁신 창출의 과정이 '기초 과학 투자 → 응용 과학 발전 → 기술 발전 → 마케팅 → 경제 성장…'과 같은 일련의 과정을 밟아나간다는 견해를, 룬드발(Lundvall)은 선형적 모델(linear model)이라며 비판하였다. 혁신 체계 개념은 원래 국가별 생산 네트워크-정부-연구 기관 시스템의 차이를 식별하려는 목적에서 고안되었으므로(국가 혁신 체계), 기업과 지방 정부, 그리고 연구 기관과 상공회의소 등의 밀접한 네트워크는 국지적이라는 점에서 지역 혁신 체제(Regional Innovation System)나 혁신 클러스터(Innovation Cluster) 개념이라 보는 것이 적절하다.

지역 혁신 체계 개념이나 혁신 클러스터 개념은 기술 혁신이 모종의 지역 생산-제도적 구조의 특성으로부터 도출 가능하다고 본다는 점에서 내생적 지역 성장론(theory of endogenous regional growth)이다(Johansson *et al.*, 2001). 지역 성장론에서의 내생적 이론은 지역 정책에 관한 전에 없이 풍부한 함축을 갖는다. 공업 발전이 뒤진 지방이라 할지라도 지역 혁신 체제를 구축하기만 하면 그간의 소외를 떨치고 지역 경제 성장을 달성할 수 있다고 말한다. 지방자치제 실시 이후 지방자치단체에서는 공단을 짓고 지방 대학과 연계시키며, 지방 상공회의소를 동원하여 이른바 '지역 혁신 체제'를 구축하고자 다방면의 노력을 경주하고 있다.

그러나 산업 지구론을 포함한 내생적 지역 성장론은 '선결 조건'의 문제를 안고 있다. 혁신이 창출되기 위해서는 기존의 산업 기반, 대학 및 연구 기관이 핵심적인 혁신의 동력으로서 필수적인데, 극심하게 불균등 발전을 겪은 낙후 지역에서는 변변한 산업 기반이 존재하기 어렵고 연구 역량을 갖춘 대학이나 연구 시설이 있을 리 만무하기 때문이다. 이런 정도로 낙후된 지역이 할 수 있는 것은 개발되지 않았기 때문에 남아있는 훌륭한 '자연' 자원과 역사·문화적 자원을 활용한 관광지로서의 마케팅 정도밖에 없다. 한국의 경우 수도권과 남동 임해, 그리고 대전 정도를 제외한다면, 특징 있는 산업 기반이 거의 존재하지 않기 때문에 다시 중앙정부의 '시혜'를 기다려야만 하는 수준에 있다. 특히, 비수도권 지역의 낙후된 연구 역량은 어떤 훌륭한 제도적 기반을 제공한다 하더라도 경쟁력 있는 혁신 수행을 달성하기 어렵게 된다. 결국, 중앙 정부의의 막대한 산업 투자 및 연구 개발 투자에 기대야 한다면 내생적 지역 성장론이 지역 균형 발전에 기여하는 바는 무척 얇아지게 된다.

4) 비주류 이론들

신고전 이론이나 불균형 개발론의 주장이, 지역격차 '현상'에 대한 메커니즘 규명을 결여하고 있고, 현실적인 격차 심화에 대한 '비현실'적 낙관론에 정지해 있는 것에 반발하여, 격차가 발생하고 심화되는 메커니즘을 파헤치려 했다는 점에서, 비주류로 분류되는 지역 불균등 발전론은 그 공로가 인정된다. 지역격차 이론에 대한 다른 한 축을 형성했던, 우리의 지역 불균등 발전(uneven development) 담론이 기댄 이론은 종속 이론(Dependence Theory)이다.

종속 이론

종속 이론은 2차 대전 후 남미의 수입 대체 산업화 전략의 실패, 권위주의 정부의 출현, 빈부 격차 및 국제적 격차 심화에 따른 현실 인식으로부터 이의 종합적 해명을 위해 안출되었다. 1930년대의 세계 경제 위기에 대한 대응으로 구미에서 케인즈주의이라는 대중주의적 정책이 채택되었던 것과 유사하게, 남미에서도 대중주의적 정권이 출현하여 남미경제위원회(ECLA)의 이론적 기반에 따라 수입대체 산업화를 추진하였다. 그러나 이 전략은 사치성 소비재 중심의 자본 집약적 산업 중심이었던 탓에 고용 효과도 적었고 빈부 격차도 심화시켰으며, 내수 시장의 한계와 지속적인 원자재 및 중간재 수입을 유발하면서 1960년대에 이르러 한계에 봉착하고야 만다(임현진, 1987). 결국 국제 자본의 투자가 수용되고 이의 보장을 위한 권위주의 정부가 수립되어 노동 배제적 통치 형태가 출현함으로써, 저발전, 대외 종속 관계, 빈부격차, 비민주성 등의 이른바 '주변성(pheripherality)'의 전형이 드러나게 되었다. 이 주변성의 해명이 종속 이론이 추구한 막중한 과제였던 것이다.

종속 이론의 진원이 된 프랑크(A. G. Frank, 1969)는 칠레와 브라질의 경험 연구를 통해 남미 저발전의 원인에 대한 발전 단계론(W. Rostow), 근대화론(T. Parsons)이 시사하는 '이중 경제' 테제와 정통 좌파의 봉건성 테제를 비판하고 자신의 종속 테제를 제출하였다(Frank, 1969). 남미가 식민지 개척에 의해 세계 무역 관계에 강제 편입된 이후부터, 경제 잉여의 지리적 이전을 통한 중심부(metropolis)의 주변(satelite)에 대한 수탈 과정에 의해 중심부는 가속적으로 발전하고 주변은 상대적으로 저발전되어 왔다는 것이다. 경제잉여의 수탈 관계는 중심부의 중심과 주변부의 중심, 주변부의 중심과 주변부의 지역 중심, 주변부 지역 중심과 소도시 등으로 연쇄적으로 이어진다(Frank, 1969: 8-13). 주변에서 생산한 잉여가치의 재투자 부분이 중심으로 이전됨으로써 주변의 발전이 제약 당하게 되고 중심-주변 양극화가 발생한다는 것이 그 골자이다.

그러나 그의 논지는 잉여가치 이전의 메커니즘을 밝히지 못했다는 점과, 대외적 규정에 의한 주변부 자체의 성격에 대한 논의가 부재하다는 점, 그리고 '종속적' 관계를 무역 관계로만 한정했다는 비판을 받았다. 잉여가치 이전의 메커니즘 분석은 엠마뉴엘(A. Emmanuel, 1972)에 의해 보강된다. 부등가 교환론의 핵심은 국제적 이윤율 균등화 원리에 따라 낮은 임금율의 국가에서 높은 임금율의 국가로 가치가 이전한다는 것이다. 국민 경제에서와 달리 국제 수준에서는 자본의 이동성이 덜 자유롭고 노동의 이동이 부자유하기 때문에 국제적 이윤율 균등화 원리가 적용되지 않는다는 비판이 있지만, 여전히 노동량의 불균등 교환이 존재하기 때문에 이를 근거로 하여 부등가 교환이 성립한다(정성진, 1983). 엠마뉴엘의 부등가 교환론이 숱한 논의를 거쳐 가치론적으로 정립되는 과정에서 국내 수준과 국제 수준의 비동형성, 즉 노동/자본 이동의 제약 문제가 주목된 것은 지역 불균등 발전론을 구성하는 데 기여하였다.

프랑크가 놓친 다른 하나는 주변국 내부의 이질성 문제에 관한 이론화이다. 이것은 '생산 양식 접합(articulation)' 이론을 원용한 아민(S. Amin)의 주변부 자본주의론에 의해서 보강된다(조현태, 1983). 접합이란 두 요소의 구조적 결합을 의미하는데, 중심부에서의 자본주의 이행이 과정에서도 자본주의 생산 양식과 전자본주의 생산 양식이 일정 기간 공존하는 시기에 적용될 수 있으며, 주변부의 '이중 경제'적 현상을 해명하는 데 적용될 수 있다. 중심부에서든 주변부에서든 생산 양식의 접합이 존재하는 경우, 지배적인 생산 양식은 종속적 생산 양식에 대해 경제·정치·사회적 우위를 가지며, 후자는 전자의 노동 저수지나 상품시장으로 기능한다(사미르 아민, 1985). 주변부는 자본주의 발전이 중심부의 축적에 필요한 부문에서 이루어졌고(불균등 포섭), 지속적인 노동자 저수지로서 기능해야 했기 때문에 경제 외적 강제(상부 구조와의 dislocation)에 의해 지속적인 낮은 임금율의 창출이 필요했다(조현태, 1983). 이로부터 주변부의 저발전과 이중 경제, 그리고 계급 및 지역격차 및 권위주의 정부를 도출하였다.

종속 이론은 한국이나 대만과 같은 신흥 공업국의 성장 때문에 그 열렬했던 논점들이 잦아들게 되었지만, 일군의 지리학자들과 지역경제학자들은 ① 부등가 교환이나 ② 생산 양식 접합과 같은 개념을 지역 불균등 현상을 설명하는 데 적용하려 하였다. 그러나 국가 간 불균등 현상을 설명하려는 논리를 국내 지역 간 불균등 현상에 적용하려는 동형론적 시도는, 프랑크의 이론에서와 같은 이유로 부적절하다. 국내 지역 간 관계에서는 국가 간 관계에서와 달리, 노동 및 자본 이동성이 자유롭기 때문에 부등가 교환의 성격이 다르게 작동한다(정성진, 1983). 뿐만 아니라 국내 수준에서의 지역격차에 접합 이론과 부등가 교환을 별다른 수정없이 적용하려는 시도는 다음과 같은 이유에서 한계를 갖는다. 먼저, 지역 간 부등가 교환론을 지역 불균등의 메커니즘으로 거론하는 이론(Lipietz, 1980)은 상당한 성과에도 불구하고 다음과 같은 여러 가지 한계를 포함한다. 첫째, 국가 간 종속 이론에서처럼 무역 관계 이론으로서 생산 관계나 자본 투자 관계가 배제되었다. 국내 수준에서는 자본 이동이 자유로우므로 지역 간 생산 관계가 지역 불균등 현상의 핵심 내용을 이루게 된다. 둘째, 일국 수준의 자유로운 노동 이동성 때문에 발생하는 인구 유출에 따른 문제를 지적하지 못한다. 인구 유출은 낙후 지역의 절대적 빈곤화를 억제하면서 동시에 생활 세계를 말소시키는 효과를 갖는다. 셋째, 부등가 교환의 대상이 되는 중심과 주변이 어떻게 '형성'되는가에 대한 논급이 부재하다. 지역 간 부등가 교환론은 '주어진' 중심-주변 관계에서 발생하는 가치 이전 현상을 기술할 뿐이므로 어떤 점에서 비공간 이론에 해당한다.

다음으로, 지역 불균등 현상을 생산 양식의 접합 현상으로 설명하려는 시도는 이미 산업화가 상당 수준으로 진행되어, 고도의 도시화율을 보이는 중심부 국가나 신흥 공업국에서의 지역격차 이론으로서는 부족하다. 한국과 같은 신흥 공업국에서도 이미 자본주의 생산 양식이 전일적이 되고 상업적 농업이 일반화됨으로써 전자본제 양식은 거의 소멸 중에 있기 때문에 지역격차의 핵심 메커니즘으로 지목할 수는 없다. 그 외에 자본 축적의 집적·집중화 메커니즘이 지역 불균등을 초래한다는 언급도 있었지만, 신산업 지구 현상 앞에 무력할 수밖에 없다. 1970년대 후반부터 지리학 쪽에서 발전한 지역 불균등 발전론은 종속 이론을 동형적으로 지역격차 현상에 적용한 논의를 극복하려는 시도였다.

지역 불균등 발전 이론

지역격차 문제를 국제 이론으로부터 질적으로 독립되어 '지역 간 불균등' 문제로 해명하기 위한 노력은 ① 내부 식민지론, ② 가치의 지리적 이전론, ③ 분공장 경제론, ④ 시소 이론으로서 제출되었다. 지역 불균등 문제는 마르크스의 연구 계획에도 등장하지 않고 있으며 가치 이론의 더욱 복잡한 수정을 요하기 때문에, 국제 수준의 종속 이론을 둘러싼 논의보다 체계적이지 못하지만 생산 요소의 상당한 자유 이동 상황에서의 '격차' 문제를 해명하려는 노력은 경제지리학 발전과 거의 함께 하는 것이다.

먼저 내부 식민지론은 헤처(M. Hechter, 1975)의 저작으로부터 비롯된다. 영국의 앵글로-색슨족와 켈트족의 사례에서처럼, 국민국가의 기반으로서의 민족은 다수 종족의 집합으로서 지배 종족의 지역을 핵심으로 하고 피지배 종족 지역을 주변으로 하는 일국 내 지역 관계가 성립한다는 것이다(Hechter, 1975: 1-14). 통일 국가의 엘리트 충원, 기간 생산 시설에서의 취업 및 문화 차이에 기반한 승진 제약 등의 방식으로 주변의 발전은 제약 당한다는 것이다. 이 이론은 민족적 차이가 뚜렷하지 않은 나라의 경우 적용하기 곤란하며, 적용되더라도 불균등 발전을 출신 지역인에 대한 차별 정도로 축소시키고 만다. 성차별과 유사한 의미인 지역 차별이 물론 지역 불균등 발전의 일면이긴 하지만, 지역 발전의 문제는 해당 지역 주민 전체적 생산력 및 생활수준과 관계되는 것으로서 지역 일부 인자의 사회적 상위직 진입량 여부 정도로 귀착될 수 없는 것이다.

하지미칼리스(Hajimichalis)가 제기한 가치의 지리적 이전(Geographical Transfer of Value: GTV)론은, 엠마뉴엘의 부등가 교환 개념에 공간항으로서 '기타 요인(other factors)'을 추가한 간접적 GTV와 조세나 공공 투자 등 이윤 재분배 방식을 통한 직접적 GTV로 불균등 발전을 설명하려 하였다(Hajimichalis, 1987: 53-88). 중심 지역은 고정 자본이 높을 뿐 아니라 교통·통신 시설과 같은 자본 회전 기간 단축 시설과 병원과 같은 노동력 재생산 시설의 비중이 높기 때문에, 가치의 생산 가격으로의 전형 과정에서 주변으로부터 더 많은 가치를 이전받는다는 것이다. 다만, 부등가 교환을 공간적으로 정립시켰다는 성과에도 불구하고, 종속 이론의 부등가 교환이 갖는 '경제주의'라는 한계를 공유한다. 특정 지역이 '중심'이 되는 과정, 인프라 및 집합적 소비 수단 투자 과정에 탈지역적 권위로 표상하는 중앙 정부의 의사 결정

과정이 개입하며, 가치의 이전 과정에 대해서도 정부 및 지방 정부의 통제 과정이 개재한다. 물론 이때의 정부의 작용은 사회 내 제 세력의 역학을 반영한다. 요컨대 간접 GTV를 포함한 부등가 교환론은 중심과 주변의 형성 과정 및 가치의 이전 과정에 개입하는 정치적, 제도적 영향을 섬세하게 포착하지 아니한다. 오히려 그의 직접적 GTV가 정부의 역할을 강조하고 있으나(Hajimicalis, 1987: 74-75), 지역 정책의 배경 및 역학 등 직접 GTV 현상의 메커니즘을 설명하지 않고 있다.

메시(Massey, 1995)의 노동의 공간 분업(Spatial Division of Labour)은 지역 불균등의 메커니즘을 분공장 경제(branch plants economy)의 외부 통제(external control) 메커니즘으로 이해한다. 대기업 분공장 체제는 구상(構想)과 실행(實行)을 공간적으로 분리하는 축적 방식으로서, 지방 분공장의 경우 ① 낮은 지방 연계, ② 높은 폐업 위험, ③ 미숙련 저임금 노동자, ④ 이윤의 본사 송금, ⑤ 경영상 비자율성 등 외부 통제의 문제가 나타난다(Massey, 1995: 96-113). 결국 주변 지역에 공업 생산이 성장하더라도, 중심-주변의 생산성 격차는 구조적으로 심화되는 지역 불균등 발전의 문제가 나타난다는 것이다. 메시의 논의는 선진국 내에서의 지역격차를 설명하는 근거를 제공했다는 점, 그것도 축적과정 자체로부터 원인을 포착했다는 점에서 탁월한 지역 불균등 이론으로 수용되었다. 다만 분공장이 아닌 중소기업 및 3차 산업 관련 업종의 투자 및 성장과 관련한 지역격차에 대해서는 언급하지 않고 있다는 점에서 그 적용 범위가 한정된다.

스미스(N. Smith, 1990)의 시소 이론은 보다 추상적으로 지역불균등 발전을 자본주의 축적의 내재적인 공간 법칙으로 규정한다. 그의 이론의 골자는, 자본 축적은 이윤율 높은 지역으로 집중하는데 이는 이윤율 저하를 초래하고 결국 이 위기를 공간적으로 돌파하기 위하여 주변 지역으로 이전하여 이윤율을 회복한다는 것이다(Smith, 1990: 148-152). 이 논리로 그는 '선벨트/스노우벨트'의 산업 이동을 설명하고 대도시 산업의 교외화를 설명하고자 한다. 그러나 선벨트 성장을 기존 축적 지역의 부정적 요인으로만 설명해서는 '왜 하필 남서부냐'에 대한 대답을 제공할 수 없다. 실제로 남한의 수도권 재집중은 기존의 중심지에 더욱 추가되는 한쪽만의 '시소 운동'이 된다. 더욱이 자본의 운동이 시소 운동한다면 지역 불균등 현상 자체를 설명하기가 난감하게 된다.

3. 한국에서의 지역 불균등 논의

1) 추세 분석과 기제 추적

우리나라의 지역격차는 세계적으로도 유례가 드물 정도로 극심하고 급격했다. 1950년대까지 전국이 비교적 고른 산업생산을 보였던 상황에서 1960년대 이후 30여 년 만에 수도권과 비수도권, 경부축과 비경부축 간의 지역격차가 극심해지는 상황에까지 이른 것이다. 고도산업화 시기는 곧 빠른 속도의 지역격차 확대의 시기이기도 하였다. 그러므로 지역격차의 문제는 학자들의 주목을 끌지 않을 수 없는 주제였다.

1980년대까지 우리나라의 지역격차에 관한 논의는 주로 주류 입장의 것이었다. 역U 가설이 우리나라에도 적용되는가에 관한 논의로서 지역격차의 추이를 이런저런 방법으로 추정하고 극화 반전의 시점이 1970년대 중반이냐 후반이냐 따위를 논의했었다(황명찬, 1981; 장익수, 1989 등). 그러나 이러한 연구는 지역격차의 기제, 즉 메커니즘을 파헤치려는 것이 아니라 지역격차의 정도가 어떻게 변화하는가를 추적하는 식이었고, 결국 당면한 지역격차가 일시적이라는 주장이었다. 그러나 이러한 추세 분석은 지역격차의 동인을 제대로 짚어내지 못했을 뿐 아니라 심화해가는 지역격차에 대해 비판적인 논의를 전개하지 못했다. 1980년대 말에서 1990년대 전반에는 비주류 입장에서 비판적인 지역격차 연구들이 제출되었다. 한국공간환경학회의 학자들을 중심으로 개진된 이 논의는, 우리나라의 지역격차 현상을 자본주의의 필연적인 결과로 해석하였다(Cho, 1991; 김왕배, 1992). 자연스럽게 지역격차 비판은 곧 자본주의 비판이었다. 그러나 서구의 지역 불균등 논의를 한국에 차용한 이 논의들은 너무 거시적이어서 지역격차의 변화 양상을 섬세하게 포착하지 못하는 난점을 지냈다.

전술한 두 가지 경향의 연구들의 한계를 극복하고, 지역격차의 변화를 세밀히 포착하면서도 격차의 메커니즘에 대한 분석을 시도하는 연구들은 아직 더 많은 연구를 기다리고 있다. 아래에서는 우리나라의 산업화 시기에 발생한 급격한 지역격차의 양상을 살펴보고, 1970년대의 지역격차 확대 과정에 대한 기존의 비주류 이론의 기여를 검토하고자 한다. 그 다음으로 1980년대 이후 수도권과 비수도권 집중도의 변화에 따라 개진된 조절 이론을 활용한 새로운 논의를 소개하고자 한다.

2) 압축적 산업화와 지역격차

1970년대에 형성된 구조

한국의 지역격차는 선진국 사례에서는 보기 드문 극심한 수준이다. 그것도 불과 30~40년 동안의 급격한 산업화 과정에 따라 압축적으로 형성되었다. 지역격차가 한 세대 내에 발생하다보니 지역감정으로 이어지고 지역주의적인 정치 행태가 나타날 정도였다. 대도시와 농촌의 격차는 차치하고서라도 권역별 지역격차는 수도권과 비수도권, 영남과 비영남 간에 뚜렷한 격차 현상을 보여준다. 그림 13-3, 4는 지역 내 총생산(GRDP)과 인구의 권역별 비중 변화를 나타낸 것으로서, 한국의 산업화 시기에 수도권과 영남 중심의 편중 개발이 극심하게 전개되었음을 극명하게 보여 준다. 지역 내 총 생산(Gross Regional Domentic Products)이란 국내 총 생산(GDP)을 지역에 적용한 것으로 지역에서 생산한 총 부가가치의 합계이다.

그래프에서는, 수도권, 영남, 호남의 세 지역의 지역 내 총 생산의 비중이 1960년대 초까지 거의 대등하다가 1960년대 후반부터 급격하게 벌어진다는 것이다. 그 방향은 수도권 비중의 급상승, 영남권 비중의 현상 유지, 호남권 비중의 급감이다. 그리고 현재에도 이어지는 수도권 50%, 영남 30%, 호남·충청 각각 10% 내외의 구도가 거의 1970년대 말에 성립되었다는 것이다. 즉 1970년대에 형성된 우리나라의 지역 구조가 30년 가까이 유지되고 있는 상황이다. 인구 비중의 면에서도 크게 다르지

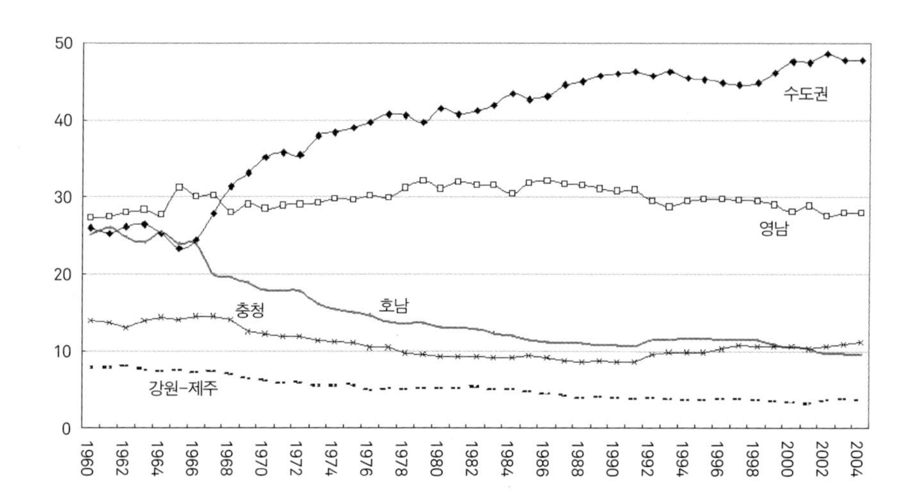

그림 13-3 권역별 지역 내 총 생산 비중 추이

1960년대 초까지 수도권, 영남, 호남이 엇비슷하다가 1970년대에 이르러 급격히 차이가 벌어진다.

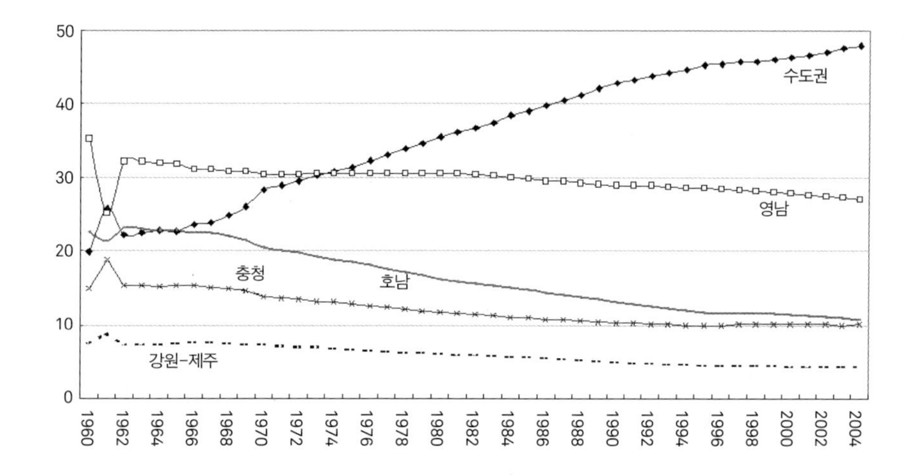

그림 13-4 권역별 인구 비중 추이

지역내 총 생산 비중과 마찬가지의 변화 패턴을 보인다.

않아, 1970년대를 거치면서 수도권 50%, 영남 30%, 호남과 충청 각각 10%대의 지역 구조를 갖게 되었다.

국가주도적 경제개발의 결과: 수도권 집중 및 영남 성장의 문제

거의 20년 정도의 짧은 시간에 걸친 거대한 지역 구조의 변화는 상식적으로 잘 알려져 있듯이 박정희 정권기 동안 이룩되었다. 민주적 정당성을 결여한 정부는 경제성장을 통해 그 불안을 극복하려 하였으므로 강한 발전지향적 성향을 지니게 되었다(박동철, 1993). 이러한 박정희 시대의 모습은 '관료적 권위주의(Beaurocratic Authoritarianism) 국가' 모델과 너무도 흡사했다. 중앙집권적이고 관료 주도적이며 노동 배제적인 성장 지향적 성격이 바로 그러했다. 지역 균형이든 소득 균형이든 균형은 뒷전이고 국가 전체의 총량적 성장에 매진하였다. 그리하여 각종 경제개발 정책들이 횡행했는데 그것이 갖는 지역적 효과(진흥 지역과 낙후 지역의 발생)는 불문에 부쳐졌다. 이러한 경제 성장 정책의 가장 큰 수혜지는 수도권이었고 그 다음은 영남권이었으며 상대적 피해지는 호남권과 충청권, 강원권이었다.

당시의 산업 정책이 어떤 과정을 거쳐 지역적 차별화를 초래하게 되었는가에 대해서 우리는 아직 면밀한 이해에 도달하지 못하고 있다. 다만 서울-인천 지역의 집적 이익, 자본주의 축적의 집중 경향성 정도가 수도권 집중의 원인으로 논의되는 상당히 거친 수준에서만 이해되고 있다. 서울을 위시한 수도권이 인구가 가장 많으며, 교통이 편리하고 상업이 발달했으며, 공장들이 가장 많아 대부분의 신규 공장이나 서비스업체들이 서울-인천을 선호하여 그렇게 되었다는 정도의 논의이다. 현재로서는 정부의 수출 지향 정책이 수도권, 특히 경인 지역의 빠른 성장을 촉진한 것으로 추정되며, 지배엘리트의 지역 기반에 따라 영남 지역에 더 많은 국가적 투자 및 입지 선정을 통하여 해당 지역의 성장이 지속된 것으로 추측되고 있을 뿐이다.

제1, 2차 경제개발계획 과정을 통하여, 그리고 1970년대의 중화학 공업화 과정을 통하여 지속적으로 울산, 포항, 구미, 창원, 거제, 온산이 대규모 화학, 정유, 석유화학, 제철, 기계, 전자, 조선의 국가 주요 기간산업의 입지로 선정되는 과정은 당시의 지배엘리트의 지역 배경 말고는 달리 설명할 길이 없다(Cho, 1991; 유영휘, 1998, Park, 2001). 조명래는 박정희 정부의 친영남적 정책을 전형적인 두 국민 전략(Two nation strategy)으로 소개한 바 있으며(Cho, 1991), 그의 라인을 따르는 후속 연구들은 1960년대와 70년대 내내 이어지는 수도권 집중 현상을 한국 자본주의의 축적에 있어서의 필연 혹은 조건으로 설명하고자 하였다(김왕배, 1992; 초의수, 1993). 그런데 1960년대와 1970년대 동안 박정희 정부의 노골적인 영남 투자에도 불구하고 수도권 집중은 지속적이었으며, 영남의 수도권 따라잡기는 1970년대 중화학 공업화 투자가 주로 영남 지역에 집중된 후인 1980년 정도에 이르러 제조업 부문에서만 실현된다. 즉 그 사이 서비스업 부문에서, 그리고 인구 부문에서 수도권의 초가속적인 성장이 있었는데, 이 부분은 설명하기 어렵게 된다. 물론 1960 · 70년대 연간에 정부는 서울과 인천에 수출산업단지를 조성하는 등, 수도권 집중보다는 수도권 활성화 정책을 추진한다. 그러나 수출산업단지가 차지하는 비중은 수도권 전체 성장에서 그다지 높지 않다. 오히려 수도권 성장은 민간 부문의 집중적인 수도권 선호에 기인한다. 간단히 말해, 1960, 1970년대 정부는 영남을 선호했고 민간은 수도권을 선호했으며 그 총량적 결과는 물론 수도권 집중이다. 지역 불균등 발전 이론은 마땅히 이 양자의 메커니즘을 풀어내야 할 것이나, 아직 이 논제는 연구를 기다리고 있다.

현재, 우리에게 다소 알려진 한국의 거시적 지역 불균등 발전의 상황은 1980년대 이후 수도권/비수도권 격차의 심화 메커니즘에서 파생된 것이다. 그런데 그에 관해서도 간접적인 메커니즘만이 알려졌는데, 수도권 집중 경향이 이미 존재한다고 가정하고, 그 수도권 집중을 저지하는 정부 정책이 어떻게 실패, 혹은 성공(부분적으로)하였는가를 포착한 것이었다(서민철, 2006).

3) 1980년대 이후 수도권 집중도 변화의 메커니즘

지그재그 형태의 수도권 집중도 변화

1960, 1970년대에 진행된 영 · 호남 격차 문제는 해소되지는 않았지만, 오늘날에는

그 격차의 정도를 무색하게 할 정도로 수도권과 비수도권 간 격차가 더 시급한 현안으로 떠오르고 있다. 그렇다면 수도권 집중도는 어떤 경로로 변화해 왔는가? 전반적으로 집중 심화의 경향이 우세한 가운데 1990년대 전반의 다소간의 집중 완화기를 거쳐 외환위기 이후 다시 재집중하는 양상을 보이고 있다(그림 13-5). 제조업 비중으로 보면, 1980년대 내내 집중이 심화되던 수도권 비중이 1989년을 정점으로 하락하다가 1998년을 저점으로 다시 상승하는 패턴을 보인다. 그리고 1990년 이후 1998년까지의 수도권 집중 완화기에 비중 성장을 보이고 있는 지역은 충청권과 호남권으로 나타나고 있다.

그림 13-5에서 볼 수 있듯이 수도권 집중도의 변화는 1980년대 심화, 1990년대 완화, 1997년 이후 재심화의 경로를 밟아왔다. 물론 GRDP로 하면 다소의 차이가 있지만, 큰 틀에서 유사하다. 문제는 '수도권 집중도의 이러한 변화가 어떤 메커니즘에서 초래된 것인가' 하는 점이다. 이 복잡한 경로의 메커니즘을 경제의 영역에서 찾으려 하면 어려움에 직면할 수밖에 없다. 왜냐하면 주류 경제학 이론이든 비주류 경제학 이론이든 집중의 완화(주류 경제학) 혹은 집중의 심화(비주류 이론)를 전망하기 때문이다. 또한 주류 이론에서 제출하는 집적이익/불이익 논제, 즉 처음에는 집적이익을 향유하기 위해 집중하다가 집적불이익이 커지면서 분산하게 되었다는 논리 역시 '↗↘↗' 패턴으로 복잡하게 변화하는 논리를 설명하기 곤란하다.

정부의 의지 부족과 지역의 지위

그 단서는 수도권 집중도가 완화되는 시점과 재심화되는 시점이 제공한다. 1980년대에 수도권 집중도가 심화되다가 완화되는 시점은 공교롭게도 민주화 시점과 대체로 일치한다. 그리고 재심화되는 시점은 IMF 외환위기의 시점과 대체로 일치한다. 민주화는 무엇을 의미하고 경제위기는 또 무엇을 의미하는가? 1987년 12월 대선과 이듬해 총선에서 드러났듯이, 정치 영역에서 극심한 지역주의 선거의 시기가 민주화 이후의 시기였다. 즉 다시 말해 지역의 목소리가 최대한 강화되었던 시기가 바로 민주화 이후의 시기이다.

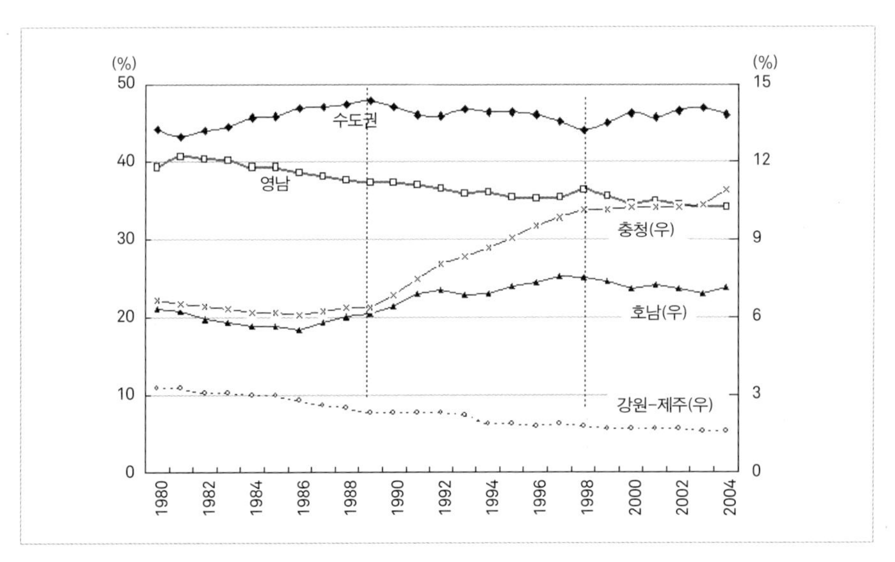

그림 13-5 권역별 제조업 종사자 수 비중 변화
수도권 집중도를 기준으로 3개의 시기가 구분된다.

사실상 지역은 그 이전까지 자신의 목소리를 발할 수 없었다. 지방자치단체는 중앙행정부, 구체적으로 내무부의 하위 행정기관에 불과했고, 중앙의 집행기구에 불과했다. 지역 신문은 유신시대에 일찌감치 통폐합되어 사찰 기관의 감시를 받고 있었다. 지역구 의원들이 지역의 요구를 중앙에 전달하는 창구이기도 했지만, 의원의 절반이 '유정회' 또는 관제 야당 의원들이 차지하였다. 극심한 정치적 탄압하에서 지역의 목소리는 공개적으로 발휘하기 어려웠다. 그런데 1987년 민주화 이후, 가장 극명하게 지역의 목소리가 확대되었고, 그해 12월의 대선 공간과 이듬해 봄의 총선 기간에는 해당 지역 개발에 대한 '선심성' 공약이 남발하는 극심한 지역주의 선거가 이루어졌다.

1987년의 대통령 당선자 뿐 아니라 그 경쟁자들도, 서해안 개발, 청주 공항, 경부고속철도 등을 약속했고, 선거 이후 지역들은 그 공약을 매개로 중앙정부에 지역 이익을 요구하였다. 6공화국이 성립하자 이루어진 지역균형 정책이 바로 공업 배치 기본 계획이었고 제3차 국토종합개발계획이었다. 그리고 해당 계획의 내용에서 주목되는 점은 바로 서해안 개발이었다. 서해안에 고속도로를 가설하고, 아산공단, 군장공단, 대불공단 등 충남 및 호남 서해안 지역에 대규모 공단을 조성하고, 현대자동차, 기아자동차, 삼성전자, 동국제강 등 대기업 공장들을 해당 지역에 입지하도록 유도하는 것이었다. 대기업의 입지는 연관 중소기업의 입지를 초래하기 때문에, 그 입지적 파급효과가 매우 커서, 실질적으로 호남과 충청 지역에 산업 성장을 초래하였다(그림 13-6). 그리고 그 효과는 수도권 집중도의 뚜렷한 완화로 나타났다.

그러나 1997년 말의 경제위기는 이듬해 우리나라 경제 성장율을 최악의 마이너스 성장으로 이끌었고, 정치의 모토는 '경제 살리기'가 되었다. 이후 가장 큰 목소리는 '지역'이 아니라 '기업'이 되고, 기업의 목소리가 더 강화되었다. 기업들은 수도권 규제 완화를 주장했고, 그간 대기업들의 입지를 규제해 온 수도권 정비 계획법의 폐지를 요구했다. 물론 수도권 규제의 지속을 요구하는 지역의 목소리 때문에, 해당 법은 여전히 존치되고 있지만, 대기업들의 요구는 어느 정도 관철되었다. 그리하여 7대 첨단 업종에 대해, 그리고 25대 외국인 투자 첨단 업종에 대해 대기업이라도 수도권에 입지가 가능해졌다. 또한 중소기업은 거의 무제한 수도권 입지가 가능하도록 수도권 정비 계획법은 개정되었다. 그 결과 수도권의 산업 비중은 1998년 이후 다시 증가하였고, 그만큼 비수도권 지역의 산업 생산 비중은 감소하였다.

다시 시점을 1980년대로 되돌아가면, 그 시기에는 뚜렷이 수도권 집중도는 증가하였다. 사실 이 시기에는 수도권 정비 계획법과 공업 배치법 등 수도권 규제 법안이 가장 강력한 조항으로 가득했던 시기이다. 즉 외형상, 수도권 과밀 규제가 가장 강력하게 추진되었던 시기이다. 그러나 실질적으로 1980년대의 수도권 규제는 실현되지 않았다. 주로 건설과 관련된 규제를 담당하는 건설부와, 제조업체의 입지를 담당하는 상공부 사이에 수도권 과밀 규제에 대한 이견이 있었지만, 그 견해차에도 불구하고 두 부서 모두 수도권 과밀 규제와는 반하는 정책을 실제로 추진하였다.

먼저, 상공부는 자신이 주관하는 수도권 과밀 규제법인 공업 배치법을 실질적으로 이행하지 않았다. 이미 1977년에 제정된 이 법이 요구하는 공업 배치 기본 계획을 상공부는 10년이 넘게 수립하지 않은 것은 물론이고, 서울과 서울 인근 인천-부

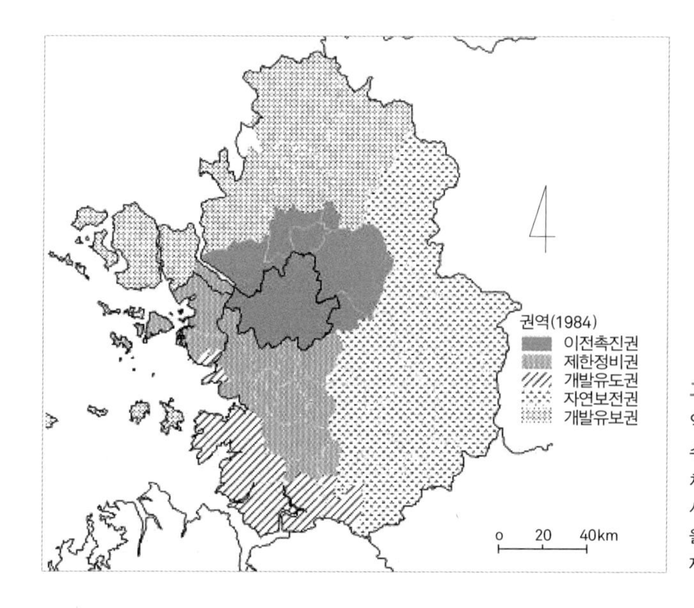

그림 13-6 수도권 정비 권역(1983년)
수도권 전체를 대상으로 제조업체의 입지를 제한하였다. 특히 서울은 강력히 제한하였고, 서울 인근의 위성도시들도 강력히 제한하였다.

천-안양-수원-성남에 입지하는 공장들에 대해 이전명령을 발동해야 함에도 그것을 시행하지 않았다. 오히려 상공부는 1980년대의 중소기업 육성정책을 추진하면서 그 대부분을 수도권에 입지시켰다. 수도권 정비 계획법을 관장하는 건설부는 건설부대로 동 법이 금지하는 대규모 도시 개발 사업을 서울에만 여러 개 시행하였다. 88올림픽 등을 치르기 위한 것이라는 명분으로 잠실-송파 개발, 목동 개발, 상계지구 개발 등 대규모 택지개발 사업을 진행한 것이다.

정책의 배후: 이론적 해명의 하나

1980년대에는 수도권 과밀 규제 정책에도 불구하고 다른 정책이 더 압도적이어서 수도권 규제에 실패했다. 1990년대에는 수도권 과밀 규제는 물론 지방 육성 정책이 주효해서 수도권 과밀이 완화되었다. 다시 1998년 이후에는 수도권 과밀 규제를 완화해서 수도권 집중도가 재심화되었다. 전술한 설명에서 핵심 변인은 정책이다. 제도는 정책이 법령과 기구로서 구체화한 것이고, 정책은 국가를 통해서 산출된다. 다시 국가의 정책 결정은 정치 과정을 통해서 나온다. 여기서 정치 과정이란, 각 이해

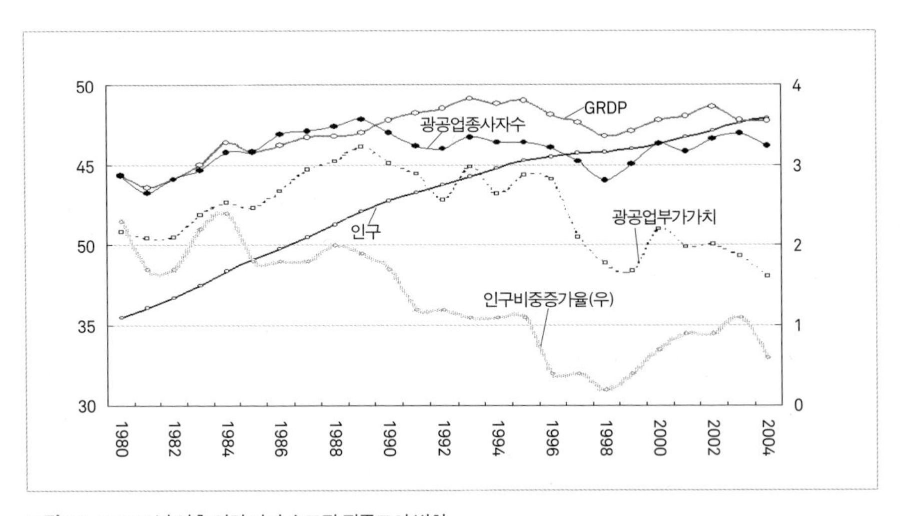

그림 13-7 1980년 이후 여러 가지 수도권 집중도의 변화

제조업 지표와 GRDP지표 간 다소 차이가 있으나 대동소이하게 90년대 전반의 수도권 집중도 완화를 보여준다. 제조업 지표와 지역내총생산 지표의 차이는 서비스업의 동향에 기인다고 보여진다. 즉 1993년~96년 연간에는 서비스업의 수도권 집중도마저도 둔화되었던 것이다.

집단의 이익 각축 과정이다. 이때 국가는 사회 내 이해 집단(interest group)의 이익 각축을 특정한 방식으로 정향(定向, orientation)하는 체제이다. 물론 이때 이해집단은 크게 계급이고, 지리적으로는 지역이 추가된다.

국가를 이렇게, 사회 내 제 세력의 이익 각축의 장(arena)으로 파악하는 방식은 비교적 최근의 생각이다. 국가를 사회 내 여러 균열로 해체하여 파악하는 이러한 아이디어는 1960년대 다원주의 국가론이나, 1970년대의 조절이론적 국가론에서 제출되었다. 다원주의 국가론은 국가 내 다수 이익집단의 존재와 그들의 이해 각축을 투명하고 공정하게 반영하는 틀로서의 국가를 상정했지만, 그것은 현실과 무척 달랐다. 자본주의 국가의 이해관계는 무제한의 다수의 이익 집단으로 분화되는 것이 아니라, 자본과 노동 등 계급으로 크게 분화되고, 이들 간의 이해 각축이 사회 변동의 동력이기 때문이다. 게다가 국가는 자본과 노동의 이익을 균등하고 공정하게 반영한다기 보다는 자본의 이익을 더 많이 배려한다. 이러한 점에서 자본주의 국가는 사회 내 제 세력 간 각축의 장이면서, 특정 세력의 헤게모니가 유지되도록 하는 여러 가지 선택적 방략을 추구한다는 전략-관계적 국가론(B. Jessop, 1990)이 더 현실과 부합한다.

국가에 관한 이러한 틀로 1980년대 이후의 수도권 집중도의 변화를 해석하면 다음과 같다. 1980년대에는 이전 시기에 누적된 공간 모순(지역불균등)을 해소하기 위한 수도권 과밀 억제 정책(수도권정비계획법, 공업배치법)을 추진하였으나, 당시의 자본 축적상의 요구, 즉 중소기업 육성 정책을 더 많이 옹호하였고, 건설 산업 진흥을 통한 경기 활성화에 더 많이 기울었기 때문에 수도권 집중도는 심화되었다. 이 당시 지역의 목소리는 없었으며, 자본 역시 국가 프로젝트의 하위 파트너였다. 그러나 1987년 민주화 이후, 지역의 균형 발전에 대한 요구 사항이 정치적 요구로 표출되었고 이는 뒤이은 정부의 제약 조건이 되었다. 1988년 이후 정부는 뒤늦게 공업 배치 기본 계획을 수립하는 등 수도권 과밀 억제와 낙후 지역 활성화를 위하여 구체적인 투자를 감행한다. 그 결과 1990년대 전반 수도권 집중도는 완화되었다. 그러나 1997년 외환위기 이후 자본의 목소리가 지역의 균형 논리를 압도하였고 국가는 더욱 친자본적이 되어 수도권 규제를 대폭적으로 완화하면서, '기업하기 좋은 나라'를 이데올로기로 홍보하기에 이른다. 결국 1998년 이후 수도권 집중도는 재심화된다.

| 참고문헌 |

김왕배(1992), "한국의 자본축적과 지역의 구조화", 연세대학교 박사학위논문.

김윤자(1983), "생산양식과 사회구성체논쟁에 관한 일고찰", 『역사와사회』 1집.

대한국토도시계획학회 편(1999), 『지역경제론』, 보성각.

사미르 아민(1985), 『주변부자본주의론: 불균등발전론』, 돌베게.

서민철(2006), "한국의 지역불균등발전과 공간적 조절양식", 한국교원대학교 박사논문.

유영휘(1998), 『한국의 공업단지』, 국토개발연구원.

이희연(2004), 『경제지리학』, 법문사.

임현진(1987), 『현대한국과 종속이론』, 서울대학교 출판부.

장익수(1989), "우리나라 지역격차의 요인과 변동 및 요인분석 연구", 서울대학교 석사논문.

정성진(1983), "국제적 부등가교환에 관한 일고찰", 서울대학교 석사논문.

조의수(1993), "한국 자본주의의 지역적 불균등발전 구조", 『이론』 5호.

한국공간환경연구회 편(1991), 『공간과 사회 1: 지역불균등발전론』, 한울.

황명찬(1981), 한국의 지역격차와 지역정책, 국토연구, 1호.

Carney, J. ed.(1980), *Regions in Crisis: New Perspectives in European Regional Theory*, Croom Helm.

Cho, M-R.(1991), *Political Economy of Regional Differention: The State, Accumulation and Reginal Question*, Hanul.

Emmanuel, A.(1972), *Unequal Exchange: A Study of the Imperialism for Trade*, NewYork: Monthly Review Press.

Frank, A. G.(1969), *Capitalism and Underdevelopment in Latin America: Historical Studies of Chile and Brazil*, NewYork: Monthly Review Press.

Friedman, J.(1973), *Urbanization, Planning, and National Development*, Sage.

Hajimicalis, C.(1987), *Uneven Development and Regionalsim: State, Territory and Class in Southern Europe*, London: Crook Helm.

Hechter, M.(1975), *Internal Colonialism: The Celtic Fringe in British National Development*, Berkley: Univ. of California Press.

Hirschman(1958), *The Strategy of Economic Development*, NewYork: Yale Univ. Press.

Jessop, B.(1990), *State Theory: Putting the Capitalist State in its Place*, Penn State University Press, University Park.

Johansson, B., C. Karlsson & R. R. Stough (eds.)(2001), "Introduction" in *Theories of Endogenous*

Regional Growth: Lessons for Regional Policies, Berlin: Springer.

Johnston, R. J., D. Gregory, G. Pratt, M. Watts(2000), *The Dictionary of Human Geography*, Blackwell.Massey, D.(1995), *Spatial Division of Labour: Social Structures and the Geography of Production*, Macmillan.

Lundvall, B-Å, and P. maskell(2000), "Nation states and economic development: from national systems of procution to national systems of knowledge creation and learning," in G. L. Clark, M. P. Feldman and M.S. Gertler (eds.), (2000), *The Oxford Handbook of Economic Geography*, Oxford Univ. Press.

Myrdal, G.(1957), *Economic Development and Under-developed Regions*, Gerald Duckworth.

Park, B-G(2001), *The Territorial Politics of Regulation under State Capitalism:: Uneven Regional Development, Regional Parties, and the Politics of Local Economic Development in South Korea*, Ohio State Univ.(Ph. D. Dssrt.)

Richardson, H.(1973), *Regional Growth Theory*, Macmillan.

Richardosn, H.(1976), "Growth pole spillovers: The dynamics of backwash and spread," *Regional Studies*, 10.

Smith, D.(1994), *Geography and Social Justice*, Oxford: Blackwell.

Smith, N.(1990), *Uneven Development: Nature, Capital and the Production of Space*, Oxford: Basil Blackwell.

Williamson, J. G.(1965), "Regional income inequality and the process of national development, a description of the patterns", *Economic Development and Cultural Change*, 13, Part II.

| 도판목록 |

그림 1-1 비달 블라쉬
그림 2-1 에라토스테네스의 지구둘레 측정
그림 2-2 고향인 터키의 아마스야(Amasya)에 있는 스트라보 동상
그림 2-3 톨레미의 세계지도
그림 2-4 중세의 T-O 지도
그림 2-5 T-O 지도의 구조
그림 2-6 훔볼트와 리터
그림 2-7 임마누엘 칸트
그림 2-8 헤트너의 지지도식
그림 2-9 데이비드 하비
그림 3-1 등산 안내도
그림 3-2 지하철 노선도에 표현된 위상학적 공간 세계
그림 3-3 거주민에 따라 다르게 그린 로스엔젤레스 심상지도
그림 3-4 「조선총도」(朝鮮摠圖, 18세기)
그림 3-5 동해 지명 표기에 작용한 서로 다른 권력의 양상
그림 3-6 4세기경 고구려 고분벽화에 나타난 고지도: 요동성도
그림 3-7 『조선 후기 지방지도』(1872년)에 수록된 전라도 진도
그림 3-8 『조선 후기 지방지도』(1872년)에 수록된 평안도 구성
그림 3-9 「조선방역도」(조선 전기, 국보 248호)
그림 3-10 「동람도」(東藍圖, 16세기)
그림 3-11 소축척 지도에 나타난 풍수지리적 산수 표현: 「대동여지전도」(1860년대)
그림 3-12 대축척 고지도에서 보이는 풍수지리적 산줄기 표현: 『해동지도』의 충청도 서천
그림 3-13 「혼일강리역대국도지도」
그림 3-14 「천하도」(18세기)
그림 3-15 인공위성 이미지: 아시아 일대
그림 3-16 스케일의 차이가 보여주는 정보의 차이
그림 3-17 「대동여지도」의 백두산 부분과 풍수지도의 산맥표현 비교
그림 3-18 「대동여지도」의 지도표(legend, 범례)
그림 3-19 「동여도」(19세기 후반)와 「대동여지도」(1861)
그림 3-20 위도와 경도
그림 3-21 투영법의 원리(Heatwole, 2002)
그림 3-22 정확성의 주안점이 다른 주요 투영법(Hobbs, 2007)
그림 3-23 지리정보시스템에서 사용하는 다양한 종류의 레이어(layer)(Rubenstein, 2005)
그림 4-1 인공위성에서 본 지구
그림 4-2 몬순아시아의 탁월풍과 강수량(위: 1월, 아래: 7월)
그림 4-3 남양 일대의 풍토와 인문성
그림 4-4 인공위성으로 본 북아프리카와 아라비아 반도의 사막 지역
그림 4-5 사막의 오아시스와 이집트 피라미드
그림 4-6 지중해 주변의 지형 환경
그림 4-7 지중해 일대의 경관
그림 4-8 16세기 유럽에서 일어난 자연의 상품화
그림 4-9 영화 〈미녀는 괴로워〉: '자연적 신체' 개념의 사회적 변화
그림 5-1 풍수지리적 입지 유래를 갖고 있는 충남 아산시 외암 민속마을
그림 5-2 금강의 물줄기와 반궁수 논리
그림 6-1 한국의 전통 촌락 경관
그림 6-2 촌락 공동체의 문화 행사
그림 6-3 경사 변환점에 위치한 촌락 입지
그림 6-4 아름다운 산수를 마주한 정자의 입지
그림 6-5 태안반도의 산촌 경관
그림 6-6 일본 토나미 평야의 산촌 경관과 토지 소유패턴
그림 6-7 논으로 이용되고 있는 가적 운하 터
그림 6-8 임지촌과 그 모식도
그림 6-9 광장촌(환촌)의 공간구조
그림 6-10 게반 시스템
그림 6-11 캐나다 세인트 로렌스 강 연안의 랭 시스템과 모식도
그림 6-12 오클라호마 체로키 지구의 토지 무상 분배
그림 6-13 미국의 옥수수 지대
그림 6-14 종족 집단의 선조 묘역과 종족 마을 및 문서
그림 6-15 이상적 풍수형국과 '勿'자형으로 상징화되는 양동 마을의 입지
그림 6-16 종족 마을의 상징 장소

그림 6-17 사계 김장생의 묘역과 재실
그림 6-18 종족 마을의 정려
그림 6-19 외암 이간(李柬, 1677~1727) 신도비
그림 6-20 정사와 서원
그림 7-1 읍성과 산성
그림 7-2 고읍기(古邑基)를 표시한 서산읍성 고지도
그림 7-3 분지형 지형을 찾아 조성된 읍성
그림 7-4 형태와 시설이 서로 다른 두 읍성: 면천읍성과 태안읍성
그림 7-5 주산(主山)이 표시된 고지도(부여현)
그림 7-6 비보 경관: 조산(造山)과 철당간 비보
그림 7-7 읍성의 아사 경관
그림 7-8 고지도와 지적도를 통해서 본 읍성 경관의 실제
그림 7-9 식민 도시의 이중 구조(인도의 델리와 뉴델리)
그림 8-1 포스트모던 건축: 서울 종로타워와 정선의 강원랜드 카지노 경관
그림 8-2 전통 마을의 보존과 복원: 경주 양동마을과 안동 하회마을
그림 8-3 푸코의 원형 감옥의 모델인 벤담(J. Bentham)의 파놉티콘(Panopticon)
그림 8-4 조선총독부 건물과 주변 가로망
그림 8-5 촌락민이 써 내려온 텍스트: 마을 경관
그림 8-6 스리랑카 캔디 왕국의 라자신하 왕과 인공 호수인 캔디호(Kandy lake)
그림 8-7 구 조선총독부
그림 8-8 조선시대 호서사림계 서원의 네트워크와 영역성의 확장 과정
그림 8-9 대안 관광의 사례: 갯벌 체험
그림 8-10 마을 입구에 한옥 민속관을 새로 조성한 외암 민속 마을
그림 8-11 전통 경관을 담은 영화, 〈봄 여름 가을 겨울 그리고 봄〉과 〈취화선〉
그림 9-1 세계 각국의 합계출산율(2000~2015년 평균)
그림 9-2 1946년 기준 독일의 인구 피라미드
그림 9-3 2010년 기준 우리나라 인구피라미드
그림 9-4 세계의 인구분포도
그림 9-5 세계의 대륙별 인구 추이
그림 9-6 세계의 선진국, 개발도상국, 저개발국의 인구 추이
그림 9-7 태평양 폴리네시아 섬 사람들의 인구이동
그림 9-8 1990년대 서부유럽으로의 국가 간 인구이동
그림 9-9 국제적 인구이동의 주요 기원지와 목적지
그림 9-10 세계 인구 추이
그림 9-11 대륙별 인구 변화
그림 9-12 조선시대 이후 우리나라의 인구 추이
그림 9-13 세계와 주요 국가의 인구 증가율
그림 9-14 우리나라의 조출생률과 조사망률 추이
그림 9-15 세계 201개국의 2010-2015년 합계출산율
그림 9-16 주요 국가별 순재생산율
그림 9-17 주요 국가의 연령대별 사망률
그림 9-18 세계 주요 국가의 영아사망률 변화
그림 9-19 인구 변천 모델
그림 9-20 주요 국가별 조출생률-조사망률 도표에 의한 인구 변천 시각화
그림 9-21 1960년, 1988년, 2016년의 우리나라 인구 피라미드
그림 9-22 세계 각국에 대한 1950년과 2015년의 전인구 성비
그림 9-23 세계 각국에 대한 1950년과 2015년의 5세 미만 유아의 성비
그림 9-24 우리나라의 유아 성비 추이
그림 9-25 2015년 시군구별 유아 성비
그림 9-26 우리나라의 부양비와 고령화 변수 추이
그림 9-27 세계 주요 국가의 노년 인구 비율 변화
그림 9-28 2015년 노년인구비율
그림 9-29 최초의 인구 피라미드 도표
그림 9-30 2015년 콩고민주공화국과 인도의 인구 피라미드
그림 9-31 프랑스의 인구 피라미드(1980년과 2015년)
그림 9-32 2015년 카타르와 에스토니아의 인구 피라미드
그림 9-33 전남 고흥군과 서울 강남구의 인구 피라미드
그림 10-1 정부대전청사 일대의 도시 경관
그림 10-2 세계의 고대 문명 발상지
그림 10-3 고대도시 우르(Ur)

그림 10-4 쇼버그(Sjoberg)의 전산업 도시 모델
그림 10-5 잉카 문명의 고대 도시: 안데스의 마추픽추(Machu Picchu)
그림 10-6 고대 아테네의 도시 구조
그림 10-7 포룸을 중심으로 한 고대의 로마 중심부
그림 10-8 중세 상인도시 뤼벡의 도심부
그림 10-9 1562년 벨기에의 브뤼헤(Brugge) 시의 파노라마 지도
그림 10-10 나폴레옹 3세 시대에 개설된 파리 시의 대로망
그림 10-11 산업 혁명기의 맨체스터(1840년 동판화)
그림 10-12 주변부 모델이 보여주는 에지 시티 경관과 다핵 도시
그림 10-13 테일러의 세계도시
그림 10-14 루벤스타인의 세계도시
그림 10-15 1700년대의 한양지도와 1894년의 한양 모습
그림 10-16 1901년경의 서울 지도(한성부지도)
그림 10-17 1910년까지 남아 있었던 광화문 앞 육조거리
그림 10-18 인천 조계지
그림 10-19 1920년대의 철도 교통의 중심지: 대전역 주변
그림 10-20 1930년대의 대전역 앞 경관
그림 10-21 남산에서 본 서울 도심부
그림 10-22 테헤란로 전경
그림 11-1 도시화의 세 차원 간 상호 영향
그림 11-2 도시에 작용하는 힘
그림 11-3 초과이윤의 지대로의 변화
그림 11-4 미용실의 지대 원리
그림 11-5 지대 원리와 도시 내부의 공간 분화
그림 11-6 도심부의 내부 구조에 관한 Core-Frame 모델과 서울 도심의 내부 구조
그림 11-7 도시 구조에 관한 여러 가지 모델
그림 11-8 도시 구조의 다차원 이론
그림 11-9 하비의 자본 순환 이론
그림 11-10 지대격차
그림 11-11 서울 청계천 주변의 경관 변화
그림 11-12 대도시 분절(Metropolitan segmentation)
그림 11-13 한국에서의 도시 순위 - 규모 분포의 변화
그림 11-14 크리스탈러
그림 11-15 도시들의 중심지 체계
그림 11-16 진도의 중심지 체계와 기능체 분포
그림 11-17 미국의 해외직접투자(FDI) 규모 추이
그림 12-1 경제 지리학과 지역 경제학의 연구 영역
그림 12-2 공업의 생산 과정
그림 12-3 베버의 공업 입지론
그림 12-4 등비용선의 활용
그림 12-5 노동비 절감지점 공장입지
그림 12-6 집적 경제 효과에 따른 최적 지점의 이동
그림 12-7 시멘트 공업과 제철 공업의 입지
그림 12-8 다국적 기업의 성장
그림 12-9 제품 수명 주기 이론
그림 12-10 노동의 공간 분업
그림 12-11 신산업 지구의 유형
그림 12-12 혁신 클러스터: 실리콘밸리
그림 12-13 문턱값과 도달거리
그림 12-14 공간수요곡선의 도출
그림 12-15 수입 곡선과 최소요구치
그림 12-16 공간 경쟁에 의한 배후지망 형성 과정
그림 12-17 중심지 체계의 형성 과정
그림 12-18 중심지 계층 배열
그림 12-19 중심지 차수별 기능체표와 띄엄띄엄한 업종 증가
그림 12-20 중심지 - 상업지대 모델
그림 12-21 『메밀꽃 필 무렵』의 공간 배경
그림 12-22 정기시장에서 상설시장으로의 진화
그림 12-23 도시 속에 형성되는 '신' 정기시장
그림 13-1 역U 가설
그림 13-2 프리드먼의 공간구조 발달단계 모델
그림 13-3 권역별 지역 내 총생산 비중 추이
그림 13-4 권역별 인구 비중 추이
그림 13-5 권역별 제조업 종사자 수 비중 변화
그림 13-6 수도권 정비 권역(1983년)
그림 13-7 1980년 이후 여러 가지 수도권 집중도의 변화

| 표목록 |

표 3-1 「조선방역도」와 5방색, 그리고 음양오행
표 7-1 읍성의 경관 요소(충청도 내포지역 읍성의 경우)
표 9-1 2015년 기준 연령대별 출산율
표 9-2 1997년과 2015년 우리나라의 총재생산율 및 순재생산율
표 10-1 각국의 다양한 도시 승격 기준
표 12-1 네트워크 중심성에 따른 세계도시의 분류
표 12-1 우리나라 표준산업분류에서 대분류의 변화
표 12-2 현대 자본주의의 구조 재편(restructuring)
표 12-3 노무현 정부 시기 산업자원부가 발표한 핵심 지역 전략 산업(2003년 11월)
표 13-1 지역격차에 관한 이론들

| 찾아보기 |

ㄱ

가격 불가능성 정리 428
가교적 학문 46
가상공간(cyber space) 28
가상인격(cyber persona) 28
가시적 경관 38, 60, 61
가터러(Gatterer) 53
거래 비용 445, 477
거버넌스 399, 400, 404, 405
가족계획 281
강제적 이동 296
거주(residence) 466
거주지 분화 234, 360
건조환경 377, 397
격차확대론 470
견당사(遣唐使) 87
경관 37, 38, 40, 42
경관 배치 226, 227
경관 형태학 61
경관으로서의 지역 38, 40
경관학(景觀學) 38
경선 84, 108
『경세유표(經世遺表)』 228
경제 · 기능적 차원 374-376
경제개발공사 403
경제지리학 69, 425, 427, 428, 469, 476, 483
계량 혁명 65-67
계량적 인문지리학 67, 68
계몽주의 56, 241, 245
『고려사』 155, 185, 198
고령화 지수(AI) 325
고차 업종 458, 459
고차 중심지 363, 412, 458
공간 독점(spatial monopoly) 410, 429, 453
공간 분석 지리학 409
공간(space) 26-28, 31, 33-42
공간-경제적 힘 377, 378, 386
공간-사회적 힘 378, 388, 389
공간성(spatiality) 35, 230, 235, 259
공간으로서의 지역 38, 40
공간의 생산 36, 256
공간의 재현 36, 256
공간적 사고(spatial thinking) 9, 25, 30, 31
공간적 실천 36, 246, 247, 256
공간적 이행 132
공간적 전통(spatial tradition) 36
공간적 전환(spatial turn) 27
공간적 정의 465, 467
공간-정치적 힘 378, 399
공간화된 시간(spatialized time) 41
공공 활동(civic activities) 343
공동체 33, 68, 118, 175, 183, 190, 334, 338, 389
공유 공간 352, 400
과소 인구 278
과잉 인구 278
곽박(郭璞) 154
관계적 사고 31
관념론 72
관료적 권위주의 488
『광여도』 88
광장촌 192, 193
교외화 339, 354, 368, 371
구성주의적 자연관 143
구조주의 지리학 71, 72
구조주의적 접근 397
국민국가 53, 262, 349, 414, 416, 465, 467, 483
국제적 인구이동 295
국제-지역 동형성 469
권력 이행 162, 163
권상하 211
극화 반전 472-475, 485
근대 지도 86, 100-102, 104, 105, 108
근대성 230, 241
금낭경(錦囊經) 155
기능 지역(functional region) 39
기술중심주의 144

기업가주의 도시 403-405
김장생 209-211
김정호 104, 105
김집 211

ㄴ
남촌(南村) 360
내셔널 지오그래픽 62
노년 부양비(ODR) 324
노동자 인구이동 295
노예무역 293

ㄷ
다국적 기업 260, 357, 358, 440, 441
다윈(C. R. Darwin) 58
다핵(multiple-nuclei) 구조 393
「대동여지도(大東輿地圖)」 95, 104, 105
「대동여지전도(大東輿地全圖)」 95
『대동지지』 104
대면 접촉 445, 449, 477
던칸(J. S. Duncan) 251
데리다(J. Darrida) 244
도법 79, 81, 85, 110, 111
도선(道宣) 155, 156, 159, 160
도시 27, 45, 68, 69, 71, 77, 91, 114, 136, 146, 171, 182, 188, 189, 215-217, 223, 224, 228, 230, 231, 235, 236, 239-241, 251, 252, 256, 273, 333-335, 337-347, 351-354, 356-360, 363-366, 368, 369, 373-375, 387-379, 384-386, 388-390, 392-419, 421, 422, 425, 429, 430, 437, 438, 442, 443, 449, 456, 458, 459, 467, 474-477, 480, 482, 484, 493
도시 재생(urban renewal) 401, 502
도시개발공사(UDC) 403
도시관리주의 접근 395, 397
도시국가 341, 342, 346
도시성(都市性, urbanism) 338, 340
도시의 기원 340
도시-촌락 연속체 337, 375
도시화(urbanization) 335, 337-339, 351, 354, 365, 366, 368, 369, 374-376, 396, 392, 395, 399, 404, 408, 411, 412, 414, 430, 456, 482
도참설(圖讖說) 162
동경(east longitude) 108
『동국여지승람(東國輿地勝覽)』 91
「동국지도(東國地圖)」 89
「동람도(東藍圖)」 79, 93
「동여도」 104, 105
동재(東齋) 211
두 국민 전략(Two nation strategy) 489
드망죵(A. Demangeon) 181
등운송비선 435
등질 지역(formal region) 39
디게타노 (Digaetano) 405

ㄹ
라세프스키(Rashevsky) 406
라첼(F. Ratzel) 58, 59
랭(Rang) 196
레이어(layers) 113
루벤스타인(J. Rubenstein) 341, 358, 359
르페브르(H. Lefebvre) 27, 35, 36, 256, 257
리처드슨(Richardson) 471, 472
리터(C. Ritter) 53-58, 63
리틀 CBD 354
리히트호펜(Richthofen) 63

ㅁ
마르크시즘 72, 145
마르티니(R. Martiny) 191
마샬(A. Marshall) 430, 444, 477
마시(G. P. Marsh) 59
마이첸(A. Meitzen) 172, 173
머디(R. Murdie) 385
머천트(C. Merchant) 142, 143
메르카토르(Mercator) 79, 84, 85, 111
메소포타미아 333, 341
메시(Massey) 484
멸시의 공간 223
〈모노노케히메〉 116-118
목장형 135, 136, 140
몬순형 129, 132, 134, 135, 140
몰로치(Molotch) 405
문화기호학 252, 253, 255
문화적 전환(cultural turn) 28
문화정치학 252, 255
문화지리학 124, 190
뮈르달(Myrdal) 469, 471, 473-475
민회 344, 346

ㅂ
바레니우스(Varenius) 52, 65
방법론 54-56, 64, 67, 68, 72, 73, 151, 245
배출요인 291
배후지 410-412, 421, 454-456
버제스(E. Burgess) 390
범례 105
베버(A. Weber) 452-453, 438, 445
베이컨(F. Bacon) 142
본관지 203
본질주의적 자연관 143
부르주아 349, 351, 467
부아쉬(Buache) 53
북촌(北村) 360
분공장 경제(branch plant economy) 417, 438, 443, 484
브륀느(J. Brunhes) 181
비달 블라쉬(P. Vidal de la Blache) 37, 38, 59, 60, 181
비보(裨補) 221, 222
비옥한 초승달 지대 340
뻬루(Perroux) 471
뻬이(pays) 37

ㅅ
사막형 132, 139, 140
사망력(mortality) 304, 312
사망률 280
사우(祠宇) 200, 206, 207, 210
사우어(C. Sauer) 38, 62
사유재산권 352, 400
사이먼(Simon) 416
사익 추구 활동 343
사회 · 공간적 이중성 365
사회적 구성(social construction) 144, 250
사회적 증감(social growth) 299
사회 지역 분석(Social Area Analysis) 394, 395
산업지구 447
산촌(散村) 173, 181-183, 185, 187, 189, 195, 200, 253, 271
『삼국도후서(三國圖後序)』 93
『삼국사기(三國史記)』 87, 200
『삼국유사』 87
삼포식 농업 188, 189, 194, 195
상대적 공간(relative space) 76
상인 도시(mercantile city) 346
상지관(相地官) 94
상징 경관(象徵景觀) 93, 203, 233, 265
상징적 생산 71
상파뉴 경관 195
상품 가치로서의 자연관 140, 143
생물학적 신체 146
생산 양식 접합(articulation) 425
생태 중심주의(Ecocentrism) 124, 125, 144, 145
생태학(ecology) 68, 124, 259, 353, 390, 393, 395
생태학적 위기 124
생태환경 278
생활 세계 71, 426, 467, 482
서경(west longitude) 108
서원(書院) 200, 206, 209, 211, 256, 257
서유구 463
서재(西齋) 211
선 76, 102, 111, 465
선산(先山) 203, 207
성곽(城郭) 215-217, 219, 228, 230-232, 235, 341, 347
성곽도(城郭圖) 86
「성교광피도(聲敎廣被圖)」 98
성비(SR) 320
성장점(growth point) 471
『성호사설(星湖僿說)』 159, 164
세계도시 340, 354, 356-358, 415, 418, 149, 421, 422
세계 시스템(world-system) 356
세계 제국(world-empire) 84, 342, 343
세계화 27, 41, 262, 265, 356, 415, 416, 418, 440, 445, 478
세곡미 186
『세종실록(世宗實錄)』 187, 217, 219
셈플(E. C. Semple) 59
소자(E. Soja) 256, 258, 259
소택지촌 190-192, 196
솔로우(R. Solow) 470, 486
송시열 211
송준길 211
수렴론 469, 470, 472
수리천문학 전통 46, 47, 49
수치 지도 111-113
순수 지리학 운동 53, 54
순위-규모 규칙 406, 407, 409
순재생산율(NRR) 311
쉐브키(Shevky) 394, 395
쉐퍼(F. K. Schaefer) 64-67

슐뤼터(O. Schlüter) 33, 60-62
스미스(N. Smith) 484
스케일 31, 35, 37, 40-42, 63, 70, 93, 102, 108, 121, 167, 168, 172, 211, 255, 469
스케일 사고 31
스케치 지도 75, 76
스톤(Stone) 405
스트라보(Strabo) 47, 48, 123
스페이스 마케팅 263
시가화 구역(built-up area) 373, 374
시간 40-42, 58, 70, 73, 85, 112, 132, 144, 146, 163, 196, 197, 426
시간지리학 70, 376, 428
신문화지리학 71, 190
신산업 지구 443-444, 470, 482
신자유주의 440
『신증동국여지승람(新增東國輿地勝覽)』 91, 187, 217, 218
신학적 전통 47
실용적 계기 46
실증주의 지리학 34, 67, 69-71
실질적 인구밀도 288
심상지도 36, 77, 78

ㅇ

아고라 343-345
어머니로서의 자연관 140, 141
에그뉴(Agnew) 32
에라토스테네스(Eratosthenes) 47
에지 시티(edge city) 355, 356
에코페미니즘 145
에쿠메네 123
엠마뉴엘(A. Emmanuel) 480
엥겔스(F. Engels) 351
『여지도서』 187, 218, 224
「여진지도(麗嗔地圖)」 94
역도시화 298
역류 효과(backwash effect) 473, 474
역사적인 시간 41
역사주의 66
역사지리학 46, 69
역U 가설 468, 470-474, 485
연령대별 사망률(age-specific mortality rate, ASMR) 305, 313
연령대별 출산율(age-specific fertility rate, ASFR) 305, 307
연앙(年央)인구(mid-year population) 305
영아사망률(IMR) 314
영역성(territoriality) 39, 203, 257, 258
『예악지(禮樂志)』 91
오이코스(Oikos) 123, 124
와쓰지 데스로우(和辻哲郎) 126-129
왕립 천문대 108
요인 생태학(factorial ecology) 395
우르(Ur) 333, 341
울먼(E. Ullman) 392
웰빙 259
위상 지도(topological map) 76
위상학적 공간(topological space) 76, 77
위선(parallels of latitude) 108
위치 29-33, 37, 40, 42, 52
위치적 사고 30, 31
위토(位土) 207
윌리엄스(R. Williams) 143
윌리엄슨(J. Williamson) 472
유소년 부양비(YDR) 324
유아사망률(child mortality rate, CMR) 305, 314
윤신달(尹莘達) 163
읍성 93, 215-236
의례 중심지 342
이간(李柬) 211
이긍익(李肯翊) 177
이동(movement) 29, 70, 82
이븐 할둔(Ibn Khaldun) 51
이성(reason) 116, 241, 244
이익(李瀷) 159, 164-167
이주 노동자 294
이중 경제 480, 481
이중 도시(dual city) 422
이중환(李重煥) 177, 178, 187
이첨(李詹) 93
이촌향도(離村向都) 285, 369, 433
이택민(李澤民) 98
이해 집단 376, 494
이회 98
인간-대지 전통(Man-Land Tradition) 36
인간주의 지리학 34, 71
인구 과밀 286
인구구성 278
인구밀도 278

인구 밀집 지역 288
인구변천 278
인구 변천 이론 315
인구 부양비 323
인구분포 278
인구성장 278
인구센서스 277
인구이동 278
인구 증가율(population growth rate) 303
인구 증감 299
인구지리학 278
인구지표 285
인구 추이 284
인구 피라미드 280, 327
인구학 278
인구 희박 지역 288
『인류지리학』 58
인식론 72, 85, 249
인지 공간 36, 256, 257
인지적 공간(cognitive space) 76, 77
일반출산율(general fertility rate, GFR) 304, 307
『임원십육지(林園十六誌)』 463
임지촌 190, 192, 196
입지 114, 151, 153, 163, 171, 172, 175, 178, 180, 203-205, 209, 217, 219, 226, 230, 235, 377, 399, 425-427, 426, 427, 430, 432
잉여 농산물 335

ㅈ
자발적 이동 296
자연 지역 53, 55, 68, 390, 394
자연의 상품화 141
자연적 신체 145, 146
자연환경 52, 55, 121, 122-125, 127, 128, 132, 135, 140, 144, 146, 171, 172, 175, 178, 190
장소 내의 관계 29
장소 마케팅 259, 262, 263, 267, 403
장소(place) 29-35, 37, 40-42, 57, 60, 63, 71, 76, 77, 79, 93, 116, 118, 143, 146, 153, 171, 172, 175, 180, 182, 185, 190, 193, 202-207, 209, 211, 223, 224, 228, 241-243, 247-256, 258-265, 267, 333, 340, 341, 343, 345, 346, 349, 353, 373, 388, 411, 418, 435, 463, 477
장소로서의 지역 38, 40
장소적 종합 60, 63
장시간 소비 449
재실(齋室) 206, 207
재현(representation) 36, 75, 77, 79, 82, 86, 145, 146, 211, 212, 251, 252, 256, 257, 259, 262
재현의 주체 77, 79, 257
저차 중심지 412
전통 경관 230, 232, 262
전환점 472
절대적 공간(absolute space) 76
점 76, 102, 111, 112, 435, 465
접근성 192, 234, 239, 379, 381, 383, 384, 448, 449
정려(旌閭) 200, 203, 208
정사(精舍) 209, 210
정약용 228
제국주의 79, 84, 85, 342, 356
제품 수명 주기 441, 442, 476, 477
젠트리피케이션 394, 398
조계지 364-366
조사망률(crude mortality rate) 305
조선 시가지 계획령 366
「조선방역도(朝鮮邦域圖)」 89-91, 94, 95
『조선왕조실록』 200
조선전도 87-89
「조선총도(朝鮮摠圖)」 79, 80
조이네(Zeune) 55
조출생률(crude birth rate) 304
존재론 72, 73, 85
종가(宗家) 200, 205-207
종속 이론 469, 470, 479-483
종족(宗族) 200
주거지 분화 377, 388-390, 395
주례 동관 고공기 226, 228
주변부 모델(peripheral model) 355, 356
중심업무지구 353, 368, 378, 385, 386, 388, 390-393, 459
중심지 337, 366, 371, 374, 386, 405, 409-412, 414, 418, 421, 429, 449, 454-458, 474, 475, 485
중심지 이론 26, 409-412, 413-415, 418, 449-452, 456, 458, 459, 461, 473-475
지각 공간 256, 257
지구과학 전통(Earth Science Tradition) 36
지구라트(ziggurat) 340, 341
지대(地代) 188, 378-386, 388
지대격차 398
지대 원리 378, 383, 385, 386

지도 언어(the language of maps) 108
지리사상사 72, 73
지리상 발견 52, 342, 416
지리적 인구밀도 288
지리적 환경 278
지리정보시스템(GIS) 100, 111, 112
지모(地母) 관념 140
지방개발공사 403
지방지 전통 46, 48
지방화 259, 261, 262
지역 27, 29, 31, 34-41
지역 간 인구이동 296
지역 불균등 발전론 72, 469, 479, 481, 482
지역 연구 전통(Area Studies Tradition) 36, 37, 62
지역경제학 426-428, 486
지역 분석적 지리학 62
지역지리학 37, 49, 52, 55, 57, 60, 62, 64-66, 68
지역 혁신 체제 430, 446-448, 476, 478
지역화 39
지중해 51, 135-137, 166, 342, 347
지프의 법칙 406
집적 불경제 385, 386
집적 경제 385, 386, 400, 436, 473, 475
집적이익 491
집촌(集村) 181-183, 185, 186, 194, 195, 203
집촌 경관 195, 203
집합적 소비 353, 484

ㅊ
「천하도(天下圖)」 98-100
「청구도」 104, 105
『청오경(青烏經)』 154
청준(淸濬) 98
촌락 171-178, 181-183, 187-196, 200-207, 209, 211, 224, 249, 337, 338, 340, 342, 350, 369, 371, 375, 389, 405, 413, 433, 443, 466, 467
촐리(R. J. Chorley) 67
총재생산율(GRR) 305, 310
출산력(fertility) 304
출생률 280
침묵과 배제 73

ㅋ
카스텔(M. Castells) 27
카스트리(Castree) 143
칸트(I. Kant) 56-58, 62, 63
코롤로지 62, 63, 65
쿠즈네츠(S. Kuznets) 472, 473
크라메르(G. Kramer) → 메르카토르
크리스탈러(W. Christaller) 26, 409, 449
클락(C. Clark) 430

ㅌ
타운십 경관 199
『택리지(擇里志)』 177, 178, 187
테일러(G. Taylor) 59
테일러(P. Taylor) 357, 418
토속 지역 39
톨레미(Ptolemy, 프톨레마이우스) 47, 49, 52
통계적 인구밀도 288
튀넨(Thünen) 188-190, 380

ㅍ
파급효과 492
파크(R. Park) 390
페브르(L. Febvre) 59
페인스타인(Feinstein) 405
페티슨(W. D. Pattison) 36, 37
평환법(平環法) 104
포디즘 438, 439
포스트모더니즘(postmodernism) 73, 83, 239, 241-243, 250
포스트모던 전환 28
포스트포디즘 439, 444
포터(M. Porter) 447
푸코(M. Foucault) 204, 245, 246
풍수 149-168
풍수지리학 154, 168
프랑크(A. G. Frank) 480
프리드먼(Friedman) 470, 474

ㅎ
하륜(河崙) 163
하비(D. Harvey) 32, 69, 397
하삼도(下三道) 216, 218
하지미칼리스(Hajimichalis) 483
하트숀(R. Hartshorne) 61, 63, 65
학교 지리 25
한원진 211
할리(B. Harley) 84, 85

합계출산율(TFR) 279, 304, 309, 310
합리성 241, 244
『해동지도』 88
해로드(R. Harrod) 470
해리스(C. D. Harris) 355, 356, 392
해체 41, 84, 230, 232, 235, 243-245, 248, 250, 255, 257, 403, 494
햄릿(hamlet) 413
허쉬만(Hirschman) 471-474
헌팅턴(E. Huntington) 59
헤거스트란트(T. Hägerstrand) 67
헤로도투스(Herodotus) 46
헤르더(J. G. Herder) 165
헤트너(A. Hettner) 38, 58, 60-66
혁신 클러스터 447, 478
호마이어(Hommeyer) 53
호머(Homer) 46, 48
「혼일강리도(混一疆理圖)」 98
「혼일강리역대국지도(混一疆理歷代國都之圖)」 97-100
홀(E. Hall) 34
훈요십조 159, 164
훔볼트(Humboldt) 53-58, 63
흡인요인 291

A
Alonso 471
Amin 481

B
Bacon 142
Barnes 144
Battuta 51
Bell 394
Berry 406, 407, 459

C
Cosgrove 71

G
GENIP 29
GPS 108, 109
Gregory 144

I
IT산업 371

J
Jessop 495
Jordan 46, 349, 351

T
T-O 지도 51, 84, 100

V
Vernon 441